煤炭高等教育“十四五”规划教材

辽宁工程技术大学优秀教材出版资助

土力学与地基基础

主　编　张向东　苏丽娟

副主编　刘家顺　杜常博

中国矿业大学出版社

·徐州·

内容提要

本教材是煤炭高等教育“十四五”规划教材之一，是根据教育部关于拓宽专业面、加强理论与实践教学的要求编写的，突出应用型人才培养，适用于土木工程类专业（包括土木工程、建筑环境与能源应用工程、给排水科学与工程、建筑电气与智能化、城市地下空间工程、道路桥梁与渡河工程、铁道工程、智能建造等）、水利工程类专业（包括水利水电工程、港口航道与海岸工程、水利科学与工程等）和工程力学专业。

本书主要内容包括：绪论、土的物理性质与工程分类、地下水在土体中的运动规律、土中应力计算、土的压缩性与地基沉降计算、土的抗剪强度、土压力计算与挡土墙设计、土坡稳定性分析、地基承载力、天然地基上的浅基础、桩基础与其他深基础。各章后附有相应的思考题、习题和小论文选题。

图书在版编目(CIP)数据

土力学与地基基础 / 张向东，苏丽娟主编. —徐州 ：中国矿业大学出版社，2022.6

ISBN 978 - 7 - 5646 - 5433 - 7

Ⅰ.①土… Ⅱ.①张… ②苏… Ⅲ.①土力学②地基—基础 Ⅳ.①TU4

中国版本图书馆 CIP 数据核字(2022)第 100556 号

书　　名　土力学与地基基础
主　　编　张向东　苏丽娟
责任编辑　杨　洋
出版发行　中国矿业大学出版社有限责任公司
（江苏省徐州市解放南路　邮编 221008）
营销热线　(0516)83884103　83885105
出版服务　(0516)83995789　83884920
网　　址　http://www.cumtp.com　**E-mail**：cumtpvip@cumtp.com
印　　刷　苏州市古得堡数码印刷有限公司
开　　本　787 mm×1092 mm　1/16　**印张** 29.5　**字数** 736 千字
版次印次　2022 年 6 月第 1 版　2022 年 6 月第 1 次印刷
定　　价　55.00 元
（图书出现印装质量问题，本社负责调换）

前　言

现今土木工程飞速发展,新的技术标准和规范不断推出或更新,并应用于工程实践。

土力学与地基基础是高等院校土木类专业必修的一门核心课程,其有关理论与知识是土木类专业人才知识结构中重要的组成部分。本教材以高等学校土木工程专业指导委员会推荐的《高等学校土木工程专业本科教育培养目标和培养方案及课程教学大纲》和《高等学校土木工程本科指导性专业规范》对土力学与地基基础课程的有关要求为依据,结合现行的国家和行业相关标准或规范,以培养具有创新素质与创新能力的应用型高级工程建设人才为目标,在教学改革和总结多年教学经验的基础上,对教学内容进行了调整,逻辑性、系统性和完整性较好。同时,编写时兼顾土木工程、建筑环境与能源应用工程、给排水科学与工程、建筑电气与智能化、城市地下空间工程、道路桥梁与渡河工程、铁道工程、智能建造、水利水电工程、港口航道与海岸工程、水利科学与工程、工程力学等不同专业的要求,拓宽了本教材的适用性。

土力学与地基基础是一门理论性和实践性都很强的课程。在编写过程中,注重理论联系实际,基本原理和方法的选用以工程实际为主,并兼顾国内外科技发展;理论部分阐明力求深入浅出,语言通俗易懂,文字简明扼要,讲清基本假定与概念,不拘于推导过程;应用部分的编写结合现行的标准或规范,尽量以共性内容为主,兼收并蓄,以使学生能灵活运用不同行业标准或规范,有利于培养学生工程实践能力;内容与次序的编排有利于自学,并设计了许多典型的例题、习题和思考题,以帮助学生巩固理论知识、掌握解题方法和提高分析问题与解决实际工程问题的能力。同时,在每章最后确定了学术论文的选题,学生可通过查阅有关资料撰写学术论文,锻炼从事科学研究的能力,提升创新意识与创新能力。

本教材考虑学科发展新水平,选用经典的理论,基于成熟经验,使教材内容少而精。全书重点突出,深入浅出,加强了各章内容之间的相互衔接。

本书由辽宁工程技术大学教学团队编写,张向东、苏丽娟任主编,刘家顺、杜常博任副主编。本书具体编写分工如下：绪论、第一章至第四章由张向东编写；第六章、第八章、第九章和第十章由苏丽娟编写；第五章由刘家顺编写；第七章由杜常博编写。

限于作者水平，书中难免有不当之处，恳请广大读者批评指正。

作　者

2021 年 4 月

目　录

绪　论

一、基本概念

（一）建筑物

建筑物有广义和狭义两种含义。广义的建筑物是指人工建筑而成的所有建筑，既包括房屋，又包括构筑物。狭义的建筑物是指房屋，不包括构筑物。房屋是指能够遮风避雨，御寒保温，供人居住、工作、学习、娱乐、储藏物品或进行其他活动的场所。构筑物是指房屋以外的人工建筑物，人们一般不直接在其内进行生产和生活活动，如烟囱、水塔、桥梁、水坝等。

建筑物通常由上部结构和基础两个部分组成，如图 0-1 所示。

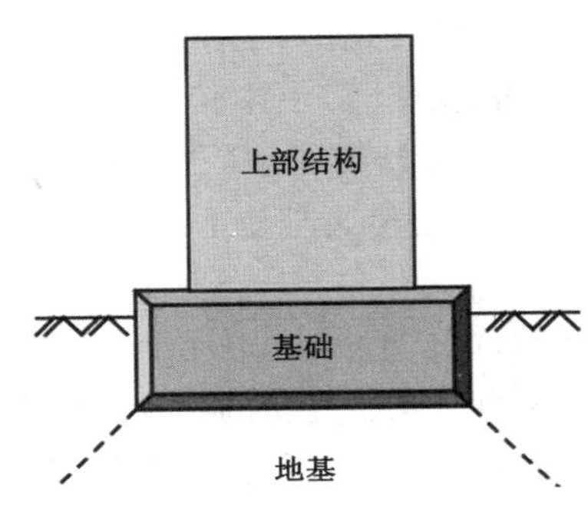

图 0-1　建筑物组成示意图

（二）基础

在地面以下并将上部荷载传递至地基的建筑物下部结构称为建筑物的基础。基础是建筑物下部的承重构件，承受其上部建筑物的全部荷载，并将这些荷载和基础自重传递至地基。

基础一般埋在地面以下，起承上启下传递荷载作用，可分为浅基础和深基础。浅基础是指埋置深度小于 5 m，或埋置深度虽超过 5 m 但小于或等于基础宽度的基础；深基础是指埋置深度大于 5 m 且大于基础宽度的基础，如桩基础、沉井基础、地下连续墙基础等。

（三）地基

建筑物都是建造在特定的地层之上的，通常将承受建筑物荷载的那一部分地层称为地基。地基不是建筑物的组成部分，是指承受由基础传下来的荷载的土体或岩体。建筑物的建造使地基中原有的应力状态发生变化，并使一定范围内的地基产生变形。为了确保安全和正常使用，地基必须满足如下两个基本条件：

(1) 强度条件：要求作用于地基上的压力不超过地基的承载能力，保证地基在防止剪切破坏方面具有足够的安全储备。

(2) 变形条件：要求控制地基变形，使之不超过地基的变形允许值，保证建筑物不因地基过量变形而损毁或者影响正常使用。

地基可分为天然地基和人工地基。天然地基是指土层在自然状态下即可满足承载力要求，即同时满足强度条件和变形条件而不需要人工加固处理的地基；人工地基是指天然土层不能满足强度条件或变形条件，需经人工加固处理后作为地基的土体。

（四）土体与岩体

绝大部分天然地基上的建筑物是以土体作为地基的，通常称为地基土。部分建筑物是以岩体作为地基的，尤其在山区。

土体是由性质各异、厚薄不等的若干土层组合在一起而形成的土层组合体。因此，地基土通常由多层土组成，特殊情况下地基土由单一土层组成。当地基由两层及两层以上土层组成时，直接与基础接触的土层称为持力层，其下的土层均称为下卧层。

在工程地质中，将工程作用范围内具有一定岩石成分、结构特征及赋存于某种地质环境中的地质体称为岩体。土体和岩体均为自然界的产物。岩体的矿物颗粒间具有很大的黏聚力，因此，岩体抗剪强度大、变形量小、渗透性弱，是良好的天然地基。而土体是岩体风化后崩解、破碎或变质，又经过各种自然力搬运，在新的环境下堆积或沉积下来的颗粒状松散物质，其颗粒间黏结较弱，抗剪强度低、变形量大、渗透性强，具有散体特征。

在工程建设中，土体或岩体往往作为不同对象被研究。在土层或岩层上修建房屋、桥梁、道路、铁路时，土体或岩体用以支撑上部建筑物或物体传来的荷载，这时土体或岩体用作地基；路堤、土坝等土工构筑物，土体或岩体又成为建筑材料；地铁、隧道、引水隧洞等地下工程，土体或岩体又是地下结构物周围的介质；基坑、路堑等边坡工程，土体或岩体又成为建筑环境。

（五）土力学

土力学是研究土的物理力学性质、强度与变形规律，以及土体渗透性与稳定性的一门学科。它是一门研究与土的工程问题有关的学科，既是工程力学的一个分支，又是土木工程学科的一部分，主要解决工程中遇到的各种土的物理力学性质、土的结构与构造、土中水的运动规律、土的强度与承载力、荷载作用下土中的应力与土体变形，以及土体稳定性与渗透性等问题。

土分布在地壳的表面，其工程性质相差极大。因此进行工程建设时，必须结合土的实际工程性质进行设计和制定施工方案。

土力学的研究对象是工程影响范围内的土体，与岩体、土壤既有联系又有区别。土体的主要特征是多相性、分散性、复杂性和易变性，其性质随外界环境（如温度、湿度）的变化而发生显著变化。

岩体与土体是有显著差别的。岩体中虽然有孔隙、裂隙、层理和断层等弱面（结构面），但是一般可近似看作连续介质。岩体是岩体力学（或岩石力学）的研究对象，其研究方法和理论体系与土力学有着很大的不同。岩体力学也是工程力学的一个分支，是研究岩体的物理力学性质、强度与变形规律，以及岩体稳定性的一门学科。

土壤是土壤学研究的对象。土壤学是以地球表面能够生长绿色植物的疏松土体为研究对象，研究物质运动规律及其与环境间关系的学科，是农业学科的基础学科之一。土壤学主要研究内容包括土壤组成，土壤的物理、化学和生物学特性，土壤的产生和演变，土壤的分类和分布，土壤的肥力特征以及土壤的开发、利用、改良和保护等。其可为合理利用土壤资源、消除土壤低产因素、防止土壤退化和提高土壤肥力水平等提供理论依据和科学方法。

与土力学关系较为密切的学科是工程地质学，它是研究与人类工程建设等活动有关的地质问题的学科。工程地质学是地质学科的一个分支，其研究目的是查明建设地区或建筑场地的工程地质条件，分析、预测和评价可能存在和发生的工程地质问题及其对建筑物和地质环境的影响和危害，提出防治不良地质现象的措施，为保证工程建设的合理规划以及建筑物的正确设计、顺利施工和正常使用，提供可靠的地质科学依据。

但应该指出，学科之间都是相互交叉、相互渗透的，工程地质学、岩体力学、土壤学与土力学是密切联系的。在土力学发展过程中引用了许多工程地质学、岩体力学和土壤学的成果。

二、本学科主要研究内容

土体是一种由固相（土粒）、液相（水）和气相（空气）物质所组成的三相体系，与一般固体相比较，天然土体具有一系列复杂的物理力学性质，并且易受环境条件（如地下水、温度等）变化的影响。

土力学与地基基础的研究内容是通过研究土的物理力学性质，以及微观结构与宏观构造，以进一步认识土体在荷载、水、温度等外界因素作用下的反应特性，即压缩性、强度特性及动力特性等，为各类土木工程的稳定与安全，以及地基基础的科学设计提供依据。

土力学与地基基础主要研究内容包括：

（1）土的物理性质；

（2）土的微观结构与宏观构造；

（3）土的工程分类方法；

（4）地下水在土体中的运动规律，包括土的毛细性、渗透性和冻胀性等；

（5）荷载作用下土中应力计算方法；

（6）土的压缩性与地基沉降计算方法；

（7）土的强度特性；

（8）土压力计算与挡土墙设计；

（9）土坡稳定性分析方法与防治措施；

（10）地基承载力的确定；

（11）浅基础设计；

（12）深基础设计；

（13）室内土工试验与现场试验等。

三、本学科发展历史

远在古代人们就懂得利用土进行工程建设，如我国东汉时的郑玄在注释战国时的《考工记》时，就认识到了作用力和变形之间的弹性定律，这比胡克（Hooke）定律要早1 500多年，但直到18世纪，基本上还处于感性认识阶段。欧洲产业革命时期，由于资本主义工业化的迅猛发展，人们在大规模建设中遇到了许多与土有关的力学问题，促使人们加快对土进行研究，并从实践和试验中逐步产生了土力学与地基基础的基本理论，并应用于工程实践。

1773年，法国科学家库仑（C. A. Coulomb）根据试验创立了著名的抗剪强度定律，并提出了挡土墙土压力的滑动楔体理论。

1855年，法国工程师达西（H. Darcy）研究了砂土的渗透性，提出了层流运动的达西定律。

1857年，英国学者朗肯（W. J. M. Rankine）从另一途径提出了挡土墙土压力理论。

1885年，法国学者布辛奈斯克（J. Boussinesq）求得了半无限弹性体在竖向集中荷载作用下的应力和应变的理论解答。

1900 年，莫尔(Mohr)提出了土的抗剪强度理论。

1915 年，瑞典的赫尔廷(H. Hultin)和彼得森(K. E. Petterson)提出了土坡稳定性分析的整体圆弧滑动法。后经费伦纽斯(W. Fellenius)等人于 1927 年完善，形成了至今仍广泛使用的圆弧滑动条分法。

1920 年，法国的普朗特尔(L. Prandtl)提出了地基剪切破坏时的滑动面形状和极限承载力计算公式。

1925 年，太沙基(K. Terzaghi)归纳并发展了以往的成就，出版了《土力学》一书，系统论述了若干重要的土力学问题，提出了著名的有效应力原理。至此，土力学开始形成一门独立的学科。

1936 年，在美国哈佛大学召开了第一届国际土力学与基础工程会议。自此以后，世界各国相继举办了各种学术会议，加强了学术交流，促进了土力学与地基基础学科的进一步发展。同时，各国相继研制成功多种多样的工程勘察、试验、监测与地基处理新设备，为本学科基础理论研究和地基加固提供了良好的条件。

自 20 世纪 50 年代以来，以计算机技术为代表的现代科学技术进入本学科各个领域，通过交叉融合，促进了本学科的进步。特别是进入 20 世纪 70 年代，计算理论和计算技术得到了迅猛发展，传统的独立基础、条形基础、筏形基础和箱形基础的设计水平得到显著提高。随着桩的模型试验和理论研究的深入，在桩的荷载传递机理、桩土共同作用、群桩计算与变形控制理论等方面取得了很多成果。在桩基技术得到快速发展的同时，沉井、地下连续墙技术得到了广泛的应用，设计理论也逐渐完善。同时，在岩土工程勘察、试验测试技术、地基处理技术等方面均取得了长足进展。几十年来的科技成就，使得人类解决高难度、高精度、大规模复杂基础工程问题的能力大幅提高，城市、交通、水利、矿山建设等发生了巨大变化。

本学科未来的发展趋势可归结为一个模型、三个理论、四个分支。一个模型即本构关系模型；三个理论即非饱和土固结理论、土的液化破坏理论、土的渐进破坏理论；四个分支即理论土力学、计算土力学、实验土力学和应用土力学。

四、本学科与土木类专业的关系

在土木工程设计与施工中会遇到大量的与土有关的工程技术问题：

(1) 在铁路或道路的路基工程中，土是修筑路堤的基本材料，又是支撑路堤的地基。路堤的临界高度和边坡坡角的取值都与土的抗剪强度和土体的稳定性有关。

(2) 在路基工程中，土作为建筑材料一般采用碾压法压实，以保证路堤的强度和稳定性。因此需要研究土的压实性，包括土的压实机理、压实方法及压实指标的评价等。

(3) 我国高速铁路、高速公路的大量修建，对路基的沉降计算与控制提出了更高的要求，而解决沉降问题需要对土的压缩特性进行深入的研究。

(4) 在路面工程中，土基的冻胀与翻浆在我国北方地区非常突出，防治冻害的有效措施以土力学原理为基础。

(5) 稳定土是比较经济的基层材料，它是根据土的物理化学性质提出的一种土质改良措施，即在土中加入水泥、石灰等胶凝材料。

(6) 道路一般在车辆的重复荷载作用下工作，因此需要研究土在重复荷载作用下的变形特性。

(7) 软土地基的加固技术，需要对软土进行大量的试验研究和现场测试。

(8) 现实各种工程中，挡土墙是应用较为广泛的一种挡土结构物。挡土墙设计的主要外荷载——土压力的取用，需借助土压力理论。

(9) 地基与基础是建筑物的根基，又属于地下隐蔽工程，经济、合理的地基基础设计方案，需要依靠本学科基本理论。

(10) 桥梁、房屋结构的抗震设计，需要研究土的动力特性。

(11) 地下工程(或基坑工程)周围介质(或建筑环境)，既是控制或支护的对象，也是地压的来源。

由此可见，土力学与地基基础这门学科与土木类专业课的学习和今后的技术工作有着十分密切的关系。学习这门课程是为了更好地学好后续专业课，也是为了今后更好地解决有关土的工程技术问题奠定坚实的基础。

第一章　土的物理性质与工程分类

第一节　土的形成与特性

土是自然界中地质历史的产物，其来源是岩石。完整岩石在漫长地质作用下破碎后形成形状不同、大小不一的颗粒集合体，这些集合体在不同的自然环境中堆积下来，便形成了土体。

一、地质作用

地质作用是指受到某种能量（外力、内力）的作用，从而引起地壳组成物质和地壳构造的变化，并形成不同地表形态的过程。地质作用分为内力地质作用和外力地质作用。

（一）内力地质作用

内力地质作用是由地球旋转能、重力势能和放射性元素蜕变的热能等所引起的，有地壳运动、岩浆活动和变质作用之分。该类地质作用主要发生在地下深处，有的可波及地表。

1. 地壳运动

地壳运动是指岩石圈物质的机械运动，有垂直运动和水平运动两种。地壳运动可使岩层变形、变位，形成各种构造形迹，塑造岩石圈的构造，并决定地表形态，甚至可引起海陆变迁。地壳运动一般伴随地震，它是岩体中积蓄的应变能以弹性波形式突然释放而引起的地球内部的快速颤动。绝大多数地震是地壳运动引起岩层突然断裂或剪切错动而发生的。地震发源于地下深处，并波及地表。

2. 岩浆活动

岩浆活动是指岩浆从形成、运动直至冷凝成岩的全过程。岩浆是指地下岩石的高温（800～1 200 ℃）熔融体。侵入地壳的岩浆发源于地幔顶部，沿地壳薄弱环节从深部向浅部运动。在运动中随着温度、压力的降低，岩浆本身也发生变化而冷凝成岩浆岩，并与周围岩石相互作用。喷出地表的岩浆活动称为火山活动或火山作用。

3. 变质作用

变质作用是深部岩石受高温、高压或流体物质的影响，在固态下转变为新的岩石的过程。岩石变质后，其原有构造、矿物成分都发生变化，有的完全改变原岩特征。

（二）外力地质作用

外力地质作用是地球外部能量（太阳辐射能、日月引力能等）产生的，主要发生在地表或地表附近。外力地质作用使地表形态和地壳浅部岩石组成发生变化，包括风化作用、剥蚀作用、搬运作用、沉积作用和成岩作用。

1. 风化作用

风化作用是指地表或接近地表的坚硬岩石、矿物与大气、水及生物接触过程中产生物理、化学变化而在原地形成松散堆积物的全过程。根据风化作用的因素和性质，可将其分为物理风化作用、化学风化作用和生物风化作用。

(1) 物理风化——由于温度变化、水的冻胀、波浪冲击、地震等引起的物理力使岩体崩解、碎裂的过程。当气温升高时，岩石膨胀产生压应力；当气温降低时，岩石收缩产生拉应力。二者频繁交替，使岩石表层产生众多裂隙而最终崩解。另外，水冻胀时产生体积膨胀或盐类结晶膨胀，以及波浪冲击力和地震力等加速了岩石崩解过程。物理风化使岩体逐渐变成细小的颗粒，但不改变其矿物成分。土中的块石、碎石、砾粒和砂粒等较大颗粒便是岩石物理风化的产物。

(2) 化学风化——地表岩石在水溶液、氧气、二氧化碳以及有机物、微生物的化学作用或生物化学作用下发生破坏的过程。例如，岩石中含铁矿物受到水和空气作用，氧化成红褐色的氧化铁；空气中的二氧化碳和水汽结合成碳酸，能溶蚀石灰岩；某些矿物(如蒙脱石)吸收水分后体积膨胀致使岩石崩解；水和岩层中的矿物作用改变矿物的分子结构形成新的矿物等。化学风化不仅使岩石块体变小，还使岩石矿物成分发生变化。现实土体中的黏粒和可溶性盐类，便是岩石经化学风化后的产物。

(3) 生物风化——地表岩石因动物、植物和人类活动而破坏的过程。生物风化包括机械作用和化学作用。植物根系在岩石裂缝中生长、边坡开挖、石料开采、隧道施工等作用只能使岩石的块度发生变化，属于机械作用；生物新陈代谢所析出的碳酸、硝酸、有机酸以及岩石表面的细菌、苔藓类植物分泌的有机酸溶液等对岩石的作用使岩石成分发生变化，属于化学作用。

在地球演变过程中，各种风化作用从未停止。风化作用破坏了岩石的结构，使完整岩石、岩石块体或岩石颗粒变得越来越细小，还可能改变其矿物成分，形成新的矿物。

2. 剥蚀作用

风化后的岩石产物在外力作用下从母岩分离的现象称为剥蚀。常见的外力主要有流水冲刷力、风力、地形起伏高差形成的重力、波浪力、地震力等。

3. 搬运作用

岩石碎块或岩屑从母岩分离后到达新的平衡位置称为搬运。常见的搬运方式主要有风、流水、雪崩、冰川活动、地形高差使得岩块在自重作用下由高处向低处运移、人工填运等。在搬运过程中，岩石会进一步破碎或开裂，这是相互碰撞、摩擦或冰冻作用的结果；同时存在磨圆和分选现象，大小相近的颗粒集聚在同一地区，大颗粒的岩石碎块的搬运距离一般较近，而细小的颗粒可被搬运到较远的地方沉积下来。

4. 沉积作用

岩石碎块和岩屑经搬运后在某地带堆积下来，称为沉积。沉积下来的岩石碎块或岩屑具有相对稳定性，当再次受到外力作用时，可能发生二次搬运或多次搬运。

5. 成岩作用

成岩作用是指岩石经过风化、侵蚀、搬运、沉积后形成沉积物，又经过一定的物理、化学、生物化学作用，在一定的温度、压力条件下逐渐固结成坚硬、致密的沉积岩的过程，是沉积岩形成过程中的最后一个阶段。成岩作用一般可分为压固作用、脱水作用、胶结作用和重结晶作用。

(1) 压固作用：由于上覆沉积物逐渐增厚，压力不断增大，物质密度增大，沉积物中的自由水和部分结合水逐渐排出，颗粒间的孔隙减少，体积缩小，颗粒之间的黏聚力增大，沉积物固结变硬。

(2) 脱水作用：随着压力和温度的进一步增大，不但结合水全部排出，而且许多含水矿物也会失水而变成新的矿物，使沉淀物更加致密和坚硬。

(3) 胶结作用：填充在土孔隙中的矿物质(硅质、铁质、钙质、泥质和可溶盐)，在压力作用下将分散的颗粒粘连在一起。胶结作用是碎屑沉积物成岩的主要方式，如砾和砂胶结后形成常见的砾岩和砂岩。

(4) 重结晶作用：沉积物受温度和压力影响可以发生溶解或局部溶解，导致物质质点重新排列，使非结晶物质变成结晶物质，使细粒结晶物质变成粗粒结晶物质。

完整岩石经过风化、剥蚀、搬运和沉积形成土体，经过成岩作用形成沉积岩。沉积岩再经过风化、剥蚀、搬运和沉积会再次变成松散的土体。因此，自然界中的岩石和土体可能交替反复形成，周期性破碎和集合。

(三) 内力地质作用与外力地质作用之间的关系

内力地质作用和外力地质作用相互联系，但发展趋势相反。内力地质作用使地球内部和地壳的组成与结构复杂化，造成地表高低起伏。外力地质作用使地壳浅部原有的组成和构造改变，夷平地表的起伏，向单一化发展。一般来说，内力地质作用控制外力地质作用的过程和发展。

二、土的成因类型

岩石风化后形成的土可能留存在原地，也可能受风、水等外力作用而剥蚀和搬运到别处沉积下来。根据土的成因不同，可将土分为残积土、坡积土、洪积土、风积土、冲积土、海积土、湖积土、沼泽土和冰碛土。

(一) 残积土

残积土又称为残积物。岩石风化剥蚀后的产物仍残留在原地，未被搬运，这种沉积物称为残积物，如图 1-1 所示。残积物主要分布于岩石出露的地表，经受强烈风化作用的山区、丘陵地带与剥蚀平原。

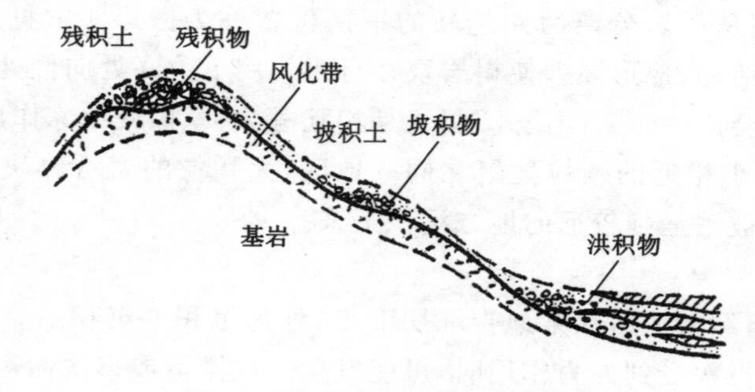

图 1-1　残积土与坡积土示意图

在残积物和基岩之间通常存在一个风化带。残积物与强风化带之间并无明显区别，二者的界线很难区分。残积物与风化带的主要区别：残积物是经风化剥蚀和水流将细小的颗粒带走后残留下来的较粗颗粒的堆积物；风化带虽经风化，但未经剥蚀和搬运。

残积物由于没有经过搬运和沉积，颗粒不可能磨圆或分选，多为棱角状粗颗粒土，且没有层理构造。残积物的矿物成分与下卧基岩一致，这是鉴定残积物的主要依据。残积物一般孔隙率大，均质性差，厚度不均匀，作为建筑物地基易发生不均匀沉降。若残积土厚度不大，可考虑将其清除掉，否则宜采用灌浆法。

（二）坡积土

坡积土又称为坡积物。高处风化、剥蚀后的岩石产物，在流水、雪崩、风或自重等作用下顺山坡向下移动，最后沉积在较平缓的山坡上或坡脚下，如图 1-1 所示。

坡积物在山区和丘陵地区广泛分布，一般分布在坡腰或坡脚下，这是鉴定坡积物的主要依据。由于搬运距离一般不远，有一定程度的磨圆和分选现象。坡积物土质不均匀，随斜坡自上而下呈现由粗到细的变化，有时有局部层理构造。坡积物厚度变化较大，在斜坡上厚度较薄，而在山坡下较厚。堆积在倾斜山坡上的坡积土，易发生滑动，特别是新近沉积的坡积土，在其上修建建筑物时易发生滑坡，在工程建设中应高度重视。

（三）洪积土

洪积土又称为洪积物，是由于暴雨或融雪形成的临时性洪水，具有极强的搬运能力，携带大量泥沙和石块，最后堆积在山谷的出口处或山前平原而形成的沉积物。

洪积物的堆积面积大小不一，从几平方米到数十平方千米。在许多大山与平原交界处，各条沟的洪积物不断发展，相连成片，在山前可形成洪积平原。

山洪暴发时水的流速快，冲击力大，使得洪积物具有磨圆和分选现象。离山越远，颗粒越细。洪积物分布多数呈扇形，称为洪积扇，如图 1-2 所示。由于山洪周期性发生，每次大小不尽相同，堆积下来的物质也不一样，因此洪积物常呈不规则的交替层理构造，并具有夹层、尖灭等产状。

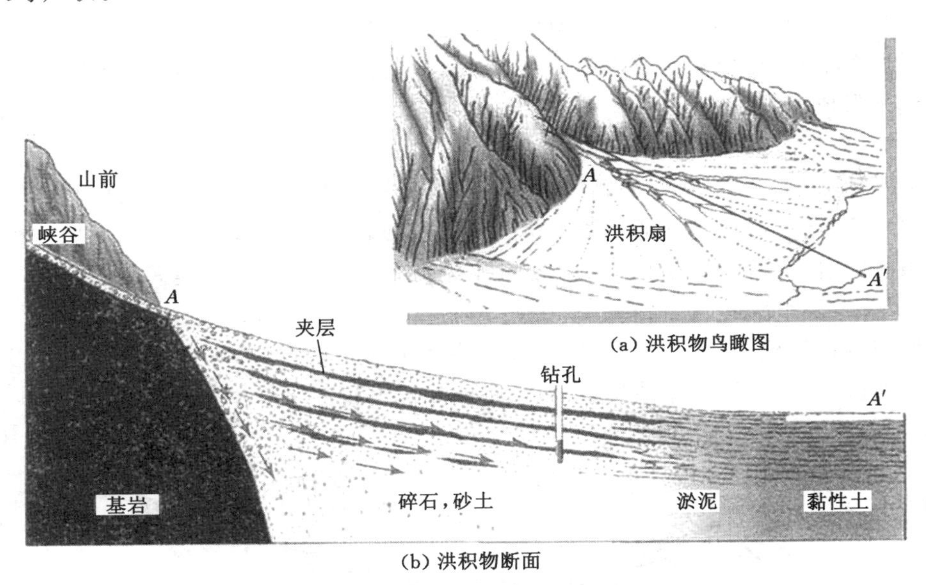

(a) 洪积物鸟瞰图

(b) 洪积物断面

图 1-2　洪积物分布

洪积土一般较为密实，作为地基是较理想的。尤其是距山较近的洪积物，地基承载力较大，地下水位较深，是良好的天然地基。距山较远的地区，洪积物颗粒较细，成分均匀，地基承载力一般较高，也属于良好的天然地基。但有时在上述两个地段的中间地带，因地下水溢出地表而形成沼泽地，作为地基时应慎重。同时，洪水常引起山体崩塌和滑坡，是人们常遇到的地质灾害之一。建筑场地选址时应充分论证，并设有防洪措施。

（四）风积土

风积土又称为风积物，是岩石风化碎屑物质经风力搬运至异地降落堆积所形成的土。风积土的特点是土质均匀、孔隙大、结构松散、强度低、压缩性大，具有明显的分选现象和颗粒磨圆现象，最常见的是风成砂和风成黄土，在我国分布较为广泛。

（五）冲积土

冲积土又称为冲积物，是江河流水将两岸岩石碎块或岩屑剥蚀后搬运沉积在江河坡降平缓地带形成的沉积物。岩石碎块在冲刷、搬运过程中，由于滚动、摩擦、碰撞和冰冻等作用，颗粒进一步碎裂和崩解，大颗粒岩石碎块分解成许多小颗粒。搬运距离越长，颗粒变得越细。由于搬运距离一般较远，冲积土具有明显的磨圆现象，带棱角的颗粒逐渐变成亚圆形或圆形的颗粒。同时，冲积土也具有明显的分选现象，上游及中游沉积的物质大多数为颗粒较大的漂石、卵石、砾粒及粗砂等，下游沉积的物质大多数为中砂、细砂、粉粒及黏粒等细小颗粒。冲积土大多数具有层理构造，并具有夹层、尖灭等产状。

冲积土在地表分布很广，主要类型有山区河谷冲积土、山前平原冲积土、平原河谷冲积土和三角洲沉积土。

1. 山区河谷冲积土

山区江河水流的流速较大，细颗粒易被冲走，山区河谷冲积土大多数由含砂粒的漂石、卵石及砾粒等组成，其厚度一般为 10～15 m，透水性很强，抗剪强度较高。

2. 山前平原冲积土

江河从上游山区河谷流入平川，河面变得逐渐开阔，水的流速大减，所携带的大量岩石碎屑物质沉积下来，形成面积宽广的冲积扇。若有若干条河流从山区密集流出，各个冲积扇可连接起来形成宽广的冲积平原，如华北平原。山前平原冲积土（其中掺杂部分洪积土）常沿山麓分布，厚度有时能达数百米。

山前平原冲积土具有明显的颗粒磨圆现象与分选现象，近山处有冲积和部分洪积成因的粗碎屑物质，向平原低地逐渐过渡为粗砂、中砂、细砂、粉粒和黏粒。山前平原冲积土的工程地质条件随着分带性的不同而变化，越往平原低处，工程地质条件越差。

3. 平原河谷冲积土

平原河谷地貌包括河床、河漫滩、阶地及古河道等地貌单元，如图 1-3 所示。相应的沉积物包括河床冲积土、河漫滩冲积土、河流阶地冲积土和古河道冲积土。

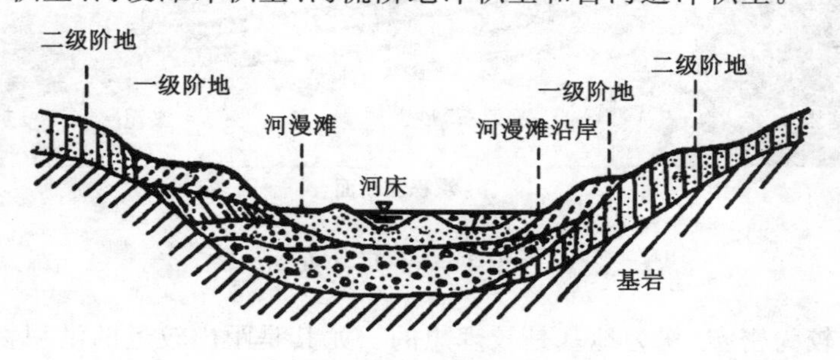

图 1-3　平原河谷地貌示意图

(1) 河床冲积土

河床冲积土一般分布于整个河谷谷底范围内,厚度高达几十米至数百米。江河进入平原地区后,河面宽广,水流平缓,携带的大量细小颗粒沉积在河床上,使河床的土层逐渐增厚。河床冲积土具有磨圆现象和分选现象,具有层理构造。

(2) 河漫滩冲积土

每当洪水泛滥,河水携带泥沙漫出河床。河水消退后,泥沙便沉积在河漫滩上,日积月累,河漫滩不断加厚扩大。上部以黏粒和粉粒为主,下部以细砂、中砂为主,局部往往夹着有机土和淤泥,具有斜层理与交错层理构造。若地壳上升,便形成淤积平原,如江汉平原等。

(3) 河流阶地冲积土

河流阶地冲积土是由地壳的升降运动与河流的侵蚀、沉积等作用形成的。地壳交替发生的多次升降运动或河流多次向下与侧向侵蚀切割,便形成了多级阶地,从下到上分别为一级阶地、二级阶地、三级阶地……阶地位置越高、年代越久,则土质越密、强度越高,更适宜作为建筑物地基。

(4) 古河道冲积土

古河道的根本成因是河流改道,原来的河道变成古河道。河流改道分为由外因引起的和由内因引起的。外因包括构造运动使某一河段地面抬升,滑坡、崩塌等将河道堰塞,人工另辟河道等。其中构造运动可以使河流大规模改道,局部河段可能被抬高而位于现今分水岭上,也可能由于沉降而被后来的沉积物所堰塞。河流自身内因引起的改道大多数发生在堆积作用旺盛的平原河流上。这种河流的河床逐渐淤浅,比降减小,以致洪水发生时来不及排泄而泛出河槽。泛出河槽的水流在河槽两侧大量迅速堆积泥沙,从而形成天然堤。久而久之,河床及其两岸的天然堤会高出地面,当天然堤或两岸人工护堤于某处溃决后在下游冲刷出一条较深的槽道,洪水消退后,河流循新槽流去,原河道就成为古河道。我国黄河下游善淤善徙,所以在华北平原上留下无数古河道。河流自身内因形成的古河道还有可能是河流侵蚀作用引起的,如平原曲流导致洪水的裁弯取直,留下牛轭湖式古河道,如图 1-4 所示。

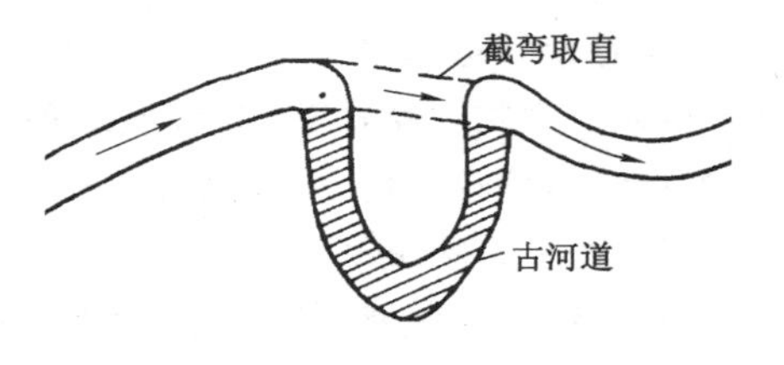

图 1-4 牛轭湖式古河道

地球上分布有很多古河道。每条古河道的河床、河漫滩和河流阶地上都存在沉积物,底部为卵石或粗砂层,向上过渡为中砂层、细砂层或粉砂层。在垂直剖面上,底部颗粒大,上部小;在纵剖面上,上游颗粒比下游大。

4. 三角洲沉积土

在河流入海或入湖口处,所搬运的大量细小颗粒物质沉积下来,形成面积宽广、厚度可达百米以上的三角洲沉积土。三角洲沉积土一般以砂粒、粉粒和黏粒为主,这些物质经过河流的长途搬运后一般具有良好的分选性和颗粒磨圆度,斜层理也较发育。在三角洲地带,地下水位很高,水系密布,该区域内沉积物形成饱和砂土、粉土及软黏土,其孔隙大、承载力很低、压缩性很高,作为建筑物地基时应特别慎重。

(六) 海积土

海积土即海洋沉积土,又称为海洋(相)沉积物。海积土由来自陆地上的碎屑物、海洋生物骨骼和残骸、火山灰和宇宙尘等组成，其中陆地上的碎屑物是在风力、波浪力等作用下搬运、沉积到海床上的。

海洋按照海水深度和海底地形划分为海岸带(或称为滨海带)、浅海带(或称为大陆架)、次深海带(或称为陆坡带)和深海带，如图 1-5 所示。相应的海相沉积土分为以下几种。

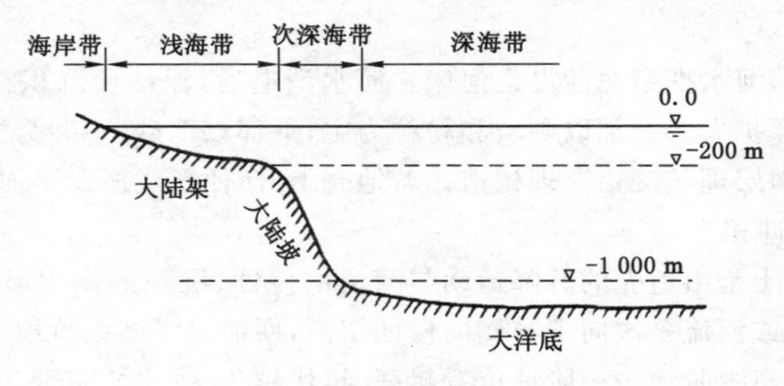

图 1-5　海洋分带示意图

1. 海岸沉积土

海岸带是海水高潮和低潮之间的地带，海水深度一般为 0～20 m。海岸沉积土由海岸岩石风化、剥蚀后的碎屑物质组成，主要是卵石、砾粒、砂粒及粉粒，有的地区存在黏性土夹层，具有近水平或缓倾斜的层理构造。碎屑物质经过波浪力的作用，其分选现象明显，磨圆度好。海岸沉积土作为地基，其强度较高，但透水性较强。有黏性土夹层的沉积土在干燥时强度高，但遇水软化后强度很低，有时具有膨胀性。

2. 浅海沉积土

浅海带是指海水深度为 20～200 m 的地区，坡度较平缓。浅海沉积土主要由砂粒、粉粒、黏粒及生物化学沉积物(硅质或钙质沉积物等)组成，具有层理构造。距海岸越远，沉积土的颗粒越细小，其土质更疏松，孔隙率大，压缩性大，强度和承载力很低。

3. 次深海及深海沉积土

浅海带与深海带的过渡地带称为次深海带(或称为陆坡带)，海水深度为 200～1 000 m。海水深度超过 1 000 m 的区域为深海带。次深海及深海沉积土主要由有机质淤泥组成，成分单一。

(七) 湖积土

湖积土即湖泊沉积土，又称为湖泊(相)沉积物。湖积土是由大气飘尘、水流悬浮物、湖岸侵蚀物和动植物残骸逐年在湖泊底部沉积形成的。根据沉积的环境不同分为湖边沉积土和湖心沉积土。

1. 湖边沉积土

湖边沉积土主要是由湖浪冲蚀湖岸破坏岸壁形成的碎屑物质在湖边沉积形成的，并夹有动植物残骸，具有明显的斜层理构造。近岸带的沉积物以粗颗粒的卵石、砾粒和砂粒为主；远岸带的沉积物以粉粒和黏粒为主。近岸带的承载力较高，远岸带则低些。湖边沉积物中含有淤泥和泥炭时，其承载力低、压缩性高，是不良的建筑地基。

2. 湖心沉积土

湖心沉积土主要是由大气飘尘、水流悬浮物等到达湖心沉积形成的，并夹有动植物残骸，多为黏性土和有机质淤泥，其压缩性高，强度和承载力低。

（八）沼泽土

湖泊逐渐淤塞和陆地沼泽化，将演变成沼泽而形成沼泽沉积物（沼泽土），其主要由半腐烂的植物残体（泥炭）和有机质淤泥组成，含水率极高，压缩性很大，强度和承载力极低，不宜作为建筑地基。

（九）冰碛土

冰碛土又称为冰川沉积物，是指由冰川或冰水挟带并搬运至温暖地带，当冰融化后所堆积的沉积物。冰碛土由巨大的块石、碎石、砾粒、砂粒、粉粒和黏粒混合组成，颗粒呈棱角状，堆积杂乱无章，无定向排列，一般不具有层理构造。

冰碛土一般较密实，孔隙率和压缩性较低，强度与承载力较高，是良好的建筑地基，但应注意其不均匀沉降问题。

三、岩石的成因类型

岩石按形成原因分类主要有三种类型，即岩浆岩、沉积岩和变质岩。

（一）岩浆岩

岩浆岩又称为火成岩，是由岩浆喷出地表或侵入地壳冷却凝固所形成的岩石，约占地壳总体积的65%。岩浆是在地壳深处或上地幔产生的高温炽热、黏稠、含有挥发分的硅酸盐熔融体，是形成各种岩浆岩和岩浆矿床的母体。

岩浆岩主要有侵入和喷出两种产出情况。侵入地壳一定深度的岩浆经缓慢冷却形成的岩石称为侵入岩。岩浆喷出或者溢流至地表冷凝形成的岩石称为喷出岩（火山岩）。

（二）沉积岩

沉积岩是在距地表不太深的地方，其他岩石的风化剥蚀产物和一些火山喷发物经过搬运、沉积和成岩作用而形成的岩石。地表约70%岩石是沉积岩，但是如果按从地球表面到16 km深的整个岩石圈计算，沉积岩只占5%左右。沉积岩中含有大量矿产资源，约占世界矿产蕴藏量的80%。

（三）变质岩

变质岩是指已存在的岩石受到地球内部力量（温度、压力、化学成分等）变化的影响，其结构、构造和矿物成分改变而形成的一种新的岩石。

变质岩可分为两大类：一类是变质作用作用于岩浆岩，形成的变质岩称为正变质岩；另一类是作用于沉积岩，生成的变质岩称为副变质岩。

变质岩也是地壳的主要成分。与沉积岩不同，变质岩一般是在地下深处的高温（大于150 ℃）和高压下产生的，之后因地壳运动才有可能出露地表。

不论是岩浆岩，还是沉积岩与变质岩，与土体相比，具有强度高、压缩性低、透水性弱等特点，除软岩外一般都是良好的天然地基。

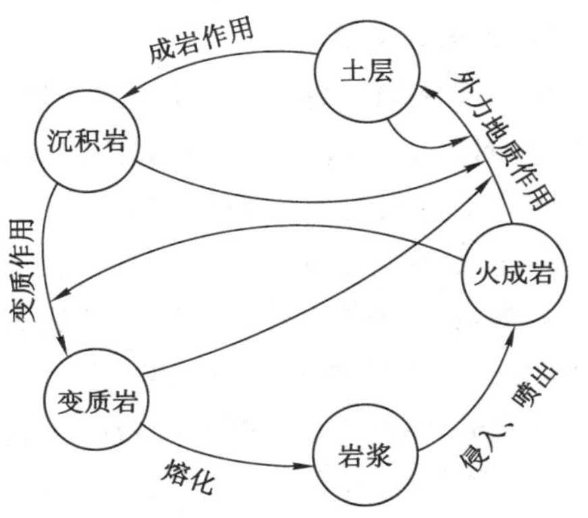

图1-6　土与岩石相互转化过程

四、岩石与土的转化关系

岩石和土组成地壳。在地球演变过程中，岩石和土可能交替反复形成，如图1-6所示。这种循环往复过程，在地球生命周期内将永无休止。

五、土的一般特性

土的形成过程决定了其特殊的物理、力学性质，与一般建筑材料相比，土具有以下四个重要特点。

（一）散体性

土力学的研究对象是分散土，其显著特征是颗粒（岩石碎块或岩屑）之间无黏结或弱黏结，存在大量孔隙，可以透水、透气，具有散体性，因此土的压缩性大、强度低、透水性强。

（二）多相性

土是由固体颗粒、水和气体组成的三相体系，这三相物理、力学性质相差极大，因此土的工程性质复杂。

（三）成层性

土是由岩石经风化、剥蚀、搬运、沉积等作用形成的。在土粒沉积过程中，不同阶段沉积物的颗粒大小、组成成分及颜色等均不同，使得土体在竖向呈现成层特征，一般具有明显的层理构造，从而使土的力学性质呈现明显的各向异性。

（四）变异性

变异性又称为易变性。自然界中的土体三相之间质和量的变化直接影响其工程性质，即土的工程性质随时间和环境的变化而不断变化。例如黏性土，当其含水率增大时，其抗剪强度和承载力将大幅降低。

第二节　土的三相组成及三相比例指标

一、土的三相组成

土的三相组成是指土由固体颗粒、液态水和气体三部分组成。土中固体颗粒构成土的骨架，骨架之间存在大量孔隙，孔隙中填充着液态水和空气。若土中孔隙全部被水充满时称为饱和土；孔隙全部被气体充满时称为干土；孔隙中同时有水和气体存在时称为非饱和土。土体三个组成部分的性质以及它们之间的比例关系和相互作用从根本上决定了土的物理、力学性质。因此，要研究土的物理、力学性质，首先要了解其三相组成。

（一）土的固体颗粒

土的固体颗粒（简称土颗粒或土粒）即土的固相，是土的主要组成部分。它构成了土体的骨架，对土的物理力学性质起决定性作用。土粒的矿物成分、大小、形状及颗粒级配对土的物理力学性质有明显的影响。

1. 土粒的矿物成分

矿物是指地壳中具有一定化学成分和物理性质的自然元素或化合物，是组成岩石的细胞，即土粒是由各种矿物组成的。

土粒的矿物成分取决于母岩的矿物成分及风化作用，可分为原生矿物和次生矿物。

原生矿物由岩石物理风化后形成，其矿物成分与母岩相同，常见的有石英、长石、角闪石、辉石和云母等。一般较粗颗粒的漂石、卵石、圆砾和砂粒等都是由原生矿物组成的。这种矿物成分的性质较稳定，由其组成的土具有无黏性、透水性较强、压缩性较低、地基承载力较高等特征。

次生矿物是岩石中的原生矿物经化学风化后形成的新的矿物，其成分与母岩不相同，如高岭石、伊利石、蒙脱石等黏土矿物均属于次生矿物。土体中的黏粒（粒径小于 0.005 mm）是由次生矿物组成的，其性质不稳定，具有较强的亲水性，遇水易膨胀。

2. 土的颗粒级配

（1）土的粒组划分

颗粒的大小称为粒度。土颗粒大小通常以直径来表示，简称粒径，单位为 mm。自然界中的土粒不是理想的球体，一般粗颗粒的形状多数为不规则的粒状，而很细的黏粒多数为片状或针状。因此，粒径是个相对概念，应理解为土粒的等效粒径。自然界中存在各种土，其粒度不同，由 1×10^{-6} mm 的极细黏粒一直变化到几米大小的岩石碎块。最终反映在土的物理、力学性质上也有明显差别，也就是说，即使土的矿物成分相同，但是当其颗粒大小不同时，土的物理、力学性质也明显不同。例如，当土粒变小时，可由无黏性变为有黏性，其强度降低、压缩性提高、工程性质变差。

工程中常把大小相近的土粒合并为一组，称为粒组。颗粒间的分界线是人为确定的。对粒组的划分，各个国家，甚至一个国家各个部门（或行业）都有不同的规定。表 1-1 为《土的工程分类标准》（GB/T 50145—2007）采用的粒组划分标准。

表 1-1　土粒粒组的划分

<table>
<tr><th>粒组</th><th colspan="2">颗粒名称</th><th>粒径 D/mm</th></tr>
<tr><td rowspan="2">巨粒</td><td colspan="2">漂石（块石）</td><td>$D>200$</td></tr>
<tr><td colspan="2">卵石（碎石）</td><td>$60<D\leqslant200$</td></tr>
<tr><td rowspan="6">粗粒</td><td rowspan="3">砾粒</td><td>粗砾</td><td>$20<D\leqslant60$</td></tr>
<tr><td>中砾</td><td>$5<D\leqslant20$</td></tr>
<tr><td>细砾</td><td>$2<D\leqslant5$</td></tr>
<tr><td rowspan="3">砂粒</td><td>粗砂</td><td>$0.5<D\leqslant2$</td></tr>
<tr><td>中砂</td><td>$0.25<D\leqslant0.5$</td></tr>
<tr><td>细砂</td><td>$0.075<D\leqslant0.25$</td></tr>
<tr><td colspan="2" rowspan="2">细粒</td><td>粉粒</td><td>$0.005<D\leqslant0.075$</td></tr>
<tr><td>黏粒</td><td>$D\leqslant0.005$</td></tr>
</table>

（2）粒度成分分析方法

粒度成分是指土中各种不同粒组的相对含量，用干土质量百分比表示，以描述不同粒径土粒的分布情况。

在《土工试验方法标准》（GB/T 50123—2019）中，颗粒分析试验包括筛析法、密度计法和移液管法三种。密度计法和移液管法属于沉降分析法，又称为水分法。筛析法和密度计法是最常用的试验方法。

① 筛析法。筛析法是在孔径由上到下依次变小的两套标准分析筛上进行的。《土工试验方法标准》（GB/T 50123—2019）规定了两种规格的标准分析筛：粗筛孔径分别为 60 mm、40 mm、20 mm、10 mm、5 mm、2 mm，如图 1-7 所示；细筛孔径分别为 2.0 mm、

1.0 mm、0.5 mm、0.25 mm、0.1 mm、0.075 mm。筛析法适用于 0.075 mm$<D\leqslant$60 mm 的粗粒土。

图 1-7　标准粗筛实物图

在现场取原状土样，若土中不含细粒土，即所有土颗粒直径全部大于 0.075 mm 时，可按如下步骤进行筛分试验。首先用烘箱（温度保持在 100～105 ℃）将土样烘干，并使之松散，称取土样总质量。将试样过 2 mm 筛后称取筛上和筛下的试样质量。然后将筛上的试样倒入依次叠好的粗筛中，筛下的试样倒入依次叠好的细筛中进行筛析。细筛宜置于振筛机上振筛，振筛时间宜为 10～15 min。按从上到下的顺序将各筛取下，称取各级筛上和底盘内试样的质量。

含有细粒土（粒径 $D\leqslant$0.075 mm）的筛析法试验可按下列步骤进行。将从现场取的原状土样置于盛水容器中，充分搅拌使试样的粗、细颗粒完全分离。将容器中的试样悬液通过 2 mm 筛，取筛上的试样烘至恒重，称取烘干试样质量，并进行粗筛分析试验。取筛下的试样悬液用带橡皮头的研杆研磨，再过 0.075 mm 的筛，将筛上试样烘至恒重，称取烘干试样质量，并进行细筛分析试验。对于 $D\leqslant$0.075 mm 的颗粒分析试验，可采用沉降分析法进行。

小于某粒径的试样质量占试样总质量的百分比可按式(1-1)计算。

$$X=\frac{m_{\mathrm{A}}}{m_{\mathrm{B}}}d_{\mathrm{X}} \tag{1-1}$$

式中　X——小于某粒径的试样质量占试样总质量的百分比，%；

m_{A}——小于某粒径的试样质量，g；

m_{B}——细筛分析时为所取的试样质量，粗筛分析时为试样总质量，g；

d_{X}——粒径小于 2 mm 的试样质量占试样总质量的百分比，%。

② 沉降分析法。沉降分析法（水分法）是根据土粒在悬液中的沉降速度与其粒径平方成正比的斯托克斯（G. G. Stokes）定律来确定各粒组相对含量的，适用于粒径 $D<$0.075 mm 的土体的粒度成分分析。沉降分析法包括密度计法和移液管法，详见《土工试验方法标准》(GB/T 50123—2019)。

(3) 粒度成分表示方法

① 表格法。表格法是用表格的形式表示土体中各个粒组的相对含量，分为颗粒粒组表示法和颗粒粒径累计含量百分数表示法两种，见表 1-2 和表 1-3。表格法能够清楚地用数量说明土样各个粒组的相对含量或小于某粒径的相对含量，但对于大量土样之间的对比显得过于冗长，且不直观。

表 1-2　颗粒粒组表示法

单位：%

粒组/mm	土样 1	土样 2	土样 3	土样 4
10.0～5.0		5.0	5.0	
5.0～2.0	1.5	8.0	8.0	
2.0～1.0	6.0	7.0	7.0	

表 1-2(续)

粒组/mm	土样 1	土样 2	土样 3	土样 4
1.0～0.5	16.9	10.0	10.0	
0.5～0.25	40.1	15.0	15.0	2.3
0.25～0.075	17.5	15.0	0	11.3
0.075～0.01	8.0	17.0	27.0	52.4
0.01～0.005	3.0	5.0	10.0	11.0
0.005～0.001	6.0	10.0	10.0	13.0
<0.001	1.0	8.0	8.0	10.0

表 1-3　颗粒粒径累计含量百分数表示法

粒径 D_i/mm	粒径小于 D_i 的累计含量百分数/%			
	土样 1	土样 2	土样 3	土样 4
10.0		100.0	100.0	
5.0	100.0	95.0	95.0	
2.0	98.5	87.0	87.0	
1.0	92.5	80.0	80.0	
0.5	75.6	70.0	70.0	100.0
0.25	35.5	55.0	55.0	97.7
0.075	18.0	40.0	55.0	86.4
0.01	10.0	23.0	28.0	34.0
0.005	7.0	18.0	18.0	23.0
0.001	1.0	8.0	8.0	10.0

② 颗粒级配曲线法。颗粒级配曲线法是一种图示表示方法。通常在半对数坐标系中以小于某粒径的累计含量百分数为纵坐标，以土粒粒径的对数值为横坐标，标出数据点后用平滑曲线连接起来，该曲线称为粒径级配曲线(又称为颗粒大小分布曲线)，如图 1-8 所示。图中的 4 条曲线分别表示表 1-3 中的 4 个土样。

颗粒级配曲线在土工试验中应用广泛。在一个图中可以表示多种土样的颗粒组成，可以直接反映土的粗细与颗粒分布情况，以及级配的优劣。土的粗细常用平均粒径 D_{50} 表示，代表小于该粒径的累计质量占总质量的 50%，在图 1-8 中标注了土样 2 的平均粒径。不同的土样，其颗粒级配曲线不同。曲线越陡(斜率越大)，说明土粒大小相差不大，土粒较均匀，级配差；反之，曲线越平缓(斜率越小)，说明土粒大小相差悬殊，土粒不均匀，级配良好。

根据颗粒级配曲线的斜率只能粗略了解土粒级配情况，科学地评价土颗粒级配情况时一般采用不均匀系数和曲率系数作为评价指标。

不均匀系数按式(1-2)计算。

$$C_u = \frac{D_{60}}{D_{10}} \tag{1-2}$$

式中　C_u——不均匀系数，无因次；

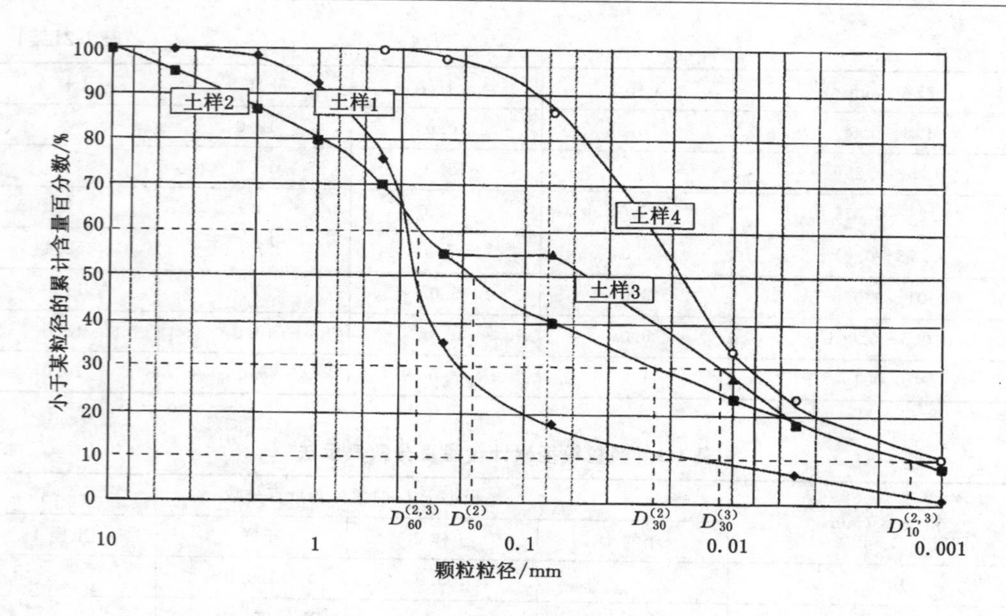

图 1-8　颗粒级配曲线

D_{60}——限制粒径，颗粒级配曲线上小于该粒径的土质量占总质量的 60%所对应的粒径，mm；

D_{10}——有效粒径，颗粒级配曲线上小于该粒径的土质量占总质量的 10%所对应的粒径，mm。

在图 1-8 中，只标注了土样 2 和土样 3 的限制粒径和有效粒径。依据颗粒分析试验可以确定土的限制粒径 D_{60}和有效粒径 D_{10}，从而按式(1-2)可获得土的不均匀系数。不均匀系数 C_u越小，颗粒级配曲线越陡，表示土粒越均匀，工程上将 $C_u<5$ 的土称为均粒土，级配不好；$C_u>10$ 的土视为不均匀的，级配良好，作为填方或垫层材料时易获得较好的压实效果。

当 $C_u=5\sim10$ 时，需要采用曲率系数来评价土的级配情况。曲率系数按式(1-3)计算。

$$C_c=\frac{D_{30}^2}{D_{10}D_{60}} \tag{1-3}$$

式中　D_{30}——颗粒级配曲线上小于该粒径的土质量占总质量的 30%所对应的粒径，mm。

一般认为砾类土或砂类土同时满足 $C_u=5\sim10$ 且 $C_c=1\sim3$ 两个条件时可定名为良好级配砾或良好级配砂，否则级配不好。

（二）土中水

土中水有不同形态，如固态的冰、气态的水蒸气、液态的水，还有矿物颗粒晶格架构中的结晶水。水蒸气一般对土的影响不大，其影响包含在气相中。结晶水是矿物颗粒的组成部分，不能自由移动，只有在高温下才能脱离晶格转变为气态水与矿物颗粒分离，对土的工程性质影响也不大(或其影响包含在固相中)。至于固态的冰，只有当土中的温度低于 0 ℃时，土中孔隙水才会结冰成为固态。固态的冰在土中可起到暂时的胶结作用，提高土的抗剪强度和降低透水性。当土中水结冰时，一般会发生冻胀现象；当土中温度回升，冰融化时会使土的抗剪强度急剧降低，压缩性增大，土的性质急剧恶化，一般会发生融陷现象，使座落于冻土之上的建筑物、道路、铁路等产生不均匀沉降。

对土的工程性质影响最大的还是液态水，所以土的液相通常是指土中的液态水。

1. 土粒与水的相互作用

土粒（矿物颗粒）表面一般带有负电荷，围绕土粒形成电场。在土粒电场影响范围内的水分子以及水溶液中的阳离子（如 Na^{+}、Ca^{2+}、Al^{3+} 等）一起被吸附于土粒周围。由于水分子是极性分子，在电场作用下将定向排列。土粒对水分子的吸引力称为电分子引力，又称为静电引力。电分子引力随着距土粒距离增大而迅速减小，如图 1-9 所示。在靠近土粒表面处，电分子引力最强，将水分子牢固地吸附在颗粒表面形成吸附层（又称为固定层）。在吸附层之外，电分子引力比较小，水分子的活动性比吸附层大一些，形成扩散层。在扩散层之外，水分子几乎不受电分子引力作用，其排列是杂乱无章的。吸附层和扩散层与土粒表面的负电荷统称为双电层。

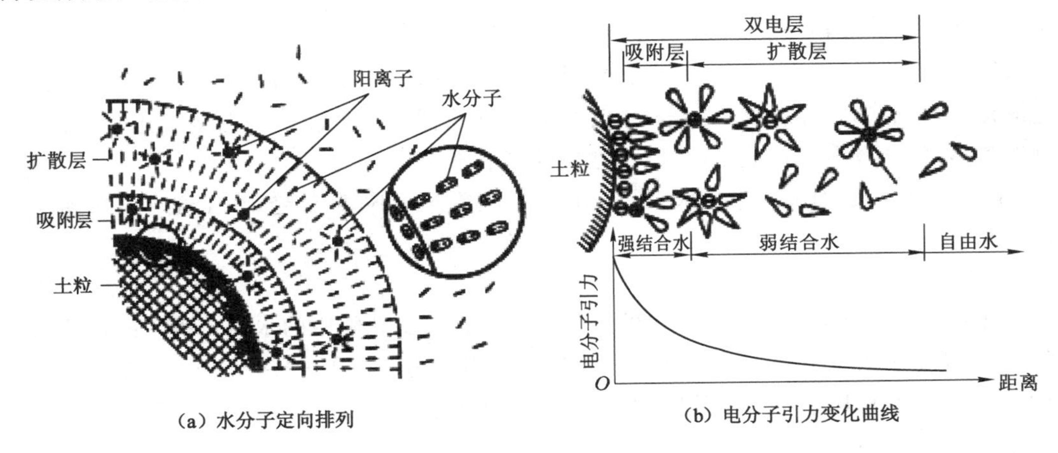

图 1-9　矿物颗粒与水分子相互作用示意图

2. 土中水的分类

根据所受电分子引力的不同，可将土中液态水分为结合水和自由水。

(1) 结合水

结合水是指被土粒表面带电分子引力吸附着的一层较薄的水，即位于双电层中的水。结合水在土粒表面带电分子引力作用下被吸附在土粒表面，使水分子和土粒表面牢固地黏结在一起形成结合水膜。由于结合水膜中的水受带电分子引力的控制，不再服从静水力学规律，不能传递静水压力。结合水的密度、黏度均比一般水高，冰点低于 0 ℃，对土的工程性质影响极大。根据结合水距土粒表面距离和所受带电分子引力的强弱，结合水又分为强结合水和弱结合水。

① 强结合水。强结合水（又称为吸附水、吸着水）是指紧靠土粒表面，处于吸附层（固定层）中的水。土粒表面负电荷强大的带电分子引力可达 100 MPa 左右，将极性水分子和水化阳离子牢固地吸附在颗粒表面，几乎完全固定排列，丧失液体的特性而接近固体。

强结合水具有如下特性：厚度约为几个水分子层，小于 0.003 μm；密度比普通水约高 1 倍，为 1.2～2.4 g/cm^3；冰点最低可达－78 ℃；在 105 ℃时才能蒸发；不传递静水压力；没有溶盐能力；具有很强的黏滞性、弹性及抗剪强度。

黏性土仅含有强结合水时呈坚硬状态；砂土仅含有强结合水时呈散粒状。如果将完全干燥的土置于天然湿度的空气中，则土颗粒将吸附空气中的水分子直至强结合水达到最大含量为止。

② 弱结合水。弱结合水(亦称薄膜水)是指紧靠强结合水外围的一层水膜，即处于扩散层中的水。弱结合水也受土粒表面负电荷的吸引而定向排列于颗粒四周。随着离颗粒距离的增大，受到的电分子引力逐渐降低。靠近强结合水的部分密度较大，越远则密度越小，其形态也由固态逐渐变为半固态、黏滞状态和液体状态。

弱结合水具有如下特性：厚度一般小于 0.5 μm；密度为 1.0～1.7 g/cm^3；不能自由流动，也不能传递静水压力，但在外界压力作用下可以挤压变形(畸变)；当相邻土粒的水膜厚度不一致时，可由厚水膜向薄水膜处迁移，这是薄水膜的土粒在剩余电分子引力作用下的结果；弱结合水具有一定的抗剪强度，但其值较小。

黏性土比表面积越大，弱结合水含量越大，对黏性土性质的影响也越大。黏性土的物理力学特性与弱结合水有关，弱结合水使黏性土具有可塑性。水膜厚度越大，颗粒之间的距离就越大，土体的膨胀性和压缩性越大，其抗剪强度越低。对于砂土等粗颗粒土，土粒的比表面积较小，弱结合水含量较小，对砂土性质的影响不大。

随着与土粒表面的距离增大，带电分子引力逐渐减小，直至趋于 0，弱结合水逐渐过渡为自由水。

(2) 自由水

自由水是指电场影响范围以外的服从重力规律的土孔隙中的水。自由水的性质与普通水相同，其密度为 1.0 g/cm^3，冰点为 0 ℃，蒸发温度为 100 ℃；无抗剪强度，能传递静水压力，在水头压力作用下可在土孔隙中发生渗流，具有溶岩能力。自由水按其移动时作用力的不同，可分为重力水和毛细水。

① 重力水。重力水是指位于地下水位以下的土孔隙中的自由水。重力水在重力或压力差(水头差)作用下在土中渗流，且对土颗粒和结构物都有浮力作用。

② 毛细水。毛细水是指在表面张力作用下存在于地下水位以上土孔隙中的自由水。空气与水的界面存在表面张力，在其作用下地下水沿着土中不规则的毛细孔上升，形成毛细水上升带，其上升高度取决于孔隙大小。在碎石土中一般不存在毛细现象(毛细水上升高度几乎为 0)；在砾砂、粗砂层中，毛细水上升高度仅几厘米；在中砂、细砂层中能上升几十厘米；在粉土、黏性土中可以上升几米。

毛细水通常存在于孔径为 0.002～0.5 mm 的孔隙中，孔隙过大不会产生毛细现象，孔隙过小则孔隙易被结合水填满使得毛细水难以上升。

(三) 土中气体

土中气体即土的气相，指存在于土孔隙中未被水占据的部分，可分为自由气体和封闭气体两种。

1. 自由气体

自由气体是指与大气连通的气体，也称为流通气体，其成分与大气相同。当土体受到外力作用而产生压缩变形时，这种气体很快从孔隙中逸出，对土体的性质影响不大。自由气体常存在于无黏性粗粒土中。

2. 封闭气体

封闭气体是指与大气隔绝以气泡形式存在于土中的气体，也称为密闭气体。封闭气体的成分可能是空气、水汽或硫化氢、甲烷等。在压力作用下这种气体可被压缩或溶解于水中。当压力降低时，气泡会恢复原状或重新游离出来，从而提高了土的压缩性，降低了透水性。这种气体不易从孔隙中逸出，对土的工程性质影响较大。封闭气体常存在于黏性土、淤泥、淤泥质土和泥炭土中。特别是后三种土，由于微生物的活动和分解作用，土中产生一些可燃气体（如硫化氢、甲烷等），使土层不易在自重作用下压密而形成高压缩性的软土层。

二、土的三相比例指标

土是由固体颗粒、水和气体组成的三相分散体系。反映土的三相在体积和重力（或质量）上关系的指标，称为土的三相比例指标，包括土的密度（或土的重度）、土粒比重、含水率、孔隙比、孔隙率和饱和度等。它们是定量描述土的物理性质的最基本的指标，是工程地质勘察报告中不可缺少的基本内容，对评价土的工程性质具有重要的意义。

（一）土的三相简图

土中固体颗粒、水和气体是混杂在一起的，其分布是随机的。为了方便理论分析，将三相体系中分散交错的固体颗粒、水和气体分别集中在一起，抽象地按固相、液相和气相的质量（或重力）和体积表示在土的三相图中，如图 1-10 所示。右侧表示三相组成的体积，左侧表示三相组成的质量（或重力）。

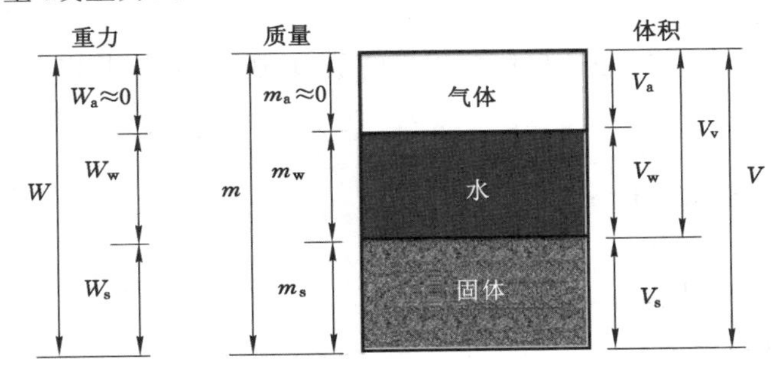

图 1-10　土的三相组成示意图

图 1-10 中各符号的物理意义：V 表示体积，单位为 m^3 或 cm^3；W 表示重力，单位为 kN 或 N；m 表示质量，单位为 kg 或 g。下标 a 表示气相（空气，air）；w 表示液相（水，water）；s 表示固相（土粒，soil）；v 表示孔隙。它们之间的关系式为：

$$V = V_s + V_v = V_s + V_w + V_a \tag{1-4}$$

式中　V——土的总体积，m^3 或 cm^3；

V_s——土中固体颗粒的体积，m^3 或 cm^3；

V_v——土中孔隙的体积，$V_v = V_w + V_a$，m^3 或 cm^3；

V_w——土中水的体积，m^3 或 cm^3；

V_a——土中气体的体积，m^3 或 cm^3。

$$W = W_s + W_w + W_a \approx W_s + W_w \tag{1-5}$$

式中　W——土的总重力，kN；

W_s——土中固体颗粒的重力，kN；

W_w——土中水的重力,kN;

W_a——土中气体的重力,$W_a \approx 0$ kN。

$$m = m_s + m_w + m_a \approx m_s + m_w \tag{1-6}$$

式中 m——土的总质量,kg 或 g;

m_s——土中固体颗粒的质量,kg 或 g;

m_w——土中水的质量,kg 或 g;

m_a——土中气体的质量,$m_a \approx 0$ g。

（二）指标的定义

1. 基本指标

土的三相比例指标中有 3 个基本指标可以直接通过土工试验测定,故称其为试验指标或直接测定指标。

(1) 土的密度与重度

① 土的密度。土的密度是指单位体积土的质量,用 ρ 表示,其定义公式为:

$$\rho = \frac{m}{V} \tag{1-7}$$

式中 ρ——土的密度,g/cm³;

m——土的总质量,g;

V——土的总体积,cm³。

② 土的重度。土的重度是指单位体积土的重力,用 γ 表示,其定义公式为:

$$\gamma = \frac{W}{V} = \frac{mg}{V} = \rho g \approx 10\rho \tag{1-8}$$

式中 γ——土的重度,kN/m³;

W——土的重力,kN;

V——土的总体积,m³;

g——重力加速度,取 10 m/s²;

ρ——土的密度,g/cm³。

③ 测定方法。对于细粒土,通常采用环刀法。环刀法是用已知质量和容积的环刀,切取土样并将上、下表面刮平,称重后减去环刀质量即得到土的质量,环刀的容积即土的体积,进而可求得土的密度。

对于易破裂及形状不规则的坚硬土,通常采用蜡封法。蜡封法是将已知质量的土块浸入融化的石蜡中,使试样有一层蜡外壳,以保持完整的外形。通过分别称得带蜡壳试样在空气中和水中的质量,根据浮力原理,计算得出试样体积及土的密度。

对于粗粒土的密度测试,现场通常采用灌水法和灌砂法。具体操作过程可查阅《土工试验方法标准》(GB/T 50123—2019)。

天然土的密度称为土的天然密度,天然土的重度称为土的天然重度。土的天然密度和天然重度受矿物颗粒组成、密实程度、含水率等因素的影响,一般土的天然密度 ρ=1.60～2.20 g/cm³、天然重度 γ=16.0～22.0 kN/m³。

(2) 土粒密度、重度与比重

① 土粒密度。土粒密度是指干土粒的质量与体积之比,用 ρ_s 表示,其定义公式为:

$$\rho_s=\frac{m_s}{V_s} \tag{1-9}$$

式中　ρ_s——土粒密度，g/cm^3；

m_s——土粒的质量，g；

V_s——土粒的体积，cm^3。

② 土粒重度。土粒重度是指单位体积干土粒的重力，用 γ_s 表示，其定义公式为：

$$\gamma_s=\frac{W_s}{V_s}=\frac{m_s g}{V_s}=\rho_s g\approx 10\rho_s \tag{1-10}$$

式中　γ_s——土粒重度，kN/m^3；

W_s——土粒的重力，kN；

V_s——土粒的体积，m^3；

g——重力加速度，取 10 m/s^2；

ρ_s——土粒密度，g/cm^3。

③ 土粒比重。土粒比重是指土粒的重力（或质量）与同体积纯蒸馏水在 4 ℃时的重力（或质量）之比，用 G_s 表示，其定义公式为：

$$G_s=\frac{W_s}{V_s\gamma_w}=\frac{m_s g}{V_s\rho_w g}=\frac{m_s}{V_s\rho_w}=\frac{\rho_s}{\rho_w} \tag{1-11}$$

式中　G_s——土粒比重，无因次；

V_s——土粒的体积，m^3；

γ_w——纯蒸馏水 4 ℃时的重度，取 10 kN/m^3；

ρ_w——纯蒸馏水 4 ℃时的密度，取 1.0 g/cm^3；

m_s——土粒的质量，g；

ρ_s——土粒密度，g/cm^3。

由于 $\rho_w=1.0$ g/cm^3，由式(1-11)可以看出土粒比重在数值上等于土粒密度，无量纲。

④ 测定方法。在工程中经常采用土粒比重这个指标。对于粒径＜5 mm 的各类土，采用比重瓶法测定土粒比重；对于粒径≥5 mm 且其中粒径＞20 mm 的土质量小于总质量的 10％的各类土，采用浮称法测定其比重；对于粒径≥5 mm 且其中粒径＞20 mm 的土质量大于等于总质量的 10％的各类土，采用虹吸管法测定其比重。具体操作过程可查阅《土工试验方法标准》(GB/T 50123—2019)。

经验表明：土粒比重的大小与矿物成分有关，各类土的土粒比重差别不大。土粒比重 G_s 一般为：砂土 2.65～2.69、粉土 2.70～2.71、黏性土 2.72～2.75。土中有机质含量增加时，土粒比重减小。

(3) 土的含水率

① 含水率的定义。土的含水率是指土中水的重力（或质量）与固体颗粒的重力（或质量）之比，常用百分数来表示，即

$$w=\frac{W_w}{W_s}\times 100\%=\frac{m_w g}{m_s g}\times 100\%=\frac{m_w}{m_s}\times 100\% \tag{1-12}$$

式中　w——土的含水率，％；

W_w——土中水的重力，kN；

W_s——土中固体颗粒的重力，kN；

m_w——土中水的质量，g；

m_s——土中固体颗粒的质量，g。

② 测定方法。粗粒土、细粒土、有机质土和冻土含水率的测定，常采用烘干法。取原状土样称量后置于烘箱内，在105～110 ℃恒温下烘至恒重，称量干土的质量并计算失去的水量，根据式(1-12)即可确定土的含水率。

土的含水率是反映土的湿度的一个重要指标。天然土层的含水率变化范围较大，与土的种类、埋藏条件、水的补给环境等有关，一般在10%～60%之间。同一类土，含水率越大，抗剪强度越低，反之抗剪强度越高。特别是黏性土和粉土，含水率对土的工程性质影响极大。

2. 换算指标

土的三相比例指标中有一些指标是根据上述3个试验指标按固定关系式间接换算出来的，故称其为换算指标。

(1) 干密度与干重度

① 干密度。干密度是指土中固体颗粒质量与总体积之比，即土在完全干燥条件下单位体积土的质量，用ρ_d来表示，其定义公式为：

$$\rho_d = \frac{m_s}{V} \tag{1-13}$$

式中 ρ_d——土的干密度，g/cm³；

m_s——土中固体颗粒的质量，g；

V——土的总体积，cm³。

土的干密度越大，土越密实，强度越高，压缩性越低。因此，常以干密度作为填土密实性的施工控制指标。土的干密度ρ_d一般为1.3～2.0 g/cm³。

② 干重度。干重度是指土中固体颗粒重力与总体积之比，即土在完全干燥条件下单位体积土的重力，用γ_d表示，其定义公式为：

$$\gamma_d = \frac{W_s}{V} = \frac{m_s g}{V} = \rho_d g \approx 10\rho_d \tag{1-14}$$

式中 γ_d——土的干重度，kN/m³；

W_s——土中固体颗粒的重力，kN；

V——土的总体积，m³；

m_s——土中固体颗粒的质量，g；

g——重力加速度，取10 m/s²；

ρ_d——土的干密度，g/cm³。

(2) 饱和密度与饱和重度

① 饱和密度。土的饱和密度是指土中孔隙全部充满水时单位体积土的质量，用ρ_{sat}表示，其定义公式为：

$$\rho_{sat} = \frac{m_s + V_v \rho_w}{V} \tag{1-15}$$

式中 ρ_{sat}——土的饱和密度，g/cm³；

m_s——土中固体颗粒的质量，g；

V_v——土中孔隙的体积，cm^3；

ρ_w——水的密度，取 1.0 g/cm^3；

V——土的总体积，cm^3。

土的饱和密度 ρ_{sat} 一般为 1.8～2.3 g/cm^3。

② 饱和重度。土的饱和重度是指土中孔隙全部充满水时单位体积土的重力，用 γ_{sat} 表示，其定义公式为：

$$\gamma_{sat} = \frac{W_s + V_v\gamma_w}{V} = \frac{(m_s + V_v\rho_w)g}{V} = \rho_{sat}g \approx 10\rho_{sat} \tag{1-16}$$

式中　γ_{sat}——土的饱和重度，kN/m^3；

W_s——土中固体颗粒的重力，kN；

V_v——土中孔隙的体积，m^3；

V——土的总体积，m^3；

g——重力加速度，取 10 m/s^2；

γ_w——水的重度，$\gamma_w = \rho_w g$，取 10 kN/m^3；

ρ_w——水的密度，取 1.0 g/cm^3；

m_s——土中固体颗粒的质量，g；

ρ_{sat}——土的饱和密度，g/cm^3。

(3) 有效密度与有效重度

① 有效密度。在地下水位以下，土粒受到水的浮力作用。单位土体积中固体颗粒的质量扣除同体积水的质量后，即单位土体积中固体颗粒的有效质量，称为土的有效密度，又称为浮密度，用 ρ' 表示，其定义公式为：

$$\rho' = \frac{m_s - V_s\rho_w}{V} \tag{1-17}$$

式中　ρ'——土的有效密度，g/cm^3；

m_s——土中固体颗粒的质量，g；

V_s——土粒的体积，m^3；

ρ_w——水的密度，取 1.0 g/cm^3；

V——土的总体积，m^3。

有效密度与饱和密度的关系式如下：

$$\rho' = \frac{m_s - V_s\rho_w}{V} = \frac{m_s - (V - V_v)\rho_w}{V} = \frac{m_s + V_v\rho_w}{V} - \rho_w = \rho_{sat} - \rho_w \tag{1-18}$$

② 有效重度。土的有效重度又称为浮重度，是指单位体积土体扣除水的浮力后的重力，用 γ' 表示，其定义公式为：

$$\gamma' = \frac{W_s - V_s\gamma_w}{V} = \frac{(m_s - V_s\rho_w)g}{V} = \rho' g \approx 10\rho' \tag{1-19}$$

式中　γ'——土的有效(浮)重度，kN/m^3；

W_s——土中固体颗粒的重力，kN；

V_s——土粒的体积，m^3；

V——土的总体积，m^3；

g——重力加速度，取 10 m/s^2；

γ_w——水的重度，$\gamma_w=\rho_w g$，取 10 kN/m³；

ρ_w——水的密度，取 1.0 g/cm³；

m_s——土中固体颗粒的质量，g；

ρ'——土的有效(浮)密度，g/cm³。

同理，与式(1-18)类似，有效重度与饱和重度的关系式如下：

$$\gamma' = \gamma_{sat} - \gamma_w \tag{1-20}$$

式中 γ'——土的有效(浮)重度，kN/m³；

γ_{sat}——土的饱和重度，kN/m³；

γ_w——水的重度，取 10 kN/m³。

土的有效重度 γ'一般为 8.0～13.0 kN/m³。

(4) 孔隙比

土的孔隙比是指土中孔隙体积与固体颗粒的体积之比，用 e 表示，其定义公式为：

$$e = \frac{V_v}{V_s} \tag{1-21}$$

式中 e——土的孔隙比，无因次；

V_v——土中孔隙的体积，cm³；

V_s——土粒的体积，cm³。

孔隙比常用以表示天然土体的密实程度。孔隙比越大，土越松散，工程性质越差；孔隙比越小，土越密实，工程性质越好。砂土的孔隙比一般为 0.3～0.9；黏性土和粉土的孔隙比一般为 0.4～1.2。

(5) 孔隙率

土的孔隙率 n 是指土中孔隙体积与土总体积之比，常用百分数表示，即

$$n = \frac{V_v}{V} \times 100\% \tag{1-22}$$

式中 n——土的孔隙率，%；

V_v——土中孔隙的体积，cm³；

V——土的总体积，cm³。

孔隙率可用以表示同一种土的松密程度，其值与土形成过程中所受的压力、颗粒级配和颗粒排列状况有关。一般情况下粗粒土的孔隙率小，细粒土的孔隙率大。如砂土的孔隙率一般为 25%～45%；黏性土和粉土的孔隙率一般为 30%～60%。

(6) 饱和度

土的饱和度 S_r是指土中水的体积与孔隙体积之比，常用百分数表示，即

$$S_r = \frac{V_w}{V_v} \times 100\% \tag{1-23}$$

式中 S_r——土的饱和度，%；

V_w——土中水的体积，cm³；

V_v——土中孔隙的体积，cm³。

土的饱和度 S_r的值为 0～100%，反映了土中孔隙被水充满的程度。若 $S_r=100\%$，表明土的孔隙中全部充满水，土是完全饱和的；若 $S_r=0$，则土是完全干燥的。通常可根据饱和

度将砂土划分为稍湿、很湿和饱和三种状态：① $S_r \leqslant 50\%$，稍湿；② $50\% < S_r \leqslant 80\%$，很湿；③ $S_r > 80\%$，饱和。

3. 各种指标间的关系

土的三相比例指标共有 9 个，其中基本指标有 3 个：土的密度 ρ，土粒比重 G_s 和含水率 w。这 3 个基本指标可通过土工试验获得：① 土的密度 ρ 采用环刀法、蜡封法、灌水法或灌砂法测定；② 土粒比重 G_s 采用比重瓶法、浮称法或虹吸管法测定；③ 土的含水率一般采用烘干法测定。在测定这 3 个基本指标后，其余换算指标可根据这 3 个基本指标利用三相关系图推算出来，如图 1-11 所示。

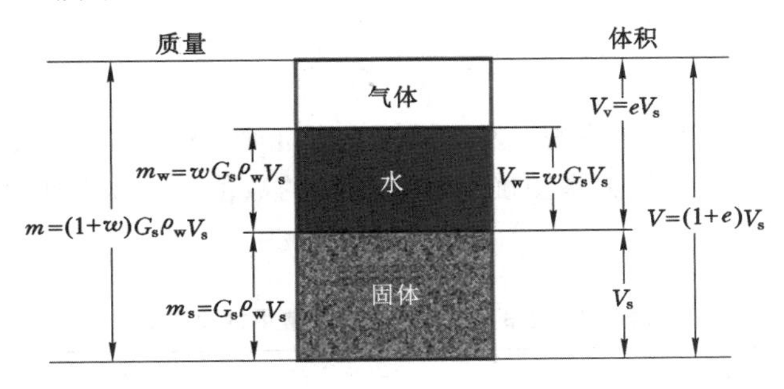

图 1-11　土的三相关系图

设土粒体积为 V_s，根据孔隙比定义可得：

$$V_v = eV_s \tag{1-24}$$

则：

$$V = V_s + V_v = (1+e)V_s \tag{1-25}$$

根据土粒比重定义，可得：

$$m_s = G_s\rho_w V_s \tag{1-26}$$

根据含水率定义，可得：

$$m_w = wm_s = wG_s\rho_w V_s \tag{1-27}$$

则：

$$m = m_s + m_w = (1+w)G_s\rho_w V_s \tag{1-28}$$

根据体积和质量的关系，可得：

$$V_w = \frac{m_w}{\rho_w} = wG_s V_s \tag{1-29}$$

由图 1-11 和土的密度定义可得：

$$\rho = \frac{m}{V} = \frac{G_s(1+w)}{1+e}\rho_w \tag{1-30}$$

则孔隙比为：

$$e = \frac{G_s(1+w)\rho_w}{\rho} - 1 \tag{1-31}$$

由干密度定义可得：

$$\rho_d = \frac{m_s}{V} = \frac{G_s\rho_w}{1+e} = \frac{\rho}{1+w} \tag{1-32}$$

由饱和密度定义可得：

$$\rho_{sat} = \frac{m_s + V_v \rho_w}{V} = \frac{(G_s + e)\rho_w}{1+e} \tag{1-33}$$

由有效密度定义可得：

$$\rho' = \frac{m_s - V_s \rho_w}{V} = \frac{(G_s - 1)\rho_w}{1+e} \tag{1-34}$$

由孔隙率定义可得：

$$n = \frac{V_v}{V} = \frac{e}{1+e} \tag{1-35}$$

由饱和度定义可得：

$$S_r = \frac{V_w}{V_v} = \frac{wG_s}{e} \tag{1-36}$$

事实上，在 9 个三相比例指标中，独立指标只有 3 个，这是因为土是三相体。只要确定了其中 3 个指标，便可按三相关系图确定其他指标的数值。表 1-4 列出了常用的土的三相比例指标换算公式。

表 1-4　土的三相比例指标常用换算公式

名称	符号	定义公式	常用换算式	单位	常见的数值范围
含水率	w	$w = \frac{m_w}{m_s} \times 100\%$ 或 $w = \frac{W_w}{W_s} \times 100\%$	$w = \frac{S_r e}{G_s} = \frac{\rho}{\rho_d} - 1$	无因次	10%～60%
土粒比重	G_s	$G_s = \frac{m_s}{V_s \rho_w}$ 或 $G_s = \frac{W_s}{V_s \gamma_w}$	$G_s = \frac{S_r e}{w}$	无因次	黏性土：2.72～2.75 粉土：2.70～2.71 砂土：2.65～2.69
密度	ρ	$\rho = \frac{m}{V}$	$\rho = \frac{G_s(1+w)}{1+e}\rho_w$ 或 $\rho = \rho_d(1+w)$	g/cm³	1.6～2.2
干密度	ρ_d	$\rho_d = \frac{m_s}{V}$	$\rho_d = \frac{G_s \rho_w}{1+e} = \frac{\rho}{1+w}$	g/cm³	1.3～2.0
饱和密度	ρ_{sat}	$\rho_{sat} = \frac{m_s + V_v \rho_w}{V}$	$\rho_{sat} = \frac{(G_s + e)\rho_w}{1+e}$	g/cm³	1.8～2.3
有效密度	ρ'	$\rho' = \frac{m_s - V_s \rho_w}{V}$	$\rho' = \frac{G_s - 1}{1+e}\rho_w$ 或 $\rho' = \rho_{sat} - \rho_w$	g/cm³	0.8～1.3
重度	γ	$\gamma = \frac{W}{V} = \rho g$	$\gamma = \frac{G_s(1+w)}{1+e}\gamma_w$	kN/m³	16.0～22.0
干重度	γ_d	$\gamma_d = \frac{W_s}{V} = \rho_d g$	$\gamma_d = \frac{G_s \gamma_w}{1+e}$	kN/m³	13.0～20.0
饱和重度	γ_{sat}	$\gamma_{sat} = \frac{W_s + V_v \gamma_w}{V} = \rho_{sat} g$	$\gamma_{sat} = \frac{(G_s + e)\gamma_w}{1+e}$	kN/m³	18.0～23.0

表 1-4(续)

名称	符号	定义公式	常用换算式	单位	常见的数值范围
有效重度	γ'	$\gamma' = \frac{W_s - V_s\gamma_w}{V} = \rho' g$	$\gamma' = \frac{G_s - 1}{1+e}\gamma_w$	kN/m³	8.0～13.0
孔隙率	n	$n = \frac{V_v}{V} \times 100\ \%$	$n = \frac{e}{1+e} = 1 - \frac{\rho_d}{G_s\rho_w}$	无因次	黏性土和粉土:30%～60% 砂土:25%～45%
孔隙比	e	$e = \frac{V_v}{V_s}$	$e = \frac{G_s(1+w)\rho_w}{\rho} - 1$ 或 $e = \frac{G_s\rho_w}{\rho_d} - 1$ 或 $e = \frac{n}{1-n}$		黏性土和粉土:0.40～1.20 砂土:0.30～0.90
饱和度	S_r	$S_r = \frac{V_w}{V_v} \times 100\%$	$S_r = \frac{wG_s}{e} = \frac{w\rho_d}{n\rho_w}$		0～100%

【例 1-1】 在某工程施工过程中取一原状土样,其体积为 100 cm³。经试验测得原状土样湿土质量为 185 g,烘干后干土质量为 160 g,采用比重瓶法测得土粒比重 $G_s = 2.7$。试求土样的天然重度 γ、含水率 w、干重度 γ_d、孔隙比 e、孔隙率 n、饱和重度 γ_{sat} 和有效重度 γ'。

【解】 (1) 天然重度

$$\gamma = \frac{W}{V} = \frac{mg}{V} = \frac{185 \times 10}{100} = 18.5\ (\text{kN/m}^3)$$

(2) 含水率

$$w = \frac{m_w}{m_s} \times 100\% = \frac{185 - 160}{160} \times 100\% = 15.625\%$$

(3) 干重度

$$\gamma_d = \frac{W_s}{V} = \frac{m_s g}{V} = \frac{160 \times 10}{100} = 16.0\ (\text{kN/m}^3)$$

(4) 孔隙比

$$e = \frac{G_s(1+w)\gamma_w}{\gamma} - 1 = \frac{2.7 \times (1 + 0.156\ 25) \times 10}{18.5} - 1 = 0.687\ 5$$

(5) 孔隙率

$$n = \frac{e}{1+e} = \frac{0.687\ 5}{1 + 0.687\ 5} = 40.74\%$$

(6) 饱和重度

$$\gamma_{sat} = \frac{G_s + e}{1+e}\gamma_w = \frac{2.7 + 0.687\ 5}{1 + 0.687\ 5} \times 10 = 20.07\ (\text{kN/m}^3)$$

(7) 浮重度

$$\gamma' = \gamma_{sat} - \gamma_w = 20.07 - 10 = 10.07\ (\text{kN/m}^3)$$

【例 1-2】 已知某饱和土样的干重度 $\gamma_d = 16.19$ kN/m³、含水率 $w = 23.0\%$。试求土的饱和重度 γ_{sat}、土粒比重 G_s和孔隙比 e。

【解】 (1) 饱和重度

$$\gamma_{sat} = \frac{W_s + W_w}{V} = \frac{W_s + wW_s}{V} = \frac{W_s}{V}(1+w) = \gamma_d(1+w)$$

$$= 16.19 \times (1 + 23\%) = 19.91\ (\text{kN/m}^3)$$

(2) 土粒比重

由含水率定义可知：

$$w = \frac{W_w}{W_s} = \frac{V_v \gamma_w}{G_s V_s \gamma_w} = \frac{e V_s}{G_s V_s} = \frac{e}{G_s}$$

则：

$$e = w G_s$$

由干重度定义和图 1-11 可得：

$$\gamma_d = \frac{W_s}{V} = \frac{G_s \gamma_w V_s}{(1+e)V_s} = \frac{G_s \gamma_w}{1 + w G_s}$$

则：

$$G_s = \frac{\gamma_d}{\gamma_w - w\gamma_d} = \frac{16.19}{10 - 23\% \times 16.19} = 2.58$$

(3) 孔隙比

$$e = w G_s = 23\% \times 2.58 = 0.59$$

【例 1-3】 某完全饱和黏性土的含水率 $w = 40\%$，土粒比重 $G_s = 2.7$。试求土的孔隙比 e 和干密度 ρ_d。

【解】 设土粒体积为任意值 V_s，由图 1-11 可知土粒质量为：

$$m_s = G_s \rho_w V_s = 2.7 V_s$$

水的质量为：

$$m_w = w m_s = 40\% \times 2.7 V_s = 1.08 V_s$$

孔隙体积为：

$$V_v = V_w = \frac{m_w}{\rho_w} = 1.08 V_s$$

孔隙比为：

$$e = \frac{V_v}{V_s} = \frac{1.08 V_s}{V_s} = 1.08$$

干密度为：

$$\rho_d = \frac{m_s}{V} = \frac{m_s}{(1+e)V_s} = \frac{2.7 V_s}{(1+1.08)V_s} = 1.30\ (\text{g/cm}^3)$$

第三节 土的物理状态指标

土的松密、软硬及干湿等特征称为土的物理状态。土的物理状态对其力学性质影响较大，不同种类土的力学性质由不同的物理状态特征决定。因此，对于不同种类的土，应该建立不同的物理状态指标。

一、黏性土的物理状态指标

(一) 界限含水率

随着含水率的增大，黏性土的物理状态将发生“固态→半固态→塑态→流态”的转变(图 1-12)，其抗剪强度随之降低，压缩性随之提高；反之，随着含水率的减小，黏性土的物理状态将发生"流态→塑态→半固态→固态"的转变，其抗剪强度随之增大(强度恢复)，压缩性随之降低。

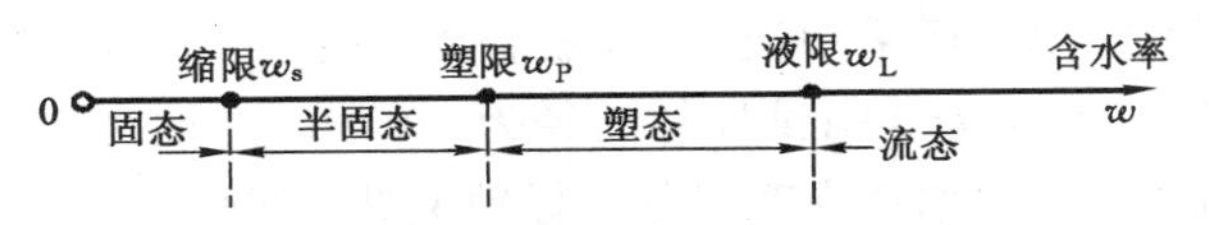

图 1-12 黏性土的物理状态与界限含水率

流态(流动状态)是指当土中水较多使土粒完全被水隔开时，土呈黏滞状或泥浆状，在自重作用下缓慢塌落或流动。塑态(可塑状态或塑性状态)是指在外力作用下可塑成任何形状而不产生裂缝，当外力解除后能保持既有形状，不回弹也不坍塌，黏性土的这种特性称为可塑性，相应的状态为塑态。半固态(半固体状态)是指含水率减小只引起体积减小而形状维持不变的状态，如图 1-13 所示。固态(固体状态)是指含水率变化而其体积和形状都维持不变的状态。半固态和固态的黏性土具有较大的抗剪强度，在外力作用下不再有可塑性，呈脆性。

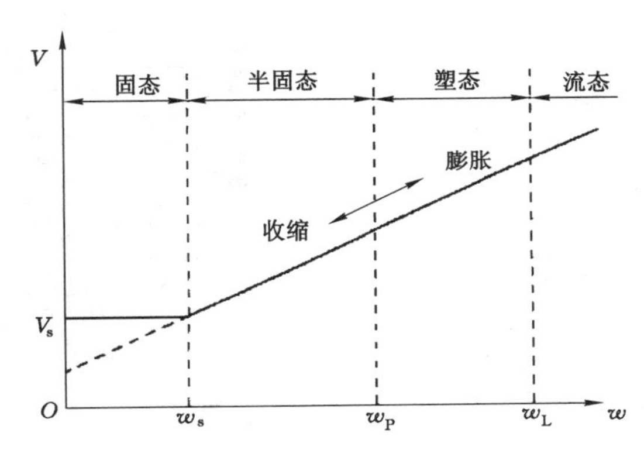

图 1-13 土体体积变化和物理状态随含水率的变化关系图

1. 界限含水率的定义

黏性土由一种状态转变为另一种状态时的分界含水率，称为界限含水率。固态与半固态的分界含水率称为缩限，用 w_s表示；半固态与塑态的分界含水率称为塑限，用 w_P表示；塑态与流态的分界含水率称为液限，用 w_L 表示。界限含水率首先由瑞典科学家阿特伯格(Atterberg)于 1911 年提出，故这些界限含水率又称为阿特伯格界限。

处于固态的黏性土，基本上只含强结合水；处于半固态的黏性土，含强结合水和部分弱结合水；处于塑态的黏性土含有结合水和少量自由水；处于流态的黏性土含有结合水和大量自由水。

2. 界限含水率的测定

界限含水率综合反映了黏性土的颗粒组成、矿物成分、颗粒表面吸附阳离子等性质，对黏性土的工程性质和分类具有重要意义。从理论上讲，黏性土的状态与结合水膜的厚度密切相关，界限含水率的确定应与结合水膜的厚度相结合，但是目前对结合水膜厚度的测定还难以实现。在《土工试验方法标准》(GB/T 50123—2019)中，测定液限的方法有圆锥仪法和碟式仪法，测定塑限的方法有圆锥仪法和滚搓法，测定缩限的方法有收缩皿法。

(1) 液、塑限联合测定法

对于粒径小于 0.5 mm 以及有机质含量不大于试样总质量 5%的土,《土工试验方法标准》(GB/T 50123—2019)规定可采用液、塑限联合测定法。液、塑限联合测定仪如图 1-14 所示。圆锥质量为 76 g,锥角为 30°;试样杯内径为 40 mm,高度为 30 mm。联合测定法的理论基础是圆锥下沉深度与含水率在双对数坐标轴上具有线性关系。

试验时,同一种土一般制成 3 个不同含水率的试样,分别放入调土皿浸润过夜后,充分调拌均匀,再填入试样杯中,并填满刮平表面。将圆锥放在试样表面中心,使其在重力作用下缓慢沉入试样,测定圆锥在 5 s 时的下沉深度。以含水率为横坐标、圆锥入土深度为纵坐标在双对数坐标纸上绘出含水率与圆锥下沉深度关系曲线,如图 1-15 所示。

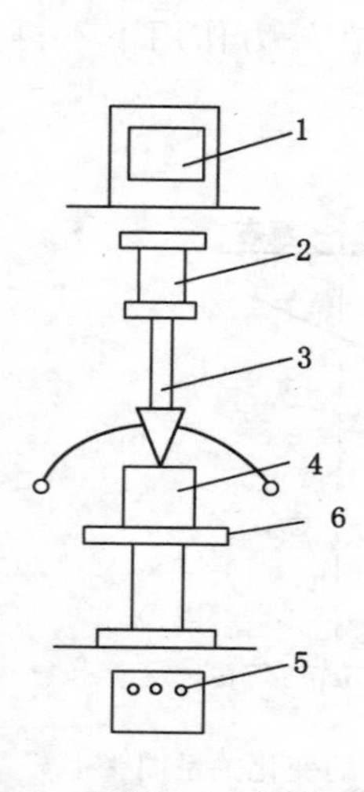

1—显示屏;2—电磁铁;3—带标尺的圆锥仪;
4—试样杯;5—控制开关;6—升降座。

图 1-14　液、塑限联合测定仪示意图

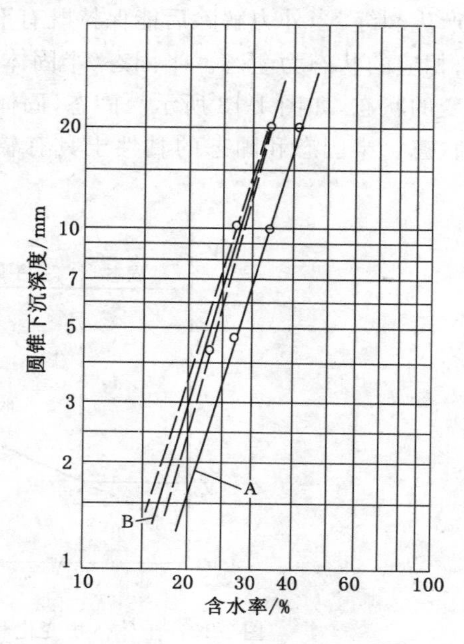

图 1-15　圆锥下沉深度与含水率的关系曲线

3 个试样获得 3 个点,3 个点应在一条直线上,如图 1-15 中 A 线所示,A 线即真实的圆锥下沉深度与含水率的关系曲线。当 3 个点不在一条直线上时,通过高含水率的点和其余 2 个点连成 2 条直线,在下沉为 2 mm 处查得相应的 2 个含水率,当 2 个含水率的差值小于 2%时,应以 2 个点含水率平均值对应的点与高含水率的点连成一条直线,如图 1-15 中 B 线所示,则认为 B 线为真实的圆锥下沉深度与含水率的关系曲线;当 2 个含水率的差值大于等于 2%时,应重做试验。

在图 1-15 上查得下沉深度为 17 mm 时对应的含水率为液限 $w_L^{(17)}$;下沉深度为 10 mm 时对应的含水率为液限 $w_L^{(10)}$。《建筑地基基础设计规范》(GB 50007—2011)和《岩土工程勘察规范》(GB 50021—2001)采用液限 $w_L^{(10)}$,而《土的工程分类标准》(GB/T 50145—2007)则采用液限 $w_L^{(17)}$。显然两种液限值是不同的,$w_L^{(17)} > w_L^{(10)}$,实际工程中要注意两者的区别。同时,查得下沉深度为 2 mm 时对应的含水率即塑限 w_P。

（2）碟式仪法

对于粒径小于 0.5 mm 的土，《土工试验方法标准》（GB/T 50123—2019）规定还可采用碟式液限仪测定土的液限。碟式液限仪和试验采用的土样如图 1-16 所示。

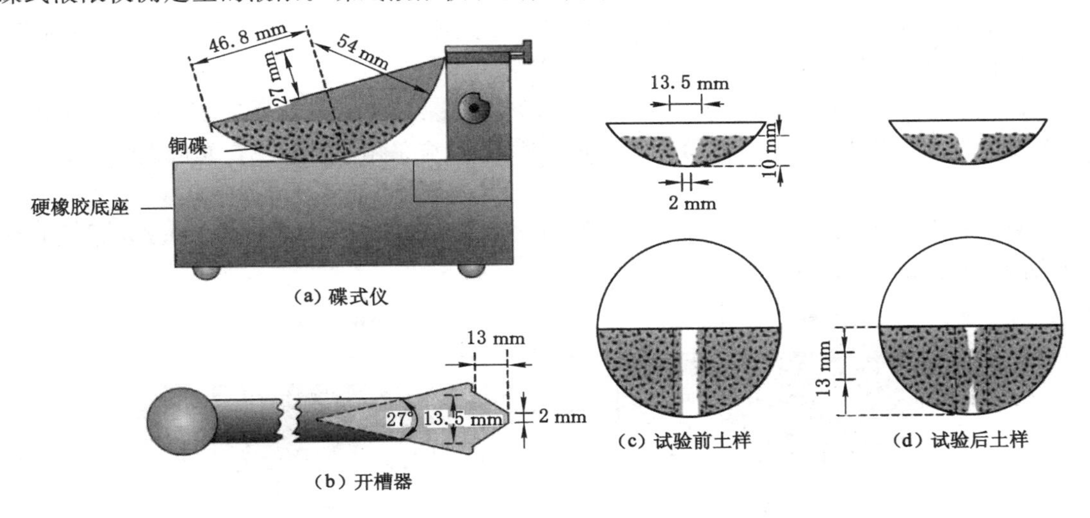

图 1-16　碟式液限仪法测定液限示意图

试验时，同一种土一般制成 4～5 个不同含水率的试样。将制备好的试样充分调拌均匀铺于铜碟前半部，用调土刀将铜碟前沿试样刮成水平，使试样中心厚度为 10 mm。用开槽器经蜗形轮的中心沿铜碟直径将试样划开，形成 V 形槽。以每秒 2 圈的速度转动摇柄，使铜碟反复起落（提升高度为 10 mm）坠击于硬橡胶底座上，记录槽底两边试样的合拢长度为 13 mm 时的击数。然后以击数为横坐标，以含水率为纵坐标，在单对数坐标纸上绘制击数与含水率关系曲线，如图 1-17 所示。取曲线上击数为 25 时所对应的整数含水率为该土的液限。

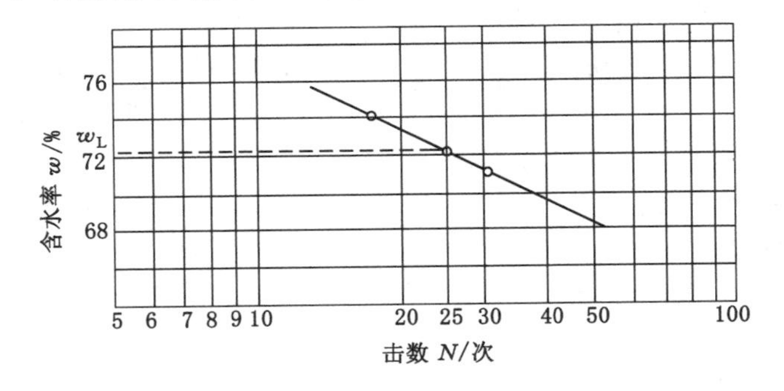

图 1-17　液限曲线

圆锥仪法与碟式仪法均可用于测定黏性土的液限，但二者测定的液限值是不同的。一般情况下，碟式仪测得的液限大于圆锥仪测得的液限。

（3）滚搓法

对于粒径小于 0.5 mm 的土，《土工试验方法标准》（GB/T 50123—2019）规定还可以采用滚搓法测定土的塑限。

试验时取 0.5 mm 筛下的代表性试样 100 g，放在盛土皿中加纯水拌匀，湿润过夜。将制备好的试样在手中揉捏至不粘手，捏扁出现裂缝时其含水率接近塑限。取接近塑限含水率的试样 8～10 g，搓成椭圆形，放在毛玻璃板上用手掌滚搓，当土条直径为 3 mm 时产生裂缝并开始断裂，表明试样的含水率达到塑限。当土条直径为 3 mm 时不产生裂缝或土条直径大于 3 mm 时才断裂，表明试样的含水率高于塑限或低于塑限，都应重新取样进行试验。取合格的土条 3～5 g，测定土条的含水率，即塑限。

《土工试验方法标准》(GB/T 50123—2019)中规定：在使用圆锥仪时，应采用液、塑限联合测定法测定液限和塑限；当使用碟式仪测定液限时，应采用滚搓法测定塑限。

(4) 收缩皿法

对于粒径小于 0.5 mm 的土，《土工试验方法标准》(GB/T 50123—2019)规定采用收缩皿法测定土的缩限，如图 1-18 所示。

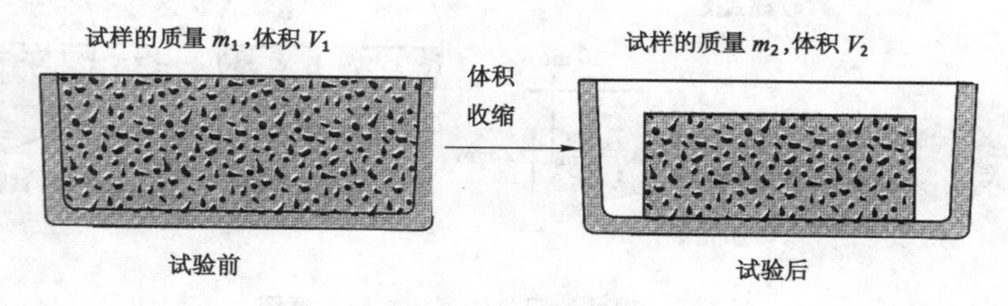

图 1-18　收缩皿法示意图

试验时，取代表性试样 200 g 搅拌均匀，加纯水制备含水率等于或略大于 $w_L^{(10)}$ 的试样。在收缩皿内涂一薄层凡士林，将试样分层填入收缩皿中，填满后刮平表面，称取收缩皿和试样的总质量后得到湿样的质量 m_1 和体积 V_1。将填满试样的收缩皿放在通风处晾干，当试样颜色变淡时，放入烘箱内烘至恒重，取出置于干燥器内冷却至室温，称取收缩皿和干样的总质量后得到干样的质量 m_2，并用蜡封法测定干样的体积 V_2。

土的缩限按式(1-37)计算。

$$w_s = w - \frac{(V_1 - V_2)\rho_w}{m_2} \times 100\% = \left[\frac{m_1 - m_2}{m_2} - \frac{(V_1 - V_2)\rho_w}{m_2}\right] \times 100\% \tag{1-37}$$

式中　w_s——土的缩限，%；

w——湿样的含水率，%；

V_1——湿样的体积，cm^3；

V_2——干样的体积，cm^3；

m_1——湿样的质量，g；

m_2——干样的质量，g；

ρ_w——水的密度，取 1.0 g/cm^3。

(二) 塑性指数

塑性指数 I_P 是指液限与塑限的差值，习惯上去掉百分数，即

$$I_p = (w_L - w_P) \times 100 \tag{1-38}$$

式中　I_P——塑性指数，无因次；

w_L——土的液限，%；

w_P——土的塑限，%。

由图 1-12 可知塑性指数反映了土处于可塑状态的含水率变化范围。I_P值越大，土处于可塑状态的含水率范围也越大。而土处于可塑状态时，土中水为结合水和部分自由水。因此，I_P主要与土中结合水的含量有明显关系，也就是与土颗粒大小有关。土粒越细，黏粒含量越多，其比表面积越大，结合水含量越高，I_P值也就越大。

此外，塑性指数的大小还与矿物成分和土中水的化学成分有关，可看成土的一个综合性指标。对于塑性指数相近的黏性土，一般均表现出相似的物理力学性质，因此常用塑性指数I_P作为黏性土的分类依据。

（三）液性指数

液性指数是指黏性土的天然含水率和塑限的差值与液限和塑限的差值之比，其定义公式为：

$$I_L = \frac{w - w_P}{w_L - w_P} = \frac{100(w - w_P)}{I_P} \tag{1-39}$$

式中　I_L——液性指数，无因次；

I_P——塑性指数，无因次；

w_L——土的液限，%；

w_P——土的塑限，%。

由式(1-39)可见：当 $w \leqslant w_P$时，$I_L \leqslant 0$，土处于固态和半固态；当 $w_P < w \leqslant w_L$时，$0 < I_L \leqslant 1$，土处于塑态；当 $w > w_L$时，$I_L > 1$，土处于流态。因此，液性指数 I_L反映了黏性土的软硬程度。I_L越大，土越软，反之土越硬。根据液性指数 I_L，《建筑地基基础设计规范》(GB 50007—2011)和《公路桥涵地基与基础设计规范》(JTG 3363—2019)将黏性土划分为五种软硬状态，划分标准见表 1-5。

表 1-5　黏性土的软硬状态

状态	坚硬	硬塑	可塑	软塑	流塑
液性指数	$I_L \leqslant 0$	$0 < I_L \leqslant 0.25$	$0.25 < I_L \leqslant 0.75$	$0.75 < I_L \leqslant 1.0$	$I_L > 1.0$

【例 1-4】　某黏性土样的液限 $w_L = 41\%$、塑限 $w_P = 22\%$、土粒比重 $G_s = 2.78$、饱和度 $S_r = 97\%$、孔隙比 $e = 1.58$，试确定该黏性土的状态。

【解】　由表 1-4 可知：

$$w = \frac{eS_r}{G_s} = \frac{1.58 \times 0.97}{2.78} = 55\%$$

而 $I_p = (w_L - w_P) \times 100 = (41\% - 22\%) \times 100 = 19$，则 $I_L = \frac{100(w - w_P)}{I_P} = \frac{100 \times (55\% - 22\%)}{19} = 1.74 > 1$，所以该黏性土处于流塑状态。

（四）黏性土的灵敏度

天然状态下的黏性土由于地质作用常具有一定的结构。当土体受到外力扰动，其结构遭到破坏时，其抗剪强度降低，压缩性增大。

从地层中取出能保持原有结构和含水率的土样称为原状土；结构受到破坏或含水率变化的土样称为扰动土。将扰动土按原状土的密度和含水率制备的土样称为重塑土。

灵敏度是指原状土的无侧限抗压强度与重塑土的无侧限抗压强度的比值,其定义公式为:

$$S_t = \frac{q_u}{q'_u} \tag{1-40}$$

式中 S_t——黏性土的灵敏度,无因次;

q_u——原状土的无侧限抗压强度,kPa;

q'_u——重塑土的无侧限抗压强度,kPa。

根据灵敏度 S_t 的大小,将土分为三类:① 当 $S_t \leqslant 2$ 时,为低灵敏土;② 当 $2 < S_t \leqslant 4$ 时,为中灵敏土;③ 当 $S_t > 4$ 时,为高灵敏土。

土的灵敏度越高,其结构性越强,受扰动后土的强度降低就越多。所以,在基础施工中应注意保护基槽或基坑,尽量避免或减少人员、施工机械对基槽(坑)土体结构的扰动从而导致地基土强度降低。

与结构性相关的概念是黏性土的触变性。当黏性土受到扰动后,其结构遭到破坏,土的强度降低;扰动停止后,土的强度随时间又逐渐增长,这种性质称为黏性土的触变性。土的触变性对预制桩很有利,打桩时桩周围土受振而结构破坏,强度降低,使桩容易打入;当停止打桩后,土的部分强度又恢复,桩的承载力又提高了。

二、无黏性土的密实度

无黏性土一般是指碎石土和砂土。粉土属于砂土和黏性土的过渡类型,其物质组成、结构及物理力学性质接近砂土。

无黏性土最主要的物理状态指标是密实度。土的密实度通常是指土粒排列的密实程度。无黏性土的密实度是其颗粒矿物组成、颗粒级配、颗粒形状和排列等的综合体现,是判定其工程性质的主要指标之一。

密实的无黏性土具有强度高、结构稳定、压缩性小等特点,是良好的天然地基。松散的无黏性土,其强度较低、稳定性差、压缩性大。特别是饱和松散的粉砂和细砂,在振动荷载作用下易发生液化。因此,在进行岩土工程勘察与评价时必须对无黏性土的密实程度做出判断。

(一)以孔隙比作为划分标准

对于同一种土,孔隙比越大,土越松散;反之,孔隙比越小,土越密实。用孔隙比 e 表示无黏性土的密实度,具有指标单一、应用方便的特点。但由于孔隙比的变化范围受颗粒的大小、形状、级配的影响,特别是粗颗粒土(碎石土和砂土),即使孔隙比相同,其密实状态也不一定相同。因此,《岩土工程勘察规范》(GB 50021—2001)只将孔隙比 e 作为判定粉土密实度的标准,见表 1-6。

表 1-6 粉土按孔隙比划分密实度

孔隙比 e	密实度
$e < 0.75$	密实
$0.75 \leqslant e \leqslant 0.9$	中密
$e > 0.9$	稍密

(二)以相对密度作为划分标准

相对密度定义公式为:

$$D_r = \frac{e_{max} - e}{e_{max} - e_{min}} \tag{1-41}$$

式中　D_r——相对密度；

e——土的天然孔隙比；

e_{max}——土的最大孔隙比（土在最疏松状态下的孔隙比）；

e_{min}——土的最小孔隙比（土在最密实状态下的孔隙比）。

显然，当 $D_r=0$，即 $e=e_{max}$时，土处于最疏松状态；当 $D_r=1$，即 $e=e_{min}$时，土处于最密实状态。一般情况下 $D_r=0\sim1$，D_r值越大，土越密实。因此，根据 D_r值可将砂土的密实度划分为 3 种，见表 1-7。

表 1-7　砂土按 D_r划分密实度

相对密度 D_r	密实度
$1 \geq D_r > 0.67$	密实
$0.67 \geq D_r > 0.33$	中密
$0.33 \geq D_r > 0$	松散

从理论上讲，用相对密度作为划分砂土密实度的指标是合理的，《土工试验方法标准》(GB/T 50123—2019)推荐了一套测定砂土相对密度的试验方法。但是在实验室中测得各类土理论上的最大孔隙比和最小孔隙比却十分困难，试验结果常有较大的偏差。此外，地下水位以下粗粒土的天然孔隙比很难准确测定。因此，相对密度多用于填方施工的质量控制，对于天然土尚难以应用。

【例 1-5】　某砂土试样，通过试验测得土粒比重 $G_s=2.7$，含水率 $w=9.43\%$，天然密度 $\rho=1.66\ g/cm^3$。已知砂样处于最密实状态时称得 1 000 cm^3 的干砂质量 $m_{s1}=1.62$ kg，处于最疏松状态时称得 1 000 cm^3 干砂质量 $m_{s2}=1.45$ kg。试求此砂土的相对密度 D_r，并判断砂土的密实状态。

【解】　根据式(1-31)，砂土在天然状态下的孔隙比为：

$$e = \frac{G_s(1+w)\rho_w}{\rho} - 1 = \frac{2.7 \times (1+0.094\ 3) \times 1}{1.66} - 1 = 0.78$$

砂土最大干密度为：

$$\rho_{dmax} = \frac{m_{s1}}{V} = \frac{1\ 620}{1\ 000} = 1.62\ (g/cm^3)$$

由表 1-4 可知砂土最小孔隙比为：

$$e_{min} = \frac{G_s\rho_w}{\rho_{dmax}} - 1 = \frac{2.7 \times 1}{1.62} - 1 = 0.67$$

砂土最小干密度为：

$$\rho_{dmin} = \frac{m_{s2}}{V} = \frac{1\ 450}{1\ 000} = 1.45\ (g/cm^3)$$

砂土最大孔隙比为：

$$e_{max} = \frac{G_s\rho_w}{\rho_{dmin}} - 1 = \frac{2.7 \times 1}{1.45} - 1 = 0.86$$

相对密度为：

$$D_r=\frac{e_{max}-e}{e_{max}-e_{min}}=\frac{0.86-0.78}{0.86-0.67}=0.42$$

因为 $0.67>D_r>0.33$，所以该砂处于中密状态。

（三）以圆锥动力触探试验指标作为划分标准

圆锥动力触探试验的类型有轻型、重型和超重型 3 种，其规格和适用土类见表 1-8。轻型圆锥动力触探（图 1-19）所用锤的质量为 10 kg，落距为 50 cm；探头为直径 40 mm、锥角 60°的圆锥形探头；获得的试验指标为将探头垂直击入土层 30 cm 时的锤击数，记为 N_{10}。重型圆锥动力触探所用锤的质量为 63.5 kg，落距为 76 cm；探头（图 1-20）为直径 74 mm、锥角 60°的圆锥形探头；获得的试验指标为将探头垂直击入土层 10 cm 时的锤击数，记为 $N_{63.5}$。超重型圆锥动力触探所用锤的质量为 120 kg，落距为 100 cm；探头与重型动力触探相同（图 1-20）；获得的试验指标为将探头垂直击入土层 10 cm 时的锤击数，记为 N_{120}。

表 1-8　圆锥动力触探类型

类型		轻型	重型	超重型
落锤	锤的质量/kg	10	63.5	120
	落距/cm	50	76	100
探头	直径/mm	40	74	74
	锥角/(°)	60	60	60
探杆直径/mm		25	42	50～60
指标		贯入 30 cm 的读数 N_{10}	贯入 10 cm 的读数 $N_{63.5}$	贯入 10 cm 的读数 N_{120}
主要适用岩土		浅部的填土、砂土、粉土、黏性土	砂土，中密以下的碎石土、极软岩	密实和很密的碎石土、软岩、极软岩

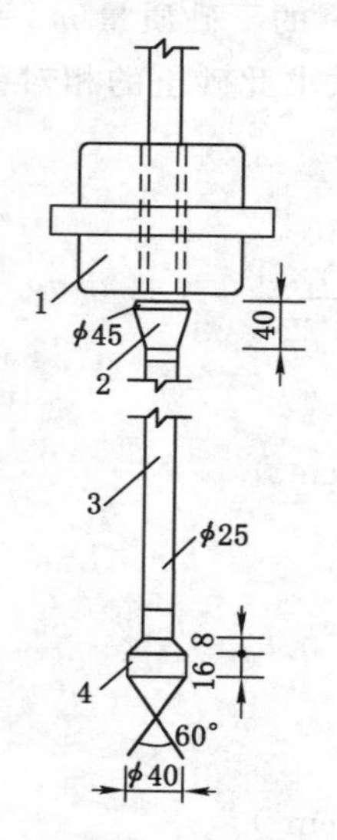

1—穿心锤；2—锤垫；3—探杆；4—探头。

图 1-19　轻型圆锥动力触探设备（单位：mm）

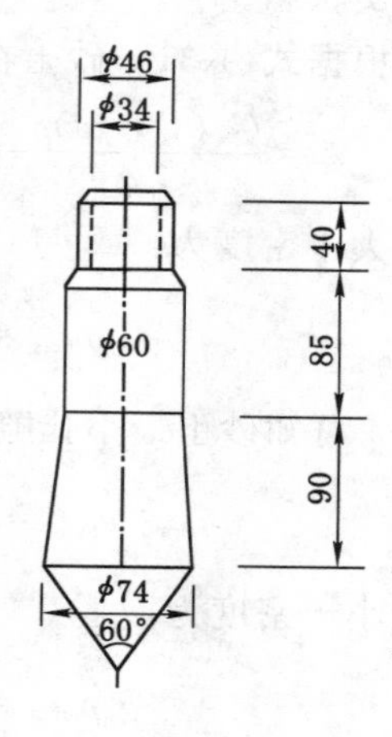

图 1-20　重型、超重型圆锥动力触探试验探头（单位：mm）

《岩土工程勘察规范》(GB 50021—2001)规定:对于平均粒径 $D_{50} \leqslant 50$ mm 且最大粒径小于 100 mm 的碎石土,采用 $N_{63.5}$ 作为划分密实度的标准(表 1-9);对于平均粒径 $D_{50} > 50$ mm 或最大粒径大于 100 mm 的碎石土,采用 N_{120} 作为划分密实度的标准(表 1-10)。

表 1-9　碎石土按 $N_{63.5}$ 划分密实度

重型圆锥动力触探锤击数 $N_{63.5}$	密实度
$N_{63.5} \leqslant 5$	松散
$5 < N_{63.5} \leqslant 10$	稍密
$10 < N_{63.5} \leqslant 20$	中密
$N_{63.5} > 20$	密实

表 1-10　碎石土按 N_{120} 划分密实度

超重型圆锥动力触探锤击数 N_{120}	密实度
$N_{120} \leqslant 3$	松散
$3 < N_{120} \leqslant 6$	稍密
$6 < N_{120} \leqslant 11$	中密
$11 < N_{120} \leqslant 14$	密实
$N_{120} > 14$	很密

(四)以标准贯入试验锤击数作为划分标准

对于砂土、粉土和一般黏性土,常采用标准贯入试验。标准贯入试验与重型圆锥动力触探试验类似,其区别是采用标准贯入器(带刃口的对开圆管,见图 1-21),而非圆锥形探头。标准贯入试验设备规格见表 1-11。

表 1-11　标准贯入试验设备规格

落锤		锤的质量/kg	63.5
		落距/cm	76
贯入器	对开管	长度/mm	>500
		外径/mm	51
		内径/mm	35
	管靴	长度/mm	50～76
		刃口角度/(°)	18～20
		刃口刀刃厚度/mm	1.6
探杆		直径/mm	42
		相对弯曲	<1/1 000

试验时,将标准贯入器垂直打入土层 30 cm 的锤击数记为 N(标准贯入试验锤击数)。《岩土工程勘察规范》(GB 50021—2001)规定:对于砂土,采用 N 作为划分密实度的标准(表 1-12)。

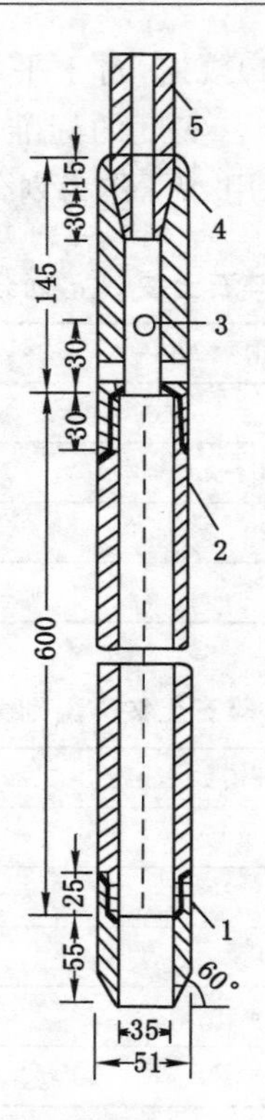

1—管靴;2—贯入器身;3—出水孔(ϕ15 mm);4—贯入器头;5—探杆。

图 1-21　标准贯入器(单位:mm)

表 1-12　砂土按 N 的值划分密实度

标准贯入试验锤击数 N	密实度
$N \leqslant 10$	松散
$10 < N \leqslant 15$	稍密
$15 < N \leqslant 30$	中密
$N > 30$	密实

第四节　土的结构与构造

一、土粒间的相互作用力

土粒间的相互作用力是土形成不同结构的力的根源,主要有以下四种。

(一) 范德瓦尔斯力

范德瓦尔斯力属于分子间吸引力,普遍存在于固、液、气态任何微粒之间,与距离的 7 次方成反比。因此,范德瓦尔斯力的作用范围很小,只存在于颗粒间紧密接触点处,且随着土粒间距离的增大迅速衰减。范德瓦尔斯力是细粒土黏结在一起的主要原因。

(二) 库仑力

库仑力是指带电体之间的相互作用力,又称为静电力。土粒表面带电荷,颗粒之间因同号电荷而排斥，异号电荷而吸引。例如，黏粒（粒径小于 0.005 mm）表面带负电荷，而在尖端或边缘处可能有局部的正电荷。因此，库仑力可能是排斥力，也可能是吸引力，视颗粒排列方式和表面带电荷情况而定。库仑力的大小与电荷间距离的平方成反比，其随着距离增加衰减的速度远比范德瓦尔斯力慢。

（三）胶结作用力

在沉积物孔隙中的矿物质，如硅质、铁质、钙质、泥质和可溶盐等胶结物，将土颗粒粘在一起，形成颗粒间的胶结作用力。

（四）毛细压力（毛细黏聚力）

当土孔隙中局部存在毛细水时，在水和空气分界面上产生的表面张力总是沿着弯液面切线方向，促使两个土颗粒互相靠拢，从而在土粒接触面上产生了压力，该压力即毛细压力（图 1-22）。土粒在这种毛细压力作用下相互挤紧，使土表现出似黏聚力，称为毛细黏聚力。

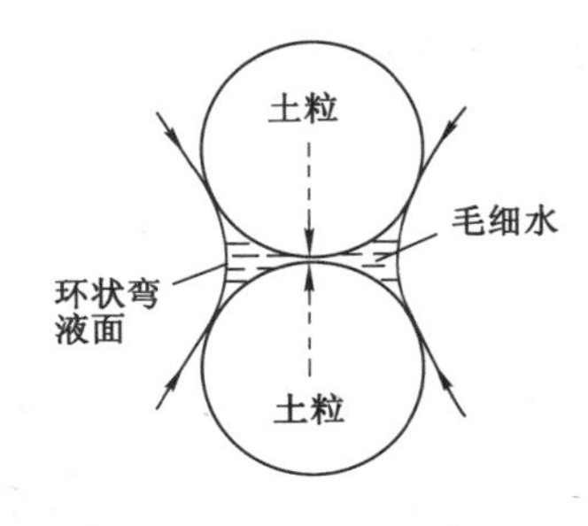

图 1-22　颗粒间毛细压力作用示意图

毛细压力存在于液、气交界面上，随着含水率的变化而变化。例如，干燥的砂土不存在毛细水，颗粒间也就不存在似黏聚力（毛细黏聚力或毛细压力），因而是松散的；在潮湿砂中有毛细黏聚力存在，有时可挖成直立的坑壁，短期内不会坍塌；但是当砂土被水淹没完全饱和时，表面张力消失，毛细黏聚力也消失，坑壁便会倒塌。

二、土的结构

土的微观结构常称为土的结构，是指土粒的大小与形状，土粒间的黏结关系，土粒的排列与空间分布特征。土的结构是土的基本地质特征之一，也是决定土的工程性质的内在依据。

（一）土的结构类型

土的微观结构是在成土过程中逐渐形成的，不同类型的土具有不同的微观结构，其工程性质也各异。按照土粒的大小、形状、排列方式和沉积环境等，土的微观结构可分为以下三种基本类型。

① 单粒结构——主要由巨粒和粗粒（粒径大于 0.075 mm）组成的微观结构形式。巨粒和粗粒的重力远大于土粒间的相互作用力，在水和空气中由于重力作用沉积下来而形成单粒结构，如图 1-23 所示。单粒结构的特点是土粒间呈现“点与点”的接触，土粒间几乎没有相互黏结作用或者黏结作用非常微弱。

(a) 疏松状态　　(b) 密实状态

图 1-23　单粒结构

根据形成条件不同,可分为疏松状态的单粒结构和密实状态的单粒结构。疏松的单粒结构骨架不稳定,易变形,当受到振动或其他外力作用时,土粒易移动,土中孔隙减少,引起土产生较大的压缩变形,未经处理不宜作为天然地基;密实的单粒结构土粒排列紧密,结构稳定,强度较大,压缩性较小,是良好的天然地基。

② 蜂窝结构——主要由粉粒(粒径为 0.005～0.075 mm)组成的微观结构形式。粉粒比表面积较大,重量小,相对于重力而言,其粒间力起主导作用。粉粒在水中因自重而下沉,遇到别的正在下沉或已沉积的土粒,由于土粒间的吸引力大于下沉土粒的重力,下沉土粒相互吸引形成链环状单元。许多这样的链环状单元连接在一起,便形成了孔隙较大的蜂窝结构,如图 1-24 所示。

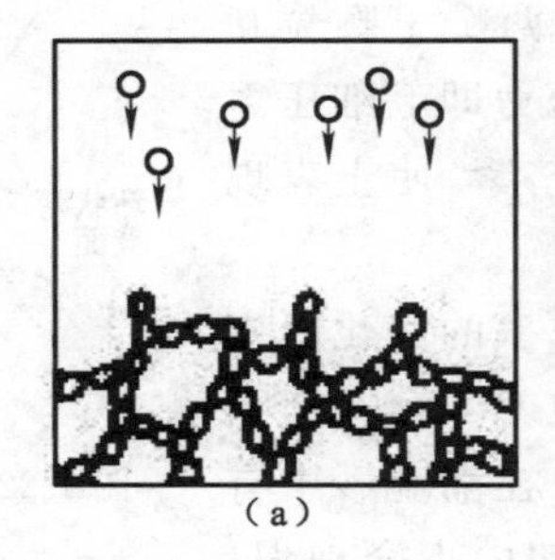
(a)

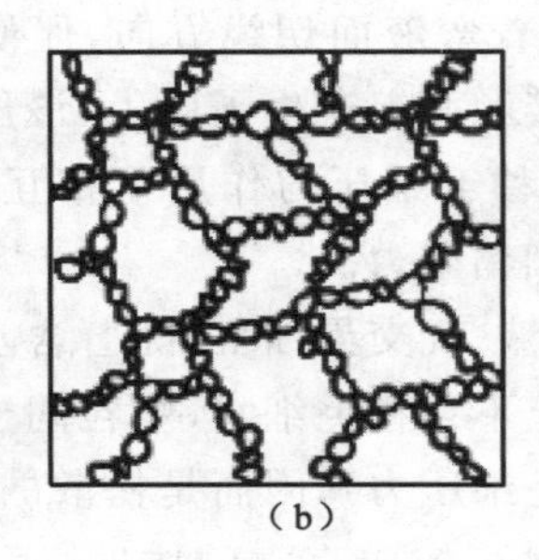
(b)

图 1-24　蜂窝结构示意图

蜂窝结构的孔隙一般大于土粒本身尺寸,具有强度低、压缩性大的特点。在建筑物的静荷载或动荷载作用下,蜂窝结构破坏,产生较大的压缩变形和地基沉降。

③ 絮状结构——主要由黏粒(粒径小于 0.005 mm)组成的微观结构形式。黏粒多呈片状或针状,重力极小,能够在水中长期悬浮。运动着的土粒以面-角、面-边、面-面的方式结合,如图 1-25 所示,这是因为黏粒表面带负电荷,而在角或边处可能有局部的正电荷,从而在土粒聚合时呈现不同的接触方式。许多黏粒相互吸引,形成颗粒集群。用电子显微镜观察显示,黏土中的颗粒多数以大小不等的集群形式存在,集群内部的排列形式取决于沉积的介质性质以及外界条件(荷载、湿度、温度等)的变化。逐渐增大的颗粒集群随重力增大而下沉,无数个颗粒集群最终形成絮状结构,如图 1-26 所示。

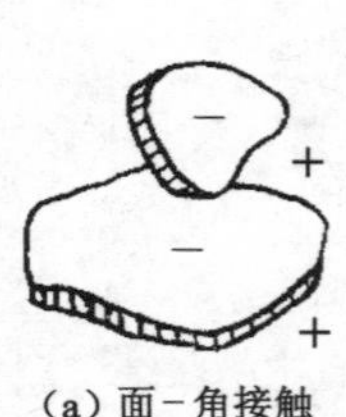

(a) 面-角接触

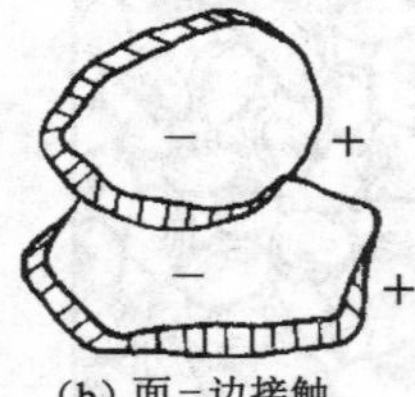

(b) 面-边接触

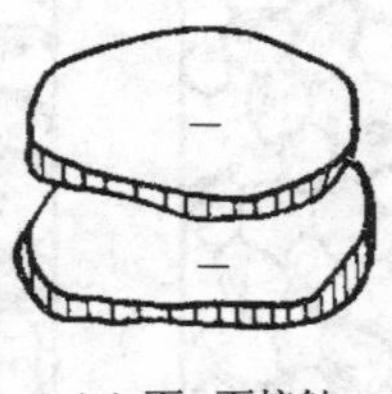

(c) 面-面接触

图 1-25　黏粒接触方式

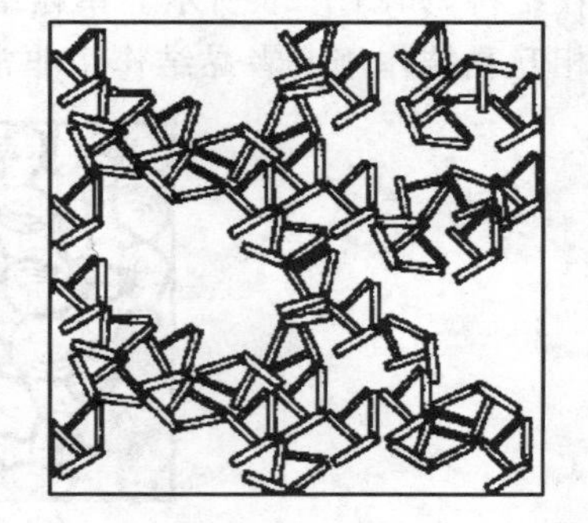

图 1-26　絮状结构

絮状结构与蜂窝结构相比，其孔隙率更大、强度更低、压缩性更大，在载荷作用下会随时间产生较大的压缩变形和地基沉降。

以上三种结构中，以密实的单粒结构工程性质最好，可用作建筑物的天然地基。蜂窝结构工程性质较差，絮状结构工程性质最差，均不可用作建筑物的天然地基。

（二）土粒间的黏结类型

土的微观结构不仅与土粒的大小、形状和土粒的排列与空间分布特征有关，还与土粒间的黏结方式有关。土粒间的黏结类型主要有以下四种。

① 接触黏结——颗粒之间的直接接触，接触点上的黏结强度主要来源于外加压力所带来的有效接触压力。这种黏结方式在碎石土、砂土、粉土或近代沉积土中普遍存在。

② 胶结黏结——颗粒之间存在许多胶结物质，将颗粒胶结在一起。胶结物质一般为硅质、铁质、钙质、泥质和可溶盐等。可溶盐胶结的强度是暂时的，被水溶解后，黏结将大幅减弱，土的强度也随之降低；泥质主要是指黏土质，也就是较粗颗粒土中含有黏土颗粒，使得土体具有黏聚力；硅质、铁质和钙质胶结的强度较大，黏结较为牢固且稳定。

③ 结合水黏结——通过结合水膜将相邻土粒黏结起来的形式，又称为水胶黏结。当相邻两土粒靠得很近时，各自的结合水膜部分重叠，形成公共水化膜。这种黏结的强度取决于吸附结合水膜厚度。土越干燥，结合水膜越薄，黏结强度越高；水量增加，结合水膜增厚，土粒间的距离增大，则黏结强度就降低。这种黏结在处于固态和半固态的黏性土中普遍存在。

④ 冰黏结——土中孔隙水冻结成冰而形成的暂时性黏结，融化后即失去这种黏结。冰黏结在冻土中普遍存在，其黏结强度主要取决于土的含水率、温度和颗粒大小与级配情况等。

天然条件下，任何一种土的结构和颗粒黏结方式并不是单一的，往往呈现以某种结构和黏结方式为主，混杂各种结构和黏结方式的复合形式。当土的结构遭到破坏或扰动时，在改变土粒的排列情况的同时，也不同程度破坏了土粒间的黏结，从而影响土的工程性质。特别是蜂窝结构和絮状结构的土，往往其结构强度会大幅降低。

三、土的构造

土的宏观结构常称为土的构造。土的构造主要有以下四种类型。

（一）层状构造

由于不同阶段沉积的土粒的矿物成分、颗粒大小或颜色不同，从而在竖向上呈现分层特征。常见的层状构造有水平层理构造和交错层理构造。

① 水平层理构造——薄层互相平行，层理也互相平行，且平行于土层界面，如图 1-27 所示。

② 交错层理构造——薄层面或层理呈波状或倾斜，土层中带有夹层、尖灭和透镜体等构造，如图 1-28 所示。

层状构造的土在垂直方向与水平方向上的性质不同，土体呈现明显的各向异性，如平行于层理方向的渗透系数往往大于垂直方向的渗透系数。

（二）分散构造

分散构造是指颗粒在其搬运和沉积过程中，经过分选的卵石、砾石、砂等因沉积厚度较大而不显层理的一种构造，如图 1-29 所示。分散构造的土接近理想的各向同性体，土层中各部分的土粒无明显差别，分布均匀，各部分性质比较接近。

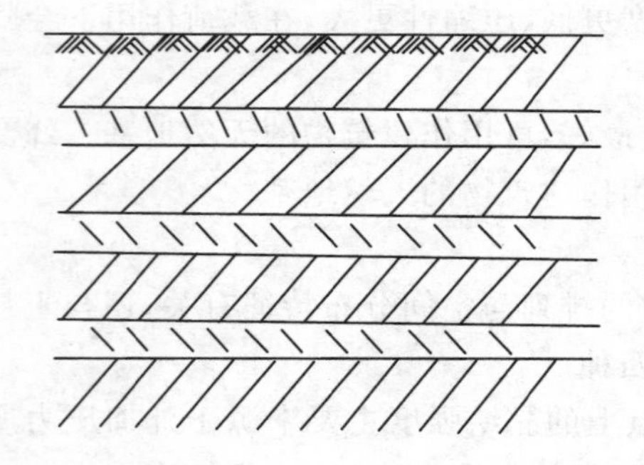

图 1-27　水平层理构造

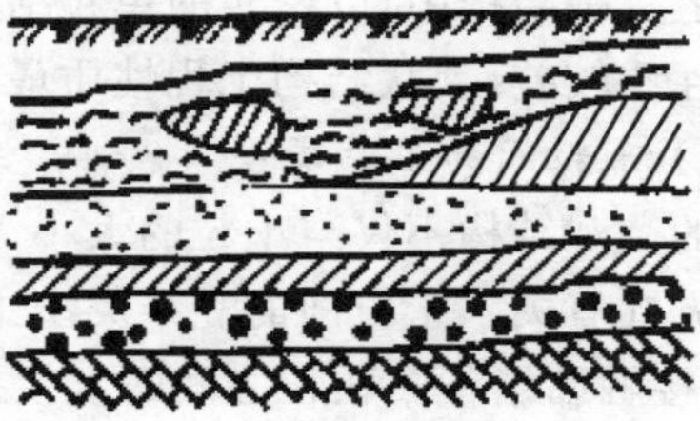

1
2
3
4
5

1—淤泥夹黏土透镜体；2—黏土尖灭层；
3—砂土夹黏土；4—砾石层；5—基岩。

图 1-28　交错层理构造

（三）结核构造

如果在细粒土中明显掺有大颗粒或聚集的铁质、钙质集合体，贝壳等杂物，这类土属于结核构造，如图 1-30 所示。具有结核构造的土，其性质主要取决于其细颗粒部分。因此，在小尺寸试样试验时应注意将结核与大颗粒剔除，以免影响成果的代表性。

（四）裂隙构造

裂隙构造是指土体被各种成因形成的不连续的裂隙切割而形成的构造形式，如图 1-31 所示。裂隙中往往充填盐类沉淀物，不少坚硬与硬塑状态的黏土具有此种构造。裂隙的存在破坏了土体的完整性，它们是土中的软弱结构面。裂隙面具有抗剪强度很低、渗透性高的特点，对工程极为不利。

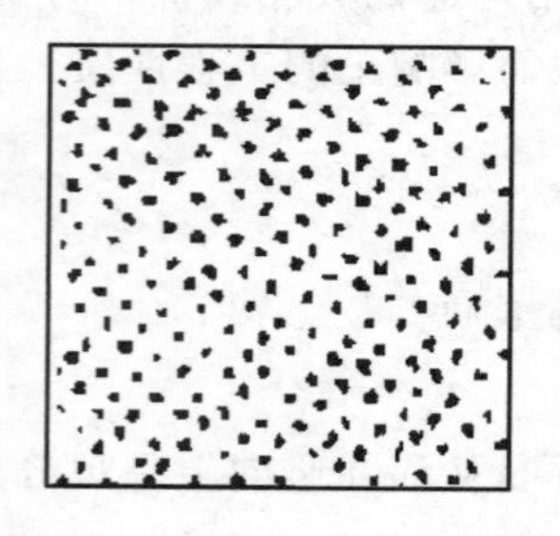

图 1-29　分散构造

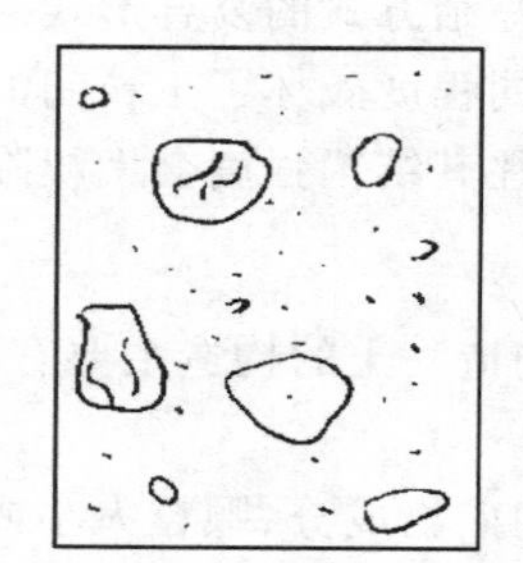

图 1-30　结核构造

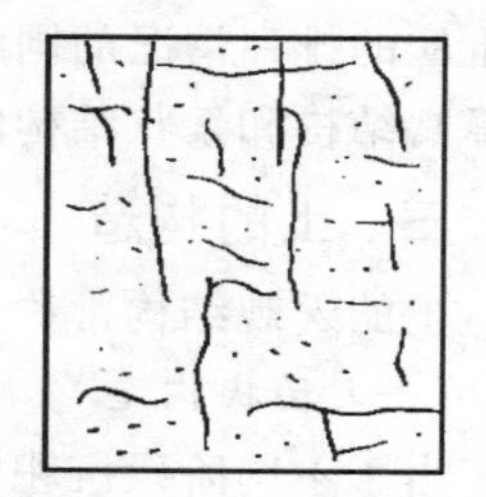

图 1-31　裂隙构造

第五节　土的压实性

土的压实性是指土体能够通过夯实、碾压、振动等方法调整土粒排列，从而增加密实度的性质。

在工程建设中经常会遇到需要将土按一定要求进行堆填并使之密实的情况，例如路堤、土坝、桥台后回填土，基础垫层和基坑回填土等。填土不同于天然土体，经过挖掘、搬运和堆填之后，原状结构已完全破坏，含水率也已发生变化，堆填时在土体之间必然会留下许多孔隙。为使其满足强度、变形和稳定性等方面的要求，填土必须按照一定标准加以压实。未经压实的填土强度低，压缩性大且不均匀，特别是道路路堤这一类土工构筑物，在车辆反复荷载作用下可能出现不均匀或过大的沉陷、塌落或失稳滑动。土的压实也用于地基加固处理，例如用夯实法处理地基土以提高其强度和地基承载力，并降低其压缩性等。

一、土的压实原理

土体颗粒能够在外界能量作用下克服粒间阻力产生位移，使孔隙中的水和气排出，从而使土体的孔隙体积减小、密度增大、强度提高和压缩性降低，以及土体稳定性增强。

土的压实经常采用夯实、碾压或振动等方法，其压实效果受多种因素影响，主要有含水率、土体种类、粗粒含量和颗粒级配，以及压实能量、压实机具和压实方法等。

实践经验表明：细粒土宜用夯击机具或压强较大的碾压机具压实，同时必须控制土的含水率为最优含水率；粗粒土宜采用振动机具压实，同时充分洒水。由此可知细粒土和粗粒土具有不同的压实机理。

研究土的压实性，通常采用击实试验。

二、土的击实试验

（一）试验仪器

击实试验是研究土的压实性的室内试验方法，采用的仪器为击实仪。我国已研制出多种类型的击实仪，完全能满足工程建设的需要。

《土工试验方法标准》(GB/T 50123—2019)推荐的试验方法有轻型击实和重型击实，本质是击实功不同，后者约为前者的 4.5 倍。击实仪的基本部分是击实筒和击锤，两种击实所用的击实筒如图 1-32 所示，采用的击锤如图 1-33 所示。击实仪主要部件规格见表 1-13。

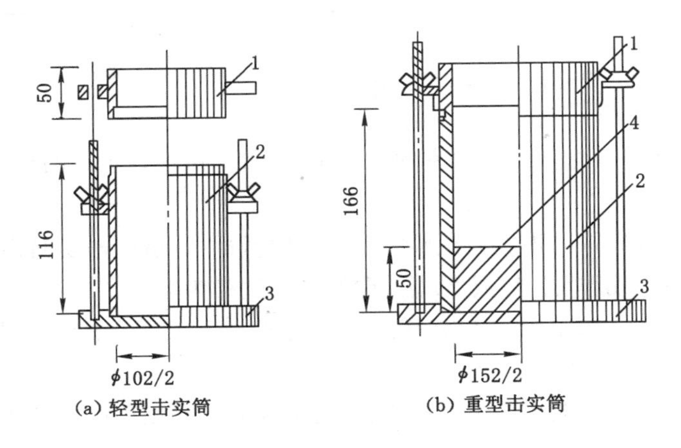

1—套筒(护筒)；2—击实筒；3—底板；4—垫块。

图 1-32　击实筒(单位：mm)

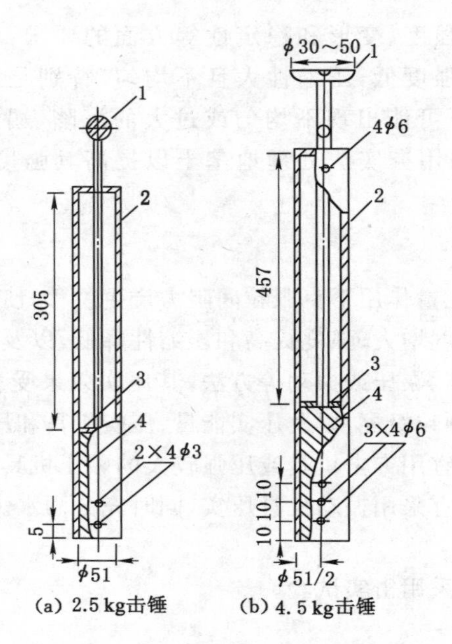

1—提手;2—导筒;3—硬橡皮垫;4—击锤。

图 1-33　击锤与导筒

表 1-13　击实仪主要部件规格

试验方法	锤底直径/mm	锤质量/kg	落高/mm	击实筒			护筒高度/mm
				内径/mm	筒高/mm	容积/cm³	
轻型击实	51	2.5	305	102	116	947.4	50
重型击实	51	4.5	457	152	166	2 103.9	50

（二）试验步骤

1. 试样制备

对于同一种土，制备 5 个不同含水率的一组试样，每个试样含水率的差值宜为 2%。

2. 分层击实

对不同含水率的试样依次击实。试验时称取一定量试样，倒入击实筒内，分层击实。轻型击实试样为 2～5 kg，分 3 层，每层 25 击；重型击实试样为 4～10 kg，分 5 层击实时每层 56 击，分 3 层击实时每层 94 击。每层试样高度宜相等，两层交界处的土面应刨毛。

3. 测定土样的含水率和干密度

击实后土样的含水率一般采用烘干法测定，而土样的干密度可按式(1-42)计算。

$$\rho_d = \frac{\rho}{1+w} = \frac{m}{A_0 h(1+w)} \tag{1-42}$$

式中　m——击实筒内土样的质量，g；

A_0——击实筒内面积，cm²；

h——击实后试样的高度，cm；

w——击实后试样的含水率，采用烘干法测定。

4. 绘制击实曲线

对不同含水率的试样依次击实后可获得含水率与干密度的一组数据。以含水率为横坐标，干密度为纵坐标，绘制含水率与干密度的关系曲线，即击实曲线（图 1-34）。曲线处于峰值的含水率就是最优含水率，记为 w_{opt}；相应的干密度为最大干密度，记为 ρ_{dmax}。当关系曲线不能绘出峰值点时，应补充击实试验并补点。

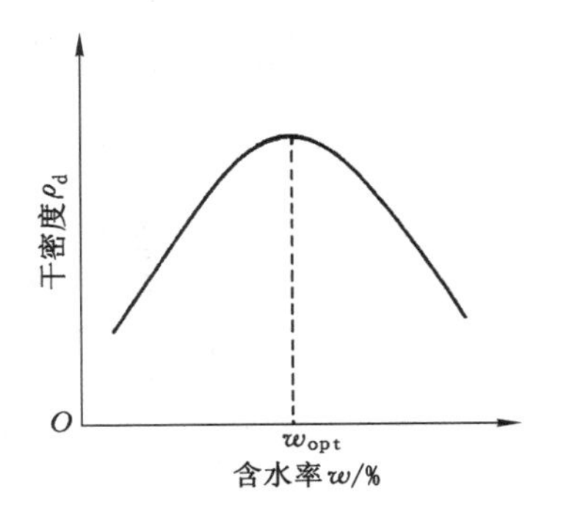

图 1-34　击实曲线

从击实曲线可以看出：当填土中的含水率低于最优含水率时，随着含水率的增大，干密度也随之增大，表明击实效果逐步提高；当含水率高于最优含水率之后，随着含水率的增大，击实效果反而下降。因此，对人工填土进行压实时，首先应将其含水率调整为最优含水率，然后再夯实、碾压或振动压实，这样才能获得最大的密实度。

（三）适用条件

轻型击实试验适用于粒径小于 5 mm 的黏性土；重型击实试验适用于粒径不大于 20 mm 的土（5 层击实）或最大粒径不大于 40 mm 的土（3 层击实）。

三、土的压实性影响因素

影响土压实性的因素有很多，其中含水率、压实功、压实机具与压实方法、土质与土层厚度是主要影响因素。

（一）含水率

土的含水率是影响土压实性的主要因素之一，尤其是细粒土。当含水率很小时，土中水主要是强结合水，颗粒表面的水膜很薄，颗粒相互移动需要克服土粒间强大的吸引力，需要消耗的能量较多，压实比较困难。随着含水率继续增大，水膜增厚，土中含强结合水和弱结合水，土粒间的相互吸引力减弱而使土粒便于移动，压实效果好，干密度逐渐增大。当含水率超过最优含水率后，土中出现自由水，击实时孔隙中过多的水分不易立即排出，势必阻止土粒间的靠拢，产生软弹现象（俗称橡皮土），压实效果反而下降。所以，要使土的压实效果最好，一定要控制含水率为最优含水率，此时干密度达到最大值。

粗粒土的击实曲线和细粒土的击实曲线的分布规律相差较大，前者因粗粒含量不同而使曲线的趋势有较大的差异，后者则是单一的抛物线。粗粒土的含水率与干密度之间的关系：当含水率 $w=0$ 时，干密度值较大，稍增大含水率，干密度反而减小，直至曲线上谷点最小，在谷点之后，干密度值又随着含水率的增大而增大，击实曲线出现双峰值，如图 1-35 所示。这是由于粗粒土颗粒较大，且颗粒间黏结力趋于 0，当含水率很小时，在外力作用下，粗、细颗粒之间易被填实，密度较高；当稍微增大含水率后，在颗粒表面形成一层薄水膜，分子引力增大，颗粒间形成了似黏结力，在外力作用下，颗粒移动时不仅要克服摩阻力，还要克服由水分子形成的似黏结力，因而不易压实，干密度较小；之后随着含水率的增大，水膜增厚，水分子引力逐渐减小，以至消失。同时颗粒间的水膜还在颗粒间起润滑作用，摩阻力减小，颗粒在外力作用下易移动，孔隙被填实，可以达到较高的密度。在实际施工中，当填筑料为干燥状态时，不需加水便可使其压实达到最佳的密实状态；当处于潮湿状态时，需加水改变含水率，改变接近最低点的不利状态，提高压实效果。由于含水率对粗粒土的干密度影响较小，雨季时也可以施工。

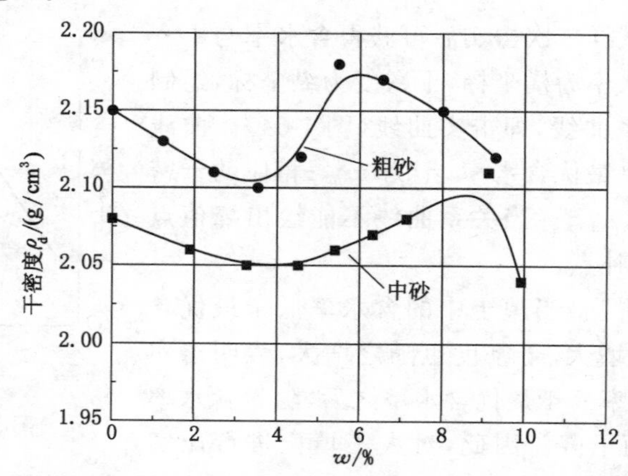

图 1-35　粗粒土的击实曲线

（二）压实功

压实功是指压实每单位体积土所消耗的能量。夯击压实功与夯锤的重力、落高、夯击次数以及被夯击土的厚度等有关；碾压压实功与碾压机的自重、与土的接触面积、碾压遍数以及土层的厚度等有关；振动压实功与振动机的自重、振幅、振动频率、振动时间以及土层的厚度等有关。

图 1-36 表示同一种土样在不同压实功作用下所得到的击实曲线。随着压实功的增大，击实曲线形态不变，但位置向左上方移动。压实功越大，得到的最优含水率越小，相应的最大干密度越大，但是这种变化速率是递减的。通常对于同一种土，随着压实能量的增大，最优含水率随之减小而干密度增大；但是当压实能量增加到一定程度后，土的干密度增大就不明显了。因此，仅靠增加压实功来提高土的密实度是有限的，在施工时应注意控制含水率为最优含水率，使之既经济又可达到规定的密实度。

（三）压实机具与压实方法

不同的压实机具，其压力传播作用的深度不同，压实效果也不同。通常夯击式作用深度最大，振动式次之，静力碾压式最浅。压实作用时间越长，土密实度越大。但随着时间的增加，其密实度的增长幅度会逐渐减小。实践表明：细粒土宜用夯击机具或压强较大的碾压机具压实，并控制土的含水率为最优含水率；粗粒土宜采用振动机具压实，并应充分洒水。

（四）土质与土层厚度

土颗粒的大小、级配、矿物成分和添加的材料等因素对压实效果也有影响。在一定的压实能量下，不同的土质有不同的压实效果，如图 1-37 所示。

一般情况下，颗粒越粗，越能在低含水率时获得最大的干密度；颗粒越细，越不容易压实。对于黏性土，压实效果还与黏土矿物成分含量有关。

当土中含有较大土颗粒时，会影响压实效果。因此，施工中应控制最大粒径不得超过各种工法的允许值。

压实填土的每层虚铺厚度越小，越容易压实，但施工期越长。一般情况下，应按各种工法的施工规范严格控制填土虚铺厚度。例如，碾压法填土虚铺厚度一般控制在 15～30 cm，

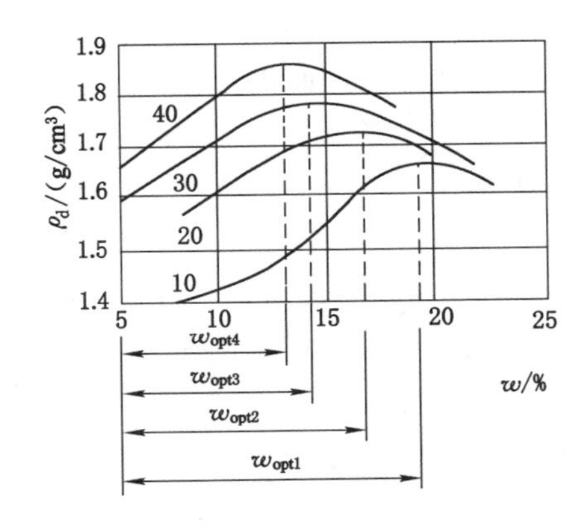

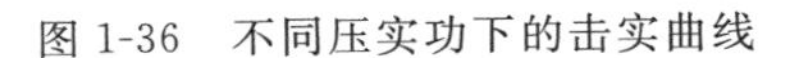

图 1-36　不同压实功下的击实曲线

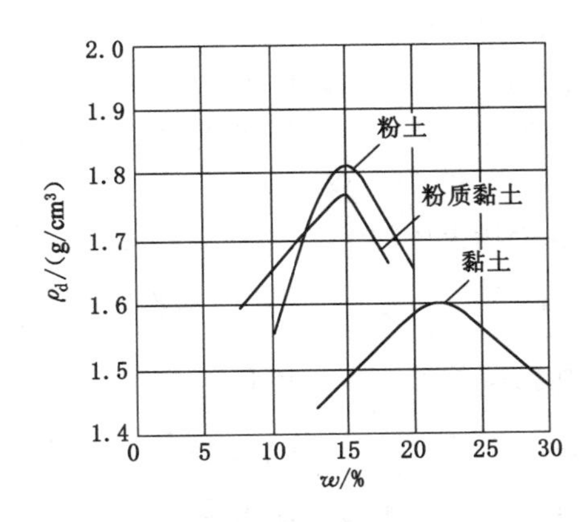

图 1-37　不同土质的压实曲线

机械重锤夯实法填土虚铺厚度一般控制在 120～150 cm。

【例 1-6】　某料场土料为粉质黏土，天然含水率 $w=22.7\%$，土粒比重 $G_s=2.70$。室内标准功击实试验得到最大干密度 $\rho_{dmax}=1.86\ g/cm^3$，最优含水率为 16.4%。设计中取压实度 $D_c=95\%$（D_c=填土实际干重度 ρ_d/室内标准功击实的最大干密度 $\rho_{dmax}\times100\%$），并要求压实后土的饱和度 $S_r\leqslant0.90$。问该土料是否适合填筑？碾压时土料含水率应控制为多少？

【解】　(1) 根据压实度的要求确定压实后土的孔隙比。

由干重度定义可知：

$$\rho_d=\frac{m_s}{V}=\frac{G_sV_s\rho_w}{V_s+V_v}=\frac{G_sV_s\rho_w}{V_s+eV_s}=\frac{G_s\rho_w}{1+e}$$

则有：

$$e=\frac{G_s\rho_w}{\rho_d}-1=\frac{G_s\rho_w}{D_c\rho_{dmax}}-1=\frac{2.70\times1.0}{0.95\times1.86}-1=0.528$$

(2) 根据饱和度的要求确定填料的含水率。

由含水率定义可知：

$$w=\frac{m_w}{m_s}\times100\%=\frac{\rho_wV_w}{G_sV_s\rho_w}=\frac{S_rV_v}{G_sV_s}=\frac{S_reV_s}{G_sV_s}=\frac{S_re}{G_s}$$

若要求 $S_r\leqslant0.90$，则：

$$w\leqslant\frac{0.9\times0.528}{2.70}=17.6\%$$

由于实际土料的天然含水率为 22.7%，因此不宜直接填筑，应进行翻晒处理。

(3) 碾压时土料的含水率应小于等于 17.6%，并取最优含水率，即 16.4%。

【例 1-7】　某路堤填土工程需要的土方量为 $1\times10^5\ m^3$，设计填筑的干重度 $\gamma_d=16.5\ kN/m^3$，附近的取土场可利用的取土深度为 2 m。试验测定：天然重度 $\gamma=17.0\ kN/m^3$，含水率 $w=12\%$，液限 $w_L=32\%$，塑限 $w_P=20\%$，土粒比重 $G_s=2.72$。试确定：

(1) 为满足填筑路堤需求，至少需开挖多大面积的土场？

(2) 如果每铺设 30 cm 厚的土层进行碾压，土的最佳含水率为塑限的 95%。为达到最佳碾压效果，每层施工时每平方米填土面积的洒水量。

(3) 路堤填筑后的饱和度。

【解】 (1) 根据路堤填土工程需要的土方量确定开挖取土场的面积。

填筑路堤需要的土颗粒重力为:

$$W_s = V_{总} \gamma_d = 1 \times 10^5 \times 16.5 = 1.65 \times 10^6 \text{ (kN)}$$

取土场土体的干重度为:

$$\gamma_{d取} = \frac{\gamma}{1+w} = \frac{17.0}{1+12\%} = 15.18 \text{ (kN/m}^3\text{)}$$

所需要的最小取土体积为:

$$V_{取\min} = \frac{W_s}{\gamma_{d取}} = \frac{1.65 \times 10^6}{15.18} = 1.087 \times 10^5 \text{ (m}^3\text{)}$$

所需要的最小取土面积为:

$$A_{取\min} = \frac{V_{取\min}}{h_{取}} = \frac{1.087 \times 10^5}{2} = 5.435 \times 10^4 \text{ (m}^2\text{)}$$

(2) 确定每层施工时每平方米填土面积的洒水量

最优含水率为:

$$w_{opt} = w_P \times 95\% = 20\% \times 0.95 = 19\%$$

铺设 30 cm 厚的土层,每平方米土颗粒的重力为:

$$W_s = V\gamma_{d取} = 0.3 \times 1 \times 15.18 = 4.55 \text{ (kN)}$$

铺设 30 cm 厚的土层,每平方米水的重力为:

$$W_w = W_s w = 4.55 \times 12\% = 0.55 \text{ (kN)}$$

则每平方米填土面积的洒水量为:

$$\Delta W_w = W_s w_{opt} - W_w = 4.55 \times 19\% - 0.55 = 0.31 \text{ (kN)}$$

(3) 确定路堤填筑后的饱和度

由表 1-4 可知路堤填筑后的孔隙比为:

$$e = \frac{G_s \gamma_w}{\gamma_d} - 1 = \frac{2.72 \times 10.0}{16.5} - 1 = 0.65$$

则路堤填筑后的饱和度为:

$$S_r = \frac{wG_s}{e} = \frac{w_{opt} G_s}{e} = \frac{19\% \times 2.72}{0.65} = 79.51\%$$

第六节 土的工程分类

土是一种自然地质历史的产物,其矿物成分、颗粒组成、结构构造和成因等是千变万化的,物理、力学性质也是千差万别的。因此,有必要对土进行科学分类,即把性质相近的土划分为一类。人们在长期的生产实践中已提出不少分类系统,如地质分类系统、土壤分类系统、粒径分类系统和结构分类系统等。每一种分类系统反映了土某些方面的特征。

在工程实践中需要的是适合于工程的工程分类方法,即按土的主要工程特性进行分类。如果将工程性质接近的土归在同一类中并进行命名,就可根据土的名称和以往的工程实践大致判断其工程特性,评价该类土体作为建筑物地基或建筑材料的适用性,与其他物理性质指标相结合还可以大致确定地基承载力的大小。土的工程分类是工程设计的前提,也是工程地质勘察与评价的基本内容。

目前世界各个国家对土的工程分类有所不同。我国各部门对土的工程性质的着眼点不完全相同，因而各部门对土的工程分类也有所不同。土木类专业主要涉及《建筑地基基础设计规范》(GB 50007—2011)、《公路桥涵地基与基础设计规范》(JTG 3363—2019)和《土的工程分类标准》(GB/T 50145—2007)中规定的分类法，此外还有《岩土工程勘察规范》(GB 50021—2001)中规定的分类法等。其中前两个规范中关于岩土的分类方法很接近。下面重点介绍《公路桥涵地基与基础设计规范》(JTG 3363—2019)和《土的工程分类标准》(GB/T 50145—2007)中规定的分类法，其他分类法见相关规范。采用统一的土的工程分类方法是未来的发展趋势。

一、《公路桥涵地基与基础设计规范》(JTG 3363—2019)分类法

在《公路桥涵地基与基础设计规范》(JTG 3363—2019)中，将公路桥涵地基的岩土分为岩石、碎石土、砂土、粉土、黏性土和特殊性岩土。

(一) 岩石

岩石是指颗粒间连接牢固，呈整体或具有节理裂隙的地质体。

1. 岩石的坚硬程度

岩石的坚硬程度可根据岩块的饱和单轴抗压强度标准值 f_{rk} 分为坚硬岩、较硬岩、较软岩、软岩和极软岩，见表 1-14。

表 1-14　岩石坚硬程度分级　　单位：MPa

坚硬程度级别	坚硬岩	较硬岩	较软岩	软岩	极软岩
饱和单轴抗压强度标准值 f_{rk}	$f_{rk}>60$	$60\geqslant f_{rk}>30$	$30\geqslant f_{rk}>15$	$15\geqslant f_{rk}>5$	$f_{rk}\leqslant 5$

饱和单轴抗压强度标准值 f_{rk} 按式(1-43)确定。

$$f_{rk}=\psi f_{rm} \tag{1-43}$$

其中，

$$f_{rm}=\frac{1}{n}\sum_{i=1}^{n}f_{ri};\quad \psi=1-\left(\frac{1.704}{\sqrt{n}}+\frac{4.678}{n^2}\right)\delta;\quad \delta=\frac{1}{f_{rm}}\sqrt{\frac{\sum_{i=1}^{n}f_{ri}^2-nf_{rm}^2}{n-1}}$$

式中　f_{rk}——岩石饱和单轴抗压强度标准值，MPa；

f_{rm}——岩石饱和单轴抗压强度平均值，MPa；

f_{ri}——第 i 个岩石饱和单轴抗压强度试验值，MPa；

ψ——统计修正系数；

n——试样个数；

δ——变异系数。

2. 岩石的风化程度

岩石的风化程度按表 1-15 分为未风化、微风化、中风化、强风化和全风化五个等级。

表 1-15　岩石的风化程度分级

风化程度	野外特征	风化程度系数指标	
		波速比 k_v	风化系数 k_f
未风化	岩质新鲜，偶见风化痕迹	0.9～1.0	0.9～1.0
微风化	结构基本未变，仅节理面有渲染或略有变色，有少量风化裂隙	0.8～0.9	0.8～0.9
中风化	结构部分破坏，沿节理面有次生矿物，风化裂隙发育，岩体被切割成岩块。用镐难挖，岩芯钻方可钻进	0.6～0.8	0.4～0.8
强风化	结构大部分破坏，矿物成分显著变化，风化裂痕很发育，岩体破碎，用镐可挖，干钻不易钻进	0.4～0.6	<0.4
全风化	结构基本破坏，但尚可辨认，有残余结构强度，可用镐挖，干钻可钻进	0.2～0.4	—
残积土	组织结构全部破坏，已风化成土状，锹镐易挖掘，干钻易钻进，具可塑性	<0.2	—

注：1. 波速比 k_v 为风化岩石与新鲜岩石纵波速度之比；

2. 风化系数 k_f 为风化岩石与新鲜岩石的单轴抗压强度之比。

3. 岩体的完整程度

岩体的完整程度根据完整性指数可划分为完整、较完整、较破碎、破碎和极破碎五个等级，见表 1-16。

表 1-16　岩体完整程度分类

完整程度等级	完整	较完整	较破碎	破碎	极破碎
完整性指数	>0.75	(0.55,0.75]	(0.35,0.55]	(0.15,0.35]	≤0.15

注：完整性指数为岩体纵波波速与岩块纵波波速之比的平方。

4. 岩体节理发育程度

根据节理间距将岩体节理发育程度分为节理不发育、节理发育、节理很发育三类，见表 1-17。

表 1-17　岩体节理发育程度分类

单位：mm

发育程度	节理不发育	节理发育	节理很发育
节理间距	>400	(200,400]	≤200

5. 岩石的软化程度

岩石浸水后强度降低的性能称为岩石的软化性。岩石的软化程度常用软化系数来衡量，即岩样饱水状态的单轴抗压强度与自然风干状态单轴抗压强度的比值，用 η_C 表示。当 $\eta_C \leqslant 0.75$ 时，为软化岩石；当 $\eta_C > 0.75$ 时，为不软化岩石。

6. 特殊性岩石

当岩石具有特殊成分、结构或性质时，应定义为特殊性岩石，如易溶性岩石、膨胀性岩石、崩解性岩石、盐渍化岩石等。

（二）碎石土

碎石土是指粒径大于 2 mm 的颗粒含量超过总质量 50%的土。根据粒组含量及颗粒形状可分为漂石或块石、卵石或碎石、圆砾或角砾，见表1-18。

表1-18　碎石土的分类

土的名称	颗粒形状	粒组含量
漂石 块石	圆形及亚圆形为主 棱角形为主	粒径大于200 mm的颗粒含量超过总质量50%
卵石 碎石	圆形及亚圆形为主 棱角形为主	粒径大于20 mm的颗粒含量超过总质量50%
圆砾 角砾	圆形及亚圆形为主 棱角形为主	粒径大于2 mm的颗粒含量超过总质量50%

注：分类时应根据粒组含量从大到小以最先符合者确定。

（三）砂土

砂土是指粒径大于2 mm的颗粒含量不超过总质量50%且粒径大于0.075 mm的颗粒含量超过总质量50%的土。根据粒组含量分为砾砂、粗砂、中砂、细砂和粉砂，见表1-19。

表1-19　砂土的分类

土的名称	粒组含量
砾砂	粒径大于2 mm的颗粒含量占总质量25%～50%
粗砂	粒径大于0.5 mm的颗粒含量超过总质量50%
中砂	粒径大于0.25 mm的颗粒含量超过总质量50%
细砂	粒径大于0.075 mm的颗粒含量超过总质量85%
粉砂	粒径大于0.075 mm的颗粒含量超过总质量50%

注：分类时应根据粒组含量从大到小以最先符合者确定。

（四）粉土

粉土是指塑性指数$I_P \leqslant 10$且粒径大于0.075 mm的颗粒含量不超过总质量50%的土。

（五）黏性土

黏性土是指塑性指数$I_P > 10$且粒径大于0.075 mm的颗粒含量不超过总质量50%的土。

1. 黏性土根据塑性指数分类

黏性土应根据塑性指数按表1-20进行分类。

表1-20　黏性土按塑性指数分类

塑性指数I_P	土的名称
$I_P > 17$	黏土
$10 < I_P \leqslant 17$	粉质黏土

注：液限和塑限分别按76 g锥试验确定。

2. 黏性土根据沉积年代分类

黏性土可根据沉积年代按表1-21进行分类。

表1-21　黏性土按沉积年代分类

沉积年代	土的名称
第四系晚更新世(Q_3)及以前	老黏性土
第四系全新世(Q_4)	一般黏性土
第四系全新世(Q_4)以后	新近沉积黏性土

工程实践表明土的沉积年代对黏性土的工程性质影响很大。不同沉积年代的黏性土，尽管其物理性质指标可能很接近，但是其工程性质可能相差悬殊。老黏性土沉积年代久远，工程性质相对较好；一般黏性土在工程中最常遇到，透水性较小，其工程性质比老黏性土差；新近沉积的黏性土沉积年代较短，一般压缩尚未稳定，强度很低，压缩性较大。

（六）特殊性土

特殊性土是指具有一些特殊成分、结构和性质的区域性土，包括软土、膨胀土、湿陷性土、红黏土、冻土、盐渍土和填土等。

1. 软土

软土为滨海、湖沼、谷地、海滩等处天然含水率高、天然孔隙比大、抗剪强度低且符合表1-22规定的细粒土，包括淤泥、淤泥质土、泥炭、泥炭质土等。

表1-22　软土鉴别指标

指标名称	天然含水率 w	天然孔隙比 e	直剪内摩擦角 φ	十字板剪切强度 C_u	压缩系数 $a_{1\text{-}2}$
指标值	≥35%或液限	≥1.0	<5°	<35 kPa	>0.5 MPa^{-1}

淤泥和淤泥质土是工程建设中经常遇到的典型软土。在静水或缓慢的流水环境中沉积，并经生物化学作用形成，天然含水率 $w>w_L$、天然孔隙比 $e\geqslant 1.5$ 的黏性土称为淤泥；而 $w>w_L$、$1.5>e\geqslant 1.0$ 的黏性土或粉土称为淤泥质土。含有大量未分解的腐殖质，有机质含量 $\xi>60\%$ 的土为泥炭；$60\%\geqslant\xi\geqslant 10\%$ 的土为泥炭质土。

2. 膨胀土

膨胀土是指土中黏粒主要由亲水性矿物（如蒙脱石、伊利石等）组成，同时具有显著的吸水膨胀和失水收缩特性，其自由膨胀率大于或等于40%的黏性土。

自由膨胀率按式(1-44)计算。

$$\delta_{ef}=\frac{V_{ve}-V_0}{V_0}\times 100\% \tag{1-44}$$

式中　δ_{ef}——自由膨胀率，%；

V_{ve}——试样在水中膨胀后的体积，mL；

V_0——试样初始体积，mL。

由于膨胀土通常强度较高，压缩性较低，易被误认为是良好的地基。但遇水后，就呈现较大的吸水膨胀和失水收缩的特性，往往导致建筑物、构筑物和地坪的开裂或不均匀升降。

3. 湿陷性土

湿陷性土是指浸水后产生附加沉降，其湿陷系数 $\delta_s \geqslant 0.015$ 的土。

湿陷系数按式(1-45)计算。

$$\delta_s = \frac{h_1 - h_2}{h_0} \tag{1-45}$$

式中　δ_s——湿陷系数，无因次；

h_1——在某级压力下，试样变形稳定后的高度，mm；

h_2——在某级压力下，试样浸水湿陷变形稳定后的高度，mm；

h_0——试样原始高度，mm。

例如，西部地区常见的黄土是一种含大量碳酸盐类，且常能以肉眼观察到大孔隙的黄色粉状土。天然黄土在未受水浸湿时，一般强度较高，压缩性较低。但是当其受水浸湿后，因黄土内含有的碳酸盐溶解和自身大孔隙结构的特征，致使土的结构遭到破坏，压缩变形量剧增，土层突然显著下沉，同时强度也随之迅速降低，这一类黄土统称为湿陷性黄土。

4. 红黏土与次生红黏土

红黏土是指碳酸盐系的岩石经红土化作用形成的液限 $w_L > 50\%$ 的高塑性黏土。红黏土经再搬运后仍保留其基本特征，且液限 $w_L > 45\%$ 的土为次生红黏土。

红黏土和次生红黏土的裂隙发育，孔隙比一般大于 1，具有明显的失水收缩性，但压缩性较低。

5. 冻土

冻土是指地层内温度在 0 ℃以下且含有冰的各种土壤，一般可分为季节冻土和多年冻土。季节冻土是指地表层冬季冻结、夏季融化的土；多年冻土是指冻结状态持续 2 年(含 2 年)以上的土。

地球上冻土区的面积约占陆地面积的 50%，其中多年冻土面积约占陆地面积的 25%。在寒冷季节因大气负温的影响，土中水冻结成冰，此时的土即冻土。在我国，季节冻土占中国领土面积的 53.5%，其冻结深度在黑龙江省南部、内蒙古自治区东北部、吉林省西北部可超过 3 m，往南随纬度降低而减少。我国多年冻土主要分布在东北大兴安岭、小兴安岭，西部阿尔泰山、天山、祁连山及青藏高原等地，总面积为全国领土面积的 21.5%。当自然条件改变时，它将产生冻胀、融陷、热融滑塌等不良地质现象，并发生物理力学性质改变。

6. 盐渍土

盐渍土是指土中易溶盐含量大于 0.3%并具有溶陷、盐胀、腐蚀等工程特性的土。盐渍土在我国分布十分广泛，主要分布在沿海地区及新疆、青海、甘肃、宁夏、内蒙古等省或自治区内。

7. 填土

填土是指由于人类活动而形成的堆积物，根据组成和成因，可分为素填土、压实填土、杂填土和冲填土。素填土是由碎石土、砂土、粉土、黏性土等组成的填土；压实填土是指经过压实或夯实的素填土；杂填土是指含有建筑垃圾、工业废料、生活垃圾等杂物的填土；冲填土是指由水力冲填泥沙形成的填土。

【例 1-8】　取某土样 100 g 进行颗粒分析试验，其结果见表 1-23。试确定该土样的名称。

表 1-23 某土样颗粒分析试验结果

筛孔直径/mm	20	10	2	0.5	0.25	0.075	<0.075	总计
留筛土质量/g	10	1	5	39	27	11	7	100
占全部土质量的百分比/%	10	1	5	39	27	11	7	100
小于某筛孔径的土质量的百分比/%	90	89	84	45	18	7		

注:取风干试样 100 g 进行试验。

【解】 按表 1-23 所示颗粒分析资料,先判别是碎石土还是砂土。因大于 2 mm 粒径的土粒占总质量(10+1+5)%=16%,小于 50%,故该土样属于砂土。然后以砂土分类表 1-19,根据粒组含量从大到小的顺序进行鉴别。由于大于 2 mm 的颗粒只占总质量 16%,小于 25%,故该土样不是砾砂。而大于 0.5 mm 的颗粒占总质量(10+1+5+39)%=55%,大于 50%,因此应定名为粗砂。

二、《土的工程分类标准》(GB/T 50145—2007)分类法

在《土的工程分类标准》(GB/T 50145—2007)中,将土划分为巨粒类土、粗粒类土和细粒类土三大类。每个大类再细分许多亚类,分别进行土类命名并用专门代号表示。在该标准中,主要根据不同粒组的相对含量进行土的分类,土粒粒组的划分详见表 1-1。

(一) 巨粒类土

巨粒类土是指巨粒含量大于 15%的土。巨粒类土按粒组含量进行细分类,其土类、土类名称及代号见表 1-24。

表 1-24 巨粒类土的分类

土类	粒组含量		土粒代号	土类名称
巨粒土	巨粒含量>75%	漂石含量大于卵石含量	B	漂石(块石)
		漂石含量不大于卵石含量	Cb	卵石(碎石)
混合巨粒土	50%<巨粒含量≤75%	漂石含量大于卵石含量	BSI	混合土漂石(块石)
		漂石含量不大于卵石含量	CbSI	混合土卵石(碎石)
巨粒混合土	15%<巨粒含量≤50%	漂石含量大于卵石含量	SIB	漂石(块石)混合土
		漂石含量不大于卵石含量	SICb	卵石(碎石)混合土

注:1. B 为漂石(块石);Cb 为卵石(碎石);SI 为混合土。
2. 试样中巨粒含量不大于 15%时,可扣除巨粒,按下面粗粒类土或细粒类土的相应规定分类;当巨粒对土的总体性能有影响时,可将巨粒计入砾粒组进行分类。

(二) 粗粒类土

粗粒类土是指土中粗粒组含量大于 50%的土,包括砾类土和砂类土。

1. 砾类土

砾类土是指砾粒组含量大于砂粒组含量的粗粒类土。砾类土按粒组含量、级配情况和细粒土含量进行细分类,其土类、土类名称和土类代号见表 1-25。

表 1-25　砾类土的分类

土类	粒组含量		土粒代号	土类名称
砾	细粒含量<5%	级配 $C_u \geqslant 5$，$1 \leqslant C_c \leqslant 3$	GW	级配良好砾
		级配不同时满足上述要求	GP	级配不良砾
含细粒土砾	5%≤细粒含量<15%		GF	含细粒土砾
细粒土质砾	15%≤细粒含量<50%	细粒组中粉粒含量不大于 50%	GC	黏土质砾
		细粒组中粉粒含量大于 50%	GM	粉土质砾

注：G 为砾；W 为级配良好；P 为级配不良；F 为细粒土；C 为黏土；M 为粉土。

2. 砂类土

砂类土是指砾粒组含量不大于砂粒组含量的粗粒类土。砂类土也是按粒组含量、级配情况和细粒土含量进行细分类，其土类、土类名称和土类代号见表 1-26。

表 1-26　砂类土的分类

土类	粒组含量		土粒代号	土类名称
砂	细粒含量<5%	级配 $C_u \geqslant 5$，$1 \leqslant C_c \leqslant 3$	SW	级配良好砂
		级配不同时满足上述要求	SP	级配不良砂
含细粒土砂	5%≤细粒含量<15%		SF	含细粒土砂
细粒土质砂	15%≤细粒含量<50%	细粒组中粉粒含量不大于 50%	SC	黏土质砂
		细粒组中粉粒含量大于 50%	SM	粉土质砂

注：S 为砂；W 为级配良好；P 为级配不良；F 为细粒土；C 为黏土；M 为粉土。

（三）细粒类土

细粒类土是指土中细粒组含量不小于 50%的土，包括细粒土和含粗粒的细粒土。

1. 细粒土

细粒土是指粗粒组含量不大于 25%的细粒类土。细粒土根据塑性指数 I_P 和液限 w_L 及在塑性图（图 1-38）中的位置进行细分类，其土类名称及代号见表 1-27。

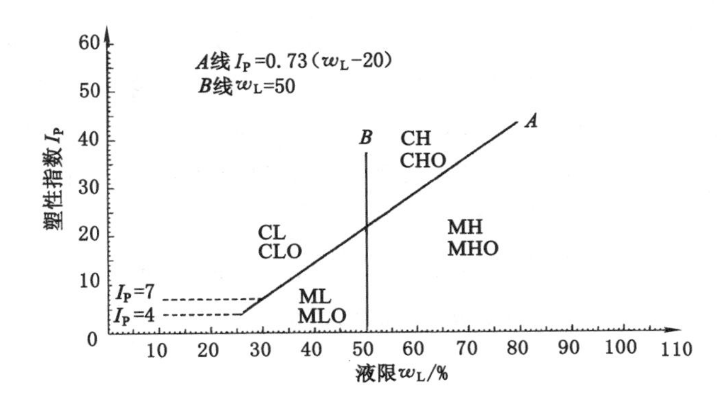

图 1-38　细粒土的分类塑性图

表 1-27 细粒土的分类

土的塑性指标在塑性图 1-38 中的位置		土类代号	土类名称
$I_P \geqslant 0.73(w_L-20)$ 和 $I_P \geqslant 7$	$w_L \geqslant 50\%$	CH	高液限黏土
	$w_L < 50\%$	CL	低液限黏土
$I_P < 0.73(w_L-20)$ 或 $I_P < 4$	$w_L \geqslant 50\%$	MH	高液限粉土
	$w_L < 50\%$	ML	低液限粉土

注:① C 为黏土;M 为粉土;H 为高液限;L 为低液限。
② 黏土、粉土过渡区的土可按相邻土层的类别细分。

图 1-38 中,横坐标为土的液限 w_L,纵坐标为塑性指数 I_P;图中的液限 w_L 为用碟式仪测定的液限含水率或用质量 76 g、锥角为 30°的液限仪锥尖入土深度 17 mm 对应的含水率;图中虚线之间区域为黏土-粉土过渡区域。

有机质成分对土的物理、力学性质有不同程度的影响。根据有机质含量,细粒土还有有机质土与有机土之分。有机质土是指有机质含量 O_m 一定($5\% \leqslant O_m < 10\%$)、有特殊气味、压缩性高的黏土或粉土。有机质土仍按表 1-27 划分,在相应土类代号之后加代号 O。有机土是指有机质含量 O_m 较高($O_m \geqslant 10\%$)、有特殊气味、压缩性高的黏土或粉土。当有机质含量小于 5%时,其性质与无机土没有太大区别,视为无机土,按普通细粒土分类。

2. 含粗粒的细粒土

含粗粒的细粒土是指粗粒组含量大于 25%且不大于 50%的细粒类土。含粗粒的细粒土包括含砾细粒土和含砂细粒土。

(1) 含砾细粒土

粗粒中砾粒含量大于砂粒含量,称为含砾细粒土,应在前述细粒土代号后加上代号 G。

(2) 含砂细粒土

粗粒中砾粒含量不大于砂粒含量,称为含砂细粒土,应在前述细粒土代号之后加上代号 S。《土的工程分类标准》(GB/T 50145—2007)规定:土的含量或指标等于界限值时,可根据使用目的按偏于安全的原则分类。

土的工程分类体系如图 1-39 所示。对于表示土类的代号由下列主要原则构成:① 由一个代号构成时,即表示土的名称;② 由两个基本代号构成时,第一个基本代号表示土的主成分,第二个基本代号表示土的次成分,或土的级配、液限;③ 由三个基本代号构成时,第一个基本代号表示土的主成分,第二个基本代号表示液限的高低,第三个基本代号表示土的次成分,见表 1-28。

【例 1-9】 有 4 000 g 的土样,颗粒分析试验结果见表 1-29。试按《公路桥涵地基与基础设计规范》(JTG 3363—2019)和《土的工程分类标准》(GB/T 50145—2007)分类法分别确定土的名称。

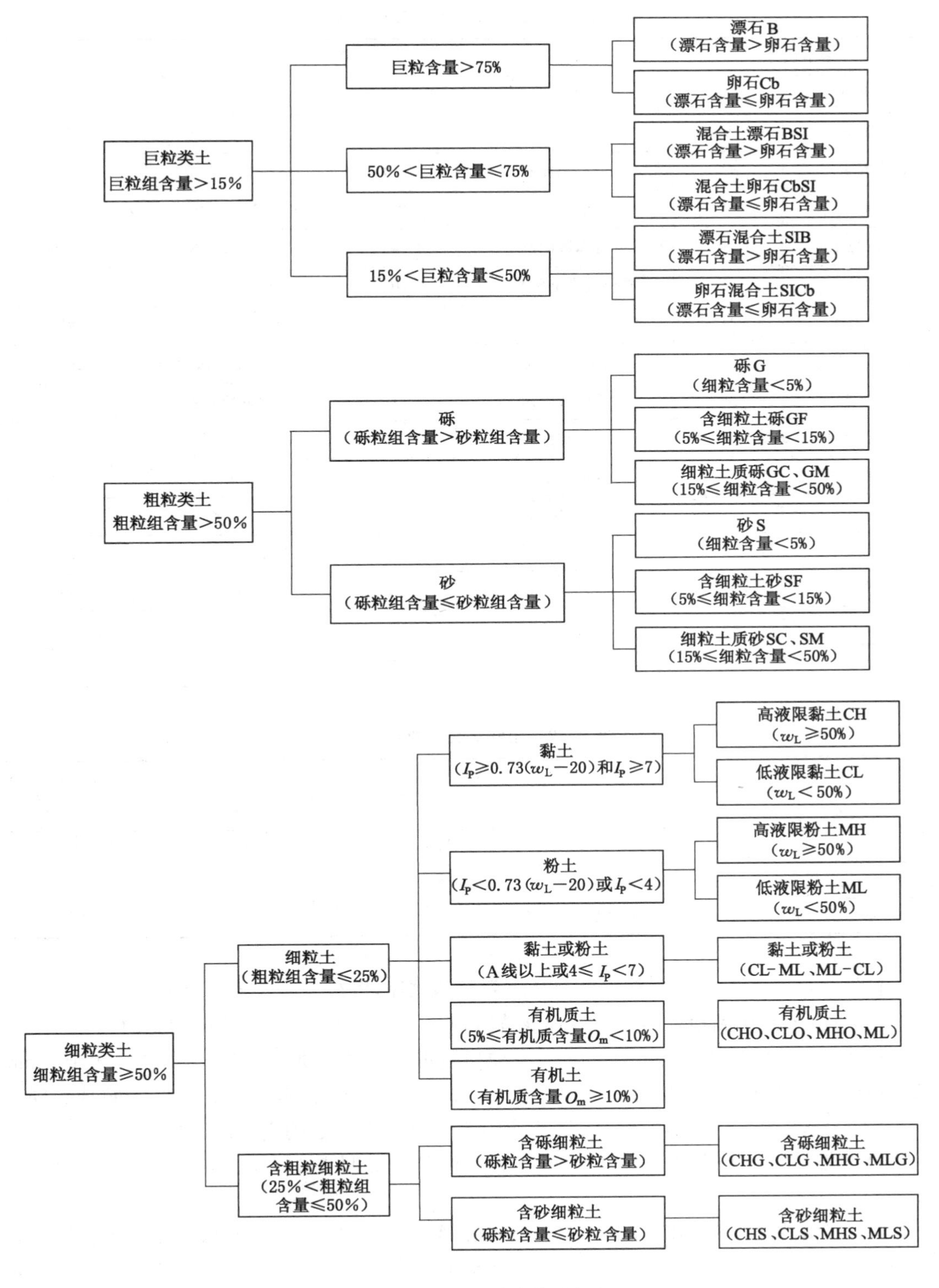

图 1-39　土的工程分类体系框架

表 1-28　基本代号与土的工程分类代号

基本代号		土的工程分类代号			
名称	代号	名称	代号	名称	代号
漂石	B	混合土漂石	BSI	高液限粉土	MH
黏土	C	混合土卵石	CbSI	含砾高液限粉土	MHG
卵石	Cb	高液限黏土	CH	有机质高液限粉土	MHO
细粒土	F	含砾高液限黏土	CHG	含砂高液限粉土	MHS
砾	G	有机质高液限黏土	CHO	低液限粉土	ML
高液限	H	含砂高液限黏土	CHS	含砾低液限粉土	MLG
低液限	L	低液限黏土	CL	有机质低液限粉土	MLO
粉土	M	含砾低液限黏土	CLG	含砂低液限粉土	MLS
有机质土	O	有机质低液限黏土	CLO	黏土质砂	SC
级配不良	P	含砂低液限黏土	CLS	含细粒土砂	SF
砂	S	黏土质砾	GC	漂石混合土	SIB
混合土	SI	含细粒土砾	GF	卵石混合土	SICb
级配良好	W	粉土质砾	GM	粉土质砂	SM
		级配不良砾	GP	级配不良砂	SP
		级配良好砾	GW	级配良好砂	SW

表 1-29　土样颗粒分析试验数据

筛孔直径/mm	60	40	20	10	5	2	1.0	0.5	0.25	0.075	<0.075
留筛质量/g	0	120	640	1 160	660	412	208	164	116	320	200
小于该孔径的质量/g	4 000	3 880	3 240	2 080	1 420	1 008	800	636	520	200	
小于该孔径质量占全部试样质量的百分数/%	100	97.0	81.0	52.0	35.5	25.2	20.0	15.9	13.0	5.0	
大于该孔径质量占全部试样质量的百分数/%	0	3.0	19.0	48.0	64.5	74.8	80.0	84.1	87.0	95.0	

【解】　在分类时应根据粒组含量从上到下的顺序，以最先符合者确定。

(1) 按《公路桥涵地基与基础设计规范》(JTG 3363—2019)分类法确定土的名称。

由表 1-29 可知：粒径大于 20 mm 的颗粒质量占全部试样质量的 19.0%；粒径大于 2 mm 的颗粒质量占全部试样质量的 74.8%。查表 1-18 可知该土属于碎石土类中的圆砾(或角砾)。

(2) 按《土的工程分类标准》(GB/T 50145—2007)分类法确定土的名称。

根据表 1-1，巨粒是指粒径 $D>60$ mm 的颗粒。对照表 1-29，土中不含巨粒成分。查表 1-24 可知该土样不属于巨粒类土。

试样中的粗粒组(0.075 mm$<D\leqslant$60 mm)含量为 95%，大于 50%，所以该土样属于粗粒类土。砾粒组(2 mm$<D\leqslant$60 mm)含量为 74.8%，砂粒组(0.075 mm$<D\leqslant$2 mm)含量为 20.2%，砾粒组含量大于砂粒组含量，因此该土样属于砾类土。由于细粒($D\leqslant$0.075 mm)含量为 5%，在 5%$\leqslant$细粒含量$<$15%的粒组含量范围之内，由表 1-25 或图 1-39 可知

该土样属于含细粒土砾(GF)。

由于细粒($D \leqslant 0.075$ mm)含量为5%,处于砾和含细粒土砾的界限值,也可将其定名为砾(G)。根据表1-29,需要进一步确定土样的不均匀系数C_u和曲率系数C_c。由表1-29土样颗粒分析试验数据得到该土样的颗粒级配曲线,如图1-40所示。

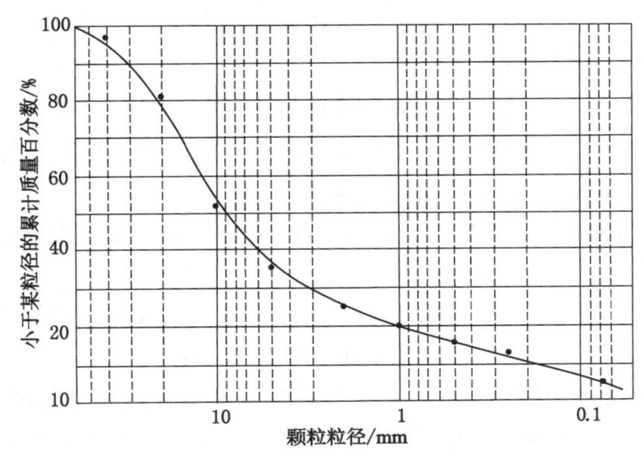

图1-40　试样的颗粒级配曲线

由颗粒级配曲线得到$D_{60}=11.98$ mm、$D_{30}=3.0$ mm、$D_{10}=0.16$ mm,则不均匀系数$C_u=\dfrac{D_{60}}{D_{10}}=\dfrac{11.98}{0.16}=74.88$,曲率系数$C_c=\dfrac{D_{30}^2}{D_{10}D_{60}}=\dfrac{3.0^2}{0.16\times 11.98}=4.70$。查表1-25可知该土样还可定名为级配不良砾(GP)。

通过本例可以看出:对于同一种土样,采用不同的分类方法,得到的土的名称并不相同。在实践中应根据具体工程所属的行业,选择适宜的分类方法。

【例1-10】　已知某细粒土的液限$w_L=47.0\%$,塑限$w_P=32.0\%$。试按《公路桥涵地基与基础设计规范》(JTG 3363—2019)和《土的工程分类标准》(GB/T 50145—2007)分别确定土的名称,并比较结果的一致性。

【解】　(1)按《公路桥涵地基与基础设计规范》(JTG 3363—2019)分类法确定土的名称。

土样的塑性指数为:

$$I_P=(w_L-w_P)\times 100=(47.0\%-32.0\%)\times 100=15.0$$

因$10<I_p=15.0\leqslant 17$,所以该细粒土为粉质黏土。

(2)按《土的工程分类标准》(GB/T 50145—2007)分类法确定土的名称。

对于细粒土,该标准根据塑性指数I_P和液限w_L及在塑性图中的位置进行分类。由于$I_P=15.0<0.73\times(w_L-20)=0.73\times(47.0-20)=19.71$,$w_L=47.0\%<50\%$,查表1-27或图1-39可知该细粒土属于低液限粉土(ML)。

对于该细粒土,用不同的分类方法得到的土的名称是不一致的。一个方法判别为粉质黏土,另一个方法判别为粉土。《公路桥涵地基与基础设计规范》(JTG 3363—2019)分类法只考虑塑性指数一个参数指标,而《土的工程分类标准》(GB/T 50145—2007)分类法中的塑性图采用双指标,还考虑了有机物的含量,与国际上对细粒土的分类法比较一致。

思 考 题

1-1　什么叫地质作用？地质作用主要包括哪些？

1-2　土是怎样生成的？土的成因类型有哪些？

1-3　岩石的成因类型有哪些？

1-4　土由哪几个部分组成？与一般建筑材料相比，土有哪些特性？

1-5　《土的工程分类标准》(GB/T 50145—2007)中，土粒的粒组是怎样划分的？

1-6　什么叫粒度成分？其分析方法有哪些？

1-7　土的不均匀系数 C_u 和曲率系数 C_c 的定义是什么？如何从土的颗粒级配曲线形态、C_u 及 C_c 数值大致评价土的级配情况？

1-8　什么叫电分子引力？根据电分子引力的不同，土中水分为哪几类？其特征如何？

1-9　土中气体分为哪些类型？对土的工程性质有何影响？

1-10　土的三相比例指标有哪些？其中哪些为基本指标？如何测定？

1-11　试分析土的天然重度、饱和重度、有效重度和干重度之间的关系，并比较其数值的大小。

1-12　黏性土的物理特性指标包括哪些？如何确定？

1-13　可采用哪些指标作为划分无黏性土密实度的标准？如何划分？

1-14　土粒间的相互作用力有哪些？

1-15　土的结构一般有哪些类型？它与成因条件有何关系？

1-16　土的构造一般有哪些类型？

1-17　如何确定细粒土的最优含水率？

1-18　土的压实原理是什么？压实方法有哪些？影响压实性的因素有哪些？

1-19　在《公路桥涵地基与基础设计规范》(JTG 3363—2019)中，岩土是怎样分类的？

1-20　在《土的工程分类标准》(GB/T 50145—2007)中，土是怎样分类的？

习　题

1-1　某原状土样体积为 72 cm^3，其质量为 129.1 g，烘干后其质量为 121.5 g。经测定，土粒比重为 2.70。试求该土样的含水率、重度、孔隙比、孔隙率、饱和度、饱和重度、有效重度与干重度。

1-2　处于完全饱和状态的某土样，土粒比重为 2.68，含水率为 32.0%。试求该土样的孔隙比、孔隙率、重度、干重度、饱和重度与有效重度。

1-3　某湿土样质量为 200 g，试验测得其密度为 1.81 g/cm^3，含水率为 15%，土粒比重为 2.67。现需制备含水率为 18%的土样，需加水多少？若使土样达到完全饱和时，需加水多少？

1-4　现场取黏性土原状土样 154.7 g，烘干后其质量为 138.5 g，经液塑限联合测定法测得其塑限为 25.2%、液限为 47.7%。试求该黏性土的塑性指数和液性指数，并判断该黏性土在天然状态下的状态。

1-5　经试验测得某砂土的密度为 1.77 g/cm^3，含水率为 9.8%，土粒比重为 2.67，最小孔隙比为 0.461，最大孔隙比为 0.943。试求该砂土的相对密度 D_r，并判断该砂土的密实状态。

1-6　在室内对某土料进行了 7 组不同含水率下的击实试验，其结果见表 1-30。试绘制击实曲线，并求最优含水率和最大干密度。

表 1-30　击实试验数据

w/%	5	10	15	20	25	30	35
ρ_d/(g/cm^3)	1.58	1.76	1.94	2.02	1.96	1.89	1.83

1-7　某路堤填土工程，需要粉质黏土的土方量为 1.5×10^5 m^3。路堤设计中取压实度 D_c=95%（D_c=填土实际干重度 ρ_d/最大干密度 ρ_{dmax}×100%）。施工现场附近有一合适取土场，可利用的取土深度为 2.2 m。通过在取土场取样和室内试验测得其天然重度 γ=18.1 kN/m^3，含水率 w=12.4%，液限 w_L=32.3%，塑限 w_P=21.4%，土粒比重 G_s=2.71，最大干密度 ρ_{dmax}=1.89 g/cm^3。试确定：

（1）为满足填筑路堤需要，至少需开挖多大面积的土场？

（2）如果每铺设 30 cm 厚的土层进行碾压，土的最优含水率 $w_{opt}=w_P+2\%$，为达到最佳碾压效果，每层施工时每平方米填土面积的洒水量。

（3）路堤填筑后的密度、孔隙比、孔隙率和饱和度。

1-8　某 100 g 土样，其颗粒分析试验结果见表 1-31。试按《公路桥涵地基与基础设计规范》(JTG 3363—2019)和《土的工程分类标准》(GB/T 50145—2007)分类法分别确定土的名称，计算土的不均匀系数和曲率系数，并评价土的级配情况。

表 1-31　颗粒分析试验结果

筛孔直径/mm	200	60	20	2	0.5	0.25	0.075	<0.075
留筛质量/g	0	34.7	5.5	30.8	5.2	13.8	10.0	0
大于某粒径的土样占全部土样质量百分数/%	0	34.7	40.2	71.0	76.2	90.0	100	100
通过某筛孔的土样质量百分数/%	100	65.3	59.8	29.0	23.8	10.0	0	0

1-9　已知某细粒土的液限 w_L=46.2%，塑限 w_P=34.5%。试按《公路桥涵地基与基础设计规范》(JTG 3363—2019)和《土的工程分类标准》(GB/T 50145—2007)分别确定土的名称。

小　论　文

1-1　土的压实原理与压实方法。

1-2　土的分类方法综述。

1-3　土的物理指标测定方法及数据处理。

第二章 地下水在土体中的运动规律

第一节 概 述

土中水有不同形态，包括固态的冰、液态的水、气态的水蒸气，还有矿物晶格中的结晶水，如图 2-1 所示。其中，液态水包括结合水和自由水，结合水又包括强结合水(吸着水)和弱结合水(薄膜水)，自由水包括重力水和毛细水。

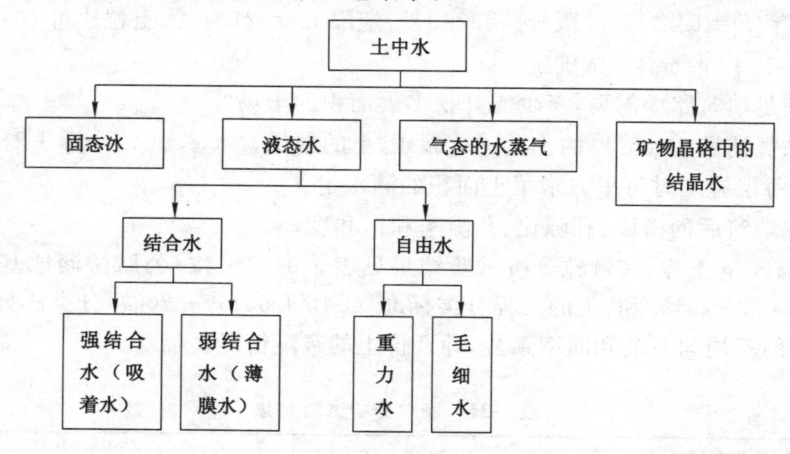

图 2-1 土中水的形态与分类

结晶水是矿物的组成部分，不能自由移动，只有在高温下才能脱离晶格转化为气态水与土颗粒分离。气态水在现实土体中很少，在土的孔隙中运移时对土的工程性质和稳定性影响很小，一般不予考虑。至于固态的冰，只有当土中的温度低于 0 ℃时，土中水冻结成冰，便失去了在土孔隙中运移的可能性。所以地下水在土体中的运动主要指液态水(包括结合水和自由水)的移动，具体体现在如下几个方面。

(1) 自由水在重力作用下沿土中孔隙由高处向低处渗流，这就涉及地下水的渗流(又称为土的渗透性)问题。

(2) 地下水在与空气交界处表面张力作用下，沿着细的孔隙向上或其他方向移动。这种存在于地下水位以上土孔隙中的自由水即毛细水，这就涉及土的毛细现象。

(3) 结合水在电分子引力作用下，由厚水膜向薄水膜迁移，这就涉及土冻结时结合水的迁移，将引起土的冻胀现象。

(4) 在附加应力作用下土颗粒相互靠近，土孔隙中的水和气体被挤出或向远处消散，这就涉及土的固结问题。

地下水的运动影响工程的设计方案、施工方法、施工工期、工程投资以及工程的长期使用。若对地下水处理不当，还可能发生工程事故。因此，在工程建设中必须对地下水的运动规律及其对土的工程性质的影响进行研究。

第二节　土的毛细性

毛细水是指受到水与空气交界处表面张力作用而存在于地下水位以上透水层中的自由水。土的毛细现象是指土中水在表面张力作用下沿着细的孔隙向上或其他方向移动的现象。土体能够产生毛细现象的性质称为土的毛细性。土的毛细性是引起路基冻害、地下室过分潮湿、陆地盐渍化(形成盐渍土)和陆地沼泽化的主要原因之一，对工程建设和农业生产都会产生影响，必须高度重视。

一、土层中的毛细水带

土层中由于毛细现象所湿润的范围称为毛细水带。毛细水带根据形成条件和分布状况分为正常毛细水带、毛细网状水带和毛细悬挂水带三种，如图 2-2 所示。

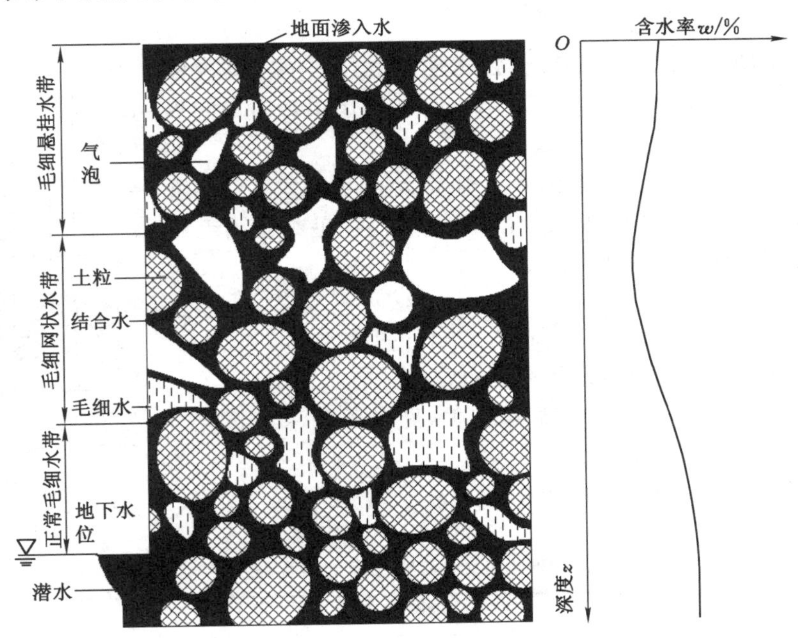

图 2-2　土层中的毛细水带

(一) 正常毛细水带

正常毛细水带又称为毛细饱和带，位于整个毛细水带的下部，与地下潜水连通。该部分毛细水主要是地下潜水因毛细现象直接上升形成的，毛细水几乎充满全部孔隙。正常毛细水带随着地下水位的升降作相应的移动。

(二) 毛细网状水带

毛细网状水带位于整个毛细水带的中部。当地下水位下降时，与地下水相连的正常毛细水带也随之下降。此时，在较细的孔隙中有一部分毛细水来不及移动，仍残留在较细的孔隙中。而在相对较粗的孔隙中因毛细水下降，孔隙被气体占据，这样使毛细水呈网状分布。毛细网状水带中的毛细水，可以在重力作用下继续向下移动，这取决于土的孔隙和水质点所受阻力的大小。

（三）毛细悬挂水带

毛细悬挂水带位于整个毛细水带的上部。该部分毛细水是由地表水（如雨水）下渗形成的，水悬挂在土颗粒之间，在重力作用下可向下移动。

上述三个毛细水带不一定同时存在，这主要取决于当地的水文地质条件。如果地下水位很高时，可能只有正常毛细水带，没有毛细悬挂水带和毛细网状水带；当地下水位较低时，则可能同时出现三个水带。

在毛细水带内，土的含水率是随着深度变化的（图 2-2）。在正常毛细水带处，土几乎是饱和的，毛细水几乎充满全部孔隙（除局部存在较大的连通孔隙之外）。在毛细网状水带内，土的孔隙中存在气体，土是非饱和的，含水率逐渐降低。在毛细悬挂水带内，由于受到地表水的补充，含水率可能会增大，其值主要受雨水和地表水的补给所控制。

二、毛细水上升高度

（一）理论计算公式

将细小的玻璃管插入水中，水会在管中上升到一定高度停止，这就是毛细管作用，如图 2-3 所示。毛细管作用是由水的表面张力产生的。

试验表明：在毛细管内毛细水上升最大高度 h_{max} 与毛细管内径 d 成反比。毛细管越细，毛细水上升越高。毛细管内毛细水上升最大高度按式（2-1）计算。

$$h_{max} = \frac{4T}{d\gamma_w} \tag{2-1}$$

式中 h_{max}——毛细水上升最大高度，m；

T——水的表面张力（与温度有关，见表 2-1），kN/m；

d——毛细管内径，m；

γ_w——水的重度，一般取 10 kN/m^3。

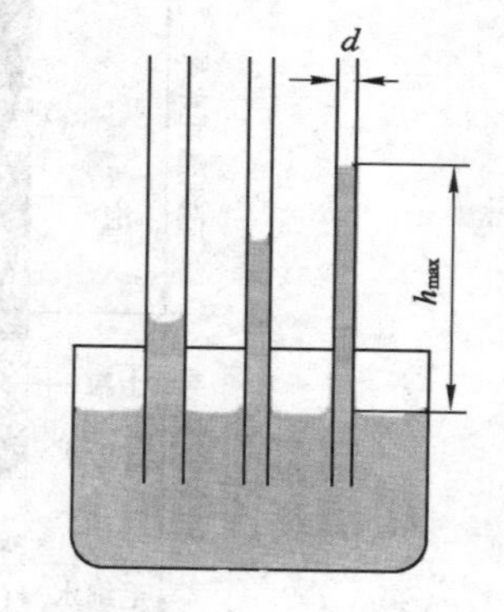

图 2-3 毛细管作用示意图

表 2-1 水与空气间的表面张力 T

温度/℃	−5	0	5	10	15	20	30	40
表面张力 T/(kN/m)	76.4×10^{-6}	75.6×10^{-6}	74.9×10^{-6}	74.2×10^{-6}	73.5×10^{-6}	72.8×10^{-6}	71.2×10^{-6}	69.9×10^{-6}

式（2-1）为毛细水上升高度的理论计算公式。在天然土层中，毛细水实际上升高度不能简单地直接引用式（2-1）进行计算，会得到难以置信的结果。例如，假定黏土颗粒为直径等于 0.000 5 mm 的圆球，将这种假想的等直径球体堆置起来，其孔隙的等效直径约为 0.000 01 cm，表面张力 T 取 75.6×10^{-3} N/m（温度 0 ℃时），代入式（2-1）中将得到毛细水上升最大高度 $h_{max}\approx300$ m，这在实际土层中是根本不可能的。在碎石土中几乎没有毛细现象（毛细水上升高度近乎为 0），砂土中毛细水实际上升高度一般在 2 m 以下，粉土和粉质黏土中一般为 2～5 m，黏土中有时可达 5～6 m。这是因为土中的孔隙是不规则的，与圆柱状

的毛细管根本不同，毛细水上升时会遇到很大的阻力，特别是土颗粒与水之间存在物理化学作用，使得天然土层中的毛细现象比毛细管的情况复杂得多。

（二）经验公式

黑曾（A. Hazen）提出了经验公式［式（2-2）］，用于计算天然土层中毛细水的实际上升高度，也就是正常毛细水带的高度。

$$h_s = \frac{c}{ed_{10}} \tag{2-2}$$

式中　h_s——天然土层中毛细水实际上升高度，m；

e——土的天然孔隙比；

d_{10}——土的有效粒径，m；

C——经验值，$C=(1\sim5)\times10^{-5}\ \mathrm{m^2}$。

从式（2-2）可以看出：天然土层中毛细水的实际上升高度与有效粒径 d_{10} 和孔隙比 e 均成反比。土颗粒越小（d_{10} 越小），级配越好（e 越小），土中孔隙越细，毛细水的实际上升高度越大。

三、毛细水上升速度

曾有人用人工制备的石英砂在实验室中测定毛细水上升高度、上升速度与土颗粒大小之间的关系。试验结果表明：在较粗颗粒土中，毛细水上升速度初始很快，之后逐渐缓慢，待达到应有的毛细水上升高度后，毛细水就停止上升了；细颗粒毛细水上升速度初始就比较慢，但是上升高度较大。

特别是黏土，在其颗粒周围吸附着一层较厚的结合水膜，将减小土中孔隙的有效直径。结合水具有较大的黏滞性和一定的抗剪强度，使得毛细水在上升时受到很大阻力，故上升速度很慢。在正常毛细水带内，当黏土颗粒间的孔隙被结合水完全充满时，就不会存在毛细水上升现象。

综上所述，碎石土中几乎没有毛细现象；砂土中毛细水实际上升高度较小（一般在 2 m 以下），但上升速度快；粉土和粉质黏土中毛细水实际上升高度较大（一般为 2～5 m），上升速度较快；黏土中毛细水实际上升高度大（可达 5～6 m），但上升速度较慢。综合分析毛细水上升高度与上升速度，毛细现象明显、对工程危害较大的是粉土和粉质黏土。

第三节　土的渗透性

土具有被水等液体透过的性质，称为土的渗透性。渗透性是土的重要工程性质之一。

渗流问题在岩土工程中普遍存在。图 2-4（a）为土坝蓄水后上游水透过坝身及坝基透水层渗流至下游；图 2-4（b）为隧道开挖后周围的地下水向隧道内渗流；图 2-4（c）为开挖基坑时采用井点法降低地下水位引起的土中水渗流情况。

水在土中渗流时会与土体相互作用而引发一系列工程问题，可归纳为以下两个方面。

（1）水的渗流问题。如基坑、隧道等工程开挖过程中普遍存在地下水渗出而需要解决防排水问题；堤坝中由于渗流造成水量损失而需要解决堵水防渗问题；污水渗入土体、海水入侵所引起的地下水污染问题等。该类问题是地下水自身性质（包括渗流量、渗流速度、水质、地下水位等）的变化所引起的。

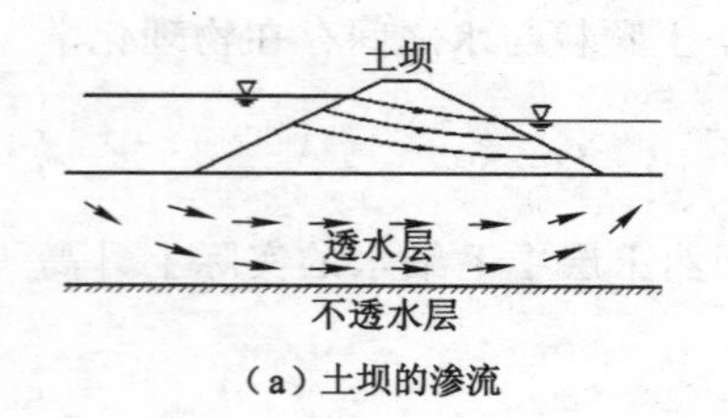

(a) 土坝的渗流

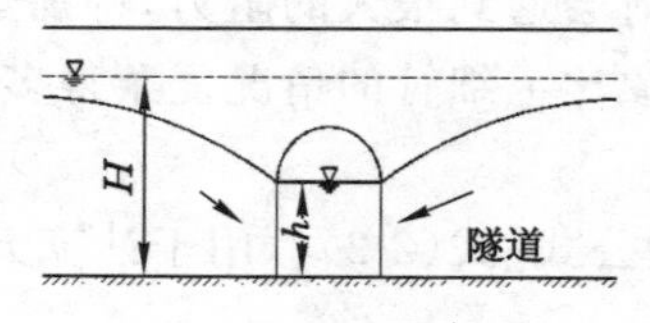

(b) 隧道周围的渗流

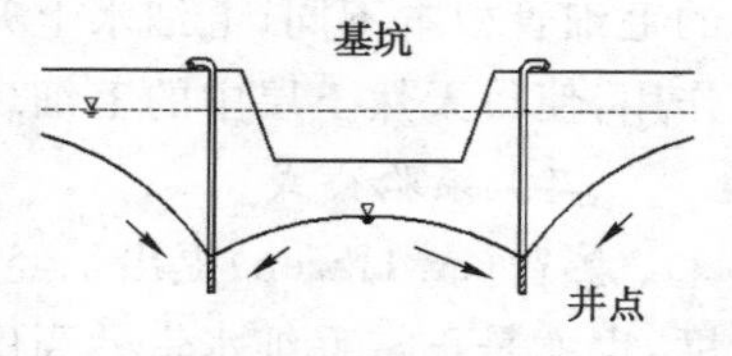

(c) 基坑人工降水引起的渗流

图 2-4 不同工程中的渗流问题

(2) 土体的稳定问题。水在土体中渗流时会引起土体内部应力场的变化;土的物理力学性质与水关系密切,渗流到土体中的水会造成土的抗剪强度降低或其他物理力学性质的改变;当渗流速度较大时,可能会带走细小的颗粒引发管涌最终造成土体结构崩解;当土中含有可溶盐时,渗流到土体中的水会溶解可溶盐,造成土体结构破坏。这些作用最终会导致土体产生过大的有害变形,甚至造成土体失稳。

一、渗流的基本概念

(一) 渗流和渗流场

在位势差(水头高差)作用下,自由水在岩土孔隙中发生流动的现象称为渗流。发生渗流的区域,称为渗流场。

由于水在岩土体内渗流时受到孔隙大小、空间分布及连通情况的限制,在流动过程中所受到的黏滞阻力很大,地下水的渗流比地表水的流动缓慢得多。

(二) 流线、层流与紊流

地下水在岩土孔隙中渗流时,水质点的运动轨迹称为流线。如果流线互不相交,水质点作有秩序的、互不混杂的流动称为层流;如果流线相交,水质点作无秩序的、互相混杂的流动称为紊流。

在黏性土、粉土和砂土中,孔隙细小,水在土体中渗流时流速十分缓慢,因此大多数情况下其流动状态为层流;在碎石土中,由于孔隙较大,水在土体中渗流时流速较快,多数情况下其流动状态为紊流。

(三) 稳定流和非稳定流

水在渗流场内运动时,各个运动要素(水位、流速、流向等)不随时间而改变的,称为稳定流。水流的运动要素随时间变化的,称为非稳定流。严格地讲,自然界中地下水都属于非稳定流。为了便于分析和计算,可以将运动要素变化微小的渗流近似看作稳定流。

二、渗流的基本规律

(一) 渗透定律

法国学者达西(H. Darcy)于 1856 年通过砂土的渗透试验,发现了地下水的运动规律,称为达西定律。试验装置如图 2-5 所示。将均质砂土样放置在试验装置内,两侧安放滤网或透水石。土样的断面面积为 A(断面为圆形),其长度为 L,即渗流路径的长度。安装好土样后向试验装置内加水,水从土样的左侧向右侧渗流。在整个试验过程中,保持左侧水头高度 h_1 和右侧水头高度 h_2 不变,即水头差不变,则水的渗流属于稳定流。

当稳定流形成后,用量筒测量时间 t 内渗流出的水量 Q,则单位时间内的渗流量为:

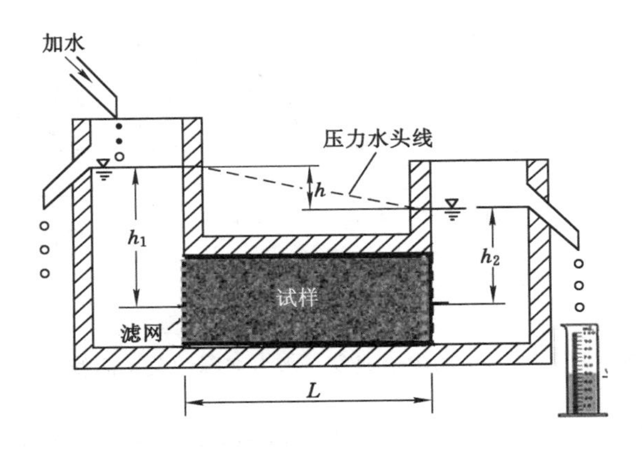

图 2-5　达西渗透试验装置示意图

$$q = \frac{Q}{t} \tag{2-3}$$

式中　q——单位时间内的渗流量，cm^3/s；

t——时间，s；

Q——时间 t 内渗流出的水量，cm^3。

达西通过大量试验发现：单位时间内的渗流量 q 与土样断面面积 A 和水头差 h 都成正比，与渗流路径的长度成反比，即存在式(2-4)所示关系式。

$$q = kA\frac{h}{L} = kAi \tag{2-4}$$

式中　q——单位时间内的渗流量，cm^3/s；

A——垂直于渗流方向的土样断面面积(过流断面面积)，cm^2；

h——水头差(水位差)，cm；

L——渗流路径长度，cm；

k——土的渗透系数(反映土的渗透性大小的比例系数)，cm/s；

i——水头梯度(水力坡降)，$i=h/L$，无因次。

在分析地下水的渗流问题时，经常用到渗流速度。渗流速度是指单位时间内通过单位面积的渗流量，可表示为：

$$v = \frac{q}{A} = ki \tag{2-5}$$

式中　v——渗流速度，cm/s。

式(2-5)即著名的达西定律表达式。达西定律表明：在层流状态的渗流中，渗流速度与水力坡降的一次方成正比，如图 2-6(a)所示。由于式(2-5)只适用于层流，故一般只适用于砂土和粉土。

在黏性土中存在着大量的结合水，分布在土颗粒的周围。结合水因受到电分子引力的作用而呈现黏滞性，具有一定的抗剪强度。因此，黏性土中自由水的渗流受到结合水的黏滞作用产生很大的阻力，只有克服结合水的抗剪强度后才能开始渗流。将克服此抗剪强度所需要的水头梯度，称为黏性土的起始水头梯度，用 i_b 表示。试验资料表明：黏性土不但存在

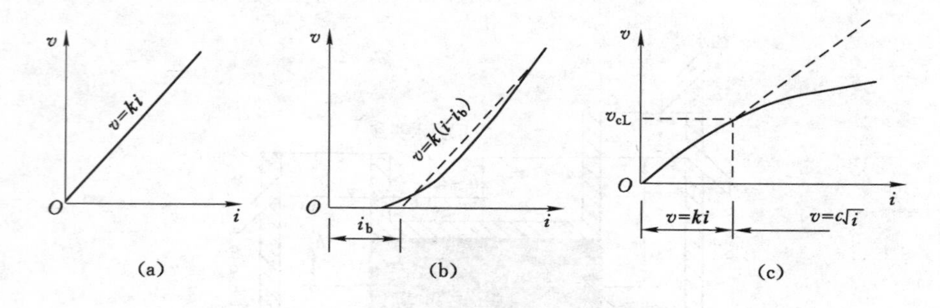

图 2-6　土的渗透速度与水力坡降的关系曲线

起始水头梯度，而且当水头梯度超过起始水头梯度后，渗流速度与水头梯度呈现非线性的关系，如图 2-6(b)中的实线所示。但是，为了工程应用方便，常用图 2-6(b)中的虚线来近似描述黏性土的渗流速度与水头梯度的关系，其表达式为：

$$v = k(i - i_b) \tag{2-6}$$

式中　i_b——黏性土的起始水头梯度(起始水力坡降)，无因次。

式(2-5)与式(2-6)中渗流速度 v 与水力坡降 i 均为线性关系，所以这两个公式属于线性渗透定律的表达式，适用于层流。

在碎石土中，只有在小的水力坡降下，渗流速度与水力坡降才近似呈线性关系。在较大的水力坡降下，水在土中的渗流进入紊流状态，呈非线性关系，此时达西定律不再适用，如图 2-6(c)所示。此时需要通过试验建立紊流状态下的非线性关系。切齐(A. Chezy)和斯科钦斯基(A. A. Скочинский)提出，当渗流速度超过临界渗流速度($v > v_{cL}$)时，非线性渗透定律表达式为：

$$v = c\sqrt{i} \tag{2-7}$$

式中　c——非线性渗透系数，cm/s。

除了式(2-7)之外，还可以通过试验建立紊流情况下的各种非线性函数关系式，目前在工程中应用最多的还是线性关系的达西定律。

（二）土的渗透系数

由达西定律可知：土的渗透系数 k 综合反映了土体的渗透性能，是土体的重要力学性能指标之一。其大小可通过试验确定，试验有室内试验和现场试验。

室内试验有常水头渗透试验和变水头渗透试验，详见《土工试验方法标准》(GB/T 50123—2019)。常水头渗透试验适用于粗粒土，变水头渗透试验适用于细粒土。室内试验具有设备简单、费用低的优点，但由于取样过程中的扰动以及土样尺寸的局限性，使得测得的渗透系数与实际情况有一定偏差。

现场试验大多数在钻孔中进行，其方法较多，常用的有抽水试验法、注水试验法和压水试验法等。渗透系数的现场测定，可避免室内试验取样过程中对土样的扰动，可以测得较大范围内土体渗透系数的平均值，更能反映实际情况。对于均质粗颗粒土或成层土，现场试验测得的渗透系数更可靠。

组成土体的颗粒粒径范围分布很广，土体渗透系数的变化范围很大。表 2-2 给出了一些常见土的渗透系数参考值。

表 2-2　常见土的渗透系数参考值

土的类别	渗透系数/(cm/s)	土的类别	渗透系数/(cm/s)
淤泥	$1\times10^{-7}\sim1\times10^{-6}$	粉砂	$6\times10^{-4}\sim1\times10^{-3}$
淤泥质土	$1\times10^{-6}\sim1\times10^{-5}$	细砂	$1\times10^{-3}\sim6\times10^{-3}$
黏土	$<1\times10^{-6}$	中砂	$6\times10^{-3}\sim2\times10^{-2}$
粉质黏土	$1\times10^{-6}\sim1\times10^{-5}$	粗砂	$2\times10^{-2}\sim6\times10^{-2}$
粉土	1×10^{-5}	圆砾	$6\times10^{-2}\sim1\times10^{-1}$
黄土	$3\times10^{-4}\sim6\times10^{-4}$	卵石	$1\times10^{-1}\sim6\times10^{-1}$

（三）渗透系数的影响因素

土的渗透系数 k 综合反映了土体的渗透性能。k 值越大，土的渗透性越好；k 值越小，土的渗透性越差。影响土的渗透系数的因素主要有土的颗粒组成、土的矿物成分、土的密实度、土的结构与构造、水的黏滞度、土中气体等。土种类不同，各影响因素的影响效果也不相同。

1. 土的颗粒组成

土的颗粒组成也就是土颗粒的大小、形状及级配情况，直接影响土中孔隙大小及形状，从而影响土的渗透性。土颗粒越大、越浑圆、越均匀、级配越差时，土中孔隙越大，渗透系数也越大；反之，渗透系数越小。例如，细粒土的孔隙通道比粗粒土的小，所以渗透系数也比较小；砂土中含有较多黏土颗粒时，其渗透系数会大幅降低。

2. 土的矿物成分

土的矿物成分对碎石土、砂土和粉土的渗透性影响不大，但是对黏性土的渗透性影响较大。黏性土中含有亲水性较大的黏土矿物(如蒙脱石)或有机质时，具有很强的膨胀性，会大幅降低土的渗透性。含有大量有机质的淤泥几乎是不透水的，其渗透系数很低(见表 2-2)。

3. 土的密实度

对于同一种土来说，土越密实，土中孔隙越小，土的渗透性也就越差，因此土的渗透系数随着土的密实度的增大而降低。反映土的密实度指标主要有孔隙比(或孔隙率)、相对密度和标准贯入试验锤击数等。

4. 土的结构与构造

土的结构主要有单粒结构、蜂窝结构和絮状结构。一般具有单粒结构的土的渗透系数大于蜂窝结构，而具有蜂窝结构的土的渗透系数又大于絮状结构。

土的构造主要有层状构造、分散构造、结核构造和裂隙构造。天然土层多数呈层状构造，其渗透性明显表现出各向异性，如层状黏性土常夹有薄的粉砂层，水平方向的渗透系数比竖直方向的大得多。分散构造的土接近理想的各向同性体，各个方向的渗透系数比较接近。结核构造是在细粒土中掺有大颗粒，或聚集有铁质、钙质等集合体，或掺有贝壳等杂物，其渗透系数降低。裂隙构造中由于存在裂隙，增强了土的渗透性。

5. 水的黏滞度

水在土中的渗流速度与水的重度和黏滞系数有关，而这两个数值又与温度有关。一般水的重度随温度变化很小，可忽略不计，但水的黏滞系数随温度的升高而降低，从而增强了土的渗透性。

6. 土中气体

当土中存在封闭气泡时，会阻塞水的渗流通道，从而降低了土的渗透性。

三、渗流力

(一) 渗流力的定义

水在土中渗流必然会受到土颗粒阻力的作用，单位体积土颗粒对水的阻力用 $T(\mathrm{kN/m^3})$ 来表示，这个力的作用方向与水流方向相反。根据作用力与反作用力原理，水流也必然施加一个相等的力作用在土颗粒上。水流作用在单位体积土颗粒上的力称为渗流力，又称为动水力，用 $G_D(\mathrm{kN/m^3})$ 来表示，其作用方向与水流方向一致。G_D 与 T 的大小相等，方向相反，都属于体积力。

渗流力的存在可能会造成土颗粒的流失或局部土体的移动，从而导致土体变形甚至失稳。当研究地下水渗流情况下土体的稳定性时，需考虑渗流力的影响。

(二) 渗流力的计算公式

在土中沿地下水渗流方向取一个土柱体，如图 2-7(a)所示。土柱体的长度为 L，横截面面积为 A。已知土柱两端断面中点 a、b 距基准面的高度分别为 z_1、z_2，两点的测压管水柱高分别为 h_1、h_2，则两点的水头分别为 $H_1 = h_1 + z_1$、$H_2 = h_2 + z_2$，其水头差为 Δh。

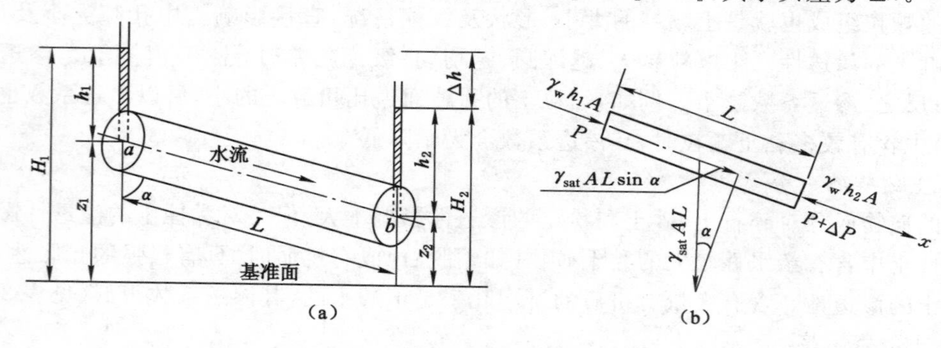

图 2-7　饱和土体渗流力计算

将土柱体作为隔离体，如图 2-7(b)所示。通过土柱的静力平衡分析，建立渗流力的计算公式。由于水流的速度变化很小，其惯性力可以忽略不计。作用在土柱轴线 ab 方向(x 轴方向)的力分别为：

① 土柱上端断面作用力有总静水压力 $\gamma_w h_1 A$ 和法向力 P；

② 土柱下端断面作用力有总静水压力 $\gamma_w h_2 A$ 和法向力 $P + \Delta P$；

③ 土柱自重沿 x 轴方向的分力 $\gamma_{sat} AL\sin\alpha$。

根据作用在土柱上各力的平衡条件 $\sum F_x = 0$，可得：

$$\gamma_w h_1 A + P - \gamma_w h_2 A - (P + \Delta P) + \gamma_{sat} AL\sin\alpha = 0 \tag{2-8}$$

式中，$h_2 = h_1 + L\sin\alpha - \Delta h$，代入式(2-8)，化简得：

$$\Delta P = LA(\gamma_{sat} - \gamma_w)\sin\alpha + \Delta h\gamma_w A = LA\gamma'\sin\alpha + \Delta h\gamma_w A \tag{2-9}$$

式(2-9)等号右边第一项 $LA\gamma'\sin\alpha$ 为土柱浮重沿 x 轴方向的分力，第二项 $\Delta h\gamma_w A$ 是由渗流引起的作用于土柱下端的力，即与渗流力有关。将此力除以土柱的体积 LA，可得作用在单位体积土骨架上的渗流力为：

$$G_D = T = \frac{\Delta h \gamma_w A}{LA} = \frac{\Delta h \gamma_w}{L} = i\gamma_w \tag{2-10}$$

式中　G_D——渗流力(动水力),kN/m^3;

γ_w——水的重度,取 10 kN/m^3;

i——水头梯度(水力坡降),$i = \frac{\Delta h}{L}$,无因次。

由此可见,渗流力(动水力)是一个体积力,是地下水在渗流过程中对单位体积土骨架所产生的作用力,其大小与水力坡降成正比,其方向与渗流方向一致。

四、渗流破坏

(一) 潜蚀

潜蚀分为化学潜蚀和机械潜蚀。化学潜蚀是指地下水在渗流过程中对岩土体中的可溶盐等矿物成分进行溶解,并将溶蚀后成分带走。例如,天然溶洞或土洞的形成便是地下水长期化学潜蚀的结果。机械潜蚀是指地下水在土中渗流时,一些细小颗粒在渗流力作用下通过粗颗粒间较大的孔隙被水流带走。随着细小颗粒的流失,土的孔隙不断增大,渗流速度不断增大,较粗的颗粒也逐渐被水流带走,最终导致在土体内形成贯通的管状渗流通道,并有土粒不断从通道口涌出,造成土体结构破坏,所以这种现象又称为管涌。管涌是一个逐渐发展的破坏过程,开始时只发生于土体内部局部范围,后期可能逐渐扩大,最终导致土体整体失稳破坏。例如,混凝土坝坝基由于管涌可能失事,如图 2-8 所示。开始土体中的细小土粒沿渗流方向移动并不断流失,继而较粗土粒发生移动,从而在土体内部形成管状通道,带走大量土粒,最终上部土体坍塌造成坝体失事。河滩路堤两侧有水位差时,在路堤内或路堤下土体内发生渗流,当水头梯度较大时,可能发生管涌,导致路堤坍塌破坏。江河堤坝也常发生管涌,造成毁堤决口的惨剧。

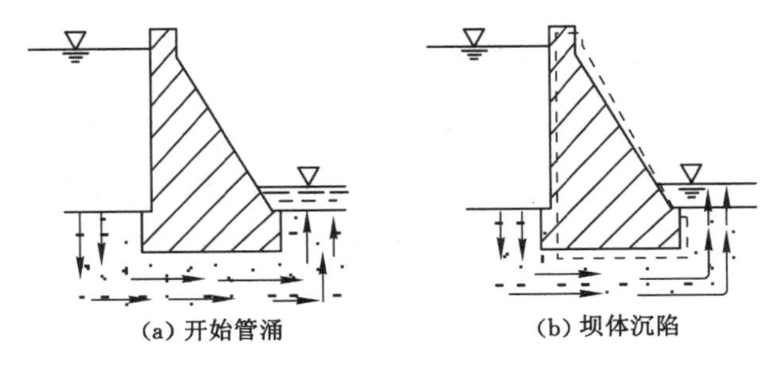

图 2-8　坝基管涌失事示意图

发生管涌的土一般为无黏性土,土中必须含有适量的粗颗粒和细颗粒,粗颗粒之间的孔隙直径足够大且相互连通,细颗粒可以在其中顺利通过,且有顺畅的管涌通道等。一般可采取下列措施防治管涌:

① 延长渗流路径,减小水力梯度,如设置防渗墙(图 2-9),墙体深入不透水岩层或土层。

② 在渗流逸出部位铺设反滤层(图 2-10),在保证水流畅通的前提下防止细粒土的流失,是防止管涌破坏的有效措施,后期需要打注浆孔与管涌通道相交,并注入水泥+水玻璃双浆液封堵管涌通道。

③ 设置防渗铺盖(图 2-11)。

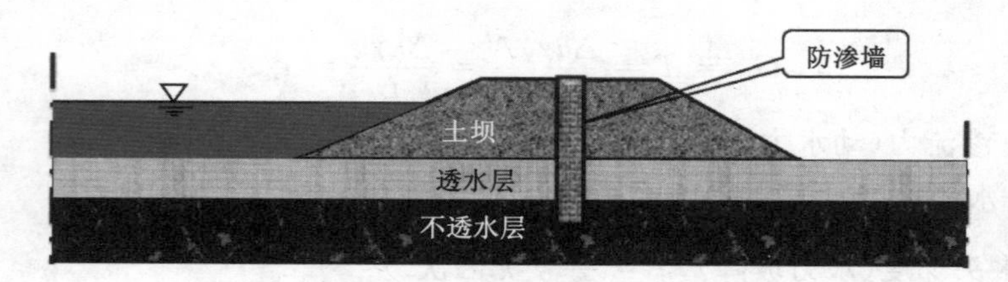

图 2-9　防渗墙

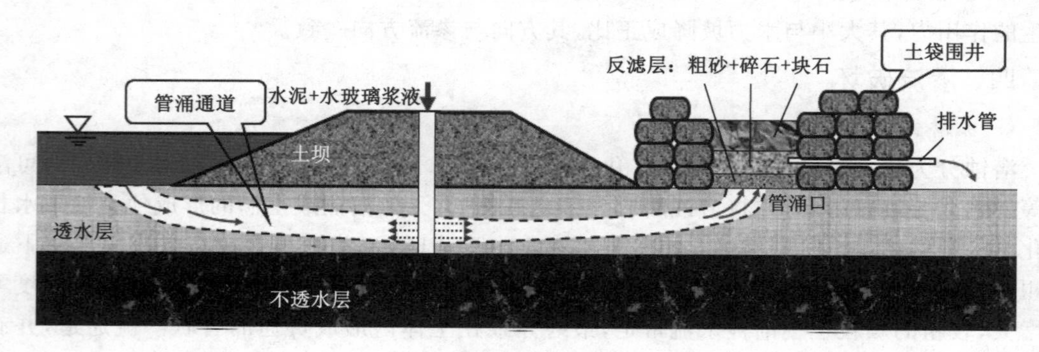

图 2-10　反滤层

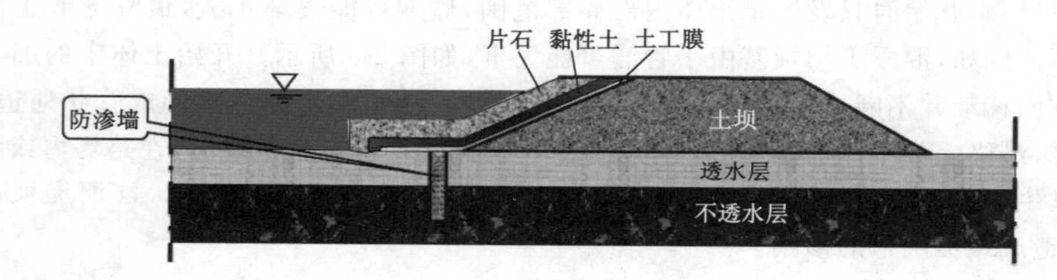

图 2-11　防渗铺盖

④ 在修筑堤坝、路堤等土工构筑物时改变土的颗粒级配。土中粗颗粒所构成的孔隙直径必须大于细颗粒的直径时才能发生管涌。一般情况下，粗粒土的粒径与细粒土粒径之比大于 10 且不均匀系数 $C_u>10$ 的土才会发生管涌。因此，改变土的颗粒级配可以防止发生管涌。

（二）流土

流土也称为流砂，是常见的渗流破坏形式之一。

当水的渗流自上向下时（图 2-12 所示透水坝基土层中的 a 点），渗流力方向与土体重力方向一致，这将增大土颗粒受到的向下的力，渗流力能使土更密实，对工程有利；若水的渗流方向自下向上时（图 2-12 中的 b 点），渗流力的方向与土体重力方向相反，土颗粒在渗流力作用下有向上浮起的趋势。当垂直向上的动水力 G_D 的数值大于或等于土的浮重度 γ' 时，土粒间的压力就等于 0，土粒将处于悬浮状态而失稳，这种现象称为流土。

流土产生的条件为：

$$G_D \geqslant \gamma' \tag{2-11}$$

将式(2-10)代入式(2-11)可得：

$$i \geqslant \frac{\gamma'}{\gamma_w} \tag{2-12}$$

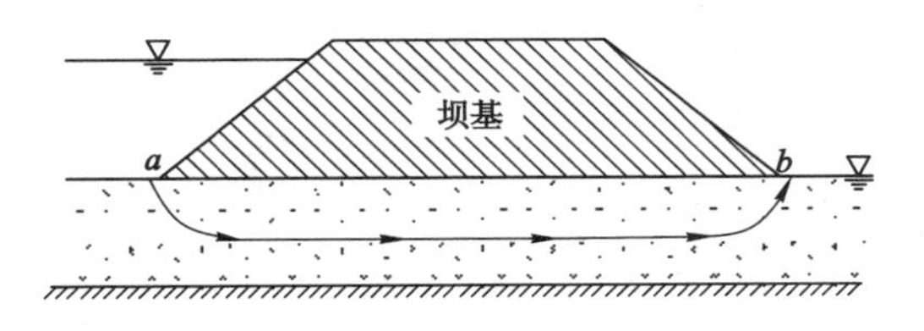

图 2-12　坝基下不同渗流方向渗流力对土的影响

只要实际水力坡降 i 满足式(2-12)且渗流方向与重力方向相反时,就会产生流土。

令

$$i_{cr}=\frac{\gamma'}{\gamma_w} \tag{2-13}$$

式中　i_{cr}——临界水力坡降(或称为临界水头梯度),无因次;

γ'——土的浮重度,kN/m³;

γ_w——水的重度,取 10 kN/m³。

只要实际水力坡降 $i \geqslant i_{cr}$,且渗流方向与重力方向相反,便会产生流土。

临界水力坡降 i_{cr} 表示即将产生流土时的水力坡降。工程中将临界水力坡降除以安全系数 K 作为容许水力坡降 $[i]$。工程设计时,渗流逸出处的水力坡降应满足如下要求:

$$i \leqslant [i]=\frac{i_{cr}}{K} \tag{2-14}$$

式中　i——渗流逸出处的实际水力坡降(水头梯度),无因次;

$[i]$——容许水力坡降(或称为容许水头梯度),无因次;

i_{cr}——临界水力坡降(或称为临界水头梯度),无因次;

K——安全系数,一般取 2.0～2.5。

任何类型的土,特别是细砂、粉砂和粉土,只要水力坡降大于临界水力坡降,流土就会发生。在砂土中,表现为颗粒群同时被悬浮形成泉眼群、砂沸等现象,土粒全部被渗流托起;在黏性土中,表现为土体隆起、浮动、膨胀和断裂等现象。流土一般最先发生在渗流溢出处的表面,然后向土体内部迅速扩展;从颗粒开始悬浮到出现流土,经历的时间较短,往往来不及抢救,对土工建筑物和地基的危害极大。图 2-13 是典型的流土。

在开挖建筑工程基坑时,对于处于地下水位以下的基坑,常采用坑内排水沟明排地下水的方法,如图 2-14 所示。此时,地下水渗流方向为朝向基坑。基坑底部地下水自下而上发生渗流,坑底土受到向上的渗流力作用,如果渗流力过大易引发流土,坑底土边挖边随水涌出。随着坑底土随水涌入基坑,将使坑底土的结构破坏、强度降低,造成坑底失稳。此外,由于土颗粒不断流失,基坑周围地面也会发生沉降,危及邻近建筑物和地下管线的安全,严重时会导致工程事故。通常情况下,施工前应做好勘测工作,当基坑底面容易引起流土现象时,应避免采用坑内排水沟明排地下水的方法,而应采用坑外井点降低地下水位法进行施工,如图 2-15 所示。由于地下水全部向井管汇集,在基坑底部不会出现向上的渗流力。

流砂和管涌的区别:流砂发生在土体表面渗流逸出处,不发生在土体内部,而管涌既可以发生在渗流逸出处,也可以发生在土体内部。

【例 2-1】　在图 2-16 所示装置中,砂样受到自下而上的渗流水作用。已知砂样厚度 L=25 cm、水头差 h=20 cm。① 计算作用在砂样上的渗流力;② 若砂土的孔隙比 e=0.70、土

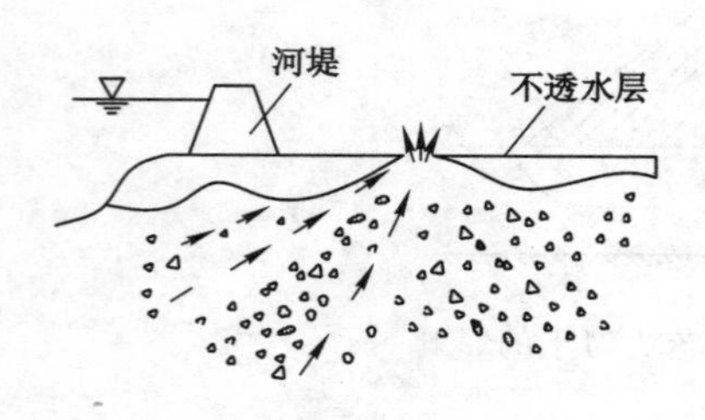

图 2-13　典型的流土示意图

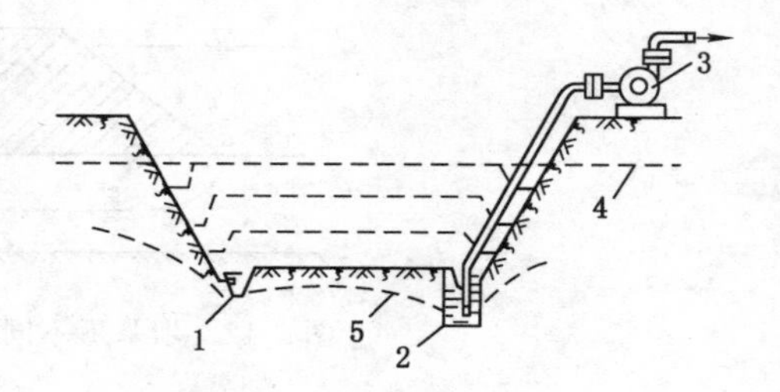

1—排水明沟；2—集水井；3—水泵；
4—原地下水位线；5—降低后地下水位线。

图 2-14　坑内排水沟明排地下水引起流土

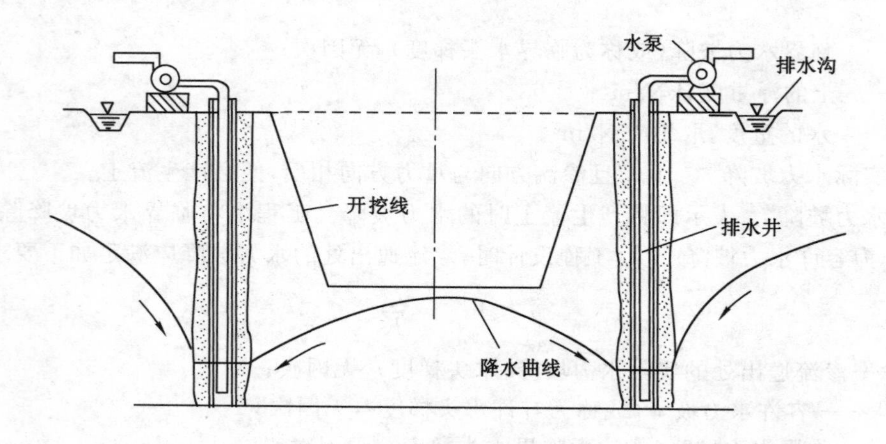

图 2-15　坑外井点降低地下水位法

粒比重 $G_s=2.70$，试判断该砂样是否会发生流砂现象；③ 若砂样发生流砂现象时，计算所需的最小水头差 h。

【解】 (1) 作用在砂样上的渗流力

由式(2-10)得：

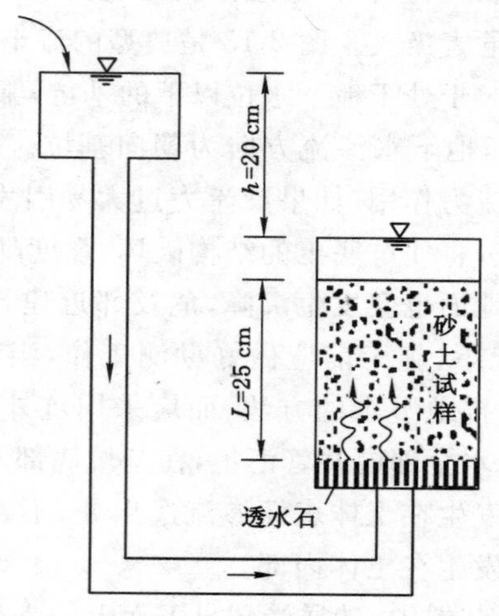

图 2-16　例 2-1 图

$$G_D = \gamma_w i = \gamma_w \frac{h}{L} = 10.0 \times \frac{20.0}{25.0} = 8.0\ (\text{kN/m}^3)$$

(2) 流砂现象的判断

由式(2-13)得：

$$i_{cr} = \gamma' / \gamma_w = \frac{G_s - 1}{1 + e} = \frac{2.70 - 1}{1 + 0.70} = 1.0$$

因为 $i = \frac{h}{L} = \frac{20.0}{25.0} = 0.8 < 1.0$，所以不会产生流砂现象。

(3) 发生流砂所需的最小水头差

$$h = i_{cr} L = 1.0 \times 25.0 = 25.0\ (\text{cm})$$

即土样发生流砂所需的最小水头差为 25.0 cm。

第四节　土在冻结过程中的水分迁移与集聚

一、冻土现象及其对工程的影响

在寒冷季节因受大气负温影响，土中水冻结成冰，土体中有冰晶体析出，对土颗粒起到一定的胶结作用。将含有冰的土称为冻土。冻土是一种特殊土，是由土颗粒、冰、未冻水和气体组成的多相体系，是一种对温度十分敏感且性质不稳定的土体。

(一) 冻土分类

冻土根据冻结状态持续时间的长短，分为季节冻土和多年冻土。季节冻土是指地表层寒季冻结、暖季全部融化的土；多年冻土是指冻结状态持续两年或两年以上的土。季节冻土构成了季节冻结层，其下卧层为非冻结层或不衔接多年冻土(季节冻结层的冻结深度浅于上限的多年冻土)层。多年冻土地区的地表层，有时寒季冻结、暖季融化，即存在季节融化层(季节活动层)，其下卧层为衔接多年冻土(直接位于季节融化层之下的多年冻土)层。

我国多年冻土基本上集中分布在纬度较高和海拔较高的严寒地区，如东北的大兴安岭北部和小兴安岭北部、青藏高原及西部天山、阿尔泰山等地区，总面积约占我国领土的21.5%；而季节冻土分布范围更广，占中国领土面积50%以上，遍布于长江流域以北十余个省份，其中东北、华北和西北地区是我国季节冻土的主要分布区域。

(二) 冻土现象

在冻土地区，随着土中水的冻结和融化，会发生冻胀、融陷和热融滑坍等现象，统称为冻土现象。

1. 冻胀现象

某些细粒土层在冻结时往往会发生体积膨胀，使地面隆起成丘，称为冻胀现象。土层发生冻胀，不仅因为水分冻结成冰时体积增大9%，还因为土层冻结时下部未冻结区水分子源源不断地向表层冻结区集聚，冻结后使冰晶体体积不断增大，众多不断增大的冰晶体相连形成冰夹层，其厚度不断增大，造成地面隆起成丘。

在我国《冻土地区建筑地基基础设计规范》(JGJ 118—2011)中，根据土的平均冻胀率 η，将季节冻土与多年冻土季节融化层土的冻胀性分为不冻胀(Ⅰ级)、弱冻胀(Ⅱ级)、冻胀(Ⅲ级)、强冻胀(Ⅳ级)和特强冻胀(Ⅴ级)5个等级，见表2-3。冻土层的平均冻胀率 η 按式(2-15)计算。

$$\eta=\frac{\Delta z}{h'-\Delta z}\times 100\% \tag{2-15}$$

式中 η——土的平均冻胀率，%；

Δz——地表冻胀量，mm；

h'——冻层厚度，mm。

表 2-3 季节冻土与季节融化层土的冻胀性分类

<table>
<tr><th>土的名称</th><th>冻前天然含水率 w/%</th><th>冻前地下水位距设计冻深的最小距离 h_w/m</th><th>平均冻胀率 η/%</th><th>冻胀等级</th><th>冻胀类别</th></tr>
<tr><td rowspan="3">碎(卵)石，砾、粗、中砂(粒径小于0.075 mm的颗粒含量≤15%)，细砂(粒径小于0.075 mm的颗粒含量≤10%)</td><td>不饱和</td><td>不考虑</td><td>$\eta\leqslant1$</td><td>Ⅰ</td><td>不冻胀</td></tr>
<tr><td>饱和</td><td>无隔水层</td><td>$1<\eta\leqslant3.5$</td><td>Ⅱ</td><td>弱冻胀</td></tr>
<tr><td>饱和</td><td>有隔水层</td><td>$3.5<\eta$</td><td>Ⅲ</td><td>冻胀</td></tr>
<tr><td rowspan="6">碎(卵)石，砾、粗、中砂(粒径小于0.075 mm的颗粒含量>15%)，细砂(粒径小于0.075 mm的颗粒含量>10%)</td><td rowspan="2">$w\leqslant12$</td><td>>1.0</td><td>$\eta\leqslant1$</td><td>Ⅰ</td><td>不冻胀</td></tr>
<tr><td>≤1.0</td><td rowspan="2">$1<\eta\leqslant3.5$</td><td rowspan="2">Ⅱ</td><td rowspan="2">弱冻胀</td></tr>
<tr><td rowspan="2">$12<w\leqslant18$</td><td>>1.0</td></tr>
<tr><td>≤1.0</td><td rowspan="2">$3.5<\eta\leqslant6$</td><td rowspan="2">Ⅲ</td><td rowspan="2">冻胀</td></tr>
<tr><td rowspan="2">$w>18$</td><td>>0.5</td></tr>
<tr><td>≤0.5</td><td>$6<\eta\leqslant12$</td><td>Ⅳ</td><td>强冻胀</td></tr>
<tr><td rowspan="7">粉砂</td><td rowspan="2">$w\leqslant14$</td><td>>1.0</td><td>$\eta\leqslant1$</td><td>Ⅰ</td><td>不冻胀</td></tr>
<tr><td>≤1.0</td><td rowspan="2">$1<\eta\leqslant3.5$</td><td rowspan="2">Ⅱ</td><td rowspan="2">弱冻胀</td></tr>
<tr><td rowspan="2">$14<w\leqslant19$</td><td>>1.0</td></tr>
<tr><td>≤1.0</td><td rowspan="2">$3.5<\eta\leqslant6$</td><td rowspan="2">Ⅲ</td><td rowspan="2">冻胀</td></tr>
<tr><td rowspan="2">$19<w\leqslant23$</td><td>>1.0</td></tr>
<tr><td>≤1.0</td><td>$6<\eta\leqslant12$</td><td>Ⅳ</td><td>强冻胀</td></tr>
<tr><td>$w>23$</td><td>不考虑</td><td>$\eta>12$</td><td>Ⅴ</td><td>特强冻胀</td></tr>
<tr><td rowspan="9">粉土</td><td rowspan="2">$w\leqslant19$</td><td>>1.5</td><td>$\eta\leqslant1$</td><td>Ⅰ</td><td>不冻胀</td></tr>
<tr><td>≤1.5</td><td rowspan="2">$1<\eta\leqslant3.5$</td><td rowspan="2">Ⅱ</td><td rowspan="2">弱冻胀</td></tr>
<tr><td rowspan="2">$19<w\leqslant22$</td><td>>1.5</td></tr>
<tr><td>≤1.5</td><td rowspan="2">$3.5<\eta\leqslant6$</td><td rowspan="2">Ⅲ</td><td rowspan="2">冻胀</td></tr>
<tr><td rowspan="2">$22<w\leqslant26$</td><td>>1.5</td></tr>
<tr><td>≤1.5</td><td rowspan="2">$6<\eta\leqslant12$</td><td rowspan="2">Ⅳ</td><td rowspan="2">强冻胀</td></tr>
<tr><td rowspan="2">$26<w\leqslant30$</td><td>>1.5</td></tr>
<tr><td>≤1.5</td><td rowspan="2">$\eta>12$</td><td rowspan="2">Ⅴ</td><td rowspan="2">特强冻胀</td></tr>
<tr><td>$w>30$</td><td>不考虑</td></tr>
</table>

表 2-3(续)

土的名称	冻前天然含水率 w/%	冻前地下水位距设计冻深的最小距离 h_w/m	平均冻胀率 η/%	冻胀等级	冻胀类别
黏性土	$w \leqslant w_P+2$	>2.0	$\eta \leqslant 1$	Ⅰ	不冻胀
		$\leqslant 2.0$	$1<\eta \leqslant 3.5$	Ⅱ	弱冻胀
	$w_P+2<w \leqslant w_P+5$	>2.0			
		$\leqslant 2.0$	$3.5<\eta \leqslant 6$	Ⅲ	冻胀
	$w_P+5<w \leqslant w_P+9$	>2.0			
		$\leqslant 2.0$	$6<\eta \leqslant 12$	Ⅳ	强冻胀
	$w_P+9<w \leqslant w_P+15$	>2.0			
		$\leqslant 2.0$	$\eta>12$	Ⅴ	特强冻胀

注：1. w 为冻前天然含水率在冻层内的平均值，w_P 为塑限；
2. 岩溃化冻土不在列表中；
3. 塑性指数大于 22 时，冻胀等级降低一级；
4. 粒径小于 0.005 mm、颗粒含量大于 60%时为不冻胀土；
5. 碎石类土当填充物大于全部质量的 40%时，其冻胀等级按填充物土的类别判定；
6. 隔水层指季节冻结层底部及以上的隔水层。

2. 融陷现象

当土层解冻时，土中集聚的冰晶体融化，土体随之下陷，这种现象称为融陷现象。

在我国《冻土地区建筑地基基础设计规范》(JGJ 118—2011)中，根据土融化下沉系数 δ_0 的大小，将多年冻土的融沉性分为不融沉(Ⅰ级)、弱融沉(Ⅱ级)、融沉(Ⅲ级)、强融沉(Ⅳ级)和融陷(Ⅴ级)5 个等级，见表 2-4。冻土层的平均融化下沉系数 δ_0 可按式(2-16)计算。

$$\delta_0 = \frac{h_1 - h_2}{h_1} \times 100\% = \frac{e_1 - e_2}{1 + e_1} \times 100\% \tag{2-16}$$

式中　δ_0——冻土层的平均融化下沉系数，%；

h_1——冻土试样融化前的高度，mm；

h_2——冻土试样融化后的高度，mm；

e_1——冻土试样融化前的孔隙比；

e_2——冻土试样融化后的孔隙比。

表 2-4　多年冻土的融沉性分类

土的名称	总含水率 w/%	平均融沉系数 δ_0/%	融沉等级	融沉类别	冻土类型
碎(卵)石，砾、粗、中砂(粒径小于 0.075 mm 的颗粒含量≤15%)	$w<10$	$\delta_0 \leqslant 1$	Ⅰ	不融沉	少冰冻土
	$w \geqslant 10$	$1<\delta_0 \leqslant 3$	Ⅱ	弱融沉	多冰冻土
碎(卵)石，砾、粗、中砂(粒径小于 0.075 mm 的颗粒含量>15%)	$w<12$	$\delta_0 \leqslant 1$	Ⅰ	不融沉	少冰冻土
	$12 \leqslant w<15$	$1<\delta_0 \leqslant 3$	Ⅱ	弱融沉	多冰冻土
	$15 \leqslant w<25$	$3<\delta_0 \leqslant 10$	Ⅲ	融沉	富冰冻土
	$w \geqslant 25$	$10<\delta_0 \leqslant 25$	Ⅳ	强融沉	饱冰冻土

表 2-4(续)

土的名称	总含水率 w/%	平均融沉系数 δ_0/%	融沉等级	融沉类别	冻土类型
粉、细砂	$w<14$	$\delta_0\leqslant 1$	Ⅰ	不融沉	少冰冻土
	$14\leqslant w<18$	$1<\delta_0\leqslant 3$	Ⅱ	弱融沉	多冰冻土
	$18\leqslant w<28$	$3<\delta_0\leqslant 10$	Ⅲ	融沉	富冰冻土
	$w\geqslant 28$	$10<\delta_0\leqslant 25$	Ⅳ	强融沉	饱冰冻土
粉土	$w<17$	$\delta_0\leqslant 1$	Ⅰ	不融沉	少冰冻土
	$17\leqslant w<21$	$1<\delta_0\leqslant 3$	Ⅱ	弱融沉	多冰冻土
	$21\leqslant w<32$	$3<\delta_0\leqslant 10$	Ⅲ	融沉	富冰冻土
	$w\geqslant 32$	$10<\delta_0\leqslant 25$	Ⅳ	强融沉	饱冰冻土
黏性土	$w<w_P$	$\delta_0\leqslant 1$	Ⅰ	不融沉	少冰冻土
	$w_P\leqslant w<w_P+4$	$1<\delta_0\leqslant 3$	Ⅱ	弱融沉	多冰冻土
	$w_P+4\leqslant w<w_P+15$	$3<\delta_0\leqslant 10$	Ⅲ	融沉	富冰冻土
	$w_P+15\leqslant w<w_P+35$	$10<\delta_0\leqslant 25$	Ⅳ	强融沉	饱冰冻土
含土冰层	$w\geqslant w_P+35$	$\delta_0>25$	Ⅴ	融陷	含土冰层

注:1. 总含水率 w 包括冰和未冻水,w_P 为塑限;

2. 岩渍化冻土、冻结泥炭化土、腐殖土、高塑性黏土不在列表中;

3. 粗颗粒土用起始融化下沉含水率代替 w_P。

对于季节冻土与多年冻土地区的季节融化层,在无外界扰动时,其融沉性与冻胀性一一对应,即寒季若为不冻胀,暖季则为不融沉;寒季若为弱冻胀,暖季则为弱融沉;寒季若为冻胀,暖季则为融沉;寒季若为强冻胀,暖季则为强融沉;寒季若为特强冻胀,暖季则为融陷。

3. 热融滑塌

分布在自然坡面上的地下冰层,受热融化时,上覆土体沿坡面下滑的现象称为热融滑塌。

实践经验表明:在地表坡度小于 3°的地方很少发生热融滑塌,当有热融作用时,只发生沉陷;坡度为3°~6°的山坡上,当有地下冰层时易发生热融滑塌,滑塌范围一般为数米至数十米,直到山顶或冰层消失为止;坡度大于 6°的山坡很少发生热融滑塌。

热融滑塌一般呈牵引式缓慢发展,不会造成整个滑塌体同时失去稳定性,且滑塌以向上发展为主,侧向发展很小;滑塌的厚度不大,一般为 1.5~2.5 m,稍大于该地区季节融化层厚度。

(三)冻土现象对工程的影响

冻胀、融陷与热融滑塌等对各种工程均产生不利影响,其危害程度与工程类别、结构形式、土的冻胀性与融沉级别、热融滑塌的范围与滑塌量等有关。

1. 对道路工程的影响

地基土发生冻胀时,冻胀量是不均匀的,使得路基不均匀隆起,造成柔性路面鼓包、开裂,刚性路面错缝或折断;地基土发生融陷后,路基土在车辆反复碾压下,轻者路面变得松软,重者路面翻浆冒泥,造成道路严重破坏。修建在具有热融滑塌可能性地段的道路,一旦发生热融滑塌，将会导致路基失去稳定性。

2. 对铁路工程的影响

地基土发生冻胀时，铁路路基不均匀隆起，造成铁路钢轨严重变形或扭曲；地基土发生融陷后会进一步加重钢轨的扭曲变形，同时路基土在车辆反复碾压下也可能会发生翻浆冒泥现象。修建在具有热融滑塌可能性地段的铁路，一旦发生热融滑塌，将会造成铁路路基失去稳定性。

3. 对桥梁工程的影响

修建在冻土上的桥梁工程，当墩台基础埋深小于冻深时，冻胀可能会导致桥梁被不均匀抬起，造成上部结构开裂、倾斜，甚至倒塌；当土层解冻融化后，土层软化，强度大幅降低，使得桥梁发生过量沉降和不均匀沉降，桥梁严重破坏，特别是超静定结构，其破坏更为严重。修建在具有热融滑塌可能性地段上的桥梁，当墩台埋深小于滑塌厚度时，一旦发生热融滑塌，将会造成整个桥梁失去稳定性；当埋深大于滑塌厚度时，可能造成桥梁被滑塌物掩埋，并堵塞河道。

4. 对建筑工程的影响

修建在冻土上的建筑工程，当基础埋深小于冻深时，冻胀可能导致建筑工程被不均匀地抬起，造成上部结构开裂、倾斜甚至倒塌；当土层解冻融化后，建筑工程发生过量沉降和不均匀沉降，年复一年，势必引起建筑工程的严重破坏。修建在具有热融滑塌可能性地段的建筑工程，当埋深小于滑塌厚度时，一旦发生热融滑塌，将会造成整个建筑工程失去稳定性；当埋深大于滑塌厚度时，可能造成建筑工程被滑塌物掩埋。

5. 对管网的影响

过量的冻胀和融沉变形以及热融滑塌，均可能造成管路或线路被折断或拉断，因此必须高度关注冻土现象，并采取必要的工程防治措施。

二、冻胀机理及影响因素

(一) 冻胀机理

进入寒季，随着土层的冻结，土体随之发生冻胀，其冻胀量随着时间逐渐增大，其主要原因是土层在冻结过程中未冻区土中水分子不断向冻结锋面迁移和集聚。因此，土体冻胀是一个与时间有关的不断积累的过程，这个过程直至水分子不再迁移为止。

解释水分子迁移的学说很多，其中以“结合水迁移学说”较为普遍。众所周知，土中水可分为结合水和自由水两大类，结合水根据其所受电分子引力的大小又分为强结合水与弱结合水；自由水又分为重力水和毛细水。其中重力水在0 ℃时冻结，毛细水的冰点略低于0 ℃；结合水的冰点随着其所受到的电分子引力增大而降低，弱结合水的外层在－0.5 ℃时开始冻结，越靠近土粒表面其冰点越低，弱结合水在－20～－30 ℃时才全部冻结，而强结合水需要土层内温度降低至－78 ℃以下时才能全部冻结。所以，在寒季土层内发生冻结的是重力水、毛细水和部分弱结合水。当大气温度降至负温时，土层中的温度也随之降低，土孔隙中的自由水首先在0 ℃时冻结成冰晶体。随着气温的继续下降，弱结合水的外层也逐渐开始冻结，使冰晶体逐渐扩大。这样，冰晶体周围土粒的结合水膜减薄，土粒对其结合水膜之外的水分子产生静电引力，且随着结合水膜的变薄而逐渐增大。另外，由于结合水膜的减薄，使得水膜中的离子浓度增大，这样便产生渗透压力(即当两种溶液的浓度不同时，会在两者之间产生压力差，使得浓度较小溶液中的水分子向浓度较大的溶液中渗流)。在两种引力作用下，下部未冻结区水膜较厚处的弱结合水被吸引到冻结锋面土颗粒水膜较薄处。一旦水分子被吸引到冻结锋面，因为负温作用，水立即冻结成冰，使冻结锋面处的冰晶体逐渐增大，而不平衡引力仍然存在，若未冻结区存在水源（如地下水离冻结锋面很近）和适当的水源补给通道（毛细通道），那么未冻结区的水分子（包括弱结合水和自由水）就会源源不断地向冻结锋面大量迁移和集聚，从而发生聚冰作用。这种冰晶体逐渐增大的结果使土颗粒逐渐分开、冰晶体相连在土层中形成冰夹层、土体急剧膨胀（即冻胀）。这种冰晶体的不断增大，直至水分子不再迁移或水源补给断绝后才停止。另外，毛细水上升高度能够达到冻结锋面时，会加剧冻胀现象。

（二）冻胀的影响因素

从上述土的冻胀机理可知土的冻胀是在一定条件下形成的。冻胀的主要影响因素如下：

1. 土

冻胀现象通常发生在细粒土中，特别是粉砂、粉土和粉质黏土，冻结时水分迁移集聚最为强烈，冻胀现象严重。这是因为该类土具有较显著的毛细现象，毛细水上升高度大、上升速度快，具有较通畅的水源补给通道。同时，该类土颗粒较细，单位土体积内能持有较多的结合水，会发生大量结合水迁移和集聚。

黏土的冻胀性较上述粉质土小，这是因为黏土虽有较厚的结合水膜，但是毛细孔隙很小，水分子在迁移过程中受到的阻力很大，没有通畅的水源补给通道，所以其冻胀性较上述土类小。

对于碎石土、砾砂、粗砂、中砂等粗颗粒土，结合水含量少，其毛细现象不显著，不会发生水分子的大量迁移和集聚，因而不会发生冻胀或冻胀量很小。所以，在工程实践中常在地基或路基中换填碎石土或砂土，以防止冻胀。

2. 水

从前面的分析可以看出：土层冻胀的根本原因是水分子大量迁移与集聚。因此，当地下水位较高（潜水面离冻结锋面距离较近）或毛细水上升高度能够达到冻结锋面时，水分子迁移较为容易，使得冻结区能得到外部水源充分补给，必将发生较为强烈的冻胀现象。反之，当地下水位较低时，冻胀现象轻微得多。

3. 温度

当气温骤降、冻结速度较快、土的冻结锋面迅速向下推移时，土中结合水和毛细水来不及向冻结区大量迁移与集聚，就已达到当地当年土层的最大冻深。此种情况下，在土层中看不到冰夹层，只有散布于土孔隙中的冰晶体，这时形成的冻土一般无明显的冻胀现象。若气温缓慢下降、土的冻结锋面缓慢向下推移时，就能促使未冻区水分子大量向冻结区迁移与集聚，在土层中形成冰夹层，出现明显的冻胀现象。

上述 3 个因素是土层发生冻胀的三个必要条件。因此，在持续负温作用下，地下水位较高处的粉砂、粉土、粉质黏土等土层常具有较大的冻胀危害。针对影响冻胀的 3 个因素，可以采取相应的防治冻胀的工程措施，主要包括：换填法（用粗砂、砾石等非冻胀性或弱冻胀性材料置换天然地基的特强冻胀、强冻胀和冻胀性土）、保温法（在建筑物基底及四周设置隔热保温层以降低冻结深度）、排水法（采用井点法降低地下水位及季节冻土层范围内土体的含水率）、隔水法（在冻深线以下设置隔水层隔断水分子迁移通道）等。

三、标准冻深与设计冻深

标准冻深是指非冻胀黏性土，在地表平坦、裸露、城市之外的空旷场地中，不少于10年实测最大冻深的平均值，用 z_0 表示。目前我国很多地方都有当地实测资料。当无实测资料时，除山区外，可在《冻土地区建筑地基基础设计规范》(JGJ 118—2011)中的中国季节冻土标准冻深线图上查取。

设计冻深 z_d 可按式(2-17)计算。

$$z_d = z_0 \Psi_{zs} \Psi_{zw} \Psi_{zc} \Psi_{zt0} \tag{2-17}$$

式中　z_d——设计冻深，m；

z_0——标准冻深，m；

Ψ_{zs}——土的类别对冻深的影响系数，按表2-5的规定取值；

Ψ_{zw}——冻胀性对冻深的影响系数，按表2-6的规定取值；

Ψ_{zc}——周围环境对冻深的影响系数，按表2-7的规定取值；

Ψ_{zt0}——地形对冻深的影响系数，按表2-8的规定取值。

表2-5　土的类别对冻深的影响系数 Ψ_{zs}

土的类别	黏性土	粉土、粉砂、细砂	中砂、粗砂、砾砂	碎(卵)石土
Ψ_{zs}	1.00	1.20	1.30	1.40

表2-6　冻胀性对冻深的影响系数 Ψ_{zw}

冻胀性	不冻胀	弱冻胀	冻胀	强冻胀	特强冻胀
Ψ_{zw}	1.00	0.95	0.90	0.85	0.80

表2-7　周围环境对冻深的影响系数 Ψ_{zc}

周围环境	村、镇、旷野	城市近郊	城市市区
Ψ_{zc}	1.00	0.95	0.90

注：1. 人口为20万～50万的城市市区，按城市近郊影响取值；
2. 人口大于50万且小于或等于100万的城市市区，按市区影响取值；
3. 人口为100万以上的城市，除计入市区影响外，尚应考虑5 km的近郊范围。

表2-8　地形对冻深的影响系数 Ψ_{zt0}

地形	平坦	阳坡	阴坡
Ψ_{zt0}	1.00	0.90	1.10

思　考　题

2-1　什么叫土的毛细现象？对工程会产生哪些危害？

2-2　土层中的毛细水带是怎样形成的？有何特点？

2-3　毛细水上升的原因是什么？在哪些土中毛细现象最为显著？

2-4　不同土体的渗透定律有何不同？

2-5　渗透系数的测定方法主要有哪些？

2-6　影响土渗透性的主要因素有哪些？

2-7　何谓渗流力？如何计算？

2-8　潜蚀的类型有哪些？管涌是如何产生的？其后果如何？如何防治？

2-9　产生流土的条件是什么？流土与管涌的区别是什么？如何防止基坑底部产生流土？

2-10　冻土现象有哪些？对工程会产生哪些危害？

2-11　土发生冻胀的原因是什么？

2-12　影响冻胀的因素有哪些？

2-13　防治或降低土冻胀性的方法有哪些？

2-14　如何确定标准冻深和设计冻深？

习　题

2-1　某黏性土的比重 $G_s=2.71$，孔隙比 $e=0.82$。若该土层受到自下而上的渗透水流作用，该土层的临界水力坡降为多少？

2-2　在厚 9 m 的黏土沉积层上进行深基坑开挖，如图 2-17 所示。黏土下面为砂土，砂土顶面具有 7.5 m 的压力水头（承压水）。试求：

① 开挖深度为 6 m 时，基坑中水深 h 至少为多少才能防止发生流土现象？

② 若采用紧跟开挖面的坑内排水方式，开挖深度为多少时便会发生流土现象？

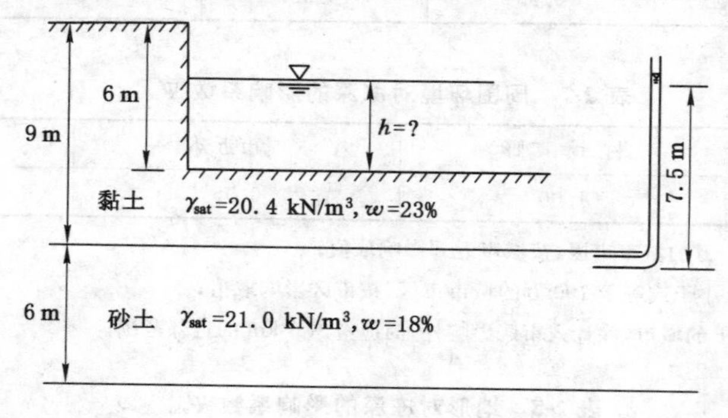

图 2-17　习题 2-2 图

小 论 文

2-1　结合具体工程实例，分析流土产生的原因与防治措施。

2-2　结合具体工程实例，分析管涌产生的原因与防治措施。

2-3　结合具体工程实例，分析冻胀产生的原因与防治措施。

第三章　土中应力计算

第一节　概　　述

一、土中某点的应力状态

土中某点 $M(x,y,z)$ 的应力状态可用一个正六面单元体上的应力组合来表示，如图 3-1 所示。作用在单元体上的 3 个法向应力（正应力）分量分别为 σ_x、σ_y 和 σ_z，6 个剪应力分量分别为 $\tau_{xy}=\tau_{yx}$、$\tau_{yz}=\tau_{zy}$、$\tau_{zx}=\tau_{xz}$（满足剪应力互等定理）。因此，土中任意一点的应力状态可用 6 个独立的应力分量来表示。剪应力的脚标前面一个字母表示剪应力作用面的法线方向，后一个字母表示剪应力的作用方向。应特别注意的是：在土力学中法向应力以压应力为正，拉应力为负，这与一般固体力学中的符号规定有所不同。剪应力的正负号规定为：以外法线与坐标轴方向一致的面为正面，外法线与坐标轴方向相反的面为负面；在正面上剪应力与坐标轴方向相反者为正，反之为负；在负面上剪应力与坐标轴方向相同者为正，反之为负。图 3-1 中所示法向应力及剪应力均为正值。

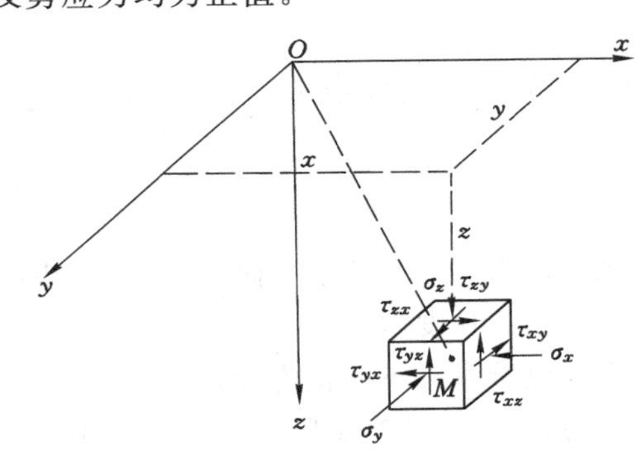

图 3-1　土中一点的应力状态

二、土中应力的种类

土中的应力按产生的原因分为两种，即自重应力和附加应力，两者之和称为总应力。

（一）自重应力

由上覆土体重力在土中引起的应力称为自重应力。自重应力是自土形成之日起就在土中产生，因此也称为长驻应力。自重应力共有 9 个应力分量，根据剪应力互等定理，独立的自重应力分量有 6 个。

由于自重应力产生的年代久远，对地基产生的压缩变形早已形成，建筑物的地基不会因为自重应力而产生变形（新近沉积的欠固结土除外）。

（二）附加应力

由于外荷载(如建筑物荷载、车辆荷载、地震力等)的作用,在土中产生的应力增量。同样,附加应力也有 9 个应力分量,根据剪应力互等定理,独立的附加应力分量有 6 个。

附加应力是建筑物开始修建之后产生的,使地基产生压缩变形,从而引起建筑物沉降或倾斜。

土中某点的自重应力与附加应力之和,即该点修建建筑物之后的总应力。同样,总应力也有 9 个应力分量,根据剪应力互等定理,独立的总应力分量有 6 个。总应力各分量为相应的自重应力各分量与附加应力各分量之和。

三、土中应力计算的目的

建筑物、车辆等的荷载,通过基础或路基传递到土体上。在这些荷载和其他作用力(如渗流力、地震力)等的作用下,土中产生附加应力,土体产生变形,使建筑物发生下沉、倾斜及水平位移。土的变形过大时,通常会影响建筑物的安全和正常使用。此外,土中总应力过大时,也会引起土体发生剪切破坏,使土体发生剪切滑动而失稳。为了使所设计的建筑物既安全可靠又经济合理,就必须研究土体的变形、强度、地基承载力、稳定性等问题,而不论研究上述何种问题,都必须首先确定土中的应力分布状况。只有掌握了土中应力的计算方法和分布规律,才能正确运用土力学的基本原理和方法解决地基变形、土体稳定等问题。因此,研究土中应力分布和计算方法是土力学的重要内容之一。

土中应力的计算,实质上就是自重应力各分量与附加应力各分量的计算。但是在土力学中,主要计算竖向自重应力和竖向附加应力。特别是竖向附加应力,它是引起土体产生压缩变形致使建筑物沉降的力的根源。

第二节　土中自重应力的计算

一、均质地基自重应力场

计算自重应力时,假定地表面为无限大的水平面,即假定地基是半无限空间体,如图3-2所示。土质为各向同性的均质体,其重度为 γ。

按照上述假定,土的自重可以看作分布面积为无限大的均布荷载。土体在自重作用下既不产生侧向变形,也不产生剪切变形,只产生竖向变形。在地面下深度 z 处,任取一单元体,其上的自重应力分量为:竖向自重应力 σ_{cz};水平自重应力 $\sigma_{cx}=\sigma_{cy}$;不存在剪应力,即 $\tau_{cxy}=\tau_{cyx}=0$,$\tau_{cyz}=\tau_{czy}=0$,$\tau_{czx}=\tau_{cxz}=0$。

（一）竖向自重应力

竖向自重应力等于单位面积上土柱体的重力 W,如图 3-2 所示。当地基是均质土体时,深度 z 处土的竖向自重应力为:

$$\sigma_{cz}=\frac{W}{F}=\frac{\gamma zF}{F}=\gamma z \tag{3-1}$$

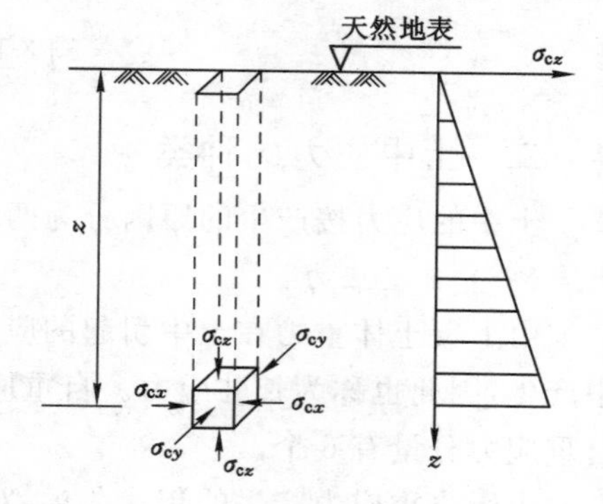

图 3-2　均质地基自重应力计算简图

式中　γ——土的天然重度,kN/m³;

W——土柱体重力，kN；

F——土柱体截面面积，m^2。

由式(3-1)可知自重应力随深度 z 线性增加，呈三角形分布，如图 3-2 所示。

（二）水平自重应力

在假定地表面为无限大水平面的条件下，只有重力作用时，侧向（水平）变形为 0，即满足侧限条件：$\varepsilon_{cx}=\varepsilon_{cy}=0$，且 $\sigma_{cx}=\sigma_{cy}$。根据广义胡克定律：

$$\varepsilon_{cx}=\frac{1}{E}[\sigma_{cx}-\mu(\sigma_{cy}+\sigma_{cz})] \tag{3-2}$$

式中　E——土的弹性模量，MPa；

μ——土的泊松比。

将侧限条件代入式(3-2)，可得：

$$\sigma_{cx}=\sigma_{cy}=\frac{\mu}{1-\mu}\sigma_{cz} \tag{3-3}$$

令

$$K_0=\frac{\mu}{1-\mu} \tag{3-4}$$

则：

$$\sigma_{cx}=\sigma_{cy}=K_0\sigma_{cz}=K_0\gamma z \tag{3-5}$$

式中　K_0——土的水平应力系数（又称为土的侧压力系数或静止土压力系数）。

土的水平应力系数为水平应力与竖向应力的比值。不同的土体，该值不同，一般情况下应采用实测法确定不同土体的 K_0 值。无实测资料时，可以近似采用经验值，见表 3-1。

表 3-1　土的侧压力系数 K_0 与 μ 的参考值

土的种类与状态		K_0	μ
碎石土		0.18～0.25	0.15～0.20
砂土		0.25～0.33	0.20～0.25
粉土		0.33	0.25
粉质黏土	坚硬状态	0.33	0.25
	可塑状态	0.43	0.30
	软塑及流塑状态	0.53	0.35
黏土	坚硬状态	0.33	0.25
	可塑状态	0.53	0.35
	软塑及流塑状态	0.72	0.42

由上面的分析可以看出：自重应力包括 3 个应力分量，但是对于地基自重应力场的分析与计算，主要针对竖向自重应力 σ_{cz}。

二、成层土竖向自重应力的计算

天然地基土一般都是成层分布的，每层的重度不相同。设各层土的重度和厚度分别为 γ_i 和 $h_i(i=1,2,\cdots,n)$，类似于式(3-1)的推导，在地面以下深度 z 范围内土柱体总重力为 n

段小土柱体之和，则在第 n 层土的底面（即深度 z 处）竖向自重应力计算公式为：

$$\sigma_{cz} = \gamma_1 h_1 + \gamma_2 h_2 + \cdots + \gamma_n h_n = \sum_{i=1}^{n} \gamma_i h_i \tag{3-6}$$

式中　h_i——第 i 层土的厚度，m；

γ_i——第 i 层土的天然重度，kN/m^3；

n——从地面到深度 z 处的土层数。

在计算地下水位以下土的竖向自重应力时，应根据土的性质确定是否需要考虑水的浮力作用。若地下水位以下的土受到水的浮力作用，则水下土层的重度应按有效重度 γ' 计算。通常认为水下的碎石土、砂土和粉土应该考虑浮力作用，黏性土则视其物理状态而定。一般认为：若水下的黏性土的液性指数 $I_L \geqslant 1$，则土处于流动状态，土颗粒间存在着大量自由水，此时可以认为土体受到水的浮力作用；若 $I_L \leqslant 0$，则土体处于固态和半固态，土中只有结合水，没有自由水，不能传递静水压力，故认为土体不受水的浮力作用，此时按天然重度来计算自重应力；若 $0 < I_L < 1$，土处于可塑状态，土颗粒是否受到水的浮力作用就较难确定，一般在工程实践中按不利状态来计算。

在地下水位以下，如埋藏有不透水层（例如岩层或只含结合水的坚硬黏土层）时，由于不透水层中不存在水的浮力，所以层面及层面以下的竖向自重应力应按上覆土层的水土总重计算，如图 3-3 所示。

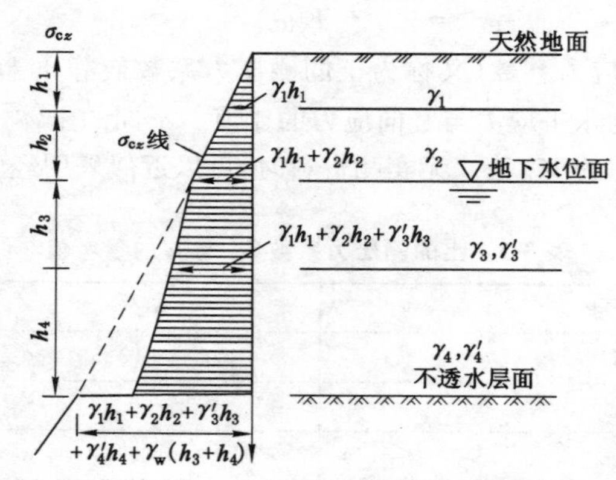

图 3-3　成层土中地下水位上、下竖向自重应力分布

【例 3-1】　某土层及其物理性质指标如图 3-4 所示，试计算土中竖向自重应力，并画出其沿深度的分布曲线。

【解】　第一层土为细砂，地下水位以下的细砂受到水的浮力作用，由表 1-4 可推导得出有效重度 γ' 为：

$$\gamma' = \left(1 - \frac{1}{G_s}\right)\gamma_d = \frac{G_s - 1}{G_s} \cdot \frac{\gamma}{1 - w} = \frac{(\gamma_s - \gamma_w)\gamma}{\gamma_s(1 + w)} = \frac{(25.5 - 10.0) \times 19}{25.5 \times (1 + 0.18)} = 9.79\ (\text{kN/m}^3)$$

第二层黏土层的液限指数 $I_L = \dfrac{w - w_P}{w_L - w_P} = \dfrac{50 - 25}{46 - 25} = 1.19 > 1$，故认为黏土层受到水的浮力作用，其有效重度为：

$$\gamma' = \frac{(\gamma_s - \gamma_w)\gamma}{\gamma_s(1 + w)} = \frac{(26.5 - 10.0) \times 16.6}{26.5 \times (1 + 0.50)} = 6.89\ (\text{kN/m}^3)$$

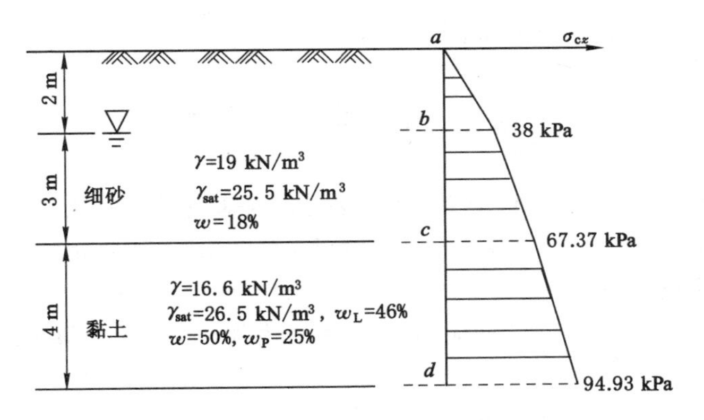

图 3-4　例 3-1 计算简图

土中各点的竖向自重应力分别为：

① a 点：$\sigma_{cz}=0$；

② b 点：$\sigma_{cz}=19\times2=38$ (kPa)；

③ c 点：$\sigma_{cz}=19\times2+9.79\times3=67.37$ (kPa)；

④ d 点：$\sigma_{cz}=19\times2+9.79\times3+6.89\times4=94.93$ (kPa)。

土层中的竖向自重应力 σ_{cz} 分布如图 3-4 所示。

【例 3-2】　某水下地基土层及其物理性质指标如图 3-5 所示，试计算土中竖向自重应力，并画出其沿深度的分布曲线。

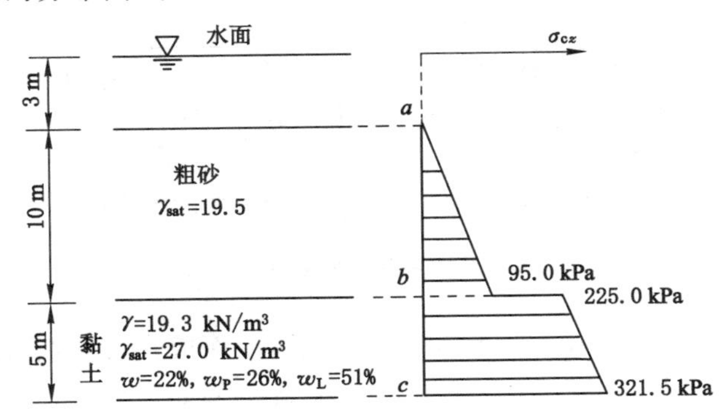

图 3-5　例 3-2 计算简图

【解】　水下的粗砂受到水的浮力作用，其有效重度为：

$$\gamma'=\gamma_{sat}-\gamma_w=19.5-10.0=9.5\ (\text{kN/m}^3)$$

黏土层的液限指数 $I_L=\dfrac{w-w_p}{w_L-w_p}=\dfrac{22-26}{51-26}=-0.16<0$，故认为黏土层不受水的浮力作用。

土中各点的竖向自重应力计算如下：

① a 点：$\sigma_{cz}=0$；

② b 点：当该点位于粗砂层中时，$\sigma_{cz}=\gamma' z=9.5\times10=95.0$ (kPa)；

当该点位于黏土层中时，$\sigma_{cz}=\gamma' z+\gamma_w h_w=9.5\times10+10\times13=225$ (kPa)；

③ c 点：$\sigma_{cz}=225.0+19.3\times5=321.5$ (kPa)。

土中竖向自重应力 σ_{cz} 的分布如图 3-5 所示。

第三节　基 底 压 力

建筑物上的各种荷载通过基础传递到地基土上，基底对地基土的压力称为基底压力。基底压力与地基反力是作用力与反作用力的关系，大小相等，方向相反。地基反力是计算基础结构内力的外荷载之一。

基底压力减去基底处竖向自重应力称为基底附加压力，是计算地基中附加应力的外荷载。

一、基底压力的实际分布规律

基底压力的分布规律受多种因素影响，主要有：地基土的性质，地基与基础的相对刚度，上部结构传下来的荷载大小、性质及其分布情况，基础埋深以及基底面积大小与形状等。

工程中通常根据基础的抗弯刚度 EI 的大小，将基础分为柔性基础、刚性基础和有限刚性基础。

（一）柔性基础

假设基础由许多光滑、块间无摩擦力的小块组成，如图 3-6(a)所示。上部结构传到基础上的均布荷载通过小块直接传递到地基土上，完全适应地基的变形，基底压力与上面荷载的分布图形相同，这种基础为理想柔性基础(即基础的抗弯刚度 $EI=0$)。基础底面的沉降量呈现中间大而边缘小。

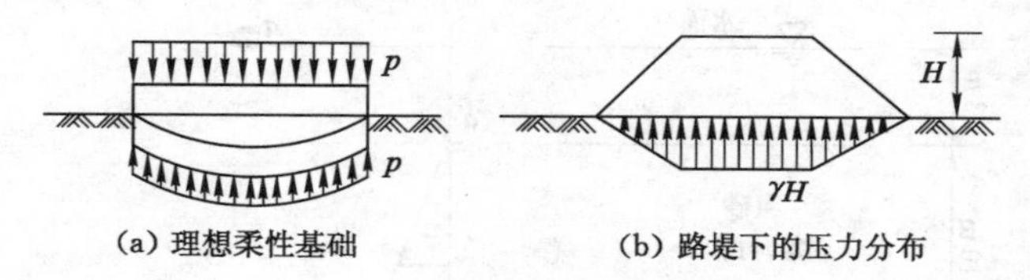

图 3-6　柔性基础下的基底压力分布

路基、土堤、土坝等基础，由天然土体或稳定土碾压而成，其刚度很小，在竖向荷载作用下抵抗弯矩的能力也很弱，可近似看成理想柔性基础。例如，对于由土筑成的路堤，自重引起的基底压力分布与路堤断面形状相同，呈梯形分布，如图 3-6(b)所示。

（二）刚性基础

由浆砌块石、现浇混凝土或钢筋混凝土等材料修筑的高度(或厚度)较大的基础，其刚度远大于地基土，可近似看成刚性基础，即认为 $EI\rightarrow\infty$。该类基础在中心载荷作用下发生沉降变形后其基底仍保持原来平面(或曲面)形状，地基表面各点的竖向变形值均相等。理论和现场监测结果表明：当中心荷载较小时，基底压力通常呈马鞍形分布，如图 3-7(a)所示；当中心荷载较大，使基底边缘下的地基土产生塑性变形时(因在基底边缘产生应力集中)，边缘应力开始向中间转移，基底压力呈抛物线形分布，如图 3-7(b)所示；当中心荷载继续增大并接近地基的破坏荷载时，基底压力分布由抛物线形转变为中部突出的钟形，如图 3-7(c)所示。由此可见：刚性基础的基底压力分布规律与上部结构传下来的荷载大小有关。另外，试验研究和现场监测结果表明还与基础埋置深度、土的性质等有关。

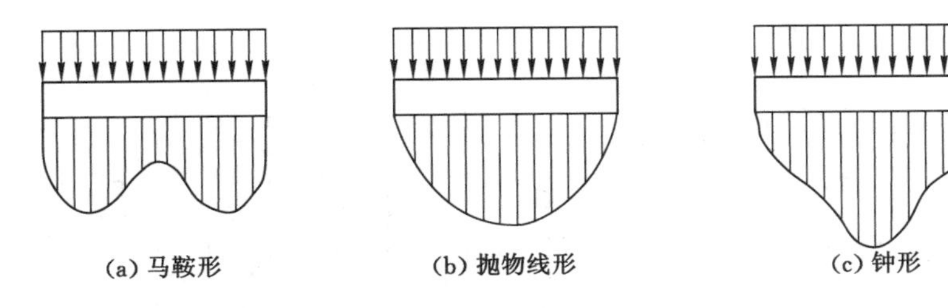

图 3-7　中心荷载作用下刚性基础基底压力分布

(三) 有限刚性基础

有限刚性基础在工程实践中最为常见,其基底压力的分布与地基土的性质、基础的材料特性、基础的形状与尺寸、基础埋深、上部结构传下来的荷载大小及分布情况等有关,又由于基础在沉降变形过程中可以稍微弯曲,使得基底压力的分布呈现各种复杂形式,目前在设计阶段还无法准确确定其分布形式。

基底压力作用在地表附近,根据弹性理论中的圣维南原理和土中应力实际量测结果可知:其具体分布形式对地基中应力计算结果的影响将随着深度的增加而减小,当深度超过基础宽度的 1.5～2.0 倍时,地基中的应力分布几乎与基底压力的分布形式无关,而只取决于基底压力合力的大小和位置。因此,在地基计算中允许采用基底压力简化计算法。但对于比较复杂的十字交叉条形基础、筏板基础、箱形基础等,可采用弹性地基梁、板理论来计算基底压力。

二、基底压力简化计算方法

由上述分析可见基底压力的分布受许多因素影响,是一个比较复杂的工程问题。因此,在实际计算时可采用基底压力简化计算方法,即假定基底压力呈直线分布,采用材料力学公式计算,虽然不够精确,但是引起的误差在工程允许范围内。

(一) 中心荷载作用下的基底压力

当垂直荷载作用于基底形心时,基底压力按均匀分布考虑(图 3-8),其大小按式(3-7)计算。

$$p=\frac{F+G}{A} \tag{3-7}$$

式中　p——基底平均压力,kPa;

A——基础底面积,m^2;

F——上部结构传至基础顶面的垂直荷载,kN;

G——基础自重与其台阶上土的自重之和,$G=\gamma_G Ad$,kN;

d——基础埋深(从设计地面或室内外平均设计地面算起),m;

γ_G——基础及其上回填土的平均重度,一般取 20 kN/m^3。

对于条形基础($l\geqslant 10b$),沿长度方向取 $l=1$ m 计算。此时式(3-7)中的 F、G 取每延米内的相应值,如图 3-8(c)所示。

(二) 单向偏心荷载作用下的基底压力

当偏心荷载作用于矩形基底的一个主轴上时,称为单向偏心荷载,如图 3-9(a)和图 3-9(b) 所示。实际工程中,通常沿基底长度方向有偏心,基底边缘处的基底压力可按

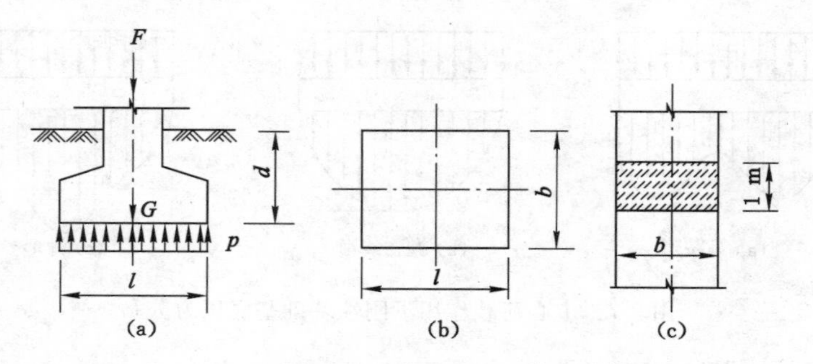

图 3-8 中心荷载作用下基底压力的计算

式(3-8)计算。

$$\left.\begin{array}{l}p_{\max}\\p_{\min}\end{array}\right\}=\frac{F+G}{A}\pm\frac{M}{W}=\frac{F+G}{A}\left(1\pm\frac{6e}{l}\right)\tag{3-8}$$

式中 $p_{\max}$——基底边缘处的基底最大压力,kPa;

$p_{\min}$——基底边缘处的基底最小压力,kPa;

M——作用于基底的力矩,$M=(F+G)e$,kN·m;

e——荷载偏心距,m;

W——基底抵抗矩,$W=\frac{1}{6}l^2b$,m³;

l——垂直于力矩作用方向的基础底面边长,m;

b——平行于力矩作用方向的基础底面边长,m。

根据偏心距 e 的大小,基底压力的分布有如下几种情况:

(1) 当 $e<l/6$ 时,称为小偏心,基底压力分布为梯形,$p_{\min}>0$,如图 3-9(c)所示;

(2) 当 $e=l/6$ 时,基底压力分布为三角形,$p_{\min}=0$,如图 3-9(d)所示;

(3) 当 $e>l/6$ 时,称为大偏心,$p_{\min}<0$,计算出现拉应力,如图 3-9(e)所示。

实际上由于基础与地基土之间不能承受拉应力,此时部分基础底面与地基土脱离,引起基底压力重新分布,其分布为三角形,基底最大压力调整为 $p'_{\max}$,如图 3-9(f)所示。在这种情况下,基底压力的合力通过三角形形心,与外荷载 $F+G$ 大小相等,方向相反,由此可建立垂直方向上的力平衡关系式如下:

$$\frac{1}{2}p'_{\max}\cdot 3ab=F+G$$

则:

$$p'_{\max}=\frac{2(F+G)}{3ab}\tag{3-9}$$

式中 a——偏心荷载作用点至基底最大压力 $p'_{\max}$ 作用边缘的距离,$a=l/2-e$,m。

在实际工程设计中,应尽量避免大偏心,此时基础难以满足抗倾覆稳定性的要求,建筑物易倾倒,会造成灾难性的后果。

对于条形基础($l\geqslant 10b$),通常偏心荷载作用于条形基础宽度方向,沿长度方向取 $l=1$ m 计算。此时式(3-8)和式(3-9)中的 F、G 取每延米内的相应值。

(三) 双向偏心荷载作用下的基底压力

若矩形基础受双向偏心荷载作用,如图 3-10 所示,则基底任意一点的基底压力为:

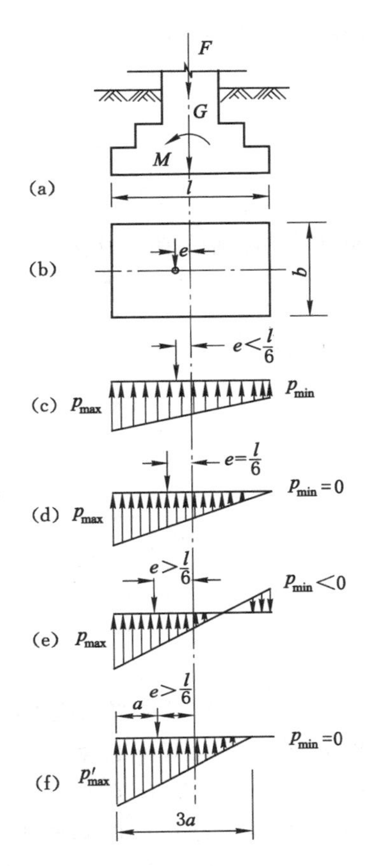

图 3-9　单向偏心荷载作用下矩形基础基底压力的计算

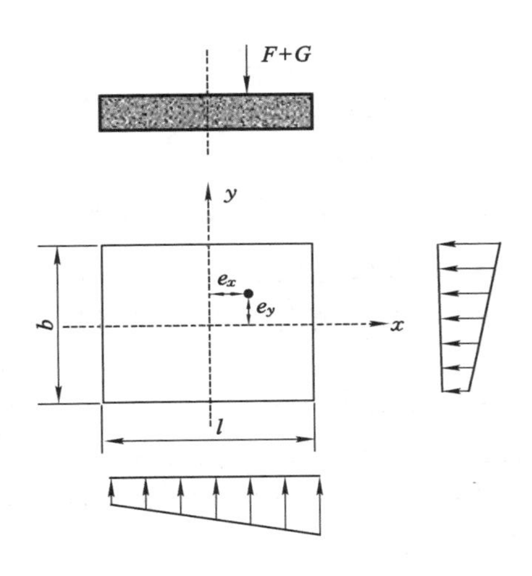

图 3-10　矩形基础双向偏心荷载作用下基底压力的计算

$$p(x,y)=\frac{F+G}{A}\pm\frac{M_x y}{I_x}\pm\frac{M_y x}{I_y} \tag{3-10}$$

式中　$p(x,y)$——基底任意点的基底压力，kPa；

M_x——竖直偏心荷载对基础底面 x 轴的力矩，$M_x=(F+G)e_y$，kN·m；

M_y——竖直偏心荷载对基础底面 y 轴的力矩，$M_y=(F+G)e_x$，kN·m；

e_x——竖直荷载对 y 轴的偏心距，m；

e_y——竖直荷载对 x 轴的偏心距，m；

I_x——基础底面对 x 轴的惯性矩，$I_x=\frac{1}{12}lb^3$，m^3；

I_y——基础底面对 y 轴的惯性矩，$I_y=\frac{1}{12}l^3b$，m^3。

（四）斜向荷载作用下的基底压力

承受土压力或水压力的建筑物或构筑物，如桥墩，其基础常受到斜向荷载的作用，如图 3-11 所示，计算时可将斜向荷载 F 分解为竖向荷载 F_v 和水平荷载 F_h。由竖向荷载 F_v 引起的竖向基底压力按上述方法计算，而由水平荷载 F_h 引起的基

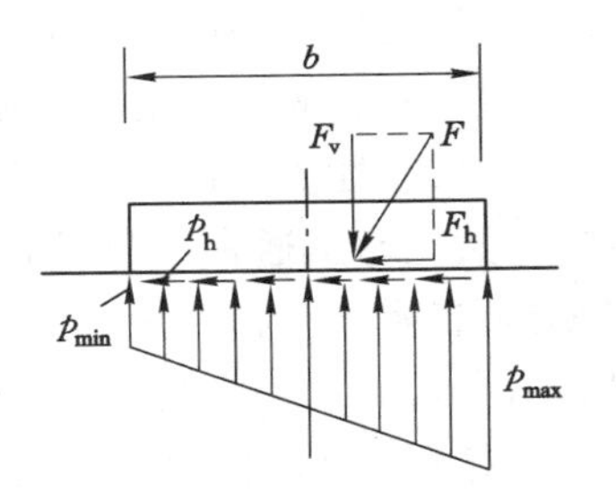

图 3-11　斜向荷载作用下基底压力的计算

底水平应力 p_h 一般假设均匀分布在整个基础底面。则基底水平应力为：

$$p_h = \frac{F_h}{A} = \frac{F_h}{bl} \tag{3-11}$$

对于条形基础，取 $l=1$ m 计算。

三、基底附加压力

使地基产生附加应力与压缩变形的压力称为基底附加压力。基底附加压力是基底压力与基底处竖向自重应力之差，其表达式为：

$$p_0 = p - \sigma_{cz} = p - \gamma_m d \tag{3-12}$$

式中 p_0——基底附加压力，kPa；

p——基底压力，kPa；

σ_{cz}——基底处竖向自重应力，kPa；

d——基础埋深，m；

γ_m——基础埋深范围内土的加权平均重度，$\gamma_m = (\sum_{i=1}^{n} \gamma_i h_i)/d$，kN/m³；

n——埋深范围内天然土层数；

h_i——埋深范围内第 i 层土的厚度，m；

γ_i——埋深范围内第 i 层土的重度，m。

在地基与基础工程设计中，基底附加压力概念十分重要。建筑物或构筑物施工前，土中存在自重应力，所引起的土体变形早已完成。基坑的开挖，使基底处竖向自重应力完全解除。当修建建筑物或构筑物时，若建筑荷载引起的基底压力恰好等于原有竖向自重应力时，则不会在地基中引起附加应力，地基土也不会变形。只有当建筑荷载引起的基底压力大于基底处竖向自重应力时，才会在地基中引起附加应力，并使地基产生压缩变形。因此，要计算地基中的附加应力和变形，应以基底附加压力为依据。

由式(3-12)可知：若基底压力 p 不变，基础埋深越大，附加应力越小，地基土变形和建筑物沉降量也越小。利用这一特点，为解决地基承载力偏低或建筑物沉降过大的问题，可以采用加大基础埋深的方法。

第四节　土中附加应力的计算

基底附加压力要在地基中引起附加应力，从而引起地基土的变形，造成建筑物的沉降和倾斜。目前地基中附加应力的计算方法是根据弹性理论建立起来的，即假定地基土是均质的、连续的、各向同性的半无限空间线弹性体。但事实上并非如此，从土的组成来看，由于其三相组成在性质方面的显著差异，决定了地基土是非均质体，也是非连续体；从宏观结构来看，天然地基土通常是分层的，各层之间的性质往往差别很大，从而表现出土的各向异性；试验结果表明：土的应力-应变关系不是线性关系，而是非线性的，特别是当应力较大时。尽管如此，大量的工程实践表明：当基底附加压力不大、土中塑性变形区没有或很小时，土中的应力-应变关系可近似为线性关系，用弹性理论计算出来的应力值与实测应力值差别不大，其误差在工程允许范围以内。特别是目前还缺乏将地基视为弹-塑性体和各向异性体的简单且成熟的应力计算方法，所以工程上还普遍采用弹性理论。

一、平面问题的基本解——Flamant 解

在半无限空间线弹性体的表面(地基表面),作用在一条无限长直线上的均布竖向荷载称为线荷载,如图 3-12 所示。

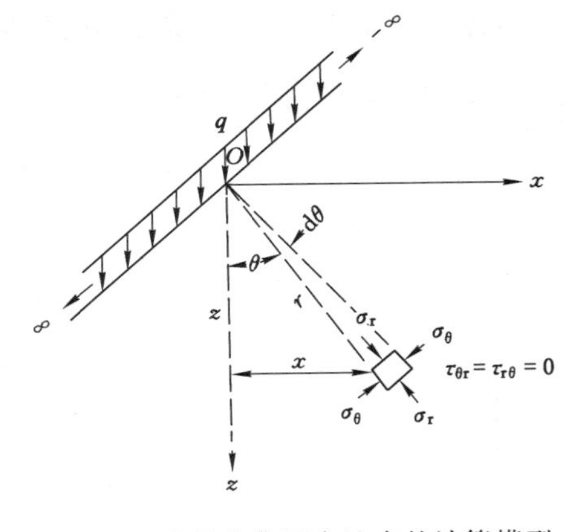

图 3-12　线荷载作用在地表的计算模型

在线荷载作用下,地基中的附加应力状态属于平面问题。只要确定了 xOz 平面内的附加应力状态,其他垂直于 y 轴平面上的附加应力状态都相同。这种情况下的应力解答是由弗拉曼特(Flamant)于 1892 年首先求得的,故称为 Flamant 解,是弹性力学中的一个基本解。

采用极坐标时,Flamant 解为:

$$\begin{cases} \sigma_r = \dfrac{2q}{\pi r}\cos\theta \\ \sigma_\theta = 0 \\ \tau_{r\theta} = \tau_{\theta r} = 0 \end{cases} \tag{3-13}$$

式中　σ_r——地基中某点的径向附加应力,kPa;

σ_θ——地基中某点的切向附加应力,kPa;

$\tau_{r\theta}, \tau_{\theta r}$——地基中某点的附加剪应力,$\tau_{r\theta}=\tau_{\theta r}$,kPa;

q——线荷载集度,kN/m。

因为 $r=z/\cos\theta$,则有:

$$\begin{cases} \sigma_r = \dfrac{2q}{\pi z}\cos^2\theta \\ \sigma_\theta = 0 \\ \tau_{r\theta} = \tau_{\theta r} = 0 \end{cases} \tag{3-14}$$

若采用直角坐标系,可根据弹性力学中的坐标变换公式,即

$$\begin{cases} \sigma_z = \sigma_r\cos^2\theta + \sigma_\theta\sin^2\theta + \tau_{r\theta}\sin2\theta \\ \sigma_x = \sigma_r\sin^2\theta + \sigma_\theta\cos^2\theta - \tau_{r\theta}\sin2\theta \\ \tau_{xz} = \tau_{zx} = \dfrac{1}{2}(\sigma_r - \sigma_\theta)\sin2\theta - \tau_{r\theta}\cos2\theta \end{cases} \tag{3-15}$$

将式(3-14)代入式(3-15),可得直角坐标系下的 Flamant 基本解为:

$$\begin{cases} \sigma_z = \dfrac{2q}{\pi z}\cos^4\theta \\ \sigma_x = \dfrac{2q}{\pi z}\cos^2\theta\sin^2\theta \\ \tau_{xz} = \tau_{zx} = \dfrac{2q}{\pi z}\cos^3\theta\sin\theta \end{cases} \tag{3-16}$$

式中　σ_z——地基中某点的竖向附加应力,kPa;

σ_x——地基中某点的水平附加应力,kPa;

$\tau_{xz}=\tau_{zx}$——地基中某点的附加剪应力,kPa。

在地基基础工程中，最重要的附加应力分量是竖向附加应力 σ_z。由图 3-12 可知 $\cos\theta=\dfrac{z}{\sqrt{x^2+z^2}}$，代入式(3-16)可得：

$$\sigma_z=\frac{2}{\pi}\left[\frac{1}{1+(x/z)^2}\right]^2\cdot\frac{q}{z} \tag{3-17}$$

令

$$\alpha_q=\frac{2}{\pi}\left[\frac{1}{1+(x/z)^2}\right]^2 \tag{3-18}$$

则：

$$\sigma_z=\alpha_q\frac{q}{z} \tag{3-19}$$

式中 σ_z——地基中某点的竖向附加应力，kPa；

α_q——线荷载作用下竖向附加应力系数，无因次；

q——线荷载集度，kN/m；

z——计算点至地表的垂直深度，m。

在工程实践中不存在基底附加压力是线荷载这种情况。对于实际工程中经常遇到的条形荷载(图 3-13)，当计算点的 x 或 z 值远大于条形荷载宽度的 3 倍时，可将条形荷载用一线荷载代替来计算地基中的附加应力。这样虽然有一定误差，但也是工程所允许的。计算过程是先根据计算点的坐标 x 与 z 的值，由式(3-18)计算 α_q 的值，再代入式(3-19)，便可计算出竖向附加应力。

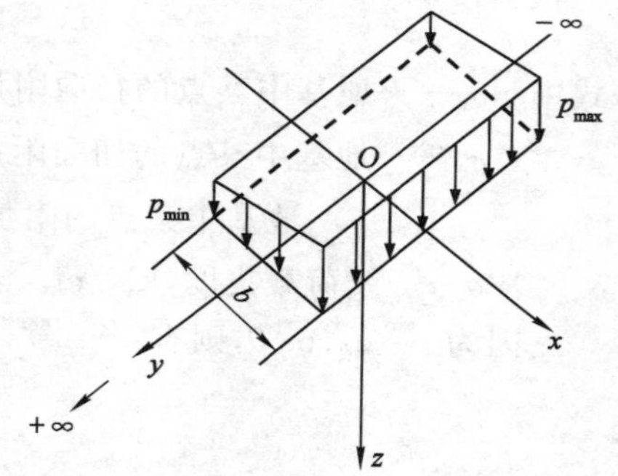

图 3-13　条形荷载

二、空间问题的基本解——Boussinesq 解

在半无限空间线弹性体的表面(地基表面)，作用有一竖向集中力 Q，如图 3-14 所示(Q 的作用点取坐标原点)。在集中力作用下，地基中的附加应力状态属于空间问题。这种情况的应力解答由布辛涅斯克(J. V. Boussinesq)于 1885 年首次解出，故称为 Boussinesq 解，是弹性力学中的另一个基本解。

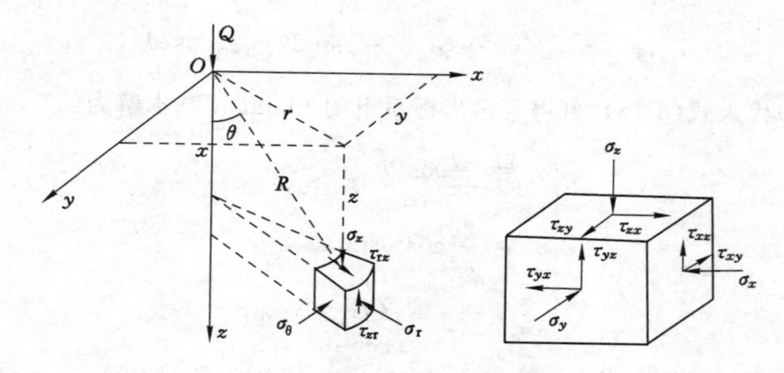

图 3-14　竖向集中力作用下的应力状态

采用极坐标时，Boussinesq 解为：

$$
\begin{cases}
\sigma_z = \dfrac{3Q}{2\pi z^2}\cos^5\theta \\
\sigma_r = \dfrac{Q}{2\pi z^2}\left[3\sin^2\theta\cos^3\theta - \dfrac{(1-2\mu)\cos^2\theta}{1+\cos\theta}\right] \\
\sigma_\theta = -\dfrac{Q}{2\pi z^2}(1-2\mu)\left[\cos^3\theta - \dfrac{\cos^2\theta}{1+\cos\theta}\right] \\
\tau_{rz} = \dfrac{3Q}{2\pi z^2}\sin\theta\cos^4\theta \\
\tau_{r\theta} = \tau_{\theta r} = 0 \\
\tau_{z\theta} = \tau_{\theta z} = 0
\end{cases}
\tag{3-20}
$$

式中　σ_z——地基中某点的竖向附加应力，kPa；

σ_r——地基中某点的径向附加应力，kPa；

σ_θ——地基中某点的切向附加应力，kPa；

$\tau_{rz},\tau_{z\theta},\tau_{r\theta}$——地基中某点的附加剪应力，kPa；

Q——竖向集中力，kN；

μ——地基土的泊松比；

z——计算点至地表的垂直深度，m；

θ——计算点与集中力作用点的连线与垂直方向的夹角，(°)。

同样，最重要的是竖向附加应力 σ_z。由图 3-14 可见 $\cos\theta = \dfrac{z}{R} = \dfrac{z}{\sqrt{r^2+z^2}}$，代入式(3-20)中第一式，可得：

$$
\sigma_z = \frac{3}{2\pi[1+(r/z)^2]^{5/2}} \cdot \frac{Q}{z^2} \tag{3-21}
$$

令

$$
\alpha_Q = \frac{3}{2\pi[1+(r/z)^2]^{5/2}} \tag{3-22}
$$

则：

$$
\sigma_z = \alpha_Q \frac{Q}{z^2} \tag{3-23}
$$

式中　α_Q——集中荷载作用下竖向附加应力系数。

集中荷载作用下竖向附加应力的计算过程如下：① 根据计算点的 r 和 z 值，由式(3-22)计算 α_Q 的值，或根据 r/z 值查表 3-2 获得 α_Q 的值；② 代入式(3-23)计算该点的竖向附加应力。

表 3-2　集中荷载作用下竖向附加应力系数 α_Q

r/z	α_Q	r/z	α_Q	r/z	α_Q	r/z	α_Q	r/z	α_Q
0.00	0.477 5	0.50	0.273 3	1.00	0.084 4	1.50	0.025 1	2.00	0.008 5
0.05	0.474 5	0.55	0.246 6	1.05	0.074 4	1.55	0.022 4	2.20	0.005 8
0.10	0.465 7	0.60	0.221 4	1.10	0.065 8	1.60	0.020 0	2.40	0.004 0

表 3-2(续)

r/z	α_Q	r/z	α_Q	r/z	α_Q	r/z	α_Q	r/z	α_Q
0.15	0.451 6	0.65	0.197 8	1.15	0.058 1	1.65	0.017 9	2.60	0.002 9
0.20	0.432 9	0.70	0.176 2	1.20	0.051 3	1.70	0.016 0	2.80	0.002 1
0.25	0.410 3	0.75	0.156 5	1.25	0.045 4	1.75	0.014 4	3.00	0.001 5
0.30	0.384 9	0.80	0.138 6	1.30	0.040 2	1.80	0.012 9	3.50	0.000 7
0.35	0.357 7	0.85	0.122 6	1.35	0.035 7	1.85	0.011 6	4.00	0.000 4
0.40	0.329 4	0.90	0.108 3	1.40	0.031 7	1.90	0.010 5	4.50	0.000 2
0.45	0.301 1	0.95	0.095 6	1.45	0.028 2	1.95	0.009 5	5.00	0.000 1

当地基表面作用有几个集中力时,可分别计算各集中力在地基中某点引起的附加应力,然后根据弹性力学中的叠加原理,求和便可确定该点的附加应力。

【例 3-3】 在地表作用竖向集中力 $Q=200$ kN,确定地面下深度 $z=3$ m 处水平面上的竖向附加应力 σ_z 分布,以及距 Q 的作用点 $r=1$ m 处竖直面上的竖向附加应力 σ_z 分布。

【解】 各点的竖向附加应力 σ_z 可按式(3-23)计算,并列于表 3-3 和表 3-4,同时可绘出 σ_z 的分布,如图 3-15 所示。

表 3-3 $z=3$ m 处水平面上竖向附加应力 σ_z

r/m	0	1.0	2.0	3.0	4.0	5.0
r/z	0	0.33	0.67	1.0	1.33	1.67
α_Q	0.478	0.369	0.189	0.084	0.038	0.017
σ_z/kPa	10.6	8.2	4.2	1.9	0.8	0.4

表 3-4 $r=1$ m 处竖直面上竖向附加应力 σ_z

z/m	0	1.0	2.0	3.0	4.0	5.0	6.0
r/z	∞	1.0	0.5	0.33	0.25	0.20	0.17
α_Q	0	0.084	0.273	0.369	0.410	0.433	0.444
σ_z/kPa	0	16.8	13.7	8.2	5.1	3.5	2.5

计算结果表明:在半无限体内任一水平面上,随着与集中力作用点距离的增大,σ_z 值迅速减小。在不通过集中力作用点的任一竖向剖面上,σ_z 的分布特点是:在半无限体表面处,$\sigma_z=0$;随着深度增加,σ_z 逐渐增大,在某一深度处达到最大值,此后又逐渐减小,且减小的速度比较快,逐渐趋于 0。

在工程实践中,基底附加压力是没有集中力的,均为分布荷载。但是当计算点处的 $r=\sqrt{x^2+y^2}\geqslant 3l_{\max}$($l_{\max}$为分布荷载底面积最大边长或直径)或 $z\geqslant 3l_{\max}$,可将分布荷载用一集中力代替来计算地基中的附加应力。这样虽然有一定误差,但也是允许的。

上面介绍了竖向线荷载和竖向集中荷载作用下地基中附加应力的计算公式,二者是弹性力学中的两个基本解。对于实际工程中基底附加压力均为分布荷载的情况,可以通过积分得到地基中附加应力的解答。

三、均布条形荷载作用下地基中的附加应力

均布条形荷载是指沿宽度方向均匀分布，在长度方向无限长的竖向荷载，如图 3-16 所示。该问题在弹性力学中是一种典型的平面应变问题，垂直于 y 轴各平面的应力状态完全相同。因此，只需研究 xOz 平面内的应力状态。

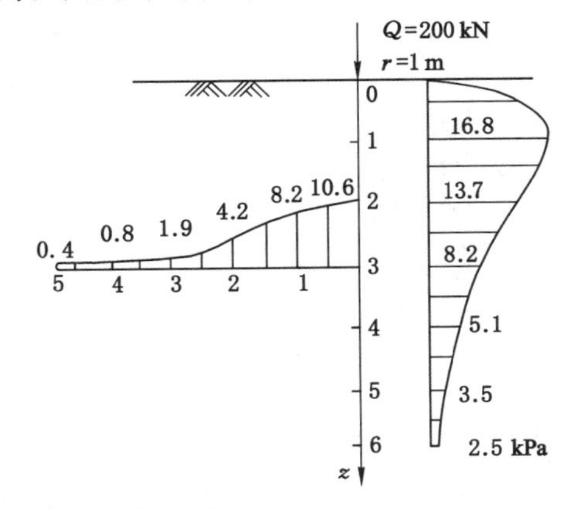

图 3-15　集中荷载作用下土中竖向附加应力分布

图 3-16　均布条形荷载

现实工程中，无限长的基础是不存在的。当基底的长宽比很大（一般 $l/b \geqslant 10$）时，可视为条形基础。条形基础有墙下条形基础和柱下条形基础之分，如图 3-17 所示。当上部结构传下来的荷载为中心荷载时，基底附加压力可近似为均匀分布，即均布条形荷载。

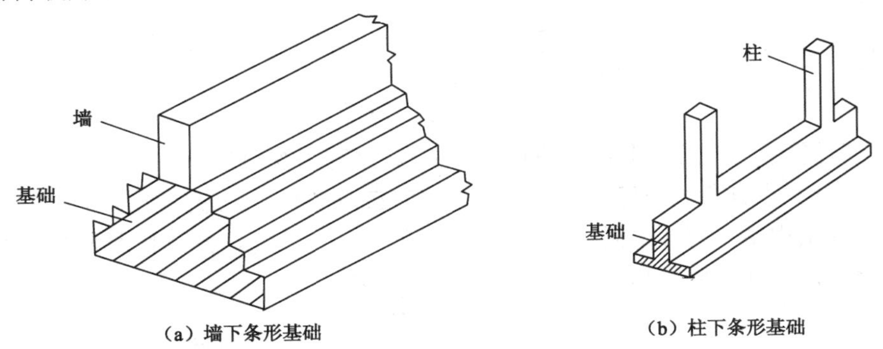

(a) 墙下条形基础　　(b) 柱下条形基础

图 3-17　条形基础

(一) 极坐标系下地基中的附加应力

基底附加压力 p_0 为均布条形荷载，作用在地基表面（基底平面），如图 3-18 所示。若采用极坐标系时，从计算点 M 到荷载边缘的连线与竖直线间的夹角分别为 β_1 和 β_2，并规定从竖直线 MN 到连线逆时针旋转为正。图 3-18 中的 β_1 和 β_2 均为正值。下面利用积分法确定地基中某点 M 的附加应力 σ_z、σ_x 和 $\tau_{xz}=\tau_{zx}$。

取微单元 $\mathrm{d}\xi=\dfrac{R\mathrm{d}\theta}{\cos\theta}$，其上的荷载用线荷载 $q=p_0\mathrm{d}\xi=\dfrac{p_0 R}{\cos\theta}\mathrm{d}\theta=\dfrac{p_0 z}{\cos^2\theta}\mathrm{d}\theta$ 代替，利用 Flamant[式(3-16)]，则该线荷载在 M 点引起的附加应力为：

$$\mathrm{d}\sigma_z=\frac{2q}{\pi z}\cos^4\theta=\frac{2}{\pi z}\cos^4\theta\cdot\frac{p_0 z}{\cos^2\theta}\mathrm{d}\theta=\frac{2p_0}{\pi}\cos^2\theta\mathrm{d}\theta$$

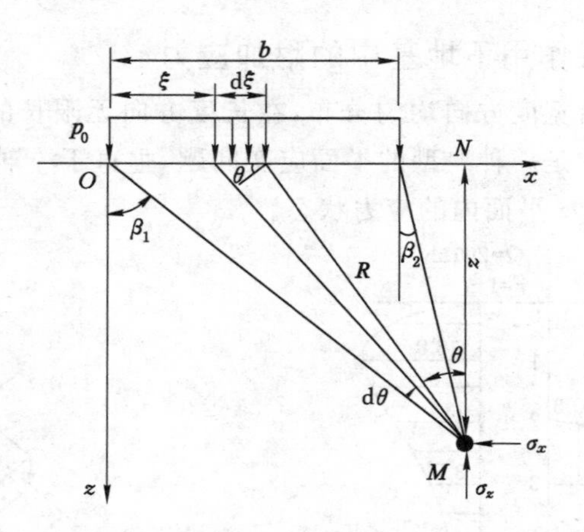

图 3-18　均布条形荷载作用下地基中附加应力计算(极坐标系)

通过对荷载分布宽度范围积分,即可求得 M 点的竖向附加应力表达式:

$$\sigma_z = \int_{\beta_2}^{\beta_1} \mathrm{d}\sigma_z = \frac{2p_0}{\pi}\int_{\beta_2}^{\beta_1} \cos^2\theta \mathrm{d}\theta = \frac{p_0}{\pi}[(\beta_1-\beta_2)+\cos(\beta_1+\beta_2)\sin(\beta_1-\beta_2)] \tag{3-24}$$

令 $\beta=\beta_1-\beta_2$,$\psi=\beta_1+\beta_2$,则式(3-24)简化为:

$$\sigma_z = \frac{p_0}{\pi}(\beta+\sin\beta\cos\psi) \tag{3-25}$$

同理,与上述推导过程类似,可求得:

$$\sigma_x = \frac{p_0}{\pi}(\beta-\sin\beta\cos\psi) \tag{3-26}$$

$$\tau_{xz} = \tau_{zx} = \frac{p_0}{\pi}\sin\beta\sin\psi \tag{3-27}$$

式中　β——计算点与条形荷载两边缘连线的夹角(又称为视角);

ψ——计算点到荷载边缘的连线与竖直线间夹角之和。

确定了地基中某点的 4 个附加应力分量 σ_z,σ_x,τ_{xz},τ_{zx} 之后,便可按照材料力学的有关公式计算该点的附加主应力和主应力方向,即

$$\left.\begin{matrix}\sigma_1\\ \sigma_3\end{matrix}\right\} = \frac{\sigma_z+\sigma_x}{2} \pm \sqrt{\left(\frac{\sigma_z-\sigma_x}{2}\right)^2+\tau_{xz}^2} = \frac{p_0}{\pi}(\beta\pm\sin\beta) \tag{3-28}$$

式中　σ_1——地基中某点的附加最大主应力,MPa;

σ_3——地基中某点的附加最小主应力,MPa。

因为 $\tan 2\alpha = \dfrac{2\tau_{xz}}{\sigma_z-\sigma_x} = \tan\psi = \tan(\beta_1+\beta_2)$,则有:

$$\alpha = \frac{\psi}{2} = \frac{\beta_1+\beta_2}{2} \tag{3-29}$$

式中　α——附加最大主应力的作用方向与竖直线间的夹角。

上述结果表明:附加最大主应力 σ_1 的作用方向恰好在视角 β 的等分线上,而附加最小主应力与附加最大主应力垂直;土中视角 β 相等的点的附加主应力相等,其等值线是通过荷载分布宽度两个边缘点的圆弧,如图 3-19 所示。这样的等值线有无数条,每条等值线上的 σ_1 和 σ_3 都不同。越远离荷载(β 角越小),σ_1 和 σ_3 越小。

土体发生破坏一般为剪切破坏，由式(3-28)可得到土体中附加最大剪应力为：

$$\tau_{max} = \frac{1}{2}(\sigma_1 - \sigma_3) = \frac{p_0}{\pi}\sin\beta \qquad (3\text{-}30)$$

当$\beta=\pi/2$时，附加最大剪应力达到最大值：

$$(\tau_{max})_{max} = \frac{p_0}{\pi} = 0.318p_0 \qquad (3\text{-}31)$$

视角$\beta=\pi/2$的所有点构成了以条基宽度为直径的半圆，土体发生剪切破坏时的滑动面为此圆。

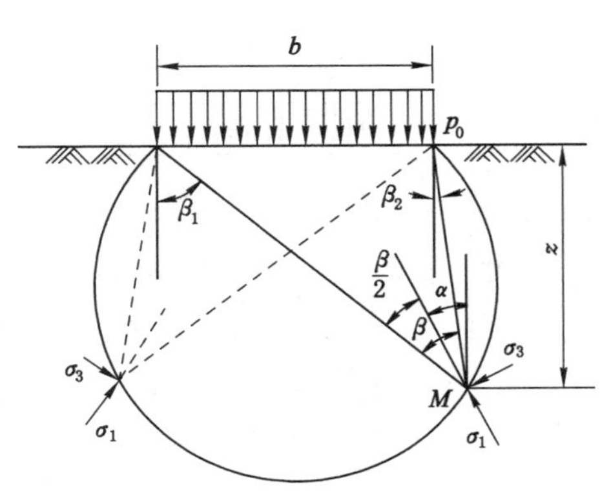

图 3-19　均布条形荷载作用下土中附加主应力作用方向

【例 3-4】　有一宽为 5 m、荷载$p_0=100$ kPa 的条形均布荷载，如图 3-20 所示。试求：(1) 荷载宽度中点下 6 m 深度处的竖向附加应力σ_z；(2) 距荷载宽度中心的水平距离为3 m、深度为 6 m 处的竖向附加应力σ_z。

【解】　(1) 由图 3-20 可知：$\psi=\beta_1+\beta_2=\beta/2-\beta/2=0°$，$\tan\frac{\beta}{2}=\frac{2.5}{6}=0.4167$，则$\beta=45.24°=0.79$弧度。将其代入式(3-25)得：

$$\sigma_z = \frac{p_0}{\pi}(\beta + \sin\beta\cos\psi) = \frac{100}{3.14}\times(0.79 + \sin 45.24°\cos 0°) = 47.77\ (\text{kPa})$$

(2) 由图 3-20 可知：$\beta_1=-\arctan(\frac{3-2.5}{6})=-4.76°$；$\beta_2=-\arctan(\frac{3+2.5}{6})=-42.51°$，则：

$$\beta = \beta_1 - \beta_2 = -4.76° - (-42.51°) = 37.75° = 0.659\ \text{弧度}$$
$$\psi = \beta_1 + \beta_2 = -4.76° - 42.51° = -47.27°$$

代入式(3-25)得：

$$\sigma_z = \frac{100}{3.14}\times[0.659 + \sin 37.75°\cos(-47.27°)] = 35.36\ (\text{kPa})$$

(二) 直角坐标系下竖向附加应力计算

若采用直角坐标系，取坐标轴的原点在均布条形荷载的中点处，如图 3-21 所示。取微单元$d\xi$，其上的荷载用线荷载$q=p_0 d\xi$代替，利用式(3-16)，则该线荷载在M点引起的竖向附加应力为：

$$d\sigma_z = \frac{2p_0}{\pi z}\cos^4\theta d\xi = \frac{2p_0}{\pi}\cdot\frac{z^3}{R^4}d\xi = \frac{2p_0}{\pi}\cdot\frac{z^3}{[z^2+(x-\xi)^2]^2}d\xi$$

对荷载分布宽度范围积分可求得M点的竖向附加应力表达式为：

$$\begin{aligned}\sigma_z &= \frac{2p_0}{\pi}\cdot\int_{-\frac{b}{2}}^{\frac{b}{2}}\frac{z^3}{[z^2+(x-\xi)^2]^2}d\xi \\ &= \frac{p_0}{\pi}\left[\arctan\frac{1-2n}{2m} + \arctan\frac{1+2n}{2m} - \frac{4m(4n^2-4m^2-1)}{(4n^2-4m^2-1)^2+16m^2}\right] \\ &= \alpha_t p_0 \end{aligned} \qquad (3\text{-}32)$$

式中　n——计算点距荷载分布图形中轴线的距离x与荷载分布宽度b的比值，$n=x/b$；

m——计算点的深度z与荷载宽度的比值，$m=z/b$；

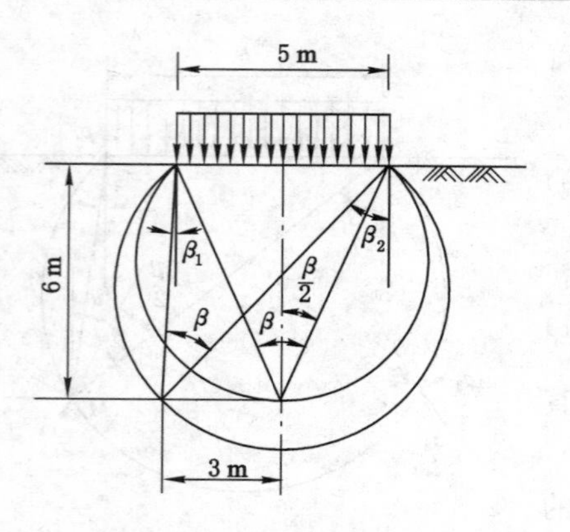

图 3-20　例 3-4 计算简图

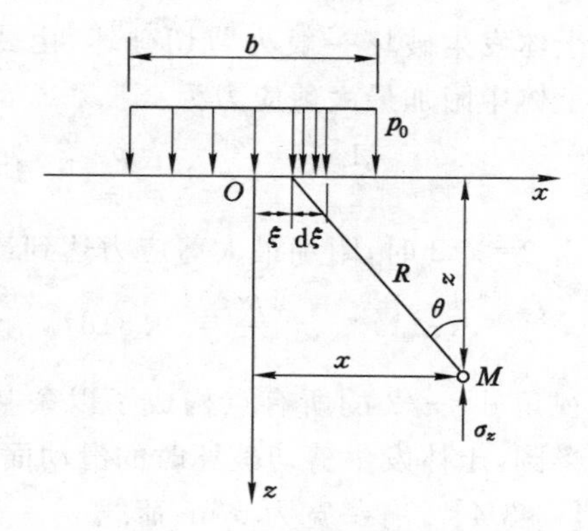

图 3-21　均布条形荷载作用下地基中附加应力计算(直角坐标系)

α_t——条形均布荷载作用下竖向附加应力系数,可由 x/b、z/b 查表 3-5。

表 3-5　条形均布荷载作用下竖向附加应力系数 α_t

$m=z/b$	$n=x/b$												
	0.00	0.10	0.25	0.35	0.50	0.75	1.00	1.50	2.00	2.50	3.00	4.00	5.00
0.00	1.000	1.000	1.000	1.000	0.500	0.000	0.000	0.000	0.000	0.000	0.000	0.000	0.000
0.05	1.000	1.000	0.995	0.970	0.500	0.002	0.000	0.000	0.000	0.000	0.000	0.000	0.000
0.10	0.997	0.996	0.986	0.965	0.499	0.010	0.005	0.000	0.000	0.000	0.000	0.000	0.000
0.15	0.993	0.987	0.968	0.910	0.498	0.033	0.008	0.001	0.000	0.000	0.000	0.000	0.000
0.25	0.960	0.954	0.905	0.805	0.496	0.088	0.019	0.002	0.001	0.000	0.000	0.000	0.000
0.35	0.907	0.900	0.832	0.732	0.492	0.148	0.039	0.006	0.003	0.001	0.000	0.000	0.000
0.50	0.820	0.812	0.735	0.651	0.481	0.218	0.082	0.017	0.005	0.002	0.001	0.000	0.000
0.75	0.668	0.658	0.610	0.552	0.450	0.263	0.146	0.040	0.017	0.005	0.005	0.001	0.000
1.00	0.552	0.541	0.513	0.475	0.410	0.288	0.185	0.071	0.029	0.013	0.007	0.002	0.001
1.50	0.396	0.395	0.379	0.353	0.332	0.273	0.211	0.114	0.055	0.030	0.018	0.006	0.003
2.00	0.306	0.304	0.292	0.288	0.275	0.242	0.205	0.134	0.083	0.051	0.028	0.013	0.006
2.50	0.245	0.244	0.239	0.237	0.231	0.215	0.188	0.139	0.098	0.065	0.034	0.021	0.010
3.00	0.208	0.208	0.206	0.202	0.198	0.185	0.171	0.136	0.103	0.075	0.053	0.028	0.015
4.00	0.160	0.160	0.158	0.156	0.153	0.147	0.140	0.122	0.102	0.081	0.066	0.040	0.025
5.00	0.126	0.126	0.125	0.125	0.124	0.121	0.117	0.107	0.095	0.082	0.069	0.046	0.034

【例 3-5】　某条形基础底面宽度 $b=1.4$ m,基底附加压力均匀分布,且 $p_0=200$ kPa。试确定:

(1) 均布条形荷载中点 O 下的地基竖向附加应力 σ_z 分布。

(2) 深度 $z=1.4$ m 和 $z=2.8$ m 处水平面上的 σ_z 分布。

(3) 在均布条形荷载以外 1.4 m 处点 O_1 下的 σ_z 分布。

【解】　(1) 在均布条形荷载中点 O 下,$x=0$,则 $x/b=0$。计算时取 $z/b=0$、0.5、1.0、

1.5、2.0、3.0 和 4.0，反算出深度 z 值；查表 3-5 得到 α_t 值，则 $\sigma_z=\alpha_t p_0$。计算结果列于表 3-6，并绘出均布条形荷载中点 O 下的地基竖向附加应力 σ_z 分布曲线，如图 3-22 所示。

表 3-6　例 3-5 σ_z 计算结果（均布条形荷载中点 O 下）

x/b	z/b	z/m	α_t	σ_z/kPa
0	0	0	1.000	200.0
0	0.5	0.7	0.820	164.0
0	1.0	1.4	0.552	110.4
0	1.5	2.1	0.396	79.2
0	2.0	2.8	0.306	61.2
0	3.0	4.2	0.208	41.6
0	4.0	5.6	0.160	32.0

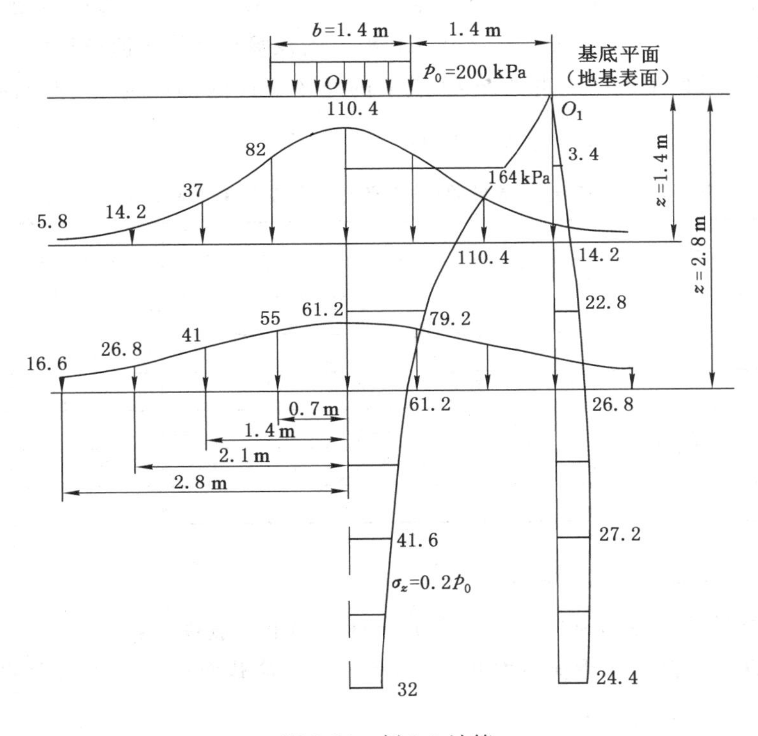

图 3-22　例 3-5 计算

（2）在深度 $z=1.4$ m 的水平面上，$z/b=1.4/1.4=1.0$，计算时取 $x/b=0$、0.5、1.0、1.5 和 2.0，查表 3-5 得到 α_t 值，则 $\sigma_z=\alpha_t p_0$。计算结果列于表 3-7 中，并绘出 $z=1.4$ m 水平面上的地基竖向附加应力 σ_z 分布曲线，如图 3-22 所示。类似的，在深度 $z=2.8$ m 的水平面上，$z/b=2.8/1.4=2.0$，计算时同样取 $x/b=0$、0.5、1.0、1.5 和 2.0，查表 3-5 得到 α_t 值，则 $\sigma_z=\alpha_t p_0$。计算结果同时列于表 3-7，并绘出 $z=2.8$ m 水平面上的地基竖向附加应力 σ_z 分布曲线，如图 3-22 所示。

表 3-7　例 3-5 σ_z 计算结果($z=1.4$ m 和 $z=2.8$ m 水平面)

z/m	z/b	x/b	α_t	σ_z/kPa
1.4	1.0	0	0.552	110.4
1.4	1.0	0.5	0.410	82.0
1.4	1.0	1.0	0.185	37.0
1.4	1.0	1.5	0.071	14.2
1.4	1.0	2.0	0.029	5.8
2.8	2.0	0	0.306	61.2
2.8	2.0	0.5	0.275	55.0
2.8	2.0	1.0	0.205	41.0
2.8	2.0	1.5	0.134	26.8
2.8	2.0	2.0	0.083	16.6

(3) 在均布条形荷载以外 1.4 m 处 O_1 点下，$x=0.7\ \text{m}+1.4\ \text{m}=2.1\ \text{m}$，则 $x/b=2.1/1.4=1.5$；计算时取 $z/b=0$、0.5、1.0、1.5、2.0、3.0 和 4.0，反算出深度 z 值；查表 3-5 得到 α_t 值，则 $\sigma_z=\alpha_t p_0$。计算结果列于表 3-8，并绘出 O_1 点下的地基竖向附加应力 σ_z 分布曲线，如图 3-22 所示。

表 3-8　例 3-5 σ_z 计算结果(均布条形荷载以外 1.4 m 处 O_1 点下)

x/b	z/b	z/m	α_t	σ_z/kPa
1.5	0	0	0	0
1.5	0.5	0.7	0.017	3.4
1.5	1.0	1.4	0.071	14.2
1.5	1.5	2.1	0.114	22.8
1.5	2.0	2.8	0.134	26.8
1.5	3.0	4.2	0.136	27.2
1.5	4.0	5.6	0.122	24.4

(三) 地基中附加应力分布规律

由上例计算结果可见地基中附加应力分布具有如下一般规律：

(1) 附加应力不仅存在于荷载面积之下，还分布在荷载面积以外相当大的范围之下，这就是地基附加应力的扩散分布。

(2) 距基础底面(地基表面)不同深度 z 处各个水平面上，以基础中心点下的竖向附加应力为最大。随着距离中轴线越远，σ_z 越小，逐渐趋于 0。

(3) 在荷载分布范围内任意点沿垂线的 σ_z 值，随深度增加而减小，逐渐趋于 0。

(4) 在荷载分布范围之外任意点沿垂线的 σ_z 值，随深度的增加，先增大后减小，最终趋于 0。

总的来说，距荷载越远，附加应力越小。也就是说，基底附加压力或建筑荷载引起的附加应力是有一定分布范围的。一旦超过这个范围，附加应力可忽略不计，土体处于原始自重应力状态。

地基附加应力的分布规律还可以用等值线完整表示出来，如图 3-23 所示。附加应力等值线的绘制方法是在地基剖面中划分许多网格，并使网格节点的坐标恰好是均布条形荷载半宽(0.5b)的整数倍。若绘制竖向附加应力 σ_z 的等值线，需要查表 3-5 并通过计算确定各节点的 σ_z 值，然后以插入法绘制 σ_z 等值线图。由图 3-23 可见：条形均布荷载下 $\sigma_z=0.1p_0$ 等值线约在基底下 $z=6b$ 处。从基底至 $6b$ 范围内的土层，是地基产生压缩变形的主要区域。

四、三角形分布条形荷载作用下地基中的附加应力

在地基表面作用的基底附加压力为竖直三角形分布条形荷载，如图 3-24 所示，其最大值为 p_t。该问题属于弹性力学中的平面应变问题，若计算土中任意点 $M(x,y)$ 的竖向附加应力 σ_z，需建立如图 3-24 所示直角坐标系，坐标原点取在三角形荷载的零点处。

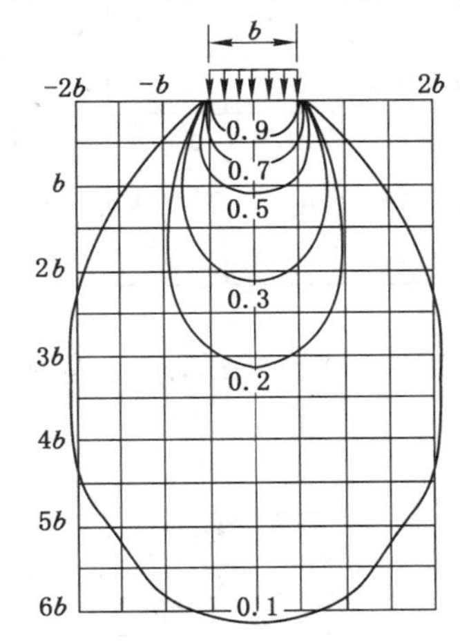

图 3-23　地基竖向附加应力 σ_z 等值线图

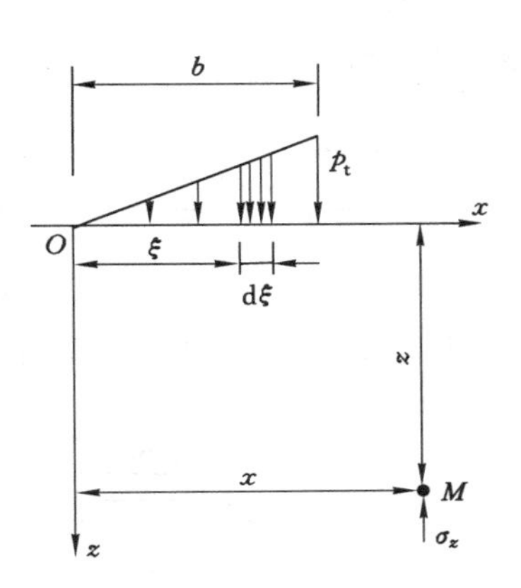

图 3-24　竖向三角形分布条形荷载作用下土中竖向附加应力的计算简图

沿 x 轴方向取微单元 $d\xi$，其上的荷载用线荷载 $q=\frac{\xi}{b}p_t d\xi$ 代替，利用式(3-16)，则该线荷载在 M 点引起的竖向附加应力为：

$$d\sigma_z=\frac{2\xi p_t}{\pi bz}\cos^4\theta d\xi=\frac{2p_t}{\pi b}\cdot\frac{z^3\xi}{[z^2+(x-\xi)^2]^2}d\xi$$

在荷载分布宽度范围内积分，即可求得 M 点的竖向附加应力表达式为：

$$\begin{aligned}\sigma_z&=\frac{2p_t}{\pi b}\cdot\int_0^b\frac{z^3\xi}{[z^2+(x-\xi)^2]^2}d\xi\\&=\frac{p_t}{\pi}\left[n\left(\arctan\frac{n}{m}-\arctan\frac{n-1}{m}\right)-\frac{m(n-1)}{(n-1)^2+m^2}\right]\\&=\alpha_s p_t\end{aligned}\tag{3-33}$$

式中　α_s——三角形分布条形荷载作用下竖向附加应力系数，由 $n=x/b$、$m=z/b$ 查表 3-9。

当基底附加压力呈竖直梯形分布时，可将梯形荷载分为三角形荷载和均布荷载，分别计算在地基中引起的附加应力，再按弹性力学中的叠加原理通过求和计算总的附加应力。这就需要根据具体的工程问题灵活运用，下面通过例题简述其计算过程。

表 3-9 三角形分布条形荷载作用下竖向附加应力系数 α_s

$m=z/b$	$n=x/b$										
	−1.5	−1.0	−0.5	0.0	0.25	0.50	0.75	1.0	1.5	2.0	2.5
0.00	0.000	0.000	0.000	0.000	0.250	0.500	0.750	0.500	0.000	0.000	0.000
0.25	0.000	0.000	0.001	0.075	0.256	0.480	0.643	0.424	0.017	0.003	0.000
0.50	0.002	0.003	0.023	0.127	0.263	0.410	0.477	0.353	0.056	0.017	0.003
0.75	0.006	0.016	0.042	0.153	0.248	0.335	0.361	0.293	0.108	0.024	0.009
1.00	0.014	0.025	0.061	0.159	0.223	0.275	0.279	0.241	0.129	0.045	0.013
1.50	0.020	0.048	0.096	0.145	0.178	0.200	0.202	0.185	0.124	0.062	0.041
2.00	0.033	0.061	0.092	0.127	0.146	0.155	0.163	0.153	0.108	0.069	0.050
3.00	0.050	0.064	0.080	0.096	0.103	0.104	0.108	0.104	0.090	0.071	0.050
4.00	0.051	0.060	0.067	0.075	0.078	0.085	0.082	0.075	0.073	0.060	0.049
5.00	0.047	0.052	0.057	0.059	0.062	0.063	0.063	0.065	0.061	0.051	0.047
6.00	0.041	0.041	0.050	0.051	0.052	0.053	0.053	0.053	0.050	0.050	0.045

【例 3-6】 有一路堤如图 3-25(a)所示，已知填土重度 $\gamma=20\ \mathrm{kN/m^3}$，求路堤中线下 O 点($z=0$)及 M 点($z=10$ m)处的竖向附加应力 σ_z。

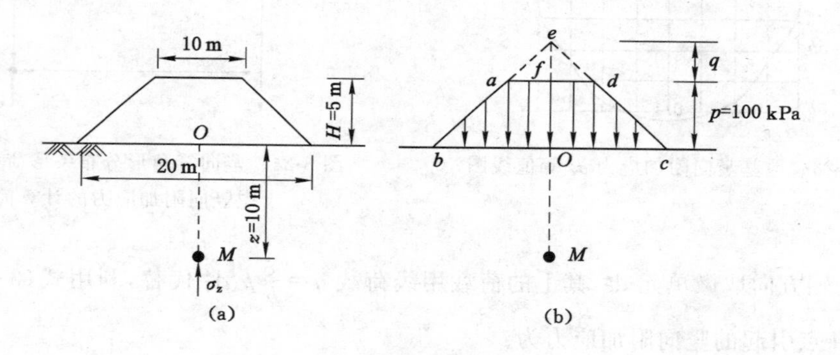

图 3-25 例 3-6 图

【解】 路堤填土自重产生的荷载为梯形分布，如图 3-25(b)所示，其最大荷载集度 $p=\gamma H=20\times5=100$ (kPa)。将梯形荷载($abcd$)分解为两个三角形荷载(ebc)及(ead)之差，这样就可以用式(3-33)进行叠加计算，并利用对称性有：

$$\sigma_z=2[\sigma_{z(ebO)}-\sigma_{z(eaf)}]=2[\alpha_{s1}(p+q)-\alpha_{s2}q]$$

其中，q 为三角形荷载(eaf)的最大荷载集度，按三角形比例关系有：

$$\frac{q}{q+p}=\frac{5}{10}$$

则：

$$q=p=100\ \mathrm{kPa}$$

竖向附加应力系数 α_{s1}，α_{s2} 可查表 3-9，并将其列于表 3-10。

表 3-10　竖向附加应力系数 α_{si} 的计算

编号(i)	截面分布面积	x/b	O 点($z=0$)		M 点($z=10$ m)	
			z/b	α_{si}	z/b	α_{si}
1	(ebO)	10/10=1	0	0.500	10/10=1	0.241
2	(eaf)	5/5=1	0	0.500	10/5=2	0.153

故 O 点的竖向附加应力为：

$$\sigma_z = 2(\sigma_{z(ebO)} - \sigma_{z(eaf)}) = 2\times[0.5\times(100+100) - 0.5\times 100] = 100\ (\text{kPa})$$

M 点的竖向附加应力为：

$$\sigma_z = 2\times[0.241\times(100+100) - 0.153\times 100] = 65.8\ (\text{kPa})$$

五、均布矩形荷载作用下地基中的附加应力

建筑物柱下单独基础、墩台基础等的基底通常为矩形，在中心荷载作用下，基底附加压力简化为均匀分布。

(一) 均布矩形荷载角点下竖向附加应力的计算

设矩形基底的长度为 l，宽度为 b，作用在地基表面上的基底附加压力为均布荷载 p_0，如图 3-26 所示。由 Boussinesq 解可知[参见式(3-20)]集中力作用下地基中任意点的竖向附加应力为：

$$\sigma_z = \frac{3Q}{2\pi z^2}\cos^5\theta = \frac{3Q}{2\pi}\cdot\frac{z^3}{R^5} = \frac{3Q}{2\pi}\cdot\frac{z^3}{(r^2+z^2)^{\frac{5}{2}}} = \frac{3Q}{2\pi}\cdot\frac{z^3}{(x^2+y^2+z^2)^{\frac{5}{2}}} \tag{3-34}$$

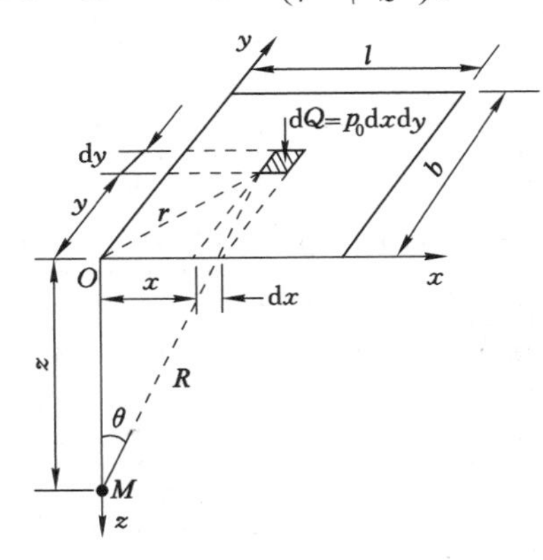

图 3-26　均布矩形荷载角点下竖向附加应力的计算

在基底面积上取微面积单元 $dA = dxdy$，其上的均布荷载用一集中力 $dQ = p_0 dxdy$ 来代替，则该集中力在角点下 M 点处引起的竖向附加应力由式(3-34)可得：

$$d\sigma_z = \frac{3p_0}{2\pi}\cdot\frac{z^3}{(x^2+y^2+z^2)^{\frac{5}{2}}}dxdy$$

在荷载分布范围内进行双重积分，即可求得 M 点的竖向附加应力表达式为：

$$\sigma_z = \frac{3p_0}{2\pi}\cdot\int_0^b\int_0^l\frac{z^3}{(x^2+y^2+z^2)^{\frac{5}{2}}}dxdy$$

$$= \frac{p_0}{2\pi}\left[\arctan\frac{n'}{m\sqrt{1+m^2+n'^2}}+\frac{mn'}{\sqrt{1+m^2+n'^2}}\left(\frac{1}{m^2+n'^2}+\frac{1}{1+m^2}\right)\right]$$

$$= \alpha_c p_0 \tag{3-35}$$

式中 n'——矩形基底长度 l（长边）与宽度 b（短边）的比值，$n'=l/b$；

m——计算点的深度 z 与荷载宽度 b 的比值，$m=z/b$；

α_c——均布矩形荷载角点下竖向附加应力系数，可由 l/b、z/b 查表 3-11。

表 3-11　均布矩形荷载角点下竖向附加应力系数 α_c

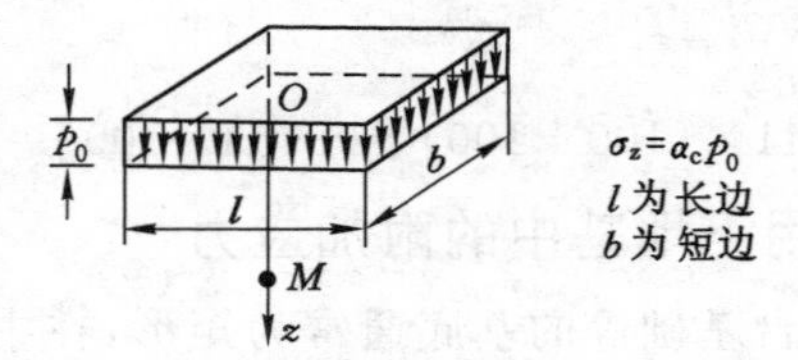

$m=z/b$	$n'=l/b$										
	1.0	1.2	1.4	1.6	1.8	2.0	3.0	4.0	5.0	6.0	10.0
0.0	0.250 0	0.250 0	0.250 0	0.250 0	0.250 0	0.250 0	0.250 0	0.250 0	0.250 0	0.250 0	0.250 0
0.2	0.248 6	0.248 9	0.249 0	0.249 1	0.249 1	0.249 1	0.249 2	0.249 2	0.249 2	0.249 2	0.249 2
0.4	0.240 1	0.242 0	0.242 9	0.243 4	0.243 7	0.243 9	0.244 2	0.244 3	0.244 3	0.244 3	0.244 3
0.6	0.222 9	0.227 5	0.230 0	0.231 5	0.232 4	0.232 9	0.233 9	0.234 1	0.234 2	0.234 2	0.234 2
0.8	0.199 9	0.207 5	0.212 0	0.214 7	0.216 5	0.217 6	0.219 6	0.220 0	0.220 2	0.220 2	0.220 2
1.0	0.175 2	0.185 1	0.191 1	0.195 5	0.198 1	0.199 9	0.203 4	0.204 2	0.204 4	0.204 5	0.204 6
1.2	0.151 6	0.162 6	0.170 5	0.175 8	0.179 3	0.181 8	0.187 0	0.188 2	0.188 5	0.188 7	0.188 8
1.4	0.130 8	0.142 3	0.150 8	0.156 9	0.161 3	0.164 4	0.171 2	0.173 0	0.173 5	0.173 8	0.174 0
1.6	0.112 3	0.124 1	0.132 9	0.139 6	0.144 5	0.148 2	0.156 7	0.159 0	0.159 8	0.160 1	0.160 4
1.8	0.096 9	0.108 3	0.117 2	0.124 1	0.129 4	0.133 4	0.143 4	0.146 3	0.147 4	0.147 8	0.148 2
2.0	0.084 0	0.094 7	0.103 4	0.110 3	0.115 8	0.120 2	0.131 4	0.135 0	0.136 3	0.136 8	0.137 4
2.2	0.073 2	0.083 2	0.091 7	0.098 4	0.103 9	0.108 4	0.120 5	0.124 8	0.126 4	0.127 1	0.127 7
2.4	0.064 2	0.073 4	0.081 3	0.087 9	0.093 4	0.097 9	0.110 8	0.115 6	0.117 5	0.118 4	0.119 2
2.6	0.056 6	0.065 1	0.072 5	0.078 8	0.084 2	0.088 7	0.102 0	0.107 3	0.109 5	0.110 6	0.111 6
2.8	0.050 2	0.058 0	0.064 9	0.070 9	0.076 1	0.080 5	0.094 2	0.099 9	0.102 4	0.103 6	0.104 8
3.0	0.044 7	0.051 9	0.058 3	0.064 0	0.069 0	0.073 2	0.087 0	0.093 1	0.095 9	0.097 3	0.098 7
3.2	0.040 1	0.046 7	0.052 6	0.058 0	0.062 7	0.066 8	0.080 6	0.087 0	0.090 0	0.091 6	0.093 3
3.4	0.036 1	0.042 1	0.047 7	0.052 7	0.057 1	0.061 1	0.074 7	0.081 4	0.084 7	0.086 4	0.088 2
3.6	0.032 6	0.038 2	0.043 3	0.048 0	0.052 3	0.056 1	0.069 4	0.076 3	0.079 9	0.081 6	0.083 7
3.8	0.029 6	0.034 8	0.039 5	0.043 9	0.047 9	0.051 6	0.064 6	0.071 7	0.075 3	0.077 3	0.079 6
4.0	0.027 0	0.031 8	0.036 2	0.040 3	0.044 1	0.047 4	0.060 3	0.067 4	0.071 2	0.073 3	0.075 8
4.2	0.024 7	0.029 1	0.033 3	0.037 1	0.040 7	0.043 9	0.056 3	0.063 4	0.067 4	0.069 6	0.072 4
4.4	0.022 7	0.026 8	0.030 6	0.034 3	0.037 6	0.040 7	0.052 7	0.059 7	0.063 9	0.066 2	0.069 2

表 3-11(续)

$m=z/b$	$n'=l/b$										
	1.0	1.2	1.4	1.6	1.8	2.0	3.0	4.0	5.0	6.0	10.0
4.6	0.020 9	0.024 7	0.028 3	0.031 7	0.034 8	0.037 8	0.049 3	0.056 4	0.060 6	0.063 0	0.066 3
4.8	0.019 3	0.022 9	0.026 2	0.029 4	0.032 4	0.035 2	0.046 3	0.053 3	0.057 6	0.060 1	0.063 5
5.0	0.017 9	0.021 2	0.024 3	0.027 4	0.030 2	0.032 8	0.043 5	0.050 4	0.054 7	0.057 3	0.061 0
6.0	0.012 7	0.015 1	0.017 4	0.019 6	0.021 8	0.023 8	0.032 5	0.038 8	0.043 1	0.046 0	0.050 6
7.0	0.009 4	0.011 2	0.013 0	0.014 7	0.016 4	0.018 0	0.025 1	0.030 6	0.034 6	0.037 6	0.042 8
8.0	0.007 3	0.008 7	0.010 1	0.011 4	0.012 7	0.014 0	0.019 8	0.024 6	0.028 3	0.031 1	0.036 7
9.0	0.005 8	0.006 9	0.008 0	0.009 1	0.010 2	0.011 2	0.016 1	0.020 2	0.023 5	0.026 2	0.031 9
10.0	0.004 7	0.005 6	0.006 5	0.007 4	0.008 3	0.009 2	0.013 2	0.016 7	0.019 8	0.022 2	0.028 0

(二）均布矩形荷载任意点下竖向附加应力的计算——角点法

设地基中任意点 M 在基底平面上的垂直投影点为 M'。若求均布矩形荷载作用下地基中任意一点 M 的竖向附加应力，可将荷载作用面积划分为几个部分，每一个部分都是矩形，并使 M' 点处于划分的几个矩形的共同角点之下，然后利用式(3-35)分别计算各部分荷载产生的竖向附加应力，最后利用叠加原理计算出 M 点的竖向附加应力，这种方法称为角点法。

采用角点法时，通常有以下 4 种情况，如图 3-27 所示。

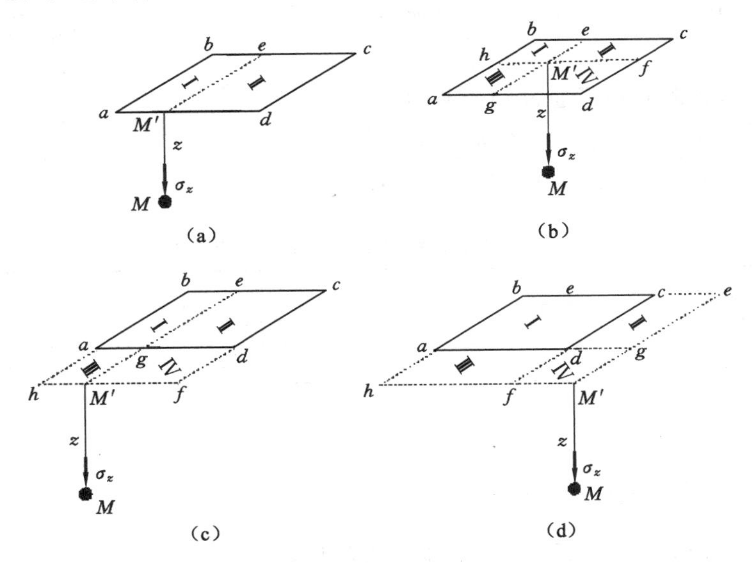

图 3-27　角点法计算 M' 点下的竖向附加应力

(1) M' 点位于荷载边缘时

将荷载作用面积过 M' 点划分为 2 个矩形，如图 3-27(a)所示，M 点的竖向附加应力为：

$$\sigma_z = (\alpha_{c(M'abe)} + \alpha_{c(M'ecd)})p_0 \tag{3-36}$$

(2) M' 点位于荷载面内时

将荷载作用面积过 M' 点划分为 4 个矩形，如图 3-27(b)所示，M 点的竖向附加应力为：

$$\sigma_z = [\alpha_{c(M'hbe)} + \alpha_{c(M'ecf)} + \alpha_{c(M'gah)} + \alpha_{c(M'fdg)}]p_0 \tag{3-37}$$

(3) M'点位于荷载边缘外侧时

同样划分为过 M'点的 4 个矩形，如图 3-27(c)所示，M 点的竖向附加应力为：

$$\sigma_z = [\alpha_{c(M'hbe)} + \alpha_{c(M'ecf)} - \alpha_{c(M'hag)} - \alpha_{c(M'gdf)}]p_0 \tag{3-38}$$

(4) M'点位于荷载角点外侧时

划分为过 M'点的 4 个矩形，如图 3-27(d)所示，M 点的竖向附加应力为：

$$\sigma_z = [\alpha_{c(M'hbe)} - \alpha_{c(M'fce)} - \alpha_{c(M'hag)} + \alpha_{c(M'fdg)}]p_0 \tag{3-39}$$

采用角点法时，应特别注意：① 划分的每一个矩形都要有一个角点是 M'点；② 所有划分的矩形面积总和应等于原受荷面积；③ 划分后的每一个矩形面积，短边一律用 b 表示，长边一律用 l 表示。

【例 3-7】 图 3-28 所示 12 m×6 m 的矩形基础，其上作用有竖向均布荷载 p_0=100 kPa。试求：(1) 基础中心点 O 下 0、3 m、6 m、9 m 和 12 m 深度处的竖向附加应力 σ_z，并绘出基础中心点下 σ_z 沿深度分布曲线；(2) 距基底垂直深度 z=6 m 的水平面上，离基础中心垂线 0、3 m、6 m 和 9 m 处的竖向附加应力 σ_z，并绘出 σ_z 在该水平线上的分布曲线。

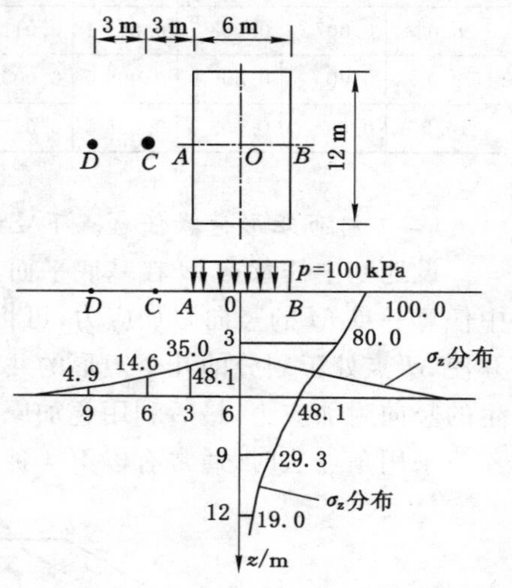

图 3-28 例 3-7 图

【解】 (1) 基础中心点 O 下竖向附加应力的计算

运用角点法，将基底矩形通过 O 点划分为 4 个相等的小矩形，其边长分别为 l=6 m、b=3 m，则$\sigma_z = 4\alpha_c p_0$，α_c 可查表 3-11，各点处 σ_z 计算结果列于表 3-12。

表 3-12 基础中心点 O 下竖向附加应力的计算

z/m	l/b	z/b	α_c	σ_z/kPa
0	2	0	0.250 0	100.0
3	2	1	0.199 9	80.0
6	2	2	0.120 2	48.1
9	2	3	0.073 2	48.1
12	2	4	0.047 4	19.0

(2) 深度 z=6 m 处水平面上竖向附加应力的计算

运用角点法，通过计算点划分矩形，具体计算过程及计算结果列于表 3-13。根据计算结果可绘出 σ_z 沿水平方向的分布曲线，如图 3-28 所示。

由图 3-28 中的竖向附加应力分布曲线可以看出：在均布矩形荷载作用下，不但在受荷面积垂直下方的范围内产生附加应力，而且在荷载面积以外的土中(如 D 点、C 点下方)也产生附加应力；在地基中同一深度处(本例题中 z=6 m)，距基础中心垂线越远的点，其 σ_z 值越小，最终趋于 0，而矩形面积中点处下的 σ_z 值最大。总的来说，距荷载越远，竖向附加应力越小，即附加应力分布是有一定范围的，这就是附加应力扩散的一般规律。

表 3-13　z=6 m 处水平面上各点竖向附加应力的计算

计算点	l/m	b/m	l/b	z/b	α_c	σ_z/kPa
O	6	3	2	2	0.120 2	4×0.120 2×100=48.1
A	6	6	1	1	0.175 2	2×0.175 2×100=35.0
C	9	6	1.5	1	0.193 3	2×(0.193 3−0.120 2)×100=14.6
	6	3	2	2	0.120 2	
D	12	6	2	1	0.199 9	2×(0.199 9−0.175 2)×100=4.9
	6	6	1	1	0.175 2	

六、矩形基底在三角形分布垂直荷载作用下地基中的附加应力

这种荷载分布通常出现在矩形基础受单向偏心荷载作用的情况下，基底附加压力一般呈三角形或梯形分布。当基底附加压力呈梯形分布时，可将基底附加压力分解为均布荷载和三角形荷载，并利用叠加原理计算。

均布矩形荷载作用下地基中附加应力的计算如上所述，现在讨论矩形基底在三角形分布垂直荷载作用下地基中附加应力的计算。

（一）零边角点下竖向附加应力的计算

设矩形基础上作用的垂直荷载沿长度 l 方向呈三角形分布，沿宽度 b 方向荷载不变，最大荷载强度为 p_t，如图 3-29 所示。建立空间直角坐标系，坐标原点取在零边角点处。

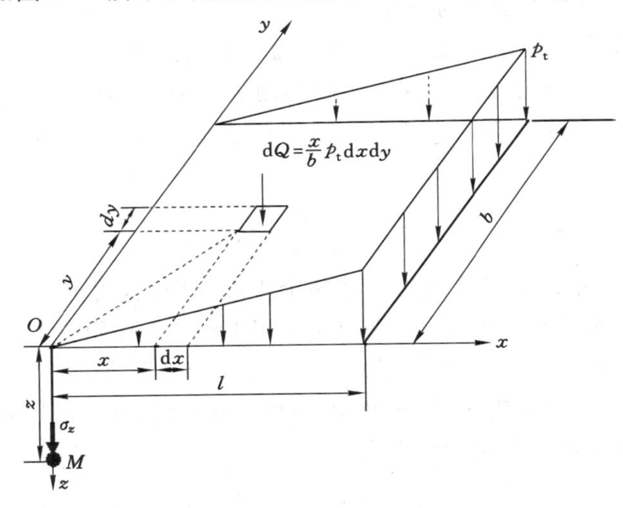

图 3-29　矩形基础垂直三角形分布荷载

计算零边角点下任意深度 z 处 M 点的竖向附加应力 σ_z，同样在基底面积上取微面积单元 $dA=dxdy$，其上的分布荷载用一集中力 $dQ=\frac{x}{l}p_t dxdy$ 代替，则该集中力在零边角点下 M 点处引起的竖向附加应力由式(3-34)得：

$$d\sigma_z=\frac{3p_t}{2\pi l}\cdot\frac{z^3x}{(x^2+y^2+z^2)^{\frac{5}{2}}}dxdy$$

在荷载分布范围内进行双重积分，即可求得 M 点的竖向附加应力表达式为：

$$\sigma_z = \frac{3p_t}{2\pi l} \cdot \int_0^b \int_0^l \frac{z^3 x}{(x^2+y^2+z^2)^{\frac{5}{2}}} \mathrm{d}x\mathrm{d}y$$

$$= \frac{mn''}{2\pi}\left[\frac{1}{m^2+n''^2} - \frac{m^2}{(1+m^2)\sqrt{1+m^2+n''^2}}\right]p_t$$

$$= \alpha_{sc} p_t \tag{3-40}$$

式中 n''——矩形基底宽度 b 与长度 l 的比值，$n''=b/l=1/n'$；

m——计算点的深度 z 与荷载长度 l 的比值，$m=z/l$；

l——沿三角形分布荷载变化方向矩形基底的边长，m；

b——荷载不变方向矩形基底的边长，m；

α_{sc}——矩形面积受三角形分布垂直荷载作用时零边角点下竖向附加应力系数，可由 b/l 和 z/l 查表 3-14。

（二）荷载最大边角点下竖向附加应力的计算

式(3-40)计算的附加应力是三角形分布垂直荷载零边角点下某一深度 z 处的竖向附加应力，若要计算荷载强度为最大值 p_t 边角点下的竖向附加应力，可利用应力叠加原理计算。显然，已知的三角形荷载等于一个均布荷载与一个倒三角形荷载之差，如图 3-30 所示。

荷载最大边角点下的竖向附加应力为：

$$\sigma_z = (\alpha_c - \alpha_{sc}) p_t \tag{3-41}$$

（三）任意点下竖向附加应力的计算

对于三角形分布垂直荷载作用下任意点附加应力的计算仍可采用角点法。图 3-31 所示，如若计算矩形受荷面积内 G 点下深度 z 处的附加应力，可通过 G 点把矩形受荷面积划分为 4 个小块组成的面积（Ⅰ、Ⅱ、Ⅲ和Ⅳ）。由于荷载是三角形分布的，故先计算 G 点的荷载强度，即

$$p_G = \frac{l_1}{l_1 + l_2} p_t \tag{3-42}$$

首先假定有 p_G 大小的均布荷载作用在整个矩形面积上，用角点法可求 G 点下深度 z 处在均布荷载作用下的竖向附加应力。在小块面积Ⅰ和Ⅱ上作用着 EFJ 三角形分布荷载，G 点位于三角形分布荷载零边角点，可用式(3-40)计算竖向附加应力。在小块面积Ⅲ及Ⅳ上，作用着负的三角形分布荷载 FIH，同样可用式(3-40)计算竖向附加应力。

则 G 点下深度 z 处的竖向附加应力为：

$$\sigma_z = (\alpha_{c\text{I}} + \alpha_{c\text{II}} + \alpha_{c\text{III}} + \alpha_{c\text{IV}} + \alpha_{sc\text{I}} + \alpha_{sc\text{II}} - \alpha_{sc\text{III}} - \alpha_{sc\text{IV}}) p_G$$

【例 3-8】 某基础基底形状为矩形，长 $l=6$ m，宽 $b=5$ m，基底附加压力呈三角形分布，如图 3-32 所示。荷载最大值 $p_t=100$ kPa。试计算在矩形面积内 O 点下深度 4 m 处 M 点的竖向附加应力。

【解】 图 3-32(c)所示三角形分布荷载(ABC)＝均布荷载($DABE$)－三角形荷载(AFD)＋三角形荷载(CFE)。

(1) 均布荷载($DABE$)在 M 点引起的竖向附加应力

根据式(3-42)，O 点的荷载强度为：

$$p_0 = \frac{2}{2+4} \times 100 = 33.3\ (\text{kPa})$$

表 3-14　矩形面积受三角形分布垂直荷载作用时零边角点下竖向附加应力系数 α_{sc}

$m=z/l$	$n''=b/l$														
	0.2	0.4	0.6	0.8	1.0	1.2	1.4	1.6	1.8	2.0	3.0	4.0	6.0	8.0	10.0
0.0	0.000 0	0.000 0	0.000 0	0.000 0	0.000 0	0.000 0	0.000 0	0.000 0	0.000 0	0.000 0	0.000 0	0.000 0	0.000 0	0.000 0	0.000 0
0.2	0.023 3	0.028 0	0.029 6	0.030 1	0.030 4	0.030 5	0.030 5	0.030 6	0.030 6	0.030 6	0.030 6	0.030 6	0.030 6	0.030 6	0.030 6
0.4	0.026 9	0.042 0	0.048 7	0.051 7	0.053 1	0.053 9	0.054 3	0.054 5	0.054 6	0.054 7	0.054 8	0.054 9	0.054 9	0.054 9	0.054 9
0.6	0.025 9	0.044 8	0.056 0	0.062 1	0.065 4	0.067 3	0.068 4	0.069 0	0.069 4	0.069 6	0.070 1	0.070 2	0.070 2	0.070 2	0.070 2
0.8	0.023 2	0.042 1	0.055 3	0.063 7	0.068 8	0.072 0	0.073 9	0.075 1	0.075 9	0.076 4	0.077 3	0.077 6	0.077 6	0.077 6	0.077 6
1.0	0.020 1	0.037 5	0.050 8	0.060 2	0.066 6	0.070 8	0.073 5	0.075 3	0.076 6	0.077 4	0.079 0	0.079 4	0.079 5	0.079 6	0.079 6
1.2	0.017 1	0.032 4	0.045 0	0.054 6	0.061 5	0.066 4	0.069 8	0.072 1	0.073 8	0.074 9	0.077 4	0.077 9	0.078 2	0.078 3	0.078 3
1.4	0.014 5	0.027 8	0.039 2	0.048 3	0.055 4	0.060 6	0.064 4	0.067 2	0.069 2	0.070 7	0.073 9	0.074 8	0.075 2	0.075 2	0.075 3
1.6	0.012 3	0.023 8	0.033 9	0.042 4	0.049 2	0.054 5	0.058 6	0.061 6	0.063 9	0.065 6	0.069 7	0.070 8	0.071 4	0.071 5	0.071 5
1.8	0.010 5	0.020 4	0.029 4	0.037 1	0.045 3	0.048 7	0.052 8	0.056 0	0.058 5	0.060 4	0.065 2	0.066 6	0.067 3	0.067 5	0.067 5
2.0	0.009 0	0.017 6	0.025 5	0.032 4	0.038 4	0.043 4	0.047 4	0.050 7	0.053 3	0.055 3	0.060 7	0.062 4	0.063 4	0.063 6	0.063 6
2.5	0.006 3	0.012 5	0.018 3	0.023 6	0.028 4	0.032 6	0.036 2	0.039 3	0.041 9	0.044 0	0.051 4	0.052 9	0.054 3	0.054 7	0.054 8
3.0	0.004 6	0.009 2	0.013 5	0.017 6	0.021 4	0.024 9	0.028 0	0.030 7	0.033 1	0.035 2	0.041 9	0.044 9	0.046 9	0.047 4	0.047 6
5.0	0.001 8	0.003 6	0.005 4	0.007 1	0.008 8	0.010 4	0.012 0	0.013 5	0.014 8	0.016 1	0.021 4	0.024 8	0.028 3	0.029 6	0.030 1
7.0	0.000 9	0.001 9	0.002 8	0.003 8	0.004 7	0.005 6	0.006 4	0.007 3	0.008 1	0.008 9	0.012 4	0.015 2	0.018 6	0.020 4	0.021 2
10.0	0.000 5	0.000 9	0.001 4	0.001 9	0.002 4	0.002 8	0.003 3	0.003 7	0.004 1	0.004 6	0.006 6	0.008 4	0.011 1	0.012 8	0.013 9

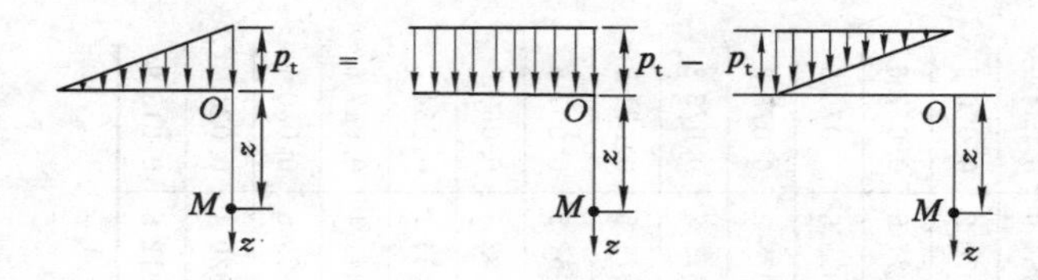

图 3-30　应力叠加原理计算三角形分布垂直荷载最大边角点下地基中的竖向附加应力

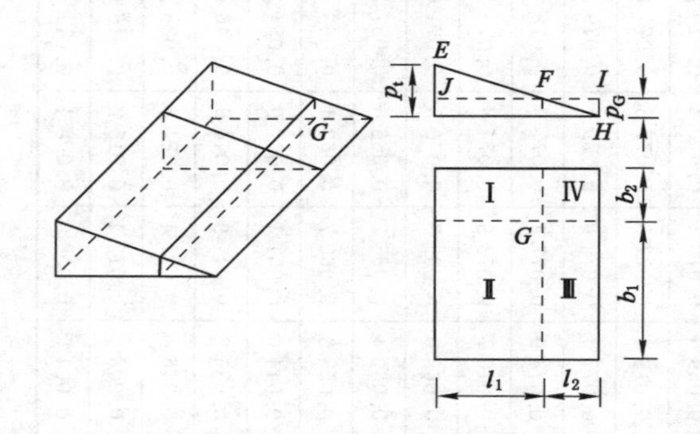

图 3-31　三角形分布荷载角点法

假定有均布荷载 p_0 作用在整个矩形面积上，用角点法可求出 O 点下 M 点的竖向附加应力。如图 3-32(a)、图 3-32(b)所示，通过 O 点将矩形面积划分为 4 块，其上作用着均布荷载 p_0，则在 M 点产生的竖向附加应力为：

$$\sigma_{z1} = (\alpha_{c\text{Ⅰ}} + \alpha_{c\text{Ⅱ}} + \alpha_{c\text{Ⅲ}} + \alpha_{c\text{Ⅳ}})p_0$$

式中　$\alpha_{c\text{Ⅰ}}$，$\alpha_{c\text{Ⅱ}}$，$\alpha_{c\text{Ⅲ}}$，$\alpha_{c\text{Ⅳ}}$——各块面积的竖向附加应力系数，由表 3-11 查得(长边为 l，短边为 b)，其结果列于表 3-15。

表 3-15　各块的竖向附加应力系数 α_{ci}

编号	荷载作用面积	l/m	b/m	$n'=l/b$	$m=z/b$	α_{ci}
Ⅰ	S_{aeOh}	2	1	$\frac{2}{1}=2$	$\frac{4}{1}=4$	0.047 4
Ⅱ	S_{ebfO}	4	2	$\frac{4}{2}=2$	$\frac{4}{2}=2$	0.120 2
Ⅲ	S_{Ofcg}	4	4	$\frac{4}{4}=1$	$\frac{4}{4}=1$	0.175 2
Ⅳ	S_{hOgd}	4	1	$\frac{4}{1}=4$	$\frac{4}{1}=4$	0.067 4

则：

$$\sigma_{z1} = 33.3\times(0.047\,4+0.120\,2+0.175\,2+0.067\,4) = 13.66\ (\text{kPa})$$

(2) 三角形分布荷载(AFD)在 M 点引起的竖向附加应力

三角形分布荷载(AFD)在 M 点引起的竖向附加应力 σ_{z2} 是Ⅰ、Ⅱ两块矩形面积三角形分布荷载引起的竖向附加应力之和，即

$$\sigma_{z2} = (\alpha_{sc\text{Ⅰ}} + \alpha_{sc\text{Ⅱ}})p_0$$

式中　$\alpha_{sc\text{Ⅰ}}$，$\alpha_{sc\text{Ⅱ}}$——各块面积的竖向附加应力系数，由表 3-14 查得(l 为沿三角形分布荷载变化方向矩形基底的边长，b 为荷载不变方向矩形基底的边长)，其结果列于表

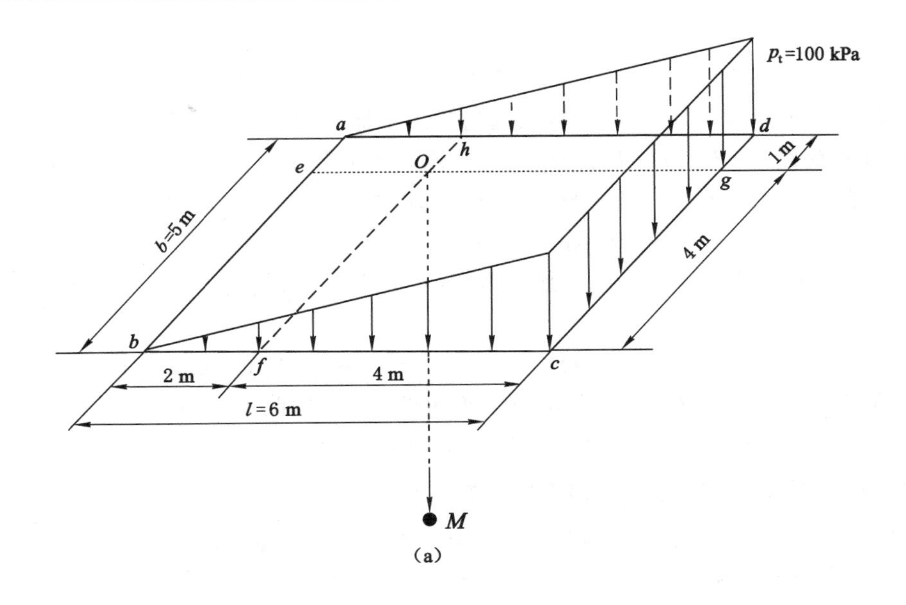

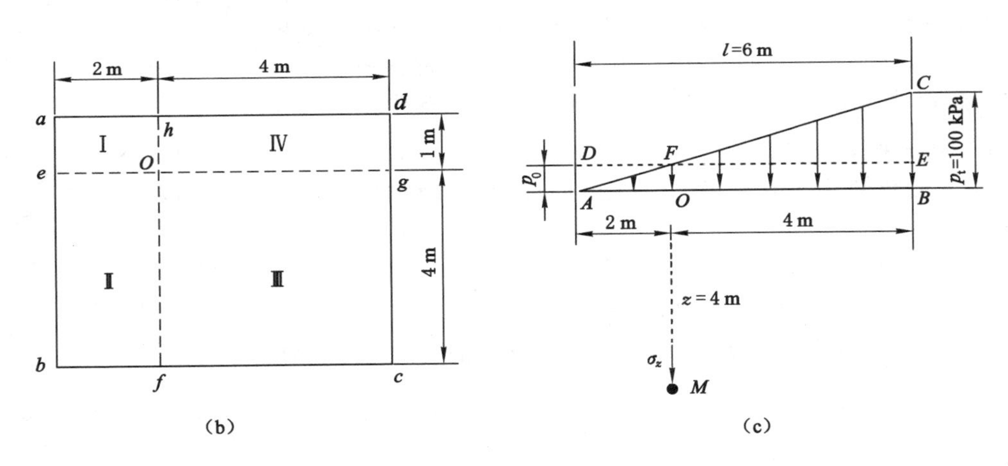

图 3-32　例 3-8 图

3-16。

表 3-16　各块的竖向附加应力系数 α_{sci}

编号	荷载作用面积	l/m	b/m	$n''=b/l$	$m=z/l$	α_{sci}
Ⅰ	S_{aeOh}	2	1	$\frac{1}{2}=0.5$	$\frac{4}{2}=2$	0.021 6
Ⅱ	S_{ebfO}	2	4	$\frac{4}{2}=2$	$\frac{4}{2}=2$	0.055 3
Ⅲ	S_{Ofcg}	4	4	$\frac{4}{4}=1$	$\frac{4}{4}=1$	0.066 6
Ⅳ	S_{hOgd}	4	1	$\frac{1}{4}=0.25$	$\frac{4}{4}=1$	0.024 5

则：

$$\sigma_{z2} = (0.021\ 6 + 0.055\ 3) \times 33.3 = 2.56\ (\text{kPa})$$

(3) 三角形分布荷载(*CFE*)在 *M* 点引起的竖向附加应力

三角形分布荷载(*CFE*)的最大值为 $p_t - p_0$，该三角形分布荷载在 *M* 点引起的竖向附加应力 σ_{z3} 是Ⅲ、Ⅳ两块矩形面积三角形分布荷载引起的竖向附加应力之和，即

$$\sigma_{z3} = (\alpha_{sc\text{Ⅲ}} + \alpha_{sc\text{Ⅳ}})(p_t - p_0)$$

式中　$\alpha_{sc\text{Ⅲ}}$，$\alpha_{sc\text{Ⅳ}}$——各块面积的竖向附加应力系数，查表 3-14，其结果列于表 3-16。

则：

$$\sigma_{z3} = (0.066\ 6 + 0.024\ 5) \times (100 - 33.3) = 6.08\ (\text{kPa})$$

最后叠加求得三角形分布荷载(*ABC*)在 *M* 点产生的竖向附加应力 σ_z 为：

$$\sigma_z = \sigma_{z1} - \sigma_{z2} + \sigma_{z3} = 13.66 - 2.56 + 6.08 = 17.18\ (\text{kPa})$$

七、均布圆形荷载作用下地基中的附加应力

水塔、烟窗、筒仓及大型储油设施等圆形构筑物的基础，其基底通常为圆形。在中心荷载作用下，基底附加压力可简化为均匀分布。

设有一圆形基底，半径为 *a*，如图 3-33 所示，其上作用有均布荷载 p_0，圆柱坐标系的原点位于圆心位置。在基底面积上取微面积单元 $dA = r\text{d}r\text{d}\varphi$，其上的分布荷载用一集中力 $dQ = p_0 r\text{d}r\text{d}\varphi$ 来代替，并以 $R = (r^2 + l^2 - 2rl\cos\varphi + z^2)^{\frac{1}{2}}$ 代入式(3-34)，则该集中力在任意点 *M* 处引起的竖向附加应力为：

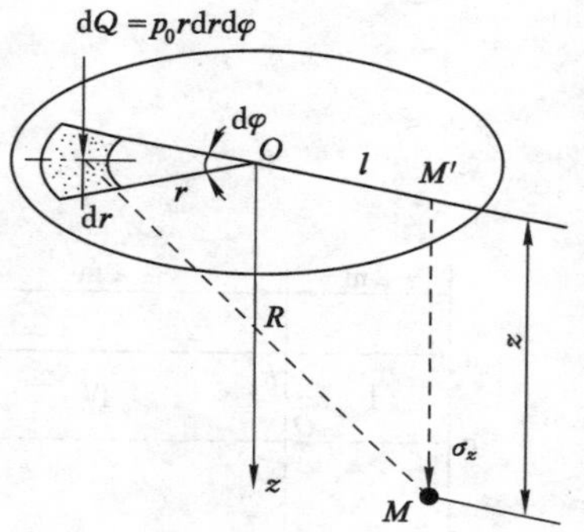

$$\text{d}\sigma_z = \frac{3p_0}{2\pi} \cdot \frac{z^3 r}{(r^2 + l^2 - 2rl\cos\varphi + z^2)^{\frac{5}{2}}} \text{d}r\text{d}\varphi$$

图 3-33　均布圆形荷载作用下竖向附加应力

在荷载分布范围内双重积分，即可求得 *M* 点的竖向附加应力表达式：

$$\sigma_z = \frac{3p_0}{2\pi} \cdot \int_0^{2\pi} \int_0^a \frac{z^3 r}{(r^2 + l^2 - 2rl\cos\varphi + z^2)^{\frac{5}{2}}} \text{d}r\text{d}\varphi = \alpha_y p_0 \tag{3-43}$$

式中　*a*——圆形基底的半径，m；

l——计算点到原点的水平距离，m；

α_y——均布圆形荷载任意点下竖向附加应力系数，可由 *l/a* 和 *z/a* 查表 3-17。

表 3-17　均布圆形荷载任意点下竖向附加应力系数 α_y

z/a	l/a										
	0.0	0.2	0.4	0.6	0.8	1.0	1.2	1.4	1.6	1.8	2.0
0.0	1.000	1.000	1.000	1.000	1.000	0.500	0.000	0.000	0.000	0.000	0.000
0.2	0.993	0.991	0.987	0.970	0.890	0.468	0.077	0.015	0.005	0.002	0.001
0.4	0.949	0.943	0.922	0.860	0.712	0.435	0.181	0.065	0.026	0.012	0.006
0.6	0.864	0.852	0.813	0.733	0.591	0.400	0.224	0.113	0.056	0.029	0.016
0.8	0.756	0.742	0.699	0.619	0.504	0.366	0.237	0.142	0.083	0.048	0.029

表 3-17(续)

z/a	l/a										
	0.0	0.2	0.4	0.6	0.8	1.0	1.2	1.4	1.6	1.8	2.0
1.0	0.646	0.633	0.593	0.525	0.434	0.332	0.235	0.157	0.102	0.065	0.042
1.2	0.547	0.535	0.502	0.447	0.337	0.300	0.226	0.162	0.113	0.078	0.053
1.4	0.461	0.452	0.425	0.383	0.329	0.270	0.212	0.161	0.118	0.086	0.062
1.6	0.390	0.383	0.362	0.330	0.288	0.243	0.197	0.156	0.120	0.090	0.068
1.8	0.332	0.327	0.311	0.285	0.254	0.218	0.182	0.148	0.118	0.092	0.072
2.0	0.285	0.280	0.268	0.248	0.224	0.196	0.167	0.140	0.114	0.092	0.074
2.2	0.246	0.342	0.233	0.218	0.198	0.176	0.153	0.131	0.109	0.090	0.074
2.4	0.214	0.211	0.203	0.192	0.176	0.159	0.140	0.122	0.104	0.087	0.073
2.6	0.187	0.185	0.179	0.170	0.158	0.144	0.129	0.113	0.098	0.084	0.071
2.8	0.165	0.163	0.159	0.150	0.141	0.130	0.118	0.105	0.092	0.080	0.069
3.0	0.146	0.145	0.141	0.135	0.127	0.118	0.108	0.097	0.087	0.077	0.067
3.4	0.117	0.116	0.114	0.110	0.105	0.098	0.091	0.084	0.076	0.068	0.061
3.8	0.096	0.095	0.093	0.091	0.087	0.083	0.078	0.073	0.067	0.061	0.055
4.2	0.079	0.079	0.078	0.076	0.073	0.070	0.067	0.063	0.059	0.054	0.050
4.6	0.067	0.067	0.066	0.064	0.063	0.060	0.058	0.055	0.052	0.048	0.045
5.0	0.057	0.057	0.056	0.055	0.054	0.052	0.050	0.048	0.046	0.043	0.041
5.5	0.048	0.048	0.047	0.045	0.045	0.044	0.043	0.041	0.039	0.038	0.036
6.0	0.040	0.040	0.040	0.039	0.039	0.038	0.037	0.036	0.034	0.033	0.031

特别的，对于圆心下($l=0$)深度 z 处有：

$$\sigma_z = \frac{3p_0}{2\pi} \cdot \int_0^{2\pi}\int_0^a \frac{z^3 r}{(r^2+z^2)^{\frac{5}{2}}} \mathrm{d}r\mathrm{d}\varphi = \left\{1 - \frac{1}{\left[1+\left(\frac{a}{z}\right)^2\right]^{3/2}}\right\} p_0 \tag{3-44}$$

令

$$\alpha_0 = 1 - \frac{1}{\left[1+\left(\frac{a}{z}\right)^2\right]^{3/2}} \tag{3-45}$$

则：

$$\sigma_z = \alpha_0 p_0 \tag{3-46}$$

式中　α_0——均布圆形荷载中心点下的竖向附加应力系数；

z——计算点至地表的垂直距离，m；

a——圆形基底的半径，m。

【例 3-9】　有一圆形基础，基底半径 $a=1$ m，其上作用有中心荷载 $Q=200$ kN。假设基础埋深 $d=0$，求基础边缘点下的竖向附加应力 σ_z 分布，并将计算结果与例 3-3 中把 Q 作为集中力作用时的计算结果(表 3-4)进行比较。

【解】　基底附加压力为：

$$p_0 = \frac{Q}{A} = \frac{Q}{\pi a^2} = \frac{200}{\pi \times 1^2} = 63.7 \text{ (kPa)}$$

圆形基础边缘点下的竖向附加应力按式(3-43)计算,将计算结果列于表 3-18。同时,表中列出了例 3-3 中表 3-4 的结果。对比表 3-18 中两种计算结果可以看到:① 浅部两种计算结果相差较大;② 当深度 $z \geqslant 4$ m 时,两种计算的结果相差很小。

表 3-18 圆形面积边缘点下竖向附加应力 σ_z

z/m	集中力 Q 作用时		均布圆形荷载 p_0 作用时	
	α_Q	σ_z/kPa	α_y	σ_z/kPa
0	0	0	0.500	31.8
1.0	0.084	16.8	0.332	21.1
2.0	0.273	13.7	0.196	12.5
3.0	0.369	8.2	0.118	7.5
4.0	0.410	5.1	0.077	4.9
5.0	0.433	3.5	0.052	3.3
6.0	0.444	2.5	0.038	2.4

由此可见:当 $\frac{z}{2a} \geqslant 2$ 时,荷载分布形式对土中应力分布的影响已不明显;而在浅部,分布荷载如用集中荷载代替来计算地基中的附加应力,会产生较大的误差。

八、圆形基底在三角形分布垂直荷载作用下地基中的附加应力

圆形面积上作用三角形分布垂直荷载,如图 3-34 所示。工程中最关心的是中心点 O、圆周上压力为 0 处点 1 和最大压力值处点 2 下任意深度 z 处的竖向附加应力。

对于中心点 O 下任意深度 z 处竖向附加应力的计算,取三角形分布荷载的平均值 $p_0 = p_t/2$,按式(3-46) 计算。

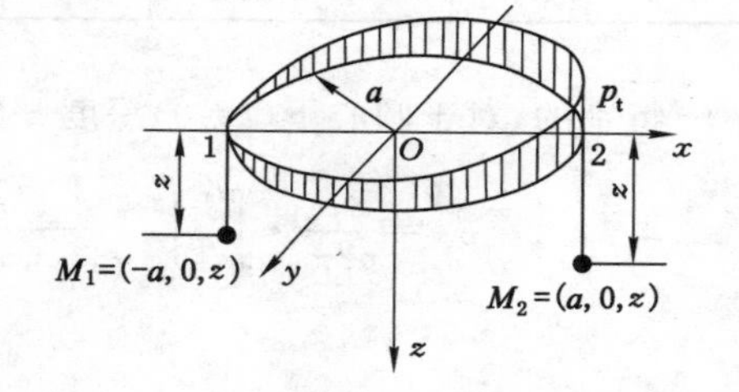

图 3-34 三角形分布圆形荷载作用下竖向附加应力的计算

对于圆周上压力为 0 的点(点 1)下 z 深度(点 M_1)处的竖向附加应力 $\sigma_{z(1)}$,可由式(3-47)求得,即

$$\sigma_{z(1)} = \alpha_{sy(1)} p_t \tag{3-47}$$

式中 p_t——三角形分布垂直荷载的最大值,kPa;

$\alpha_{sy(1)}$——圆形面积受三角形分布垂直荷载作用时圆周上压力为 0 点下的竖向附加应力系数,根据 M_1 点的 z/a 值查表 3-19。

对于圆周上最大压力值点(点 2)下 z 深度(点 M_2)处的竖向附加应力 $\sigma_{z(2)}$,可由式(3-48)求得,即

$$\sigma_{z(2)} = \alpha_{sy(2)} p_t \tag{3-48}$$

式中 $\alpha_{sy(2)}$——圆形面积受三角形分布垂直荷载作用时圆周上最大压力值点下的竖向附加应力系数,根据 M_2 点的 z/a 值查表 3-19。

表 3-19　圆形面积受三角形分布垂直荷载作用时圆周上压力为 0 点和最大压力值点下的竖向附加应力系数 $\alpha_{sy(i)}$

z/a	点		z/a	点		z/a	点	
	1	2		1	2		1	2
0.0	0.000	0.500	1.5	0.089	0.165	3.0	0.052	0.067
0.1	0.016	0.465	1.6	0.087	0.154	3.1	0.050	0.064
0.2	0.031	0.433	1.7	0.085	0.144	3.2	0.048	0.061
0.3	0.044	0.403	1.8	0.083	0.134	3.3	0.046	0.059
0.4	0.054	0.376	1.9	0.080	0.126	3.4	0.045	0.055
0.5	0.063	0.349	2.0	0.078	0.117	3.5	0.043	0.053
0.6	0.071	0.324	2.1	0.075	0.110	3.6	0.041	0.051
0.7	0.078	0.300	2.2	0.072	0.104	3.7	0.040	0.048
0.8	0.083	0.279	2.3	0.070	0.097	3.8	0.038	0.046
0.9	0.088	0.258	2.4	0.067	0.091	3.9	0.037	0.043
1.0	0.091	0.238	2.5	0.064	0.086	4.0	0.036	0.041
1.1	0.092	0.221	2.6	0.062	0.081	4.2	0.033	0.038
1.2	0.093	0.205	2.7	0.059	0.078	4.4	0.031	0.034
1.3	0.092	0.190	2.8	0.057	0.074	4.6	0.029	0.031
1.4	0.091	0.177	2.9	0.055	0.070	4.8	0.027	0.029

九、不规则形状基底在均布荷载作用下地基中的附加应力

在工程实际中会遇到荷载作用于不规则形状基底的情况。如果不规则形状基底面积可分为若干个矩形，则地基中任意点处的竖向附加应力可采用前述的角点法求解；如果不规则形状基底无法分为矩形时，可利用纽马克（N. M. Newmark）在 1942 年提出的感应图法。下面介绍感应图的原理及应用。

（一）感应图的原理

利用感应图求附加应力的方法是由均布圆形荷载中心点下竖向附加应力计算公式(3-45)和式(3-46)推演而来的。由式(3-45)可以求得$\frac{a}{z}$与竖向附加应力系数 α_0 的对应关系，见表 3-20。

表 3-20　均布圆形荷载中心点下竖向附加应力系数

α_0	0.1	0.2	0.3	0.4	0.5	0.6	0.7	0.8	0.9	1.0
a/z	0.268	0.400	0.518	0.637	0.766	0.918	1.110	1.387	1.908	∞

纽马克感应图由 9 个同心圆和 20 条通过圆心均匀分布的射线组成，如图 3-35 所示。由表 3-20 可知：如果以 $a_1=0.268z$、$a_2=0.400z$、$a_3=0.518z$、…、$a_9=1.908z$ 为半径绘制 9 个同心圆，由第一个圆（半径为 a_1）上的竖直均布荷载 p_0 在圆心点下 z 深度处所引起的竖向附加应力为 $0.1p_0$；第二个圆（半径为 a_2）上的竖直均布荷载 p_0 在该点引起的竖向

附加应力为 $0.2p_0$；依此类推，直至第 9 个圆（半径为 a_9），其上的竖直均布荷载 p_0 在该点引起的竖向附加应力为 $0.9p_0$。则每一个圆环面积上的竖直均布荷载 p_0，在圆心点下 z 深度处引起的竖向附加应力均为 $0.1p_0$。如果通过圆心再划 20 条均布射线，将每个环形面积划分为 20 个面积大小相等的小块（称为感应面积），则每个小块感应面积上的竖直均布荷载 p_0 在圆心点下 z 深度处所引起的竖向附加应力为 $0.005p_0$。该图即纽马克感应图，如图 3-35 所示。

（二）感应图的应用

若求某不规则形状基底在均布竖直荷载 p_0 作用下任意点 D 深度 z 处的竖向附加应力，其步骤如下：

(1) 确定合适的比例尺；

(2) 在图纸上按比例尺，分别以半径 $a_1=0.268z$、$a_2=0.400z$、$a_3=0.518z$、…、$a_9=1.908z$ 画出 9 个同心圆，并通过圆心再画 20 条均布射线，制成纽马克感应图；

(3) 在透明纸上按相同的比例尺绘出建筑物基础基底平面图；

(4) 将该透明纸盖在感应图上，使待求点 D 对准感应图的圆心，数出基底平面所包含的感应面积的个数 N（非整块凭肉眼估算），则可按式(3-49)近似计算待求点的竖向附加应力。

$$\sigma_z = 0.005p_0N \tag{3-49}$$

式中 N——感应面积的个数；

p_0——均布竖向荷载强度，kPa。

由上述的分析可以看出：纽马克感应图法是一种近似计算方法，可用于任意形状的基底，但只适用于基底附加压力均匀分布的情况。

十、等代荷载法

等代荷载法的原理是将荷载面积分成许多小块（称为单元），将每个单元上的分布荷载近似用一集中力代替，如图 3-36 所示，利用 Boussinesq 解及叠加原理求出地基中的竖向附加应力 σ_z。

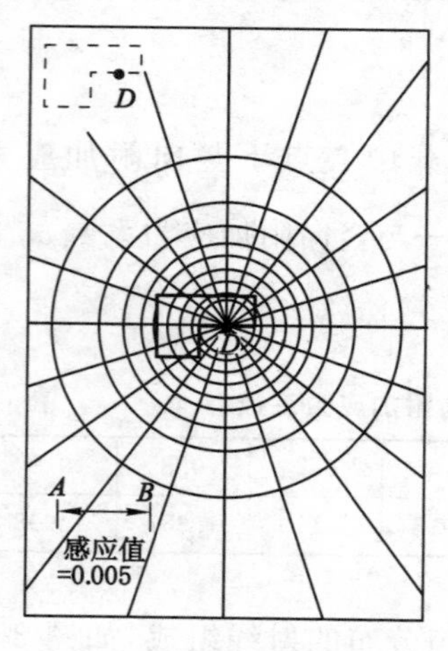

图 3-35 纽马克感应图及其应用

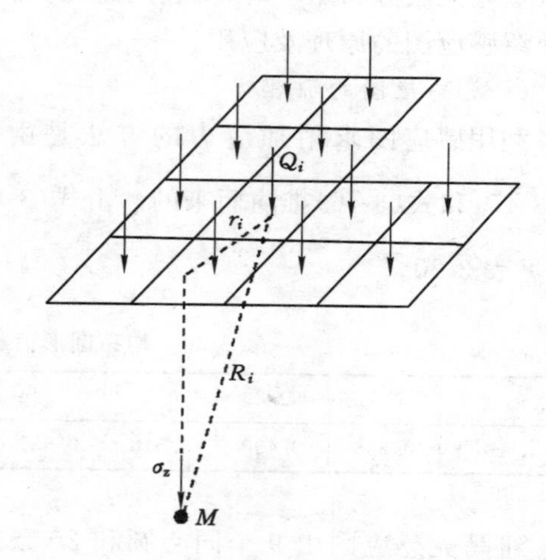

图 3-36 等代荷载法计算地基中竖向附加应力

对每个划分的单元分别进行竖向附加应力的计算。对于第 i 个单元，其上作用的分布

荷载用一集中力 Q_i 代替，并确定第 i 个单元面积中心到 M 点的水平距离 r_i。根据 r_i/z 的值，按式(3-22)或查表 3-2 可得 α_{Qi}，则由式(3-23)可知第 i 个单元上的集中力 Q_i 在 M 点引起的竖向附加应力为：

$$\sigma_{zi}=\alpha_{Qi}\frac{Q_i}{z^2} \tag{3-50}$$

根据叠加原理，可得 M 点总的竖向附加应力为：

$$\sigma_z=\sum_{i=1}^{n}\sigma_{zi}=\frac{1}{z^2}\sum_{i=1}^{n}\alpha_{Qi}Q_i \tag{3-51}$$

等代荷载法是一种近似计算方法，其计算精度取决于单元划分数量。单元划分数量越多，每个单元面积就越小，其计算精度就越高。利用此方法计算时，可根据具体工程问题编制计算机程序，利用计算机计算以提高计算精度和准确性。

等代荷载法虽然是一种近似计算方法，但是其适用范围十分广泛。对于任意形状基底、任意分布基底附加压力作用下地基中附加应力的计算均可采用。

【例 3-10】 有一矩形基底，长 $l=4$ m，宽 $b=2$ m，其上作用有均布荷载 $p_0=100$ kPa，如图 3-37 所示，试用等代荷载法计算矩形基础中点下深度 $z=2$ m 及 $z=10$ m 处的竖向附加应力 σ_z，并与角点法计算结果进行对比。

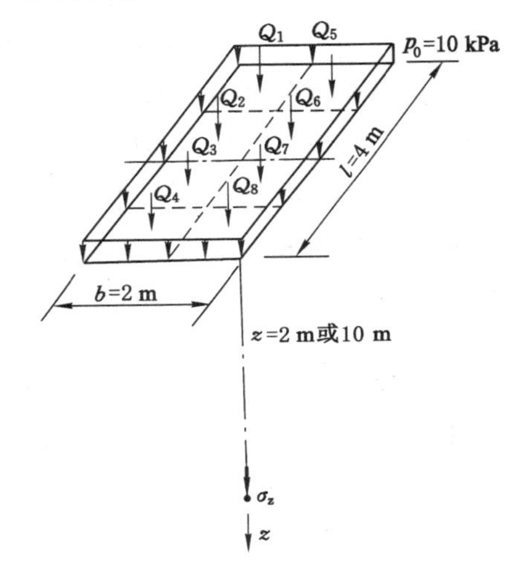

图 3-37　例 3-10 图

【解】 (1) 等代荷载法计算结果

采用等代荷载法时，将基底分为 8 等份，即划分为 8 个单元，如图 3-37 所示。每个单元面积均相同，$A_i=1\times1\ \text{m}^2=1\ \text{m}^2$，则作用在每个单元上的集中力均为 $Q_i=p_0A_i=100\times1$ kN$=100$ kN。

集中力 Q_1、Q_2 作用点至矩形基础中点的水平距离分别为：

$$r_1=\sqrt{0.5^2+1.5^2}=1.581\ (\text{m})$$

$$r_2=\sqrt{0.5^2+0.5^2}=0.707\ (\text{m})$$

集中力 Q_1、Q_2 在基础中点下深度 $z=2$ m 和 $z=10$ m 处所引起的竖向附加应力列表计算，见表 3-21。

表 3-21　等代荷载法计算表

Q_i	z/m	r/m	r/z	α_{Qi}	σ_{zi}/kPa
Q_1	2	1.581	0.791	0.142	3.55
Q_2	2	0.707	0.354	0.356	8.90
Q_1	10	1.581	0.158	0.449	0.45
Q_2	10	0.707	0.071	0.472	0.47

则基础中点下深度 $z=2$ m 处的竖向附加应力为：

$$\sigma_z = 4\times(\sigma_{z1}+\sigma_{z2}) = 4\times(3.55+8.90) = 49.8\ (\text{kPa})$$

在基础中点下深度 $z=10$ m 处的竖向附加应力为：

$$\sigma_z = 4\times(\sigma_{z1}+\sigma_{z2}) = 4\times(0.45+0.47) = 3.7\ (\text{kPa})$$

(2) 角点法计算结果

采用角点法时，将基底通过 O 点划分为 4 个相等的小矩形，其边长分别为 $l=2$ m、$b=1$ m，则 $\sigma_z=4\alpha_c p_0$，α_c 可由表 3-11 查得，各点处 σ_z 计算列于表 3-22。

表 3-22　角点法计算表

z/m	l/b	z/b	α_c	σ_z/kPa
2	2	2	0.120 2	48.1
10	2	10	0.009 2	3.7

由此可见：采用近似计算的等代荷载法的计算结果与精确计算的角点法较为接近。当划分的单元数量增加时，还可以提高计算精度。特别是利用计算机计算时，其误差完全可以控制在工程允许范围内。等代荷载法的适用范围比角点法广泛得多，对于任意形状基底、任意分布荷载作用下附加应力的计算均适用，是一种万能的计算方法。

十一、水平荷载作用下地基附加应力的计算

承受土压力或水压力的建筑物或构筑物，如桥墩，其基础常受到水平荷载 F_h 的作用，如图 3-11 所示。下面介绍水平荷载 F_h 在地基中引起的附加应力的计算方法。

(一) 水平集中荷载作用下地基中的附加应力

水平集中荷载 F_h 作用于地基表面时地基中附加应力的计算是弹性力学中另一个基本解，已由切鲁蒂(V. Cerruti)解出，计算模型如图 3-38 所示。计算点 $M(x,y,z)$ 的附加应力分量见式(3-52)。

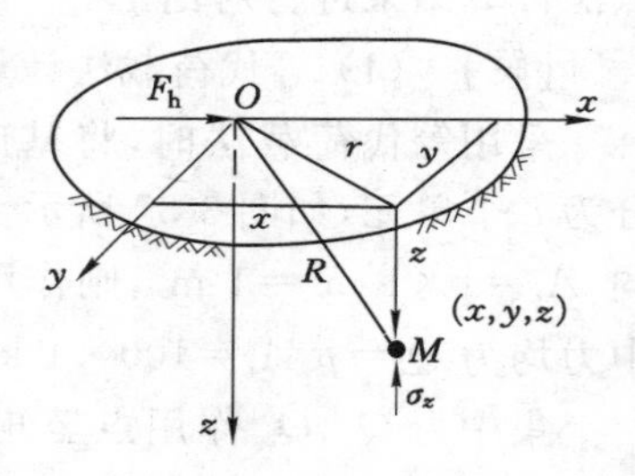

图 3-38　切鲁蒂模型

$$\begin{cases}\sigma_z = \dfrac{3F_h xz^2}{2\pi R^5}\\ \sigma_x = \dfrac{3F_h x}{2\pi R^3}\left[\dfrac{1-2\mu}{(R+z)^2}\left(y^2-R^2+\dfrac{2Ry^2}{R+z}\right)+\dfrac{3x^2}{R^2}\right]\\ \sigma_y = \dfrac{3F_h x}{2\pi R^3}\left[\dfrac{1-2\mu}{(R+z)^2}\left(x^2-3R^2+\dfrac{2Rx^2}{R+z}\right)+\dfrac{3y^2}{R^2}\right]\\ \tau_{xy} = \dfrac{F_h y}{2\pi R^3}\left[\dfrac{1-2\mu}{(R+z)^2}\left(R^2-x^2-\dfrac{2Rx^2}{R+z}\right)+\dfrac{3x^2}{R^2}\right]\\ \tau_{yz} = \dfrac{3F_h xyz}{2\pi R^5}\\ \tau_{zx} = \dfrac{3F_h x^2 z}{2\pi R^5}\end{cases} \tag{3-52}$$

式中　F_h——水平集中力，kN；

G——土的剪切模量，$G=\dfrac{E}{2(1+\mu)}$，kPa；

μ——土的泊松比。

式(3-52)为弹性力学中的一个基本解,对于水平荷载为分布荷载的情况,可利用该基本解通过在荷载分布范围内积分,便可求得水平分布荷载作用下地基中的附加应力。

(二) 水平均布线荷载作用下地基中的附加应力

在地基表面作用有无限长的水平均布线荷载 q_h,如图 3-39 所示。由于是平面问题,需要计算的独立应力分量只有 σ_z、σ_x 和 τ_{xz}。在水平均布线荷载上取微分长度 $\mathrm{d}y$,其上荷载 $\mathrm{d}F_h = q_h \mathrm{d}y$ 视为水平集中力,则在地基内 M 点引起的竖向附加应力按式(3-52)得到 $\mathrm{d}\sigma_z = \dfrac{3q_h x z^2}{2\pi R^5}\mathrm{d}y$,通过积分可得:

$$\sigma_z = \int_{-\infty}^{+\infty} \frac{3q_h x z^2}{2\pi R^5}\mathrm{d}y = \int_{-\infty}^{+\infty} \frac{3q_h x z^2}{2\pi\ (x^2+y^2+z^2)^{5/2}}\mathrm{d}y = \frac{2q_h x z^2}{\pi\ (x^2+z^2)^2} = \frac{2q_h x z^2}{\pi r^4}$$

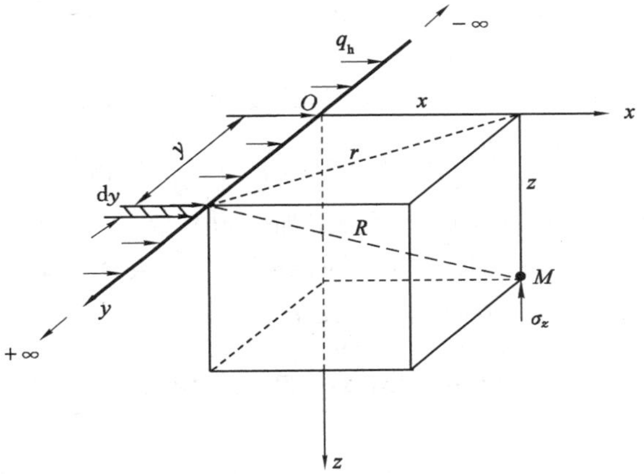

图 3-39　水平均布线荷载作用下地基中附加应力计算模型

其他解也可根据上述原理由式(3-52)推导得出。由此可得到水平均布线荷载作用下地基中的附加应力表达式:

$$\begin{cases} \sigma_z = \dfrac{2q_h x z^2}{\pi r^4} \\ \sigma_x = \dfrac{2q_h x^3}{\pi r^4} \\ \tau_{xz} = \tau_{zx} = \dfrac{2q_h x^2 z}{\pi r^4} \end{cases} \tag{3-53}$$

式中　q_h——水平线荷载集度,kN/m。

在实际工程中,水平均布线荷载是不存在的,式(3-53)可以看作另一个基本解。

(三) 水平均布条形荷载作用下地基中的附加应力

水平荷载 F_h引起的基底水平应力 p_h一般假定均匀分布在整个基础底面,并按式(3-11)计算。在土力学中,最关心的还是水平荷载作用下竖向附加应力 σ_z 的计算。

设有一宽度为 b 的条形面积,受水平均布荷载 p_h的作用,如图 3-40 所示。取微单元 $\mathrm{d}\xi$,其上的水平荷载用水平线荷载 $q_h = p_h \mathrm{d}\xi$ 代替,利用式(3-53),则该水平线荷载在 M 点引起的竖向附加应力为:

$$d\sigma_z = \frac{2p_h}{\pi} \cdot \frac{(x-\xi)z^2}{r^4} d\xi = \frac{2p_h}{\pi} \cdot \frac{(x-\xi)z^2}{[z^2+(x-\xi)^2]^2} d\xi$$

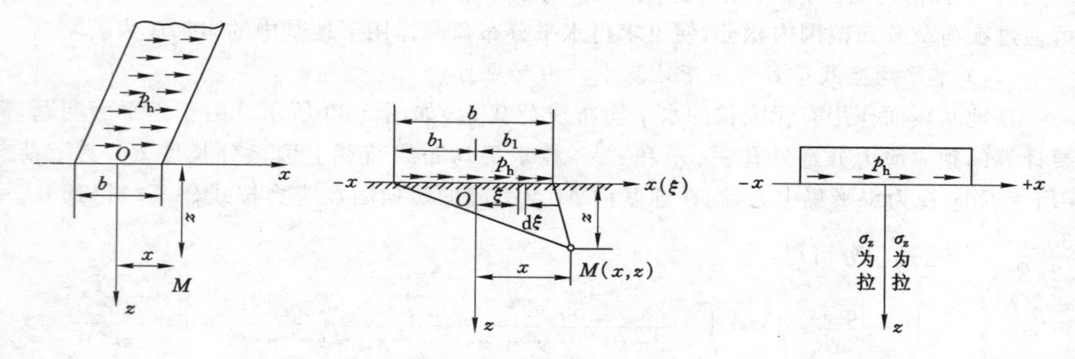

图 3-40　条形面积受水平均布荷载作用

对荷载分布宽度范围积分可求得 M 点的竖向附加应力表达式为：

$$\sigma_z = \frac{2p_h}{\pi} \int_{-b_1}^{b_1} \frac{(x-\xi)z^2}{[z^2+(x-\xi)^2]^2} d\xi = \frac{32m^2 n}{(4m^2+4n^2+1)^2-16n^2} p_h = \alpha_{th} p_h \quad (3\text{-}54)$$

式中　α_{th}——水平均布条形荷载作用下竖向附加应力系数，可由 x/b 和 z/b 查表 3-23；

n——计算点距荷载分布图形中轴线的距离 x 与荷载分布宽度 b 的比值，$n=x/b$；

m——计算点的深度 z 与荷载宽度的比值，$m=z/b$。

表 3-23　水平均布条形荷载作用下竖向附加应力系数 α_{th}

$\frac{z}{b}$	$\frac{x}{b}$							
	−1.00	−0.75	−0.50	−0.25	0	0.25	0.50	0.75
0.01	−0	−0.001	−0.318	−0.001	0	0.001	0.318	0.001
0.1	−0.011	−0.042	−0.315	−0.039	0	0.039	0.315	0.042
0.2	−0.038	−0.116	−0.306	−0.103	0	0.103	0.306	0.116
0.4	−0.103	−0.199	−0.274	−0.159	0	0.159	0.274	0.199
0.6	−0.144	−0.212	−0.234	−0.147	0	0.147	0.234	0.212
0.8	−0.158	−0.197	−0.194	−0.121	0	0.121	0.194	0.197
1.0	−0.157	−0.175	−0.159	−0.096	0	0.096	0.159	0.175
1.2	−0.147	−0.153	−0.131	−0.078	0	0.078	0.131	0.153
1.4	−0.133	−0.132	−0.108	−0.061	0	0.061	0.108	0.132
2.0	−0.096	−0.085	−0.064	−0.034	0	0.034	0.064	0.085
3.0	−0.055	−0.045	−0.032	−0.017	0	0.017	0.032	0.045
4.0	−0.034	−0.027	−0.019	−0.010	0	0.010	0.019	0.027
5.0	−0.023	−0.018	−0.012	−0.006	0	0.006	0.012	0.018
6.0	−0.017	−0.012	−0.009	−0.004	0	0.004	0.009	0.012

从表 3-23 中的数据可以看出：距中轴线相等的点，其竖向附加应力的绝对值相同，但正负号相反。

（四）水平均布矩形荷载作用下地基中的附加应力

（1）水平均布矩形荷载角点下竖向附加应力的计算

当矩形面积上作用有水平均布荷载 p_h 时(图 3-41),可由式(3-52)对矩形面积积分(推导过程略),从而求出矩形面积角点下任意深度 z 处的竖向附加应力 σ_z,简化后可表示为式(3-55)。

$$\sigma_z = \pm \alpha_{ch} p_h \tag{3-55}$$

式中　$\alpha_{ch} = \dfrac{1}{2\pi}\left[\dfrac{n'}{\sqrt{m^2+n'^2}} - \dfrac{m^2 n'}{(1+m^2)\sqrt{1+m^2+n'^2}}\right]$,$n' = l/b$,$m = z/b$。

α_{ch}——水平均布矩形荷载角点下竖向附加应力系数,可由 l/b 和 z/b 查表 3-24。

l——垂直于水平荷载的矩形面积边长,m;

b——平行于水平荷载的矩形面积边长,m。

在地面下同一深度 z 处,4 个角点下的竖向附加应力的绝对值相同,但应力符号不同。图 3-41(a)中的 C 点和 A 点下的 σ_z 取负值,为拉应力;B 点和 D 点下的 σ_z 取正值,为压应力,如图 3-41(b)所示。

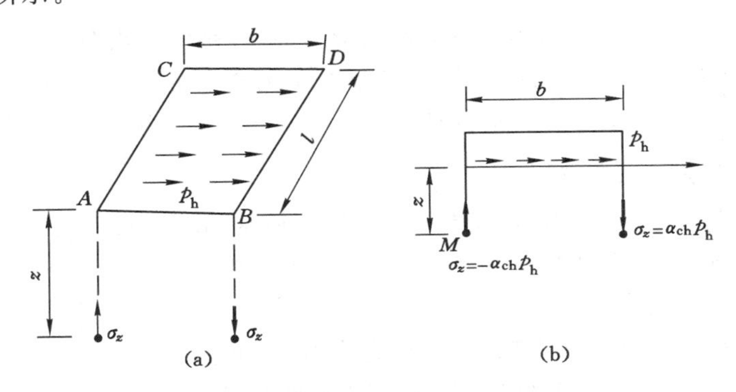

图 3-41　矩形面积受水平均布荷载作用

表 3-24　水平均布矩形荷载角点下竖向附加应力系数 α_{ch}

$m=z/b$	$n'=l/b$									
	0.2	0.4	1.0	1.6	2.0	3.0	4.0	6.0	8.0	10.0
0.0	0.159 2	0.159 2	0.159 2	0.159 2	0.159 2	0.159 2	0.159 2	0.159 2	0.159 2	0.159 2
0.2	0.111 4	0.140 1	0.151 8	0.152 8	0.152 9	0.153 0	0.153 0	0.153 0	0.153 0	0.153 0
0.4	0.067 2	0.104 9	0.132 8	0.136 2	0.136 7	0.137 1	0.137 2	0.137 2	0.137 2	0.137 2
0.6	0.043 2	0.074 6	0.109 1	0.115 0	0.116 0	0.116 8	0.116 9	0.117 0	0.117 0	0.117 0
0.8	0.029 0	0.052 7	0.086 1	0.093 9	0.095 5	0.096 7	0.096 9	0.097 0	0.097 0	0.097 0
1.0	0.020 1	0.037 5	0.066 6	0.075 3	0.077 4	0.079 0	0.079 4	0.079 5	0.079 6	0.079 6
1.2	0.014 2	0.027 0	0.051 2	0.060 1	0.062 4	0.064 5	0.065 0	0.065 2	0.065 2	0.065 2
1.4	0.010 3	0.019 9	0.039 5	0.048 0	0.050 5	0.052 8	0.053 4	0.053 7	0.053 7	0.053 8
1.6	0.007 7	0.014 9	0.030 8	0.038 5	0.041 0	0.043 6	0.044 3	0.044 6	0.044 7	0.044 7
1.8	0.005 8	0.011 3	0.024 2	0.031 1	0.033 6	0.036 2	0.037 0	0.037 4	0.037 5	0.037 5
2.0	0.004 5	0.008 8	0.019 2	0.025 3	0.027 7	0.030 3	0.031 2	0.031 7	0.031 8	0.031 8
2.5	0.002 5	0.005 0	0.011 3	0.015 7	0.017 6	0.020 2	0.021 1	0.021 7	0.021 9	0.021 9
3.0	0.001 5	0.003 1	0.007 1	0.010 2	0.011 7	0.014 0	0.015 0	0.015 6	0.015 8	0.015 9
5.0	0.000 4	0.000 7	0.001 8	0.002 7	0.003 2	0.004 3	0.005 0	0.005 7	0.005 9	0.006 2
7.0	0.000 1	0.000 3	0.000 7	0.001 0	0.001 3	0.001 8	0.002 2	0.002 7	0.002 9	0.003 0
10.0	0.000 1	0.000 1	0.000 2	0.000 4	0.000 5	0.000 7	0.000 8	0.001 1	0.001 3	0.001 4

(2) 水平均布矩形荷载作用下任意点下竖向附加应力的计算

按式(3-55)计算的是水平均布矩形荷载角点下深度 z 处的竖向附加应力,若计算任意点处的竖向附加应力,仍可采用角点法。

对于任意形状基底,无法划分为多个矩形而利用角点法时,仍可采用适用范围更加广泛的等代荷载法。将荷载面积分为许多小块(称为单元),将每个单元上的水平分布荷载近似用一水平集中力代替,利用切鲁蒂解及叠加原理求出地基中的竖向附加应力 σ_z。该方法是一种近似计算方法,同时也是一种万能的计算方法,适用于任意形状基底和任意分布水平荷载作用下附加应力的计算。

第五节　有效应力原理及应用

太沙基于 1923 年提出了饱和土中的有效应力原理,阐明了松散颗粒的土体与连续固体材料在应力-应变关系上的重大区别,贯穿于整个土力学研究领域,奠定了现代土力学变形和强度计算的基础,使土力学从一般固体力学中分离出来,成为一门独立的分支学科。

一、土中两种应力试验

有 2 个直径与高度完全相同的量筒,如图 3-42 所示,并在这两个量筒的底部分别放置一层性质完全相同的松散砂土。

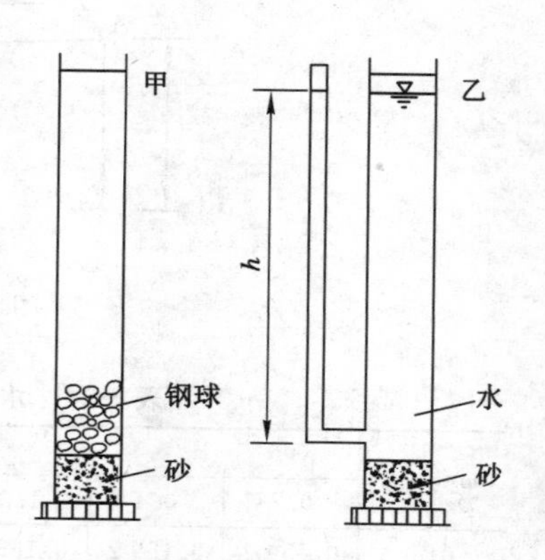

图 3-42　土中两种应力试验

在甲量筒松砂顶面加若干钢球,其总重力为 W,则松砂顶面承受的压应力 $\sigma=W/A$(A 为量筒内截面积),此时发现松砂顶面下降,表明松砂发生压缩变形,即砂土孔隙比减小。

乙量筒松砂顶面不加钢球,缓慢地注水,注水高度 $h=\sigma/\gamma_w$,在松砂顶面也产生压应力 σ,结果发现砂层顶面并不下降,砂土未发生压缩变形,即砂土的孔隙比不变。这种情况类似于在量筒内放一块饱水的棉花,无论向量筒内倒多少水也不能使棉花压缩。

上述甲、乙两个量筒底部松砂都作用了压应力 σ,但产生了两种不同的效果,反映了土体中存在两种不同性质的应力:① 由钢球施加的应力,通过砂土的骨架传递,这种骨架应力能使土层产生压缩变形,从而使土的强度发生变化;② 由水施加的应力通过孔隙中水传递,称为孔隙水压力,用 u 表示。这种孔隙水压力不能使土层产生压缩变形。

二、有效应力原理

(一) 饱和土有效应力原理

图 3-43 是一个在任何方向上没有渗流的饱和土体示意图。任意点 M 在竖直方向的总应力可表示为:

$$\sigma=\gamma_w H+\gamma_{sat}(H_M-H) \tag{3-56}$$

式中　σ——任意点的总应力,kPa;

H——土柱以上水的高度,m;

γ_w——水的重度，kN/m^3；

H_M——M 点到水面的距离，m；

γ_{sat}——土的饱和重度，kN/m^3。

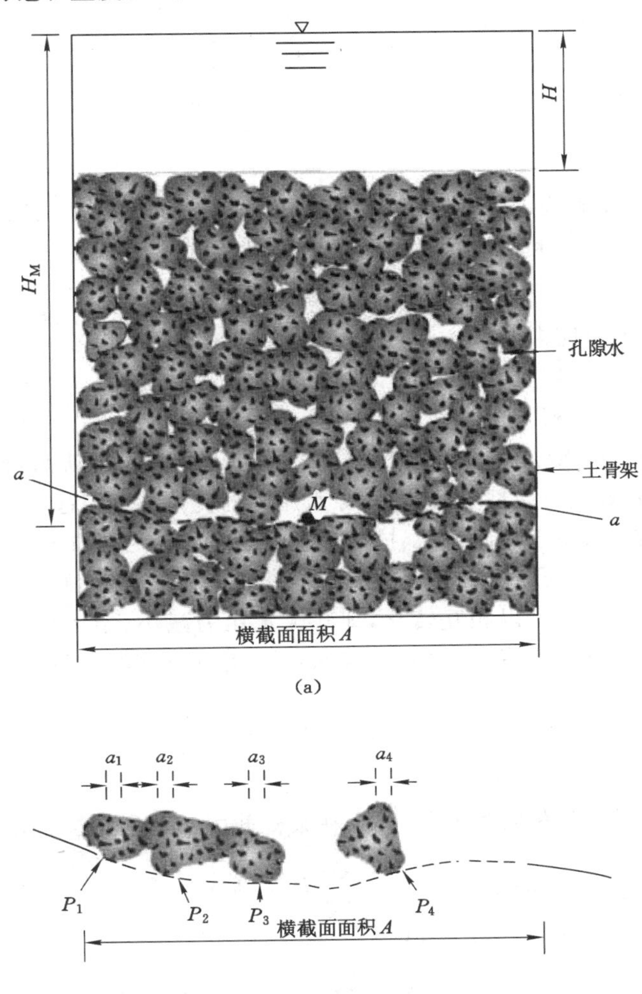

图 3-43　饱和土体有效应力分析

饱和土体内任意点 M 的总应力由两部分组成：一部分由连续孔隙中的水提供，在各个方向上都相等；另一部分由土颗粒接触点上的相互作用力提供。将单位面积上土颗粒接触点相互作用力在竖直方向上的分力称为有效应力，用 $\bar{\sigma}$ 表示，是骨架应力的一种度量。

在图 3-43 中画一条通过 M 点和土颗粒接触点的波浪线 a-a，P_1、P_2、P_3、P_4、…、P_n 分别代表接触点的相互作用力，P_{1V}、P_{2V}、P_{3V}、P_{4V}、…、P_{nV} 分别代表接触点的相互作用力的竖直分力，a_1、a_2、a_3、a_4、…、a_n 分别代表在某横截面上的颗粒与颗粒之间的接触面积，A 为土体单元的横截面面积。根据有效应力定义，有：

$$\bar{\sigma} = \frac{P_{1V} + P_{2V} + \cdots + P_{nV}}{A} = \frac{\sum_{i=1}^{n} P_{iV}}{A} \tag{3-57}$$

某横截面 a-a 上，土颗粒接触面总面积 $A_s = a_1 + a_2 + \cdots + a_n = \sum_{i=1}^{n} a_i$，孔隙水所占面积 $A_w = A - A_s$，则有：

$$\sigma A = \sum_{i=1}^{n} P_{iV} + uA_w = \sum_{i=1}^{n} P_{iV} + u(A - A_s)$$

两边同除以 A，可得：

$$\sigma = \bar{\sigma} + u\left(1 - \frac{A_s}{A}\right) \tag{3-58}$$

由于土颗粒间的接触面面积 A_s 很小，根据毕晓普(Bishop)及埃尔丁(Eldin)等人的研究结果，一般 $A_s/A \leqslant 0.03$，可取 $A_s/A = 0$。故式(3-58)变为：

$$\sigma = \bar{\sigma} + u \tag{3-59}$$

式中　σ——任意点的总应力，kPa；

$\bar{\sigma}$——任意点的有效应力，kPa；

u——孔隙水压力，kPa。

式(3-59)为著名的有效应力原理数学表达式。有效应力原理认为：饱和土体中的总应力由孔隙水压力和有效应力两部分组成，孔隙水压力的变化不会引起土的体积变化，也不会引起土体发生剪切破坏；使土的压缩性、抗剪强度等变化的应力是有效应力。有效应力原理反映了饱和土体中总应力、孔隙水压力和有效应力三者之间的相互关系；当总应力保持不变时，孔隙水压力和有效应力可以相互转化，即孔隙水压力减小(增大)时，有效应力增大(减小)。总应力通常是可以计算或量测的，孔隙水压力也可以实测或计算，从而可以按式(3-60)求得有效应力。

$$\bar{\sigma} = \sigma - u \tag{3-60}$$

（二）非饱和土有效应力原理

非饱和土体含有气体，孔隙气压力为 u_a，在某横截面 a-a 上所占面积为 A_a，则有：

$$\sigma A = \sum_{i=1}^{n} P_{iV} + uA_w + u_a A_a = \sum_{i=1}^{n} P_{iV} + uA_w + u_a(A - A_s - A_w)$$

两边同除以 A，且取 $A_s/A = 0$，可得：

$$\sigma = \bar{\sigma} + u\frac{A_w}{A} + u_a\left(1 - \frac{A_w}{A}\right) = \bar{\sigma} + u_a + \frac{A_w}{A}(u - u_a)$$

令 $\chi = A_w/A$，则有：

$$\sigma = \bar{\sigma} + u_a + \chi(u - u_a) \tag{3-61}$$

式中　σ——任意点的总应力，kPa；

$\bar{\sigma}$——任意点的有效应力，kPa；

u——孔隙水压力，kPa；

u_a——孔隙气压力，kPa；

χ——单位面积上水体所占比例，对于饱和土 $\chi = 1$，对于干土 $\chi = 0$。

需要指出的是：通过土中孔隙传递的应力称为孔隙应力，习惯称为孔隙压力，包括孔隙水压力和孔隙气压力。饱和土中没有孔隙气压力，而孔隙水压力分为原始孔隙水压力和超孔隙水压力两种。当土体仅受自重应力时，即修建建筑物之前饱和土孔隙中的水压力称为原始孔隙水压力；当修建建筑物之后有附加应力作用于土体时，由此引起的孔隙水压力增量称为超孔隙水压力。随着超孔隙水压力的逐渐消散，作用于土颗粒的有效应力不断增长，土骨架才会产生压缩变形。

土的压缩变形和强度只随有效应力变化，因此，只有通过有效应力分析才能准确确定土工构筑物或地基的变形与安全度。

三、有效应力原理的应用

（一）地表水位高度变化时土中有效应力变化情况

地面以上水深 h_1 是不断变化的，如图 3-44 所示。作用在 A 点的竖向总应力为：

$$\sigma = \gamma_w h_1 + \gamma_{sat} h_2$$

A 点的孔隙水压力为：

$$u = \gamma_w h_A = \gamma_w (h_1 + h_2)$$

根据式(3-59)，可得到 A 点的有效应力为：

$$\bar{\sigma} = \sigma - u = \gamma_w h_1 + \gamma_{sat} h_2 - \gamma_w (h_1 + h_2) = (\gamma_{sat} - \gamma_w) h_2 = \gamma' h_2$$

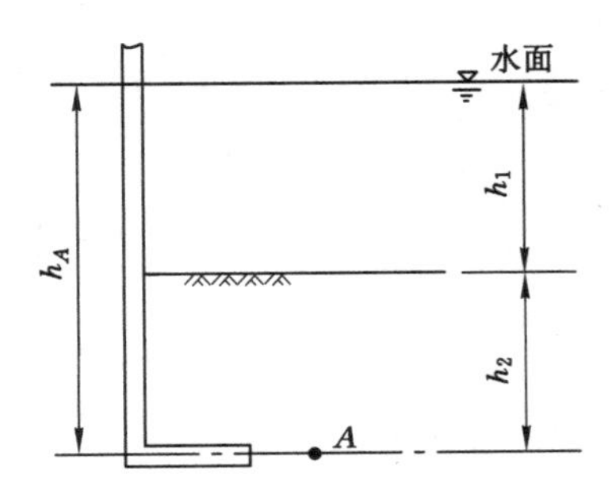

图 3-44　地表水位高度变化时土中有效应力的计算

由此可见：当地面以上水深 h_1 变化时，会引起土体中总应力 σ 的变化，但是有效应力 $\bar{\sigma}$ 不会随着 h_1 的升降而变化，即 $\bar{\sigma}$ 与 h_1 无关，h_1 的变化不会引起土体的压缩或膨胀。

（二）地下水位变化时土中有效应力变化情况

设地基土层如图 3-45 所示，为粗颗粒土，无毛细现象，地下水位在 B 点所在水平线处，地下水位埋深为 h_1。竖向总应力 σ、孔隙水压力 u 和竖向有效应力 $\bar{\sigma}$ 沿深度分布情况如图 3-45 所示，其中 C 点的总应力为：

$$\sigma = \gamma h_1 + \gamma_{sat} h_2$$

C 点的孔隙水压力为：

$$u = \gamma_w h_2$$

C 点的有效应力为：

$$\bar{\sigma} = \sigma - u = \gamma h_1 + \gamma_{sat} h_2 - \gamma_w h_2 = \gamma h_1 + \gamma' h_2$$

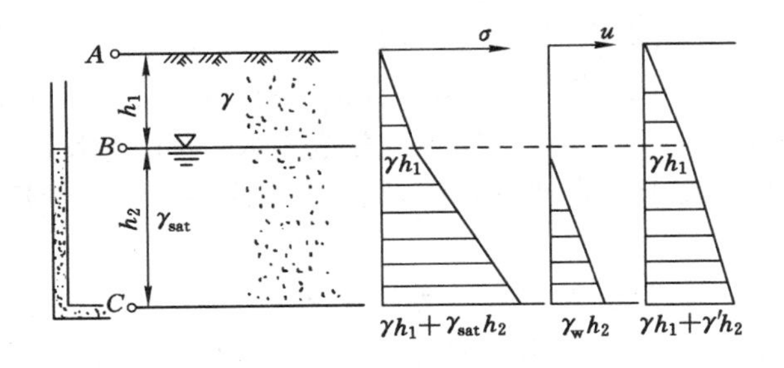

图 3-45　地下水位变化时土中有效应力的计算

由此可见：当地下水位 h_1 变化时，将引起土中有效应力 $\bar{\sigma}$ 的变化。当地下水位下降时，土中有效应力增大，将引起土体产生压缩变形和地表沉降。

(三) 毛细水上升时土中有效应力的计算

设地基土层如图 3-46 所示，为细颗粒土，具有毛细现象，地下潜水位在 C 点所在水平线处。由于毛细现象，地下水沿着彼此连通的土孔隙上升形成毛细饱和水带，其上升高度为 h_c。在 B 点所在水平线以下、C 线以上的正常毛细水带内，土是完全饱和的。

竖向总应力 σ、孔隙水压力 u 和竖向有效应力 $\bar{\sigma}$ 沿深度分布情况如图 3-46 所示，具体计算结果见表 3-25。

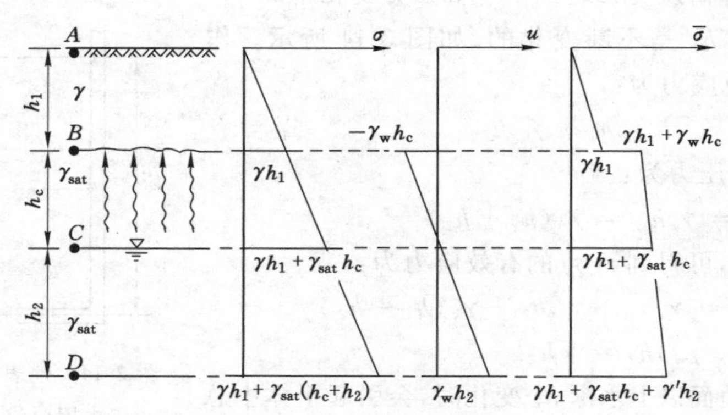

图 3-46　毛细水上升时土中有效应力的计算

表 3-25　毛细水上升时土中总应力、孔隙水压力及有效应力计算

计算点		总应力 σ	孔隙水压力 u	有效应力 $\bar{\sigma}$
A		0	0	0
B	$B_上$	γh_1	0	γh_1
	$B_下$	γh_1	$-\gamma_w h_c$	$\gamma h_1+\gamma_w h_c$
C		$\gamma h_1+\gamma_{sat} h_c$	0	$\gamma h_1+\gamma_{sat} h_c$
D		$\gamma h_1+\gamma_{sat}(h_c+h_2)$	$\gamma_w h_2$	$\gamma h_1+\gamma_{sat} h_c+\gamma' h_2$

在毛细水上升区，水呈张拉状态，故孔隙水压力是负值。毛细水压力分布规律与静水压力分布不同，任意点的 $u=-\gamma_w z$(z 为该点至地下水位之间的垂直距离)。离地下水位越高，毛细负孔压绝对值越大；在正常毛细水带最高处，$u=-\gamma_w h_c$；至地下水位处，$u=0$(假定大气压力作用下静水压力为 0)，其孔隙水压力分布如图 3-46 所示。由于在毛细水上升区孔隙水压力是负值，按照有效应力原理，其有效应力比总应力大，即毛细水的上升会引起位于毛细水上升带的土体产生压缩变形。在地下水位以下，由于水对土颗粒的浮力作用，使土的有效应力减小。

(四) 土中水渗流(一维渗流)时有效应力的计算

当地下水在土体中渗流时，对土颗粒产生渗流力(动水力)，作用在土的骨架上，影响土中有效应力的分布。通过图 3-47 所示 3 种情况说明土中水渗流时对有效应力的影响。土为粗颗粒土，无毛细现象，地下水位在 A 点所在水平线处，地下水位埋深为 h_1。

图 3-47(a)中水静止不动，土中 A、B 两点的水头相等，不发生渗流；图 3-47(b)中，土中 A、B 两点有水头差 h，水自上而下渗流，一般发生于抽取深部地下水时；图 3-47(c)中，土中

A、B 两点水头差也为 h，但水自下而上渗流，一般发生于基坑内明排地下水时。现按上述 3 种情况分别计算土中的总应力 σ、孔隙水压力 u 及有效应力 $\bar{\sigma}$，并列于表 3-26，同时绘出分布图(图 3-47)。

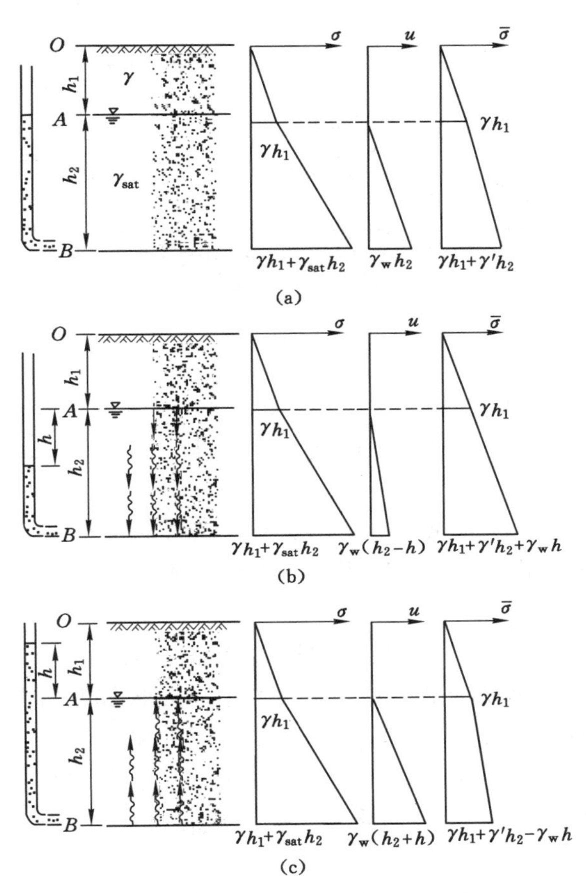

图 3-47　土中水渗流时的总应力、孔隙水压力及有效应力分布

表 3-26　土中水静止与一维渗流时总应力 σ、孔隙水压力 u 及有效应力 $\bar{\sigma}$ 的计算

地下水状况	计算点	总应力 σ	孔隙水压力 u	有效应力 $\bar{\sigma}$
水静止	A	γh_1	0	γh_1
	B	$\gamma h_1+\gamma_{sat}h_2$	$\gamma_w h_2$	$\gamma h_1+\gamma' h_2$
水自上向下渗流	A	γh_1	0	γh_1
	B	$\gamma h_1+\gamma_{sat}h_2$	$\gamma_w(h_2-h)$	$\gamma h_1+\gamma' h_2+\gamma_w h$
水自下向上渗流	A	γh_1	0	γh_1
	B	$\gamma h_1+\gamma_{sat}h_2$	$\gamma_w(h_2+h)$	$\gamma h_1+\gamma' h_2-\gamma_w h$

由表 3-26 和图 3-47 的计算结果可知：3 种不同情况下土中的总应力 σ 的分布是相同的，即土中水的渗流不影响总应力值。水渗流时在土中产生动水力，致使土中有效应力发生变化。土中水自上向下渗流时，动水力方向与土的重力方向一致，有效应力增大；反之，土中

水自下向上渗流时，土中有效应力减小。

【例 3-11】 某 10 m 厚坚硬饱和黏土层，其下为砂土，如图 3-48 所示。砂土层中有承压水，已知其水头高出 A 点 6 m。现要在黏土层中开挖基坑，试求基坑的最大安全开挖深度 H。

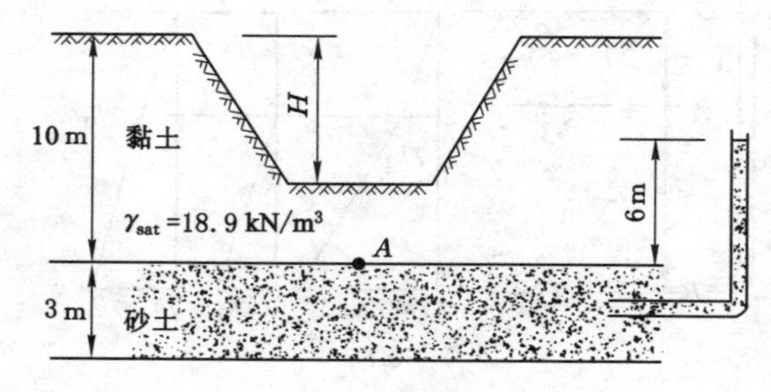

图 3-48 例 3-11 计算简图

【解】 A 点的总应力为：

$$\sigma_A = \gamma_{sat}(10 - H)$$

A 点的孔隙水压力为：

$$u_A = \gamma_w h = 9.81 \times 6 = 58.86 \text{ (kPa)}$$

若 A 点在承压水作用下不会隆起，则 σ_A 应大于等于 u_A，即 A 点的有效应力应满足：$\bar{\sigma}_A = \sigma_A - u_A \geqslant 0$，即

$$\gamma_{sat}(10 - H) - 58.86 \geqslant 0$$

解得 $H \leqslant 6.89$ m，故基坑的最大安全开挖深度为 6.89 m。当基坑开挖深度超过 6.89 m 时，坑底土将隆起破坏。

思 考 题

3-1 土中应力分为哪些类型？需要确定哪些应力分量？

3-2 计算土中应力的目的是什么？

3-3 基底压力的分布规律与哪些因素有关？柔性基础与刚性基础基底压力分布规律有何不同？

3-4 在计算地基附加应力时为什么以基底附加压力作为计算依据？

3-5 在基底压力不变的前提下，增大基础埋置深度对土中附加应力有何影响？

3-6 有 2 个宽度不同的条形基础，其基底附加压力相同。问：在基底下同一深度处，哪一个基础下产生的附加应力大？为什么？

3-7 应用纽马克感应图计算地基附加应力的基本原理是什么？怎样应用纽马克感应图计算地基中的竖向附加应力？

3-8 等代荷载法的基本原理是什么？其适用范围如何？

3-9 什么是有效应力原理？土中有水渗流时（水在竖直方向一维渗流），对土中总应力有什么影响？对有效应力和孔隙水压力又有什么影响？

习　题

3-1　某建筑场地地质剖面如图 3-49 所示，试计算地基中的竖向自重应力，并绘出其分布图。已知细砂(水上)的天然重度 $\gamma_1=17.5\ \mathrm{kN/m^3}$，土颗粒重度 $\gamma_{s1}=26.5\ \mathrm{kN/m^3}$，天然含水率 $w=20\%$；黏土的天然重度 $\gamma_2=18.0\ \mathrm{kN/m^3}$，土颗粒重度 $\gamma_{s2}=27.2\ \mathrm{kN/m^3}$，天然含水率 $w=22\%$，液限 $w_L=48\%$，塑限 $w_P=24\%$。

3-2　某矩形基础(基底为矩形)如图 3-50 所示，已知基础底面尺寸：$b=4$ m，$l=10$ m，基础埋深 $d=5$ m，上部结构传至基础顶面的垂直荷载 $F=4\ 000$ kN，单向偏心力矩 $M=1\ 200$ kN·m。试计算基底压力，并画出分布图。

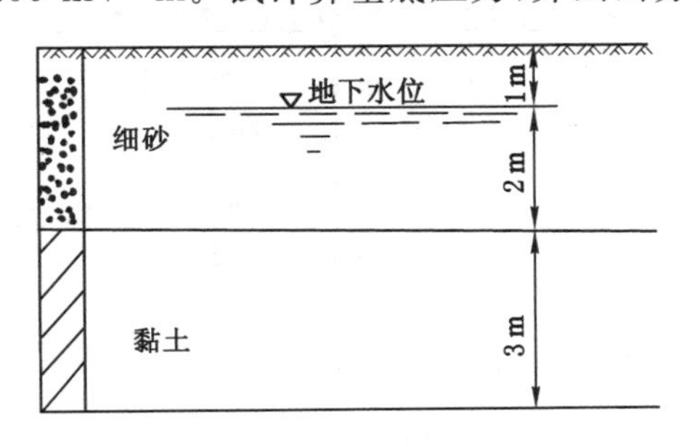

图 3-49　习题 3-1 图

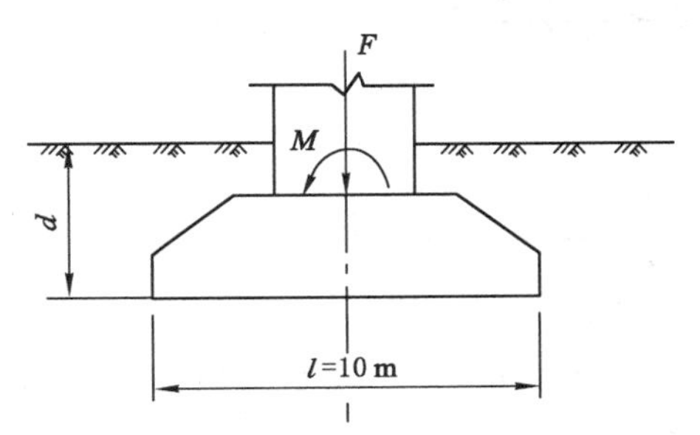

图 3-50　习题 3-2 图

3-3　某矩形基础底面尺寸为 20 m×10 m，其上作用有 $F=32\ 000$ kN 的竖向荷载，求下列情况下的基底压力：

(1) F 为中心荷载时；

(2) F 为偏心荷载，合力偏心距 $e_x=0.4$ m、$e_y=0.6$ m 时。

3-4　在地表作用集中力 $Q=300$ kN，确定地面下深度 $z=2$ m 处水平面上的竖向附加应力 σ_z 的分布，以及距 Q 的作用点 $r=2$ m 处竖直面上的竖向附加应力 σ_z 的分布。

3-5　已知条形基础如图 3-51 所示，基础宽度 $b=2$ m，埋深 $d=1$ m，作用在基础上的荷

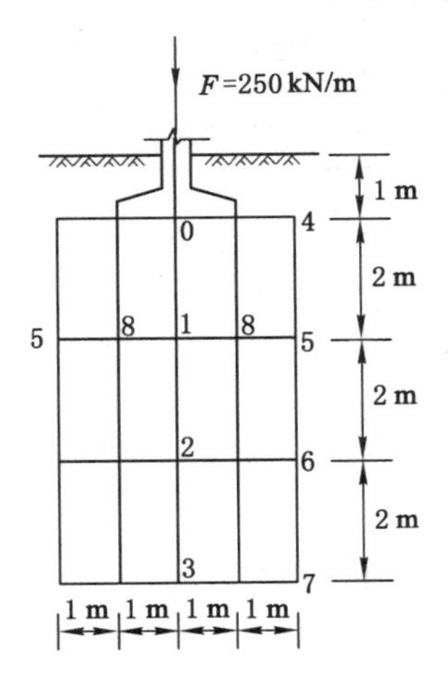

图 3-51　习题 3-5 图

载 $F=250\ \text{kN/m}$，基础埋深范围内土的平均重度 $\gamma_m=17.5\ \text{kN/m}^3$，试计算地基中 0-8 点各点的竖向附加应力，并绘制其分布曲线。

3-6　图 3-52 所示条形荷载 $p_0=150\ \text{kPa}$。试计算 G、C、D 各点下深度 $z=3\ \text{m}$ 处的竖向附加应力。

3-7　土坝断面尺寸如图 3-53 所示，已知坝身 $\gamma_1=20\ \text{kN/m}^3$，坝基 $\gamma_2=18\ \text{kN/m}^3$，求 A、B、C、D 各点的竖向自重应力 σ_{cz} 和竖向附加应力 σ_z，并绘出 σ_{cz} 和 σ_z 沿深度的分布曲线。

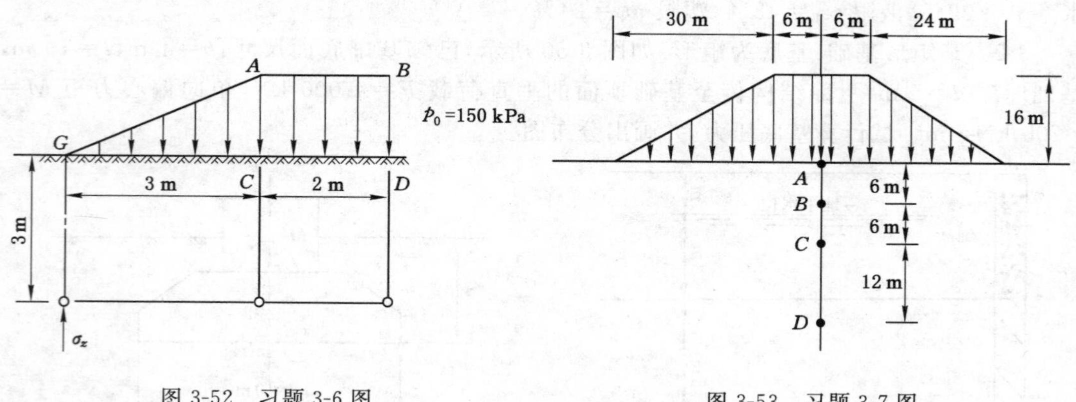

图 3-52　习题 3-6 图　　图 3-53　习题 3-7 图

3-8　某矩形基础如图 3-54 所示，其基础底面尺寸为：长 $l=8\ \text{m}$，宽 $b=2\ \text{m}$。作用在基础底面中心处的荷载为：$F=1\ 120\ \text{kN}$，$H=0$，$M=0$。持力层为黄土，其重度 $\gamma=18.7\ \text{kN/m}^3$（水上），浮重度 $\gamma'=8.9\ \text{kN/m}^3$（水下）；下卧层为淤泥质土，其浮重度 $\gamma'=8.4\ \text{kN/m}^3$（水下）。试计算在垂直荷载 F 作用下，基础中心轴线上土中竖向自重应力和竖向附加应力的分布。

3-9　图 3-55 所示矩形（$ABCD$）面积上作用有均布荷载 $p_0=100\ \text{kPa}$，试用角点法计算 G 点下深度 6 m 处 M 点的竖向应力 σ_z 值。

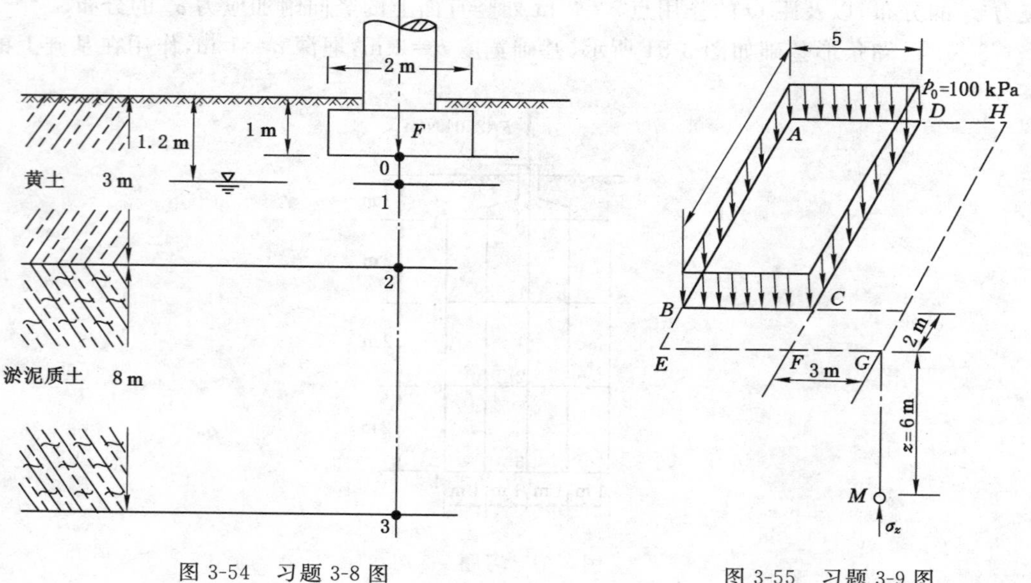

图 3-54　习题 3-8 图　　图 3-55　习题 3-9 图

3-10　有一矩形面积(长 $l=6$ m,宽 $b=5$ m)上作用有三角形分布荷载,如图 3-56 所示,荷载最大值 $p_t=100$ kPa。试计算在矩形面积内 O 点下 2 m 处 M 点的竖向附加应力 σ_z 值。

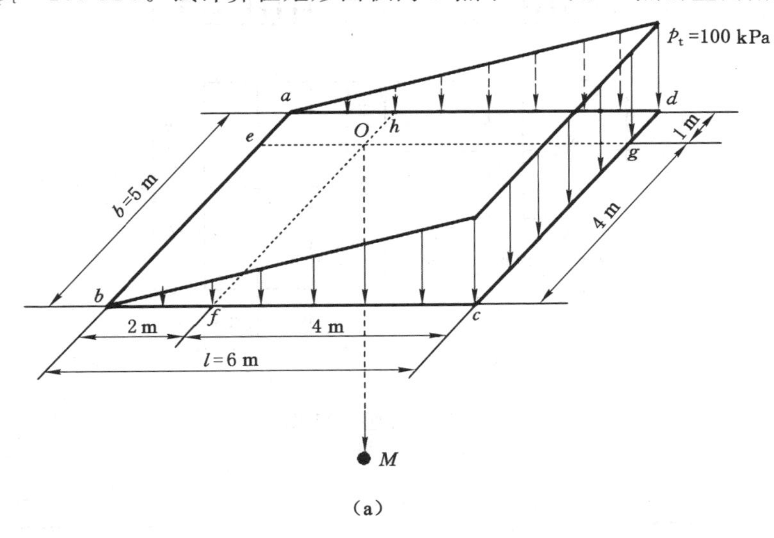

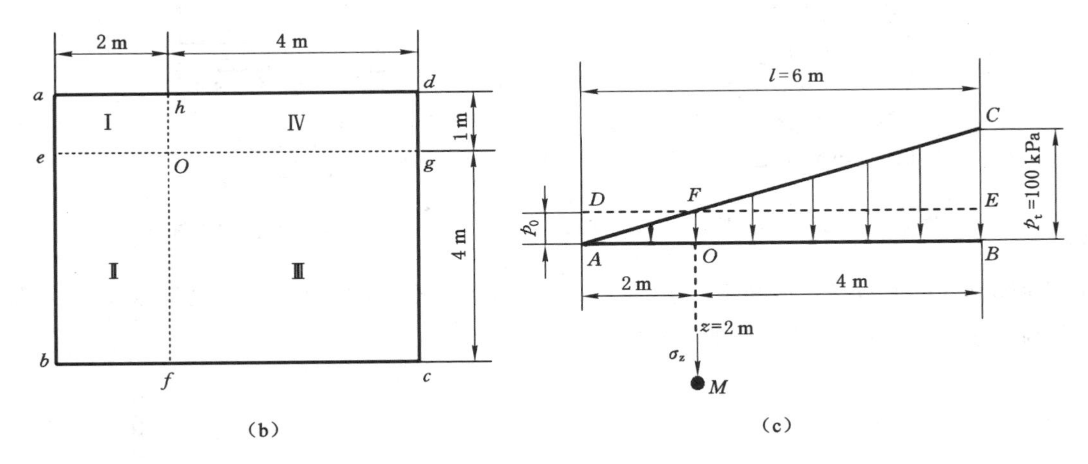

图 3-56　习题 3-10 图

3-11　试用最简便方法计算图 3-57(a)和图 3-57(b)两种情况下 A、B 两点下深度 $z=2$ m 处的竖向附加应力 σ_z 值。

3-12　圆形基础上作用有均布荷载 $p_0=50$ kPa,如图 3-58 所示,求基础中点 O 和边点 A 下 2 m、4 m、6 m 和 10 m 深度处的竖向附加应力 σ_z,并绘出其沿深度的分布曲线。

3-13　某基底形状如图 3-59 所示,其上作用有均布荷载 $p_0=100$ kPa。试分别采用纽马克感应图法和等代荷载法计算 A 点下 6 m 处的竖向附加应力 σ_z 值。

3-14　有一矩形基础,长 $l=6$ m,宽 $b=3$,如图 3-60 所示。作用有水平均布荷载 $p_h=100$ kPa,垂直均布荷载 $p_0=200$ kPa。试分别计算矩形角点 a、b 下 $z=3$ m 处的竖向附加应力 σ_z 值。

3-15　某黏土层位于两砂土层之间,如图 3-61 所示。下层砂土受承压水作用,各点水头高度相同,其水头高出地面 3 m。已知砂土重度 $\gamma=16.5$ kN/m^3(水上),饱和重度 $\gamma_{sat}=$

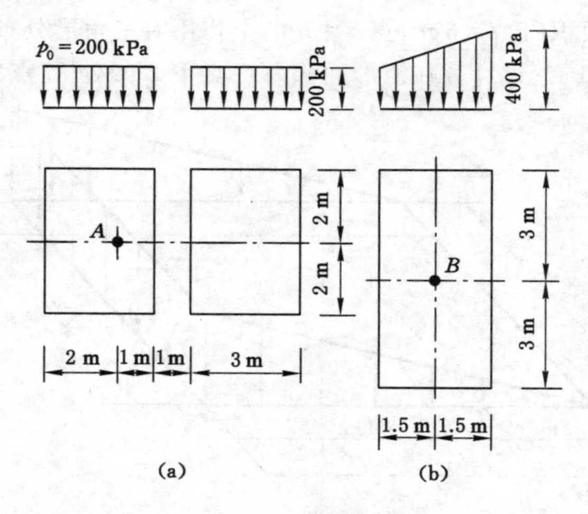

图 3-57　习题 3-11 图

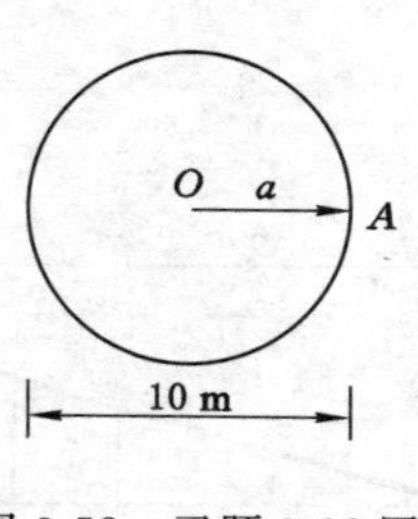

图 3-58　习题 3-12 图

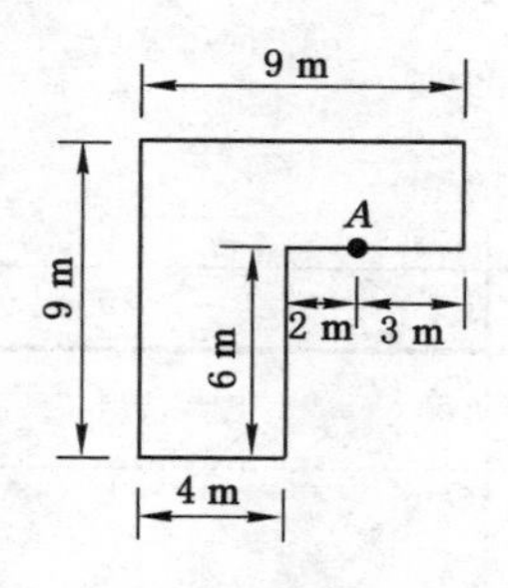

图 3-59　习题 3-13 图

18.8 kN/m³（水下）；黏土饱和重度 $\gamma_{sat}=17.3$ kN/m³。试求土中总应力 σ、孔隙水压力 u 及有效应力 $\bar{\sigma}$，并分别绘出沿深度的分布曲线。

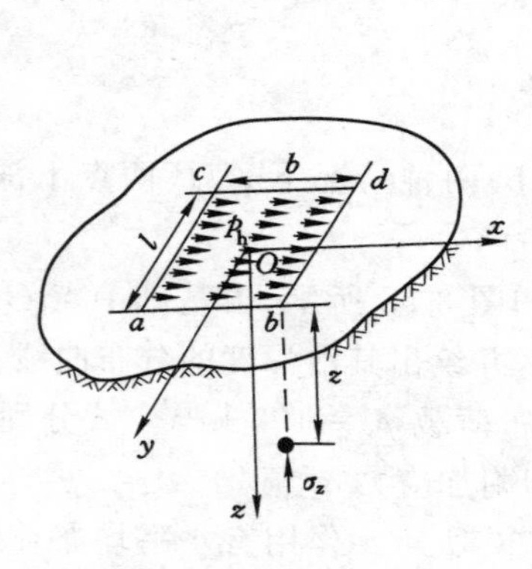

图 3-60　习题 3-14 图

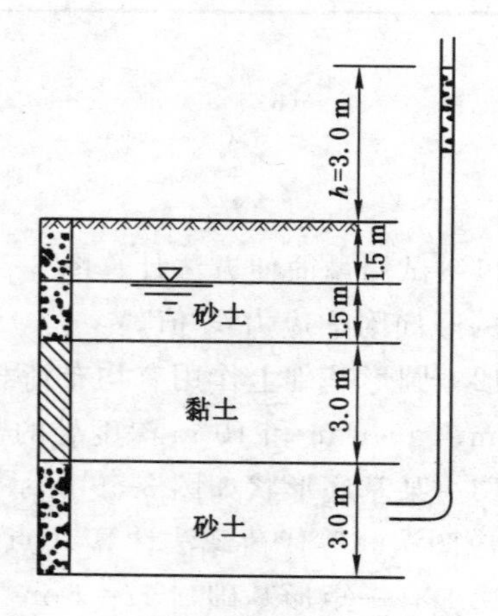

图 3-61　习题 3-15 图

小　论　文

3-1　基底压力分布规律及对附加应力计算的影响。

3-2　附加应力计算方法综述。

第四章　土的压缩性与地基沉降计算

第一节　概　　述

一、土的压缩性

土体在附加应力作用下体积缩小的特性称为土的压缩性。

众所周知，土体是由固体颗粒、水和气体组成的三相体系。土体在附加应力作用下发生变形，主要表现在以下三个方面：① 固体颗粒自身的变形；② 土中孔隙水或气体自身的压缩变形；③ 土中水和气体从孔隙中被挤出从而使孔隙体积减小。

在实际工程中，地基中的附加应力一般为 100～600 kPa，土颗粒自身体积变化低于全部土体积变化的 1/400，因此可不予考虑；地基中的土体是一个开放系统，土孔隙中的水和气体不可能被压缩，而是被挤出并向远处消散，甚至流出地表。因此，土体的压缩变形主要来源于荷载作用下土颗粒相互靠近而引起的孔隙体积减小，以及孔隙水与气体的排出。也就是说，土的压缩可以看成孔隙体积减小和孔隙水或气体被排出的过程。

由于土中水和气体的排出或消散需要时间，将土在荷载作用下其压缩变形随时间的发展过程称为土的固结。对于透水性较大的碎石土、砂土等粗颗粒土体，在荷载作用下土中水和气体很快被排出，其固结过程在很短时间内便结束。相反，对于黏性土等细颗粒土体，其渗透系数小，在荷载作用下土中水和气体只能慢慢排出，固结过程需要较长的时间（有时需十几年或几十年）才能完成。

在建筑物荷载作用下，基础底面（或地基表面）发生的竖向位移称为沉降。沉降主要是由土的压缩性引起的。基于土的压缩性具有上述特点，研究基础沉降主要包含两个方面的内容：① 最终沉降量，即土体固结过程完全结束后基础的最大沉降量；② 沉降量与时间的关系。

二、研究土压缩性的意义

基础沉降有均匀沉降和不均匀沉降之分。一般情况下，均匀沉降对工程的危害较小，而不均匀沉降对工程的危害较大。

当建筑物基础均匀下沉时，不会对建筑物上部结构的安全构成威胁，但过大的沉降会影响建筑物的正常使用，如造成与建筑物连接的各种管线被拉断、居民心理恐慌等；当建筑物基础发生不均匀沉降时，可能造成建筑物墙体开裂或整个建筑物倾斜，甚至倒塌等。

对于道路与铁道工程，均匀沉降的危害较小，但过量的均匀沉降也会导致路面标高降低或与桥面形成落差而影响正常使用；不均匀沉降会造成路堤开裂、路面或轨面不平等工程问题，可能引发交通事故。

对于桥梁工程，均匀沉降对上部结构的危害较小，但过量的均匀沉降会导致桥面与桥头两侧路面形成高差，或桥下净空减小而影响正常使用；不均匀沉降会对超静定结构桥梁产生较大的附加应力，造成桥梁上部结构严重破坏。因此，对于任何土木工程，在设计阶段要事先确定基础的最终沉降量，据此判断是否满足变形条件的要求。有时还需要预估沉降量随时间的变化过程，以便采取切实可行的地基加固处理措施。

第二节　研究土压缩性的方法及变形指标

地基沉降是由土的压缩性所决定的。土的压缩过程即土的固结，是地基土在附加应力作用下孔隙体积减小、土中孔隙水或气体排出的过程。不同的土体，其压缩性明显不同，而压缩性试验是目前研究土的压缩性的最可靠方法。压缩试验有室内压缩试验、现场载荷试验和旁压试验等。

一、室内压缩试验及压缩性指标

（一）压缩试验

在实验室用侧限压缩仪（又称为固结仪）进行压缩试验是研究土压缩性的最基本方法。

图 4-1 是固结仪结构示意图，由压缩容器、加压活塞、刚性护环、环刀、透水石等组成。试验时，先用金属环刀到工程现场取原状土样，然后将土样连同环刀一起放入刚性很大的护环内，并置于固结仪中。土样上、下各放一块透水石，以便土样受压变形后能自由排水。在透水石上面，通过加压活塞施加竖向荷载。在对饱和土样进行压缩试验时，压缩容器内要充满水，以保证整个试验过程中土样始终处于饱和状态。由于土样受到环刀、刚性护环的约束，在压缩过程中只能发生竖向变形，不能发生侧向变形，所以这种试验方法称为侧限压缩试验。

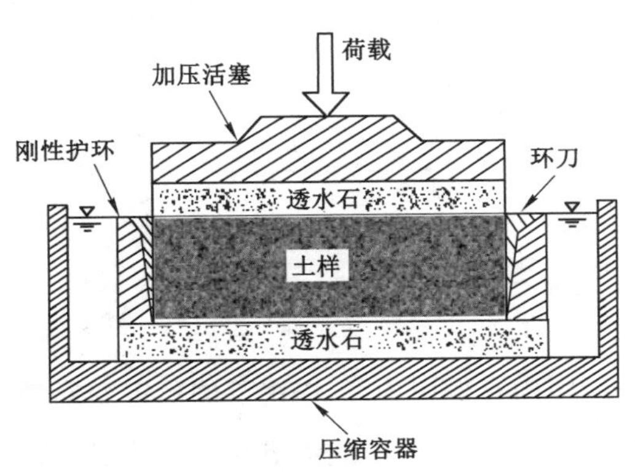

图 4-1　室内侧限压缩试验示意图

试验时竖向荷载是分级施加的，通常按 $\sigma=12.5$ kPa、25 kPa、50 kPa、100 kPa、200 kPa、400 kPa、800 kPa、1 600 kPa、3 200 kPa 的竖向应力来施加竖向荷载，最后一级竖向应力应大于实际地基土的竖向自重应力与竖向附加应力之和。每次加载后要等到土样压缩变形达到稳定标准（每小时变形小于等于 0.01 mm），再施加下一级荷载。此时，孔隙水压力 $u\approx0$，则施加的竖向总应力转变为竖向有效应力。各级荷载作用下土样变形稳定后的压缩

量 s_i 用百分表测得，再按如下方法换算成孔隙比 e_i。

如图 4-2 所示，土样的初始高度为 h_0，横截面面积为 A，初始孔隙比为 e_0。在第 i 级竖向应力 σ_i 作用下，变形稳定后的压缩量为 s_i，土样高度变为 $h_0 - s_i$，土样的孔隙比从 e_0 减小到 e_i，此时 $\bar{\sigma}_i = \sigma_i - u = \sigma_i$。由于试验过程中土样不能侧向变形，所以压缩前、后土样横截面面积 A 保持不变。同时，由于土颗粒本身的压缩变形可以忽略不计，即压缩前、后土样中土颗粒的体积 V_s 也是不变的，则有：

$$\begin{cases} V_s + e_0 V_s = h_0 A \\ V_s + e_i V_s = (h_0 - s_i)A \end{cases} \tag{4-1}$$

式中 V_s——土样中土颗粒体积，cm³；

A——土样横截面面积，cm²；

h_0——土样原始高度，cm；

e_0——土样初始孔隙比(由三相基本比例指标试验确定)；

s_i——土样在第 i 级竖向有效应力 $\bar{\sigma}_i$ 作用下变形稳定后的压缩量，cm；

e_i——土样在第 i 级竖向有效应力 $\bar{\sigma}_i$ 作用下变形稳定后的孔隙比。

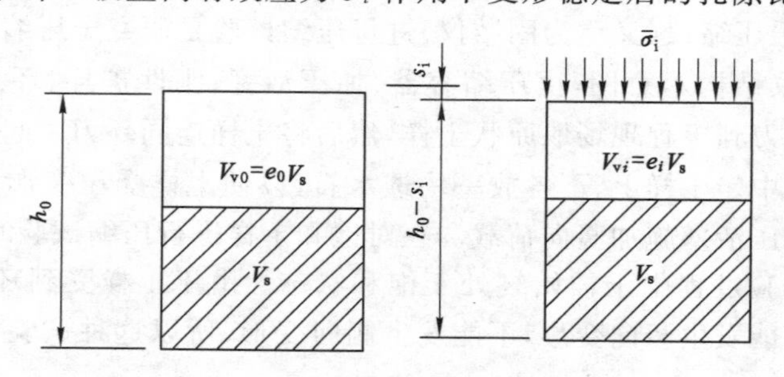

图 4-2 侧限压缩试验中土样变形示意图

将式(4-1)中的两个式子相除，可得：

$$\frac{1+e_i}{1+e_0} = \frac{h_0 - s_i}{h_0}$$

则：

$$e_i = e_0 - \frac{s_i}{h_0}(1+e_0) \tag{4-2}$$

只要测定了土样在各级竖向有效应力 $\bar{\sigma}_i$ 作用下的稳定变形量 s_i 后就可以按照式(4-2)计算出孔隙比 e_i。以竖向有效应力 $\bar{\sigma}$ 为横坐标，孔隙比 e 为纵坐标，绘制孔隙比与竖向有效应力的关系曲线，即压缩曲线，又称为 e-$\bar{\sigma}$ 关系曲线，如图 4-3(a)所示。如用半对数直角坐标系绘图，则得到 e-$\lg\bar{\sigma}$ 关系曲线，如图 4-3(b)所示。

对于不同的土，其压缩曲线的形状不同，压缩曲线越陡，说明随着竖向有效应力的增大，孔隙比减小越显著，土的压缩性也就越高。从图 4-3 可以看出：软黏土的压缩性比密实砂土的压缩性高得多；土的压缩曲线一般随着竖向有效应力的增大逐渐趋于平缓，即在侧限条件下土的压缩性逐渐减弱。

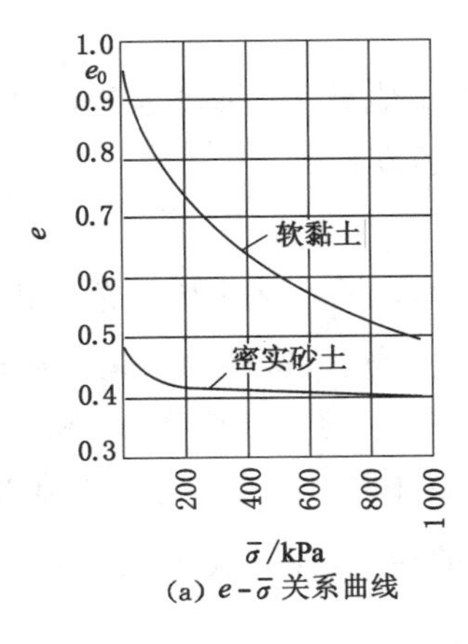

(a) $e-\bar{\sigma}$ 关系曲线

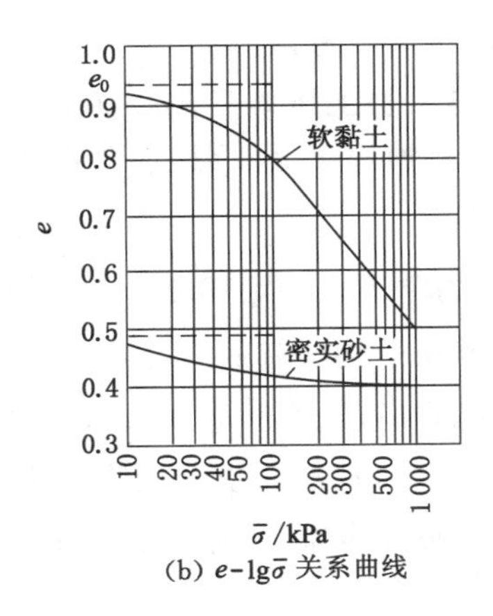

(b) $e-\lg\bar{\sigma}$ 关系曲线

图 4-3　土的压缩曲线

（二）压缩性指标

1. 压缩系数 a

对于地基中的某土体单元，在修建建筑物之前就存在有效自重应力 $\bar{\sigma}_1=\bar{\sigma}_{cz}$，按式(3-6)计算，当地下水位以下取浮重度计算时，其结果便是有效自重应力。建筑物修建后，地基中的竖向有效应力发生了变化，由原来的 $\bar{\sigma}_1$ 增大为 $\bar{\sigma}_2=\bar{\sigma}_1+\bar{\sigma}_z$，相应的孔隙比由原来的 e_1 减小到 e_2，如图 4-4 所示。而 $\bar{\sigma}_z=\sigma_z-u_z$，其中竖向附加应力 σ_z 按第三章介绍的方法计算，u_z 为超孔隙水压力。超孔隙水压力是指在建筑荷载作用下，使土中孔隙水压力增大而超过原来孔隙水压力的那部分水压力。超孔隙水压力与时间有关，即 $u_z=u_z(t)$。超孔隙水压力随着时间逐渐消散，当时间 $t\to\infty$ 时，$u_z=0$，地层中的孔隙水压力恢复到原始孔隙水压力状态，也就是计算地基最终沉降量时，有 $\bar{\sigma}_z=\sigma_z$。

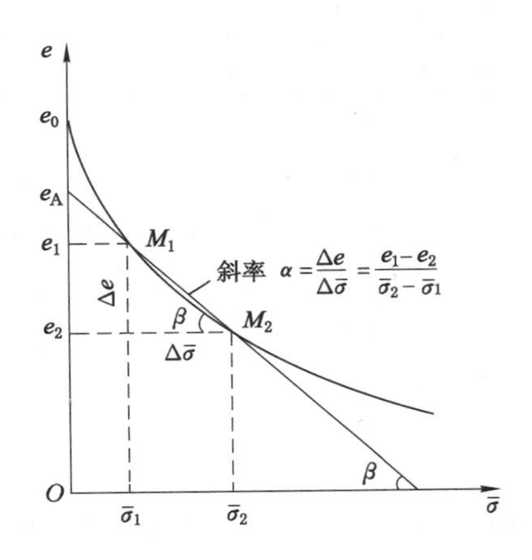

图 4-4　在 e-$\bar{\sigma}$ 关系曲线上确定压缩系数

由于修建建筑物所引起的有效应力增加量一般不大，$\Delta\bar{\sigma}=\bar{\sigma}_2-\bar{\sigma}_1=\bar{\sigma}_z=100\sim200$ kPa，故 M_1 至 M_2 这一段曲线可以近似用直线 $\overline{M_1M_2}$ 代替，其误差是工程允许的。

令

$$a=\tan\beta=\frac{\Delta e}{\Delta\bar{\sigma}}=\frac{e_1-e_2}{\bar{\sigma}_2-\bar{\sigma}_1}=\frac{e_1-e_2}{\bar{\sigma}_z}\tag{4-3}$$

式中　$\bar{\sigma}_1$——修建建筑物之前地基中某土体单元所受竖向有效自重应力，kPa；

$\bar{\sigma}_z$——地基中某土体单元竖向有效附加应力，$\bar{\sigma}_z=\sigma_z-u_z$，kPa；

u_z——超孔隙水压力，kPa；

$\bar{\sigma}_2$——修建建筑物之后地基中某土体单元所受竖向有效总应力，$\bar{\sigma}_2=\bar{\sigma}_1+\bar{\sigma}_z$，kPa；

e_1——$\bar{\sigma}_1$ 作用下压缩变形稳定后土的孔隙比，即土的天然孔隙比；

e_2——$\bar{\sigma}_2$ 作用下压缩变形稳定后土的孔隙比，即土的最终孔隙比；

a——土的压缩系数，kPa^{-1}。

压缩系数 a 是反映土压缩性的一个重要参数，a 值越大，曲线越陡，土的压缩性越大。延长 $\overline{M_1M_2}$ 与 e 坐标轴相交得截距 e_A，则直线 $\overline{M_1M_2}$ 的方程为：

$$e = e_A - a\bar{\sigma} \tag{4-4}$$

式(4-4)即土力学中重要定律之一——压密定律，说明在一定应力范围内($\bar{\sigma}_1 \leqslant \bar{\sigma} \leqslant \bar{\sigma}_2$)，土的孔隙比 e 与其所受到的有效应力 $\bar{\sigma}$ 呈线性变化。当然，这种关系是一种近似关系。

从图 4-4 可以看出：压缩系数 a 与先、后作用于土上的有效应力 $\bar{\sigma}_1$ 和 $\bar{\sigma}_2$ 有关，即 a 不是一个常数。为了统一标准，《土工试验方法标准》(GB/T 50123—2019)规定采用 $\bar{\sigma}_1 = 100$ kPa，$\bar{\sigma}_2 = 200$ kPa 所得到的 a_{1-2} 作为评定土压缩性的指标，详见表 4-1。

表 4-1　土的压缩性评价

压缩性评价	压缩系数 a_{1-2}/MPa^{-1}	压缩模量 $E_{s(1-2)}/MPa$	体积压缩系数 $m_{V(1-2)}/MPa^{-1}$	压缩指数 C_c
高压缩性土	≥0.5	≤4	≥0.25	≥0.4
中压缩性土	0.1～0.5	4～20	0.05～0.25	0.2～0.4
低压缩性土	<0.1	>20	<0.05	<0.2

2. 压缩模量 E_s

压缩模量是指土在完全侧限条件下竖向有效附加应力增量 $\Delta\bar{\sigma}_z$ 与相应竖向应变增量 $\Delta\varepsilon_z$ 之比值，用 E_s 表示，即 $E_s = \Delta\bar{\sigma}_z / \Delta\varepsilon_z$，有时又称为侧限压缩模量。

如图 4-4 所示，若 M_1 至 M_2 这一小段曲线近似用直线 $\overline{M_1M_2}$ 代替时，也可以表示为全量的形式，即

$$E_s = \frac{\bar{\sigma}_z}{\varepsilon_z} \tag{4-5}$$

式中　E_s——(侧限)压缩模量，kPa；

$\bar{\sigma}_z$——竖向有效附加应力，kPa；

ε_z——竖向应变，$\varepsilon_z = \varepsilon_z^e + \varepsilon_z^p$；

ε_z^e——竖向弹性应变；

ε_z^p——竖向塑性应变。

土的压缩模量 E_s 可由室内侧限压缩试验确定的压缩系数 a 来确定，下面推导两者之间的关系。如图 4-5 所示，在地基中取任意土体单元，其高度为 h_1，横截面面积为 A。在修建建筑物之前，其上所受竖向有效自重应力为 $\bar{\sigma}_1$，相应的天然孔隙比为 e_1。在修建建筑物之后，其上所受竖向有效总应力 $\bar{\sigma}_2 = \bar{\sigma}_1 + \bar{\sigma}_z$，相应的最终孔隙比为 e_2，变形稳定后土样高度变为 h_2，压缩量为 s。在侧限条件下，有：

$$\begin{cases} h_1 A = V_s + e_1 V_s \\ h_2 A = V_s + e_2 V_s \end{cases} \tag{4-6}$$

将两式相除，可得：

$$\frac{h_2}{h_1} = \frac{1 + e_2}{1 + e_1}$$

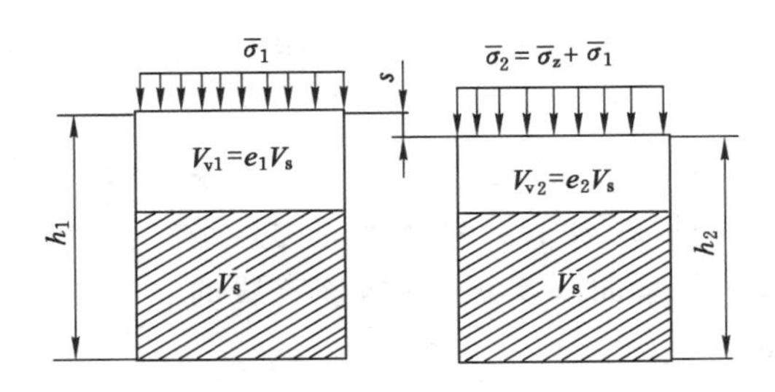

图 4-5　E_s 与 a 关系推导示意图

则：

$$\varepsilon_z=\frac{s}{h_1}=\frac{h_1-h_2}{h_1}=1-\frac{h_2}{h_1}=1-\frac{1+e_2}{1+e_1}=\frac{e_1-e_2}{1+e_1}$$

所以有：

$$E_s=\frac{\bar{\sigma}_z}{\varepsilon_z}=\frac{\bar{\sigma}_2-\bar{\sigma}_1}{\varepsilon_z}=\frac{\bar{\sigma}_2-\bar{\sigma}_1}{e_1-e_2}(1+e_1)$$

根据式(4-3)可得：

$$E_s=\frac{1+e_1}{a}\tag{4-7}$$

式中　e_1——土的天然孔隙比；

a——土的压缩系数，kPa^{-1}；

E_s——土的压缩模量，kPa。

式(4-7)既是压缩模量 E_s 的计算公式，又是压缩模量 E_s 与压缩系数 a 的关系式。由式(4-7) 可以看出：E_s 与 a 成反比，a 值越大，E_s 值越小，土的压缩性越大。因此，压缩模量 E_s 也是土的另一个重要压缩性指标。

同压缩系数 a 一样，压缩模量 E_s 也不是常数。在统一标准时，可用 $a_{1\text{-}2}$ 代替式(4-7)中的 a，得到 $E_{s(1\text{-}2)}$，同样可作为评定土压缩性的指标，详见表 4-1。

上述分析表明：压缩系数 a 和压缩模量 E_s 均与 $\bar{\sigma}_1$ 和 $\bar{\sigma}_2$ 的大小有关。因此，在进行地基最终沉降量计算时，比较合理的做法是根据实际竖向有效应力 $\bar{\sigma}_1$ 和 $\bar{\sigma}_2$ 的大小在压缩曲线上取相应的孔隙比进行计算。

压缩模量与弹性模量相似，都是应力与应变的比值，但有两点不同：① 压缩模量 E_s 是在完全侧限条件下测定的，故又称为侧限压缩模量，以便与无侧限条件下单向受力所测得的弹性模量相区别；② 土的压缩模量不仅反映了土的弹性变形，还反映了土的塑性变形[式(4-5)]，是一个随应力变化的数值，而土的弹性模量仅反映土的弹性变形。

3. 体积压缩系数 m_V

体积压缩系数是指侧限条件下变化单位压力所引起的单位体积变化，也称为体积变形模量。体积压缩系数与侧限压缩模量互为倒数，其数学表达式为：

$$m_V=\frac{1}{E_s}=\frac{a}{1+e_1}\tag{4-8}$$

式中　m_V——体积压缩系数，kPa^{-1}。

同压缩系数 a 和压缩模量 E_s 一样，体积压缩系数 m_V 也不是常数。在统一标准时，可将 a_{1-2}

或 $E_{s(1-2)}$ 代替式(4-8)中的 a 或 E_s，得到 $m_{V(1-2)}$，同样可作为评定土压缩性的指标，详见表 4-1。

4. 压缩指数 C_c

室内侧限压缩试验结果分析中也可以采用 $e\text{-}\lg\bar{\sigma}$ 关系曲线，如图 4-6 所示。用这种形式表示试验结果的优点是在应力达到一定值后，$e\text{-}\lg\bar{\sigma}$ 关系曲线接近直线，该直线的斜率 C_c 称为压缩指数，即

$$C_c = \tan\beta = \frac{e_1 - e_2}{\lg\bar{\sigma}_2 - \lg\bar{\sigma}_1} = \frac{e_1 - e_2}{\lg\frac{\bar{\sigma}_2}{\bar{\sigma}_1}} \tag{4-9}$$

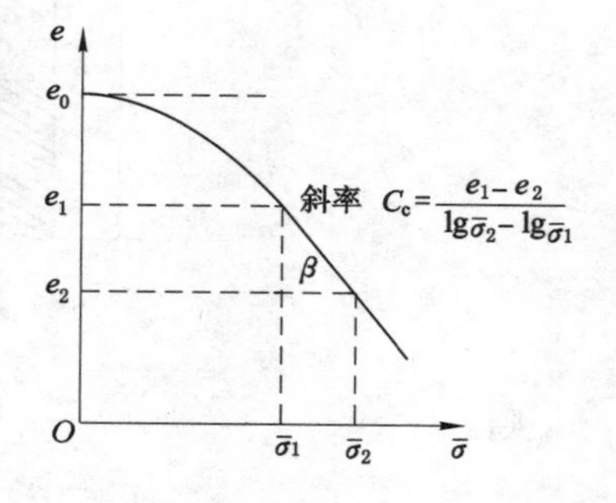

图 4-6　以 $e\text{-}\bar{\sigma}$ 关系曲线确定压缩指数

类似于压缩系数，压缩指数 C_c 值也可以用来判断土的压缩性。C_c 值越大，土的压缩性越高，详见表 4-1。但压缩指数 C_c 与压缩系数 a 有所不同，a 值随应力的变化而变化，而 C_c 在应力超过一定值时为常数，在某些情况下使用较为方便，如国外广泛采用 $e\text{-}\lg\bar{\sigma}$ 关系曲线来研究应力历史对土压缩性的影响。

5. 回弹指数 C_e

在室内侧限压缩试验中递增加压得到了常规的压缩曲线。现在如果加压到某一值 $\bar{\sigma}_i$ [相应于图 4-7(a)中曲线上的 b 点]后不再加压，而是逐级卸载，直至压力为 0，土样将回弹，土体膨胀，孔隙比增大。若测得各卸载等级下土样回弹稳定后的土样高度，进而换算得到相应的孔隙比，即可绘制卸载阶段的关系曲线，如图中 bc 曲线，称为回弹曲线(或膨胀曲线)。可以看到不同于一般的弹性材料的是：回弹曲线 bc 与初始加载曲线 ab 不重合；卸载至 0 时，土样的孔隙比没有恢复到初始孔隙比 e_0。土卸荷后虽然有部分回弹，但是并没有完全恢复至原有体积。这就表明土在荷载作用下残留了一部分压缩变形，称为残余变形(或塑性变形)，但也恢复了一部分压缩变形，称为弹性变形。

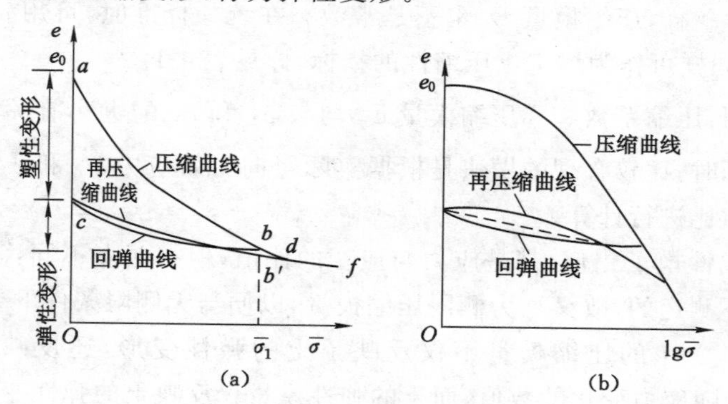

图 4-7　土的压缩曲线、回弹曲线与再压缩曲线

若接着重新逐级加压，可测得土样在各级荷载作用下再压缩稳定后的土样高度，换算成孔隙比后可绘制再压缩曲线，如图 4-7(a)中的 cdf 曲线。可以发现：再压缩曲线的 df 段是 ab 段的延续，但是再压缩曲线与回弹曲线不重合，也不通过原卸载点 b。

对于半对数直角坐标系的 $e\text{-}\lg\bar{\sigma}$ 关系曲线，也有类似的过程，如图 4-7(b)所示。卸载曲线和再压缩曲线的平均斜率(图中虚线的斜率)称为回弹指数或再压缩指数，用 C_e 表示。一

般情况下，$C_e=(0.1\sim0.2)C_c$。

二、现场载荷试验及变形模量

土的室内压缩试验是测定土压缩性的常用方法，但由于试样尺寸较小，取样时难免对土的天然结构造成扰动，同时由于各种试验条件(如侧限条件、土样与环刀之间的摩擦力、加荷速率等)的影响，使得试验结果与实际情况不完全相同。当遇到下列情况时，需要进行现场载荷试验或旁压试验等原位测试，以较准确地反映土在天然状态下的压缩性：① 地基土为粉砂或细砂，取样困难；② 地基土为软土，土样取不出来；③ 土层不均匀，土样代表性差；④ 工程性质重要，建筑规模较大。现场载荷试验是一种常用的现场原位测试方法，下面重点介绍。旁压试验可参考《土工试验方法标准》(GB/T 50123—2019)。

(一) 现场载荷试验装置

载荷试验分为平板载荷试验和螺旋板载荷试验。平板载荷试验分为浅层平板载荷试验和深层平板载荷试验。

浅层平板载荷试验装置如图 4-8 所示，由承压板、加载系统、反力系统和观测系统构成。加载系统包括立柱、千斤顶及稳压器；反力系统常用平台堆载或地锚；观测系统常用百分表、基准桩和基准梁进行承压板沉降观测。浅层平板载荷试验适用于地下水位以上的浅层地基土。

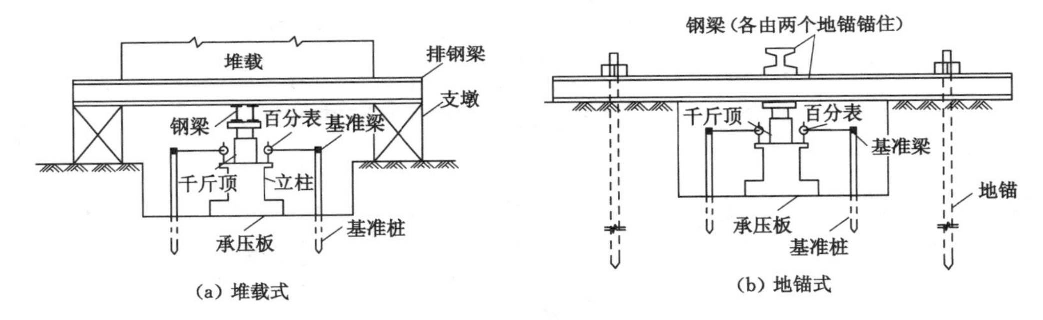

图 4-8　浅层平板载荷试验装置

深层平板载荷试验装置如图 4-9 所示，与浅层平板载荷试验的主要区别是增加了试井，并在承压板上安放较高的立柱以传递荷载。深层平板载荷试验适用于地下水位以上且试验深度超过 5 m 的深层地基土和大直径桩的桩端土。

螺旋板载荷试验装置如图 4-10 所示。将螺旋板作为承压板旋入地下预定深度，用千斤顶通过传力杆向螺旋板施加压力，反力由螺旋地锚提供；施加的压力由位于螺旋板上端的测力传感器测定，同时测量螺旋承压板的沉降。螺旋板载荷试验适用于深层地基土，特别适用于地下水位以下的地基土。

(二) 试验方法

下面以平板载荷试验为主，对其试验方法和技术要点说明如下。

1. 试验前的准备

试验地点应设置在地质勘查时所布置的取土勘探点附近，并测定试验地点的位置和标高。

选择或制作承压板。承压板应底面平整、刚度大、不挠曲，形心与传力重心一致，搬运方便；既可用预制混凝土、钢筋混凝土、钢板、铸铁板等制成，也可在现场用混凝土或钢筋混凝

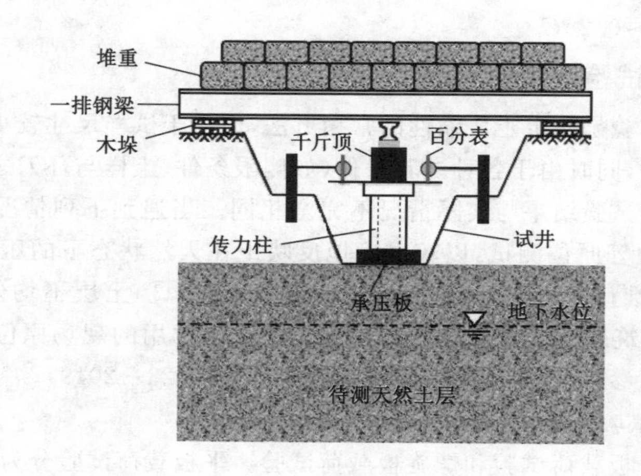

图 4-9　深层平板载荷试验装置

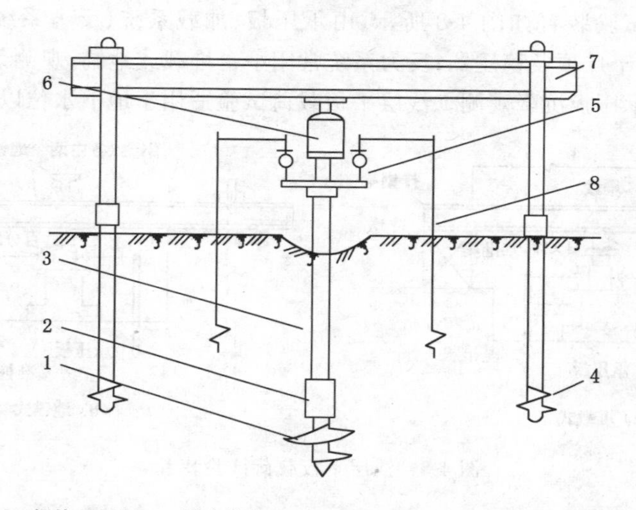

1—螺旋承压板；2—测力传感器；3—传力杆；4—反力地锚；5—位移计；
6—油压千斤顶；7—反力钢梁；8—位移固定锚。

图 4-10　螺旋板载荷试验装置

土浇筑而成；可做成圆形或方形，《岩土工程勘察规范》(GB 50021—2001)推荐圆形。对于浅层平板载荷试验，承压板面积不应小于 0.25 m²，对于软土和粒径较大的填土，不应小于 0.5 m²；对于深层平板载荷试验，承压板面积宜选用 0.5 m²。

2. 试坑开挖和试土整平

浅层平板载荷试验的试坑宽度或直径不应小于承压板宽度或直径的 3 倍；深层平板载荷试验的试井直径应等于承压板直径；当试井直径大于承压板直径时，紧靠承压板周围土体的高度不应小于承压板直径，以符合试验设定的受力状态。

试坑或试井底应挖成水平面，保持其原状结构和天然湿度，并在承压板下铺设不超过 20 mm 的中、粗砂垫层找平。当试验面位置较深或土层不稳定时，应对坑壁或井壁予以支护。

3. 设备安装

设备安装遵循先下后上、先中后边的顺序，即先轻放承压板并到位，在其顶面放置立柱和千斤顶，然后安装反力系统，最后安装观测系统。在设备安装过程中应注意：尽量避免试验面和土体受到扰动，确保反力系统、加载系统和承压板的传力重心在一条直线上。

4. 加载与观测

载荷是分级施加的，通常加载等级不少于 8 级。第一级荷载相当于开挖试坑卸除土的自重应力，与其相应的承压板沉降量不计；以后每级荷载增量 Δp，对较松软的土取 10～25 kPa，对较密实的土取 50～100 kPa；最大加载值 p_{max} 不应小于设计要求的 2 倍，并应尽量接近预估的地基极限承载力 p_u。每加一级荷载后，按时间间隔 10 min、10 min、10 min、15 min、15 min 及以后每隔 30 min 读一次沉降，如果连续 2 h 内每小时的沉降量小于 0.1 mm，则认为变形已经稳定，可施加下一级荷载。

对于浅层平板载荷试验，当出现下列情况之一时即可终止加载：

(1) 承载板周围的土明显侧向挤出；

(2) 沉降量 s 急剧增大，荷载-沉降量(p-s)关系曲线出现陡降段；

(3) 在某一级荷载作用下，24 h 内沉降速率不能达到稳定标准；

(4) 沉降量 $s \geqslant 0.06b$(b 为承压板宽度或直径)。

当满足前 3 种情况之一时，其对应的前一级荷载为极限荷载。终止加载后，可按规定逐级卸载，并进行回弹观测，作为参考。

对于深层平板载荷试验，当出现下列情况之一时即可终止加载：

(1) 沉降量 s 急剧增大，荷载-沉降量(p-s)关系曲线上有可判定极限承载力的陡降段，且沉降量 $s \geqslant 0.04b$(b 为承压板宽度或直径)；

(2) 在某一级荷载作用下，24 h 内沉降速率不能达到稳定标准；

(3) 本级沉降量大于前一级沉降量的 5 倍；

(4) 当持力层土层坚硬、沉降量很小时，最大加载量不应小于设计要求的 2 倍。

同样，当满足前 3 种情况之一时，其对应的前一级荷载为极限荷载。

(三) 试验结果

1. 试验曲线

根据各级荷载及其相应的相对稳定沉降的观测数值，即可绘制荷载-沉降量(p-s)关系曲线，如图 4-11(a)所示；必要时还可绘制各级荷载作用下的沉降-时间(s-t)关系曲线，如图 4-11(b) 所示。典型的 p-s 关系曲线可分为三个阶段，即直线变形阶段、局部剪切破坏阶段和完全破坏阶段。

(1) 直线变形阶段

当 $p \leqslant p_{cr}$(比例界限，又称为临塑压力，习惯称为临塑荷载)时，压力 p 与沉降量 s 关系曲线接近直线，如图 4-11(a)中 p-s 关系曲线上的 Oa 段，实际中可以认为呈直线关系。在这一变形阶段内，地基土的变形主要是土的压密引起的，因此也称为压密阶段。

(2) 局部塑性变形阶段

当 $p_{cr} < p < p_u$(极限压力，习惯称为极限荷载)时，压力 p 与沉降量 s 之间不再保持直线关系，即 p-s 关系曲线上的 ab 段，曲线上各点的斜率逐渐增大。在土压密变形的同时，承压板边缘下的土出现局部剪切破坏区(又称为塑性区，或极限平衡区)。在这个区域内，土已剪

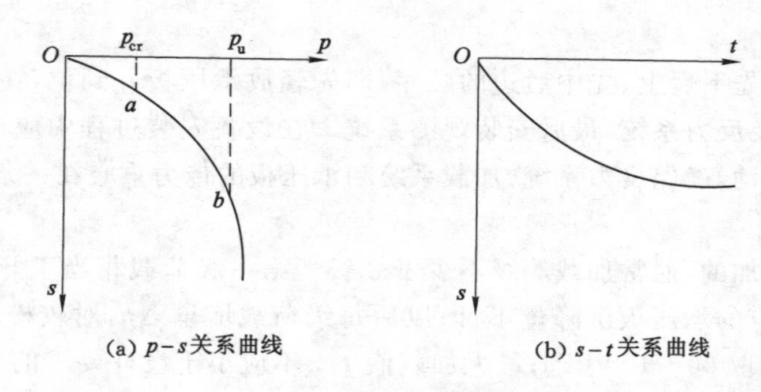

图 4-11　现场载荷试验获得的试验曲线

切破坏。

(3) 完全破坏阶段

当 $p \geqslant p_u$ 时，压力增加很少，沉降却急剧增加。同时，塑性区扩大并形成连续的剪切破坏面，土从承压板下面被挤出来，在板的四周形成隆起的土堆。最终，地基土发生整体剪切破坏，丧失稳定性。

2. 地基承载力特征值

在《公路桥涵地基与基础设计规范》(JTG 3363—2019)中规定的地基承载力特征值$[f_{a0}]$和在《建筑地基基础设计规范》(GB 50007—2011)中规定的地基承载力特征值$[f_{ak}]$的确定方法如下：

(1) 当 p-s 关系曲线上有明显的比例界限时，取该比例界限所对应的临塑压力；

(2) 当 p-s 关系曲线上的 a、b 两点能确定且 $p_u < 2p_{cr}$时，取极限压力值的一半；

(3) 若 p-s 关系曲线上的 a、b 两点不能准确确定时，取 $s=(0.01\sim0.015)b$ 对应的板下压力，但其值不应大于最大加载量的一半。

现场荷载试验要求同一土层的试验点不应少于 3 处，当试验实测值的极差不超过其平均值的 30%时，取此平均值作为该土层的地基承载力特征值，$[f_{a0}]=[f_{ak}]$。

3. 地基土的变形模量

变形模量是指土在无侧限条件下，竖向有效附加应力增量 $\Delta\bar{\sigma}_z$ 与相应竖向应变增量 $\Delta\varepsilon_z$ 之比值，用 E_0 表示，即 $E_0=\Delta\bar{\sigma}_z/\Delta\varepsilon_z$。定义公式虽然与压缩模量相同，但根本区别是有无侧向限制。当假设 $\bar{\sigma}_z$ 与 ε_z 为线性关系时，可表示为全量的形式，即 $E_0=\bar{\sigma}_z/\varepsilon_z$。

典型的 p-s 关系曲线第一阶段为直线，便可采用弹性理论确定地基土的变形模量。对于浅层平板载荷试验，地基土变形模量按式(4-10)计算。

$$E_0 = I_0(1-\mu^2)\frac{pb}{s} \tag{4-10}$$

式中　E_0——地基土的变形模量，kPa；

b——承压板的宽度或直径，m；

p——p-s 关系曲线直线段的压力，kPa；

s——与 p 对应的沉降量，mm；

I_0——刚性承压板的形状系数，方形承压板取 0.886，圆形承压板取 0.785；

μ——地基土的泊松比(碎石土取 0.27，砂土取 0.30，粉土取 0.35，粉质黏土取 0.38，黏土取0.42)。

当 p-s 关系曲线不出现起始直线段时：对于中、高压缩性粉土和黏性土，取 $s=0.02b$ 及其对应的压力 p 进行计算；对于低压缩性粉土和黏性土、碎石土、砂土，则取 $s=(0.01\sim0.015)b$ 及其对应的压力 p 进行计算。

对于深层平板载荷试验和螺旋板载荷试验，地基土变形模量按式(4-11)计算。

$$E_0=\omega\frac{pb}{s} \tag{4-11}$$

式中　ω——与试验深度和土类有关的系数，可按表4-2选用；

其余符号同前。

表4-2　深层平板载荷试验计算系数

b/z	土的种类				
	碎石土	砂土	粉土	粉质黏土	黏土
0.30	0.477	0.489	0.491	0.515	0.524
0.25	0.469	0.480	0.482	0.506	0.514
0.20	0.460	0.471	0.474	0.497	0.505
0.15	0.444	0.454	0.457	0.479	0.487
0.10	0.435	0.446	0.448	0.470	0.478
0.05	0.427	0.437	0.439	0.461	0.468
0.01	0.418	0.429	0.431	0.452	0.459

注：b/z 为承压板直径和承压板底面深度之比。

与室内压缩试验相比，现场载荷试验与地基的实际工作条件比较接近，能较真实地反映土在天然埋藏条件下受荷载作用时的压缩性。对于一些不易取得原状土样的土来说，现场载荷试验比室内压缩试验更具优越性，但现场载荷设备笨重、工作量大、耗费时间长、所需费用高。此外，承压板尺寸比原型基础尺寸小得多，小尺寸承压板的试验结果只能反映板下深度不大的范围内土的变形特性，此深度一般为2～3倍的板宽或直径。因此，现场载荷试验确定的变形模量存在较大的代表性误差。

三、室内三轴压缩试验及弹性模量

大量的试验结果表明土体的应力-应变关系是非线性的。在多次加载、卸载后，土的应力-应变关系变为线性关系，即土体在多次加、卸载后变为线弹性体。

许多建筑物或构筑物的地基常受瞬时荷载作用，如桥梁、道路或铁路地基受行驶车辆荷载作用，高耸结构物受风荷载作用，土体受地震力作用等。在计算这些情况下土的变形时，如果仍然采用压缩模量或变形模量作为计算指标，将与实际情况出现较大的偏差(计算结果明显偏大)，其原因是瞬时荷载作用时间短暂，在很短的时间内土体中的孔隙水或气体来不及排出或极少排出，土的压缩变形来不及发生，土体主要呈现弹性变形的特征。另外，这些荷载均具有多次加、卸载的特征，非线性的土体已经变为线弹性体。因此，这些情况下就需要一个能反映土体弹性变形特征的指标，以便使相关计算更合理。另外，在计算地基土瞬时加载所产生的瞬时沉降时，一般也采用弹性模量。

（一）土的弹性模量

弹性模量是指土在无侧限条件下，竖向附加应力与相应竖向弹性应变的比值，用 E 表示，即

$$E = \frac{\sigma_z}{\varepsilon_z^e} \tag{4-12}$$

式中 E——土的弹性模量，kPa；

σ_z——竖向附加应力，kPa；

ε_z^e——竖向弹性应变。

（二）弹性模量的测定方法

弹性模量一般采用三轴仪进行重复加、卸载试验测定，如图 4-12(a)所示。在进行三轴压缩试验时，将现场取回的圆柱形原状土样用橡皮膜包裹，并密封后置于三轴压力室中。通过周围压力系统施加各向相等的压力 σ_3（大小相当于取样现场的竖向有效自重应力）进行固结后，在不排水的条件下施加逐渐增大的竖向附加应力 σ_z，然后减压至 0，如图 4-12(b)所示。这样重复加载和卸载 5～6 个循环，便可测得初始切线模量 E_i 和再加载模量 E_r，一般取 $E=E_r$。

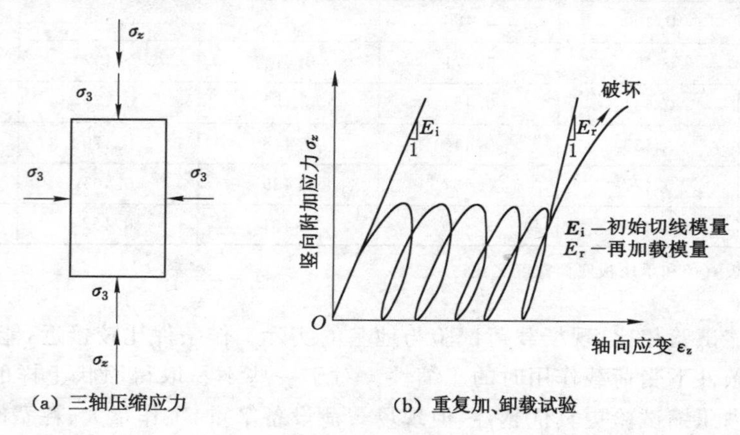

图 4-12　室内三轴压缩试验测定土的弹性模量

应特别指出，土的压缩模量、变形模量与弹性模量都是应力与应变的比值，但它们之间是有明显区别的，测定方法也不相同，且各有不同的用途，详见表 4-3。

表 4-3　土的压缩模量、变形模量与弹性模量的区别

名称	侧向限制	定义公式	应力	应变	测定方法	用途
压缩模量 E_s	完全侧限	$E_s=\bar{\sigma}_z/\varepsilon_z$ 计算最终沉降量时，$\bar{\sigma}_z=\sigma_z$	竖向有效附加应力	$\varepsilon_z=\varepsilon_z^e+\varepsilon_z^p$	室内侧限压缩试验	① 分层总和法计算地基最终沉降量；② 应力面积法计算地基最终沉降量
变形模量 E_0	无侧限	$E_0=\bar{\sigma}_z/\varepsilon_z$ 计算最终沉降量时，$\bar{\sigma}_z=\sigma_z$	竖向有效附加应力	$\varepsilon_z=\varepsilon_z^e+\varepsilon_z^p$	现场载荷试验	弹性理论法估算地基最终沉降量

表 4-3(续)

名称	侧向限制	定义公式	应力	应变	测定方法	用途
弹性模量 E	无侧限	$E_0=\sigma_z/\varepsilon_z^e$	竖向附加应力	弹性应变 ε_z^e	重复加、卸载三轴压缩试验	① 计算地基土瞬时加载所产生的瞬时沉降；② 路面、路基在车辆荷载作用下的瞬时沉降；③ 高耸结构物在风荷载作用下的倾斜；④ 地震反应分析计算等

第三节　地基最终沉降量的计算

地基土在建筑物荷载作用下不断产生压缩变形，压缩稳定后地基表面的沉降称为地基的最终沉降量。当地基表面各点的最终沉降量不同时，将产生沉降差，并引起建筑物的倾斜。

对于建筑物、构筑物、桥梁等，设计中需预知其建成后将产生的最终沉降量、沉降差、倾斜等，以判断地基变形值是否超过允许的范围，否则应采取相应的工程措施，确保结构的安全与稳定。

地基沉降的原因有很多，但其主要原因为：一是建筑物荷载在地基中产生的附加应力；二是土的压缩特性。目前国内外关于地基最终沉降量的计算方法有很多，主要分为 4 类，即弹性理论法、工程简化方法、经验方法和数值计算方法。本书主要介绍国内常用的几种实用沉降计算方法，即弹性理论法、分层总和法和应力面积法。

一、弹性理论法

弹性理论法假定地基为均质的、连续的、各向同性的半无限空间线性变形体，并假定基础整个底面与地基始终保持接触。

(一) 竖向集中力作用下的地表沉降量

若在地表作用有一竖向集中力，如图 4-13 所示，计算地表某点($z=0,R=r$)的沉降量，可利用弹性力学中的 Boussinesq 基本解，即

$$s=\frac{Q(1-\mu^2)}{\pi E_0 r} \tag{4-13}$$

式中　Q——竖向集中力，kN；

s——竖向集中力作用下地表任意点的沉降量，m；

r——地表沉降计算点与竖向集中力作用点的水平距离，m；

E_0——地基土变形模量，kPa；

μ——土的泊松比。

在实际工程中，基底附加压力总是作用在一定面积上的分布荷载。只是当计算点离开荷载作用范围的距离与荷载作用面的尺寸相比很大时，可以用一集中力 Q 代替分布荷载，并利用式(4-13)进行近似计算。

（二）绝对柔性基础沉降量计算

对于绝对柔性基础，其抗弯刚度为0。因此基底随地基一起变形，并保持紧密接触。如图4-14所示，当基础上作用有分布荷载 $p_0(\xi,\eta)$ 时，基础任意点 $M(x,y)$ 的沉降量 $s(x,y)$，可利用式(4-13)在荷载分布面积 A 上积分求得，即

$$s(x,y)=\frac{1-\mu^2}{\pi E_0}\iint_A \frac{p_0(\xi,\eta)}{\sqrt{(x-\xi)^2+(y-\eta)^2}}\mathrm{d}\xi\mathrm{d}\eta \tag{4-14}$$

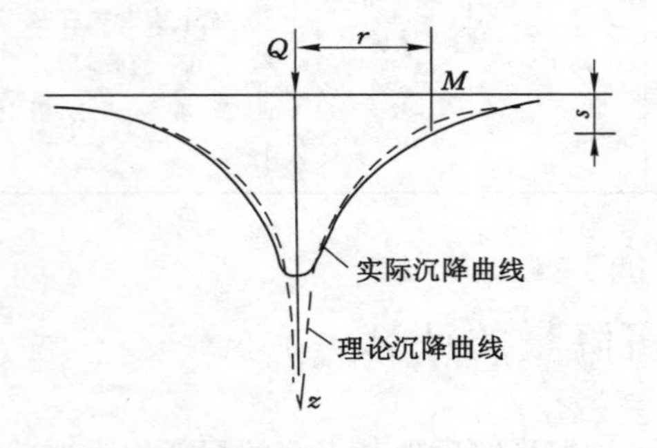

图4-13　集中荷载作用下的地表沉降

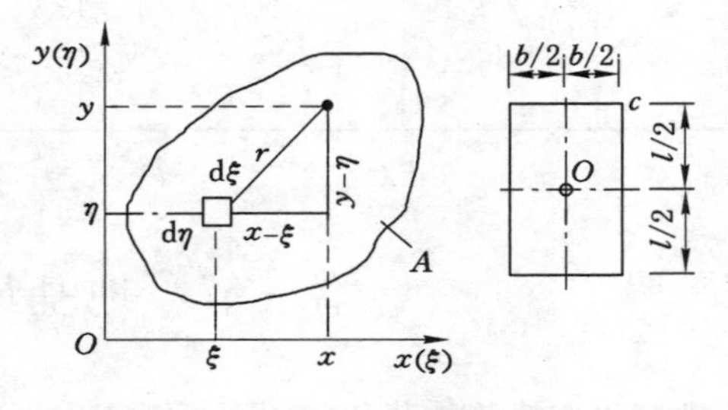

图4-14　绝对柔性基础沉降量计算

当 $p_0(\xi,\eta)$ 为矩形基底上的均布荷载时，由式(4-14)可得到角点的沉降量：

$$s_c=\frac{(1-\mu^2)b}{\pi E_0}\left[n'\ln\frac{1+\sqrt{1+n'^2}}{n'}+\ln\left(n'+\sqrt{1+n'^2}\right)\right]p_0=\delta_c p_0=\frac{1-\mu^2}{E_0}\omega_c b p_0 \tag{4-15}$$

式中　s_c——矩形柔性基础均布荷载作用下角点的沉降量，m；

n'——矩形基底长度 l 与宽度 b 的比值，$n'=l/b$；

δ_c——矩形柔性基础均布荷载作用下角点沉降系数；

ω_c——矩形柔性基础均布荷载作用下角点沉降影响系数，可由 l/b 查表4-4。

表4-4　沉降影响系数 ω

		圆形	矩形(l/b)											
			1.0	1.5	2.0	3.0	4.0	5.0	6.0	7.0	8.0	9.0	10.0	100.0
柔性基础	ω_c	0.64	0.56	0.68	0.77	0.89	0.98	1.05	1.12	1.17	1.21	1.25	1.27	2.00
	ω_0	1.00	1.12	1.36	1.53	1.78	1.96	2.10	2.23	2.33	2.42	2.49	2.53	4.00
	ω_m	0.85	0.95	1.15	1.30	1.53	1.70	1.83	1.96	2.04	2.12	2.19	2.25	3.69
刚性基础	ω_r	0.79	0.88	1.08	1.22	1.44	1.61	1.72	—	—	—	—	2.12	3.40

对于绝对柔性基础，由于假设土体是线性变形体，则可按叠加原理用角点法求得地基任意点的沉降量。例如基础中心点的沉降量为：

$$s_0=4\frac{1-\mu^2}{E_0}\omega_c\cdot\frac{b}{2}\cdot p_0$$

$$=\frac{1-\mu^2}{E_0}\omega_0 b p_0 \tag{4-16}$$

式中　s_0——矩形柔性基础均布荷载作用下中心点的沉降量，m；

ω_0——矩形柔性基础均布荷载作用下中心点沉降影响系数，$\omega_0=2\omega_c$，可由 l/b 查表 4-4。

另外，通过积分还可以得到矩形柔性基础均布荷载作用下基底面积 A 范围内各点沉降量的平均值，即平均沉降量：

$$s_m=\frac{1}{A}\iint_A s(x,y)\mathrm{d}x\mathrm{d}y=\frac{1-\mu^2}{E_0}\omega_m bp_0 \tag{4-17}$$

式中　s_m——矩形柔性基础均布荷载作用下地基的平均沉降量，m；

ω_m——矩形柔性基础均布荷载作用下平均沉降量影响系数，可由 l/b 查表 4-4。

当 $p_0(\xi,\eta)$ 为圆形面积上的均布荷载时，仍可采用式(4-15)、式(4-16)和式(4-17)分别计算圆形面积周边点沉降量、圆心点沉降量和地基平均沉降量，只是式中的 b 应为圆形基础的直径，且周边点沉降影响系数 ω_c、圆心点沉降影响系数 ω_0、平均沉降量影响系数 ω_m 可查表 4-4。

（三）绝对刚性基础沉降量计算

绝对刚性基础的抗弯刚度无穷大，受弯矩作用不会发生挠曲变形。因此，基础受力下沉后，原来为平面的基底仍保持平面。

1. 中心荷载作用下

刚性基础在中心荷载作用下，基底下地基各点的沉降量均相等。根据弹性力学中的理论公式，可得到矩形和圆形基础的沉降量为：

$$s=\frac{1-\mu^2}{E_0}\omega_r bp_0 \tag{4-18}$$

式中　s——刚性基础中心荷载作用下地基的沉降量，m；

p_0——基底平均附加压力，kPa；

b——矩形基底的宽度或圆形基底的直径，m；

ω_r——刚性基础沉降影响系数，查表 4-4。

2. 偏心荷载作用下

刚性基础在偏心荷载作用下会产生沉降和倾斜，其中心点的沉降量仍按式(4-18)计算，基础倾斜可按下述弹性力学公式求得。

$$\theta=\begin{cases}\arctan\left(\dfrac{1-\mu^2}{E_0}\cdot\dfrac{6Ne}{b^3}\right) & \text{（圆形基础）}\\[2ex] \arctan\left(\dfrac{1-\mu^2}{E_0}\cdot\dfrac{8KNe}{b^3}\right) & \text{（矩形基础）}\end{cases} \tag{4-19}$$

式中　θ——刚性基础在偏心荷载作用下的倾斜角度，(°)；

N——传至刚性基础基底上的合力，kN；

e——合力偏心距，m；

b——荷载偏心方向的矩形基底边长或圆形基底的直径，m；

K——绝对刚性矩形基础倾斜计算系数，可由 l/b 查图 4-15。

弹性理论法计算沉降的准确性，往往取决于地基土变形模量 E_0 的选取是否正确。按这种方法计算时假定 E_0 在整个地基土层中是不变的，即假定地基土为均质地基。实际上，各层土的 E_0 值均不相同，且随着深度变化，现场载荷试验测定的 E_0 存在较大的代表性误差，必定使地基最终沉降量的计算误差很大。但由于弹性理论法计算过程简单，所以通常用

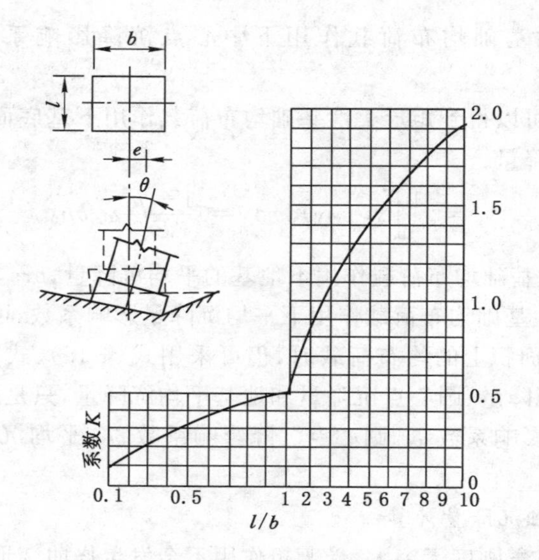

图 4-15　绝对刚性矩形基础倾斜计算系数

于估算地基沉降或计算瞬时沉降。当按上述公式计算地基瞬时沉降时，E_0 应取弹性模量 E。

二、分层总和法

一般情况下，实际工程中所遇到的地基土层都是成层的，每层土的压缩特性各不相同，且压缩模量随深度变化。因此，在计算地基最终沉降量时，应分别对待。分层总和法是将地基土分成若干水平土层（图 4-16），分别计算各层土的压缩量，然后求和，即地基总的沉降量。

$$s = s_1 + s_2 + \cdots + s_n = \sum_{i=1}^{n} s_i \qquad (4\text{-}20)$$

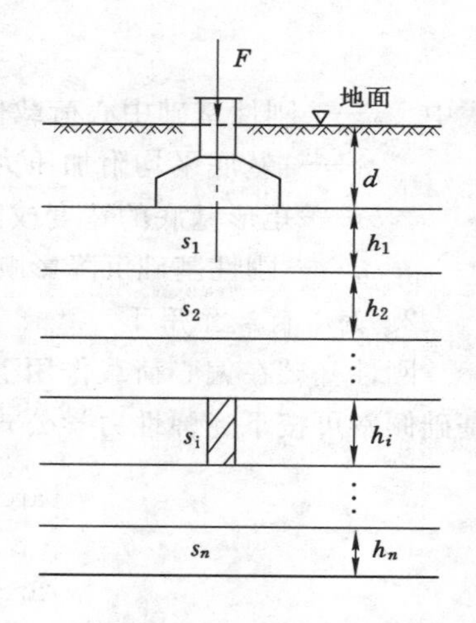

图 4-16　分层总和法原理示意图

（一）基本假设

（1）在计算地基中的附加应力时，假设地基土为均质的、连续的、各向同性的半无限空间弹性体，这样可以采用弹性理论按第三章第四节介绍的方法计算地基中的竖向附加应力。

（2）根据基础中心点下所受的有效竖向附加应力 $\bar{\sigma}_z$ 计算基础的最终沉降量。由于在计算地基最终沉降量时，基底附加压力在地基中引起的超孔隙水压力已完全消散，即 $u_z=0$，则 $\bar{\sigma}_z=\sigma_z-u_z=\sigma_z$。从第三章的几个算例可以看出：竖向附加应力在水平方向的分布是基础中心点下最大，往两侧逐渐减小，即以最大竖向附加应力计算基础的最终沉降量，计算结果偏大。计算基础的倾斜时，要以倾斜方向基础两端点下的有效竖向附加应力进行计算。

（3）在建筑物荷载作用下，地基土只产生竖向变形，不产生侧向变形，即地基土的变形条件假定为完全侧限。因而在地基沉降计算中就可以应用室内侧限压缩试验测定的压缩曲线，以及相关压缩性指标 a 和 E_s。实际上地基土在基底附加压力作用下产生侧向膨胀变形,不属于完全侧限,该假设使计算结果偏小。

(4) 关于地基变形计算深度,理论上应计算至无限深,但是因竖向附加应力随深度逐渐减小,工程中计算至某深度(称为地基压缩层下限)即可。压缩层下限以下的土层竖向附加应力很小,所产生的压缩量可忽略不计。

(二) 计算公式

在基础中心点下第 i 层土中取一小土柱(图 4-16),分析其在修建建筑物前、后的高度变化,如图 4-17 所示。在修建建筑物之前,小土柱原始高度为 h_i,横截面面积为 A,其上所受竖向有效自重应力平均值为 $\bar{\sigma}_{1i}$(因土柱上、下所受竖向有效自重应力值不一样,故取平均值),相应的天然孔隙比为 e_{1i}。在修建建筑物后,其上所受竖向有效总应力平均值为 $\bar{\sigma}_{2i}=\bar{\sigma}_{1i}+\bar{\sigma}_{zi}$,相应的最终孔隙比为 e_{2i},变形稳定后小土柱高度为 h_i-s_i。按假设在完全侧限条件下横截面面积仍为 A,其压缩量为 s_i,则有:

$$\begin{cases} h_i A = V_{si} + e_{1i} V_{si} \\ (h_i - s_i) A = V_{si} + e_{2i} V_{si} \end{cases} \tag{4-21}$$

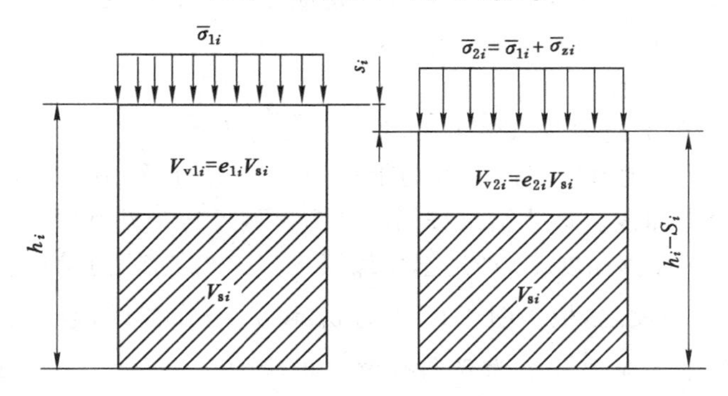

图 4-17　分层总和法计算公式推导

将二式相除,可得:

$$\frac{h_i - s_i}{h_i} = \frac{1 + e_{2i}}{1 + e_{1i}}$$

则有:

$$s_i = \frac{e_{1i} - e_{2i}}{1 + e_{1i}} h_i \tag{4-22}$$

式中　s_i——第 i 层土的压缩量,m;

e_{1i}——第 i 层土天然孔隙比(在第 i 层土压缩曲线上 $\bar{\sigma}_{1i}$ 对应的孔隙比);

e_{2i}——第 i 层土最终孔隙比(在第 i 层土压缩曲线上 $\bar{\sigma}_{2i}$ 对应的孔隙比);

h_i——第 i 层土的厚度,m。

将式(4-3)代入式(4-22),可得:

$$s_i = \frac{a_i}{1 + e_{1i}} \bar{\sigma}_{zi} h_i \tag{4-23}$$

式中　a_i——第 i 层土的压缩系数,m;

$\bar{\sigma}_{zi}$——第 i 层土竖向有效附加应力平均值,kPa。

将式(4-7)代入式(4-23)可得：

$$s_i = \frac{\bar{\sigma}_{zi}}{E_{si}} h_i \tag{4-24}$$

式中　E_{si}——第 i 层土压缩模量，kPa。

各层土的压缩变形量计算出来后代入式(4-20)，便可计算出地基的最终沉降量。

（三）计算步骤

(1) 用坐标纸按比例绘制地基土层分布剖面图和基础剖面图，如图 4-18 所示。

(2) 计算地基土的竖向有效自重应力 $\bar{\sigma}_{cz}$，并画出其沿深度的分布曲线。土的竖向有效自重应力应从天然地面起算（水下取浮重度）。计算结果按应力比例尺（如 1 cm 代表 100 kPa）绘于基础中心线的左侧。

(3) 计算基底压力 p。

(4) 计算基底附加压力 p_0。

(5) 地基剖面人为分层。人为分层是指将地基土层按一定原则分为若干薄层，一般规定每层厚度不应超过 $0.4b$（b 为基础宽度），同时还应注意以下几点：

① 天然土层的层面应为分层面；

② 地下水位应为分层面；

③ 基底附近竖向附加应力数值变化大，分层厚度应小些。

(6) 按分层情况计算地基中竖向有效附加应力 $\bar{\sigma}_z = \sigma_z$（计算最终沉降量时二者相等），并画出其沿深度的分布曲线。计算结果按同一应力比例尺绘于基础中心线的右侧。

(7) 确定地基变形计算深度 z_n，即地基压缩层下限。当下卧岩层离基底较近时，取岩层顶面作为可压缩层下限；反之，根据图 4-18 中的 $\bar{\sigma}_{cz}$ 和 $\bar{\sigma}_z$ 分布曲线，通过试算从上到下找到某深度处的竖向有效附加应力 $\bar{\sigma}_{z(n)}$ 为竖向有效自重应力 $\bar{\sigma}_{cz(n)}$ 的 20%或 10%，此深度即地基变形计算深度 z_n。此处，对于一般土，取 $\bar{\sigma}_{z(n)} = 0.2\bar{\sigma}_{cz(n)}$；对于高压缩性土，取 $\bar{\sigma}_{z(n)} = 0.1\bar{\sigma}_{cz(n)}$。若压缩层下限以下存在软弱土层时，则应计算至软弱土层底部。

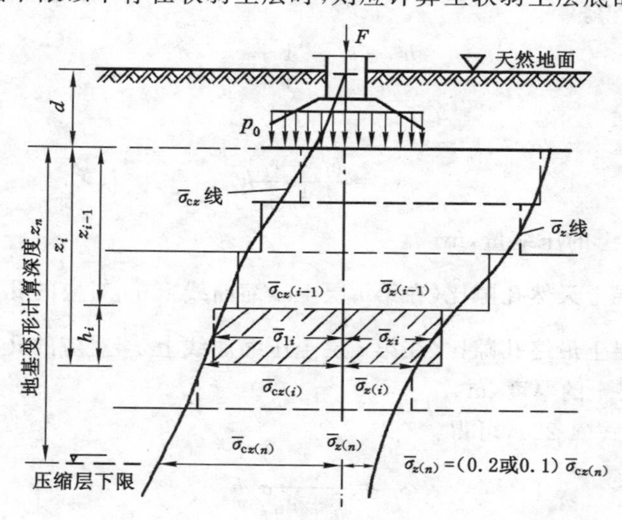

图 4-18　分层总和法计算地基最终沉降量

(8) 计算各土层的压缩量 $s_i(i=1,2,\cdots,n)$。视具体情况，可按式(4-22)至式(4-24)计算。由于各分层顶面和底面所受的竖向有效自重应力和竖向有效附加应力均不相同，故应取平均值，即

$$\bar{\sigma}_{1i}=\frac{1}{2}[\bar{\sigma}_{cz(i-1)}+\bar{\sigma}_{cz(i)}] \tag{4-25}$$

式中　$\bar{\sigma}_{cz(i-1)}$——第 i 层顶面竖向有效自重应力，kPa；

$\bar{\sigma}_{cz(i)}$——第 i 层底面竖向有效自重应力，kPa。

$$\bar{\sigma}_{zi}=\frac{1}{2}(\bar{\sigma}_{z(i-1)}+\bar{\sigma}_{z(i)}) \tag{4-26}$$

式中　$\bar{\sigma}_{z(i-1)}$——第 i 层顶面竖向有效附加应力，kPa；

$\bar{\sigma}_{z(i)}$——第 i 层底面竖向有效附加应力，kPa。

$$\bar{\sigma}_{2i}=\bar{\sigma}_{1i}+\bar{\sigma}_{zi} \tag{4-27}$$

(9) 按式(4-20)计算地基最终沉降量。

【例 4-1】　某厂房为框架结构，柱基底面为正方形，边长 $l=b=4.0$ m，基础埋深 $d=1.0$ m。上部结构传至该基础顶面的垂直荷载 $F=1\ 440$ kN。地基土为粉质黏土，土的天然重度 $\gamma=16.0$ kN/m³，土的天然孔隙比 $e_1=0.97$。地下水位埋深为 3.4 m，地下水位以下土的饱和重度为 18.2 kN/m³。土的压缩系数：地下水位以上，$a_1=0.3$ MPa^{-1}；地下水位以下，$a_2=0.25$ MPa^{-1}。试计算该柱基础中点的最终沉降量。

【解】　(1) 绘制柱基础剖面图与地基土的剖面图

剖面图如图 4-19 所示。

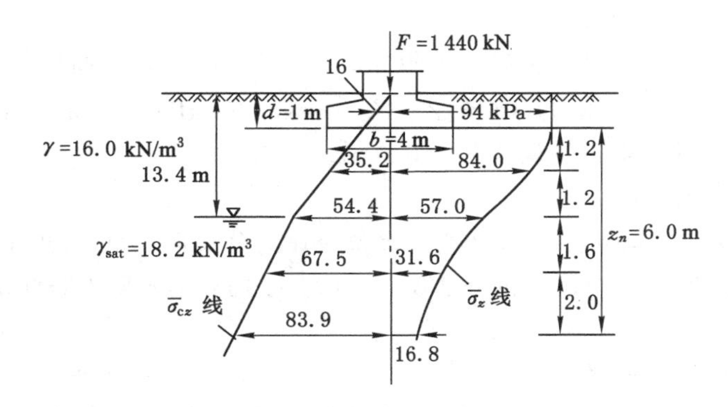

图 4-19　例 4-1 图

(2) 计算地基土的竖向有效自重应力 $\bar{\sigma}_{cz}$

基础底面：$\bar{\sigma}_{cz}=\gamma d=16.0\times1.0=16.0$ (kPa)。

地下水面：$\bar{\sigma}_{cz}=3.4\gamma=3.4\times16.0=54.4$ (kPa)。

地面下 $2b$ 处：$\bar{\sigma}_{cz}=3.4\gamma+(2b-3.4)\gamma'$

$=3.4\gamma+(2b-3.4)(\gamma_{sat}-\gamma_w)$

$=3.4\times16.0+(2\times4-3.4)\times(18.2-10.0)=92.1$ (kPa)

其分布曲线绘于图 4-19。

(3) 计算基底压力 p

取基础与其台阶上回填土的平均重度 $\gamma_G=20\ \mathrm{kN/m^3}$，则有：

$$p=\frac{F}{lb}+\gamma_G d=\frac{1\,440}{4.0\times4.0}+20\times1.0=110\ (\mathrm{kPa})$$

(4) 计算基底附加压力 p_0

$$p_0=p-\gamma d=110-16.0\times1.0=94\ (\mathrm{kPa})$$

(5) 计算基础中心点下地基中竖向有效附加应力 $\bar{\sigma}_z=\sigma_z$

基底为正方形，其上作用有均布荷载，可采用角点法计算基础中心点下竖向附加应力。将基底分成面积相等的 4 个小块，计算边长 $l=b=2$ m，则有：

$$\sigma_z=4\alpha_c p_0$$

其中竖向附加应力系数 α_c 查表 3-11，计算结果列于表 4-5，其分布曲线绘于图 4-19。

表 4-5　竖向有效附加应力的计算

深度 z/m	l/b	z/b	竖向附加应力系数 α_c	$\bar{\sigma}_z$/kPa
0.0	1.0	0.0	0.250 0	94.0
1.2	1.0	0.6	0.222 9	84.0
2.4	1.0	1.2	0.151 6	57.0
4.0	1.0	2.0	0.084 0	31.6
6.0	1.0	3.0	0.044 7	16.8

(6) 确定地基变形计算深度 z_n

由图 4-19 中的 $\bar{\sigma}_{cz}$ 和 $\bar{\sigma}_z$ 分布曲线，寻找(试算)使 $\bar{\sigma}_z=0.2\bar{\sigma}_{cz}$ 成立的深度，即可压缩层的下限。

当 $z=6$ m 时，由表 4-5 可知竖向有效附加应力 $\bar{\sigma}_z=16.8$ kPa，而此处竖向有效自重应力 $\bar{\sigma}_{cz}=3.4\times16.0+(6+1-3.4)\times(18.2-10.0)=83.9$ (kPa)，$\bar{\sigma}_z/\bar{\sigma}_{cz}=16.8/83.9\approx0.2$，故通过试算可确定地基变形计算深度 $z_n=6.0$ m。

(7) 地基剖面人为分层

通常每层厚度 $h_i\leqslant0.4b=1.6$ m，且地下水位应作为分层面。所以，地下水位以上 2.4 m 分 2 层，每层 1.2 m；地下水位以下也分 2 层，第 3 层 1.6 m，第 4 层因竖向附加应力很小，可取 2.0 m。

(8) 计算各土层的压缩量

因已知压缩系数 a 和天然孔隙比 e_1，故采用式(4-23)计算各层土的压缩量，计算过程见表 4-6。

表 4-6　例 4-1 各层土压缩量的计算

土层编号	土层厚度 h_i/m	土的压缩系数 $a_i/\mathrm{MPa^{-1}}$	天然孔隙比 e_{1i}	竖向有效附加应力平均值 $\bar{\sigma}_{zi}$/kPa	压缩量 s_i/mm
1	1.2	0.30	0.97	(94+84)/2=89.0	16.3
2	1.2	0.30	0.97	(84+57)/2=70.5	12.9
3	1.6	0.25	0.97	(57+31.6)/2=44.3	9.0
4	2.0	0.25	0.97	(31.6+16.8)/2=24.2	6.1

(9) 柱基中点的最终沉降量

$$s = \sum_{i=1}^{4} s_i = 16.3 + 12.9 + 9.0 + 6.1 = 44.3\ (\text{mm})$$

此例题是根据压缩系数 a 进行计算的。如前所述，压缩系数 a 和压缩模量 E_s 均与 $\bar{\sigma}_1$ 和 $\bar{\sigma}_2$ 的大小有关。因此，在地基最终沉降量计算中，比较合理的做法是根据实际竖向有效应力的大小在压缩曲线上取相应的孔隙比来计算，即按式(4-22)进行计算。下面用例题进行说明。

【例 4-2】　某厂房为框架结构，柱基底面为正方形，边长 $l=b=4.0$ m，基础埋深 $d=1.0$ m。上部结构传至该基础顶面的垂直荷载 $F=1\ 440$ kN。地基土为粉质黏土，土的天然重度 $\gamma=16.0$ kN/m³，地下水位埋深 3.4 m，地下水位以下土的饱和重度 $\gamma_{sat}=18.2$ kN/m³。通过现场取样，并经室内侧限压缩试验测得粉质黏土的 e-$\bar{\sigma}$ 关系曲线如图 4-20 所示。试计算该柱基中点的最终沉降量。

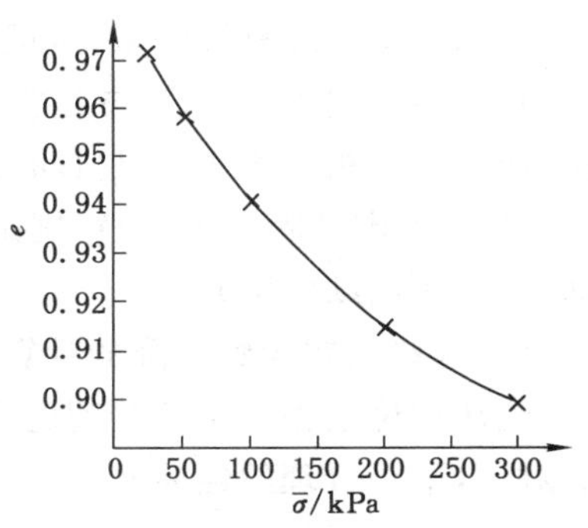

图 4-20　例 4-2 粉质黏土的 e-$\bar{\sigma}$ 关系曲线

【解】　计算步骤(1)至(7)同例 4-1。

(8) 计算各土层的压缩量

因已知土的 e-$\bar{\sigma}$ 关系曲线，故采用式(4-22)计算各层土的压缩量，计算过程见表 4-7。

表 4-7　例 4-2 各层土压缩量的计算

土层编号	土层厚度 h_i/mm	竖向有效自重应力平均值 $\bar{\sigma}_{1i}$/kPa	竖向有效附加应力平均值 $\bar{\sigma}_{zi}$/kPa	$\bar{\sigma}_{2i}=\bar{\sigma}_{1i}+\bar{\sigma}_{zi}$ / kPa	e_{1i}	e_{2i}	$\frac{e_{1i}-e_{2i}}{1+e_{1i}}$	压缩量 s_i/mm
1	1 200	25.6	89.0	114.6	0.970	0.937	0.016 8	20.2
2	1 200	44.8	70.5	115.3	0.960	0.936	0.012 2	14.6
3	1 600	61.0	44.3	105.3	0.954	0.940	0.007 2	11.5
4	2 000	75.7	24.2	99.9	0.948	0.941	0.003 6	7.2

(9) 柱基中点的最终沉降量

$$s = \sum_{i=1}^{4} s_i = 20.2 + 14.6 + 11.5 + 7.2 = 53.5\ (\text{mm})$$

由此可以看出室内侧限压缩试验提供的结果形式对地基最终沉降量的计算是有影响的。总的来说，利用压缩曲线进行地基最终沉降量的计算更准确。

(四) 讨论

采用分层总和法计算地基最终沉降量的优点是概念明确，计算过程及变形指标的选取比较方便，易掌握，特别适用于地基为成层土的情况。除了可用于计算基底中心点的最终沉降量之外，还适用于以下几种情况：① 计算荷载面积以外某点的沉降，可先用角点法计算该点下竖向附加应力的分布，然后再分层计算；② 计算基础倾斜时，先计算基础两边缘点下竖向附加应力的分布，再按分层总和法求出基础两边缘点的不同沉降值，以其沉降差值除以基础宽度即可得到倾斜角度；③ 当旧桥加宽时，为考虑加宽部分对原有墩台的影响，也可先用角点法计算加宽荷载在原有墩台下引起的竖向附加应力分布，再按分层总和法计算加宽部分的荷载引起的原有墩台的沉降量和倾斜值。这些优点使分层总和法在工程实践中得到了广泛的应用。

但是分层总和法存在如下几个方面的问题：

(1) 分层总和法采用弹性理论计算地基中的竖向附加应力 σ_z，用室内侧限压缩试验获得的 $e\text{-}\bar{\sigma}$ 关系曲线计算地基最终沉降量，这与地基中的实际应力和变形情况有较大出入。

(2) 对于压缩性指标，试验条件决定了其精确度，而使用时的选择又影响计算结果，如采用 $a_{1\text{-}2}$ 或 $E_{s(1\text{-}2)}$ 计算沉降量，这就会得到更粗略的结果。

(3) 压缩层下限的确定方法没有严格的理论根据。研究表明：上述确定压缩层下限的方法，使计算结果产生 10%左右的误差。

(4) 未考虑细颗粒土体，特别是在黏性土，固结完成后由于土骨架的蠕变变形所引起的沉降(称为次固结沉降)。

以上这些问题导致沉降的计算值与实测值不完全相符。改进分层总和法的研究结果表明：单纯从理论上去解决这些问题是有困难的。因此，更多的是通过不同工程对象的实测资料的对比，采用合理的经验修正系数去修正理论计算值，以满足工程精度要求。例如，经过大量的调查研究发现沉降计算值和实测值虽然有出入，但其差值与土质的关系却有一定的规律性。我国学者根据统计分析得到了沉降计算经验系数 m_s 的值(表 4-8)，计算结果按式(4-28)进行修正。应用表明经过修正的沉降量比较接近实测结果。

$$s = \sum_{i=1}^{n} m_s s_i \tag{4-28}$$

式中 m_s——沉降计算经验系数，查表 4-8。

表 4-8 沉降计算经验系数 m_s

压缩模量 E_s/MPa	$E_s \leqslant 4$	$4 < E_s \leqslant 7$	$7 < E_s \leqslant 15$	$15 < E_s \leqslant 20$	$E_s > 20$
m_s	1.8～1.1	1.1～0.8	0.8～0.4	0.4～0.2	0.2

三、应力面积法

《公路桥涵地基与基础设计规范》(JTG 3363—2019)和《建筑地基基础设计规范》(GB 50007—2011)(以下简称《规范》)中的地基沉降计算方法，是一种简化的分层总和法，引入了平均竖向附加应力系数，并在总结大量实践经验的基础上重新规定了地基变形计算深度的标准及地基沉降计算经验系数 ψ_s。

(一) 计算公式

《规范》中的地基最终沉降量计算公式为：

$$s = \Psi_s s' = \Psi_s \sum_{i=1}^{n} \frac{p_0}{E_{si}} (\bar{\alpha}_i z_i - \bar{\alpha}_{i-1} z_{i-1}) \tag{4-29}$$

式中 s——地基最终沉降量，mm；

s'——地基最终沉降量理论计算值，mm；

Ψ_s——沉降计算经验系数，根据地区沉降观测资料和经验确定，无地区经验时可查表 4-9；

n——地基变形计算深度范围内的天然土层数；

p_0——基底附加压力，kPa；

E_{si}——第 i 层土的压缩模量，MPa；

z_i、z_{i-1}——基底至第 i 层土、第 $i-1$ 层土底面的垂直距离，m；

$\bar{\alpha}_i$、$\bar{\alpha}_{i-1}$——基底计算点至第 i 层土、第 $i-1$ 层土底面范围内平均竖向附加应力系数，可查表 4-10 至表 4-14。

表 4-9　沉降计算经验系数 Ψ_s

基底附加压力 p_0/kPa	压缩模量 $\bar{E}_s$/MPa				
	2.5	4.0	7.0	15.0	20.0
$p_0 \geqslant f_{ak}$（或$[f_{a0}]$）	1.40	1.30	1.00	0.40	0.20
$p_0 \leqslant 0.75 f_{ak}$（或 $0.75[f_{a0}]$）	1.10	1.00	0.70	0.40	0.20

注：表中 $\bar{E}_s$ 为沉降计算深度范围内压缩模量的当量值，即 $\bar{E}_s = \dfrac{\sum A_i}{\sum A_i / E_{si}}$，$A_i$ 为第 i 层土的竖向附加应力系数沿土层厚度的积分值，$A_i = \bar{\alpha}_i z_i - \bar{\alpha}_{i-1} z_{i-1}$。

表 4-10　矩形面积上均布荷载作用下通过中心点竖直线上的平均竖向附加应力系数 $\bar{\alpha}$

z/b	l/b												
	1.0	1.2	1.4	1.6	1.8	2.0	2.4	2.8	3.2	3.6	4.0	5.0	≥10（条形）
0.0	1.000	1.000	1.000	1.000	1.000	1.000	1.000	1.000	1.000	1.000	1.000	1.000	1.000
0.1	0.997	0.998	0.998	0.998	0.998	0.998	0.998	0.998	0.998	0.998	0.998	0.998	0.998
0.2	0.987	0.990	0.991	0.992	0.992	0.992	0.993	0.993	0.993	0.993	0.993	0.993	0.993
0.3	0.967	0.973	0.976	0.978	0.979	0.979	0.980	0.980	0.981	0.981	0.981	0.981	0.981
0.4	0.936	0.947	0.953	0.956	0.958	0.965	0.961	0.962	0.962	0.963	0.963	0.963	0.963
0.5	0.900	0.915	0.924	0.929	0.933	0.935	0.937	0.939	0.939	0.940	0.940	0.940	0.940
0.6	0.858	0.878	0.890	0.898	0.903	0.906	0.910	0.912	0.913	0.914	0.914	0.915	0.915
0.7	0.816	0.840	0.855	0.865	0.871	0.876	0.881	0.884	0.885	0.886	0.887	0.887	0.888
0.8	0.775	0.801	0.819	0.831	0.839	0.844	0.851	0.855	0.857	0.858	0.859	0.860	0.860
0.9	0.735	0.764	0.784	0.797	0.806	0.813	0.821	0.826	0.829	0.830	0.831	0.832	0.833
1.0	0.698	0.728	0.749	0.764	0.775	0.783	0.792	0.798	0.801	0.803	0.804	0.806	0.807
1.1	0.663	0.694	0.717	0.733	0.744	0.753	0.764	0.771	0.775	0.777	0.779	0.780	0.782
1.2	0.631	0.663	0.686	0.703	0.715	0.725	0.737	0.744	0.749	0.752	0.754	0.756	0.758
1.3	0.601	0.633	0.657	0.674	0.688	0.698	0.711	0.719	0.725	0.728	0.730	0.733	0.735
1.4	0.573	0.605	0.629	0.648	0.661	0.672	0.687	0.696	0.701	0.705	0.708	0.711	0.714
1.5	0.548	0.580	0.604	0.622	0.637	0.648	0.664	0.673	0.679	0.683	0.686	0.690	0.693
1.6	0.524	0.556	0.580	0.599	0.613	0.625	0.641	0.651	0.658	0.663	0.666	0.670	0.676
1.7	0.502	0.533	0.558	0.577	0.591	0.603	0.620	0.631	0.638	0.643	0.646	0.651	0.656

表 4-10(续)

z/b	l/b												
	1.0	1.2	1.4	1.6	1.8	2.0	2.4	2.8	3.2	3.6	4.0	5.0	≥10(条形)
1.8	0.482	0.513	0.537	0.556	0.571	0.583	0.600	0.611	0.619	0.624	0.629	0.633	0.638
1.9	0.463	0.493	0.517	0.536	0.551	0.563	0.581	0.593	0.601	0.606	0.610	0.616	0.622
2.0	0.446	0.475	0.499	0.518	0.533	0.545	0.563	0.575	0.584	0.590	0.594	0.600	0.606
2.1	0.429	0.459	0.482	0.500	0.515	0.528	0.546	0.559	0.567	0.574	0.578	0.585	0.591
2.2	0.414	0.443	0.466	0.484	0.499	0.511	0.530	0.543	0.552	0.558	0.563	0.570	0.577
2.3	0.400	0.428	0.451	0.469	0.484	0.496	0.515	0.528	0.537	0.544	0.548	0.556	0.564
2.4	0.387	0.414	0.436	0.454	0.469	0.481	0.500	0.513	0.523	0.530	0.535	0.543	0.551
2.5	0.374	0.401	0.423	0.441	0.455	0.468	0.486	0.500	0.509	0.516	0.522	0.530	0.539
2.6	0.362	0.389	0.410	0.428	0.442	0.455	0.473	0.487	0.496	0.504	0.509	0.518	0.528
2.7	0.351	0.377	0.398	0.416	0.430	0.442	0.461	0.474	0.484	0.492	0.497	0.506	0.517
2.8	0.341	0.366	0.387	0.404	0.418	0.430	0.449	0.463	0.472	0.480	0.486	0.495	0.506
2.9	0.331	0.356	0.377	0.393	0.407	0.419	0.438	0.451	0.461	0.469	0.475	0.485	0.496
3.0	0.322	0.346	0.366	0.383	0.397	0.409	0.427	0.441	0.451	0.459	0.465	0.474	0.487
3.1	0.313	0.337	0.357	0.373	0.387	0.398	0.417	0.430	0.440	0.448	0.454	0.464	0.477
3.2	0.305	0.328	0.348	0.364	0.377	0.389	0.407	0.420	0.431	0.439	0.445	0.455	0.468
3.3	0.297	0.320	0.339	0.355	0.368	0.379	0.397	0.411	0.421	0.429	0.436	0.446	0.460
3.4	0.289	0.312	0.331	0.346	0.359	0.371	0.388	0.402	0.412	0.420	0.427	0.437	0.452
3.5	0.282	0.304	0.323	0.338	0.351	0.362	0.380	0.393	0.403	0.412	0.418	0.429	0.444
3.6	0.276	0.297	0.315	0.330	0.343	0.354	0.372	0.385	0.395	0.403	0.410	0.421	0.436
3.7	0.269	0.290	0.308	0.323	0.335	0.346	0.364	0.377	0.387	0.395	0.402	0.413	0.429
3.8	0.263	0.284	0.301	0.316	0.328	0.339	0.356	0.369	0.379	0.388	0.394	0.405	0.422
3.9	0.257	0.277	0.294	0.309	0.321	0.332	0.349	0.362	0.372	0.380	0.387	0.398	0.415
4.0	0.251	0.271	0.288	0.302	0.314	0.325	0.342	0.355	0.365	0.373	0.379	0.391	0.408
4.1	0.246	0.265	0.282	0.296	0.308	0.318	0.335	0.348	0.358	0.366	0.372	0.384	0.402
4.2	0.241	0.260	0.276	0.290	0.302	0.312	0.328	0.341	0.352	0.359	0.366	0.377	0.396
4.3	0.236	0.255	0.270	0.284	0.296	0.306	0.322	0.335	0.345	0.353	0.359	0.371	0.390
4.4	0.231	0.250	0.265	0.278	0.290	0.300	0.316	0.329	0.339	0.347	0.353	0.365	0.384
4.5	0.226	0.245	0.260	0.273	0.285	0.294	0.310	0.323	0.333	0.341	0.347	0.359	0.378
4.6	0.222	0.240	0.255	0.268	0.279	0.289	0.305	0.317	0.327	0.335	0.341	0.353	0.373
4.7	0.218	0.235	0.250	0.263	0.274	0.284	0.299	0.312	0.321	0.329	0.336	0.347	0.367
4.8	0.214	0.231	0.245	0.258	0.269	0.279	0.294	0.306	0.316	0.324	0.330	0.342	0.362
4.9	0.210	0.227	0.241	0.253	0.265	0.274	0.289	0.301	0.311	0.319	0.325	0.337	0.357
5.0	0.206	0.223	0.237	0.249	0.260	0.269	0.284	0.296	0.306	0.313	0.320	0.332	0.352

注：b 为矩形的短边；l 为矩形的长边；z 为从荷载作用平面起算的深度。

表 4-11　矩形面积上均布荷载作用下通过角点竖直线上的平均竖向附加应力系数 $\bar{\alpha}$

z/b	l/b											
	1.0	1.2	1.4	1.6	1.8	2.0	2.4	2.8	3.2	3.6	4.0	5.0	≥10（条形）
0.0	0.250 0	0.250 0	0.250 0	0.250 0	0.250 0	0.250 0	0.250 0	0.250 0	0.250 0	0.250 0	0.250 0	0.250 0	0.250 0
0.2	0.249 6	0.249 7	0.249 7	0.249 8	0.249 8	0.249 8	0.249 8	0.249 8	0.249 8	0.249 8	0.249 8	0.249 8	0.249 8
0.4	0.247 4	0.247 9	0.248 1	0.248 3	0.248 3	0.248 4	0.248 5	0.248 5	0.248 5	0.248 5	0.248 5	0.248 5	0.248 5
0.6	0.242 3	0.243 7	0.244 4	0.244 8	0.245 1	0.245 2	0.245 4	0.245 5	0.245 5	0.245 5	0.245 5	0.245 5	0.245 6
0.8	0.234 6	0.237 2	0.238 7	0.239 5	0.240 0	0.240 3	0.240 7	0.240 8	0.240 9	0.240 9	0.241 0	0.241 0	0.241 0
1.0	0.225 2	0.229 1	0.231 3	0.232 6	0.233 5	0.234 0	0.234 6	0.234 9	0.235 1	0.235 2	0.235 2	0.235 3	0.235 3
1.2	0.214 9	0.219 9	0.222 9	0.224 8	0.226 0	0.226 8	0.227 8	0.228 2	0.228 5	0.228 6	0.228 7	0.228 8	0.228 9
1.4	0.204 3	0.210 2	0.214 0	0.216 4	0.218 0	0.219 1	0.220 4	0.221 1	0.221 5	0.221 7	0.221 8	0.222 0	0.222 1
1.6	0.193 9	0.200 0	0.204 9	0.207 9	0.209 9	0.211 3	0.213 0	0.213 8	0.214 3	0.214 6	0.214 8	0.215 0	0.215 2
1.8	0.184 0	0.191 2	0.190 0	0.199 4	0.201 8	0.203 4	0.205 5	0.206 6	0.207 3	0.207 7	0.207 9	0.208 2	0.208 4
2.0	0.174 6	0.182 2	0.187 5	0.191 2	0.193 8	0.195 8	0.198 2	0.199 6	0.200 4	0.200 9	0.201 2	0.201 5	0.201 8
2.2	0.165 9	0.173 7	0.179 3	0.183 3	0.186 2	0.188 3	0.191 1	0.192 7	0.193 7	0.194 3	0.194 7	0.195 2	0.195 5
2.4	0.157 8	0.165 7	0.171 5	0.175 7	0.178 9	0.181 2	0.184 3	0.186 2	0.187 3	0.188 0	0.188 5	0.189 0	0.189 5
2.6	0.150 3	0.158 3	0.164 2	0.168 6	0.171 9	0.174 5	0.177 9	0.179 9	0.181 2	0.182 0	0.182 5	0.183 2	0.183 8
2.8	0.143 3	0.151 4	0.157 4	0.161 9	0.165 4	0.168 0	0.171 7	0.173 9	0.175 3	0.176 3	0.176 9	0.177 7	0.173 4
3.0	0.136 9	0.144 9	0.151 0	0.155 6	0.159 2	0.161 9	0.165 8	0.168 2	0.169 8	0.170 8	0.171 5	0.172 5	0.173 3
3.2	0.131 0	0.139 0	0.145 0	0.149 7	0.153 3	0.156 2	0.160 2	0.162 8	0.164 5	0.165 7	0.166 4	0.167 5	0.168 5
3.4	0.125 6	0.133 4	0.139 4	0.144 1	0.147 8	0.150 8	0.155 0	0.157 7	0.159 5	0.160 7	0.161 6	0.162 8	0.163 9
3.6	0.120 5	0.128 2	0.134 2	0.138 9	0.142 7	0.145 6	0.150 0	0.152 8	0.154 8	0.156 1	0.157 0	0.158 3	0.159 5
3.8	0.115 8	0.123 4	0.129 3	0.134 0	0.137 8	0.140 8	0.145 2	0.148 2	0.150 2	0.151 6	0.152 6	0.154 1	0.155 4
4.0	0.111 4	0.118 9	0.124 8	0.129 4	0.133 2	0.136 2	0.140 8	0.143 8	0.145 9	0.147 4	0.148 5	0.150 0	0.151 6
4.2	0.107 3	0.114 7	0.120 5	0.125 1	0.128 9	0.131 9	0.136 5	0.139 6	0.141 8	0.143 4	0.144 5	0.146 2	0.147 9
4.4	0.103 5	0.110 7	0.116 4	0.121 0	0.124 8	0.127 9	0.132 5	0.135 7	0.137 9	0.139 6	0.140 7	0.142 5	0.144 4
4.6	0.100 0	0.107 0	0.112 7	0.117 2	0.120 9	0.124 0	0.128 7	0.131 9	0.134 2	0.135 9	0.137 1	0.139 0	0.141 0
4.8	0.096 7	0.103 6	0.109 1	0.113 6	0.117 3	0.120 4	0.125 0	0.128 3	0.130 7	0.132 4	0.133 7	0.135 7	0.137 9
5.0	0.093 5	0.100 3	0.105 7	0.110 2	0.113 9	0.116 9	0.121 6	0.124 9	0.127 3	0.129 1	0.130 4	0.132 5	0.134 8
5.2	0.090 6	0.097 2	0.102 6	0.107 0	0.110 6	0.113 6	0.118 3	0.121 7	0.124 1	0.125 9	0.127 3	0.129 5	0.133 0
5.4	0.087 8	0.094 3	0.099 6	0.103 9	0.107 5	0.110 5	0.115 2	0.118 6	0.121 1	0.122 9	0.124 3	0.126 5	0.129 2
5.6	0.085 2	0.091 6	0.096 8	0.101 0	0.104 6	0.107 6	0.112 2	0.115 6	0.118 1	0.120 0	0.121 5	0.123 8	0.126 6
5.8	0.082 8	0.089 0	0.094 1	0.098 3	0.101 8	0.104 7	0.109 4	0.112 8	0.115 3	0.117 2	0.118 7	0.121 1	0.124 0
6.0	0.080 5	0.086 6	0.091 6	0.095 7	0.099 1	0.102 1	0.106 7	0.110 1	0.112 6	0.114 6	0.116 1	0.118 5	0.121 6

表 4-11(续)

z/b	l/b												
	1.0	1.2	1.4	1.6	1.8	2.0	2.4	2.8	3.2	3.6	4.0	5.0	≥10（条形）
6.2	0.078 3	0.084 2	0.089 1	0.093 2	0.096 6	0.099 5	0.104 1	0.107 5	0.110 1	0.112 0	0.113 6	0.116 1	0.119 3
6.4	0.076 2	0.082 0	0.086 9	0.090 9	0.094 2	0.097 1	0.101 6	0.105 0	0.107 6	0.109 6	0.111 1	0.113 7	0.117 1
6.6	0.074 2	0.079 9	0.084 7	0.088 6	0.091 9	0.094 8	0.099 3	0.102 7	0.105 3	0.107 3	0.108 8	0.111 4	0.114 9
6.8	0.072 3	0.077 9	0.082 6	0.086 5	0.089 8	0.092 6	0.097 0	0.100 4	0.103 0	0.105 0	0.106 6	0.109 2	0.112 9
7.0	0.070 5	0.076 1	0.080 6	0.084 4	0.087 7	0.090 4	0.094 9	0.098 2	0.100 8	0.102 8	0.104 4	0.107 1	0.110 9
7.2	0.068 8	0.074 2	0.078 7	0.082 5	0.085 7	0.088 4	0.092 8	0.096 2	0.098 7	0.100 8	0.102 3	0.105 1	0.109 0
7.4	0.067 2	0.072 5	0.076 9	0.080 6	0.083 8	0.086 5	0.090 8	0.094 2	0.096 7	0.098 8	0.100 4	0.103 1	0.107 1
7.6	0.065 6	0.070 9	0.075 2	0.078 9	0.082 0	0.084 6	0.088 9	0.092 2	0.094 8	0.096 3	0.098 4	0.101 2	0.105 4
7.8	0.064 2	0.069 3	0.073 6	0.077 1	0.080 2	0.082 8	0.087 1	0.090 4	0.092 9	0.095 0	0.096 6	0.099 4	0.103 6
8.0	0.062 7	0.067 8	0.072 0	0.075 5	0.078 5	0.081 1	0.085 3	0.088 6	0.091 2	0.093 2	0.094 8	0.097 6	0.102 0
8.2	0.061 4	0.066 3	0.070 5	0.073 9	0.076 9	0.079 5	0.083 7	0.086 9	0.089 4	0.091 4	0.093 1	0.095 9	0.100 4
8.4	0.060 1	0.064 9	0.069 0	0.072 4	0.075 4	0.077 9	0.082 0	0.085 2	0.087 8	0.089 8	0.091 4	0.094 3	0.098 8
8.6	0.058 8	0.063 6	0.067 6	0.071 0	0.073 9	0.076 4	0.080 5	0.083 6	0.086 2	0.088 2	0.089 8	0.092 7	0.097 3
8.8	0.057 6	0.062 3	0.066 3	0.069 6	0.072 4	0.074 9	0.079 0	0.082 1	0.084 6	0.086 6	0.088 2	0.091 2	0.095 9
9.2	0.055 4	0.059 9	0.063 7	0.067 0	0.069 7	0.072 1	0.076 1	0.079 2	0.081 7	0.083 7	0.085 3	0.088 2	0.093 1
9.6	0.053 3	0.057 7	0.061 4	0.064 5	0.067 2	0.069 6	0.073 4	0.076 5	0.078 9	0.080 9	0.082 5	0.085 5	0.090 5
10.0	0.051 4	0.055 6	0.059 2	0.062 2	0.064 9	0.067 2	0.071 0	0.073 9	0.076 3	0.078 3	0.079 9	0.082 9	0.088 0
10.4	0.049 6	0.053 7	0.057 2	0.060 1	0.062 7	0.064 9	0.068 6	0.071 6	0.073 9	0.075 9	0.077 5	0.080 4	0.085 7
10.8	0.047 9	0.051 9	0.055 3	0.058 1	0.060 6	0.062 8	0.066 4	0.069 3	0.071 7	0.073 6	0.075 1	0.078 1	0.083 4
11.2	0.046 3	0.050 2	0.053 5	0.056 3	0.058 7	0.060 9	0.064 4	0.067 2	0.069 5	0.071 4	0.073 0	0.075 9	0.081 3
11.6	0.044 8	0.048 6	0.051 8	0.054 5	0.056 9	0.059 0	0.062 5	0.065 2	0.067 5	0.069 4	0.070 9	0.073 8	0.079 3
12.0	0.043 5	0.047 1	0.050 2	0.052 9	0.055 2	0.057 3	0.060 6	0.063 4	0.065 6	0.067 4	0.069 0	0.071 9	0.077 4
12.8	0.040 9	0.044 4	0.047 4	0.049 9	0.052 1	0.054 1	0.057 3	0.059 9	0.062 1	0.063 9	0.065 4	0.068 2	0.073 9
13.6	0.038 7	0.042 0	0.044 8	0.047 2	0.049 3	0.051 2	0.054 3	0.056 8	0.058 9	0.060 7	0.062 1	0.064 9	0.070 7
14.4	0.036 7	0.039 8	0.042 5	0.044 8	0.046 8	0.048 6	0.051 6	0.054 0	0.056 1	0.057 7	0.059 2	0.061 9	0.067 7
15.2	0.034 9	0.037 9	0.040 4	0.042 6	0.044 6	0.046 3	0.049 2	0.051 5	0.053 5	0.055 1	0.056 5	0.059 2	0.065 0
16.0	0.033 2	0.036 1	0.038 5	0.040 7	0.042 5	0.044 2	0.046 9	0.049 2	0.051 1	0.052 7	0.054 0	0.056 7	0.062 5
18.0	0.029 7	0.032 3	0.034 5	0.036 4	0.038 1	0.039 6	0.042 2	0.044 2	0.046 0	0.047 5	0.048 7	0.051 2	0.057 0
20.0	0.026 9	0.029 2	0.031 2	0.033 0	0.034 5	0.035 9	0.038 3	0.040 2	0.041 8	0.043 2	0.044 4	0.046 8	0.052 4

表 4-12　矩形面积上三角形分布荷载作用下通过角点竖直线上的平均竖向附加应力系数 $\bar{\alpha}$ 值

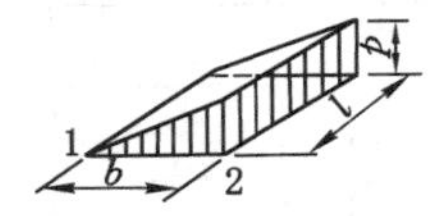

z/b	l/b													
	0.2		0.4		0.6		0.8		1.0		1.2		1.4	
	点													
	1	2	1	2	1	2	1	2	1	2	1	2	1	2
0.0	0.000 0	0.250 0	0.000 0	0.250 0	0.000 0	0.250 0	0.000 0	0.250 0	0.000 0	0.250 0	0.000 0	0.250 0	0.000 0	0.250 0
0.2	0.011 2	0.216 1	0.014 0	0.230 8	0.014 8	0.233 3	0.015 1	0.233 9	0.015 2	0.234 1	0.015 3	0.234 2	0.015 3	0.234 3
0.4	0.017 9	0.181 0	0.024 5	0.208 4	0.027 0	0.215 3	0.028 0	0.217 5	0.028 5	0.218 4	0.028 8	0.218 7	0.028 9	0.218 9
0.6	0.020 7	0.150 5	0.030 8	0.185 1	0.035 5	0.196 6	0.037 6	0.201 1	0.038 8	0.230	0.039 4	0.203 9	0.039 7	0.204 3
0.8	0.021 7	0.127 7	0.034 0	0.164 0	0.040 5	0.178 7	0.044 0	0.185 2	0.045 9	0.188 3	0.047 0	0.189 9	0.047 6	0.190 7
1.0	0.021 7	0.110 4	0.035 1	0.146 1	0.043 0	0.162 4	0.047 6	0.170 4	0.050 2	0.174 6	0.051 8	0.176 9	0.052 8	0.178 1
1.2	0.021 2	0.097 0	0.035 1	0.131 2	0.043 9	0.148 0	0.049 2	0.157 1	0.052 5	0.162 1	0.054 6	0.164 9	0.056 0	0.166 6
1.4	0.020 4	0.086 5	0.034 4	0.118 7	0.043 6	0.135 6	0.049 5	0.145 1	0.053 4	0.150 7	0.055 9	0.154 1	0.057 5	0.156 2
1.6	0.019 5	0.077 9	0.033 3	0.108 2	0.042 7	0.124 7	0.049 0	0.134 5	0.053 3	0.140 5	0.056 1	0.144 3	0.058 0	0.146 7
1.8	0.018 6	0.070 9	0.032 1	0.099 3	0.041 5	0.115 3	0.048 0	0.125 2	0.052 5	0.131 3	0.055 6	0.135 4	0.057 8	0.138 1
2.0	0.017 8	0.065 0	0.030 8	0.091 7	0.040 1	0.107 1	0.046 7	0.116 9	0.051 3	0.123 2	0.054 7	0.127 4	0.057 0	0.130 3
2.5	0.015 7	0.053 8	0.027 6	0.076 9	0.036 5	0.090 8	0.042 9	0.100 0	0.047 8	0.106 3	0.051 3	0.110 7	0.054 0	0.113 9
3.0	0.014 0	0.045 8	0.024 8	0.066 1	0.033 0	0.078 6	0.039 2	0.087 1	0.043 9	0.093 1	0.047 6	0.097 6	0.050 3	0.100 8
5.0	0.009 7	0.028 9	0.017 5	0.042 4	0.023 6	0.047 6	0.028 5	0.057 6	0.032 4	0.062 4	0.035 6	0.066 1	0.038 2	0.069 0
7.0	0.007 3	0.021 1	0.013 3	0.031 1	0.018 0	0.035 2	0.021 9	0.042 7	0.025 1	0.046 5	0.027 7	0.049 6	0.029 9	0.052 0
10.0	0.005 3	0.015 0	0.009 7	0.022 2	0.013 3	0.025 3	0.016 2	0.030 8	0.018 6	0.033 6	0.020 7	0.035 9	0.022 4	0.037 6

z/b	l/b													
	1.6		1.8		2.0		3.0		4.0		6.0		≥10.0（条形）	
	点													
	1	2	1	2	1	2	1	2	1	2	1	2	1	2
0.0	0.000 0	0.250 0	0.000 0	0.250 0	0.000 0	0.250 0	0.000 0	0.250 0	0.000 0	0.250 0	0.000 0	0.250 0	0.000 0	0.250 0
0.2	0.015 3	0.234 3	0.015 3	0.234 3	0.015 3	0.234 3	0.015 3	0.234 3	0.015 3	0.234 3	0.015 3	0.234 3	0.015 3	0.234 3
0.4	0.029 0	0.219 0	0.029 0	0.219 0	0.029 0	0.219 1	0.029 0	0.219 2	0.029 1	0.219 2	0.029 1	0.219 2	0.029 1	0.219 2
0.6	0.039 9	0.204 6	0.040 0	0.204 7	0.040 1	0.204 8	0.040 2	0.205 0	0.040 2	0.205 0	0.040 2	0.205 0	0.040 2	0.205 0
0.8	0.048 0	0.191 2	0.048 2	0.191 5	0.048 3	0.191 7	0.048 6	0.192 0	0.048 7	0.192 0	0.048 7	0.192 1	0.048 7	0.192 1
1.0	0.053 4	0.178 9	0.053 8	0.179 4	0.054 0	0.179 7	0.054 5	0.180 3	0.054 6	0.180 3	0.054 6	0.180 4	0.054 6	0.180 4

表 4-12(续)

z/b	l/b													
	1.6		1.8		2.0		3.0		4.0		6.0		≥10.0 (条形)	
	点													
	1	2	1	2	1	2	1	2	1	2	1	2	1	2
1.2	0.056 8	0.167 8	0.057 4	0.168 4	0.057 7	0.168 9	0.058 4	0.169 7	0.058 6	0.169 9	0.058 7	0.170 0	0.058 7	0.170 0
1.4	0.058 6	0.157 6	0.059 4	0.158 5	0.059 6	0.159 1	0.060 9	0.160 3	0.061 2	0.160 5	0.061 3	0.160 6	0.061 3	0.160 6
1.6	0.059 4	0.148 4	0.060 3	0.149 4	0.060 9	0.150 2	0.062 3	0.151 7	0.062 6	0.152 1	0.062 8	0.152 3	0.062 8	0.152 3
1.8	0.059 3	0.140 0	0.060 4	0.141 3	0.061 1	0.142 2	0.062 8	0.144 1	0.063 3	0.144 5	0.063 5	0.144 7	0.063 5	0.144 8
2.0	0.058 7	0.132 4	0.059 9	0.133 8	0.060 8	0.134 8	0.062 9	0.137 1	0.063 4	0.137 7	0.063 7	0.138 0	0.063 8	0.138 0
2.5	0.056 0	0.116 3	0.057 5	0.118 0	0.058 6	0.119 3	0.061 4	0.122 3	0.062 3	0.123 3	0.062 7	0.123 7	0.062 8	0.123 9
3.0	0.052 5	0.103 3	0.054 1	0.105 2	0.055 4	0.106 7	0.058 9	0.110 4	0.060 0	0.111 6	0.060 7	0.112 3	0.060 9	0.112 5
5.0	0.040 3	0.071 4	0.042 1	0.073 4	0.043 5	0.074 9	0.048 0	0.079 7	0.050 0	0.081 7	0.051 5	0.083 3	0.052 1	0.083 9
7.0	0.031 8	0.054 1	0.033 3	0.055 8	0.034 7	0.057 2	0.039 1	0.061 9	0.041 4	0.064 2	0.043 5	0.066 3	0.044 5	0.067 4
10.0	0.023 9	0.039 5	0.025 2	0.040 9	0.026 3	0.040 3	0.030 2	0.046 2	0.032 5	0.048 5	0.034 9	0.050 9	0.036 4	0.052 6

表 4-13　圆形面积上均布荷载作用下通过中心点竖直线上的平均竖向附加应力系数 $\bar{\alpha}$

z/R	点	z/R	点
	中心点		中心点
0.0	1.000	1.7	0.718
0.1	1.000	1.8	0.697
0.2	0.998	1.9	0.677
0.3	0.993	2.0	0.658
0.4	0.986	2.1	0.640
0.5	0.974	2.2	0.623
0.6	0.960	2.3	0.606
0.7	0.942	2.4	0.590
0.8	0.923	2.5	0.574
0.9	0.901	2.6	0.560
1.0	0.878	2.7	0.546
1.1	0.855	2.8	0.532
1.2	0.831	2.9	0.519
1.3	0.808	3.0	0.507
1.4	0.784	3.1	0.495
1.5	0.762	3.2	0.484
1.6	0.739	3.3	0.473

表 4-13(续)

z/R	点	z/R	点
	中心点		中心点
3.4	0.463	4.0	0.409
3.5	0.453	4.2	0.393
3.6	0.443	4.4	0.379
3.7	0.434	4.6	0.365
3.8	0.425	4.8	0.353
3.9	0.417	5.0	0.341

注:R 为圆形基底半径。

表 4-14　圆形面积上三角形分布荷载作用下通过零边点和最大值边点竖直线上的平均竖向附加应力系数 $\bar{\alpha}$

z/R	点		z/R	点	
	零边点(1)	最大值边点(2)		零边点(1)	最大值边点(2)
0.0	0.000	0.500	2.3	0.073	0.242
0.1	0.008	0.483	2.4	0.073	0.236
0.2	0.016	0.466	2.5	0.072	0.230
0.3	0.023	0.450	2.6	0.072	0.225
0.4	0.030	0.435	2.7	0.071	0.219
0.5	0.035	0.420	2.8	0.071	0.214
0.6	0.041	0.406	2.9	0.070	0.209
0.7	0.045	0.393	3.0	0.070	0.204
0.8	0.050	0.380	3.1	0.069	0.200
0.9	0.054	0.368	3.2	0.069	0.196
1.0	0.057	0.356	3.3	0.068	0.192
1.1	0.061	0.344	3.4	0.067	0.188
1.2	0.063	0.333	3.5	0.067	0.184
1.3	0.065	0.323	3.6	0.066	0.180
1.4	0.067	0.313	3.7	0.065	0.177
1.5	0.069	0.303	3.8	0.065	0.173
1.6	0.070	0.294	3.9	0.064	0.170
1.7	0.071	0.286	4.0	0.063	0.167
1.8	0.072	0.278	4.2	0.062	0.161
1.9	0.072	0.270	4.4	0.061	0.155
2.0	0.073	0.263	4.6	0.059	0.150
2.1	0.073	0.255	4.8	0.058	0.145
2.2	0.073	0.249	5.0	0.057	0.140

注:R 为圆形基底半径。

应当注意：平均竖向附加应力系数 $\bar{\alpha}_i$ 为基础底面计算点至第 i 层土底面范围内全部土层的附加应力系数平均值，而非地基中第 i 层土自身的竖向附加应力系数。

（二）计算公式的推导

如图 4-21 所示，若基底下 $z_{i-1} \sim z_i$ 深度范围内第 i 层土的侧限压缩模量为 E_{si}，则在竖向有效附加应力 $\bar{\sigma}_z$（计算地基最终沉降量时 $\bar{\sigma}_z = \sigma_z$）作用下，第 i 层土压缩变形量的理论计算公式为：

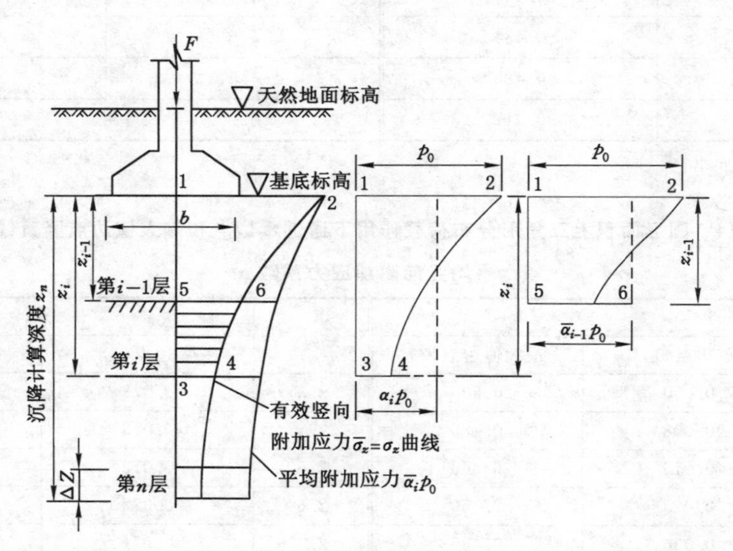

图 4-21　应力面积法计算公式的推导

$$s'_i = \int_{z_{i-1}}^{z_i} \varepsilon_z \mathrm{d}z = \int_{z_{i-1}}^{z_i} \frac{\bar{\sigma}_z}{E_{si}} \mathrm{d}z = \frac{1}{E_{si}} \int_{z_{i-1}}^{z_i} \bar{\sigma}_z \mathrm{d}z$$

$$= \frac{1}{E_{si}} \left(\int_0^{z_i} \bar{\sigma}_z \mathrm{d}z - \int_0^{z_{i-1}} \bar{\sigma}_z \mathrm{d}z \right) = \frac{1}{E_{si}} (A_{z_i} - A_{z_{i-1}}) \tag{4-30}$$

式中　A_{z_i}——基底计算点下 $0 \sim z_i$ 深度范围内竖向有效附加应力图面积，$A_{z_i} = \int_0^{z_i} \bar{\sigma}_z \mathrm{d}z$；

$A_{z_{i-1}}$——基底计算点下 $0 \sim z_{i-1}$ 深度范围内竖向有效附加应力图面积，$A_{z_{i-1}} = \int_0^{z_{i-1}} \bar{\sigma}_z \mathrm{d}z$；

E_{si}——第 i 层土的压缩模量，MPa。

令

$$\begin{cases} A_{z_i} = (\bar{\alpha}_i p_0) z_i \\ A_{z_{i-1}} = (\bar{\alpha}_{i-1} p_0) z_{i-1} \end{cases} \tag{4-31}$$

式中　$\bar{\alpha}_i p_0, \bar{\alpha}_{i-1} p_0$——基底计算点至第 i 层土、第 $i-1$ 层土底面范围内竖向有效附加应力的平均值，kPa；

$\bar{\alpha}_i, \bar{\alpha}_{i-1}$——基底计算点至第 i 层土、第 $i-1$ 层土底面范围内平均竖向附加应力系数。

则地基最终沉降量的理论计算值为：

$$s' = \sum_{i=1}^{n} s'_i = \sum_{i=1}^{n} \frac{p_0}{E_{si}} (\bar{\alpha}_i z_i - \bar{\alpha}_{i-1} z_{i-1}) \tag{4-32}$$

根据前面的分析，地基最终沉降量的理论计算值与实际观测结果差别较大，应引入沉降计算经验系数进行修正。修正后的计算结果与地基实际最终沉降量较接近，即

$$s = \Psi_s s' = \Psi_s \sum_{i=1}^{n} \frac{p_0}{E_{si}} (\bar{\alpha}_i z_i - \bar{\alpha}_{i-1} z_{i-1}) \tag{4-33}$$

式中　s——地基最终沉降量，mm；

s'——地基最终沉降量理论计算值，mm；

Ψ_s——沉降计算经验系数。

（三）地基变形计算深度 z_n

地基变形计算深度，即压缩层下限的确定，《规范》分为以下两种情况。

（1）无相邻荷载的基础中点下，可按下式估算，即

$$z_n = b(2.5 - 0.4\ln b) \tag{4-34}$$

式中　b——基础宽度，m。

（2）存在相邻荷载影响时，应满足下式要求，即

$$\Delta s'_n \leqslant 0.025 s' \tag{4-35}$$

式中　$\Delta s'_n$——在计算深度 z_n 处，向上取计算厚度为 Δz 的薄土层的压缩量（图 4-21 和表 4-15），mm；

s'——地基沉降理论计算值[式(4-32)]，mm。

表 4-15　计算层厚度 Δz

基础宽度 b/m	$b \leqslant 2$	$2 < b \leqslant 4$	$4 < b \leqslant 8$	$b > 8$
Δz/m	0.3	0.6	0.8	1.0

如果计算深度 z_n 以下有软弱土层时应继续向下计算，直到再次符合式(4-34)为止。如果在计算深度范围内存在基岩时，z_n 可取至基岩表面。

（四）应力面积法与分层总和法的比较

应力面积法与分层总和法相比较，主要有以下三个特点：

（1）竖向附加应力沿深度的分布是非线性的，如果分层总和法中分层厚度太大，用分层上、下层面竖向有效附加应力的平均值来计算，势必会产生较大的误差；应力面积法由于采用了精确的应力图面积，可以划分较少的层数，一般可以按地基土的天然层面划分，使得计算工作得以简化，且计算精度高。

（2）工程实践表明应力面积法地基变形计算深度 z_n 的确定方法较分层总和法更合理。

（3）应力面积法提出的沉降计算经验系数 Ψ_s 是根据大量的工程实际沉降观测资料经统计分析得出的，综合反映了多种因素的影响，计算所得地基最终沉降量更符合工程实际情况。

【例 4-3】　某厂房采用柱下独立基础，地基承载力特征值 $f_{ak}=150$ kPa。其中，某立柱传至基础顶面的中心荷载 $F=1\ 190$ kN，基础埋深 $d=1.5$ m，基底为矩形（长 $l=4$ m，宽 $b=2$ m），地基土层如图 4-22 所示。试采用应力面积法计算该柱基中点的最终沉降量。

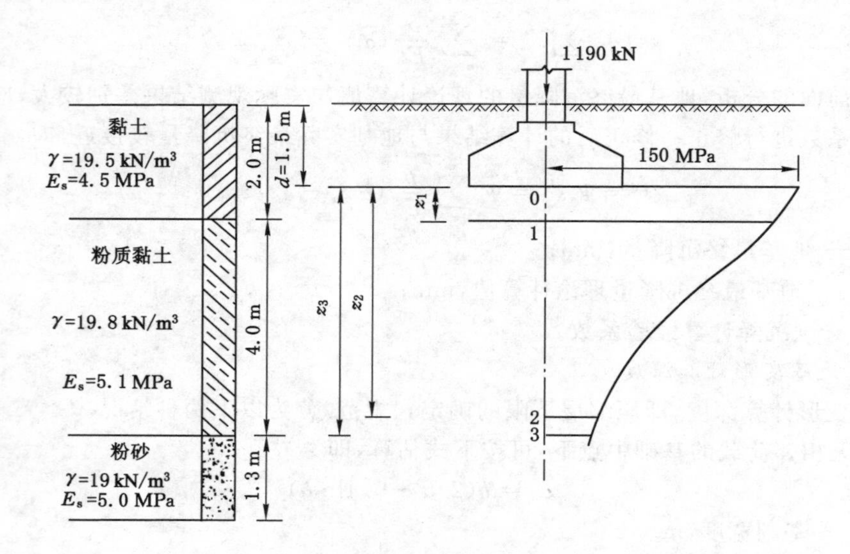

图 4-22　例 4-3 图

【解】（1）计算基底压力

$$p=\frac{F+G}{A}=\frac{1\ 190+4\times 2\times 1.5\times 20}{4\times 2}=178.75\ (\text{kPa})$$

（2）计算基底附加压力

$$p_0=p-\gamma d=178.75-19.5\times 1.5=149.5\ (\text{kPa})$$

（3）确定地基沉降计算深度

本例题不存在相邻荷载的影响，故可按式(4-34)计算。

$$z_n=b(2.5-0.4\ln b)=2\times(2.5-0.4\times\ln 2)\approx 4.5\ (\text{m})$$

按该深度，沉降量计算至粉质黏土层底面。

（4）沉降量计算

沉降量计算见表 4-16。

表 4-16　采用应力面积法计算基础最终沉降量

点号	z_i/m	l/b	z/b	$\bar{\alpha}_i$	$\bar{\alpha}_i z_i$/mm	$\bar{\alpha}_i z_i-\bar{\alpha}_{i-1}z_{i-1}$/mm	$\frac{p_0}{E_{si}}$	s'_i/mm	$s'=\sum s'_i$/mm	$\frac{\Delta s'_n}{s'}$
0	0	2.0	0	1.000	0	—	—	—	—	—
1	0.5	2.0	0.25	0.986	493.0	493.0	0.033	16.3	—	—
2	4.2	2.0	2.1	0.528	2 217.6	1 724.6	0.029	50.0	—	—
3	4.5	2.0	2.25	0.504	2 268.0	50.4	0.029	1.5	67.8	0.022

注：1. 查表 4-10 可得均布矩形荷载中心点下平均竖向附加应力系数 $\bar{\alpha}$，必要时进行线性内插；

2. z_n 的校核：先由表 4-15 确定 $\Delta z=0.3$ m，计算得到 $\Delta s'_n=1.5$ mm，因 $s'=\sum s'_i=67.8$ mm，故 $\Delta s'_n/s'=1.5/67.8=0.022<0.025$，表明 $z_n=4.5$ m 满足要求。

（5）确定沉降计算经验系数

计算深度范围内压缩模量的当量值为：

$$\bar{E}_s = \frac{\sum A_i}{\sum A_i/E_{si}} = \frac{\sum(\bar{\alpha}_i z_i - \bar{\alpha}_{i-1} z_{i-1})}{\sum[(\bar{\alpha}_i z_i - \bar{\alpha}_{i-1} z_{i-1})/E_{si}]}$$

$$= \frac{493.0 + 1\ 724.6 + 50.4}{\frac{493.0}{4.5} + \frac{1\ 724.6}{5.1} + \frac{50.4}{5.0}} = 5.0\ (\text{MPa})$$

因 $p_0 \approx f_{ak}$，按表 4-9 插值求得 $\Psi_s = 1.2$。

(6) 计算地基最终沉降量

$$s = \Psi_s s' = 1.2 \times 67.8 = 81.4\ (\text{mm})$$

第四节　地基沉降量与时间的关系

在工程实践中，有时不仅要预计地基的最终沉降量，还要预测建筑物在施工期间和使用期间某时刻的沉降量，即地基沉降量与时间的关系，以便控制施工速度或考虑保证建筑物正常使用的安全措施。对发生倾斜、产生裂缝等的建筑物，更要了解地基当时的沉降量和准确预测今后沉降的发展，作为制定事故处理方案的重要依据。有些地基加固处理方案，如堆载预压法等，也需要考虑地基沉降量与时间的关系。

如前所述，饱和土的压缩过程可看作孔隙体积减小和孔隙水排出或向远处消散的过程。因此，土颗粒越细，孔隙越细小，要使孔隙水通过弯曲的细小孔隙排出或消散，必然要经历更长的时间。时间的长短取决于荷载、土层的排水距离、土粒粒径与孔隙尺寸、土层的渗透系数和压缩系数等。

现场观测资料表明：不同土质的地基，在施工期间完成的沉降量不同。碎石土和砂土压缩性小，渗透性大，变形经历的时间很短，一般在工程施工结束时地基沉降已全部或基本完成，可不考虑地基沉降量与时间的关系。粉土和黏性土完成固结所需要的时间比较长，特别是黏性土。对于低压缩黏性土，施工期间一般完成最终沉降量的 50%～80%；对于中压缩黏性土，施工期间一般完成最终沉降量的 20%～50%；对于高压缩黏性土，施工期间一般完成最终沉降量的 5%～20%。在厚层饱和软黏土中，固结变形需要经过几年甚至几十年时间才能完成。因此，工程实践中一般只考虑粉土和黏性土的变形与时间的关系。

本节仅讨论饱和细粒土（饱和粉土和饱和黏性土）的变形与时间的关系。

一、饱和细粒土的渗透固结

（一）弹簧活塞力学模型

饱和土在附加应力作用下，土体孔隙中的自由水随着时间逐渐排出，土体孔隙体积逐渐减小，进而使附加应力逐渐转由土骨架承担，即逐渐转移为有效应力，这一过程称为饱和土的渗透固结。因此，饱和土的渗透固结过程是孔隙水排出、土体压实和应力转移三者同时进行的过程。

通常情况下可采用图 4-23 所示弹簧活塞力学模型来说明饱和土的渗透固结过程。在一个盛满水的圆筒中，装一个带有弹簧的活塞，活塞上有溢流孔。弹簧表征土的颗粒骨架，容器中的水表征土孔隙中的自由水，溢流孔表征土的孔隙。由于模型只有固、液两相介质，故压力 σ_z 只能由弹簧和水共同承担。设弹簧承担的压力为有效应力 $\bar{\sigma}_z$，圆筒中水承担的压力为超孔隙水压力 u_z，则根据静力平衡条件，应有：

$$\sigma_z = \bar{\sigma}_z + u_z \tag{4-36}$$

式(4-36)即有效应力原理,其中有效应力 $\bar{\sigma}_z$ 和超孔隙水压力 u_z 均是时间 t 的函数,表明了二者对压力 σ_z 的分担作用。

(1) 当 $t=0$ 时,即活塞顶面骤然受到压力 σ_z 作用的瞬间,水来不及排出,此时弹簧没有变形,弹簧不分担压力,压力 σ_z 全部由水承担,产生超孔隙水压力,即 $u_z=\sigma_z$,而 $\bar{\sigma}_z=0$,如图 4-23(a) 所示。

(2) 当 $0<t<\infty$时,随着时间的延续,筒中的水从活塞上的溢流孔不断排出,活塞下降,弹簧发生压缩变形而受力,且 $\bar{\sigma}_z$ 逐渐增大,超孔隙水压力 u_z 逐渐减小,但是在任意时刻始终保持 $\bar{\sigma}_z+u_z=\sigma_z$,如图 4-23(b)所示。

(3) 当 $t\to\infty$时,超孔隙水压力完全消散,压力 σ_z 全部由弹簧承担,此时 $u_z=0$,$\bar{\sigma}_z=\sigma_z$,如图 4-23(c)所示。

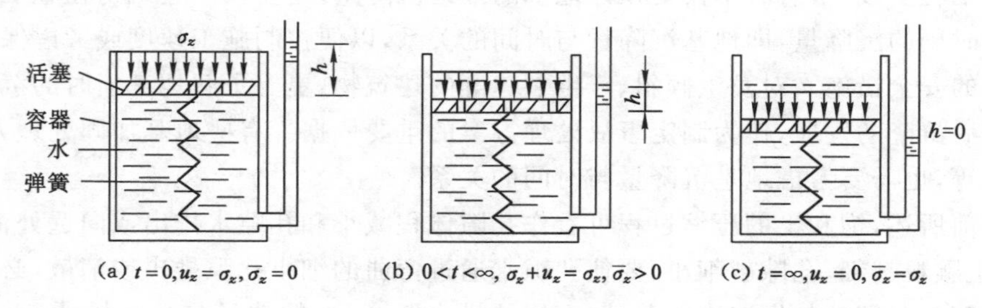

图 4-23　弹簧活塞力学模型

上述弹簧活塞力学模型可定性模拟饱和土的渗透固结过程。由此可见:饱和土体在竖向附加应力 σ_z 作用下的渗透固结过程,就是土体中孔隙水逐渐排出、土中超孔隙水压力逐渐消散($u_z\to0$)、由孔隙水承担的压力逐渐向土骨架转移,有效应力逐渐增大($\bar{\sigma}_z\to\sigma_z$)、孔隙体积逐渐减小的过程。在固结过程中,孔隙水排出、应力转移和孔隙压缩三者是同步进行的。

(二) 室内固结试验

室内固结试验如图 4-24(a)所示,其土样如图 4-24(b)所示。土样高度为 $2H$,其上、下为透水石,双面排水,即上半部的孔隙水向上排,下半部的孔隙水向下排。在土样骤然受到压力 σ_z 作用后,土样内部超孔隙水压力 u_z 和有效应力 $\bar{\sigma}_z$ 随时间的分布情况如图 4-24(c)所示。应特别注意图 4-24(c)中的坐标,超孔隙水压力 u_z 坐标位于土样底部,向右增大,坐标原点 O 与 d 点重合;有效应力 $\bar{\sigma}_z$ 的坐标位于土样的顶部,向左增大,坐标原点 O 与 a 点重合。

(1) 当 $t=0$ 时,即压力 σ_z 施加的瞬间,超孔隙水压力 $u_z=\sigma_z$,有效应力 $\bar{\sigma}_z=0$,此时超孔隙水压力和有效应力分布如图 4-24(c)中的 ab 直线所示。

(2) 当 $t=t_1$ 时(t_1 为任意时刻),即经历一定时间后,超孔隙水压力和有效应力分布如图 4-24(c)中的曲线 cOd 所示,且 $\bar{\sigma}_z+u_z=\sigma_z$。由图可见:距透水层面越远,超孔隙水压力 u_z 越大,而有效应力 $\bar{\sigma}_z$ 相应减小,这是因为远离透水层面的孔隙水更难被挤出。

(3) 当 $t\to\infty$时,超孔隙水压力 $u_z=0$,有效应力 $\bar{\sigma}_z=\sigma_z$,即超孔隙水压力完全消散,压力 σ_z 全部转移成有效应力 $\bar{\sigma}_z$,其分布如图 4-24(c)中的 cd 直线所示。

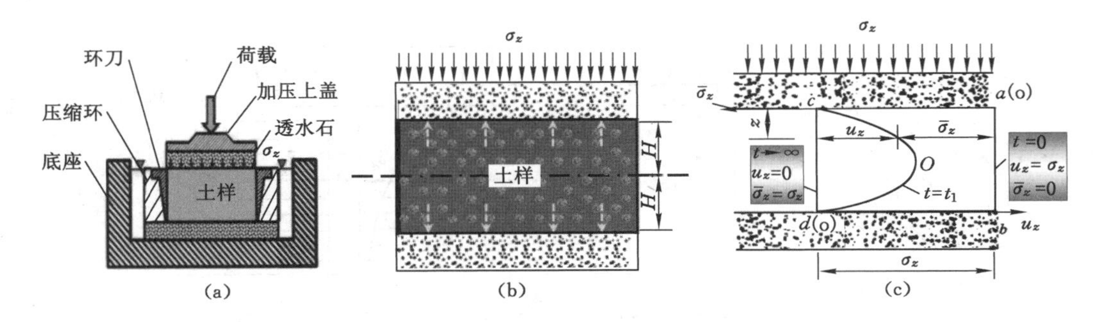

图 4-24　固结试验土样中超孔隙水压力与有效应力随时间的分布

由此可见:土体中竖向有效附加应力 $\bar{\sigma}_z$ 与超孔隙水压力 u_z 的变化不仅与时间 t 有关,还与该点距透水层面的距离 z 有关,即

$$\begin{cases} u_z = u_z(z,t) \\ \bar{\sigma}_z = \bar{\sigma}_z(z,t) = \sigma_z - u_z(z,t) \end{cases} \tag{4-37}$$

二、饱和土的单向固结理论

在荷载作用下土体的变形与孔隙水的渗流仅沿荷载作用方向进行(一般为垂直方向),称为一维固结或单向固结。严格的一维固结只发生在室内有侧限的固结试验中,但是当实际饱和细粒土层厚度不大,其上面或下面(或两者)有排水砂层且竖向附加应力在水平方向均匀分布(基底面积很大)时,该土层中的孔隙水主要沿竖直方向渗流(排出),这种情况通常简化为一维固结问题。

为求解饱和细粒土层在渗透固结过程中任意时刻的变形,通常采用太沙基提出的一维固结理论进行计算。

(一) 单向固结理论的基本假设

(1) 土是均质的,完全饱和的;

(2) 荷载是瞬时($t=0$)一次施加的,且在固结过程中保持不变;

(3) 土粒和孔隙水是不可压缩的,土的变形仅是孔隙体积逐渐减小的结果;

(4) 土的压缩变形和土中水的渗流仅沿竖直方向发生,是一维的;

(5) 孔隙水的渗流服从达西定律,即 $v=ki$,且渗透系数 k 为常数;

(6) 孔隙比的变化与竖向有效附加应力的变化成反比,即 $\mathrm{d}e/\mathrm{d}\bar{\sigma}_z=-a$,且压缩系数 a 为常数;

(7) 土中竖向附加应力沿水平面均匀分布。

(二) 单向固结微分方程的建立

设厚度为 H 的饱和细粒土层,顶面是透水砂层,底面是不透水的不可压缩层,属于单面排水情况,如图 4-25 所示。假设修建建筑物之前,该饱和细粒土层在自重应力作用下的固结变形已经完成。修建建筑物之后,建筑荷载(基底附加压力)传至饱和细粒土层顶面的竖向附加应力 σ_z,使饱和细粒土再次产生固结变形。假设 σ_z 是瞬间($t=0$)一次作用在饱和细粒土层顶面的,沿水平面均匀分布,且在整个固结过程中始终保持不变。此时,饱和细粒土层的固结属于单向固结。饱和细粒土层中的超孔隙水压力 u_z 和竖向有效附加应力 $\bar{\sigma}_z$ 均为坐标 z 和时间 t 的函数。

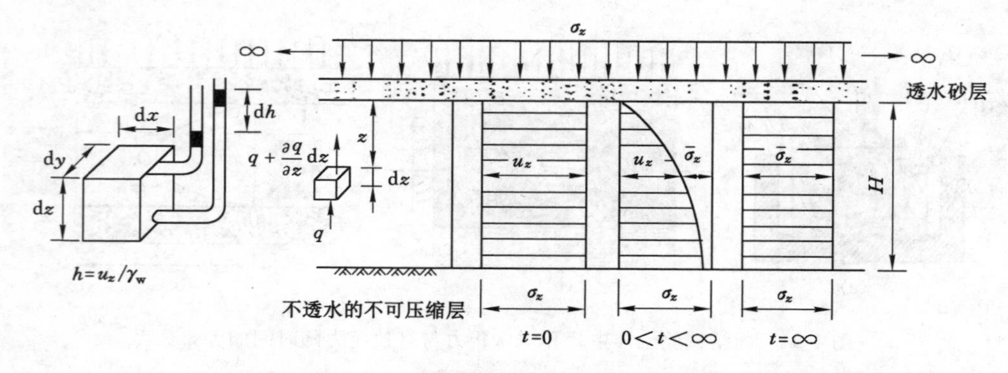

图 4-25 饱和细粒土层的单向固结模型

从饱和细粒土层顶面下深度为 z 处取一微单元体进行分析，其面积为 $\mathrm{d}x\mathrm{d}y$，厚度为 $\mathrm{d}z$，如图 4-25 所示。由于渗流自下而上进行，设在竖向附加应力 σ_z 施加后某时刻 t 流入单元体的单位时间内的渗流量为 q，单位时间内流出单元体的渗流量为 $q+\frac{\partial q}{\partial z}\mathrm{d}z$，则在 $\mathrm{d}t$ 时间内流经该单元体的渗流量为：

$$\mathrm{d}Q=\left(q+\frac{\partial q}{\partial z}\mathrm{d}z\right)\mathrm{d}t-q\mathrm{d}t=\frac{\partial q}{\partial z}\mathrm{d}z\mathrm{d}t \tag{4-38}$$

因为 $q=v\mathrm{d}A=v\mathrm{d}x\mathrm{d}y$（$v$ 为渗流速度），则有：

$$\mathrm{d}Q=\frac{\partial v}{\partial z}\mathrm{d}x\mathrm{d}y\mathrm{d}z\mathrm{d}t \tag{4-39}$$

根据达西定律 $v=ki$、水力坡降 $i=\frac{\partial h}{\partial z}$和超孔隙水压力水头 $h=\frac{u_z}{\gamma_w}$，则有：

$$\mathrm{d}Q=\frac{k}{\gamma_w}\frac{\partial^2 u_z}{\partial z^2}\mathrm{d}x\mathrm{d}y\mathrm{d}z\mathrm{d}t \tag{4-40}$$

孔隙体积的压缩量为：

$$\mathrm{d}V=\mathrm{d}(V_v+V_s)=\mathrm{d}V_v=\mathrm{d}(eV_s)=\mathrm{d}e\cdot V_s=\frac{\mathrm{d}e}{1+e_1}\mathrm{d}x\mathrm{d}y\mathrm{d}z \tag{4-41}$$

式中 e_1——渗流固结前土的天然孔隙比。

按假设 $\mathrm{d}e/\mathrm{d}\bar{\sigma}_z=-a$，则有：

$$\mathrm{d}e=-a\mathrm{d}\bar{\sigma}_z=-a\mathrm{d}(\sigma_z-u_z)=a\mathrm{d}u_z=a\frac{\partial u_z}{\partial t}\mathrm{d}t \tag{4-42}$$

将式(4-42)代入式(4-41)，可得：

$$\mathrm{d}V=\frac{a}{1+e_1}\frac{\partial u_z}{\partial t}\mathrm{d}x\mathrm{d}y\mathrm{d}z\mathrm{d}t \tag{4-43}$$

对于饱和土体，在 $\mathrm{d}t$ 时间内，$\mathrm{d}Q=\mathrm{d}V$，由式(4-40)和式(4-43)可得：

$$\frac{\partial u_z}{\partial t}=\left(\frac{k}{\gamma_w}\frac{1+e_1}{a}\right)\frac{\partial^2 u_z}{\partial z^2}=C_v\frac{\partial^2 u_z}{\partial z^2} \tag{4-44}$$

式中 C_v——土的竖向固结系数，$C_v=\frac{k(1+e_1)}{\gamma_w a}=\frac{kE_s}{\gamma_w}$，$\mathrm{cm}^2/\mathrm{a}$。

式(4-44)为饱和土一维固结的微分方程，其中土的竖向固结系数 C_v 为常数，可由室内侧限压缩试验确定的压缩模量 E_s 和土的渗透试验确定的渗透系数 k 间接确定。

需指出的是，式(4-44)不仅适用于单面排水，还适用于双面排水。

（三）单向固结微分方程的求解

根据定解条件（边界条件和初始条件），采用分离变量法可求出微分方程式(4-44)的特解，从而得到超孔隙水压力随时间和深度的变化规律。

1. 起始超孔隙水压力沿深度均匀分布

图 4-25 为单面排水、起始超孔隙水压力沿深度均匀分布的情况。对于双面排水、起始超孔隙水压力沿深度均匀分布的情况，可对称分解为 2 个单面排水的情况，如图 4-24(b) 所示。

图 4-25 所示固结模型的定解条件如下：

① 初始条件：$t=0, 0\leqslant z\leqslant H$ 时，$u_z=\sigma_z$；

② 边界条件：$0<t<\infty, z=0$ 时，$u_z=0$；

$0<t<\infty, z=H$ 时，$\frac{\partial u_z}{\partial z}=0$。

根据以上条件，采用分离变量法可求得式(4-44)的特解。

令

$$u_z = f(z)g(t) \tag{4-45}$$

将式(4-45)代入式(4-44)，得：

$$C_v f''(z)g(t) = f(z)g'(t)$$

$$\frac{f''(z)}{f(z)} = \frac{1}{C_v}\frac{g'(t)}{g(t)} = 常数$$

令该常数为 $-A^2$，得：

$$\begin{cases} f(z) = C_1\cos Az + C_2\sin Az \\ g(t) = C_3\exp(-A^2 C_v t) \end{cases} \tag{4-46}$$

将式(4-46)代入式(4-45)，得：

$$u_z = (C_4\cos Az + C_5\sin Az)\exp(-A^2 C_v t) \tag{4-47}$$

式(4-47)中的 A、C_4 和 C_5 为待定的积分常数，需根据定解条件确定。将上述定解条件代入式(4-47)，最终解得：

$$u_z = \frac{4\sigma_z}{\pi}\sum_{m=1}^{\infty}\frac{1}{m}\sin\left(\frac{m\pi z}{2H}\right)e^{-m^2\frac{\pi^2}{4}T_v} \tag{4-48}$$

式中　m——正奇数；

H——土层最大渗流路径，如果为单面排水，H 为饱和土层总厚度；如果为双面排水，H 为饱和土层总厚度的一半；

T_v——时间因子，$T_v=\frac{C_v}{H^2}t=\frac{k(1+e_1)}{\gamma_w a H^2}t=\frac{kE_s}{\gamma_w H^2}t$，无因次；

t——固结时间，a；

其余符号同前。

根据式(4-48)可绘制不同时刻 $t(T_v)$ 超孔隙水压力的分布曲线（u_z-z 关系曲线），如图 4-26 所示。

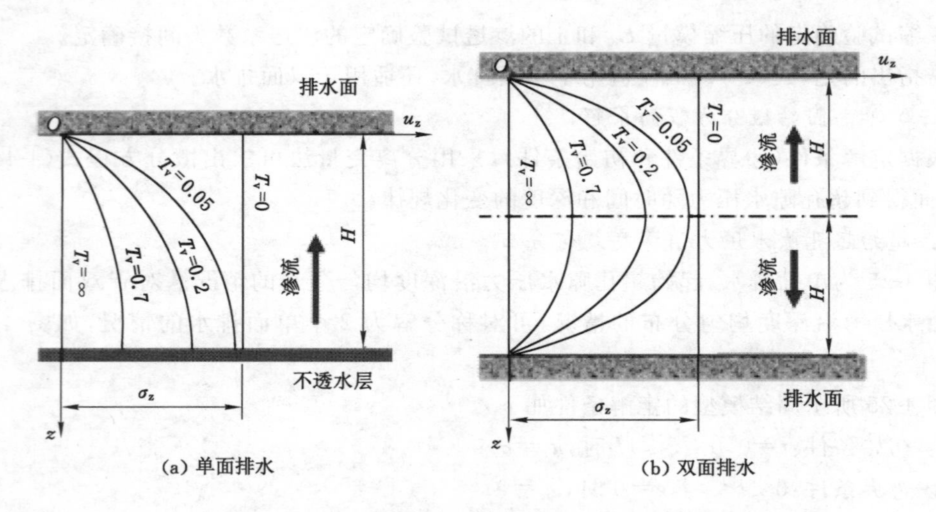

图 4-26　固结过程中不同时刻超孔隙水压力的分布

2. 起始超孔隙水压力沿深度线性分布

饱和细粒土层顶面竖向附加应力为 $\sigma_z{}'$，也是土层顶面起始超孔隙水压力；饱和细粒土层底面竖向附加应力为 $\sigma_z{}''$，也是土层底面起始超孔隙水压力。假定起始超孔隙水压力沿深度线性分布，如图 4-27 所示。

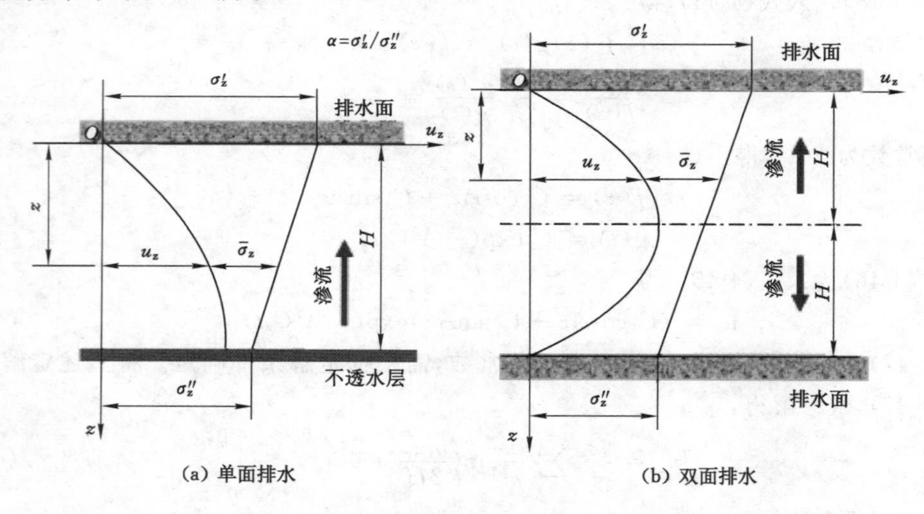

图 4-27　起始超孔隙水压力沿深度线性分布计算模型

令

$$\alpha=\frac{\text{饱和细粒土层顶面竖向附加应力}}{\text{饱和细粒土层底面竖向附加应力}}=\frac{\text{饱和细粒土层顶面起始超孔隙水压力}}{\text{饱和细粒土层底面起始超孔隙水压力}}=\frac{\sigma_z{}'}{\sigma_z{}''} \tag{4-49}$$

特别地，当 $\alpha=1$ 时，起始超孔隙水压力沿深度均匀分布。

(1) 单面排水

单面排水、起始超孔隙水压力沿深度线性分布的计算模型如图 4-27(a)所示，该固结模型的定解条件为：

初始条件：$t=0$、$0\leqslant z\leqslant H$ 时，$u_z=[1+(\alpha-1)\dfrac{H-z}{H}]\sigma_z''$。

边界条件：$0<t<\infty$、$z=0$ 时，$u_z=0$。

$0<t<\infty$、$z=H$ 时，$\dfrac{\partial u_z}{\partial z}=0$。

将上述定解条件代入式(4-47)，可确定积分常数 A、C_4 和 C_5，最终解得：

$$u_z=\frac{4\sigma_z''}{\pi^2}\sum_{m=1}^{\infty}\frac{1}{m^2}[m\pi\alpha+2(-1)^{\frac{m-1}{2}}(1-\alpha)]\sin(\frac{m\pi z}{2H})e^{-m^2\frac{\pi^2}{4}T_v}\tag{4-50}$$

当 $\alpha=1$ 时，$\sigma_z'=\sigma_z''=\sigma_z$，式(4-50)与式(4-48)完全相同。因此，起始超孔隙水压力沿深度均匀分布的情况是起始超孔隙水压力沿深度线性分布的一个特例。

由于式(4-50)中的级数收敛得很快，通常只取第一项，式(4-50)简化为：

$$u_z=\frac{4}{\pi^2}\sigma_z''[\alpha(\pi-2)+2]\sin(\frac{\pi z}{2H})e^{-\frac{\pi^2}{4}T_v}\tag{4-51}$$

(2) 双面排水

双面排水、起始超孔隙水压力沿深度线性分布时的计算模型，如图 4-27(b)所示。该固结模型的定解条件为：

初始条件：$t=0$、$0\leqslant z\leqslant 2H$ 时，$u_z=[1+(\alpha-1)\dfrac{2H-z}{2H}]\sigma_z''$；

边界条件：$0<t<\infty$、$z=0$ 时，$u_z=0$；

$0<t<\infty$、$z=2H$ 时，$u_z=0$。

将上述定解条件代入式(4-47)，可确定积分常数 A、C_4 和 C_5，最终解得：

$$u_z=\frac{\sigma_z''}{\pi}\sum_{m=1}^{\infty}\frac{2}{m}[1-(-1)^m\alpha]\sin[\frac{m\pi(2H-z)}{2H}]e^{-m^2\frac{\pi^2}{4}T_v}\tag{4-52}$$

同样，工程中通常只取第一项，式(4-52)简化为：

$$u_z=\frac{2}{\pi}\sigma_z''(1+\alpha)\sin[\frac{\pi(2H-z)}{2H}]e^{-\frac{\pi^2}{4}T_v}\tag{4-53}$$

(四) 固结度

为求出地基任意时刻 t 的沉降量，需要了解固结度的概念和计算公式。

1. 定义

固结度是指饱和细粒土层在竖向附加应力作用下，经历时间 t 的压缩量 s_t 与最终压缩量 s 之比值，即

$$U_t=\frac{s_t}{s}\tag{4-54}$$

对于均质饱和土，则有：

$$U_t=\frac{\frac{1}{E_s}\int_0^H\overline{\sigma}_z\mathrm{d}z}{\frac{1}{E_s}\int_0^H\sigma_z\mathrm{d}z}=\frac{\int_0^H\sigma_z\mathrm{d}z-\int_0^H u_z\mathrm{d}z}{\int_0^H\sigma_z\mathrm{d}z}=1-\frac{\int_0^H u_z\mathrm{d}z}{\int_0^H\sigma_z\mathrm{d}z}\tag{4-55}$$

式(4-55)适用于均质饱和土竖向附加应力 σ_z 或超孔隙水压力 u_z 沿深度任意分布的单向固结情况。土的固结度表明土中超孔隙水压力向有效应力转化过程的完成程度。显然，

固结度随固结过程逐渐增大。当 $t=0$ 时，$u_z=\sigma_z,\bar{\sigma}_z=0,U_t=0$；当 $t\to\infty$ 时，$u_z=0,\bar{\sigma}_z=\sigma_z,U_t=1.0$。

2. 计算公式

(1) 单面排水

地基中饱和细粒土层满足单面排水和单向固结条件，且假定该土层中竖向附加应力 σ_z 或起始超孔隙水压力 u_z 沿深度线性分布，则任意时刻超孔隙水压力简化计算公式应为式(4-51)。线性分布的竖向附加应力 σ_z 计算公式为：

$$\sigma_z=\left[1+(\alpha-1)\frac{H-z}{H}\right]\sigma''_z \tag{4-56}$$

将式(4-51)和式(4-56)代入式(4-55)，可得：

$$U_t=1-\frac{32\left(\frac{\pi}{2}\alpha-\alpha+1\right)}{(1+\alpha)\pi^3}\mathrm{e}^{-\frac{\pi^2}{4}T_v} \tag{4-57}$$

当 $\alpha=1$，即土层中竖向附加应力 σ_z 或起始超孔隙水压力 u_z 沿深度均匀分布、饱和土层满足单面排水和单向固结条件时，有：

$$U_t=1-\frac{8}{\pi^2}\mathrm{e}^{-\frac{\pi^2}{4}T_v} \tag{4-58}$$

由式(4-57)可见：固结度 U_t 是时间因子 T_v（或时间 t）的函数。为便于工程应用，按式(4-57)绘制了不同 α 值时 U_t-T_v 关系曲线，如图 4-28 所示，并在图中左上角给出了 $\alpha=1$ 时的 U_t 与 T_v 的部分数值。

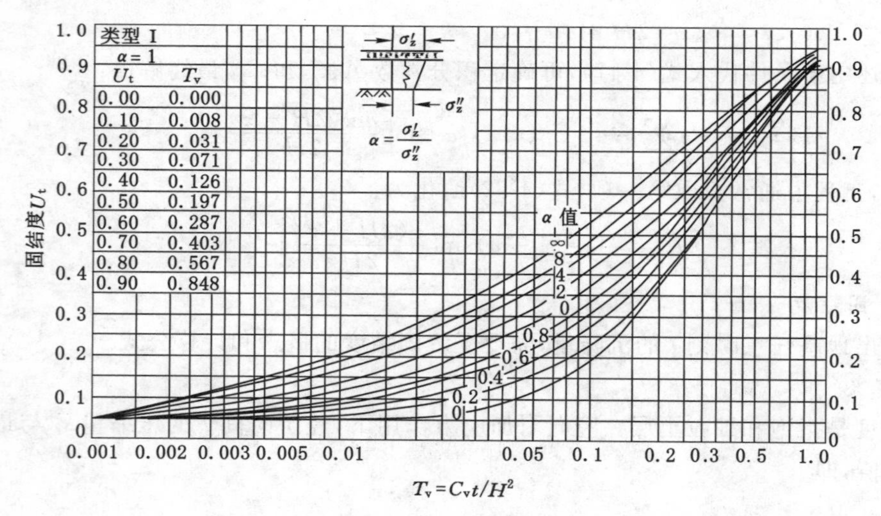

图 4-28　固结度与时间因子的关系曲线

在实际工程中，将可能遇到的竖向附加应力（起始超孔隙水压力）分布近似为 5 种类型，如图 4-29 所示。图中上排为实际情况下的竖向附加应力分布形式，下排为计算简化的竖向附加应力分布形式。

① 类型Ⅰ——$\alpha=1$，σ_z 沿深度分布简化为矩形，即竖向附加应力 σ_z 沿深度均匀分布。这种情况适用于饱和细粒土层在自重应力作用下已完全固结，基底面积较大，土层较薄的

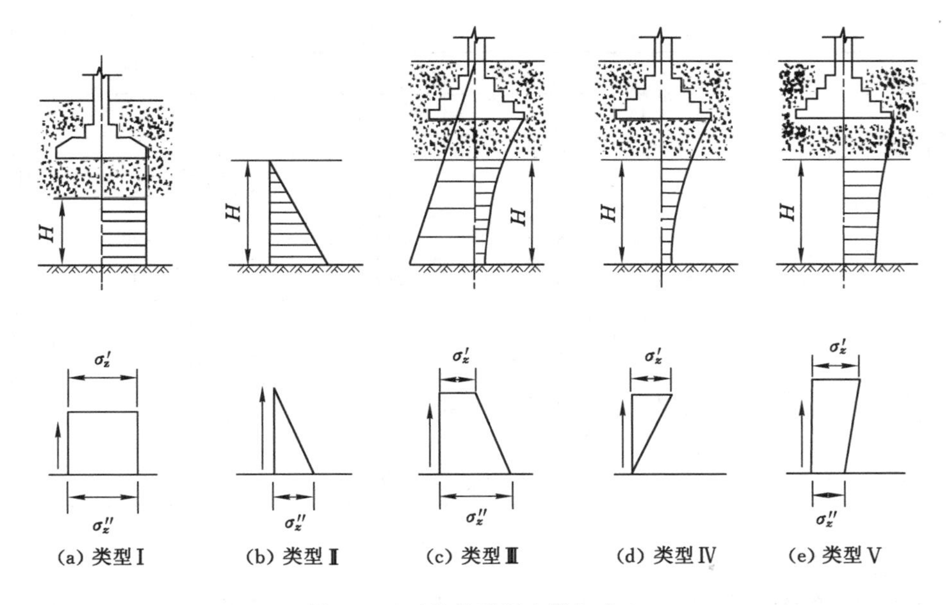

图 4-29　五种类型竖向附加应力

情况。

② 类型Ⅱ——$\alpha=0$，σ_z 沿深度分布简化为正三角形。这种情况相当于大面积新填饱和土在自重应力作用下引起的固结。

③ 类型Ⅲ——$\alpha<1$，σ_z 沿深度分布简化为正梯形。这种情况相当于饱和土层在自重应力作用下尚未固结，又由于修建建筑物在其上增加了竖向附加应力。

④ 类型Ⅳ——$\alpha\to\infty$，σ_z 沿深度分布简化为倒三角形。这种情况相当于基础底面积较小、饱和细粒土层较厚、传至土层底面的竖向附加应力接近 0。

⑤ 类型Ⅴ——$\alpha>1$，σ_z 沿深度分布简化为倒梯形。这种情况相当于基础底面积较小、传至饱和细粒土层底面的竖向附加应力不接近 0。

由上面的分析可以看出 α 的取值范围为$[0,\infty)$。α 值不同，即 σ_z 分布图形不同时，由式(4-57) 求得的 U_t 与 T_v 的关系就不同，如图 4-28 所示。同时，单面排水条件下不同 α 值时的 U_t-T_v 关系可查表 4-17。

表 4-17　单面排水条件下不同 α 值时的 U_t-T_v 关系表

α	固结度 U_t											类型
	0.0	0.1	0.2	0.3	0.4	0.5	0.6	0.7	0.8	0.9	1.0	
0.0	0.000	0.049	0.100	0.154	0.217	0.290	0.380	0.500	0.660	0.950	∞	Ⅱ
0.2	0.000	0.027	0.073	0.126	0.186	0.260	0.350	0.460	0.630	0.920	∞	Ⅲ
0.4	0.000	0.016	0.056	0.106	0.164	0.240	0.330	0.440	0.600	0.900	∞	
0.6	0.000	0.012	0.042	0.092	0.148	0.220	0.310	0.420	0.580	0.880	∞	
0.8	0.000	0.010	0.036	0.079	0.134	0.200	0.290	0.410	0.570	0.860	∞	
1.0	0.000	0.008	0.031	0.071	0.126	0.200	0.290	0.400	0.570	0.850	∞	Ⅰ

表 4-17(续)

α	固结度 U_t											类型
	0.0	0.1	0.2	0.3	0.4	0.5	0.6	0.7	0.8	0.9	1.0	
1.5	0.000	0.008	0.024	0.058	0.107	0.170	0.260	0.380	0.540	0.830	∞	Ⅴ
2.0	0.000	0.006	0.019	0.050	0.095	0.160	0.240	0.360	0.520	0.810	∞	
3.0	0.000	0.005	0.016	0.041	0.082	0.140	0.220	0.340	0.500	0.790	∞	
4.0	0.000	0.004	0.014	0.040	0.080	0.130	0.210	0.330	0.490	0.780	∞	
5.0	0.000	0.004	0.013	0.034	0.069	0.120	0.200	0.320	0.480	0.770	∞	
7.0	0.000	0.003	0.012	0.030	0.065	0.120	0.190	0.310	0.470	0.760	∞	
10.0	0.000	0.003	0.011	0.028	0.060	0.110	0.180	0.300	0.460	0.750	∞	
20.0	0.000	0.003	0.010	0.026	0.060	0.110	0.170	0.290	0.450	0.740	∞	
∞	0.000	0.002	0.009	0.024	0.048	0.090	0.160	0.230	0.440	0.730	∞	Ⅳ

(2) 双面排水

地基中饱和细粒土层满足双面排水和单向固结条件，且假定该土层中竖向附加应力 σ_z 或起始超孔隙水压力 u_z 沿深度线性分布，则任意时刻超孔隙水压力简化计算公式应为式(4-53)。线性分布的竖向附加应力 σ_z 计算公式为：

$$\sigma_z = \left[1 + (\alpha - 1)\frac{2H - z}{2H}\right]\sigma_z'' \tag{4-59}$$

将式(4-53)和式(4-59)代入式(4-55)，可得：

$$U_t = 1 - \frac{8}{\pi^2}e^{-\frac{\pi^2}{4}T_v} \tag{4-60}$$

从式(4-60)可以看出：双面排水时 U_t 与 α 无关，且与式(4-58)完全相同，即与单面排水、起始超孔隙水压力沿深度均匀分布时的固结度表达式相同。但双面排水时，$T_v = \frac{C_v}{H^2}t$ 中的 H 为饱和细粒土层厚度之半；单面排水时，H 为饱和细粒土层的厚度。

3. 关于固结度的讨论

从式(4-57)和式(4-60)可以看出固结度是时间因子 T_v 的函数。时间因子 T_v 越大，固结度 U_t 越大，土层沉降越接近最终沉降量。从时间因子计算公式 $T_v = \frac{C_v}{H^2}t = \frac{kE_s}{\gamma_w H^2}t$ 可以看出固结度与下列因素有关，包括：

(1) 渗透系数 k。k 值越大，越易固结，因为孔隙水越易排出。

(2) 压缩模量 $E_s = \frac{1 - e_1}{a}$。E_s 值越大(a 值越小)，即土的压缩性越小，土层越易固结。因土骨架发生较小的压缩变形就能分担较大的附加应力，孔隙体积无须变化太大，也就不需要排出较多的孔隙水。

(3) 时间 t。时间 t 越长，土层固结就越充分。

(4) 土层最大排水距离 H(渗流路径)。H 值越小，孔隙水越易排出，土层越易固结。

(五) 地基沉降量与时间关系的计算步骤

(1) 按分层总和法或应力面积法计算饱和细粒土层最终压缩量 s。

(2) 计算竖向附加应力比值 α，竖向附加应力按第三章第四节所述方法计算，α 值按式(4-49)计算。

(3) 假定一系列的固结度 U_t 值，例如 10%，20%，40%，60%，80%，90%。

(4) 确定时间因子 T_v。由假定的每一个固结度 U_t 值和已经确定的 α 值，从图 4-28 查取横坐标轴上的时间因子 T_v 值，或利用式(4-57)(单面排水)和式(4-60)(双面排水)反求 T_v 值。

(5) 计算时间 t。根据饱和细粒土的性质指标和土层厚度，按公式 $t=\frac{H^2}{C_v}T_v=\frac{\gamma_w H^2}{kE_s}T_v$ 分别计算每一个 U_t 对应的时间 t。

(6) 计算时间 t 时刻的沉降量，即 $s_t=U_t s$。

(7) 绘制 s_t-t 关系曲线。由计算出的 s_t 为纵坐标，时间 t 为横坐标，绘制 s_t-t 关系曲线。

【例 4-4】 已知某工程地基为饱和黏土，厚度为 8 m，底部为不透水岩层。为便于土层固结排水，在基底下(黏土层顶面)铺设一层薄砂层。通过计算已确定基础中心点下的竖向附加应力为：黏土层顶面 240 kPa，黏土层底面 160 kPa。黏土层的天然孔隙比 $e_1=0.88$，最终孔隙比 $e_2=0.83$，渗透系数 $k=0.6\times10^{-8}$ cm/s。假定饱和黏土层符合单向固结条件，试求地基沉降量与时间的关系，并绘制其关系曲线。

【解】 (1) 地基最终沉降量估算

$$s=\frac{e_1-e_2}{1+e_1}h=\frac{0.88-0.83}{1+0.88}\times8\times100=21.3\ (\text{cm})$$

(2) 计算竖向附加应力比值

$$\alpha=\frac{\sigma_z{}'}{\sigma_z{}''}=\frac{240}{160}=1.5$$

(3) 假定地基固结度

假定 U_t 分别为 25%，50%，75%，90%。

(4) 确定时间因子

由 U_t 与 α 值查图 4-28 曲线横坐标[或利用式(4-57)]，可得 T_v 分别为 0.04，0.175，0.45，0.84。

(5) 计算相应的时间

① 地基土的压缩系数：

$$a=\frac{e_1-e_2}{\bar{\sigma}_z}=\frac{e_1-e_2}{(\sigma_z{}'+\sigma_z{}'')/2}=\frac{0.88-0.83}{(240+160)/2}\times1\ 000=0.25\ (\text{MPa}^{-1})=0.002\ 5\ (\text{cm}^2/\text{N})$$

② 渗透系数换算：

$$k=0.6\times10^{-8}\ \text{cm/s}=0.189\ \text{cm/a}$$

③ 计算固结系数：

$$C_v=\frac{k(1+e_1)}{\gamma_w a}=\frac{0.189\times(1+0.88)}{9.81\times10^{-3}\times0.002\ 5}=14\ 488.1\ (\text{cm}^2/\text{a})$$

④ 计算相应的时间：

$$t=\frac{H^2}{C_v}T_v=\frac{800^2}{14\ 488.1}T_v=44.2T_v$$

列表计算，见表4-18，并绘制 s_t-t 关系曲线，如图4-30所示。

表4-18 例4-4计算表

固结度 U_t	竖向附加应力比值 α	时间因子 T_v	固结时间 t/a	沉降量 s_t/cm
25%	1.5	0.04	1.77	5.3
50%	1.5	0.175	7.74	10.7
75%	1.5	0.45	19.89	16.0
90%	1.5	0.84	37.13	19.2

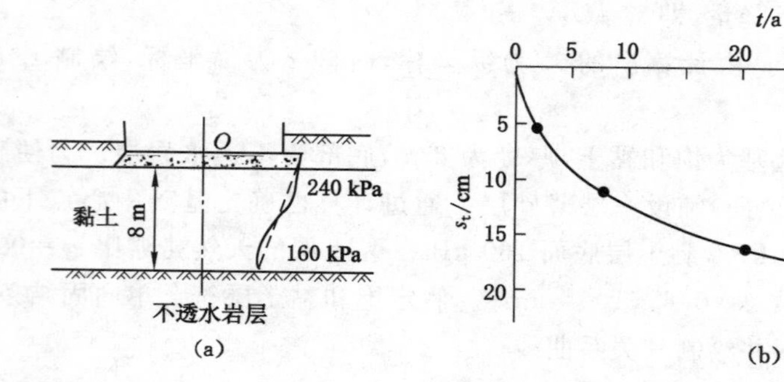

图4-30 例4-4图

【例4-5】 在如图4-31所示厚10 m的饱和黏性土表面瞬时大面积均匀堆载 $p_0=150$ kPa，以实现堆载预压。若干年后，用测压管分别测得土层中 A、B、C、D、E 各点的水压分别为51.6 kPa、94.2 kPa、133.9 kPa、170.5 kPa和198.1 kPa。已知土层的压缩模量 $E_s=5.5$ MPa，渗透系数 $k=5.14\times10^{-8}$ cm/s。试确定：

(1) 此时黏性土层的固结度，并计算此黏性土层已固结了几年？

(2) 再经过5年，该黏性土层的固结度为多少？将产生多大的压缩量？

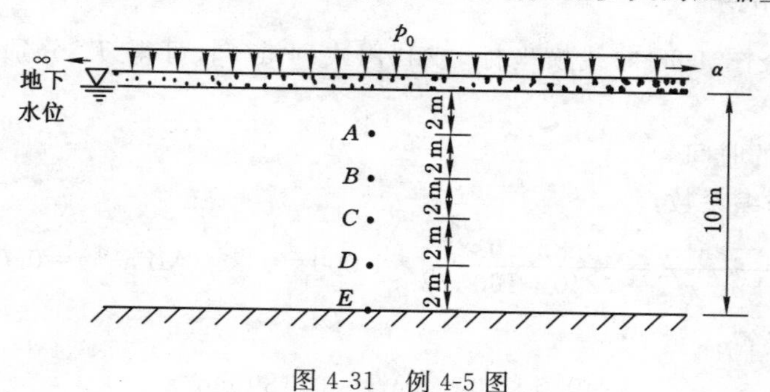

图4-31 例4-5图

【解】 (1) 用测压管测得的水压包括静水压力和堆载引起的超孔隙水压力 u_z。静水压力按 $u=\gamma_w h=9.81h$ 计算，A、B、C、D、E 各点的静水压力分别为19.6 kPa、39.2 kPa、58.9 kPa、78.5 kPa和98.1 kPa。扣除静水压力后，A、B、C、D、E 各点的超孔隙水压力 u_z 分别为32.0 kPa、55.0 kPa、75.0 kPa、92.0 kPa和100.0 kPa。

由式(4-55)可知：

$$U_t = 1 - \frac{\int_0^H u_z \mathrm{d}z}{\int_0^H \sigma_z \mathrm{d}z} = 1 - \frac{t\text{时刻超孔隙水压力图面积}}{\text{竖向附加应力图面积}}$$

其中，超孔隙水压力图面积为 $\frac{0+32.0}{2}\times 2+\frac{32.0+55.0}{2}\times 2+\frac{55.0+75.0}{2}\times 2+\frac{75.0+92.0}{2}\times 2+\frac{92.0+100.0}{2}\times 2=608.0$ (kPa·m)；竖向附加应力图面积为 $150\times 10=1\ 500$ (kPa·m)。

则：

$$U_t=1-\frac{608}{1\ 500}=59.9\%$$

由 $\alpha=1$ 和 $U_t=59.9\%$，查表4-17可得 $T_v=0.28$。

黏性土层的竖向固结系数为：

$$C_v=\frac{kE_s}{\gamma_w}=\frac{5.14\times 10^{-8}\times 5.5\times 10^6}{9.81\times 10^3}\times 100=2.88\times 10^{-3}(\mathrm{cm^2/s})=9.1\times 10^4(\mathrm{cm^2/a})$$

固结时间为：

$$t=\frac{H^2}{C_v}T_v=\frac{1\ 000^2}{9.1\times 10^4}\times 0.28=3.08\ (\mathrm{a})$$

(2) 再经过5年，则时间因子为：

$$T_v=\frac{C_v}{H^2}t=\frac{9.1\times 10^4}{1\ 000^2}\times(3.08+5)=0.74$$

由 $\alpha=1$ 和 $T_v=0.74$，查表4-17可得 $U_t=86.1\%$。

在整个土层固结过程中，黏性土层的最终压缩量为：

$$s=\frac{\bar{\sigma}_z}{E_s}H=\frac{p_0}{E_s}H=\frac{150}{5.5\times 10^3}\times 1\ 000=27.3\ (\mathrm{cm})$$

故在未来5年黏性土层产生的压缩量为 $(86.1\%-59.5\%)\times 27.3=7.3$ (cm)。

(六) 固结问题的讨论

上述单向渗流固结又称为一维渗流固结，其基本理论已在工程中得到广泛应用。但是严格来说，在工程中遇到的实际问题多数属于二维问题或三维问题。如在比较厚的土层上作用局部基础荷载时，土层中的竖向附加应力在水平方向和竖直方向均为非均布，既有竖向也有水平方向的变形和孔隙水渗流，属于三维固结问题；如果荷载是长条形分布，可简化为二维平面固结问题。另外，为加速较厚细粒土层的固结过程而在土层中设置排水砂井时，除竖向渗流外，还有水平方向的轴对称渗流，属于三维固结轴对称问题。对于这些问题，同样可以推导出渗流固结微分方程，但公式比较复杂，参数较难测定，应用比较麻烦，大多数情况下只有数值解，本教材从略。

另外，上述固结理论只适用于饱和土。对于非饱和土，在荷载作用下的固结机理与饱和土存在显著差别。非饱和土中气体具有很高的压缩性，固结过程中，土中水和气体会发生相互作用，涉及两种介质的渗流问题。一般情况下，把非饱和土在荷载及其周围环境共同作用下同时考虑孔隙水、气体、热运动与骨架变形的耦合问题称为非饱和土的广义固结问题。目前国内外学者对广义固结理论的研究已相当深入，通过建立平衡方程、几何方程、本构方程、孔隙流体的质量方程、热量守恒方程和吸力状态方程，并结合初始条件和边界条件构成了非饱和土广义固结问题的基本数学模型，可用于解决实际工程问题，可参考有关图书与资料。

三、利用沉降观测资料预测后期沉降与时间的关系

上述固结理论，由于进行了各种简化假设，且各种计算指标的来源不可能十分满意地反映土层的实际情况，使得理论计算结果往往与实测资料有较大的出入。因此，从建筑物施工中或施工后的观测资料出发，预测未来建筑物的沉降规律与沉降量具有十分重要的现实意义。下面介绍两种常用的推算后期沉降量与时间关系的经验方法。

（一）双曲线法

双曲线法的预测公式为：

$$\frac{s_t - s_0}{s - s_0} = \frac{t}{\xi + t} \tag{4-61}$$

式中 t——时间（其坐标原点取在施工期一半处），a；

s_0——施工期一半时的沉降实测值，cm；

s——地基最终沉降量，cm；

s_t——任意时刻 t 时的沉降值，cm；

ξ——综合反映地基固结性能的待定系数。

在式(4-61)中，系数 ξ 和地基最终沉降量 s 需要根据实际观测资料通过回归分析确定。为此，可将式(4-61)变换为：

$$\frac{t}{s_t - s_0} = \frac{1}{s - s_0}t + \frac{\xi}{s - s_0} = at + b \tag{4-62}$$

式(4-62)是一元线性回归方程，根据实际观测资料，通过回归分析很容易确定回归参数 a、b 的值，则：

$$\begin{cases} s = \dfrac{1}{a} + s_0 \\ \xi = b(s - s_0) \end{cases} \tag{4-63}$$

（二）对数曲线法

对数曲线法的预测公式为：

$$\frac{s_t - s_0}{s - s_0} = 1 - e^{-\lambda t} \tag{4-64}$$

式中 λ——综合反映地基固结性能的待定系数；

其余符号同前。

同样，可根据实际观测资料，按回归分析方法可确定待定系数 λ 和地基最终沉降量 s。

用实测资料推算建筑物沉降与时间关系的关键是必须有足够长时间的观测资料，才能得到比较可靠的 s_t-t 关系曲线，同时它也提供了一种确定建筑物最终沉降量的实用方法。这种方法是目前确定地基沉降与时间关系最为准确的方法，其缺点是不能用于建筑物修建之前的地基沉降分析。

思 考 题

4-1 什么是土的固结？土产生压缩变形的主要原因是什么？

4-2　简述室内压缩试验过程以及压缩曲线的绘制方法。

4-3　土的压缩性指标有哪些？何谓土的压缩系数、压缩模量、体积压缩系数、压缩指数、回弹指数？

4-4　一种土的压缩系数、压缩模量是否为定值？为什么？

4-5　土的压缩性分为几种？如何判定？

4-6　简述现场载荷试验过程以及 p-s 关系曲线绘制方法。该曲线一般分为哪几个阶段？

4-7　现场载荷试验有哪些优点？什么情况下应做现场载荷试验？现场载荷试验可以测得土的哪些参数？

4-8　试从基本概念、计算公式、测定方法及用途等方面比较压缩模量、变形模量及弹性模量。

4-9　弹性理论法计算地基最终沉降量的原理是什么？什么条件下可采用这种方法？

4-10　分层总和法计算地基沉降量的原理是什么？试评价分层总和法计算地基最终沉降量的优缺点。

4-11　应力面积法计算地基沉降量的要点是什么？与分层总和法有何异同？

4-12　研究地基沉降与时间的关系有何实用价值？何谓固结度？与哪些因素有关？

4-13　在饱和土层的一维固结过程中，土的有效应力和超孔隙水压力是如何变化的？

习　　题

4-1　某黏土试样在压缩仪中进行压缩试验，该土样原始高度为 2 cm，面积为 100 cm^2，土样与环刀总重力为 4.756 N，环刀重力为 0.586 N。当荷载由 $\bar{\sigma}_1=100$ kPa 增加至 $\bar{\sigma}_2=200$ kPa 时，变形稳定后土样高度由 1.931 cm 减小至 1.876 cm。试验结束后烘干土样，称得干土重力为 3.910 N，且通过试验测得土粒的 $\gamma_s=27.5$ kN/m^3。

（1）计算与 $\bar{\sigma}_1$ 和 $\bar{\sigma}_2$ 对应的孔隙比 e_1 和 e_2；

（2）求 $a_{1\text{-}2}$ 和 $E_{s(1\text{-}2)}$，并判断土的压缩性。

4-2　用弹性理论法分别计算图 4-32 所示矩形基础在下列两种情况下中点 A、角点 B 及边线上 C 点的沉降量和基底平均沉降量。已知地基土的变形模量 $E_0=5.6$ MPa，泊松比 $\mu=0.4$，重度 $\gamma=19.8$ kN/m^3。

（1）基础是绝对柔性的；

（2）基础是绝对刚性的。

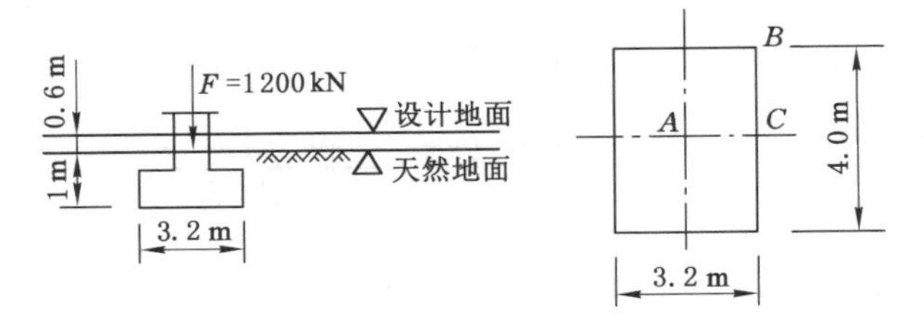

图 4-32　习题 4-2 图

4-3　如图 4-33 所示矩形基础的底面尺寸为 4 m×2.5 m，基础埋深为 1 m，地下水位位于基底标高。地基土的物理指标见图 4-33，室内压缩试验结果见表 4-19。试用分层总和法计算基础中点的最终沉降量。

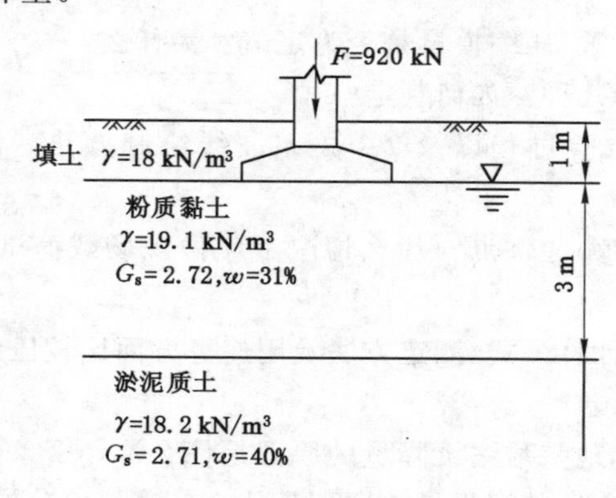

图 4-33　习题 4-3 图

表 4-19　室内侧限压缩试验孔隙比测试结果

土层	p/kPa				
	0	50	100	200	300
粉质黏土	0.942	0.889	0.855	0.807	0.773
淤泥质土	1.045	0.925	0.891	0.848	0.823

4-4　某立柱基础底面尺寸为 2.0 m×3.0 m，地基为均质的粉质黏土，上部结构传至该基础顶面的垂直中心荷载 $F=840$ kN，试用分层总和法和应力面积法计算地基的最终沉降量，并进行比较。已知地基土参数为：$\gamma=17.89$ kN/m³，$E_s=7.0$ MPa，$f_k=141.0$ kPa，基础埋深 $d=1.0$ m。

4-5　如图 4-34 所示黏土层，其厚度为 8 m，上、下层面均为排水砂层，已知黏土层孔隙比 $e_0=0.8$，压缩系数 $a=0.25$ MPa^{-1}，渗透系数 $k=6.3\times10^{-8}$ cm/s，地表瞬时施加一无限分布均布荷载 $p=180$ kPa。

试求：(1) 加载半年后地基的沉降量；

(2) 黏土层达到 50%固结度所需要的时间。

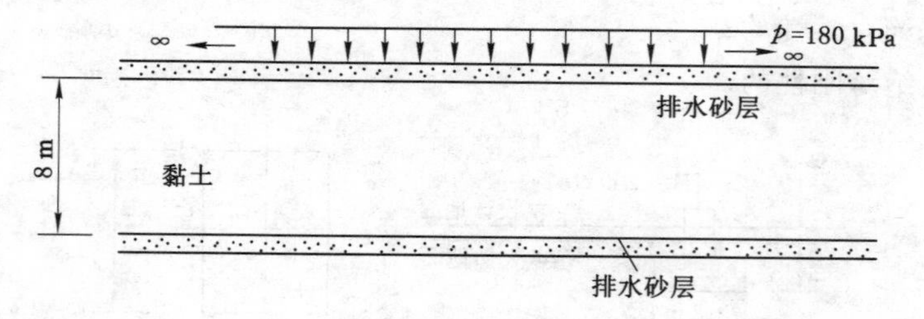

图 4-34　习题 4-5 图

小　论　文

4-1　综述地基最终沉降量计算方法。

4-2　结合具体工程实例，分析地基沉降与时间的关系。

第五章 土的抗剪强度

第一节 概 述

一、抗剪强度

土是以固体颗粒为主的散体，颗粒是岩块或岩屑，本身强度很高，但颗粒间黏结较弱。因此，土的强度问题表现为在剪应力作用下土粒间的错动、剪切以致破坏，已被大量的工程实践所证实。所以，研究土的强度主要是研究土的抗剪强度。

土的抗剪强度是指土体对剪切破坏的极限抵抗能力，数值上等于土体发生剪切破坏时的剪应力。当土体在外荷载作用下产生的剪应力达到其抗剪强度时将发生沿剪应力方向的相对滑动，引起剪切破坏。

土体在自重和建筑荷载作用下土中各点存在不同的应力状态。一点的应力共有 9 个应力分量，分别是 σ_x、σ_y、σ_z、$\tau_{xy}=\tau_{yx}$、$\tau_{yz}=\tau_{zy}$、$\tau_{zx}=\tau_{xz}$。对土中各点除微单元体主平面外的任意平面而言，一般会同时存在法向应力和剪应力。法向应力的作用是将土体压密，这有利于土体的稳定和抗剪强度的提高；而剪应力的作用是使土体发生剪切变形和剪切破坏，这对土体的稳定性不利。剪应力将随着外荷载的增大不断增大，当地基中某点的剪应力达到其抗剪强度时，该点发生剪切破坏。随着外荷载的继续增大，地基中达到破坏的点越来越多，最后形成一个连续的滑动面（剪切破坏面），导致土体发生整体剪切破坏而丧失稳定性。

二、研究抗剪强度的意义

目前与抗剪强度有关的工程问题主要包括下列三个方面：

(1) 土工构筑物的稳定问题，如土坝、路堤等人工边坡的稳定性问题，天然土坡的稳定性问题[图 5-1(a)]等。

(2) 土压力问题，如挡土墙[图 5-1(b)]、基坑围护结构、地下结构等的周围土体，其剪切破坏将造成过大的作用在墙背上的侧向压力，可能导致构造物发生滑动、倾覆等工程事故。

(3) 土的承载力问题。土作为建筑物的地基，其承载力的确定是十分关键的。如果上部结构传下的荷载引起的基底压力超过地基土的极限承载力，地基土发生整体剪切破坏[图 5-1(c)]，将造成上部结构严重破坏或倒塌，或因过量沉降而影响正常使用，这些都是工程中所不允许的，而确定地基土的承载力首先要研究土的抗剪强度。

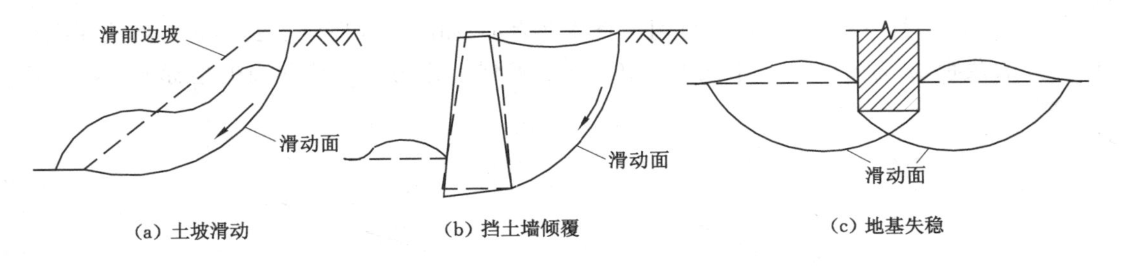

图 5-1　土体剪切破坏示意图

第二节　土的抗剪强度理论

一、抗剪强度定律

法国工程师库仑(Coulomb)于 1773 年利用砂土进行直接剪切试验,如图 5-2 所示。将土样装在有开缝的上、下刚性金属盒内,上盒固定,推动下盒,让土样在预定的(虚线所示)横截面进行剪切,直至土样发生剪切破坏。破坏时,剪切破坏面上的剪应力就是土的抗剪强度。试验结果表明:土的抗剪强度不是定值,而是随作用在剪切破坏面上的法向应力 σ 的增大而增大,即土的抗剪强度 τ_f 与剪切破坏面上的法向应力 σ 呈正比关系。

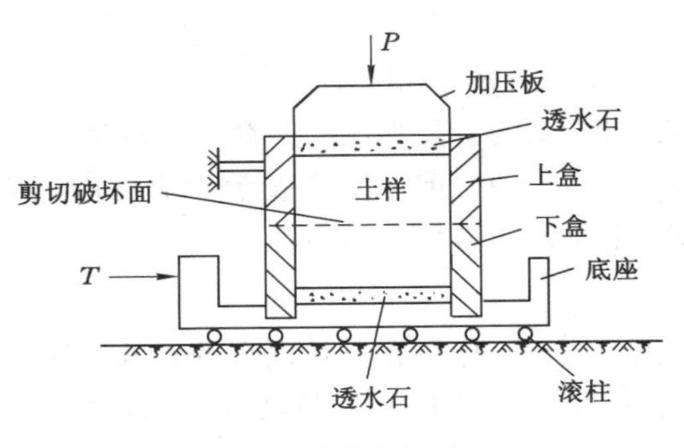

图 5-2　直接剪切试验

对于无黏性土,库仑将土的抗剪强度 τ_f 表达为剪切破坏面上的法向应力 σ 的线性函数,即

$$\tau_f = \sigma \tan\varphi \tag{5-1}$$

由式(5-1)可以看出:无黏性土的抗剪强度不仅与内摩擦角有关,还与法向应力有关。土的抗剪强度随法向应力的增大而增大。这与其他固体材料不同,对于其他固体材料,在一般应力范围内,其抗剪强度为一常量,而土的抗剪强度随法向应力成正比例增大,这就反映土这种散粒体的强度特点。当正应力增大时,颗粒与颗粒间挤压得更紧密,若使之发生剪切错动需要更大的剪应力,故抗剪强度大。

随后库仑又通过直接剪切试验提出了适合黏性土的表达式:

$$\tau_f = c + \sigma \tan\varphi \tag{5-2}$$

式中　τ_f——土的抗剪强度,kPa;

σ——作用在剪切破坏面上的正应力,kPa;

c——土的黏聚力,kPa;

φ——土的内摩擦角,(°)。

对于黏性土,其抗剪强度是由两部分组成的:一部分是由于黏性土颗粒间相互黏结作用而形成的黏聚力;另一部分是由于颗粒间的摩擦作用而形成的内摩擦力。

式(5-1)与式(5-2)统称为库仑定律。对比两式可知:对于黏性土,$c \neq 0$;对于无黏性土,

$c=0$。在 $\sigma\tau_f$ 坐标系中，库仑定律可用一直线来表示，如图 5-3 所示。其中 c 为直线在纵坐标轴上的截距，φ 为直线与水平线的夹角。c、φ 习惯上称为土的抗剪强度指标或抗剪强度参数。

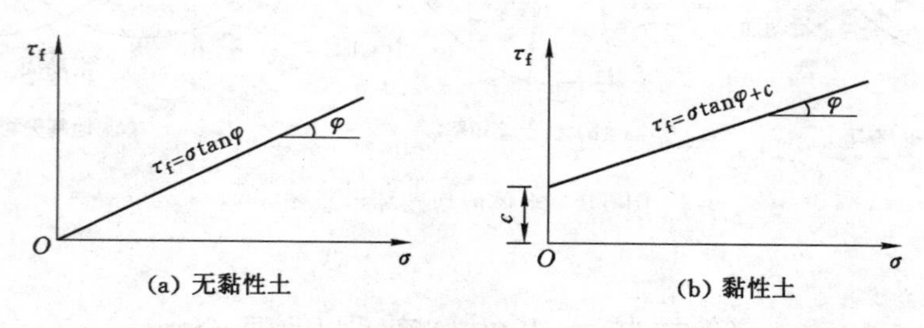

图 5-3　土的抗剪强度与法向应力之间的关系曲线

库仑在研究土的抗剪强度与作用在剪切破坏面上的法向应力的关系时，还未出现有效应力的概念。太沙基(K. Terzaghi)于 1923 年提出了饱和土的有效应力概念，且有效应力 $\bar{\sigma}$ 等于总应力 σ 与孔隙水压力 u 的差值。随后人们逐渐认识到土体内的剪应力仅能由土的骨架承担，土的抗剪强度并不简单地取决于剪切面上的总法向应力，而取决于该面上的有效法向应力，土的抗剪强度应表示为剪切破坏面上的有效法向应力的函数。因此，对于库仑定律，用有效应力可表示为：

$$\tau_f = c' + \bar{\sigma}\tan\varphi' \tag{5-3}$$

式中　$\bar{\sigma}$——作用在剪切面上的有效正应力，kPa；

c'——土的有效黏聚力，kPa；

φ'——土的有效内摩擦角，(°)。

由此可见土的抗剪强度有两种表示方法。土的 c、φ 统称为土的总应力强度指标，直接应用这些指标所进行的土体稳定性分析就称为总应力法；而 c'、φ'统称为土的有效应力强度指标，应用这些指标所进行的土体稳定性分析就称为有效应力法。由于有效应力才是影响颗粒间摩擦力的决定因素，因此有效应力法概念更明确。但是为求得有效法向应力，事先应确定孔隙水压力，由于实际工程中的孔隙水压力总是变化，因而有许多土工问题仍采用总应力法。此时，应选用最接近实际条件的试验方法取得总应力强度指标，进而用总应力法进行土体稳定性分析。

在库仑定律中，抗剪强度 τ_f 与剪切破坏面上的法向应力 σ 呈线性关系。在一般工程压力下，τ_f 与 σ 可近似看成线性关系，库仑定律基本能满足工程计算的精确要求。但是在高压力作用下，τ_f 与 σ 的关系曲线不再是直线而变成曲线，如图 5-4 所示。为此，莫尔(Mohr)于 1910 年提出 τ_f 可表示为 σ 的任意函数形式，即

$$\tau_f = f(\sigma) \tag{5-4}$$

该函数形式应通过试验确定，可采用直线、双斜直线、抛物线、双曲线等各种函数形式。当采用直线时，莫尔抗剪强度理论与库仑定律完全相同，即库仑定律是莫尔抗剪强度理论的特例。由于土中压力一般不大，土的莫尔抗剪强度曲线可近似为直线，即用库仑定律的线性函数表示。习惯上将直线形莫尔强度理论称为莫尔-库仑强度理论。

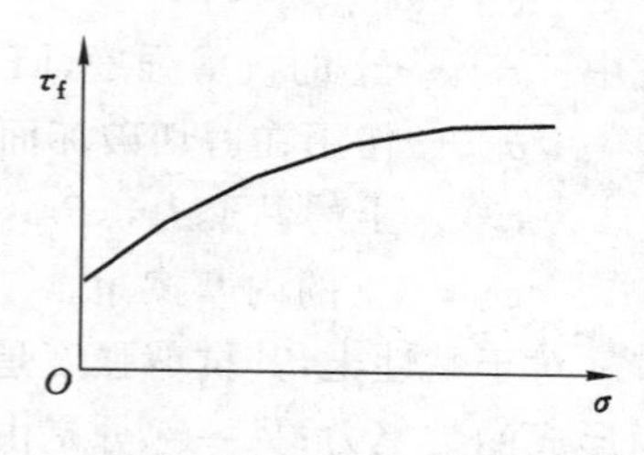

图 5-4　莫尔抗剪强度曲线

二、土的极限平衡

（一）极限平衡状态

当土中某点任意斜面上的剪应力达到土的抗剪强度时，该点处于极限平衡状态，即

$$\tau = \tau_f = c + \sigma \tan \varphi \tag{5-5}$$

也就是说，当土中某点任意斜面上的正应力和剪应力满足式(5-5)时，该点处于极限平衡状态。

下面仅就平面问题，通过莫尔圆来分析土中某点任意斜面上的正应力与剪应力。为此，在土中任取一单元体，如图 5-5(a)所示。已知作用在该单元体上的最大主应力 σ_1 和最小主应力 σ_3，现求与最大主应力 σ_1 作用平面成任意角 α 的平面 mn 上的正应力 σ 和剪应力 τ。为此截取楔形脱离体 abc，如图 5-5(b)所示，将各力分别向水平和竖直方向分解，根据静力平衡条件 $\begin{cases} \sum F_x = 0 \\ \sum F_y = 0 \end{cases}$，可得：

$$\begin{cases} \sigma_3 \mathrm{d}s \sin \alpha \cdot 1 - \sigma \mathrm{d}s \sin \alpha \cdot 1 + \tau \mathrm{d}s \cos \alpha \cdot 1 = 0 \\ \sigma_1 \mathrm{d}s \cos \alpha \cdot 1 - \sigma \mathrm{d}s \cos \alpha \cdot 1 - \tau \mathrm{d}s \sin \alpha \cdot 1 = 0 \end{cases} \tag{5-6}$$

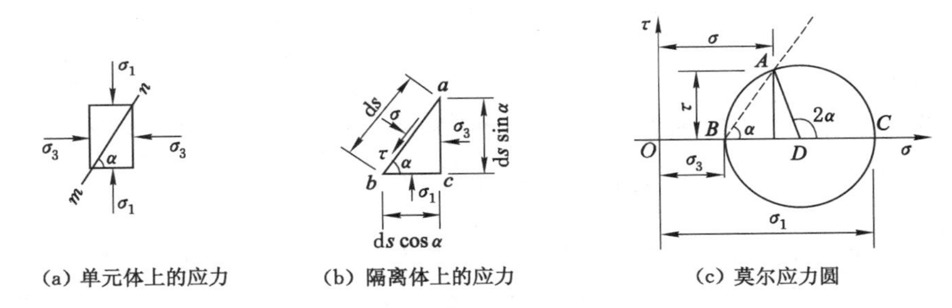

图 5-5　土体中任意点的应力

联立求解以上方程，可得到任意斜截面 mn 上的正应力 σ 和剪应力 τ：

$$\begin{cases} \sigma = \dfrac{\sigma_1 + \sigma_3}{2} + \dfrac{\sigma_1 - \sigma_3}{2} \cos 2\alpha \\ \tau = \dfrac{\sigma_1 - \sigma_3}{2} \sin 2\alpha \end{cases} \tag{5-7}$$

由式(5-7)可知：对于平面问题，在土中一点的两个主应力 σ_1 和 σ_3 已知的情况下，该点任意斜截面 mn 上的法向应力 σ 和剪应力 τ 仅与斜截面倾角 α 有关。由式(5-7)可得：

$$\left(\sigma - \frac{\sigma_1 + \sigma_3}{2}\right)^2 + \tau^2 = \left(\frac{\sigma_1 - \sigma_3}{2}\right)^2 \tag{5-8}$$

在 σ-τ 坐标系中，式(5-8)为圆的方程式，该圆就是莫尔应力圆，如图 5-5(c)所示。圆心在 σ 轴上，与坐标原点的距离为 $(\sigma_1 + \sigma_3)/2$，半径为 $(\sigma_1 - \sigma_3)/2$。莫尔应力圆可以完整地表示一点的应力状态。莫尔圆上的点与单元体上的面一一对应，莫尔圆上点的坐标即单元体某平面上的正应力和剪应力。例如，C 点和 B 点的坐标分别表示最大主应力 σ_1 和最小主应力 σ_3 作用平面上的应力状态（只有正应力，剪应力为 0）；自半径 DC 逆时针旋转 2α，与圆周交于 A 点，A 点的坐标即斜截面 mn 上的正应力 σ 和剪应力 τ。

通常情况下，一点的两个主应力 σ_1 和 σ_3 可通过直角坐标分量通过换算求得。例如，当基底附加压力为条形荷载时[图 5-6(a)]，按弹性力学理论，这属于平面应变问题，在垂直于基础长度方向任意横截面上，其应力状态完全相同。在地基中任取一点，单元体上的总应力分量有 σ_x、σ_z 和 $\tau_{xz}=\tau_{zx}$[图 5-6(b)]。总应力各分量为相应的自重应力各分量与附加应力各分量之和。自重应力各分量按第三章第二节介绍的方法进行计算，附加应力各分量根据弹性力学理论按第三章第四节介绍的方法进行计算。

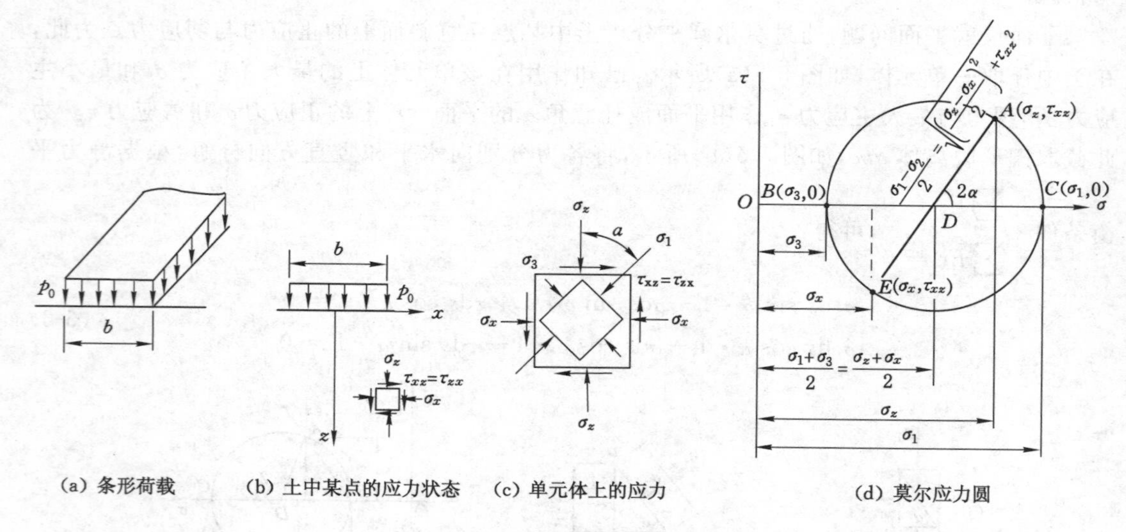

(a) 条形荷载　(b) 土中某点的应力状态　(c) 单元体上的应力　(d) 莫尔应力圆

图 5-6　平面问题情况下土中某点的应力状态

由材料力学可知：已知一点的应力状态即三个直角坐标应力分量 σ_x、σ_z 和 $\tau_{xz}=\tau_{zx}$，则可求得该点的主应力和主应力方向。其计算公式为：

$$\left.\begin{matrix}\sigma_1\\ \sigma_3\end{matrix}\right\}=\frac{\sigma_z+\sigma_x}{2}\pm\sqrt{\left(\frac{\sigma_z-\sigma_x}{2}\right)^2+\tau_{xz}^2} \tag{5-9}$$

主平面方向计算公式为：

$$\alpha=\frac{1}{2}\arctan\frac{2\tau_{xz}}{\sigma_z-\sigma_x} \tag{5-10}$$

反之，当已知某点的主应力及其方向时，可求该点的直角坐标应力分量。其计算公式为：

$$\left.\begin{matrix}\sigma_z\\ \sigma_x\end{matrix}\right\}=\frac{1}{2}(\sigma_1+\sigma_3)\pm\frac{1}{2}(\sigma_1-\sigma_3)\cos 2\alpha \tag{5-11}$$

$$\tau_{xz}=\tau_{zx}=\frac{1}{2}(\sigma_1-\sigma_3)\sin 2\alpha \tag{5-12}$$

上述公式可通过莫尔应力圆的定量关系确定，如图 5-6(d)所示。C 点和 B 点的坐标分别表示最大主应力 σ_1 和最小主应力 σ_3 作用平面上的应力状态；自半径 DC 逆时针旋转 2α，与圆周交于 A 点，A 点的坐标表示 σ_z 作用平面上的正应力和剪应力[图 5-6(c)]；自半径 DA 逆时针旋转 $2\times90°=180°$，与圆周交于 E 点，E 点的坐标表示 σ_x 作用平面上的正应力和剪应力。莫尔应力圆的圆心与坐标原点的距离为 $(\sigma_1+\sigma_3)/2=(\sigma_z+\sigma_x)/2$，半径为 $(\sigma_1-\sigma_3)/2=\sqrt{\left(\frac{\sigma_z-\sigma_x}{2}\right)^2+\tau_{xz}^2}$，由图 5-6(d)很容易得到式(5-9)至式(5-12)。

实际工程中土体多处于三向应力状态，土中任一点的应力状态可用三个主应力 σ_1、σ_2 和 σ_3 表示。按照莫尔-库仑强度理论，土体内某点的剪切破坏主要取决于该点的最大主应力 σ_1 和最小主应力 σ_3，而与中主应力 σ_2 无关。因此，在三向应力状态下，仍取 σ_1 和 σ_3 来研究土的极限平衡条件(剪切破坏条件)。

【例 5-1】 已知砂土地基中某点的最大主应力 $\sigma_1=580$ kPa，最小主应力 $\sigma_3=190$ kPa。(1) 试绘出表示该点应力状态的莫尔圆；(2) 求最大剪应力 τ_{max} 值及其作用方向；(3) 计算与最小主应力作用平面成夹角为 85°斜面上的正应力和剪应力。

【解】 (1) 建立 σ-τ 直角坐标系，按比例尺在横轴上点出 σ_1 和 σ_3，以 $\sigma_1-\sigma_3$ 为直径画圆，这就是代表该点应力状态的莫尔圆，如图 5-7 所示。

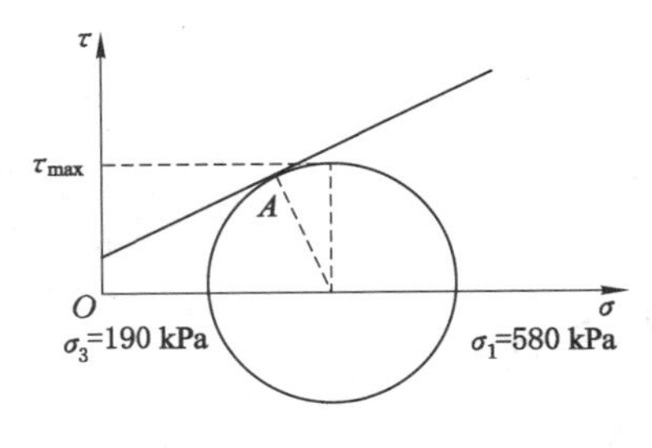

图 5-7　例 5-1 图

(2) 如图 5-7 所示，从物理意义和几何关系来看，最大剪应力是莫尔圆的半径，即 $\tau_{max}=(\sigma_1-\sigma_3)/2=195$ kPa。在莫尔圆上，最大剪应力点对应莫尔圆的最高点，该点代表的作用面与横轴(最大主应力作用平面)夹角 $2\alpha=90°$，则最大剪应力作用面与最大主应力作用面的夹角为 $\alpha=45°$。由图 5-7 可知：抗剪强度曲线为斜直线，土体发生破坏的面不是最大剪应力的作用面，而是 A 点代表的斜截面。

(3) 由题意可知：与最小主应力作用面成夹角 85°的斜面，与最大主应力面的夹角 $\alpha=90°-85°=5°$，则相应面上的正应力和剪应力分别为：

$$\sigma=\frac{1}{2}(\sigma_1+\sigma_3)+\frac{1}{2}\times(\sigma_1-\sigma_3)\cos 2\alpha$$

$$=\frac{1}{2}\times(580+190)+\frac{1}{2}\times(580-190)\times\cos 10°=577.0\ (\text{kPa})$$

$$\tau=\frac{1}{2}\times(\sigma_1-\sigma_3)\times\sin 2\alpha=\frac{1}{2}\times(580-190)\times\sin 10°=33.9\ (\text{kPa})$$

(二) 土发生剪切破坏的判断方法

已知土的抗剪强度曲线和土中某点的应力状态，判断该点是否发生剪切破坏。可将土的抗剪强度曲线与莫尔应力圆画在同一坐标轴上，如图 5-8 所示，它们之间的关系有下列三种情况：

(1) 第一种情况：整个莫尔圆位于抗剪强度曲线的下方(圆Ⅰ)，表明通过该点任意斜面上的剪应力都小于相应面上的抗剪强度，即 $\tau<\tau_f$，故该点不会发生剪切破坏。

(2) 第二种情况：莫尔圆与抗剪强度曲线相割(圆Ⅲ)，说明该点某些斜面上的剪应力已超过了相应面上土的抗剪强度，即 $\tau>\tau_f$，故该点早已破坏。实际上该应力圆所代表的应力状态是不可能存在的，故用虚线表示。

(3) 第三种情况:莫尔圆与抗剪强度曲线相切(圆Ⅱ),切点为 A,说明在 A 点所代表的平面上,剪应力正好等于该面上土的抗剪强度,即 $\tau=\tau_f$,该点处于濒临剪切破坏的极限应力状态,即极限平衡状态。与抗剪强度曲线相切的圆Ⅱ,称为极限应力圆。

(三) 土的极限平衡条件(剪切破坏条件)

根据极限应力圆与抗剪强度曲线相切的几何关系,可建立极限平衡条件,如图 5-9 所示。将抗剪强度曲线延长,并与 σ 轴相交于 R 点。根据直角△ARD 的几何关系,可得:

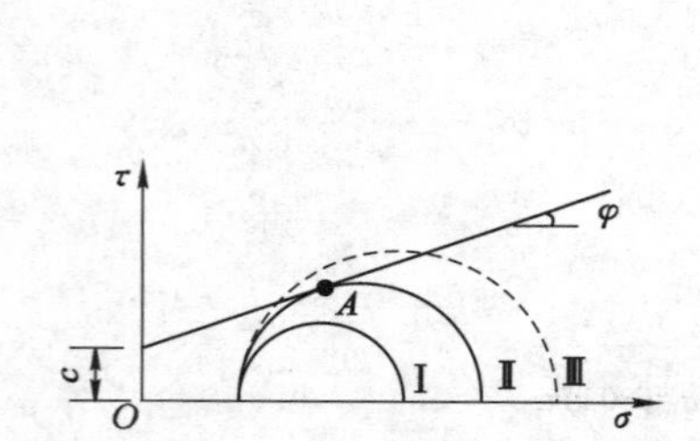

图 5-8　土发生剪切破坏的判断

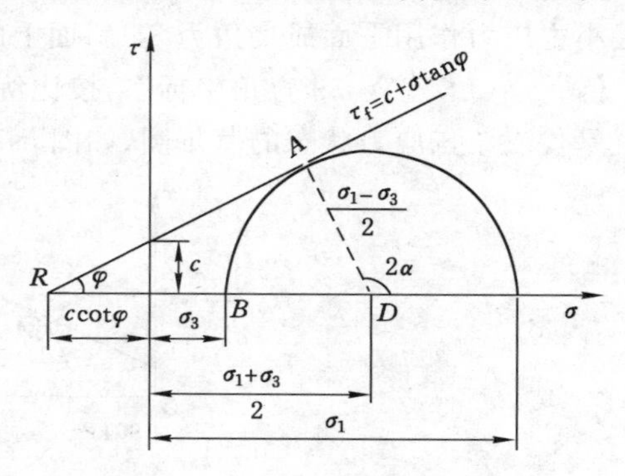

图 5-9　极限应力圆与抗剪强度曲线相切

$$\sin\varphi=\frac{AD}{RD}=\frac{\dfrac{\sigma_1-\sigma_3}{2}}{c\cot\varphi+\dfrac{\sigma_1+\sigma_3}{2}}=\frac{\sigma_1-\sigma_3}{2c\cot\varphi+\sigma_1+\sigma_3} \tag{5-13}$$

化简整理得:

$$\sigma_1=\sigma_3\frac{1+\sin\varphi}{1-\sin\varphi}+2c\frac{\cos\varphi}{1-\sin\varphi} \tag{5-14}$$

或

$$\sigma_3=\sigma_1\frac{1-\sin\varphi}{1+\sin\varphi}-2c\frac{\cos\varphi}{1+\sin\varphi} \tag{5-15}$$

由三角函数可得:

$$\frac{1+\sin\varphi}{1-\sin\varphi}=\frac{\sin 90^\circ+\sin\varphi}{\sin 90^\circ-\sin\varphi}=\frac{2\sin\left(45^\circ+\dfrac{\varphi}{2}\right)\cos\left(45^\circ-\dfrac{\varphi}{2}\right)}{2\sin\left(45^\circ-\dfrac{\varphi}{2}\right)\cos\left(45^\circ+\dfrac{\varphi}{2}\right)}$$

$$=\frac{\sin^2\left(45^\circ+\dfrac{\varphi}{2}\right)}{\cos^2\left(45^\circ+\dfrac{\varphi}{2}\right)}=\tan^2\left(45^\circ+\frac{\varphi}{2}\right)$$

$$\frac{\cos\varphi}{1-\sin\varphi}=\sqrt{\frac{1-\sin^2\varphi}{(1-\sin\varphi)^2}}=\sqrt{\frac{1+\sin\varphi}{1-\sin\varphi}}=\tan\left(45^\circ+\frac{\varphi}{2}\right)$$

$$\frac{1-\sin\varphi}{1+\sin\varphi}=\tan^2\left(45^\circ-\frac{\varphi}{2}\right)$$

$$\frac{\cos\varphi}{1+\sin\varphi}=\sqrt{\frac{1-\sin^2\varphi}{(1+\sin\varphi)^2}}=\sqrt{\frac{1-\sin\varphi}{1+\sin\varphi}}=\tan\left(45^\circ-\frac{\varphi}{2}\right)$$

将上述关系式代入式(5-14)和式(5-15)，可得到土的极限平衡条件：

$$\sigma_1 = \sigma_3 \tan^2\left(45^\circ + \frac{\varphi}{2}\right) + 2c\tan\left(45^\circ + \frac{\varphi}{2}\right) \tag{5-16}$$

或

$$\sigma_3 = \sigma_1 \tan^2\left(45^\circ - \frac{\varphi}{2}\right) - 2c\tan\left(45^\circ - \frac{\varphi}{2}\right) \tag{5-17}$$

由图 5-9 中$\triangle RAD$ 的外角与内角的关系可得：

$$2\alpha = 90^\circ + \varphi$$

土中出现的破裂面与最大主应力作用面的夹角称为破裂角，其值为：

$$\alpha = 45^\circ + \frac{\varphi}{2} \tag{5-18}$$

从式(5-18)可以得到如下结论：破裂面不发生在最大剪应力作用面上，而是在应力圆与抗剪强度曲线相切的切点所代表的平面上，即与最大主应力作用面成 $45^\circ + \varphi/2$ 夹角的平面上。

式(5-16)和式(5-17)代表土体处于极限平衡状态时主应力之间的相互关系。因此，可用以上公式来判断土体是否达到剪切破坏。例如，已知土中某一点的最大主应力 σ_1 和最小主应力 σ_3，以及土的抗剪强度指标 c 和 φ，可将 σ_3、c 和 φ 值或 σ_1、c 和 φ 值分别代入式(5-16)和式(5-17)的右侧，求出该点处于极限平衡状态时的 σ_{1f} 或 σ_{3f} 值，如果 $\sigma_1 > \sigma_{1f}$ 或 $\sigma_3 < \sigma_{3f}$，表明该点已发生剪切破坏；反之，则未发生剪切破坏；如果 $\sigma_1 = \sigma_{1f}$ 或 $\sigma_3 = \sigma_{3f}$，表明该点处于极限平衡状态。

类似的，如果用有效应力和土的有效抗剪强度指标表示极限平衡条件，则有：

$$\bar{\sigma}_1 = \bar{\sigma}_3 \tan^2\left(45^\circ + \frac{\varphi'}{2}\right) + 2c'\tan\left(45^\circ + \frac{\varphi'}{2}\right) \tag{5-19}$$

或

$$\bar{\sigma}_3 = \bar{\sigma}_1 \tan^2\left(45^\circ - \frac{\varphi'}{2}\right) - 2c'\tan\left(45^\circ - \frac{\varphi'}{2}\right) \tag{5-20}$$

式中　$\bar{\sigma}_1$——最大有效主应力，$\bar{\sigma}_1 = \sigma_1 - u$，kPa；

$\bar{\sigma}_3$——最小有效主应力，$\bar{\sigma}_3 = \sigma_3 - u$，kPa；

u——孔隙水压力，kPa；

c'——土的有效黏聚力，kPa；

φ'——土的有效内摩擦角，(°)。

【例 5-2】　某黏性土地基的黏聚力 $c = 18$ kPa、内摩擦角 $\varphi = 20^\circ$，若地基中某点的最大主应力 $\sigma_1 = 430$ kPa，最小主应力 $\sigma_3 = 180$ kPa。试确定该点处土是否会发生剪切破坏？

【解】　为了加深对本节内容的理解，下面用三种方法求解。

(1) 假设该点破坏，则破坏面与最大主应力作用平面的夹角为：

$$\alpha = 45^\circ + \varphi/2 = 45^\circ + 20^\circ/2 = 55^\circ$$

破裂面上的正应力和剪应力为：

$$\begin{aligned}\sigma &= \frac{1}{2}(\sigma_1 + \sigma_3) + \frac{1}{2}(\sigma_1 - \sigma_3)\cos 2\alpha \\ &= \frac{1}{2}\times(430 + 180) + \frac{1}{2}\times(430 - 180)\times\cos(2\times 55^\circ) = 262.25\ (\text{kPa})\end{aligned}$$

$$\tau=\frac{1}{2}(\sigma_1-\sigma_3)\sin 2\alpha=\frac{1}{2}\times(430-180)\times\sin(2\times55^\circ)=117.46\ (\text{kPa})$$

则破裂面上土的抗剪强度为：

$$\tau_f=c+\sigma\tan\varphi=18+262.25\times\tan 20^\circ=113.45\ (\text{kPa})$$

因为$\tau>\tau_f$，所以该点处土体已发生剪切破坏。

(2) 设达到极限平衡状态时的最小主应力为σ_{3f}，将σ_1、c、φ代入式(5-17)得：

$$\begin{aligned}\sigma_{3f}&=\sigma_1\tan^2\left(45^\circ-\frac{\varphi}{2}\right)-2c\tan\left(45^\circ-\frac{\varphi}{2}\right)\\&=430\times\tan^2\left(45^\circ-\frac{20^\circ}{2}\right)-2\times18\times\tan\left(45^\circ-\frac{20^\circ}{2}\right)=185.62\ (\text{kPa})\end{aligned}$$

因为$\sigma_3<\sigma_{3f}$，所以该点处土体已发生剪切破坏。

(3) 设达到极限平衡状态时的最大主应力为σ_{1f}，将σ_3、c、φ代入式(5-16)得：

$$\begin{aligned}\sigma_{1f}&=\sigma_3\tan^2\left(45^\circ+\frac{\varphi}{2}\right)+2c\tan\left(45^\circ+\frac{\varphi}{2}\right)\\&=180\times\tan^2\left(45^\circ+\frac{20^\circ}{2}\right)+2\times18\times\tan\left(45^\circ+\frac{20^\circ}{2}\right)=418.54\ (\text{kPa})\end{aligned}$$

因为$\sigma_1>\sigma_{1f}$，所以该点处土体已发生剪切破坏。

由此可见，采用上述三种方法计算得到了相同的结论。

第三节　土的抗剪强度测定方法

土的抗剪强度指标包括黏聚力c和内摩擦角φ，是土的重要力学参数。为了保证边坡、建筑物地基或挡土墙安全可靠，在设计前需要测定土的抗剪强度指标。不同的土，抗剪强度指标明显不同；同样的土，抗剪强度指标与土的沉积年代、天然含水率、密实度等有关。因此，准确测定各种土的抗剪强度指标，对工程具有十分重要的意义。

测定土的抗剪强度指标的试验方法主要有室内剪切试验和现场剪切试验两大类。室内剪切试验常用的方法有直接剪切试验、三轴压缩试验和无侧限抗压强度试验，而现场剪切试验常用的方法主要有十字板剪切试验、原位直接剪切试验等。室内试验具有边界条件明确和容易控制等特点，但是在现场取样时不可避免引起应力释放和对土体结构的扰动。原位试验直接在现场原位置进行，能够很好地反映土的天然状态。对于一般的工程项目，可采用室内剪切试验方法；对于大型工程或重要工程，以及无法或很难现场取样，如粗粒土、极软黏土等，通常要进行现场原位试验。

一、直接剪切试验

(一) 试验仪器与原理

直接剪切试验是测定土的抗剪强度最简便、最常用的方法，适用于细粒土。所使用的仪器称为直剪仪，分为应变控制式和应力控制式两种。前者以等应变速率使试样产生剪切位移直至剪坏，并测定相应的剪应力；后者通过分级施加水平剪应力，并测定相应的剪切位移。目前我国使用较多的是应变控制式直剪仪，如图 5-10(a)所示，由剪切盒、垂直加压设备、剪切传动装置、测力计、位移量测系统组成。

试验前，先利用环刀到现场取原状土样，通常要取 4 个(或 4 个以上)相同的试样，在室

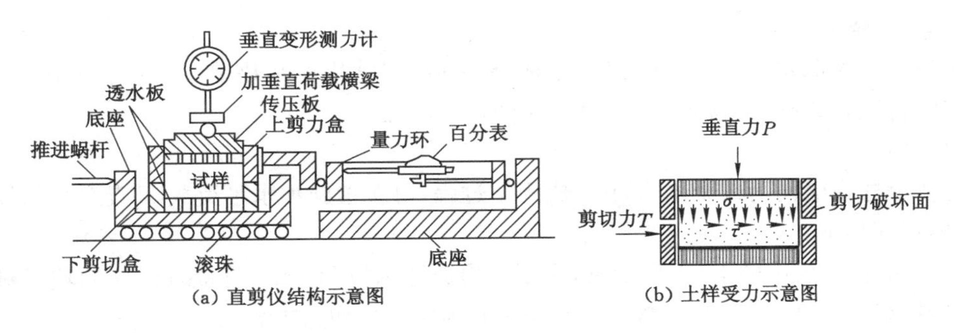

图 5-10　应变控制式直剪仪

内分别进行直接剪切试验。

试验时，首先将直剪仪中的上、下剪切盒对正，将环刀内的原状土样推入剪切盒内。通过杠杆对土样施加竖向荷载 P 后，蜗杆匀速推进，从而对下盒施加水平荷载 T，使试样沿上、下盒水平接触面产生剪切变形，直至发生剪切破坏，如图 5-10(b)所示。剪切面上的正应力 $\sigma=P/A$(A 为土样的横截面面积)，剪应力 $\tau=T/A$，其值由量力环中的百分比读数换算。在试验过程中，试样每产生剪切位移 0.2～0.4 mm 时记录测力计和剪切位移读数。当测力计读数出现峰值时，应继续剪切至位移为 4 mm 时停机，同时记下峰值；当剪切过程中测力计读数无峰值时，应剪切至位移为 6 mm 时停机。

将一定正应力下得到的剪应力 τ 和剪切位移 Δl 绘制成曲线，如图 5-11 所示。当曲线具有明显的峰值时，如图 5-11 中的曲线 1，峰值对应的剪应力即该正应力下的抗剪强度 τ_f；当曲线不出现峰值时，如图 5-11 中的曲线 2，此时可按某一剪切位移量作为破坏标准，《土工试验方法标准》(GB/T 50123—2019)规定以剪切位移为 4 mm 所对应的剪应力作为抗剪强度 τ_f。

对于同一种土的 4 个试样，分别施加不同的正应力，一般可取正应力分别为 100 kPa、200 kPa、300 kPa 和 400 kPa，测出不同正应力下相应的抗剪强度 τ_f。以抗剪强度 τ_f 为纵坐标，正应力 σ 为横坐标，绘制抗剪强度 τ_f 与正应力 σ 的关系曲线(图 5-12)。直线的倾角为内摩擦角 φ，直线在纵坐标上的截距为黏聚力 c。通常情况下，可采用一元线性回归分析方法确定 c、φ 值。

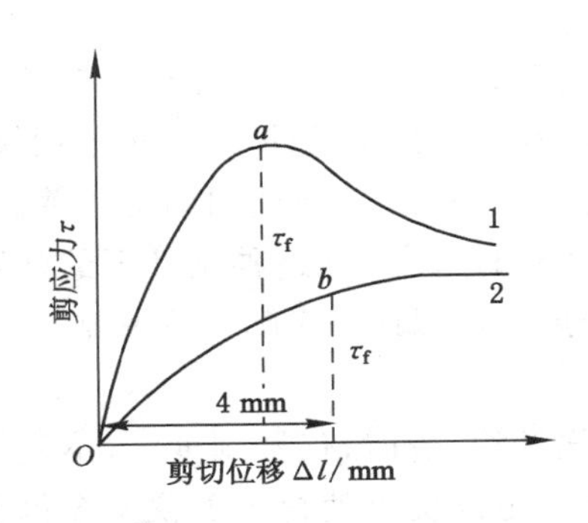

图 5-11　剪应力与剪切位移关系曲线

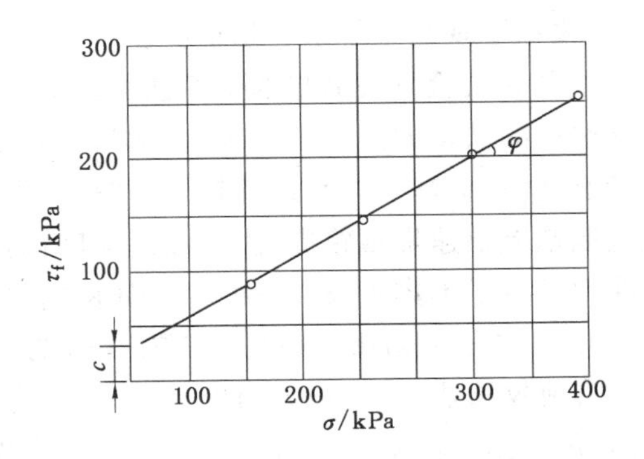

图 5-12　抗剪强度与正应力关系曲线

（二）试验方法

利用直剪仪测定土的抗剪强度指标时，有慢剪、固结快剪和快剪三种试验方法，应根据工程实际情况，选择较为接近实际工程情况的试验方法。

(1) 慢剪

先使土样在竖向荷载 P 作用下完成固结过程，再缓慢施加水平荷载 T 直至达到停机标准，具体步骤如下：

① 对正直剪仪中的上、下剪切盒，在下盒内放透水板和滤纸，将带有试样的环刀对准剪切盒口，在试样上放滤纸和透水板，将试样小心地推入剪切盒内。

② 放上传压板，依次安装并调试好垂直加压设备、剪切传动装置、测力计、垂直位移和水平位移量测装置。

③ 施加竖向荷载 P 后，保持其恒定不变，每小时测读垂直变形 1 次，直至试样固结变形稳定。变形稳定标准为不大于 0.005 mm/h。

④ 以小于 0.02 mm/min 的剪切速度进行剪切，使土样缓慢发生剪切位移直至达到停机标准，并按前述方法确定土的抗剪强度指标。

在慢剪整个试验过程中，土样先在竖向荷载作用下充分排水固结，孔隙水压力逐渐趋于 0，即 $u \to 0$；在施加剪力后，由于加荷速度慢，土样孔隙中的水有充分时间排出，即试样中的孔隙水压力 $u \approx 0$，模拟了现场排水剪切情况。

(2) 固结快剪

先使土样在竖向荷载 P 作用下完成固结过程，再快速施加水平荷载 T 使试样在 3～5 min 内达到停机标准。其步骤①、②、③与慢剪相同，第④步是以 0.8 mm/min 的剪切速度快速进行剪切，使土样发生剪切位移直至达到停机标准，并按前述方法确定土的抗剪强度指标。土样在竖向荷载作用下充分排水固结时，孔隙水压力逐渐趋于 0，即 $u \to 0$；在施加剪力后，由于加荷速度快，土样孔隙中的水来不及排出，存在孔隙水压力，即 $u \neq 0$。

(3) 快剪

安装时以硬塑料膜代替滤纸，不需要安装法向位移量测装置。施加法向应力后，立即以 0.8 mm/min 的剪切速率进行剪切，使土样发生剪切位移直至达到停机标准。整个试验过程用时 3～5 min，故称为快剪。在整个快剪试验过程中，试样中始终存在孔隙水压力，即 $u \neq 0$，模拟了现场不排水剪切情况。

不同的试验方法测定的抗剪强度指标有所差别，应根据工程实际情况选择较接近实际工程情况的试验方法。若建筑物、构筑物施工速度快，地基土排水条件不好，可采用快剪；若施工速度慢，地基土排水条件较好，则采用慢剪；若介于两者之间，则选用固结快剪。例如，软土地基上快速堆填路堤，由于加荷速度快，地基土渗透性又低，则这种条件下的强度和稳定性问题属于不排水条件下的稳定分析问题，采用快剪可模拟这种实际受荷情况。

（三）直接剪切试验的优缺点与适用范围

直剪仪构造简单，传力明确，操作方便；试样薄，固结快，省时；仪器刚度大，不发生横向变形，仅根据竖向变形量就可以计算试样体积的变化。上述优点使得直剪仪至今仍是实验室常用的仪器之一，被广泛应用于二、三级建筑下地基土为细粒土时抗剪强度指标的测定。但该仪器也存在如下缺点：

(1) 剪切过程中试样剪切破坏面上的剪应力分布不均匀，靠近剪切盒边缘的剪应力最大,而试样中间部位的剪应力相对较小,即在边缘处产生应力集中,土样的剪切破坏先从边缘开始,之后迅速扩展到整个剪切面上。

(2) 剪切破坏面人为限制在上、下盒的接触面上,该平面不一定是土样抗剪强度最弱的面。

(3) 剪切过程中试样横截面面积逐渐减小,且竖向荷载发生偏心,但抗剪强度计算时仍按原截面面积计算,并假定剪切破坏面上的正应力和剪应力分布均匀。

(4) 不能严格控制排水条件,不能量测试样中的孔隙水压力及其变化规律。

【例 5-3】 对某土样进行应变式直接剪切试验,其结果见表 5-1。已知剪切盒面积 $A=30\ cm^2$,量力环系数 $K=0.2\ kPa/0.01\ mm$,百分表 0.01 mm/格。试求该土样的抗剪强度指标。量力环系数 $K=c/A_0$,其中 c 为测力计率定系数,A_0 为试样面积。

表 5-1　土样直接剪切试验数据

竖向荷载 F_N/kN	0.15	0.30	0.60	0.90	1.20
峰值时量力环百分表格数	120	160	280	380	480

【解】 由表 5-1 中的数据可以得到剪切面上的正应力和抗剪强度,见表 5-2。第 1 组数据的处理过程为:$\sigma=F_N/A=0.15\ kN/0.003\ m^2=50\ kPa$;$\tau=120\times0.01\ mm\times0.2\ kPa/0.01\ mm=24\ kPa$。其他正应力和剪应力的计算方法相同。

表 5-2　剪切破坏面应力状态计算结果

正应力 σ/kPa	50	100	200	300	400
抗剪强度 τ_f/kPa	24	32	56	76	96

将库仑定律变为一元线性方程,即

$$\tau_f=c+\sigma\tan\varphi=c+b\sigma$$

根据表 5-2,通过一元线性回归分析方法,可得到 $c=12.85\ kPa$,$b=0.2093$,则 $\varphi=\arctan b=11.82°$。

二、三轴压缩试验

(一) 试验仪器与原理

三轴压缩试验所用仪器为三轴剪切(力)仪(简称三轴仪)。三轴仪同样分为应变控制式和应力控制式。应变控制式三轴剪切仪的构造如图 5-13 所示,由压力室、轴向加压设备、周围压力系统、反压力系统、孔隙水压力量测系统、轴向变形和体积变化量测系统组成。三轴仪的核心部分是压力室,是由一个金属活塞、底座和透明有机玻璃圆筒组成的封闭容器;轴向加压系统用以对试样施加轴向附加压力,并可控制轴向应变的速率;周围压力系统通过液体(通常是水)对试样施加周围压力;试样为圆柱形,并用橡皮膜包裹起来,使试样中的孔隙水与膜外液体(水)完全隔开。试样中的孔隙水通过其底部的透水板与孔隙水压力量测系统连通,该系统可测定加载过程中试样内孔隙水压力的变化规律。反压力系统可对试样内的孔隙水施加一定压力,必要时可使试样饱和。

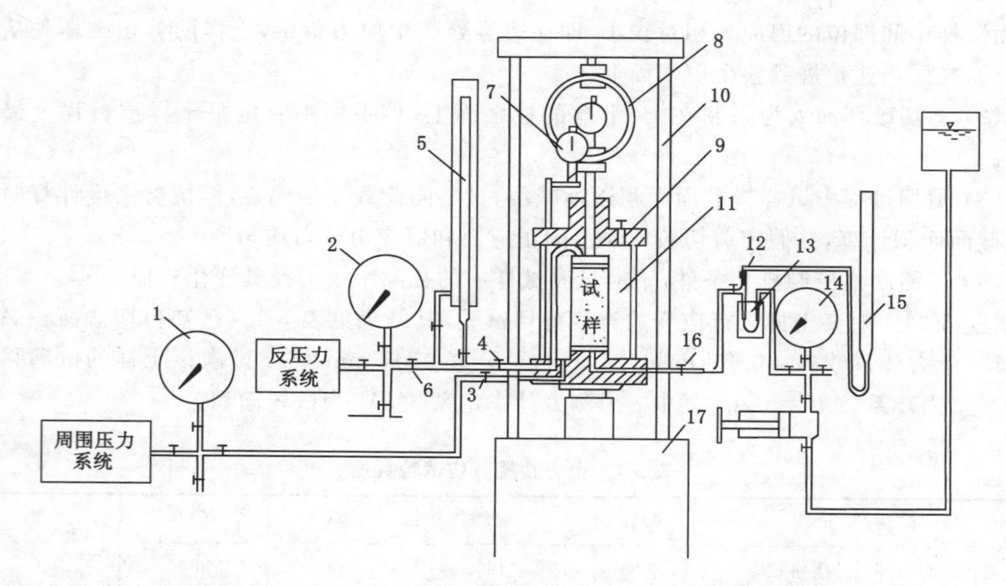

1—周围压力表；2—反压力表；3—周围压力阀；4—排水阀；5—体变管；6—反压力阀；
7—轴向位移表；8—测力计；9—排气孔；10—轴向加压设备；11—压力室；12—量管阀；
13—零位指示器；14—孔隙压力表；15—量管；16—孔隙压力阀；17—离合器。

图 5-13　应变控制式三轴剪力仪

三轴压缩试验采用的试样为圆柱形，最小直径为 35 mm，最大直径为 101 mm，试样高度宜为试样直径的 2～2.5 倍。必须制备 3 个以上性质相同的试样，在不同的周围压力下进行试验。

试验时将试样用橡皮膜包裹密封后置于压力室中，通过周围压力系统向压力室注满水后施加所需的围压，使试样受到各向等压 σ_3 的作用，如图 5-14(a)所示。此时试样处于各向等压状态，试样中不产生剪应力，不会发生剪切破坏。然后由轴向加压系统通过传力杆对试样施加竖向荷载 P，产生竖向附加压力 $\Delta\sigma_1=P/A$（A 为试样横截面面积），这样竖向主应力 $\sigma_1=\sigma_3+\Delta\sigma_1$ 就大于水平向主应力 σ_3。当 σ_3 保持不变而 σ_1 逐渐增大时，试样变形。试样每产生 0.3%～0.4%的轴向应变（或 0.2 mm 轴向变形值），测记 1 次测力计读数和轴向变形值；当轴向应变大于 3%时，试样每产生 0.7%～0.8%的轴向应变（或 0.5 mm 轴向变形值）测记 1 次。当测力计读数出现峰值时，剪切试验继续进行至轴向应变为 15%～20%时可结束试验。

以主应力差 $\Delta\sigma_1$ 为纵坐标，轴向应变 ε_1 为横坐标，绘制 $\Delta\sigma_1$-ε_1 关系曲线，如图 5-14(b)所示。取曲线上主应力差的峰值作为破坏点，无峰值时取 15%轴向应变时的主应力差值作为破坏点，并计算和记录试样破坏时的最大主应力 σ_1 和最小主应力 σ_3。

以试样破坏时的 σ_1 和 σ_3 绘制极限应力圆，如图 5-14(c)所示。性质相同的土制成的多个试样分别在不同的恒定周围压力（即最小主应力 σ_3）下按上述方法进行试验，分别获得试样剪切破坏时的最大主应力 σ_1。将这些结果绘成一组极限应力圆，并作这些应力圆的公共包线，该线即土的抗剪强度曲线。通常将曲线视为一斜直线，该直线在纵轴上的截距为黏聚力 c，直线的倾角为内摩擦角 φ。通常情况下可由式(5-16)或式(5-17)采用一元线性回归分析方法确定 c、φ 值。

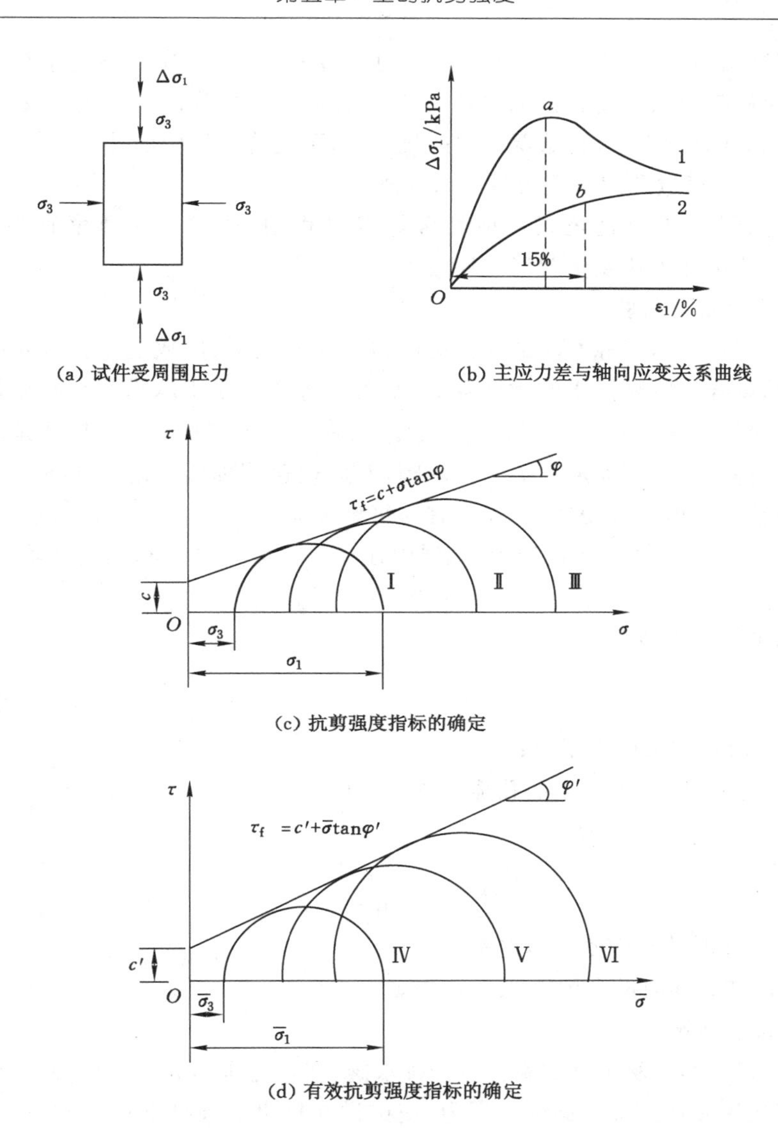

图 5-14　三轴压缩试验原理

三轴仪的孔隙水压力量测系统，可测定试样在整个加载过程中孔隙水压力的变化规律。如果测定试样破坏时的 σ_1、σ_3 和 u 值，则可计算出有效主应力 $\bar{\sigma}_1=\sigma_1-u$ 和 $\bar{\sigma}_3=\sigma_3-u$，便可绘制一组有效极限应力圆。作这些有效极限应力圆的公共切线，该直线在纵轴上的截距为有效黏聚力 c'，直线的倾角为有效内摩擦角 φ'。通常情况下可由式(5-16)或式(5-17)采用一元线性回归分析方法确定 c'、φ'的值。

（二）试验方法

在《土工试验方法标准》(GB/T 50123—2019)中，根据试样固结条件和排水情况，将三轴压缩试验分为三种类型：不固结不排水剪试验(UU)、固结不排水剪试验(CU)和固结排水剪试验(CD)。

(1) 不固结不排水剪试验

不固结不排水剪试验，简称UU试验。在压力室底座上，依次放不透水板、试样和不透水试样帽，将橡皮膜用承膜筒套在试样外，并用橡皮圈将橡皮膜两端与底座及试样帽分别扎紧。在整个加载试验过程中，自始至终关闭排水阀，不允许土样中的孔隙水排出。试样中存在孔隙水压力 u，可通过孔隙水压力量测系统测得。

在施加竖向附加压力直至试样剪切破坏的过程中，剪切应变速率宜为每分钟应变0.5%～1.0%，使试样很快发生剪切破坏。

(2) 固结不排水剪试验

固结不排水剪试验，简称CU试验。在压力室底座上，依次放透水板、湿滤纸、试样、湿滤纸和透水板，试样周围贴浸水的滤纸条7～9条。将橡皮膜用承膜筒套在试样外，并用橡皮圈将橡皮膜两端与底座及试样帽分别扎紧。在施加恒定围压 σ_3 时，打开排水阀，允许土中孔隙水排出，待土样固结完成后关闭排水阀，然后快速施加竖向附加压力，使试样在不排水条件下剪切破坏。剪切应变速率：黏土宜为每分钟应变0.05%～0.1%；粉土为每分钟应变0.1%～0.5%。在后期剪切过程中，试样中存在孔隙水压力 u，可通过孔隙水压力量测系统测得。

初始孔隙水压力系数为：

$$B = \frac{u_0}{\sigma_3} \tag{5-21}$$

式中 B——初始孔隙水压力系数；

u_0——施加周围压力产生的孔隙水压力，kPa。

破坏时孔隙水压力系数为：

$$A_f = \frac{u_f}{B(\sigma_1 - \sigma_3)} \tag{5-22}$$

式中 A_f——破坏时的孔隙水压力系数；

u_f——试样破坏时的孔隙水压力，kPa。

(3) 固结排水剪试验

固结排水剪试验，简称CD试验。打开排水阀，在恒定围压 σ_3 作用下使土样充分固结，待土样固结完成后慢速施加竖向附加压力，使试样在排水的条件下剪切破坏。剪切应变速率为每分钟应变0.003%～0.012%。在整个试验过程中，试样始终处于充分排水状态，使孔隙水压力完全消散。由于在试验过程中孔隙水压力为0，故最终测定的是有效抗剪强度指标。

不同的试验方法测定的抗剪强度指标不同，应根据工程实际情况选择较接近实际工程情况的试验方法。不固结不排水试验相当于直接剪切试验的快剪，固结不排水试验相当于固结快剪，固结排水试验相当于慢剪。若建筑物、构筑物施工速度快，地基土排水条件不好，可采用不固结不排水试验；若施工速度慢，地基土排水条件较好，则采用固结排水试验；若介于两者之间，则选用固结不排水试验。例如，软土地基上快速堆填路堤，由于加荷速度快，地基土渗透性低，则该条件下的强度和稳定性问题属于不排水条件下的稳定分析问题，采用不固结不排水试验可模拟实际受荷情况。

(三) 三轴压缩试验的优缺点及适用范围

三轴压缩试验与直接剪切试验相比，具有如下优点：

(1) 试验中能严格控制土样的排水条件，准确测定试样在剪切过程中孔隙水压力的变化规律，从而定量获得土中有效应力的变化情况。

(2) 试样剪切破坏时的剪切破坏面不是人为限定的，而是抗剪强度最弱的面，且剪切破坏面上应力分布较均匀。

(3) 除可测定抗剪强度指标外，还可测定孔隙水压力系数、土的侧压力系数、土的灵敏度等指标。

基于上述优点，三轴压缩试验被广泛应用于特级、一级建筑下地基土(细粒土和粒径小于 20 mm 的粗粒土)的抗剪强度指标测定。

三轴压缩试验中，由于试样上、下端的侧向变形分别受刚性试样帽和底座的限制，中间部分却不受约束，因此当试样接近破坏时，试样常被挤压成臌形，试样中的应力与应变仍不均匀。此外，三轴压缩试验是在轴对称应力状态下进行的，也不是严格意义上的三向受力状态($\sigma_1 \neq \sigma_2 \neq \sigma_3$)，因此所测得的抗剪强度及其他力学参数只能代表这种特定应力状态下土的性质，不能全面反映中间主应力 σ_2 的影响。为此，先后研制了平面应变试验仪、真三轴试验仪、空心圆柱扭剪试验仪等，以便更好地模拟土的不同应力状态，更准确地测定土的抗剪强度指标。

【例 5-4】 对某黏性土进行三轴压缩试验，采用固结不排水试验(CU 试验)，3 个土样剪切破坏时的最大主应力、最小主应力和孔隙水压力见表 5-3。试按有效应力法和总应力法确定其抗剪强度指标。

表 5-3　某黏性土三轴压缩试验结果 1

土样编号	土样剪切破坏时的试验结果		
	最大主应力 σ_1/kPa	最小主应力 σ_3/kPa	孔隙水压力 u/kPa
1	77	24	11
2	131	60	32
3	161	80	43

【解】 (1) 按总应力法确定其抗剪强度指标

将式(5-16)变为一元线性方程，即

$$\sigma_1 = \sigma_3 \tan^2\left(45^\circ + \frac{\varphi}{2}\right) + 2c\tan\left(45^\circ + \frac{\varphi}{2}\right) = a + b\sigma_3$$

根据表 5-3 中数据，通过一元线性回归分析，可得 $a=41.0$，$b=1.5$，则：

$$\varphi = 2\arctan\sqrt{b} - 90^\circ = 2\arctan\sqrt{1.5} - 90^\circ = 11.5^\circ$$

$$c = \frac{a}{2\tan(45^\circ + \varphi/2)} = \frac{41.0}{2 \times \tan(45^\circ + 11.5^\circ/2)} = 16.8\ (\text{kPa})$$

(2) 按有效应力法确定其抗剪强度指标

根据表 5-3 试验结果，3 个土样剪切破坏时的有效主应力见表 5-4。

将式(5-19)变成一元线性方程，即

$$\bar{\sigma}_1 = \bar{\sigma}_3 \tan^2\left(45^\circ + \frac{\varphi'}{2}\right) + 2c'\tan\left(45^\circ + \frac{\varphi'}{2}\right) = a' + b'\bar{\sigma}_3$$

表 5-4　某黏性土三轴压缩试验结果 2

土样编号	土样剪切破坏时的有效主应力	
	最大有效主应力 $\bar{\sigma}_1$/kPa	最小有效主应力 $\bar{\sigma}_3$/kPa
1	66	13
2	99	28
3	118	37

根据表 5-4 数据，通过一元线性回归分析，可得 $a'=37.91$，$b'=2.17$，则：

$$\varphi'=2\arctan\sqrt{b'}-90°=2\arctan\sqrt{2.17}-90°=21.7°$$

$$c'=\frac{a'}{2\tan(45°+\varphi'/2)}=\frac{37.91}{2\times\tan(45°+21.7°/2)}=12.9\ (\text{kPa})$$

【例 5-5】　某饱和黏性土，通过三轴压缩试验测得其有效抗剪强度指标 $c'=80$ kPa、$\varphi'=24°$。现取另一相同试样，在三轴仪中进行固结不排水剪切试验，施加的周围压力 $\sigma_3=200$ kPa，试样破坏时的主应力差 $\sigma_1-\sigma_3=280$ kPa，测得此时孔隙水压力 $u_f=180$ kPa。试求：(1) 破裂角以及剪切破坏面上的正应力和剪应力；(2) 孔隙水压力系数；(3) 若该试样在同样周围压力下进行固结排水剪切试验，则剪切破坏时的最大主应力是多少？

【解】　(1) 破裂角 $\alpha=45°+\frac{\varphi}{2}=45°+\frac{24°}{2}=57°$。

已知 $\sigma_3=200$ kPa，试样破坏时的主应力差 $\sigma_1-\sigma_3=280$ kPa，则试样破坏时的最大主应力 $\sigma_1=280+200$ kPa$=480$ kPa。

剪切破坏面上的正应力和剪应力分别为：

$$\sigma=\frac{\sigma_1+\sigma_3}{2}+\frac{\sigma_1-\sigma_3}{2}\cos 2\alpha=\frac{480+200}{2}+\frac{480-200}{2}\times\cos 114°=283\ (\text{kPa})$$

$$\tau=\frac{\sigma_1-\sigma_3}{2}\sin 2\alpha=\frac{480-200}{2}\times\sin 114°=127.9\ (\text{kPa})$$

(2) 孔隙水压力系数包括初始孔隙水压力系数和破坏时的孔隙水压力系数。

对于饱和黏性土试样，施加周围压力 σ_3 产生的孔隙水压力 $u_0=\sigma_3=280$ kPa，则初始孔隙水压力系数为：

$$B=\frac{u_0}{\sigma_3}=1.0$$

破坏时孔隙水压力系数为：

$$A_f=\frac{u_f}{B(\sigma_1-\sigma_3)}=\frac{180}{1\times(480-200)}=0.64$$

(3) 排水剪的孔隙水压力为 0，故试样破坏时 $\bar{\sigma}_3=\sigma_3-u=\sigma_3=200$ kPa，则剪切破坏面上的抗剪强度和剪应力分别为：

$$\begin{aligned}\tau_f&=c'+\bar{\sigma}\tan\varphi'=c'+\left(\frac{\bar{\sigma}_1+\bar{\sigma}_3}{2}+\frac{\bar{\sigma}_1-\bar{\sigma}_3}{2}\cos 2\alpha\right)\tan\varphi'\\&=80+\left(\frac{\bar{\sigma}_1+200}{2}+\frac{\bar{\sigma}_1-200}{2}\cos 114°\right)\times\tan 24°\\&=0.132\bar{\sigma}_1+142.3\end{aligned}$$

$$\tau=\frac{1}{2}(\bar{\sigma}_1-\bar{\sigma}_3)\sin 2\alpha=\frac{1}{2}\times(\bar{\sigma}_1-200)\times\sin 114^{\circ}=0.457\bar{\sigma}_1-91.4$$

由于剪切破坏面上的剪应力等于抗剪强度，即

$$0.132\bar{\sigma}_1+142.3=0.457\bar{\sigma}_1-91.4$$

解得 $\bar{\sigma}_1=719.1$ kPa，则有：

$$\sigma_1=\bar{\sigma}_1+u=\bar{\sigma}_1=719.1\ \text{kPa}$$

三、无侧限抗压强度试验

（一）试验仪器与原理

无侧限抗压强度试验所用仪器为应变控制式无侧限压缩仪（图 5-15），由测力计、加压框架和升降设备组成。

试样直径宜为 35～50 mm，高度与直径之比为 2.0～2.5。将试样放在底座上，转动手轮，使底座缓慢上升，给试样施加轴向压力。轴向应变速率宜为每分钟应变 1%～3%，试验宜在 8～10 min 内完成。轴向应变小于 3%时，每隔 0.5%应变（或 0.4 mm）测记 1 次测力计读数；轴向应变大于等于 3%时，每隔 1%应变（或 0.8 mm）测记 1 次测力计读数。当测力计读数出现峰值时，继续进行 3%～5%应变后停止试验；当读数无峰值时，试验应进行到轴向应变达 20%为止。

（二）无侧限抗压强度的确定

以轴向应力为纵坐标，轴向应变为横坐标，绘制轴向应力与轴向应变关系曲线，如图 5-16 所示。取曲线上最大轴向应力作为无侧限抗压强度，记为 q_u；当曲线上峰值不明显时，取轴向应变 15%时所对应的轴向应力作为无侧限抗压强度。

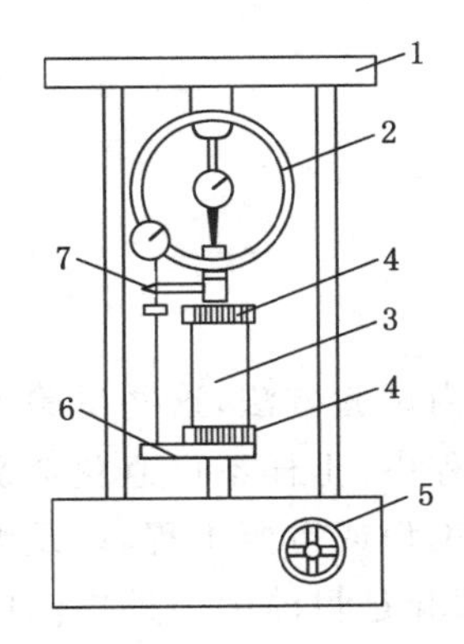

1—轴向加载架；2—轴向测力计；
3—试样；4—上、下传压板；
5—手轮；6—升降板；7—轴向位移计。

图 5-15　应变控制式无侧限压缩仪

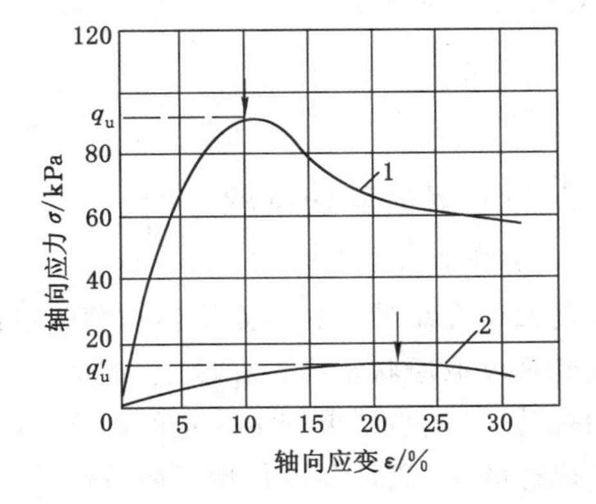

1—原状试样；2—重塑试样。

图 5-16　轴向应力-轴向应变关系曲线

无侧限抗压强度试验具有设备简单、操作方便等优点，对于在自重作用下能自立不变形的各种土，包括路基工程中常用的稳定土，均可采用无侧限压缩仪测定其无侧限抗压强度。

（三）灵敏度的测定

当需要测定黏性土的灵敏度时，应立即将破坏后的黏性土试样包于塑料薄膜内用手搓捏，破坏其结构，重塑成圆柱形，放入重塑筒内，用金属垫板将试样挤成与原状试样尺

寸、密度相等的试样，并按上述方法重新进行加载试验，测得的重塑试样无侧限抗压强度记为 q'_u。

灵敏度计算公式为：

$$S_t = \frac{q_u}{q'_u} \tag{5-23}$$

式中 S_t——灵敏度；

q_u——原状试样的无侧限抗压强度，kPa；

q'_u——重塑试样的无侧限抗压强度，kPa。

（四）c、φ 值的确定

根据破坏时的应力状态（$\sigma_1 = q_u, \sigma_3 = 0$），由式(5-16)可得：

$$q_u = 2c\tan\left(45° + \frac{\varphi}{2}\right) \tag{5-24}$$

这种试验方法一般只适用于测定饱和黏性土的抗剪强度指标。由于无侧限抗压强度试验经历时间较短，可认为土中孔隙水没有明显排出，相当于 $\sigma_3 = 0$ 条件下的三轴不固结不排水试验。此时，饱和黏性土的内摩擦角 $\varphi \approx 0$，则有：

$$c = \frac{q_u}{2} \tag{5-25}$$

对于在自重作用下能自立不变形的其他各种土，也可利用无侧限压缩试验的结果粗略估算抗剪强度指标。首先用量角器测定试样破裂角 α，由式(5-18)可得：

$$\varphi = 2(\alpha - 45°) \tag{5-26}$$

由式(5-24)可得：

$$c = \frac{q_u}{2\tan\left(45° + \frac{\varphi}{2}\right)} \tag{5-27}$$

四、十字板剪切试验

（一）试验仪器与原理

前面所介绍的三种测定土体抗剪强度的方法均为室内试验方法，这些试验方法均要求事先到现场取原状土样。在取土、运送、保存和制备等过程中，土样不可避免会受到不同程度的扰动，对试验结果产生一定的影响。因此，对于大型工程或重要工程，以及无法或很难现场取样的土，通常要进行现场原位试验。十字板剪切试验是目前国内外广泛应用的原位测试土抗剪强度的方法之一。

十字板剪切试验采用的试验设备是十字板剪切仪[图 5-17(a)]，由十字板与轴杆、施加扭力装置和量测装置组成。十字板剪切试验的工作原理是将十字板插入土中待测土层的标高处，然后在地面上对轴杆施加扭转力矩，带动十字板旋转，在土体中形成圆柱形剪切破坏面，如图 5-17(b)所示。通过量测装置测得施加的最大扭转力矩 M，据此可计算土的抗剪强度。

（二）抗剪强度的计算

土体剪切破坏时，其抵抗力矩由圆柱体侧面和上、下表面土的抗剪强度产生的抗扭力矩构成。

(1) 圆柱体侧表面产生的抗扭力矩 M_1

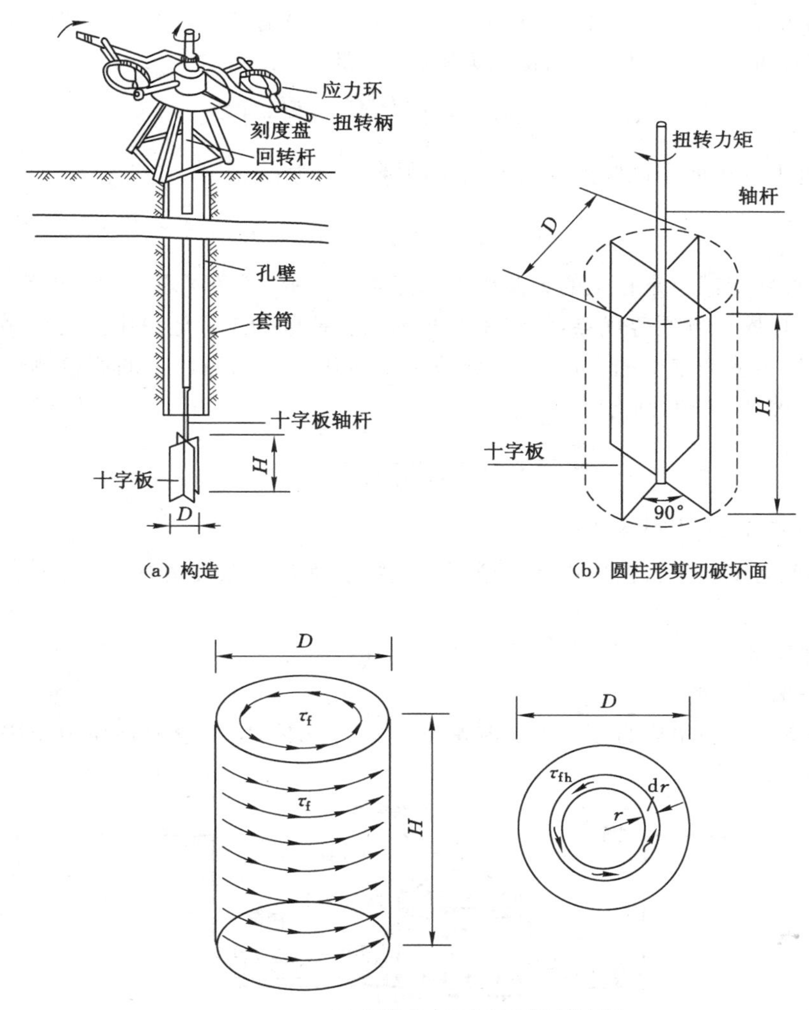

(a) 构造　(b) 圆柱形剪切破坏面

(c) 圆柱体表面抗扭力矩计算原理

图 5-17　十字板剪切仪

$$M_1 = \pi DH \cdot \tau_{fv} \cdot \frac{D}{2} = \frac{1}{2}\pi D^2 H\tau_{fv} \tag{5-28}$$

式中　M_1——圆柱体侧表面产生的抗扭力矩，kN·m；

D——十字板的直径，m；

H——十字板的高度，m；

τ_{fv}——圆柱体侧面土的抗剪强度，kPa。

(2) 圆柱体上、下表面产生的抗扭力矩 M_2

$$M_2 = 2\int_0^{D/2} \tau_{fh} \cdot 2\pi r \cdot r\mathrm{d}r = \frac{1}{6}\pi D^3 \tau_{fh} \tag{5-29}$$

式中　M_2——圆柱体上、下表面产生的抗扭力矩，kN·m；

τ_{fh}——圆柱体上、下表面土的抗剪强度，kPa。

一般而言，土体是各向异性的，$\tau_{fv} \neq \tau_{fh}$。为简化计算，十字板剪切试验中假定土体为各向同性体,即土的抗剪强度各向相等,即 $\tau_{fv}=\tau_{fh}=\tau_f$。土体剪切破坏时所施加的最大扭矩 M 应与圆柱体侧面和上、下表面产生的抗扭力矩相等,即

$$M = M_1 + M_2 = \left(\frac{\pi D^2 H}{2} + \frac{\pi D^3}{6}\right)\tau_f \tag{5-30}$$

于是,通过十字板剪切试验测得的土的抗剪强度 τ_f 为:

$$\tau_f = \frac{6M}{\pi D^2 (3H + D)} \tag{5-31}$$

由于十字板剪切试验是在土的天然应力状态下进行的,避免了取土扰动的影响,同时具有仪器构造简单、操作方便等优点,多年来在我国软土地区的工程建设中广泛应用。但是这种原位测试方法不能确定土的 c、φ 值,多数情况下适用于饱和黏性土的原位测试。对于饱和黏性土,内摩擦角 $\varphi\approx 0$,则有:

$$c = \tau_f = \frac{6M}{\pi D^2 (3H + D)} \tag{5-32}$$

五、现场大型剪切试验

现场大型剪切试验是目前国内外原位测试土抗剪强度的重要方法,常用大剪仪法和水平挤推法。

(一) 大剪仪法

1. 试验的现场布置

试验的基本原理与室内直接剪切试验基本相同,但试体尺寸较大且在现场进行。大剪仪法原理如图 5-18 所示。

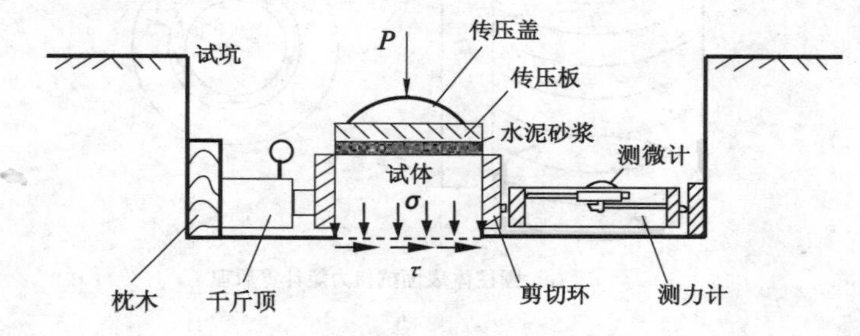

图 5-18 大剪仪法原理示意图

2. 试验过程及要求

首先开挖试验坑,原地切削大试件,即与剪切面垂直的圆形土柱,然后将剪切环套在土柱上,并徐徐下压至距预定剪切面 3～5 mm 处。削平试件上端并用水泥砂浆找平,安装传压板和传力盖。施加垂直压力,并通过垂直测力计测定其大小。快剪时,当试件的垂直压力达到预定的压力后保持恒定不变,然后立即通过千斤顶施加水平推力。当水平测力计测微表的指针停止或后退,或水平变形达到试件直径的 1/15 时,认为试件已剪坏,试验可结束。通常试体数不应少于 3 个。

3. 试验结果分析

计算出各试体剪坏时的正应力 σ 和剪应力 τ,绘制正应力和剪应力关系曲线,按库仑抗剪强度表达式采用一元线性回归分析方法确定土的 c、φ 值。

4. 适用条件

由于试件尺寸大且在现场进行,因此能把土体的非均质性及软弱面等对抗剪强度的影响更真实地反映出来,适用于测求各类土以及岩土接触面或滑面的抗剪强度。对于碎石土,由于现场制作试体较困难,精度稍差。

(二) 水平挤推法

1. 试验的现场布置

试验在试坑内进行,其布置如图 5-19 所示,主要设备是装有压力表或测力计的卧式千斤顶,安装时需要设置枕木和钢板。

2. 试验过程及要求

(1) 在试坑预定深度处将试体加工成三面垂直临空的半岛状,其尺寸为:$H>5$ 倍最大土粒径,$H/B=1/4\sim1/3$,$L=(0.8\sim1.0)B$(H、B、L 分别为试体的高度、宽度和长度)。试体两侧各挖约 20 cm 宽的小槽,槽中放置塑料布,其上用挖出的土回填并稍加夯实。

(2) 千斤顶的着力点对准矩形试体面的 $H/3$ 与 $B/2$ 处。

(3) 水平推力以每 15~20 min 内水平位移约 4 mm 的缓慢速度施加。当压力表读数开始下降时试体被剪坏,此时的压力表值即最大推力 $P_{\max}$。

(4) 测定 $P_{\min}$ 值,即土的摩擦力,其测定标准为:

① 千斤顶加压到 $P_{\max}$ 值后即停止加压,压力表读数后退所保持的稳定值;

② 试体出现贯穿裂缝时的压力表读数;

③ 当千斤顶加压到 $P_{\max}$ 后,松开油阀,然后关闭油阀重新加压,以其峰值作为 $P_{\min}$ 值。

(5) 确定滑弧位置,并量测滑弧上各点的距离和高度,绘制滑弧剖面图。

通常本试验不宜少于 3 处。

3. 试验结果分析

对实测的滑弧剖面按条分法计算 c、φ 值,如图 5-20 所示。

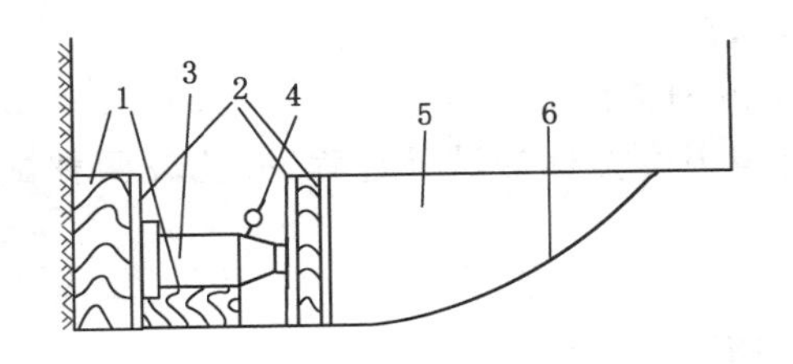

1—枕木;2—钢板;3—千斤顶;
4—压力表;5—试体;6—破坏滑面。

图 5-19 水平推挤法试验现场布置图

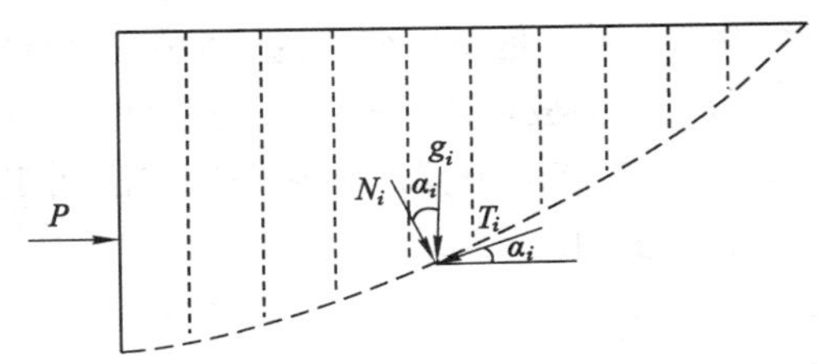

图 5-20 水平推挤法滑体剖面

$$c=\frac{P_{\max}-P_{\min}}{B\sum_{i=1}^{n}l_i} \tag{5-33}$$

$$\varphi=\arctan\frac{\dfrac{P_{\max}}{G}\sum_{i=1}^{n}g_i\cos\alpha_i-\sum_{i=1}^{n}g_i\sin\alpha_i-cB\sum_{i=1}^{n}l_i}{\dfrac{P_{\max}}{G}\sum_{i=1}^{n}g_i\sin\alpha_i+\sum_{i=1}^{n}g_i\cos\alpha_i} \tag{5-34}$$

式中 P_{max}——最大推力,kN;

P_{min}——最小推力(土的摩擦力),kN;

B——试体的宽度,m;

l_i——第 i 个条块滑弧长度,m;

G——滑体的总重力,kN;

g_i——第 i 个条块土重力,kN;

α_i——第 i 个条块滑面与水平面夹角,(°)。

4. 适用条件

该方法可使试体的剪切破坏面沿土内软弱面发展,黏聚力较小的碎石土试验结果较好。同时,该方法受试坑深度限制较小,应用较为广泛。

思 考 题

5-1 何谓土的抗剪强度?研究土的抗剪强度有何意义?

5-2 库仑定律有哪两种表示方法?它们的根本区别是什么?

5-3 库仑定律与莫尔抗剪强度理论的区别是什么?两者是什么关系?

5-4 何谓土的极限平衡状态?极限平衡条件如何表达?怎样判断地基中某点处土是否发生剪切破坏?

5-5 通常情况下,剪切破坏面与最大主应力作用平面之间的夹角为多少?是否剪应力最大的平面首先发生剪切破坏?什么情况下剪切破坏面与最大剪应力面是一致的?

5-6 抗剪强度的测定方法有哪些?每种测定方法可确定土的哪些力学参数?

5-7 简述直接剪切试验和三轴压缩试验的原理,并比较两者的优缺点和适用范围。

5-8 直接剪切试验和三轴压缩试验的试验方法有哪些?每种试验方法在整个加载过程中孔隙水压力是怎样变化的?如何选择试验方法?

5-9 十字板剪切试验的原理是什么?其适用范围是什么?

5-10 简述大剪仪法和水平挤推法测定土抗剪强度指标的试验过程,并比较两种试验方法的适用范围。

习 题

5-1 某砂土试样在法向应力 $\sigma=100$ kPa 作用下进行直接剪切试验,测得其抗剪强度 $\tau_f=60$ kPa。试求:(1) 土的内摩擦角 φ;(2) 如果试样的法向应力增大到 $\sigma=250$ kPa,则土样的抗剪强度是多少?

5-2 已知地基土的抗剪强度指标 $c=10$ kPa,$\varphi=30°$。问:当地基中某点的最小主应力 $\sigma_3=200$ kPa,最大主应力 σ_1 为多少时该点刚好发生剪切破坏?

5-3 已知地基中某一点所受的最大主应力 $\sigma_1=600$ kPa,最小主应力 $\sigma_3=100$ kPa。要求:(1) 绘制莫尔应力圆;(2) 求最大剪应力值,以及最大剪应力作用平面与最大主应力作用平面的夹角;(3) 计算作用在与最小主应力作用平面成30°的平面上的正应力和剪应力。

5-4 在地表面作用有 2 m 宽的条形均布荷载 p_0,在荷载中心点下 0.5 m 处 M 点引起的附加应力为：$\sigma_z=94$ kPa、$\sigma_x=45$ kPa 和 $\tau_{zx}=51$ kPa。地基为粉质黏土，其重度 $\gamma=19.6$ kN/m^3，黏聚力 $c=19.2$ kPa，内摩擦角 $\varphi=28°$，侧压力系数 $k_0=0.5$。试求 M 点的主应力及方向，并判断该点土体是否发生剪切破坏。

5-5　某工程取干砂试样进行直接剪切试验，当法向压力 $\sigma=300$ kPa 时，测定砂样剪切破坏时的剪应力 $\tau=200$ kPa，试求：(1) 此砂土的内摩擦角 φ；(2) 最大主应力与剪切破坏面之间的夹角；(3) 破坏时的最大主应力 σ_1 与最小主应力 σ_3。

5-6　某饱和黏性土的有效抗剪强度指标 $c'=15$ kPa、$\varphi'=30°$。取该土样在三轴仪中做固结不排水剪切试验，破坏时作用于试样上的围压 $\sigma_3=250$ kPa，主应力差 $\sigma_1-\sigma_3=145$ kPa。试求该土样破坏时的孔隙水压力 u。

5-7　对某饱和黏土进行三轴固结不排水剪切试验，测得 4 个试样剪切破坏时的试验结果见表 5-5，试求：(1) 用总应力法求 c 和 φ；(2) 用有效应力法求 c'和 φ'。

表 5-5　习题 5-7 三轴固结不排水剪切试验数据　　单位：kPa

σ_1	145	218	310	401
σ_3	60	100	150	200
u	31	57	92	126

5-8　某饱和黏性土，通过三轴压缩试验测得其有效抗剪强度指标 $c'=87$ kPa、$\varphi'=26°$。现取另一相同试样，在三轴仪中进行固结不排水剪切试验，施加的周围压力 $\sigma_3=300$ kPa，试样破坏时的主应力差 $\sigma_1-\sigma_3=390$ kPa，测得此时孔隙水压力 $u_f=210$ kPa。试求：(1) 破裂角以及剪切破坏面上的正应力和剪应力；(2) 孔隙水压力系数；(3) 若该试样在同样周围压力下进行固结排水剪切试验，则剪切破坏时的最大主应力是多少？

5-9　对饱和黏性土样进行无侧限抗压试验，测得原状试样的无侧限抗压强度 $q_u=120$ kPa，重塑试样的无侧限抗压强度 $q'_u=92$ kPa。试计算：(1) 该土样的不排水抗剪强度；(2) 黏性土的灵敏度；(3) 试样破坏时与圆柱形试样竖轴成 60°夹角平面上的正应力 σ 和剪应力 τ。

5-10　对饱和黏性土进行现场十字板剪切试验，破坏时施加的最大扭矩为 15.4 N·m。已知十字板的直径为 50 mm、高度为 100 mm。试确定土的抗剪强度指标。

5-11　利用大剪仪法在现场共进行了 3 个相同试件的剪切试验。已知试件的直径为 1 m，剪切破坏时的试验结果见表 5-6。试确定土的抗剪强度指标。

表 5-6　习题 5-11 土样直接剪切试验数据　　单位：kN

垂直压力 F_v	78.5	157.0	235.5
水平推力 F_h	26.8	44.1	60.9

小　论　文

5-1　抗剪强度理论综述。

5-2　土的抗剪强度指标测定方法综述。

第六章　土压力计算与挡土墙设计

第一节　概　述

一、挡土墙

为防止土体坍塌而建造的挡土结构物称为挡土墙。挡土墙在工程中得到了广泛的应用。例如，房屋建筑工程中支挡建筑物周围填土的挡土墙、地下室的侧墙，道路与铁道工程中的路堑挡土墙、桥台、隧道的侧墙以及基坑开挖维护用的板桩墙等，如图 6-1 所示。挡土墙常用砖石、混凝土、钢筋混凝土等建成，用以支撑天然岩土体或人工填土使之不致坍塌，保证其稳定性。

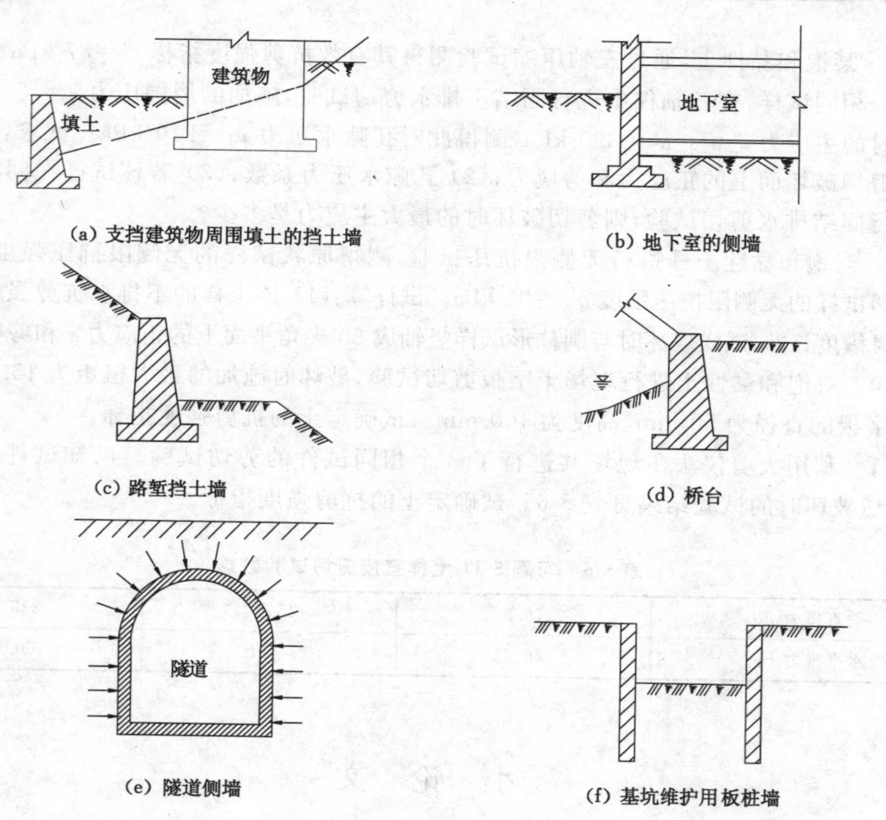

(a) 支挡建筑物周围填土的挡土墙　(b) 地下室的侧墙

(c) 路堑挡土墙　(d) 桥台

(e) 隧道侧墙　(f) 基坑维护用板桩墙

图 6-1　挡土墙应用举例

二、土压力

由图 6-1 可以看出：在挡土墙与土体接触面处均存在接触压力。通常情况下将墙后土体对墙背产生的侧压力称为土压力。土压力是挡土墙的主要外荷载，在设计挡土墙时应首先确定土压力的分布规律、土压力合力的大小、作用方向和作用点。

（一）影响土压力的因素

1. 挡土墙的位移方向和位移量

挡土墙位移方向和位移量，是影响土压力大小的最主要因素。挡土墙模型试验结果表明：当挡土墙固定不动时，测得的土压力为 E_0；当挡土墙在墙后土体作用下向前移动时，作用在墙背上的土压力随之减小，最终达到最小值 E_a；相反，当挡土墙在外荷载作用下推向墙后土体时，作用在墙背上的土压力随之增大，最终趋于最大值 E_p。挡土墙位移方向和位移量不同，土压力的大小相差很大，$E_p > E_0 > E_a$。

2. 挡土墙的类型、结构形式和墙背的光滑程度

不同类型的挡土墙所用的材料和截面尺寸不同，则挡土墙的整体刚度不同，所受土压力的大小也就有所差别。不同结构形式的挡土墙，所受的土压力也不同。例如，工程中最为常见的浆砌块石挡土墙，墙背可以做成俯斜、直立或仰斜（图 6-2），墙背俯斜时的土压力大于墙背直立时的土压力，而墙背直立时的土压力又大于墙背仰斜时的土压力。同时，墙背的粗糙程度，在一定程度上也会影响土压力的大小。

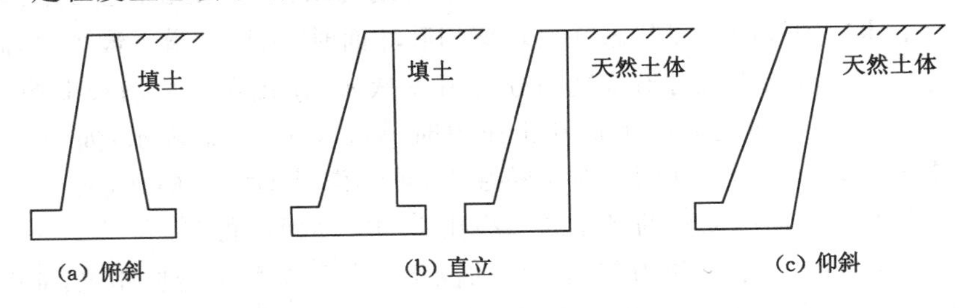

图 6-2　不同结构形式的挡土墙

3. 墙后土体的性质、土体表面上的荷载与土体中的地下水

墙后土体的性质包括：重度、干湿程度（即含水率）、土的抗剪强度指标（黏聚力 c 和内摩擦角 φ）、填土表面的形状（水平、向上倾斜或向下倾斜）、土的流变特性等，都影响土压力的大小。墙后土体表面有荷载作用时，其值越大，作用在墙背上的土压力越大。当墙后土体内存在地下水时，使土的物理力学性质指标发生改变，从而使土压力发生变化，同时还应考虑水压力。

（二）土压力的分类

根据挡土墙可能的位移方向和墙后土体应力状态，土压力一般分为静止土压力、主动土压力和被动土压力。由于挡土墙的长度一般远大于其截面尺寸，在分析土压力时可简化为平面应变问题。

1. 静止土压力

挡土墙在土压力作用下不发生任何位移或转动，墙后土体处于弹性应力状态，此时作用在墙背上的土压力称为静止土压力。静止土压力沿墙高的分布用 p_0 表示，作用在单位墙长上的静止土压力合力用 E_0 表示，如图 6-3(a)所示。

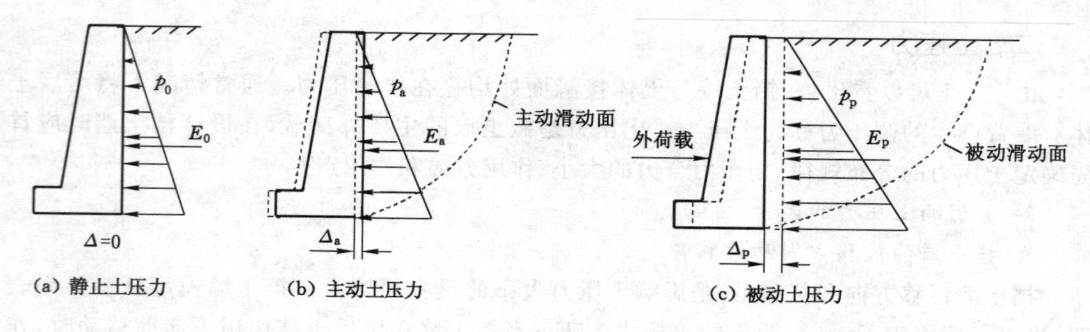

图 6-3　土压力的分类

2. 主动土压力

若挡土墙在土压力作用下向前移动或转动，作用在墙背上的土压力将随之减小，当墙后土体达到极限平衡状态并出现剪切破坏面时，土压力减至最小值，此时的土压力称为主动土压力。主动土压力沿墙高的分布用 p_a 表示，作用在单位墙长上的主动土压力合力用 E_a 表示，挡土墙产生主动土压力时的位移量用 Δ_a 表示，如图 6-3(b)所示。产生的剪切破坏面称为主动滑动面。对于黏性土，主动滑动面为一曲面；对于无黏性土，主动滑动面为一平面。

3. 被动土压力

若挡土墙在外荷载作用下朝墙后土体方向移动或转动，作用在墙背上的土压力将随之增大。当墙后土体达到极限平衡状态并出现剪切破坏面时，土压力增至最大值，此时的土压力称为被动土压力。被动土压力沿墙高的分布用 p_p 表示，作用在单位墙长上的被动土压力合力用 E_p(kN/m)表示，挡土墙产生被动土压力时的位移量用 Δ_p 表示，如图 6-3(c)所示。产生的剪切破坏面称为被动滑动面。对于黏性土，被动滑动面为一曲面；对于无黏性土，被动滑动面为一平面。被动滑动面的倾角或斜率比主动滑动面小得多。

从上面的分析可以看出：土压力与挡土墙的位移方向和位移量密切相关，如图 6-4 所示。主动土压力最小，被动土压力最大，静止土压力介于两者之间，即 $E_a < E_0 < E_p$。另外，产生被动土压力所需位移量 Δ_p 远大于产生主动土压力所需位移量 Δ_a，而静止土压力产生的条件是挡土墙的位移 $\Delta=0$。作用在挡土墙上的实际土压力，介于主动土压力 E_a 和被动土压力 E_p 之间。

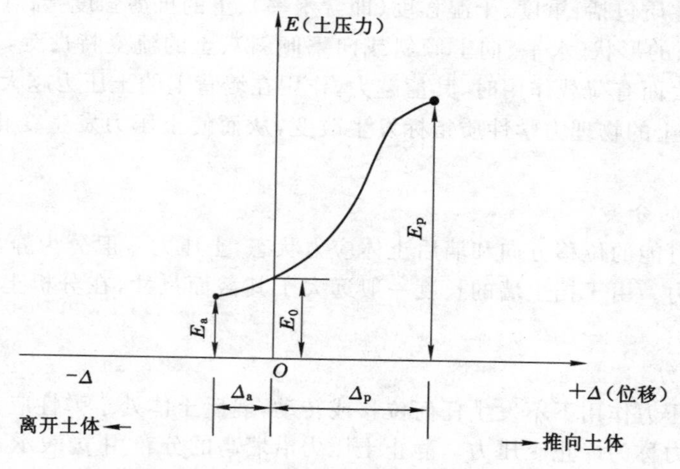

图 6-4　土压力与挡土墙位移的关系曲线

第二节　静止土压力的计算

静止土压力产生的条件是挡土墙的平动和转动位移均为0。现实工程中挡土墙都会或多或少产生一定的位移量，但是当位移量忽略不计时，便可按静止土压力计算实际土压力。例如，有内隔墙支挡的地下室侧墙、与岩石地基牢固黏结的大截面挡土墙，以及不允许产生位移的挡土结构等，都可以按静止土压力来计算。

一、基本计算公式

1. 基本假设

(1) 墙体为刚体，墙背直立光滑；

(2) 墙后土体表面为水平面；

(3) 墙后土体为均质的各向同性体。

2. 计算公式

假设挡土墙静止不动，在墙后土体中深度 z 处任取一单元体，若土的重度为 γ，则竖向自重应力 $\sigma_z=\gamma z$，水平自重应力 $\sigma_x=K_0\gamma z$，如图6-5所示。由于假设墙背直立光滑、墙后土体表面为水平面，在单元体上不存在剪应力，即 $\tau_{zx}=\tau_{xz}=0$，则墙后土体对墙背产生的静止土压力为：

$$p_0=\sigma_x=K_0\gamma z \tag{6-1}$$

式中　p_0——静止土压力，kPa；

z——计算点的深度，m；

γ——墙后土体的重度，kN/m³；

K_0——静止土压力系数。

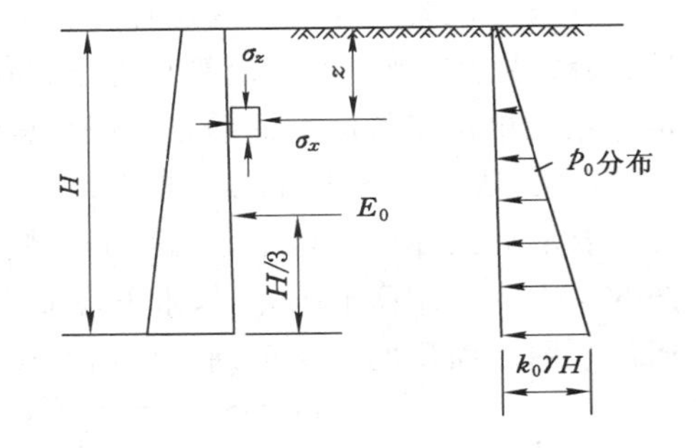

图6-5　静止土压力的计算简图

从式(6-1)可以看出静止土压力沿墙高呈三角形分布，如图6-5所示。则作用在单位墙长度上的静止土压力合力为：

$$E_0=\frac{1}{2}\gamma H^2 K_0 \tag{6-2}$$

式中　E_0——作用在单位墙长度上的静止土压力合力，kN/m；

H——挡土墙高度，m。

E_0 的作用点在距墙底 $H/3$ 处，方向垂直墙背。

静止土压力系数 K_0 又称为侧压力系数或水平应力系数，其值可在室内用三轴压缩仪测得，在野外可用自钻式旁压仪测定。在缺乏试验资料时，可选取表3-1中经验数据或由以下经验公式确定。

$$K_0=1-\sin\varphi' \tag{6-3}$$

式中　φ'——土的有效内摩擦角，(°)。

二、几种常见情况下静止土压力的计算

(一) 墙后土体为成层土且有超载

对于墙后土体为成层土且有超载的情况，如图 6-6 所示，第 n 层土顶面和底面处静止土压力可按式(6-4)计算，即

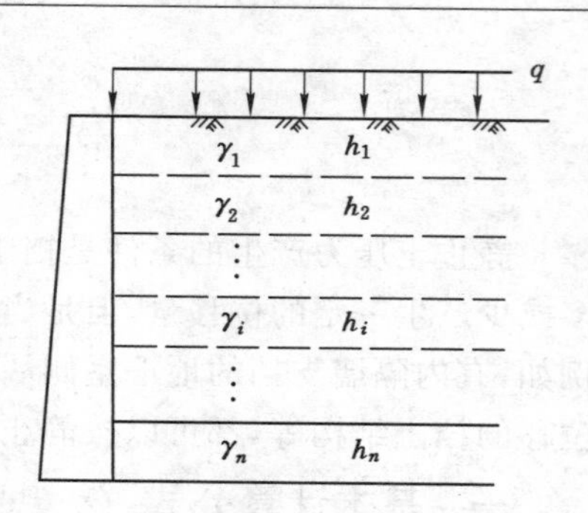

图 6-6　墙后填土为成层土且有超载

$$\begin{cases} p_{0n}^{顶} = K_{0n}\left(q + \sum_{i=1}^{n-1}\gamma_i h_i\right) \\ p_{0n}^{底} = K_{0n}\left(q + \sum_{i=1}^{n}\gamma_i h_i\right) \end{cases} \tag{6-4}$$

式中　$p_{0n}^{顶}$——第 n 层土顶面处的静止土压力，kPa；

$p_{0n}^{底}$——第 n 层土底面处的静止土压力，kPa；

q——墙后土体表面上的均布荷载，kPa；

γ_i——第 i 层土的重度，kN/m^3；

h_i——第 i 层土的厚度，m；

K_{0n}——第 n 层土的静止土压力系数。

计算时从第 1 层开始逐层计算到第 n 层，每层土顶面和底面处的静止土压力计算出来后，按线性分布规律可绘出静止土压力在各层土中的分布曲线，通过求图形面积的方法可确定作用在单位墙长度上的静止土压力合力。

（二）墙后土体中有地下水时

若墙后土体中有地下水时，挡土墙受到的侧向压力包括土压力和静水压力，其分布如图 6-7 所示。计算土压力时，水下应取浮重度。同样，确定了静止水、土压力的分布规律后，通过求图形面积的方法可确定作用在单位墙长度上的静止水、土压力合力。

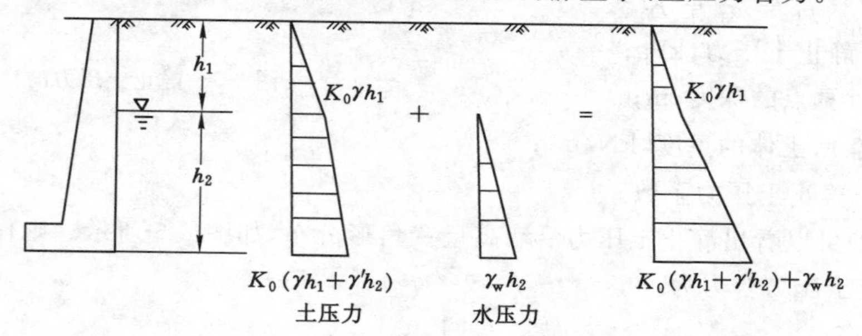

图 6-7　墙后土体中有地下水时的静止土压力

（三）墙背倾斜时

图 6-8 为墙背倾斜的挡土墙，AB 为真实的墙背，AB' 为假想的直立墙背。作用在 AB' 面上的静止土压力合力 $E'_0=\frac{1}{2}\gamma H^2 K_0$，土楔体 ABB' 的自重 W_0 能够计算，则作用在墙背上的总静止土压力 E_0 为：

$$E_0 = \sqrt{E'^2_0 + W^2_0} \tag{6-5}$$

式中　W_0——土楔体 ABB' 的重力，kN。

总静止土压力 E_0 的作用点在距墙底 $H/3$ 处，与水平方向的夹角 θ 为：

$$\theta = \arctan\frac{W_0}{E'_0} \tag{6-6}$$

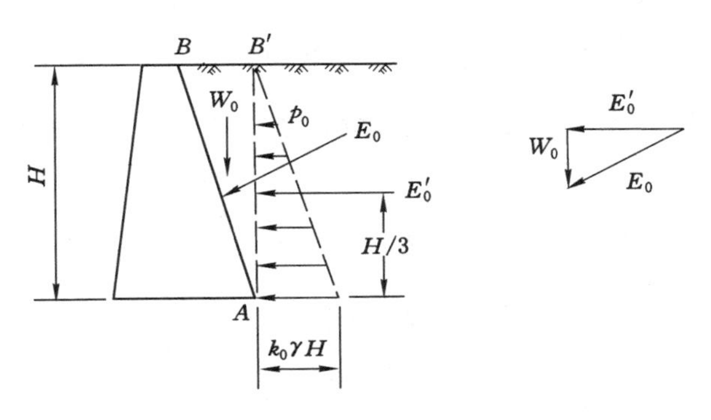

图 6-8 墙背倾斜时的静止土压力

【例 6-1】 某挡土墙的墙背直立光滑，墙后填土面水平，如图 6-9 所示。墙后填土表面作用有均布荷载 $q=20$ kPa，填土的物理力学指标为：$\gamma=18$ kN/m³，$\gamma_{sat}=19$ kN/m³，$c'=0$，$\varphi'=30°$，试计算作用在挡土墙上的静止土压力和静水压力。

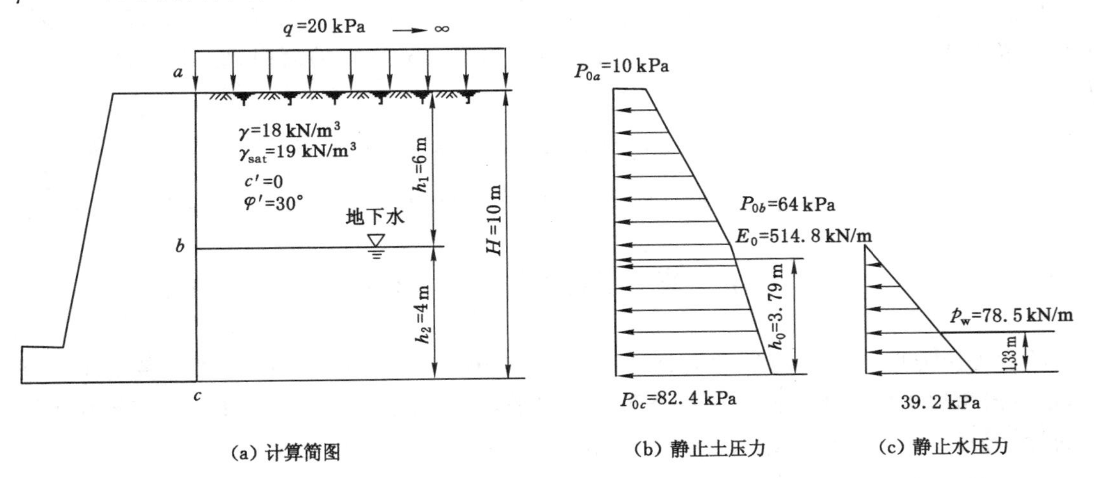

图 6-9 例 6-1 计算简图

【解】 (1) 计算静止土压力

静止土压力系数：

$$K_0=1-\sin\varphi'=1-\sin 30°=0.5$$

土中各点的静止土压力：

a 点：$p_{0a}=K_0q=0.5\times 20\ \text{kPa}=10\ \text{kPa}$；

b 点：$p_{0b}=K_0(q+\gamma h_1)=0.5\times(20+18\times 6)=64\ (\text{kPa})$；

c 点：$p_{0c}=K_0(q+\gamma h_1+\gamma' h_2)$

$$=0.5\times[20+18\times 6+(19-9.81)\times 4]=82.4\ (\text{kPa})$$

据此，可绘出静止土压力的分布图，如图 6-9(b)所示。通过计算分布图形面积，得到静止土压力合力为：

$$E_0=\frac{1}{2}(p_{0a}+p_{0b})h_1+\frac{1}{2}(p_{0b}+p_{0c})h_2$$

$$=\frac{1}{2}\times(10+64)\times6+\frac{1}{2}\times(64+82.4)\times4=514.8\ (\text{kN/m})$$

静止土压力合力 E_0 的作用方向为垂直墙背。通过对 c 点取力矩，可求得 E_0 的作用点距墙底的高度 h_0 为：

$$\begin{aligned}h_0 &= \frac{1}{E_0}\left[p_{0a}h_1\left(\frac{h_1}{2}+h_2\right)+\frac{1}{2}(p_{0b}-p_{0a})h_1\left(\frac{h_1}{3}+h_2\right)+\right.\\&\left.\quad p_{0b}h_2\times\frac{h_2}{2}+\frac{1}{2}(p_{0c}-p_{0b})h_2\times\frac{h_2}{3}\right]\\&=\frac{1}{514.8}\times\left[10\times6\times\left(\frac{6}{2}+4\right)+\frac{1}{2}\times(64-10)\times6\times\left(\frac{6}{3}+4\right)+\right.\\&\left.\quad 64\times4\times\frac{4}{2}+\frac{1}{2}\times(82.4-64)\times4\times\frac{4}{3}\right]\\&=3.79\ (\text{m})\end{aligned}$$

(2) 计算静水压力

b 点以上的静水压力为 0，c 点的静水压力 $p_{wc}=\gamma_w h_2=9.81\times4\ \text{kPa}=39.2\ \text{kPa}$。据此，可绘出静水压力的分布图，如图 6-9(c)所示。通过计算分布图形的面积，得到静水压力的合力为：

$$P_w=\frac{1}{2}\gamma_w h_2^2=\frac{1}{2}\times9.81\times4^2=78.5\ (\text{kN/m})$$

静水压力合力的作用方向为垂直墙背，作用点距墙底高度为 $h_2/3=4/3=1.33\ (\text{m})$。

第三节　朗肯土压力理论

朗肯土压力理论是英国学者朗肯(W. J. M. Rankine)在 1857 年提出的著名土压力理论，是根据墙后土体处于极限平衡状态时的极限平衡条件，推导出了主动土压力和被动土压力的计算公式。由于概念清楚、公式简单，在实际工程中得到了广泛应用。

一、基本假设

(1) 墙体为刚体，墙背直立光滑；

(2) 墙后土体表面为水平面；

(3) 墙后土体为均质的各向同性体。

朗肯土压力理论的基本假定与静止土压力计算时的三条假设相同。

二、基本原理

(一) 朗肯主动土压力状态

如图 6-10(a)所示，在墙后土体中深度 z 处任取一单元体，当挡土墙静止不动时，其竖向自重应力 $\sigma_z=\gamma z$，水平自重应力 $\sigma_x=K_0\gamma z$。由于假设墙背直立光滑、墙后土体表面为水平面，在单元体上不存在剪应力，即 $\tau_{zx}=\tau_{xz}=0$，侧压力系数 $K_0<1$，则最大主应力和最小主应力分别为：

$$\begin{cases}\sigma_1=\sigma_z=\gamma z\\ \sigma_3=\sigma_x=K_0\gamma z\end{cases}\tag{6-7}$$

该应力状态仅由土体的自重产生，故此时土体处于弹性状态，其相应的莫尔圆一定处于抗剪强度曲线之下，如图 6-10(b)中的圆Ⅰ所示。

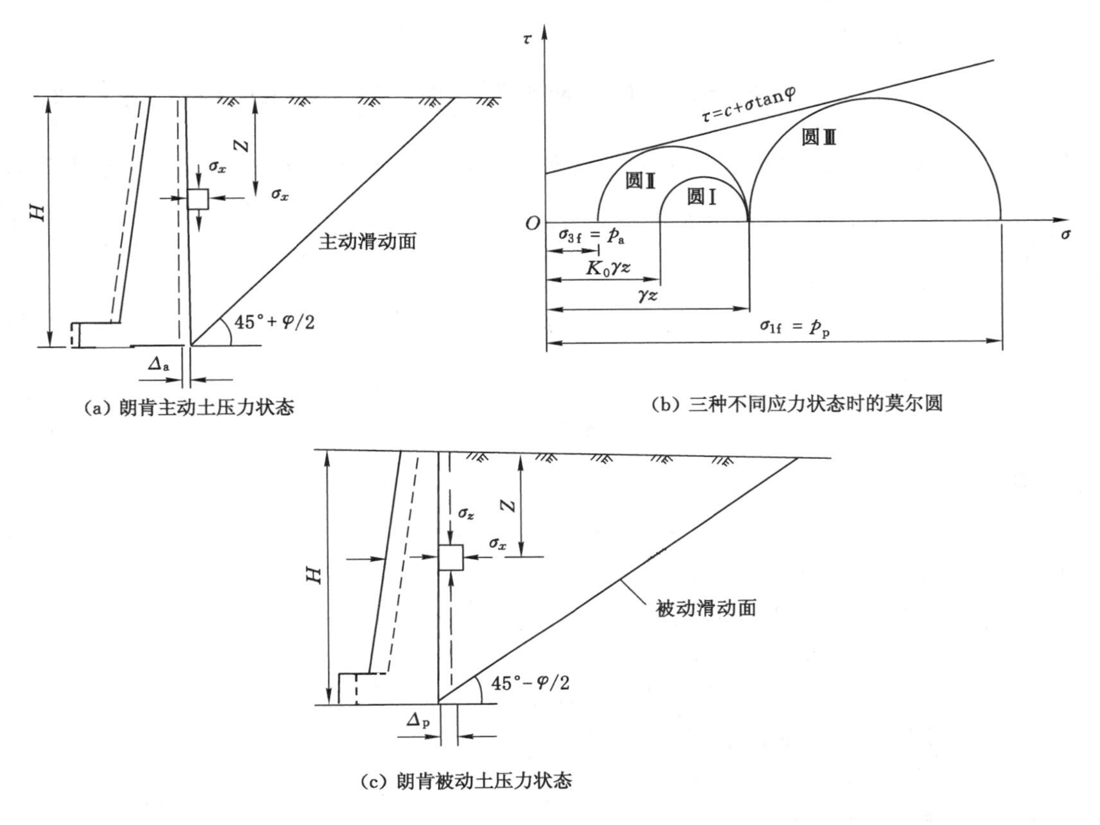

图 6-10　朗肯土压力理论的基本原理

当挡土墙离开土体向前发生微小的移动或转动时，$\sigma_1=\sigma_z=\gamma z$ 不变，而 $\sigma_3=\sigma_x$ 却随着位移量的增加而不断减小，相应的莫尔圆也在逐步扩大。当位移量达到一定值($\Delta=\Delta_a$)时，σ_3 减少到最小值 σ_{3f}。由 σ_{3f} 与 $\sigma_1=\gamma z$ 构成的应力圆与抗剪强度曲线相切，如图 6-10(b)中的圆Ⅱ所示，称为主动极限应力圆。此时，墙后土体处于极限平衡状态，称为主动朗肯状态。达到最小值时的 σ_{3f} 称为朗肯主动土压力 p_a，即 $p_a=\sigma_{3f}$。与此同时，土体中存在过墙踵的剪切破坏面，称为主动滑动面。主动滑动面与最大主应力 σ_1 作用平面(水平面)的夹角为 $45°+\frac{\varphi}{2}$。

（二）朗肯被动土压力状态

当挡土墙在外荷载作用下推向土体时，$\sigma_z=\gamma z$ 仍不变，而 σ_x 却随着位移量的增加而不断增大，直至超过 σ_z 变成大主应力，而 $\sigma_z=\gamma z$ 变为小主应力。相应的莫尔圆先逐渐缩小，变成点圆，再逐渐扩大。当位移量达到一定值($\Delta=\Delta_p$)时，σ_x 增大到最大值 σ_{1f}。由 σ_{1f} 和 $\sigma_z=\gamma z$ 构成的应力圆与抗剪强度曲线相切，如图 6-10(b) 中的圆 Ⅲ 所示，称为被动极限应力圆。此时，墙后土体处于极限平衡状态，称为被动朗肯状态。达到最大值时的 σ_{1f} 称为朗肯被动土压力，即 $p_p=\sigma_{1f}$。与此同时，土体中存在过墙踵的剪切破坏面，称为被动滑动面。被动滑动面与最大主应力作用面(竖直面) 的夹角为 $45°+\frac{\varphi}{2}$，则与水平面的夹角为 $45°-\frac{\varphi}{2}$。

三、基本计算公式

（一）朗肯主动土压力计算公式

在第五章第二节中已推导出土的极限平衡条件，即 $\sigma_3=\sigma_1\tan^2\left(45°-\frac{\varphi}{2}\right)-2c\tan\left(45°-\frac{\varphi}{2}\right)$。如图 6-10(b)所示，当墙后土体处于朗肯主动土压力状态时，朗肯主动土压力 p_a 为最小主应力 σ_3，而 $\sigma_z=\gamma z$ 为最大主应力 σ_1。

则有：

$$p_a=\gamma z\tan^2(45°-\frac{\varphi}{2})-2c\tan(45°-\frac{\varphi}{2}) \tag{6-8}$$

令

$$K_a=\tan^2(45°-\frac{\varphi}{2}) \tag{6-9}$$

则：

$$p_a=\gamma zK_a-2c\sqrt{K_a} \tag{6-10}$$

式中 p_a——朗肯主动土压力，kPa；

K_a——朗肯主动土压力系数；

γ——墙后土体的重度，kN/m^3；

z——计算点距填土表面的垂直深度，m；

c——墙后土体的黏聚力，kPa；

φ——墙后土体的内摩擦角，(°)；

1. 无黏性土的主动土压力

对于无黏性土，$c=0$，则主动土压力为：

$$p_a=\gamma zK_a \tag{6-11}$$

由式(6-11)可见主动土压力 p_a 与深度成正比，沿墙高呈三角形分布，如图 6-11(a)所示。

则单位墙长度上的主动土压力合力为：

$$E_a=\frac{1}{2}\gamma H^2K_a \tag{6-12}$$

E_a 作用方向垂直于墙背，作用点在距墙底$\frac{H}{3}$处。

2. 黏性土的主动土压力

对于黏性土，$c\neq0$，则主动土压力按式(6-10)计算，即 $p_a=\gamma zK_a-2c\sqrt{K_a}$。此时，主动土压力由正、负两部分叠加而成：一部分是由土自重引起的土压力 γzK_a，为正值，与深度 z 成正比，呈三角形分布；另一部分是由黏性土黏聚力引起的负侧压力 $2c\sqrt{K_a}$，与深度 z 无关。这两部分土压力叠加的结果如图 6-11(b)所示。负侧压力部分表示对墙背是拉应力，但实际上墙与土之间不能承受拉应力，在拉应力区范围内将出现裂缝，故在计算土压力时，这部分应忽略不计。因此，黏性土的土压力分布仅由压应力部分构成。

深度 z_0 称为开裂深度（临界深度），此处的主动土压力为 0，即 $\gamma z_0K_a-2c\sqrt{K_a}=0$，

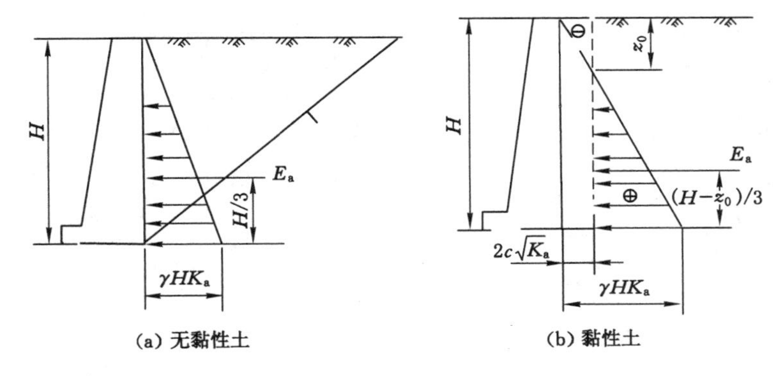

(a) 无黏性土　　(b) 黏性土

图 6-11　朗肯主动土压力

则有：

$$z_0 = \frac{2c}{\gamma\sqrt{K_a}} \tag{6-13}$$

单位墙长度上的主动土压力合力为：

$$E_a = \frac{1}{2}(\gamma HK_a - 2c\sqrt{K_a})(H - z_0) = \frac{1}{2}\gamma H^2 K_a - 2cH\sqrt{K_a} + \frac{2c^2}{\gamma} \tag{6-14}$$

主动土压力合力 E_a 垂直于墙背，作用点在距墙底$\frac{1}{3}(H-z_0)$处。

（二）朗肯被动土压力计算公式

在第五章第二节中已推导出土的另一个极限平衡条件，即 $\sigma_1=\sigma_3\tan^2\left(45°+\frac{\varphi}{2}\right)+2c\tan\left(45°+\frac{\varphi}{2}\right)$。如图 6-10(b)所示，当墙后土体处于朗肯被动土压力状态时，朗肯被动土压力 p_p 为最大主应力 σ_1，而 $\sigma_z=\gamma z$ 为最小主应力 σ_3。

则有：

$$p_p = \gamma z\tan^2\left(45° + \frac{\varphi}{2}\right) + 2c\tan\left(45° + \frac{\varphi}{2}\right) \tag{6-15}$$

令

$$K_p = \tan^2(45° + \frac{\varphi}{2}) \tag{6-16}$$

则有：

$$p_p = \gamma zK_p + 2c\sqrt{K_p} \tag{6-17}$$

式中　p_p——朗肯被动土压力，kPa；

K_p——朗肯被动土压力系数；

其余符号同前。

1. 无黏性土的被动土压力

对于无黏性土，$c=0$，则被动土压力为：

$$p_p = \gamma zK_p \tag{6-18}$$

由式(6-18)可知：被动土压力 p_p 与深度成正比，沿墙高呈三角形分布，如图 6-12(a)所示。

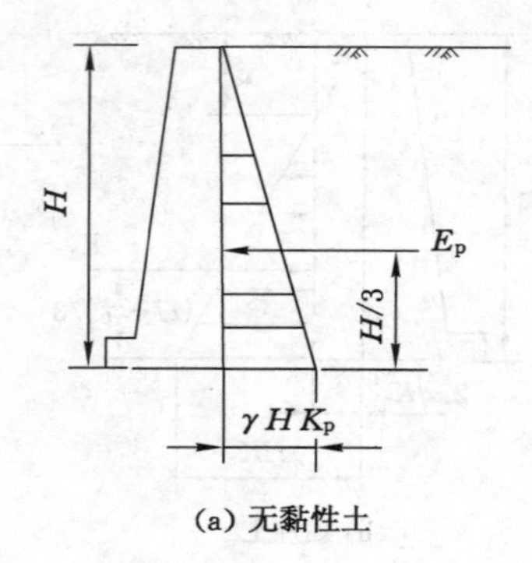

(a) 无黏性土

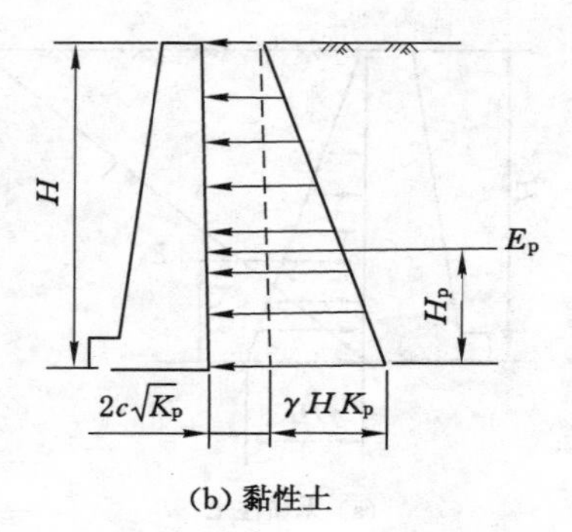

(b) 黏性土

图 6-12　朗肯被动土压力

则单位墙长上的被动土压力合力为：

$$E_p = \frac{1}{2}\gamma H^2 K_p \tag{6-19}$$

E_p 作用方向垂直于墙背，作用点在距墙底$\frac{H}{3}$处。

2. 黏性土的被动土压力

对于黏性土，$c\neq 0$，则被动土压力按式(6-17)计算，即 $p_p=\gamma zK_p+2c\sqrt{K_p}$。此时，被动土压力由两部分叠加而成：一部分是由土自重引起的土压力 γzK_p，与深度 z 成正比，呈三角形分布；另一部分是由黏性土黏聚力引起的土压力 $2c\sqrt{K_p}$，与深度 z 无关。这两部分土压力叠加的结果如图 6-12(b)所示。

单位墙长度上的被动土压力合力为：

$$E_p = \frac{1}{2}\gamma HK_p \cdot H + 2c\sqrt{K_p} \cdot H = \frac{1}{2}\gamma H^2 K_p + 2cH\sqrt{K_p} \tag{6-20}$$

E_p 的作用方向垂直于墙背，其作用点通过梯形的形心，距墙底的高度 H_p 可通过对墙底取力矩的方法按式(6-21)计算：

$$H_p = \frac{\frac{1}{2}\gamma H^2 K_p \cdot \frac{H}{3} + 2cH\sqrt{K_p} \cdot \frac{H}{2}}{E_p} = \frac{H^2\sqrt{K_p}}{6E_p}(\gamma H\sqrt{K_p} + 6c) \tag{6-21}$$

【例 6-2】　已知某挡土墙墙高 $H=5.0$ m，墙背直立光滑，墙后填土面水平，填土的物理力学性质指标为：$c=12.0$ kPa、$\varphi=40°$、$\gamma=18.0$ kN/m³，如图 6-13 所示。试计算作用在挡土墙上的主动土压力、被动土压力及其作用点，并绘制土压力分布图。

【解】　(1) 主动土压力的计算

主动土压力系数：$K_a=\tan^2(45°-\frac{\varphi}{2})=\tan^2(45°-\frac{40°}{2})=0.217$。

墙顶处的主动土压力：$p_a^{顶}=\gamma zK_a-2c\sqrt{K_a}=0-2\times 12\times\sqrt{0.217}=-11.1$ (kPa)，负值说明存在开裂深度。

开裂深度：$z_0=\frac{2c}{\gamma\sqrt{K_a}}=\frac{2\times 12}{18\times\sqrt{0.217}}=2.86$ (m)。

墙底处的主动土压力：$p_a^{底}=\gamma zK_a-2c\sqrt{K_a}=18\times 5\times 0.217-2\times 12\times\sqrt{0.217}=$

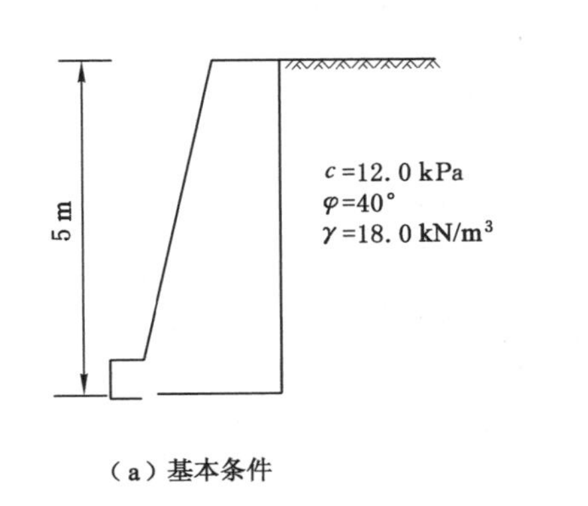

（a）基本条件

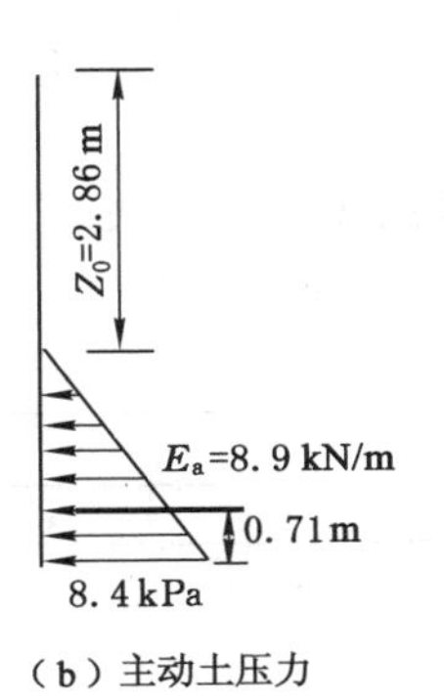

（b）主动土压力

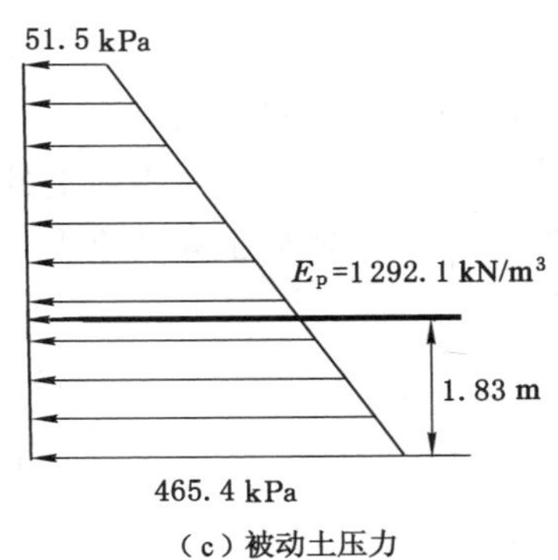

（c）被动土压力

图 6-13　例 6-2 计算简图

8.4 (kPa)。

主动土压力呈三角形分布，如图 6-13(b)所示。单位墙长度上的主动土压力合力为：

$$E_a = \frac{1}{2}\gamma H^2 K_a - 2cH\sqrt{K_a} + \frac{2c^2}{\gamma}$$

$$= 0.5 \times 18 \times 5^2 \times 0.217 - 2 \times 12 \times 5 \times \sqrt{0.217} + \frac{2 \times 12^2}{18} = 8.9\ (\text{kN/m})$$

主动土压力合力 E_a 垂直于墙背，作用点在距墙底 $H_p = \frac{1}{3} \times (H - z_0) = \frac{1}{3} \times (5 - 2.86) =$ 0.71 (m)处。

(2) 被动土压力的计算

被动土压力系数：$K_p = \tan^2(45° + \frac{\varphi}{2}) = \tan^2(45° + \frac{40°}{2}) = 4.599$。

墙顶处的被动土压力：$p_p^{顶} = \gamma z K_p + 2c\sqrt{K_p} = 0 + 2 \times 12 \times \sqrt{4.599} = 51.5$ (kPa)。

墙底处的被动土压力：

$$p_p^{底} = \gamma z K_p + 2c\sqrt{K_p} = 18 \times 5 \times 0.217 + 2 \times 12 \times \sqrt{4.599} = 465.4\ (\text{kPa})$$

被动土压力呈梯形分布，如图 6-13(c)所示。单位墙长度上的被动土压力合力为：

$$E_p = \frac{1}{2}\gamma H^2 K_p + 2cH\sqrt{K_p}$$

$$= 0.5 \times 18 \times 5^2 \times 4.599 + 2 \times 12 \times 5 \times \sqrt{4.599} = 1\ 292.1\ (\text{kN/m})$$

E_p 的作用方向垂直于墙背，其作用点通过梯形的形心，距墙底的高度 H_p 为：

$$H_p = \frac{51.5 \times 5 \times 2.5 + 0.5 \times (465.4 - 51.5) \times 5 \times \frac{1}{3} \times 5}{1\ 292.1} = 1.83\ (\text{m})$$

四、几种情况下的朗肯土压力计算

(一) 墙后土体表面有均布荷载作用时

当墙后土体表面有无限均布荷载作用时，如图 6-14 所示。通常将均布荷载换算成当量土重，即用假想的土重代替均布荷载，则当量土层厚度为：

$$h = \frac{q}{\gamma} \tag{6-22}$$

式中 h——当量土层厚,m;

q——墙后土体表面上的均布荷载,kPa;

γ——墙后土体的重度,kN/m^3。

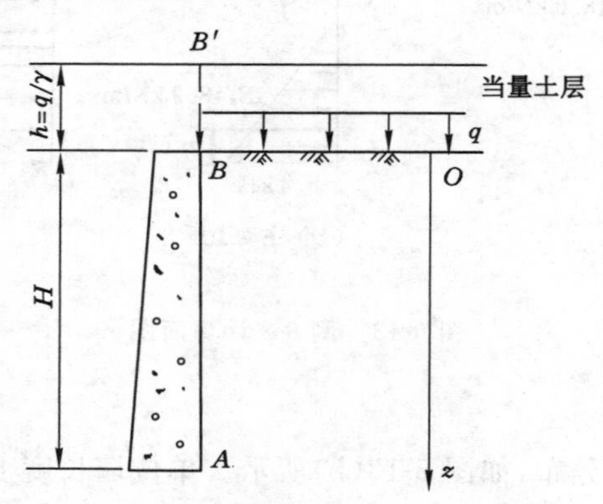

图 6-14　墙后土体表面作用有均布荷载时朗肯土压力的计算简图

将均布荷载用当量土层代替,并以 AB' 为假想墙背,分别计算主动土压力和被动土压力。此时,纵坐标 z 的原点仍取在墙后实际土体表面,如图 6-14 所示。

1. 主动土压力的计算

主动土压力为:

$$p_a = \gamma(z+h)K_a - 2c\sqrt{K_a} = (\gamma z + q)K_a - 2c\sqrt{K_a} = \gamma z K_a + qK_a - 2c\sqrt{K_a} \tag{6-23}$$

由三部分组成,分如下两种情况:

(1) 第一种情况

$qK_a \geqslant 2c\sqrt{K_a}$,即 $q \geqslant \dfrac{2c}{\sqrt{K_a}}$时,主动土压力呈梯形分布,如图 6-15(a)所示。

则单位墙长的主动土压力合力为:

$$E_a = \frac{1}{2}\gamma H^2 K_a + (qK_a - 2c\sqrt{K_a})H \tag{6-24}$$

其作用方向垂直于墙背,作用点通过梯形的形心,距墙底的高度可按前述方法求得。

(2) 第二种情况

$qK_a < 2c\sqrt{K_a}$,即 $q < \dfrac{2c}{\sqrt{K_a}}$时,主动土压力呈三角形分布,如图 6-15(b)所示。

主动土压力分布为 0 的点称为临界点,深度可用 z_0(称为临界深度或开裂深度)表示,则有:

$$\gamma z_0 K_a + qK_a - 2c\sqrt{K_a} = 0 \tag{6-25}$$

可得:

$$z_0 = \frac{2c}{\gamma\sqrt{K_a}} - \frac{q}{\gamma} \tag{6-26}$$

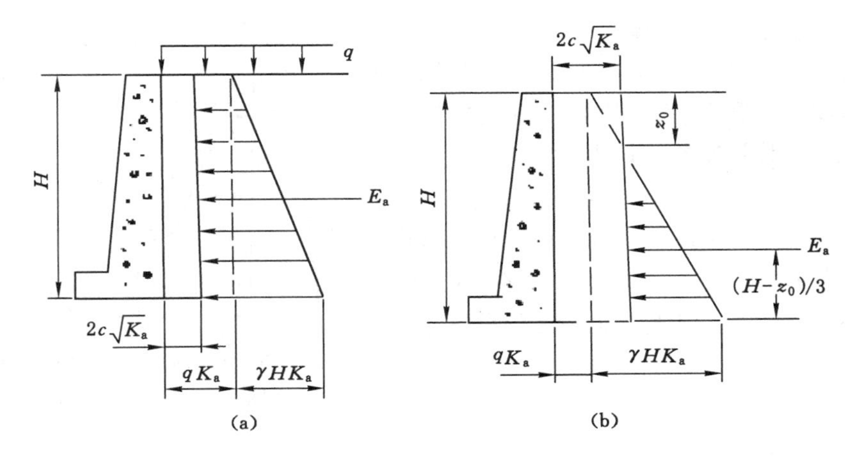

图 6-15　墙后土体表面作用有均布荷载时朗肯主动土压力计算简图

单位墙长度上的主动土压力合力为：

$$E_a = \frac{1}{2}(\gamma HK_a + qK_a - 2c\sqrt{K_a})(H - z_0) \tag{6-27}$$

其作用方向垂直于墙背，作用点距墙底的高度 $H_p = \frac{1}{3}(H - z_0)$。

2. 被动土压力的计算

被动土压力为：

$$p_p = \gamma(z + h)K_p + 2c\sqrt{K_p} = \gamma zK_p + qK_p + 2c\sqrt{K_p} \tag{6-28}$$

由三部分叠加而成，如图 6-16 所示，呈梯形分布。

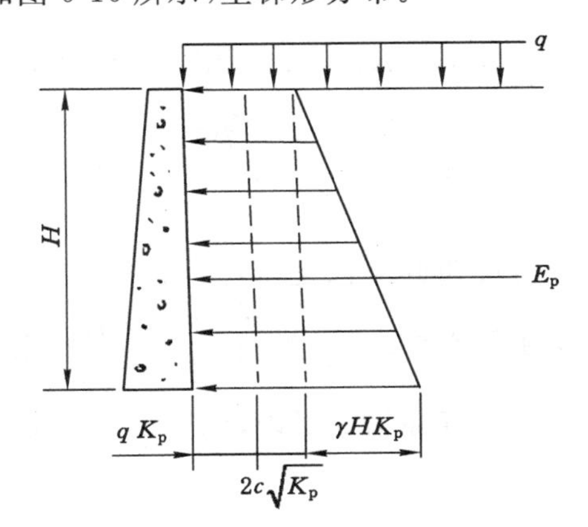

图 6-16　墙后土体表面作用有均布荷载时朗肯被动土压力计算简图

则单位墙长度上的被动土压力合力为：

$$E_p = \frac{1}{2}\gamma H^2 K_p + (qK_p + 2c\sqrt{K_p})H \tag{6-29}$$

其作用方向垂直于墙背，作用点通过梯形的形心，距墙底的高度可按前述方法求得。

(二) 墙后土体为成层土时

若墙背直立光滑、墙后土体表面和层面水平时，可采用朗肯土压力理论计算主动土压力和被动土压力。下面仅以墙后土体为 3 层土的情况，分别介绍主动土压力和被动土压力的计算过程。各层土的厚度 H_i、重度 γ_i，黏聚力 c_i 和内摩擦角 φ_i 均已知，且各不相同，如图 6-17 所示。

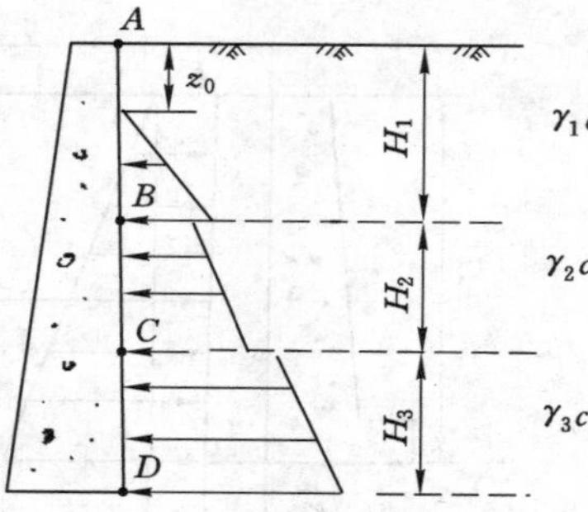

图 6-17　墙后土体为成层土时朗肯主动土压力的计算简图

1. 主动土压力的计算

前述已建立墙后土体表面有均布荷载时的朗肯主动土压力计算公式，即 $p_a = (\gamma z + q)K_a - 2c\sqrt{K_a}$。下面利用该公式自上而下逐层计算主动土压力。

(1) 第一层土

$$\begin{cases} p_{aA} = -2c_1\sqrt{K_{a1}} \\ p_{aB上} = (\gamma_1 H_1 + 0)K_{a1} - 2c_1\sqrt{K_{a1}} = \gamma_1 H_1 K_{a1} - 2c_1\sqrt{K_{a1}} \end{cases} \tag{6-30}$$

式中，$K_{a1} = \tan^2\left(45° - \dfrac{\varphi_1}{2}\right)$。

式(6-30)中的 $p_{aA} < 0$，说明存在开裂深度 z_0。令 $(\gamma_1 z_0 + 0)K_{a1} - 2c_1\sqrt{K_{a1}} = 0$，可求得开裂深度 $z_0 = \dfrac{2c_1}{\gamma_1\sqrt{K_{a1}}}$。若 $z_0 > H_1$，开裂深入第二层土中；若 $z_0 < H_1$，开裂在第一层土中，此时第一层土中的主动土压力呈三角形分布，如图 6-17 所示。

(2) 第二层土

计算第二层土的主动土压力时，将第一层土去掉，用均布荷载 $q = \gamma_1 H_1$ 代替，深度 z 坐标原点取在第二层土的顶面。

$$\begin{cases} p_{aB_下} = (\gamma_2 \cdot 0 + \gamma_1 H_1)K_{a2} - 2c_2\sqrt{K_{a2}} = \gamma_1 H_1 K_{a2} - 2c_2\sqrt{K_{a2}} \\ p_{aC_上} = (\gamma_2 H_2 + \gamma_1 H_1)K_{a2} - 2c_2\sqrt{K_{a2}} \end{cases} \tag{6-31}$$

式中，$K_{a2} = \tan^2\left(45° - \dfrac{\varphi_2}{2}\right)$。

若式(6-31)中的 $p_{aB_下} < 0$，说明开裂深度已经深入第二层，令 $(\gamma_2 z_0 + \gamma_1 H_1)K_{a2} - 2c_2\sqrt{K_{a2}} = 0$，可求得在第二层内的开裂深度 $z_0 = \dfrac{2c_2}{\gamma_2\sqrt{K_{a2}}} - \dfrac{\gamma_1 H_1}{\gamma_2}$，则总的开裂深度为 $H_1 + z_0$。若式(6-31)中的 $p_{aB_下} > 0$，开裂深度在第一层内，此时第二层土中的主动土压力呈梯形分布，如图 6-17 所示。

(3) 第三层土

计算第三层土的主动土压力时，将第一层、第二层土去掉，用均布荷载 $q = \gamma_1 H_1 + \gamma_2 H_2$ 代替，深度 z 坐标原点取在第三层土的顶面。

$$\begin{cases} p_{aC_下} = (\gamma_3 \cdot 0 + \gamma_1 H_1 + \gamma_2 H_2)K_{a3} - 2c_3\sqrt{K_{a3}} = (\gamma_1 H_1 + \gamma_2 H_2)K_{a3} - 2c_3\sqrt{K_{a3}} \\ p_{aD} = (\gamma_3 H_3 + \gamma_1 H_1 + \gamma_2 H_2)K_{a3} - 2c_3\sqrt{K_{a3}} \end{cases} \tag{6-32}$$

式中，$K_{a3} = \tan^2\left(45° - \dfrac{\varphi_3}{2}\right)$。

根据 $p_{aC_下}$ 和 p_{aD} 值可绘出主动土压力在第三层土内的分布。有了主动土压力在所有土层中的分布图形，可通过求图形面积的方法确定主动土压力合力的大小；再通过对墙底取力矩的方法，可确定主动土压力合力作用点的位置，其作用方向垂直墙背。

2. 被动土压力的计算

前述已建立墙后土体表面有均布荷载时的朗肯被动土压力计算公式，即 $p_p=(\gamma z+q)K_p+2c\sqrt{K_p}$。下面利用该公式，自上而下逐层计算被动土压力。

（1）第一层土

$$\begin{cases} p_{pA}=2c_1\sqrt{K_{p1}} \\ p_{pB上}=(\gamma_1 H_1+0)K_{p1}+2c_1\sqrt{K_{p1}}=\gamma_1 H_1 K_{p1}+2c_1\sqrt{K_{p1}} \end{cases} \tag{6-33}$$

式中，$K_{p1}=\tan^2\left(45°+\dfrac{\varphi_1}{2}\right)$。

被动土压力在第一层土内呈梯形分布，如图 6-18 所示。

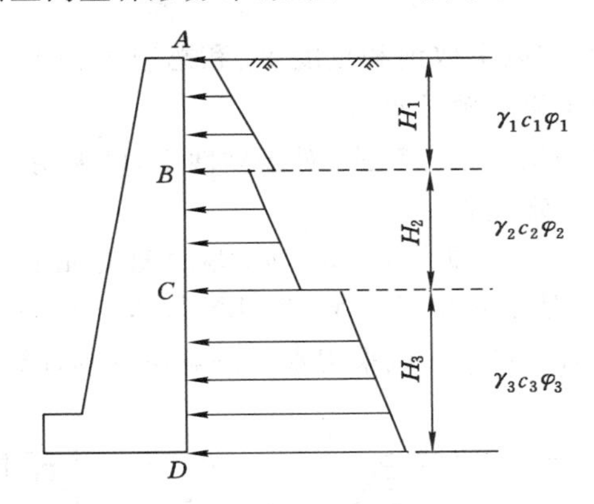

图 6-18　墙后土体为成层土时朗肯被动土压力的计算

（2）第二层土

计算第二层土的被动土压力时，将第一层土去掉，用均布荷载 $q=\gamma_1 H_1$ 代替，深度 z 坐标原点取在第二层土的顶面。

$$\begin{cases} p_{pB_下}=(\gamma_2\cdot 0+\gamma_1 H_1)K_{p2}+2c_2\sqrt{K_{p2}}=\gamma_1 H_1 K_{p2}+2c_2\sqrt{K_{p2}} \\ p_{pC上}=(\gamma_2 H_2+\gamma_1 H_1)K_{p2}+2c_2\sqrt{K_{p2}} \end{cases} \tag{6-34}$$

式中，$K_{p2}=\tan^2\left(45°+\dfrac{\varphi_2}{2}\right)$。

被动土压力在第二层土内也呈梯形分布，如图 6-18 所示。

（3）第三层土

计算第三层土的主动土压力时将第一层土、第二层土去掉，用均布荷载 $q=\gamma_1 H_1+\gamma_2 H_2$ 代替，深度 z 坐标原点取在第三层土的顶面。

$$\begin{cases} p_{pC_下}=(\gamma_3\cdot 0+\gamma_1 H_1+\gamma_2 H_2)K_{p3}+2c_3\sqrt{K_{p3}}=(\gamma_1 H_1+\gamma_2 H_2)K_{p3}+2c_3\sqrt{K_{p3}} \\ p_{pD}=(\gamma_3 H_3+\gamma_1 H_1+\gamma_2 H_2)K_{p3}+2c_3\sqrt{K_{p3}} \end{cases} \tag{6-35}$$

式中，$K_{p3}=\tan^2\left(45°+\frac{\varphi_3}{2}\right)$。

同样，被动土压力在第三层土内也呈梯形分布，如图 6-18 所示。有了被动土压力在所有土层中的分布图形，可通过求图形面积的方法确定被动土压力合力的大小；再通过对墙底取力矩的方法，可确定被动土压力合力作用点的位置，其作用方向垂直墙背。

（三）墙后土体中有地下水时

墙后土体中有地下水且地下水位水平时，可将地下水位作为层面，按上述成层土的计算方法自上而下逐层计算主动土压力或被动土压力。具体计算时，有如下两种方法。

1. 水土分算法

水土分算法是指分别计算土压力和水压力，然后将两者叠加，即墙背总侧压力。在计算土压力时，地下水位线以下应取有效重度 γ' 和有效抗剪强度指标 c'、φ'。在实际使用中，更多采用有效重度 γ' 和总应力强度指标 c、φ 来计算土压力。

2. 水土合算法

水土合算法是指地下水位以下取饱和重度 γ_{sat} 和总应力强度指标 c、φ 计算的土压力作为墙背总侧向压力，水压力不再单独计算。

对于砂土和粉土，一般采用水土分算法；对于黏性土，可采用水土分算法，也可采用水土合算法，二者计算结果存在一定差别。

【例 6-3】 某挡土墙如图 6-19 所示，墙高 8 m，墙背直立光滑，墙后填土表面水平，其上作用有均布荷载 $q=50$ kPa，地下水位以上 $\gamma=20$ kN/m³，$c_1=0$，$\varphi_1=30°$；地下水位以下 $\gamma_{sat}=19.0$ kN/m³，$c_2=20$ kPa，$\varphi_2=20°$。试采用水土分算法分别计算主动土压力和水压力。

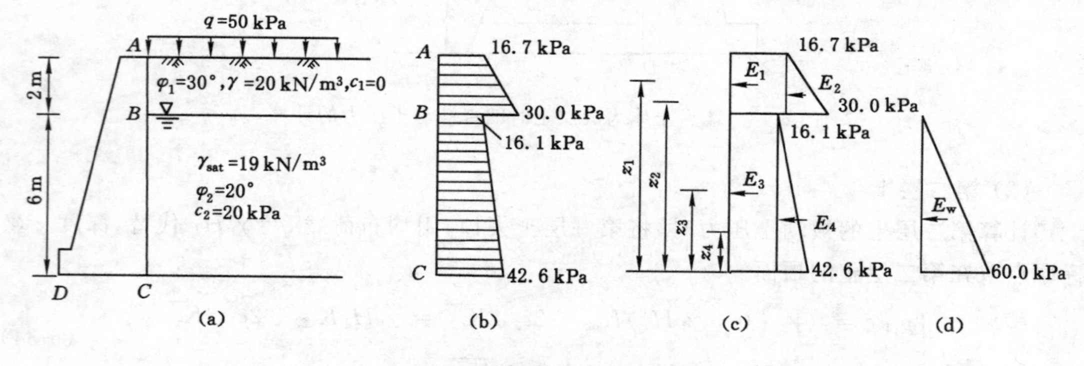

图 6-19 例 6-3 图

【解】 (1) 主动土压力计算

主动土压力系数分别为：

$$K_{a1}=\tan^2(45°-\frac{30°}{2})=\frac{1}{3}$$

$$K_{a2}=\tan^2(45°-\frac{20°}{2})=0.49$$

A、B、C 各点的主动土压力分别为：

$$p_{aA}=qK_{a1}-2c_1\sqrt{K_{a1}}=50\times\frac{1}{3}-0=16.7\ \text{(kPa)}$$

$$p_{aB上} = qK_{a1} + \gamma_1 H_1 K_{a1} - 2c_1\sqrt{K_{a1}} = 50 \times \frac{1}{3} + 20 \times 2 \times \frac{1}{3} - 0 = 30.0\ (\text{kPa})$$

$$p_{aB下} = (q + \gamma_1 H_1)K_{a2} - 2c_2\sqrt{K_{a2}} = (50 + 20 \times 2) \times \frac{1}{3} - 2 \times 20 \times \sqrt{0.49} = 16.1\ (\text{kPa})$$

$$\begin{aligned} p_{aC} &= (q + \gamma_1 H_1 + \gamma' H_2)K_{a2} - 2c_2\sqrt{K_{a2}} \\ &= p_{aB下} + \gamma' H_2 K_{a2} \\ &= p_{aB下} + (\gamma_{sat} - \gamma_w) H_2 K_{a2} \\ &= 16.1 + (19.0 - 10) \times 6 \times 0.49 = 42.6\ (\text{kPa}) \end{aligned}$$

主动土压力分布如图 6-19(b)和图 6-19(c)所示。

主动土压力合力为：

$$E_a = E_{a1} + E_{a2} = \frac{1}{2} \times (16.7 + 30.0) \times 2 + \frac{1}{2} \times (16.1 + 42.6) \times 6 = 222.8\ (\text{kN/m})$$

主动土压力合力作用方向垂直墙背，其作用点在距离墙底的垂直高度为：

$$\begin{aligned} H_P &= \frac{1}{E_a}(E_1 z_1 + E_2 z_2 + E_3 z_3 + E_4 z_4) \\ &= \frac{1}{222.8} \times [16.7 \times 2 \times 7 + \frac{1}{2} \times 13.3 \times 2 \times (6 + \frac{2}{3}) + \\ &\quad 16.1 \times 6 \times 3 + \frac{1}{2} \times 26.5 \times 6 \times \frac{6}{3}] \\ &= 3.46\ (\text{m}) \end{aligned}$$

(2) 水压力计算

$$p_{wB} = 0$$

$$p_{wC} = \gamma_w H_2 = 10 \times 6 = 60\ (\text{kPa})$$

水压力呈三角形分布，如图 6-19(d)所示。水压力合力为：

$$E_w = \frac{1}{2} p_{wC} H_2 = \frac{1}{2} \times 60 \times 6 = 180\ (\text{kN/m})$$

水压力合力作用方向垂直墙背，其作用点在距离墙底 2 m 处。

第四节　库仑土压力理论

库仑在 1776 年提出的土压力理论是著名的古典土压力理论之一。库仑土压力理论是根据墙后滑动土楔体处于极限平衡状态时的静力平衡条件来求解主动土压力和被动土压力的。

一、假设

(1) 墙后土体表面为坡角 β 的平面，且无超载；

(2) 墙后土体为均质的、各向同性的无黏性土($c=0$)；

(3) 产生主动或被动土压力时的墙后土体均形成滑动土楔体，滑动破裂面均为通过墙踵的平面；

(4) 挡土墙为刚性，墙背粗糙，有摩擦力，墙与土的摩擦系数为 $\tan\delta$(δ 称为外摩擦角)。

二、库仑主动土压力计算

当挡土墙向前移动或转动时，墙后土体作用在墙背上的土压力逐渐减小。当位移量达到一定值时，墙后土体出现过墙踵的滑动面 BC，如图 6-20(a)所示。此时，土体处于极限平衡状态，土楔体 ABC 有向下滑动的趋势，但由于挡土墙的存在，土楔体不可能滑动，两者之间的相互作用力即主动土压力。所以，主动土压力的大小可由土楔体的静力平衡条件确定。

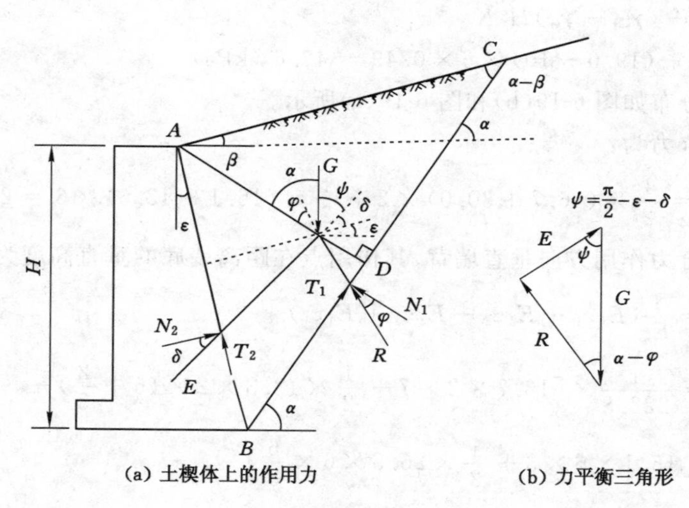

图 6-20　库仑主动土压力计算简图

(一) 作用在土楔体 ABC 上的力

假设滑动面 BC 与水平面夹角为 α，取滑动土楔体 ABC 为脱离体，则作用在土楔体 ABC 上的力有 3 个。

1. 土楔体的自重 G

土楔体自重垂直向下，其大小按式(6-36)计算。

$$G = S_{\triangle ABC} \cdot \gamma = \frac{1}{2}\gamma \cdot l_{BC} \cdot l_{AD} \tag{6-36}$$

在$\triangle ABC$ 中，根据正弦定理可得：

$$\frac{l_{BC}}{\sin(90^\circ - \varepsilon + \beta)} = \frac{l_{AB}}{\sin(\alpha - \beta)} \tag{6-37}$$

则有：

$$l_{BC} = l_{AB}\,\frac{\cos(\varepsilon - \beta)}{\sin(\alpha - \beta)} = H\,\frac{\cos(\varepsilon - \beta)}{\cos\varepsilon\sin(\alpha - \beta)} \tag{6-38}$$

而

$$l_{AD} = l_{AB} \cdot \sin(90^\circ - \alpha + \varepsilon) = \frac{H}{\cos\varepsilon}\cos(\alpha - \varepsilon) \tag{6-39}$$

将式(6-38)和式(6-39)代入式(6-36)，可得：

$$G = \frac{1}{2}\gamma H^2\,\frac{\cos(\alpha - \varepsilon)\cos(\varepsilon - \beta)}{\cos^2\varepsilon\sin(\alpha - \beta)} \tag{6-40}$$

2. 滑动面BC上的反力R

R是滑动面BC上的摩擦力T_1与法向反力N_1的合力，因为摩擦力T_1沿BC向上，所以R位于法线N_1的下方，且与法线方向的夹角为土的内摩擦角φ。

3. 墙背对土楔体的反力E

反力E是墙背BA面上的摩擦力T_2与法向反力N_2的合力，因为摩擦力T_2沿BA向上，所以E位于法线N_2的下方，且与法线方向的夹角为墙土间的外摩擦角δ。其反作用力即墙后土体对墙背的土压力。

(二) E与α的关系

滑动土楔体在以上3个力作用下处于静力平衡状态，因此，3个力必然形成一个闭合的力矢三角形，如图6-20(b)所示。由正弦定理可知：

$$\frac{G}{\sin[\pi-(\psi+\alpha-\varphi)]}=\frac{E}{\sin(\alpha-\varphi)} \tag{6-41}$$

式中，$\psi=\frac{\pi}{2}-\varepsilon-\delta$。

则有：

$$E=\frac{\sin(\alpha-\varphi)}{\cos(\alpha-\varphi-\varepsilon-\delta)}G=\frac{1}{2}\gamma H^2\frac{\cos(\alpha-\varepsilon)\cos(\varepsilon-\beta)\sin(\alpha-\varphi)}{\cos^2\varepsilon\cdot\sin(\alpha-\beta)\cos(\alpha-\varphi-\varepsilon-\delta)} \tag{6-42}$$

在式(6-42)中，挡土墙高度H、墙背倾角ε、墙后土体表面坡角β、墙后土体重度γ、墙后土体内摩擦角φ、外摩擦角δ均为已知，而滑动面BC与水平面的倾角α则是任意假定的。因此，E是α的函数，即$E=E(\alpha)$。当$\alpha=\varphi$或$\alpha=90°+\varepsilon$时，均有$E=0$。可以推断：当滑动面倾角α在$[\varphi,90+\varepsilon]$区间变化时，E必然存在一个极大值E_{max}，这个极大值E_{max}即所求主动土压力E_a，其对应的滑动面为最危险滑动面。

为求得E的极大值，可令$dE/d\alpha=0$，从而求得最危险滑动面的倾角α_{cr}，并将α_{cr}代入式(6-42)，整理后可得库仑主动土压力计算公式为：

$$E_a=E_{max}=\frac{1}{2}\gamma H^2K_a \tag{6-43}$$

式中，

$$K_a=\frac{\cos^2(\varphi-\varepsilon)}{\cos^2\varepsilon\cos(\delta+\varepsilon)\left[1+\sqrt{\frac{\sin(\delta+\varphi)\sin(\varphi-\beta)}{\cos(\delta+\varepsilon)\cos(\beta-\varepsilon)}}\right]^2} \tag{6-44}$$

式中　K_a——库仑主动土压力系数；

E_a——库仑主动土压力合力，kN/m；

H——挡土墙高度，m；

γ——墙后土体的重度，kN/m^3；

φ——墙后土体的内摩擦角，(°)；

ε——墙背的倾角，以垂线为准逆时针为正(称为俯斜)、顺时针为负(称为仰斜)，(°)；

β——墙后土体表面的坡角，(°)；

δ——外摩擦角，(°)。

土与墙背的外摩擦角δ的大小与墙后土体的性质、墙背粗糙程度、排水条件等因素有关，应由试验确定。当无试验资料时，可按表6-1近似选取。

表 6-1　土对挡土墙墙背的外摩擦角

挡土墙情况	外摩擦角 δ
墙背平滑，排水不良	$(0\sim0.33)\varphi$
墙背粗糙，排水良好	$(0.33\sim0.5)\varphi$
墙背很粗糙，排水良好	$(0.5\sim0.67)\varphi$
墙背与填土间不可能滑动	$(0.67\sim1.0)\varphi$

注：φ 为墙后土体的内摩擦角。

若墙后土体表面水平（$\beta=0$），墙背竖直光滑（$\varepsilon=0$、$\delta=0$），由式(6-44)可得 $K_a=\tan^2\left(45°-\dfrac{\varphi}{2}\right)$，此式即朗肯主动土压力系数的表达式。由此可见在这种特定条件下两种土压力理论得到的结果是一致的。

由式(6-43)可以看出主动土压力合力 E_a 是墙高的二次函数。将式(6-43)中的 H 换为 z，并将 E_a 对 z 求导，可求得主动土压力分布计算公式为：

$$p_a=\frac{dE_a}{dz}=\frac{d}{dz}\left(\frac{1}{2}\gamma z^2K_a\right)=\gamma zK_a \tag{6-45}$$

可见主动土压力 p_a 沿墙高呈三角形分布，如图 6-21 所示。必须注意，图中所示土压力分布只表示大小，不代表作用方向。

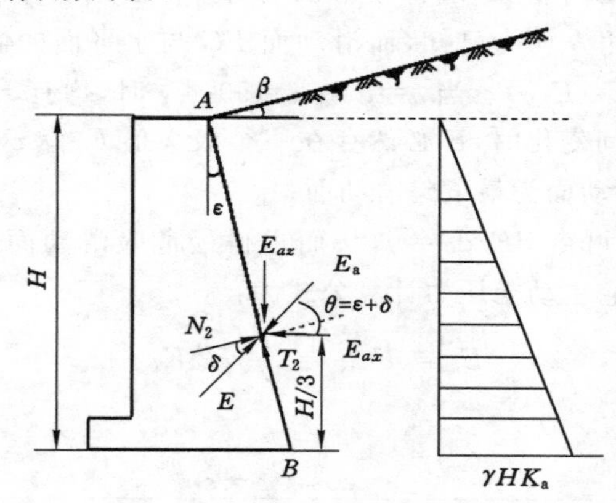

图 6-21　库仑主动土压力分布

主动土压力合力 E_a 作用点在距墙底 $H/3$ 处，E_a 作用方向与墙背法线成 δ 角，且在外法线的上侧。

由图 6-21 可以看出 E_a 作用方向与水平面成 $\theta=\varepsilon+\delta$。若将 E_a 分解为水平分力 E_{ax} 与竖向分力 E_{az} 两个部分，则 E_{ax} 和 E_{az} 分别为：

$$\begin{cases}E_{ax}=E_a\cos\theta\\E_{az}=E_a\sin\theta\end{cases} \tag{6-46}$$

式中　θ——库仑主动土压力与水平面的夹角，$\theta=\varepsilon+\delta$，(°)。

三、库仑被动土压力计算

当挡土墙在外力作用下推向土体时，墙后土体作用在墙背上的土压力逐渐增大。当位移量达到一定值时，墙后土体出现过墙踵的滑动面 BC，如图 6-22(a)所示（这种情况虽然与计算库仑主动土压力情况类似，但滑动面 BC 的倾角小得多，即土楔体 ABC 大得多）。此时，土体处于极限平衡状态，土楔体 ABC 与墙背之间的相互作用力即被动土压力。所以，被动土压力的大小仍可由土楔体的静力平衡条件来确定。

取滑动土楔体 ABC 为隔离体，其上同样受到三个力的作用：一是土楔体的自重 G、方向垂直向下；二是滑动面 BC 受到的反力 R，该力的作用方向与滑动面 BC 的法线 N_1 成 φ 角（位于 N_1 上侧）；三是墙背对土楔体的反力 E，该力的作用方向与墙背的法线 N_2 成 δ 角（位于 N_2 的上侧），且与作用在墙背上的被动土压力大小相等、方向相反。根据土楔体的静力平衡条件，以上三力必构成闭合的力三角形，如图 6-22(b)所示。

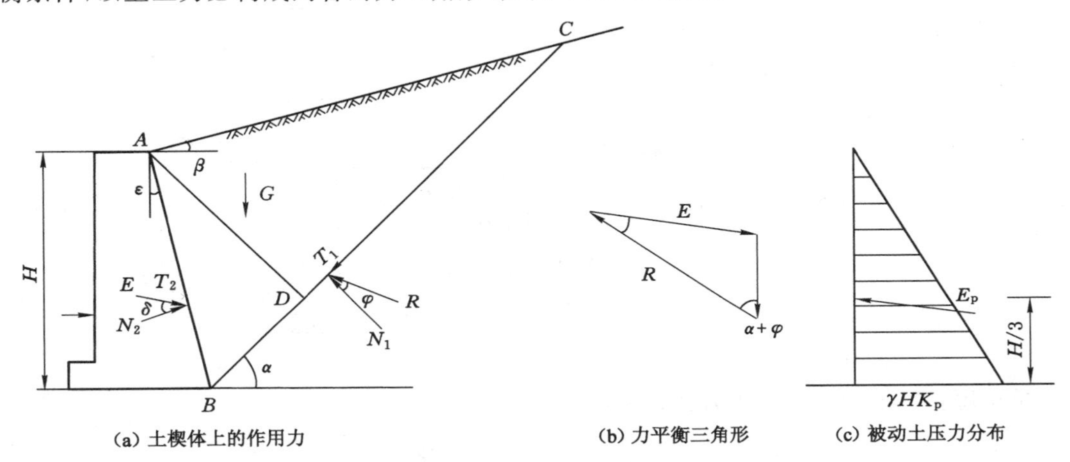

图 6-22　库仑被动土压力计算简图

同理，先由土楔体 ABC 的静力平衡条件求得 E 的表达式，然后采用求极值的方法得到真正滑动面的倾角后代入 E 的表达式，就可得到库仑被动土压力合力的表达式：

$$E_p = \frac{1}{2}\gamma H^2 K_p \tag{6-47}$$

其中，

$$K_p = \frac{\cos^2(\varphi+\varepsilon)}{\cos^2\varepsilon\cos(\delta-\varepsilon)\left[1-\sqrt{\dfrac{\sin(\delta+\varphi)\sin(\varphi+\beta)}{\cos(\delta-\varepsilon)\cos(\beta-\varepsilon)}}\right]^2} \tag{6-48}$$

式中　K_p——库仑被动土压力系数；

　　E_p——库仑主动土压力合力，kN/m；

其余符号同前。

由式(6-48)可以看出被动土压力合力 E_p 是墙高的二次函数。将式(6-48)中的 H 换为 z，并将 E_p 对 z 求导，可求得被动土压力分布计算公式为：

$$p_p = \frac{dE_p}{dz} = \frac{d}{dz}\left(\frac{1}{2}\gamma z^2 K_p\right) = \gamma z K_p \tag{6-49}$$

可见，被动土压力 p_p 沿墙高也呈三角形分布，如图 6-22(c)所示。同时应注意：图中所示土压力分布只表示大小，不代表作用方向。

被动土压力合力 E_p 作用点在距墙底 $H/3$ 处，E_p 作用方向与墙背法线成 δ 角，且在外法线的下侧。

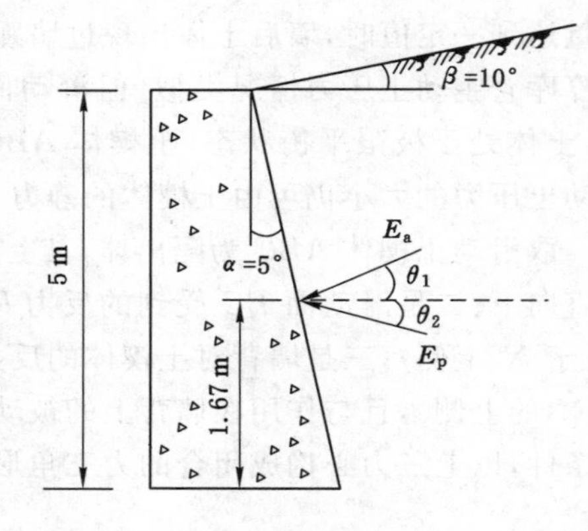

图 6-23　例 6-4 图

【例 6-4】　有一重力式俯斜挡土墙如图 6-23 所示，高 5.0 m，墙背倾角 $\varepsilon=5°$；墙后填砂土，表面倾角 $\beta=10°$，填土主要物理力学性质指标为：重度 $\gamma=19\ \text{kN/m}^3$，黏聚力 $c=0$，内摩擦角 $\varphi=30°$。当墙背与填土间的外摩擦角 $\delta=15°$ 时，试分别计算作用于墙背上的主动土压力和被动土压力。

【解】　(1) 主动土压力的计算

库仑主动土压力系数为：

$$K_a=\frac{\cos^2(\varphi-\varepsilon)}{\cos^2\varepsilon\cos(\delta+\varepsilon)\left[1+\sqrt{\dfrac{\sin(\delta+\varphi)\sin(\varphi-\beta)}{\cos(\delta+\varepsilon)\cos(\varepsilon-\beta)}}\right]^2}$$

$$=\frac{\cos^2(30°-5°)}{\cos^2 5°\times\cos(15°+5°)\times\left[1+\sqrt{\dfrac{\sin(15°+30°)\sin(30°-10°)}{\cos(15°+5°)\cos(5°-10°)}}\right]^2}$$

$$=0.387$$

单位墙长度上的主动土压力合力为：

$$E_a=\frac{1}{2}\gamma H^2K_a=\frac{1}{2}\times19.0\times5^2\times0.387=91.9\ (\text{kN/m})$$

E_a 作用点位置距墙底高度为：

$$H_p=\frac{H}{3}=\frac{5}{3}=1.67\ (\text{m})$$

E_a 作用方向与墙背法线成 $\delta=15°$，位于法线的上方，即与水平方向夹角为：

$$\theta_1=\varepsilon+\delta=5°+15°=20°$$

(2) 被动土压力的计算

库仑被动土压力系数为：

$$K_p=\frac{\cos^2(\varphi+\varepsilon)}{\cos^2\varepsilon\cos(\delta-\varepsilon)\left[1-\sqrt{\dfrac{\sin(\delta+\varphi)\sin(\varphi+\beta)}{\cos(\delta-\varepsilon)\cos(\beta-\varepsilon)}}\right]^2}$$

$$=\frac{\cos^2(30°+5°)}{\cos^2 5°\times\cos(15°-5°)\times\left[1-\sqrt{\dfrac{\sin(15°+30°)\times\sin(30°+10°)}{\cos(15°-5°)\times\cos(10°-5°)}}\right]^2}$$

$$=6.73$$

单位墙长度上的被动土压力合力为：

$$E_p=\frac{1}{2}\gamma H^2K_p=\frac{1}{2}\times19.0\times5^2\times6.73=1\,598.4\ (\text{kN/m})$$

E_p 作用点位置距墙底高度为：

$$H_p=\frac{H}{3}=\frac{5}{3}=1.67\ (\text{m})$$

E_p作用方向与墙背法线成 $\delta=15°$，位于墙背法线的下方，即与水平方向夹角为：

$$\theta_2=\delta-\varepsilon=15°-5°=10°$$

四、几种情况下的库仑土压力计算

（一）墙后土体为黏性土时

朗肯土压力理论和库仑土压力理论均属于极限状态土压力理论，即所计算得到的土压力均是墙后土体处于极限平衡状态下的主动或被动土压力。

朗肯土压力理论只适用于墙背直立光滑、墙后填土面水平的情况，但可用于墙后土体为各种土时的土压力计算。库仑土压力理论考虑了墙背与土体间的摩擦作用，并可用于墙背倾斜、墙后土体表面倾斜时土压力的计算，即库仑土压力理论比朗肯土压力理论适用范围更广，但是只适用于墙后土体为无黏性土的情况。对于黏性土，由于存在黏聚力，上述库仑主动土压力和被动土压力计算公式无法直接采用。为了考虑黏聚力对土压力的影响，可采用等效内摩擦角法近似计算黏性土的土压力。

1. 根据土压力相等的原则确定等效内摩擦角

当墙后土体为黏性土时，朗肯主动土压力计算公式参见式(6-14)，即

$$\begin{aligned}E_{a1}&=\frac{1}{2}\gamma H^2\tan^2(45°-\frac{\varphi}{2})-2cH\tan(45°-\frac{\varphi}{2})+\frac{2c^2}{\gamma}\\&=\frac{1}{2}\gamma H^2\left[\tan(45°-\frac{\varphi}{2})-\frac{2c}{\gamma H}\right]^2\end{aligned}\tag{6-50}$$

如果把同时具有 c、φ 值的黏性土等效为只具有等效内摩擦角 φ_D 的无黏性土，则朗肯主动土压力为：

$$E_{a2}=\frac{1}{2}\gamma H^2\tan^2(45°-\frac{\varphi_D}{2})\tag{6-51}$$

令 $E_{a1}=E_{a2}$，有：

$$\tan^2(45°-\frac{\varphi_D}{2})=\tan(45°-\frac{\varphi}{2})-\frac{2c}{\gamma H}\tag{6-52}$$

则等效内摩擦角 φ_D 为：

$$\varphi_D=2\left\{45°-\arctan\left[\tan(45°-\frac{\varphi}{2})-\frac{2c}{\gamma H}\right]\right\}\tag{6-53}$$

按式(6-53)确定等效内摩擦角，即可将黏性土等效为无黏性土，从而按式(6-43)至式(6-46)近似计算黏性土的库仑主动土压力。

应特别指出：式(6-53)是按朗肯主动土压力相等的原则确定的。如果按朗肯被动土压力相等的原则，同样可以计算黏性土库仑被动土压力的等效内摩擦角。但是在工程实践中一般不用库仑土压力理论计算黏性土的被动土压力，这是因为库仑土压力理论假设墙后土体发生破坏时破坏面为一平面。但对于黏性土，实际破坏面却是曲面(图 6-24)，这直接影响土楔体自重 G 计算的准确性，从而导致土压力计算出现偏差。实践证明：这种偏差在计算主动土压力时为 2%～10%，其精度尚能满足实际工程的需要。但是在计算被动土压力时，计算结果偏差较大，有时可达 2～3 倍，甚至更大。

2. 根据抗剪强度相等的原则确定等效内摩擦角

对于如图 6-25 所示基坑挡土墙，可由土的抗剪强度包络线，通过作用在基坑底面标高处的土中竖向自重应力 σ_v 来计算等效内摩擦角。

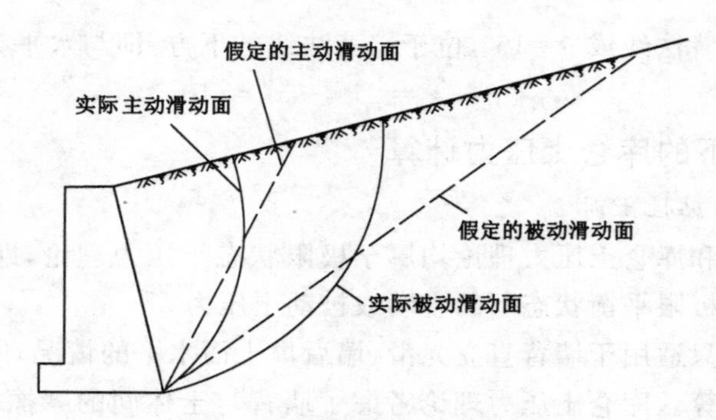

图 6-24 实际滑动面与假定滑动面的比较

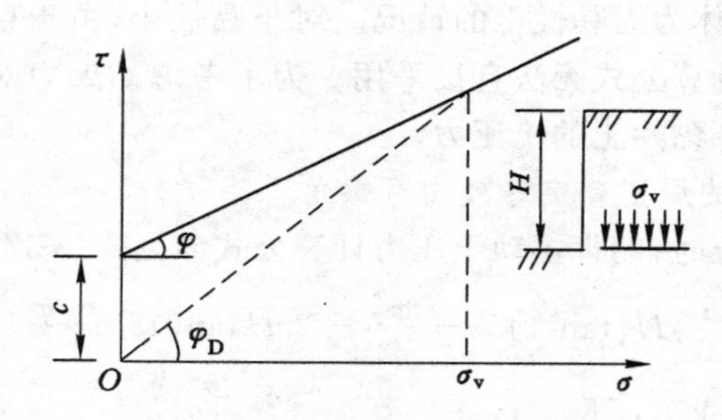

图 6-25 基于抗剪强度相等的原则确定等效内摩擦角

黏性土的抗剪强度为：

$$\tau_f = c + \sigma_v \tan \varphi \tag{6-54}$$

将黏性土等效为无黏性土后，其抗剪强度为：

$$\tau_f = \sigma_v \tan \varphi_D \tag{6-55}$$

则有：

$$\sigma_v \tan \varphi_D = c + \sigma_v \tan \varphi \tag{6-56}$$

则等效内摩擦角 φ_D 为：

$$\varphi_D = \arctan\left(\frac{c}{\sigma_v} + \tan\varphi\right) \tag{6-57}$$

等效内摩擦角只是一种简化的工程处理概念，其物理意义不明确，使用时会产生计算误差，只能作为一种近似的计算方法。

（二）墙后土体表面有均布荷载作用时

当墙后土体表面有无限均布荷载 q 作用时，通常将均布荷载换算成当量厚度 $h=q/\gamma$ 的土层，如图 6-26 所示。AB 为真实的墙背，$A'B$ 为假想的墙背。针对假想墙背 $A'B$，再用无荷载作用时的情况计算主动土压力和被动土压力。

在$\triangle AA'A_0$ 中，$\angle A_0AA'=\varepsilon$，$\angle AA_0A'=180°-90°-\beta=90°-\beta$，则$\angle A_0A'A=180°-(90°-\beta+\varepsilon)=90°-(\varepsilon-\beta)$。根据正弦定理，有如下关系式：

$$\frac{AA'}{\sin(90°-\beta)} = \frac{AA_0}{\sin[90°-(\varepsilon-\beta)]} \tag{6-58}$$

而 $AA_0=h$，则有：

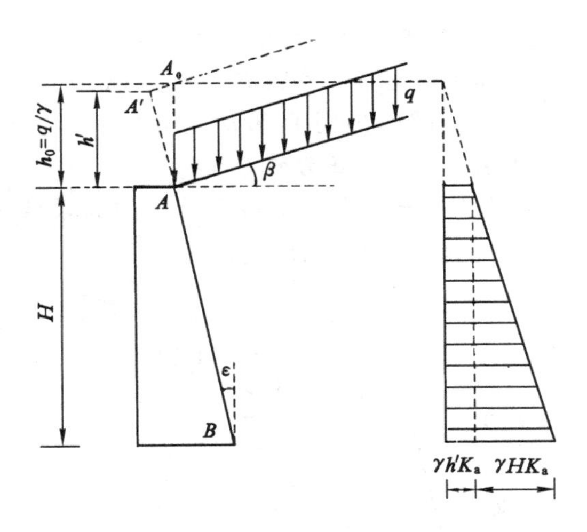

图 6-26　均布荷载作用下库仑土压力计算

$$AA' = h\frac{\cos\beta}{\cos(\varepsilon-\beta)} \tag{6-59}$$

AA'在竖向上的投影为：

$$h' = AA'\cos\varepsilon = h\frac{\cos\varepsilon\cos\beta}{\cos(\varepsilon-\beta)} = \frac{q}{\gamma}\cdot\frac{\cos\varepsilon\cos\beta}{\cos(\varepsilon-\beta)} \tag{6-60}$$

1. 库仑主动土压力的计算

墙顶 A 点处主动土压力为：

$$p_{aA} = \gamma h' K_a \tag{6-61}$$

墙底 B 点处主动土压力为：

$$p_{aB} = \gamma(h'+H)K_a \tag{6-62}$$

主动土压力呈梯形分布，如图 6-26 所示。

单位墙长上的主动土压力合力为：

$$E_a = \frac{1}{2}H[\gamma h'K_a + \gamma(h'+H)K_a] = \gamma H\left(h'+\frac{H}{2}\right)K_a \tag{6-63}$$

通过对墙底取力矩的方法，可确定主动土压力合力 E_a 作用点的位置，其作用方向与墙背法线成 δ 角，且在外法线的上侧。

2. 库仑被动土压力的计算

墙顶 A 点被动土压力为：

$$p_{pA} = \gamma h' K_p \tag{6-64}$$

墙底 B 点被动土压力为：

$$p_{pB} = \gamma(h'+H)K_p \tag{6-65}$$

被动土压力也呈梯形分布，单位墙长上的被动土压力合力为：

$$E_p = \frac{1}{2}H[\gamma h'K_p + \gamma(h'+H)K_p] = \gamma H\left(h'+\frac{H}{2}\right)K_p \tag{6-66}$$

采用对墙底取力矩的方法，可确定被动土压力合力 E_p 作用点的位置，其作用方向与墙背法线成 δ 角，且在外法线的下侧。

式(6-61)至式(6-66)适用于无黏性土。当墙后土体为黏性土时,可按上述方法确定等效内摩擦角 φ_D,然后由 φ_D 计算主动土压力系数 K_a,再按式(6-61)至式(6-63)计算主动土压力。库仑土压力理论一般不用来计算黏性土的被动土压力。

(三)用规范法进行挡土墙上主动土压力的计算

如图 6-27 所示,为了克服经典土压力理论适用范围的局限性,《建筑地基基础设计规范》(GB 50007—2011)提出一种主动土压力计算公式,即

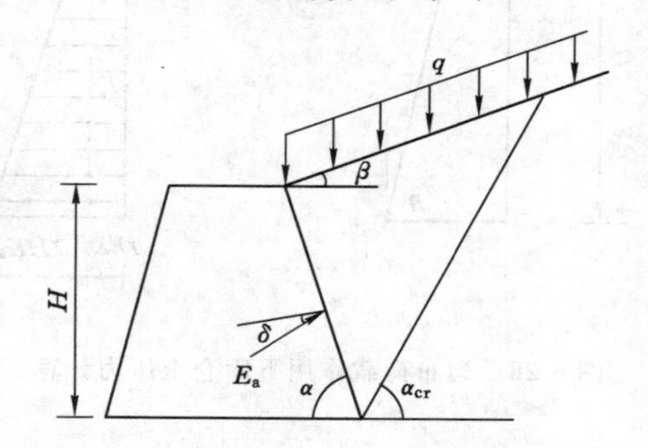

图 6-27 计算主动土压力简图

$$E_a = \frac{1}{2}\psi_c \gamma H^2 K_a \tag{6-67}$$

式中 E_a——主动土压力,kN/m;

ψ_c——主动土压力增大系数,土坡高度小于 5 m 时取 1.0,高度为 5～8 m 时取 1.1,高度大于 8 m 时取 1.2;

γ——墙后土体重度,kN/m³;

H——挡土墙高度,m;

K_a——《建筑地基基础设计规范》(GB 50007—2011)给出的主动土压力系数,按式(6-68)确定。

$$K_a = \frac{\sin(\alpha' + \beta)}{\sin^2\alpha' \sin^2(\alpha' + \beta - \varphi - \delta)}\{k_q[\sin(\alpha' + \beta)\sin(\alpha' - \delta) + \sin(\varphi + \delta)\sin(\varphi - \beta)] + 2\eta\sin\alpha'\cos\varphi\cos(\alpha' + \beta - \varphi - \delta) - 2[(k_q\sin(\alpha' + \beta)\sin(\varphi - \beta) + \eta\sin\alpha'\cos\varphi)(k_q\sin(\alpha' - \delta)\sin(\varphi + \delta) + \eta\sin\alpha'\cos\varphi)]^{\frac{1}{2}}\} \tag{6-68}$$

式中,

$$k_q = 1 + \frac{2q\sin\alpha'\cos\beta}{\gamma H\sin(\alpha' + \beta)} \tag{6-69}$$

$$\eta = \frac{2c}{\gamma H} \tag{6-70}$$

式中 q—— 墙后土体表面均布荷载,kPa;

α'—— 墙背与水平面的夹角,(°);

其余符号同前。

式(6-67)是计算主动土压力的半经验公式,适用于各种土,当然也包括黏性土。同时考虑了墙后土体表面有均布荷载作用的情况,比传统的库仑土压力理论更方便,更接近实际,

在我国得到了广泛的应用。应特别指出的是,《建筑地基基础设计规范》(GB 50007—2011)没有给出计算被动土压力的计算公式,也就是说目前在工程界还没有统一的较为准确地计算黏性土被动土压力的方法;对于无黏性土被动土压力的计算,仍可采用传统的库仑土压力理论。

(四) 墙后土体为成层土体或有地下水时

当墙后土体为成层土体时,有如下两种方法计算库仑主动土压力和被动土压力。

1. 逐层计算法

假设各层土的分层面与墙后土体表面平行,自上而下逐层计算库仑主动土压力和被动土压力。计算下层土的土压力时,可将上部土层的重力当作均布荷载来处理。

2. 加权平均计算法

已知墙后各层土的重度、内摩擦角和土层厚度分别为 γ_i、φ_i 和 h_i,通常可将各土层的重度、内摩擦角按土层厚度进行加权平均,即

$$\gamma_{\mathrm{m}} = \frac{\sum \gamma_i h_i}{\sum h_i} \tag{6-71}$$

$$\varphi_{\mathrm{m}} = \frac{\sum \varphi_i h_i}{\sum h_i} \tag{6-72}$$

然后按照均质土,采用上述加权平均值近似计算库仑主动土压力和被动土压力。

当墙后土体中有地下水时,可将地下水位作为层面,按上述成层土的计算方法计算库仑主动土压力和被动土压力。对于无黏性土,通常采用水土分算法,即分别计算土压力和水压力,然后将两者叠加,即墙背总侧压力。在计算土压力时,地下水位线以下应取有效重度 γ' 和有效抗剪强度指标 c'、φ',实际工程中多采用有效重度 γ' 和总应力强度指标 c、φ 来计算土压力;对于黏性土,可采用水土分算法,也可以采用水土合算法。当采用水土合算法时,地下水位以下取饱和重度 γ_{sat} 和总应力强度指标 c、φ 计算土压力作为墙背总侧压力,水压力不再单独计算。

第五节　挡土结构设计

在铁路工程、公路工程、桥梁工程、房屋建筑、水利工程、矿山工程以及边坡工程中,为了防止土体坍塌下滑,需要用各种类型的挡土结构加以支挡。支挡结构主要有两个方面的用途:一是作为永久性构筑物,如公路和铁路的路堑挡土墙或路肩挡土墙、水利港湾工程的河岸及水闸的岸墙等;另一个是作为临时挡土结构,也可作为永久性地下结构的一部分,如基坑工程中的开挖围护结构、地下室外墙及地下连续墙等。随着大量土木工程在地形、地质条件复杂地区的兴建,特别是高层建筑、地铁施工中的深、大基坑工程,挡土结构显得越来越重要,挡土结构的设计计算对工程的安全稳定和经济效益产生直接影响。

一、挡土结构的类型

挡土结构常分为重力式挡土墙、悬臂式挡土墙、扶壁式挡土墙、锚定式挡土结构、加筋土挡土结构、板桩式挡土结构等,如图 6-28 所示。

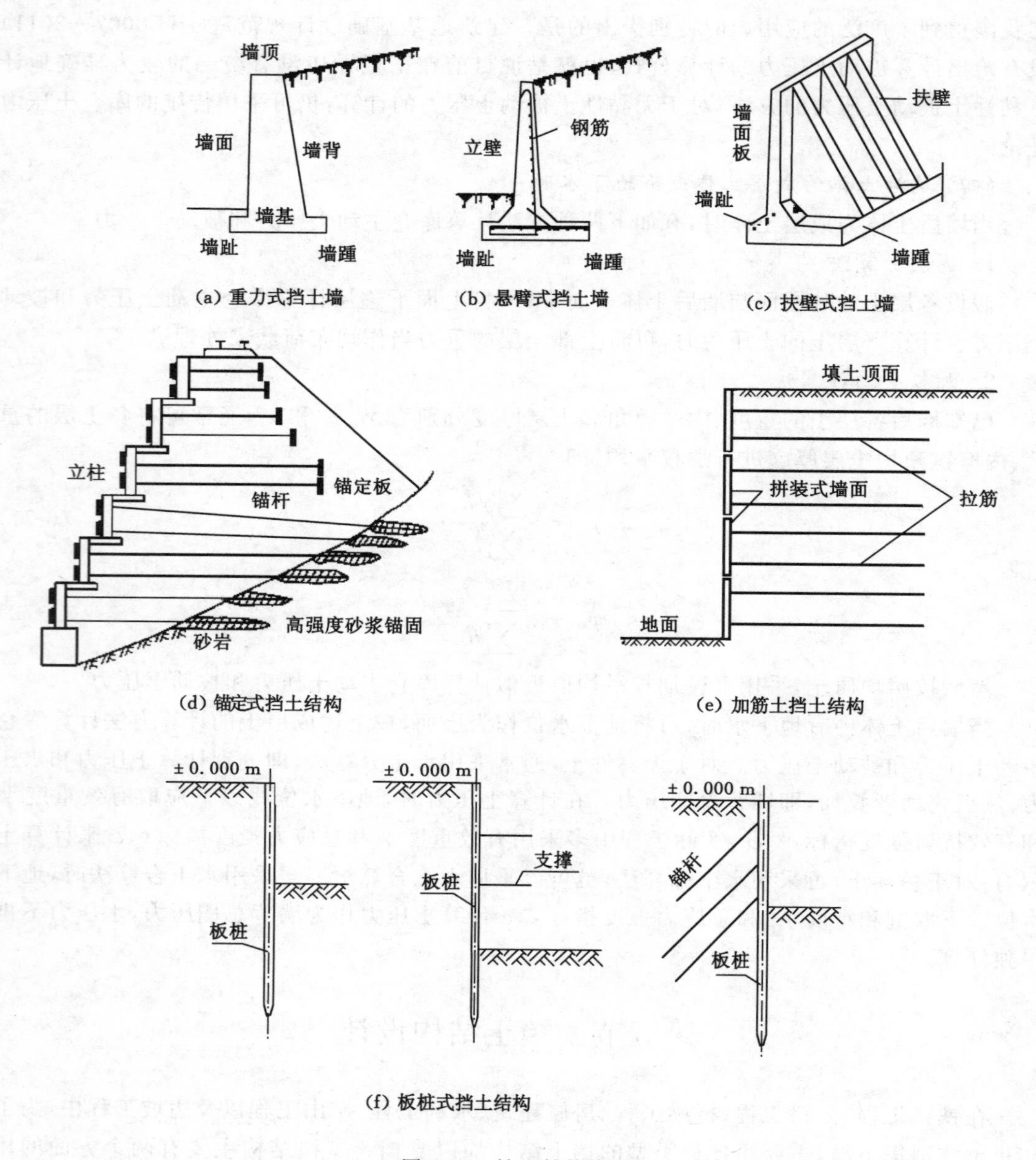

(a) 重力式挡土墙　(b) 悬臂式挡土墙　(c) 扶壁式挡土墙

(d) 锚定式挡土结构　(e) 加筋土挡土结构

(f) 板桩式挡土结构

图 6-28　挡土结构类型

(一) 重力式挡土墙

重力式挡土墙是目前工程中应用最多的一种挡土结构，如图 6-28(a)所示。为了平衡墙后土体的土压力，需要较大的墙身截面和自重来维持其稳定性。重力式挡土墙一般由块石、浆砌片石砌筑，或采用素混凝土浇筑(如图 6-29 所示，有时在墙背及墙趾处加少量钢筋，增强墙体的抗弯性能，以减薄厚度，降低混凝土用量)。这种类型的挡土结构，具有结构简单、施工简便、就地取材等优点，还可根据工程需要将墙背做成仰斜、垂直或俯斜，因而在各类工程中均得到广泛应用；其缺点是所需材料较多、对地基承载力要求高、墙体抗弯能力差。因此，设计时应控制重力式挡土墙的高度，一般不超过 6.0 m。

（二）悬臂式挡土墙

悬臂式挡土墙由立臂、墙趾悬臂和墙踵悬臂组成，如图 6-28(b)所示。它依靠墙身自重、底板以上填土重力(包括表面超载)来维持其稳定性。土压力在墙体内产生的拉应力由钢筋承担，充分利用了钢筋混凝土的受力特性。这种类型的挡土结构，具有厚度较小、自重较轻、工程量较小、经济指标较好等优点，缺点是钢筋用量较大和施工较复杂。它多用于缺乏石料、地基承载力低、地震地区以及重要的市政工程或厂矿贮库工程中，墙高度一般大于5.0 m。

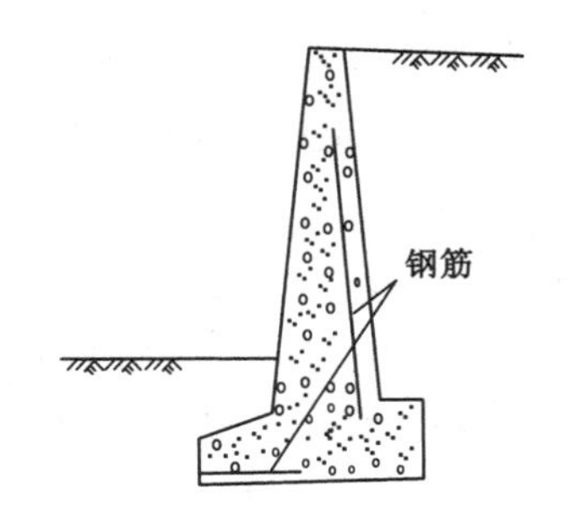

图 6-29　混凝土浇筑的重力式挡土墙

（三）扶壁式挡土墙

对于比较高大的悬臂式挡土墙，立壁所承受的弯矩较大、挠度也较大，易发生立壁折断。为此，通常沿墙纵向每隔 0.8～1.0 倍墙高的距离设置一道横向扶壁，以此改善其抗弯性能和增大墙的整体刚度，称为扶壁式挡土墙，如图 6-28(c)所示。这种类型的挡土结构，具有抗弯能力大、工程量较小等优点，其缺点是钢筋用量大、施工复杂。它适用于重要工程，且墙高一般大于 10 m 的情况。

（四）锚拉式挡土结构

锚拉式挡土结构包括锚杆式和锚定板式两种，如图 6-28(d)所示，属于轻型、主动承载结构。

锚杆式挡土结构是由预制的钢筋混凝土肋柱和挡土板构成墙面，与水平或倾斜的金属锚杆联合组成。锚杆的一端通过螺母、托盘与肋柱连接，另一端通过高强度水泥砂浆或其他类型锚固剂锚固在山坡深处的稳定岩层或土层中。锚杆可采用热轧钢筋，也可采用钢绞线。当采用钢绞线时，锚杆式挡土结构具有良好的抗震性能，但施工时需要专门的张拉设备，并通过锁具和托盘与肋柱连接。

锚定板式挡土墙是由钢筋混凝土墙面(必要时加肋柱)、钢拉杆和锚定板组成的，钢拉杆采用外裹防腐层的较粗的热轧钢筋，一端通过托盘、螺母与肋柱或墙面连接，另一端与锚定板连接，墙面通过钢拉杆并依靠锚定板的抗拔力来支挡土体。

锚拉式挡土结构具有自重小、柔性大、工程量小、造价低、施工方便、可施加预紧力等特点，目前在国内外工程中均得到广泛应用。

（五）加筋土挡土结构

加筋土挡土结构由墙面、加筋材料和填料三部分组成，如图 6-28(e)所示。它是依靠填料与拉筋之间的摩擦力来平衡墙面所承受的水平土压力，从而保证其稳定性。这种类型的挡土结构属于柔性结构，对土体变形适应性大，同时具有施工简便、施工速度快、造价低等特点，在公路、铁路以及边坡工程中得到了广泛应用。

（六）板桩式挡土结构

板桩式挡土结构如图 6-28(f)所示，利用承受弯矩的板桩作为挡土结构物。按结构类型分为悬臂式、支撑式和锚拉式；按所用材料不同，又分为钢板桩、木板桩和钢筋混凝土板桩墙等。其结构轻盈，造价低，但施工较复杂。悬臂式板桩只适用于荷载不大(通常墙高小于 4 m)以及一些临时性工程；支撑式板桩多用于面积较小的基坑开挖的护坡工程；锚拉式板桩则已得到迅速推广，常用于铁路路基、护坡、桥台及深基坑开挖支挡工程等。

二、挡土结构的设计内容与步骤

（一）挡土结构的设计内容

挡土结构的设计内容主要包括：结构型式选择、结构参数确定、稳定性验算（抗倾覆稳定性和抗滑移稳定性验算）、地基承载力验算、墙身材料强度验算以及相关的构造要求和措施。

（二）挡土结构的设计步骤

（1）首先根据工程条件、土体的物理力学性质、荷载大小、建筑材料、施工条件和施工方法，确定挡土结构类型。

（2）结合工程经验，按工程类比法初步确定挡土结构的尺寸等有关参数。

（3）根据初定尺寸和填土性质计算土压力，包括土压力分布、土压力合力大小、作用点和作用方向，有时还应考虑水压力。

（4）稳定性验算，包括抗倾覆稳定性和抗滑移稳定性验算。

（5）地基的承载力验算。

（6）墙身结构设计。对重力式挡土墙应验算墙身强度；对其他挡土墙需计算墙身内力，并进行相应的设计计算。如钢筋混凝土挡土墙，需进行抗弯、抗剪配筋计算；锚拉挡土结构，需进行肋柱、墙板、锚杆、锚固等的设计计算。

（7）当所选的截面不满足(4)、(5)、(6)要求时，应调整断面尺寸或其他设计参数，甚至改变挡土结构类型。

重复进行以上步骤的计算，直至满足要求为止。

三、重力式挡土墙设计要点

重力式挡土墙是目前工程中应用最为广泛的一种挡土结构，其截面尺寸的确定通常采用试算法，即先根据挡土墙所处的具体条件（工程地质条件、填土性质、墙体材料及施工条件等），按工程类比法初步确定挡土墙截面尺寸，并进行土压力计算，然后进行验算，若验算不能满足要求，则调整截面尺寸，重新验算直至合格为止，或采取其他工程措施。

重力式挡土墙的验算通常包括稳定性验算（抗倾覆稳定性验算和抗滑移稳定性验算）、地基承载力验算和墙身强度验算。其中，地基承载力验算的方法及要求与第九章中的浅基础相同；墙身强度验算应根据墙身材料分别按砌体结构、素混凝土结构或钢筋混凝土结构的有关计算方法进行。本教材只介绍重力式挡土墙地基承载力验算和稳定性验算。重力式挡土墙的失稳破坏通常表现为两种形式：一种是在主动土压力作用下的外倾，对此应进行抗倾覆稳定性验算；另一种是在主动土压力作用下沿基底外移，需进行抗滑移稳定性验算。

（一）重力式挡土墙稳定性验算

1. 抗倾覆稳定性验算

图 6-30(a)表示一具有倾斜基底的重力式挡土墙，作用在挡土墙上的荷载有墙身重力 G、土压力 E_a 和 E_p、基底反力 $\sum F_V$ 和 $\sum F_H$。挡土墙基础一般有埋深，则埋深范围内前趾上因整个挡土墙前移而受挤压，故墙体在此处受被动土压力 E_p，验算时 E_p 可忽略不计，其结果是偏于安全的。该挡土墙在主动土压力 E_a 的作用下，可能绕墙趾 O 点向外倾覆。

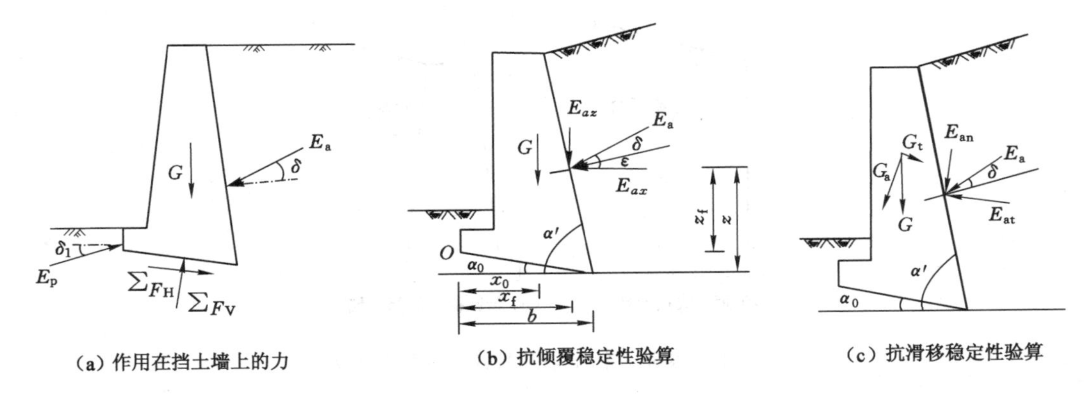

图 6-30　挡土墙的稳定性验算

将抗倾覆力矩与倾覆力矩之比称为抗倾覆安全系数 K_t。在抗倾覆稳定性验算中，将 E_a 分解为水平分力 E_{ax} 和垂直分力 E_{az}，则抗倾覆稳定验算应满足：

$$K_t=\frac{Gx_0+E_{az}x_f}{E_{ax}z_f}\geqslant 1.6 \tag{6-73}$$

式中　G——挡土墙的重力，kN/m；

E_{ax}——主动土压力的水平分力，$E_{ax}=E_a\sin(\alpha'-\delta)$，kN/m；

E_{az}——主动土压力的竖直分力，$E_{az}=E_a\cos(\alpha'-\delta)$，kN/m；

α'——墙背与水平面的夹角，(°)；

δ——外摩擦角，(°)，查表 6-1。

x_0——重力 G 对 O 点的力臂，m；

x_f——竖直分力 E_{az} 对 O 点的力臂，$x_f=b-z\cot\alpha'$，m；

z_f——水平分力 E_{ax} 对 O 点的力臂，$z_f=b-z\tan\alpha_0$，m；

b—— 基底的水平投影宽度，m；

z—— 土压力作用点距墙踵的高度，m；

α_0—— 基底与水平面的夹角，(°)。

如果墙后存在水压力或挡土墙在外荷载作用下墙背产生被动土压力时，其计算原理是一样的，但要分清这些力产生的是抗倾覆力矩还是倾覆力矩。

若验算结果不能满足式(6-73)时，可采取下列措施：

(1) 增大断面尺寸，增大挡土墙自重，使抗倾覆力矩增大，但工程量会随之增大；

(2) 将墙背做成仰斜，以减小土压力；

(3) 伸长墙趾，增大 x_0 和 x_f，但墙趾厚度需同时增大，必要时需要配置钢筋；

(4) 选择衡重式挡土墙或带卸荷台的挡土墙，如图 6-31 所示。利用衡重台或卸荷台上填土的重力，增大挡土墙抗倾覆力矩。衡重台可采用浆石块或现浇混凝土，卸荷台一般采用现浇钢筋混凝土。

2. 抗滑移稳定性验算

在主动土压力作用下，挡土墙有可能沿基础底面发生滑动，如图 6-30(b)所示。将挡土墙重力 G 分解为垂直和平行于基底的分力 G_n 和 G_t，同时也将主动土压力分解为垂直和平行于基底的分力 E_{an} 和 E_{at}。

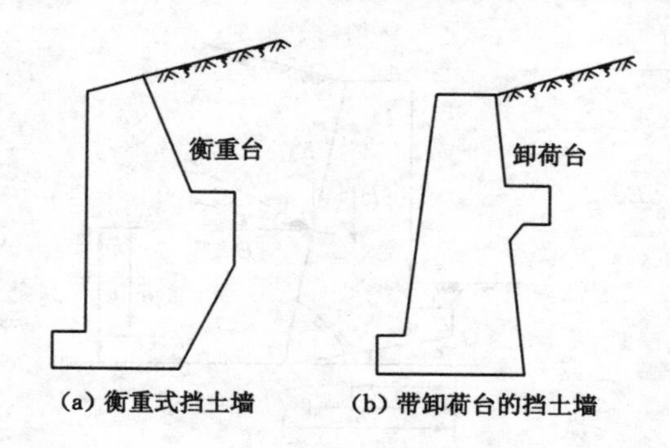

图 6-31 衡重式挡土墙及带卸荷台的挡土墙

将抗滑移力与滑动力的比值称为抗滑移安全系数 K_s,抗滑移稳定验算应满足:

$$K_s=\frac{(G_n+E_{an})\mu}{E_{at}-G_t}\geqslant 1.3 \tag{6-74}$$

式中 G_n——垂直于基底的重力分力,$G_n=G\cos\alpha_0$,kN/m;

G_t——平行于基底的重力分力,$G_t=G\sin\alpha_0$,kN/m;

E_{an}——垂直于基底的主动土压力分力,$E_{an}=E_a\cos(\alpha'-\alpha_0-\delta)$,kN/m;

E_{at}——平行于基底的主动土压力分力,$E_{at}=E_a\sin(\alpha'-\alpha_0-\delta)$,kN/m;

μ—— 挡土墙基底对地基的摩擦系数,宜由试验确定,当无试验资料时可参考表 6-2。

表 6-2 挡土墙基底对地基的摩擦系数 μ

土的类别		摩擦系数
黏性土	可塑	0.25～0.30
	硬塑	0.30～0.35
	坚硬	0.35～0.45
粉土		0.30～0.40
中砂、粗砂、砾砂		0.40～0.50
碎石土		0.40～0.60
软质岩		0.40～0.60
表面粗糙的硬质岩		0.65～0.75

注:1. 对于易风化的软质岩和塑性指数 $I_p>22$ 的黏性土,基底摩擦系数应通过试验确定。

2. 对于碎石土,可根据其密实程度、填充物状况、风化程度等确定。

若验算结果不能满足式(6-74)时,可采取下列措施:

(1) 增大挡土墙断面尺寸,增大墙身自重以增大抗滑力。

(2) 在挡土墙基底铺砂石垫层,提高摩擦系数 μ,提高抗滑力。

(3) 将挡土墙基底做成逆坡,但一般土质地基的基底逆坡不宜大于 0.1∶1($\alpha_0\leqslant 5.7°$);对于岩石地基,一般不宜大于 0.2∶1($\alpha_0\leqslant 11.3°$)。

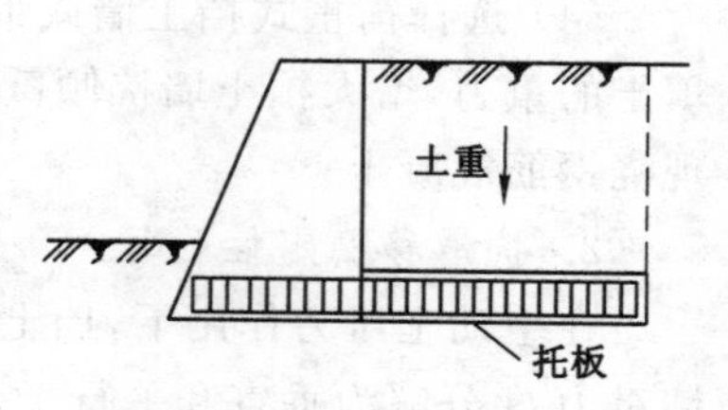

图 6-32 墙踵后加托板

(4) 在墙踵后加钢筋混凝土托板,如图 6-32 所示。托板与挡土墙之间用钢筋连接，利用托板上的填土重力来增大挡土墙的抗滑力。

（二）地基承载力验算

挡土墙地基承载力的验算方法与一般偏心受压基础验算相同，如图 6-33 所示。

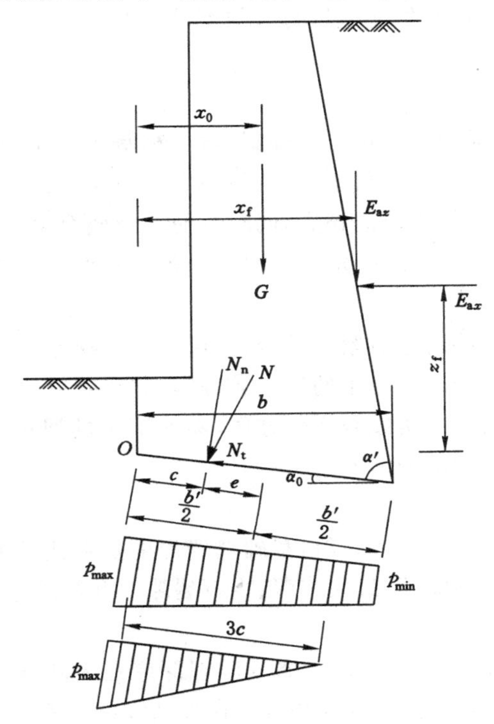

图 6-33　挡土墙地基承载力验算

首先，求出 G、E_a 的合力 N：

$$N = \sqrt{(G + E_{az})^2 + E_{ax}^2} \tag{6-75}$$

合力 N 可分解为垂直于基底的分力 N_n 和平行于基底的分力 N_t，且 $N_n = E_{an} + G_n$，$N_t = E_{at} - G_t$，如图 6-30 所示。

然后将 G、E_a 对墙趾 O 点取矩，根据合力矩等于各分力矩之和的原理，便可求得合力 N 的作用点对 O 点的距离 c 及偏心距 e，即

$$c = \frac{Gx_0 + E_{az}x_f - E_{ax}z_f}{N_n} \tag{6-76}$$

$$e = \frac{b'}{2} - c = \frac{b}{2\cos\alpha_0} - c \tag{6-77}$$

当 $e \leqslant b'/6$ 时，基底压力为梯形或三角形分布，按式(6-78)计算并应满足：

$$\left.\begin{matrix} p_{max} \\ p_{min} \end{matrix}\right\} = \frac{N_n}{b'}\left(1 \pm \frac{6e}{b'}\right) \leqslant 1.2[f_a] \tag{6-78}$$

式中　$[f_a]$——地基承载力容许值，kPa。当基底倾斜时，$[f_a]$应乘以折减系数 0.8。

当 $e > b'/6$ 时，基底压力为三角形分布，$p_{min}=0$，p_{max}按下式计算并应满足：

$$p_{max} = \frac{2N_n}{3c} \leqslant 1.2[f_a] \tag{6-79}$$

除了满足式(6-78)或式(6-79)之外,还应满足:

$$p = \frac{p_{\max} + p_{\min}}{2} \leqslant [f_a] \tag{6-80}$$

当基底下有软弱的下卧层时,还应进行软弱下卧层的承载力验算。

(三) 重力式挡土墙的构造要求

1. 墙型的选择

重力式挡土墙按墙背倾斜方向可分为仰斜、直立和俯斜三种,如图 6-2 所示。当其他条件相同时,土压力以仰斜最小,直立居中,而俯斜最大。因此,仅从墙背所受的土压力大小考虑,墙背仰斜较合理,有利于挡土墙的稳定,同时可使墙身截面设计较经济。墙背越缓,土压力越小,但不宜小于 1∶0.25。然而,究竟选用哪一种墙背倾斜形式,还应根据施工和地形条件等综合考虑。

仰斜墙背,可与开挖的临时边坡紧密贴合,多用于支挡挖方工程的边坡。当墙后需人工填土时,由于墙背仰斜不便于人工填土的压实或夯实,此时应采用俯斜或直立墙背。

俯斜墙背,墙后人工填土压实或夯实较方便,易保证土的回填质量而多用于填土工程;直立墙背,多用于墙前地形较陡的情况。

2. 基础埋深的确定

挡土墙的基础埋置深度(如基底倾斜,基础埋置深度从最浅处的墙趾处计算)应根据所选持力层土的埋深、水流冲刷深度、最大冻深、岩石裂隙发育及风化程度等因素确定,具体要求如下:

(1) 对于土质地基,当无冲刷时,挡土墙基础埋深应在天然地面以下至少 1 m;有冲刷时,应在冲刷线以下至少 1 m;受冻胀影响时,应在冻结线以下不少于 0.25 m。当冻深超过 1 m 时,可采用 1.25 m,但是地基应换填一定厚度的砂石或碎石垫层并分层夯实,垫层底面应位于冻结线以下不少于 0.25 m。

(2) 对于碎石、砾石和砂类地基,可不考虑冻胀影响,但基础埋深不宜小于 1 m。

(3) 对于岩石地基,应清除表面风化层,将基底嵌入基岩 0.15～0.6 m。当风化层较厚难以全部清除时,可根据岩石的风化程度确定地基容许承载力,经地基承载力验算合格后可将基底埋入风化层中,必要时风化岩层应注浆加固。

(4) 当挡土墙位于地质不良地段,地基土内可能出现滑动面时,应进行地基抗滑稳定性验算,并将基础底面埋置在滑动面以下,或采用其他措施以防止挡土墙地基的滑动破坏。

3. 断面尺寸的拟定

结合工程经验,按工程类比法初步确定挡土结构的尺寸,然后进行挡土墙稳定性、地基承载力和墙身强度验算。根据验算结果,再对挡土墙断面尺寸进行调整。

初步确定挡土墙断面尺寸时,应注意以下几点:

(1) 挡土墙的顶宽由构造要求确定,对于石砌重力式挡土墙,顶宽不宜小于 0.4 m,混凝土挡土墙顶宽不宜小于 0.2 m。

(2) 墙面通常选用仰斜或直立。当墙前地面较陡时,墙面坡可取 1∶0.05～1∶0.2 仰斜坡度,也可以采用直立截面;当墙前地面较平坦时,对于中、高挡土墙,墙面仰斜坡度可较缓,但不宜小于 1∶0.4。

(3) 基底逆坡虽然可提高墙身的抗滑稳定性,但是基底逆坡过大可能使墙身连同基底下的土体一起滑动，如图 6-34(a)所示。因此，一般土质地基的基底逆坡不宜大于 0.1∶1；对于岩石地基，一般不宜大于 0.2∶1。一般情况下，基底应保持水平。

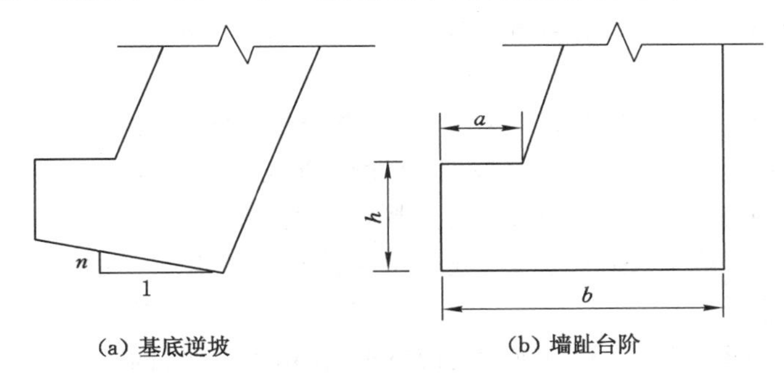

图 6-34 挡土墙基底逆坡与墙趾台阶

(4) 墙趾台阶可扩大基底面积，降低基底压力，从而满足地基容许承载力的要求，同时可提高挡土墙的抗倾覆稳定性，如图 6-34(b)所示。墙趾台阶的高宽比可取 $h:a=2:1$，且 a 值不得小于 20 cm。此外，基底法向反力的偏心距应满足 $e\leqslant 0.25b$。

4. 墙后排水措施

在使用挡土墙过程中，若有大量地表水或雨水浸入墙后土体且无法排出，将使墙后土体的抗剪强度大幅降低，导致土压力增大；墙后积水又增大了墙背水压力，一般约为同墙高主动土压力的 2～4 倍；地基土被水浸泡后，造成地基承载力降低。这些都对挡土墙的稳定性极为不利，是造成挡土墙倒塌的主要原因。因此，必须设置有效的防排水措施，通常包括截水沟、泄水孔、滤水层、黏土层、排水沟等，如图 6-35 所示。

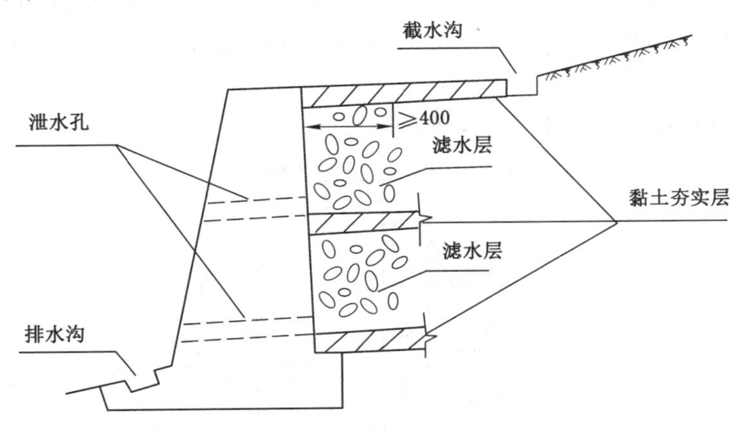

图 6-35 挡土墙的排水措施(单位：mm)

挡土墙后有大面积山坡时，应在墙后土体顶面离挡土墙适当距离处设置截水沟，将坡上外部径流截断。截水沟的断面尺寸和纵向坡度应满足排水的要求，一般纵坡坡度不小于 0.2%。为了将可能渗入墙后填土中的水迅速排出，通常在挡土墙下部设置相当数量泄水孔。泄水孔尺寸可视泄水量分别采用 5 cm×10 cm、10 cm×10 cm、15 cm×20 cm 的方孔，或直径 5～10 cm 的圆孔；泄水孔外斜坡度宜为 5%，间距为 2～3 m；孔眼上下错开布置，下排水孔的出口应高出墙前地面或墙前水位 0.3 m；泄水孔入口处采用易渗水的粗粒料(卵、碎石)或土工织物作为滤水层,以免淤塞。在墙后土体表面和泄水孔下部,需铺设 30 cm 厚黏土隔水层并夯实,尽可能防止雨水渗入墙后填土或浸泡地基。为防止墙前积水渗入地基造成地基承载力降低,应将墙前回填土分层夯实,并修筑排水沟。

5. 填土的选择

墙后为人工填土时,应合理选择填土材料,并分层夯实或压实。

(1) 理想的回填土:应尽量选择物理力学性质较好且稳定的粗颗粒土,包括卵石(碎石)、圆砾(角砾)、砾砂、粗砂和中砂;也可选择轻质填料,如煤渣、矿渣等。

(2) 可选择的回填土:细砂、粉砂,或含水率接近最优含水率的粉土、粉质黏土,或混入一定量碎石的黏土。

(3) 不可用的回填土:软土、膨胀土、杂填土、耕植土、成块的硬黏土或冻土等。

6. 其他构造措施

重力式挡土墙应每隔 10~20 m 设置一道伸缩缝,当地基有变化时宜加设沉降缝。设计时,一般将沉降缝和伸缩缝合并设置,兼起两者的作用,称为沉降伸缩缝。沉降伸缩缝的缝宽一般为 2~3 cm,缝内一般填塞胶泥;在渗水量大、填料容易流失或冻害严重地区,宜用沥青麻筋或涂以沥青的木板等具有弹性的材料,沿内、外、顶三方填塞,填深不宜小于 0.15 m;当墙后为岩石路堑或填石路堤时,可设置空缝;干砌挡土墙缝的两侧应选用平整石料砌筑使之成为垂直通缝。

在挡土结构的拐角处,应采取加强的构造措施。

【例 6-5】 某工程需要砌筑墙背直立、高度 $H=5$ m 的重力式挡土墙,墙身及墙基均采用 MU20 毛石和 M25 砂浆砌筑,砌体重度 $\gamma_1=22$ kN/m³。墙后采用砂土作为回填土并分层夯实,其重度 $\gamma=18$ kN/m³,黏聚力 $c=0$,内摩擦角 $\varphi=30°$。填土面水平,其上作用有均布荷载 $q=2$ kPa。基底摩擦系数 $\mu=0.5$,地基容许承载力 $[f_a]=100$ kPa。试设计此挡土墙。

【解】 (1) 初选挡土墙截面尺寸(图 6-36)

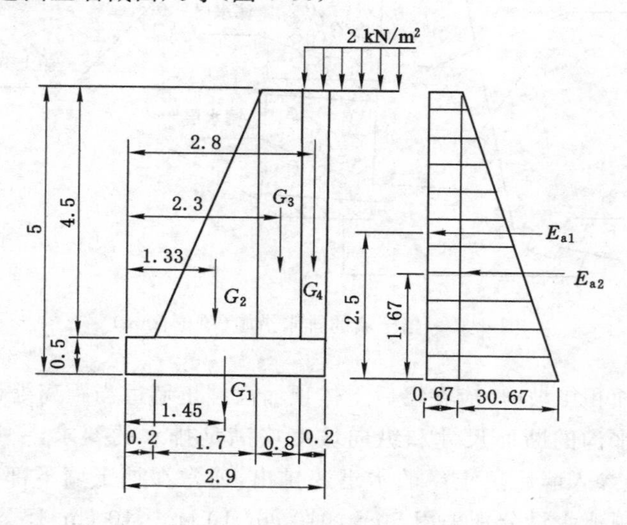

图 6-36 例 6-5 图(单位:m)

挡土墙顶宽取 0.8 m>0.4 m，满足要求；墙身底宽一般取（1/3～1/2）墙高，取 2.5 m；墙趾和墙踵台阶宽取 0.2 m，墙基厚度取 0.5 m，0.5/0.2=2.5>2，满足要求；则墙基宽度为 0.2 m+2.5 m+0.2 m=2.9 m。

（2）墙身和墙踵台阶上土重的计算

取单位墙长进行计算，墙基重力为：

$$G_1 = 0.5 \times 2.9 \times 1 \times 22 = 31.9\ (\text{kN})$$

墙身分为两部分，其重力分别为：

$$G_2 = \frac{1}{2} \times 1.7 \times 4.5 \times 1 \times 22 = 84.1\ (\text{kN})$$

$$G_3 = 0.8 \times 4.5 \times 1 \times 22 = 79.2\ (\text{kN})$$

墙踵台阶上土的重力为：

$$G_4 = 0.2 \times 4.5 \times 1 \times 18 = 16.2\ (\text{kN})$$

重力合力为：

$$G = G_1 + G_2 + G_3 + G_4 = 31.9 + 84.1 + 79.2 + 16.2 = 211.4\ (\text{kN})$$

（3）墙背主动土压力计算

若假设墙背光滑，由于墙背直立和墙后填土面水平，可采用朗肯土压力理论计算作用在墙背上的主动土压力。

朗肯主动土压力系数为：

$$K_a = \tan^2\left(45° - \frac{\varphi}{2}\right) = \tan^2\left(45° - \frac{30°}{2}\right) = \frac{1}{3}$$

墙顶处主动土压力为：

$$p_a^{顶} = (q + \gamma z)K_a = (2 + 0) \times \frac{1}{3} = 0.67\ (\text{kPa})$$

墙底处主动土压力为：

$$p_a^{底} = (q + \gamma z)K_a = (2 + 18 \times 5) \times \frac{1}{3} = 30.67\ (\text{kPa})$$

墙背上的主动土压力呈梯形分布，分为矩形分布和三角形分布两个部分，其合力分别为：

$$E_{a1} = 0.67 \times 5 = 3.3\ (\text{kN/m})$$

$$E_{a2} = \frac{1}{2} \times (30.67 - 0.67) \times 5 = 75\ (\text{kN/m})$$

总的主动土压力合力为：

$$E_a = E_{a1} + E_{a2} = 3.3 + 75 = 78.5\ (\text{kN/m})$$

（4）抗倾覆稳定性验算

抗倾覆安全系数为：

$$K_t = \frac{31.9 \times 1.45 + 84.1 \times 1.33 + 79.2 \times 2.3 + 16.2 \times 2.8}{3.3 \times 2.5 + 75 \times 1.67} = 2.89 > 1.6$$

满足要求。

（5）抗滑移稳定性验算

抗滑移安全系数为：

$$K_s=\frac{211.4\times0.5}{3.3+75}=1.35>1.3$$

满足要求。

(6) 地基承载力的验算

墙身重力、墙踵台阶上土的重力和墙背主动土压力对基底的合力为：

$$N=\sqrt{G^2+E_a^2}=\sqrt{211.4^2+78.5^2}\ \text{kN/m}=225.5\ \text{kN/m}$$

合力 N 可分解为垂直于基底的分力 N_n 和平行于基底的分力 N_t，且有：

$$N_n=G=G_1+G_2+G_3+G_4=211.4\ \text{kN/m}$$

$$N_t=E_a=E_{a1}+E_{a2}=78.5\ \text{kN/m}$$

合力 N 作用点与墙趾端点的距离 c 为：

$$c=\frac{31.9\times1.45+84.1\times1.33+79.2\times2.3+16.2\times2.8-3.3\times2.5-75\times1.67}{211.4}$$

$$=1.19\ (\text{m})$$

偏心距为：

$$e=\frac{b}{2}-c=\frac{2.9}{2}-1.19=0.26\ (\text{m})<0.25b=0.725\ (\text{m})$$

满足要求。

因为 $e\leqslant b/6=0.48$，基底压力呈梯形分布，则：

$$\left.\begin{matrix}p_{\max}\\p_{\min}\end{matrix}\right\}=\frac{N_n}{b}\times\left(1\pm\frac{6e}{b}\right)=\frac{211.4}{2.9}\times\left(1\pm\frac{6\times0.26}{2.9}\right)=\begin{cases}112.1\ (\text{kPa})\leqslant1.2[f_a]=120\ (\text{kPa})\\33.7\ (\text{kPa})\end{cases}$$

满足要求。

基底平均压力为：

$$p=\frac{p_{\max}+p_{\min}}{2}=\frac{112.1+33.7}{2}=72.9\ (\text{kPa})\leqslant[f_a]=100\ (\text{kPa})$$

满足要求。

墙身强度验算、挡土墙基础埋深的确定、墙后排水措施设计、其他构造措施的设计等从略。

思 考 题

6-1　何谓挡土墙？举例说明挡土墙在实际工程中的应用。

6-2　何谓土压力？影响土压力大小的因素有哪些？主要影响因素是什么？

6-3　土压力的类型有哪些？各种土压力产生的条件是什么？

6-4　朗肯土压力理论与库仑土压力理论的基本假定有什么不同？各自的适用范围是什么？

6-5　挡土结构的类型有哪些？各有何特点？

6-6　挡土结构的设计内容有哪些？

6-7　重力式挡土墙设计中需要进行哪些验算？采取哪些措施可以提高稳定安全系数？

6-8　挡土墙不设排水措施会产生哪些问题？截水沟与泄水孔设于何处？

6-9　挡土墙最理想的回填土是什么土？什么样的土不能用于墙后回填？

习　题

6-1　某挡土墙高 4 m，墙背直立光滑，墙后填土面水平，填土的重度 $\gamma=17\ \mathrm{kN/m^3}$，$c=10\ \mathrm{kPa}$，$\varphi=20°$，$c'=5\ \mathrm{kPa}$，$\varphi'=30°$，试确定：(1) 静止土压力、主动土压力和被动土压力沿墙高的分布；(2) 静止土压力、主动土压力和被动土压力合力的大小和作用点位置。

6-2　如图 6-37 所示挡土墙，墙背直立光滑，墙后土体表面水平，并作用有均布荷载 $q=45\ \mathrm{kPa}$。墙后回填土两层，上层为中砂，下层为细砂，地下水位在两层土交界面下 2 m 处。各层土的厚度及物理力学性质指标见图 6-37，试确定作用在挡土墙上的静止土压力和静水压力的分布、合力大小及作用点的位置。

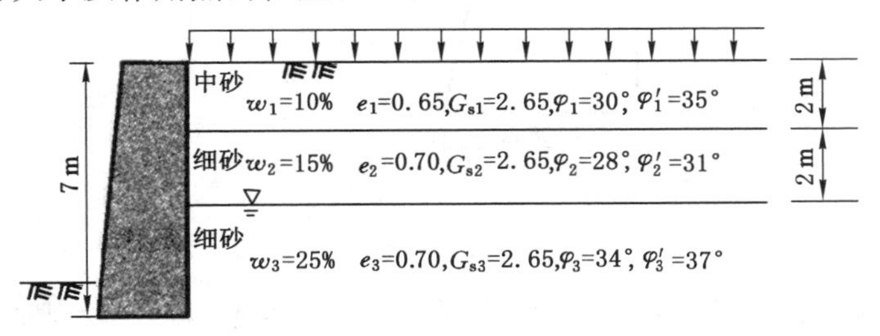

图 6-37　习题 6-2 图

6-3　某挡土墙高 5 m，墙背直立光滑，墙后填土面水平，并作用有连续均布荷载 $q=20\ \mathrm{kPa}$，填土的重度 $\gamma=18\ \mathrm{kN/m^3}$，$c=12\ \mathrm{kPa}$，$\varphi=20°$，试计算主动土压力和被动土压力沿墙高的分布、合力的大小及作用点的位置。

6-4　某挡土墙墙高 6 m，墙背直立光滑，填土面水平。填土分为两层，第一层为砂土，第二层为黏性土，各土层的物理力学性质指标如图 6-38 所示。试求：(1) 主动土压力和被动土压力沿墙高的分布；(2) 主动土压力和被动土压力合力的大小及作用点的位置。

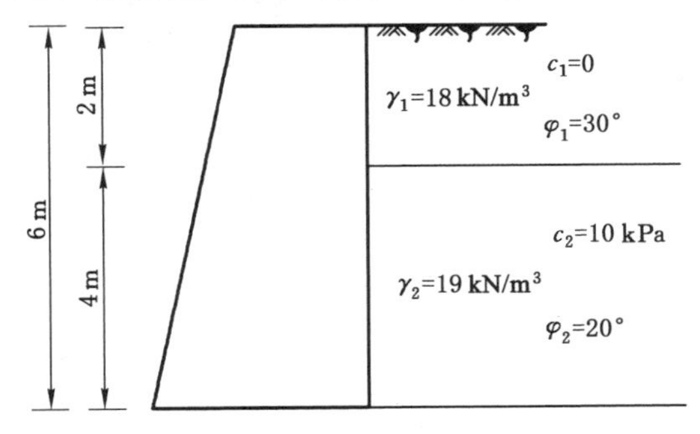

图 6-38　习题 6-4 图

6-5　挡土墙高 6 m，墙背直立光滑，填土面水平，填土的重度 $\gamma=18\ \mathrm{kN/m^3}$，$c=0$，$\varphi=30°$，试求：(1) 墙后无地下水时的主动土压力合力；(2) 当地下水离墙底 2 m 时，作用在墙背上的总压力(包括土压力和水压力)，并与无地下水时相比较。地下水位以下填土的饱和重度 $\gamma_{sat}=19\ \mathrm{kN/m^3}$，其他参数不变。

6-6　某挡土墙高 6 m，墙背俯斜，填土的物理力学性质指标如图 6-39 所示。试用库仑土压力理论计算:(1) 主动土压力和被动土压力分布、合力的大小、作用点的位置和方向;(2) 主动土压力和被动土压力在水平及竖直方向的分力。

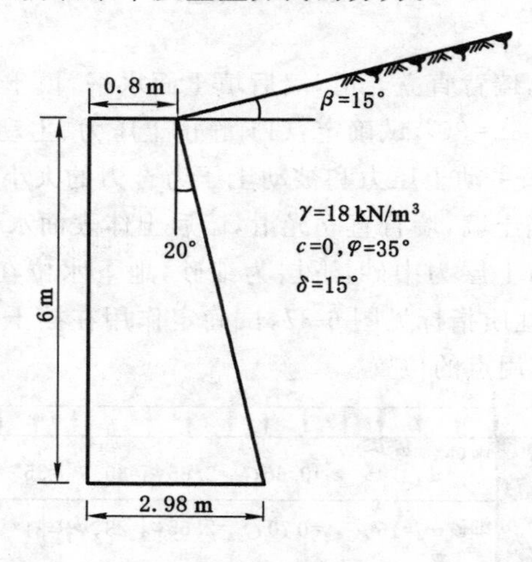

图 6-39　习题 6-6 图

6-7　题 6-6 中的挡土墙,若已知砌体重度 $\gamma_k = 22\ kN/m^3$,挡土墙基底与地基之间的摩擦系数 $\mu = 0.50$,地基承载力容许值 $[f_a] = 200$ kPa。试验算挡土墙的稳定性及地基承载力。

小　论　文

6-1　土压力分布规律与计算方法综述。

6-2　挡土墙类型、设计与工程应用综述。

第七章　土坡稳定性分析

第一节　概　　述

一、土坡及分类

土坡是指具有倾斜坡面的土体，通常分为天然土坡和人工土坡。在地壳演变过程中，由地质作用而自然形成的土坡称为天然土坡，如山坡、江河的岸坡等；由人工开挖、填筑形成的土坡称为人工土坡，如路堑、路堤、土坝、基坑等土工构筑物的边坡。

在所有土坡中，坡度不变、顶面和底面水平、土质均匀、无地下水的土坡称为简单土坡，如图 7-1 所示。

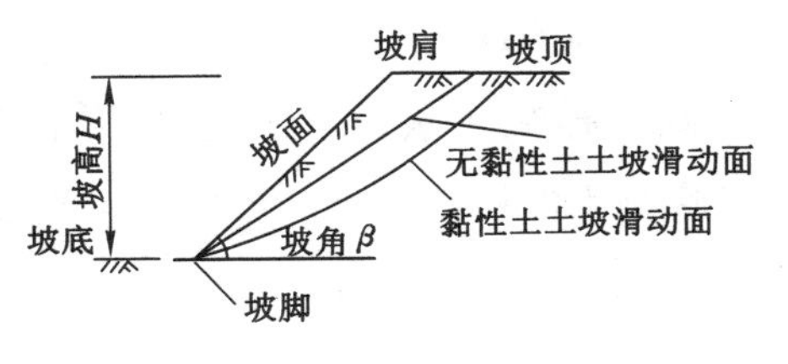

图 7-1　简单土坡

二、土坡失稳及其原因

土坡一定范围内的土体沿着某一剪切破坏面向下滑动而丧失其稳定性的现象称为滑坡、土坡失稳或边坡失稳，该剪切破坏面称为滑动面。

土坡失稳通常是在外界不利因素影响下一触即发的。土坡在滑动之前，一般在坡顶首先出现明显下降（无黏性土土坡）或裂缝（黏性土土坡），坡脚附近的地面则有较大的侧向位移并微微隆起。随着坡顶竖向位移的急剧增加或坡顶裂缝的进一步扩展，以及坡脚侧向位移的急剧增加，部分土体突然沿着某一个滑动面急剧下滑，造成滑坡。

土坡失稳的根本原因是土体内某个潜在滑动面上的剪应力在某个瞬间达到或超过了土的抗剪强度，使土体发生剪切破坏而造成边坡失稳。土中剪应力和土体的抗剪强度是随着环境的变化不断改变的。

促使剪应力增大的原因包括：① 人类开挖使得土坡变陡；② 降雨导致土体的重力增大，同时水在土坡中渗流时会产生与滑坡方向大致相同的动水力（渗流力）；③ 坡顶有超载作用；④ 打桩、爆破、地震、火车、汽车等动荷载作用等。

造成土体抗剪强度降低的原因包括：① 土的含水率增大；② 浸水后土体结构崩解；③ 饱和砂土振动液化；④ 冻胀再融化等。

土坡失稳一般多发生在雨天，初步统计约占 90%，这是因为水渗入土中使土体剪应力增大和使土的抗剪强度降低。特别是当黏性土坡的顶部出现竖向大裂缝时，水进入竖向裂缝对土坡产生侧向压力，从而诱发土坡失稳，暴雨时可进一步发生泥石流灾害。另外，中等强度以上地震可能引发大量土坡失稳。例如，2008 年 5 月 12 日 14 时 28 分 04 秒，四川省汶川县发生里氏 8.0 级地震，地震烈度达 11 度，诱发了约 4.8 万处滑坡，滑坡密度为 0.99 个/km^2。

三、滑动面的型式

土坡失稳实际上是一个三维问题，但目前在进行土坡稳定性分析时，常简化为平面问题，即在纵向取单位长度进行稳定性分析。在平面问题中，滑动面的形状有三种，与土质密切相关。

(1) 均质无黏性土土坡的滑动面，浅且接近平面，如图 7-1 所示。

(2) 均质黏性土土坡的滑动面，深且常为光滑曲面。该曲面底部曲率半径较大、形状平滑，而靠近坡顶曲率半径较小，接近垂直坡顶。经验表明：在土坡的稳定性分析中，所假设的滑动面的形状对安全系数的影响不大。为方便起见，一般假设均质黏性土土坡破坏时的滑动面为一圆柱面，横截面为圆弧，如图 7-1 所示。

(3) 对于非均质的多层土或含软弱夹层的土坡，土坡的滑动面通常是由直线和曲线组成的不规则滑动面。

四、影响土坡稳定性的主要因素

影响土坡稳定性的因素有很多，包括土坡的边界条件、土质条件和外界条件，主要影响因素如下：

(1) 边坡坡角 β。坡角 β 越小越安全，但是采用较小的坡角 β，在工程中会增加开挖或填筑的土石方量，不经济。

(2) 坡高 H。H 值越小，土坡越安全；H 值越大，土坡越容易失稳。

(3) 土的抗剪强度。黏聚力 c 和内摩擦角 φ 越大，土坡越稳定。

(4) 水。雨水或地表水渗入土坡会产生多种不利情况：① 使土的重度增大，即潜在滑动面上的剪应力增大；② 使土的含水率增大，土的抗剪强度降低；③ 水在土坡中渗流，会产生与滑动方向大致相同的渗流力；④ 当坡顶出现竖向大裂缝时，雨水或地表水进入裂缝会产生静水压力，促使边坡失稳。

(5) 振动力。如地震、打桩、工程爆破、车辆振动等，一方面会使土坡中的剪应力增大，另一方面会使土的抗剪强度降低，引发土坡失稳。特别是饱和细砂或粉砂，在振动荷载反复作用下，土体极易发生液化，抗剪强度急剧降低。

(6) 冻融。例如含水率较大的土坡，冻融后其抗剪强度会显著降低。

(7) 人类活动。例如对坡脚附近土体的不合理开挖使土坡变陡、坡顶上修建建筑物等，均会使土体中的剪应力增大。

土坡失稳经常会造成工程事故，例如滑坡会导致交通中断、河道堵塞、厂矿城镇被掩埋、工程建设受阻等，甚至造成人员伤亡。随着岩土工程实践的深入，土坡稳定性分析已成为土力学中十分重要的研究课题。要保证土坡的稳定性，首先要对土坡的稳定性进行分析，确定土坡滑动稳定性安全系数。对于存在安全隐患的土坡，必须采取切实可行的工程措施，确保土坡的安全与稳定。

第二节　无黏性土土坡稳定性分析

根据实际观测，由砂土、粉土等无黏性土组成的土坡，破坏时的滑动面往往接近平面。

因此，在进行无黏性土土坡稳定性分析时，为简化计算，一般均假定滑动面为平面。

一、无渗流作用的无黏性土土坡

任一无黏性土土坡如图 7-2 所示，土体中无地下水渗流，这种情况多出现在地下水埋藏较深(低于坡底)的晴朗季节。

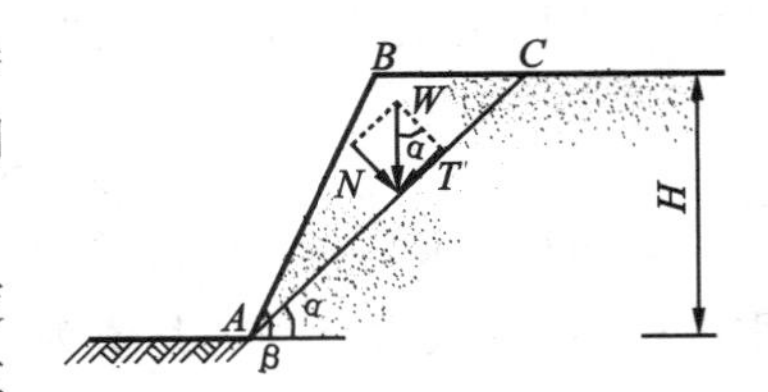

图 7-2　无渗流作用的无黏性土土坡稳定性分析

已知土坡高度为 H，坡角为 β，土的重度为 γ。若假定滑动面为通过坡脚 A 的平面 AC，AC 的倾角为 α，则可计算滑动土体 ABC 沿 AC 面滑动的稳定性安全系数 F_s 值。

沿土坡纵向截取单位长度，进行平面应变问题分析。已知滑动土体 ABC 的重力为：

$$W = \gamma \times S_{\triangle ABC} \tag{7-1}$$

则沿滑动面向下滑动的力为重力沿滑动面方向的分量，即

$$T = W\sin\alpha \tag{7-2}$$

阻止土坡下滑的力为滑动面上的摩擦力和黏聚力。因为是无黏性土土坡，故阻止下滑的力仅包括摩擦力，即

$$T' = N\tan\varphi = W\cos\alpha\tan\varphi \tag{7-3}$$

式中　φ——土体的内摩擦角，(°)。

工程中将 T 称为滑动力，T' 称为抗滑力。将抗滑力与滑动力的比值定义为无黏性土土坡稳定性安全系数，即

$$F_s = \frac{T'}{T} = \frac{W\cos\alpha\tan\varphi}{W\sin\alpha} = \frac{\tan\varphi}{\tan\alpha} \tag{7-4}$$

实际工程中，常采用土坡滑动稳定性安全系数 F_s 来估计滑坡可能性。由式(7-4)可知：当 $\alpha=\beta$ 时，滑动稳定性安全系数最小，即土坡面上的一层土是最易滑动的。因此，无黏性土土坡稳定性安全系数最小值为：

$$F_{smin} = \frac{\tan\varphi}{\tan\beta} \tag{7-5}$$

实际上，由于砂土颗粒之间没有黏聚力，只有摩擦力，所以只要位于坡面上的各个砂粒能够保持稳定，不会下滑，则该土坡就是稳定的。由式(7-5)可知：当坡角 $\beta=\varphi$、$F_{smin}=1$ 时，土坡处于极限平衡状态，此时的 β 称为天然休止角，相当于无黏性土在最松散状态时的内摩擦角。因此，对于无渗流作用的无黏性土土坡来讲，只要坡角 $\beta<\varphi$($F_{smin}>1$)，土坡就稳定。从理论上讲，无黏性土土坡的稳定性与坡高无关，仅与坡角有关。为了保证土坡具有足够的安全储备，一般要求 $F_{smin}>1.3\sim1.5$。具体工程的 F_{smin} 的取值可参考与该工程相关的设计标准或规范。

二、有渗流作用的无黏性土土坡

大气降雨时会在土坡内产生顺坡向的渗流水(图 7-3)，从而对土体产生动水力(渗流力)，促使土坡失稳。此时，滑动力除了包括滑动土体 ABC 的有效重力 W(扣除浮力)在滑动面方向的分力 T 外，还包括动水力。

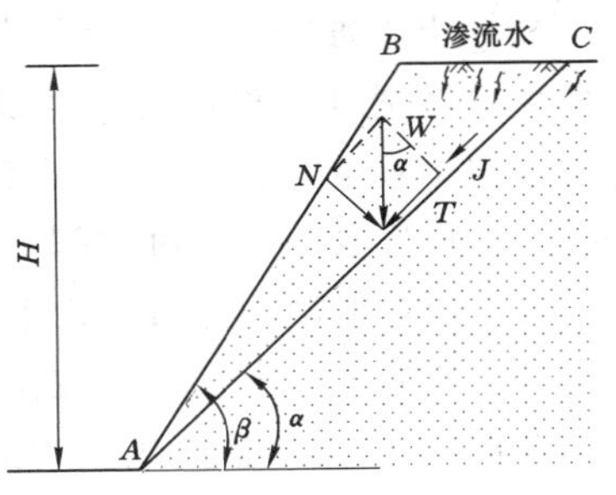

图 7-3　有渗流作用的无黏性土土坡稳定性分析

假定渗流方向与滑动方向相同，则水的渗流对土体 ABC 产生的总动水力为：

$$J = \gamma_w i V_{ABC} = \gamma_w V_{ABC} \sin \alpha \tag{7-6}$$

无黏性土土坡滑动稳定性安全系数为：

$$F_s = \frac{抗滑力}{滑动力} = \frac{T'}{T + J} = \frac{W \cos \alpha \tan \varphi}{(W + \gamma_w V_{ABC}) \sin \alpha} \tag{7-7}$$

若边坡土体是饱和的，式(7-7)中的重力 W 应为扣除浮力之后的有效重力，即采用有效重度（浮重度）进行计算，其值为 $W = \gamma' V_{ABC}$。代入式(7-7)可得：

$$F_s = \frac{\gamma' \tan \varphi}{\gamma_{sat} \tan \alpha} \tag{7-8}$$

由式(7-8)可知：当 $\alpha = \beta$ 时，滑动稳定性安全系数最小，即土坡面上的一层土是最易滑动的。因此，无黏性土土坡滑动稳定性安全系数最小值为：

$$F_{smin} = \frac{\gamma' \tan\varphi}{\gamma_{sat} \tan\beta} \tag{7-9}$$

一般情况下，$\frac{\gamma'}{\gamma_{sat}}$ 的比值对大多数无黏性土来说在 0.4～0.5 以内。比较式(7-9)与式(7-5)可知：有沿斜坡渗流时的土坡更易滑动，这就是为什么遇到大雨或暴雨时无黏性土土坡较干燥情况下易滑动的原因。

【例 7-1】 设计一无黏性土土坡，已知其高度 $H = 10$ m，土体的饱和重度 $\gamma_{sat} = 19.3$ kN/m^3，内摩擦角 $\varphi = 30°$。设计要求滑动稳定性安全系数为 1.3，求此时的坡角。若有顺坡渗流时，这一坡角将有多大变化？

【解】 应用式(7-5)，取 $F_{smin} = 1.3$，则有：

$$\beta = \arctan \frac{\tan \varphi}{F_{smin}} = \arctan \frac{\tan 30°}{1.3} = 24°$$

若有顺坡渗流时，应采用式(7-9)，则有：

$$\beta = \arctan \frac{\gamma' \tan\varphi}{\gamma_{sat} F_{smin}} = \arctan \frac{(19.3 - 10.0) \times \tan 30°}{19.3 \times 1.3} = 12.1°$$

在有渗流的情况下，稳定坡角应减小。因此，设计无黏性土土坡时必须考虑坡内地下水渗流的影响。

第三节　黏性土土坡稳定性分析

黏性土土坡滑动前一般在坡顶先产生张开裂缝，继而在外界不利因素影响下沿某一曲面发生整体滑动。根据大量的实测资料，其滑动面通常为曲面。为便于理论分析，可以近似地假设滑动面为一圆弧面。圆弧滑动面的形式一般有下述 3 种：

(1) 圆弧滑动面通过坡脚 B 点[图 7-4(a)]，称为坡脚圆；

(2) 圆弧滑动面通过坡面上 E 点[图 7-4(b)]，称为坡面圆；

(3) 圆弧滑动面发生在坡脚以外的 A 点[图 7-4(c)]，称为中点圆。

在坡脚 B 点处会产生应力集中。因此，现实工程中的土坡滑动面多数通过坡脚 B 点，或在 B 点附近。

黏性土土坡的稳定性分析方法有很多，下面主要介绍整体圆弧滑动法、泰勒稳定因数法

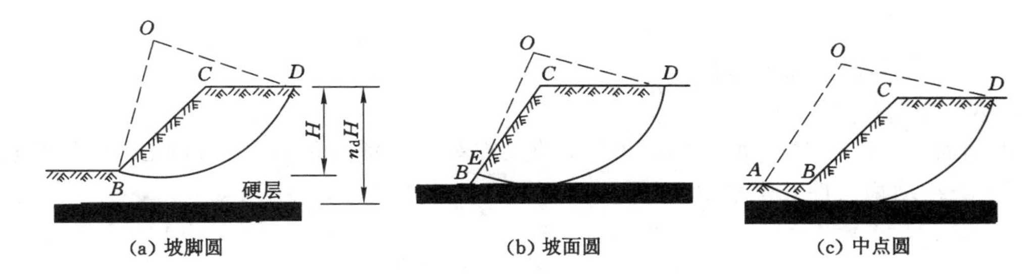

(a) 坡脚圆　(b) 坡面圆　(c) 中点圆

图 7-4　均质黏性土土坡的 3 种圆弧滑动面

和瑞典条分法，后者应用更广泛。

一、整体圆弧滑动法

（一）基本原理

整体圆弧滑动法是由瑞典的赫尔廷(H. Hultin)和彼得森(K. E. Petterson)于 1915 年首先提出的，后经费伦纽斯(W. Fellenius)等人于 1927 年完善，应用于土坡工程的稳定性分析，又称为瑞典圆弧法。

瑞典圆弧法是将圆弧滑动面以上土体取为脱离体，通过分析在极限平衡条件下脱离体上各种力的作用来确定其滑动稳定性安全系数。假设土坡属于平面应变问题，滑移面为 AD、圆心为 O、半径为 R，如图 7-5 所示。在土坡纵向上取单位长度进行计算，滑动土体 $ABCDA$ 的重力为 W，是促使土坡滑动的力；滑动面 AD 上的抗剪强度形成的抗剪切力是抵抗土坡滑动的力。抗剪切力为：

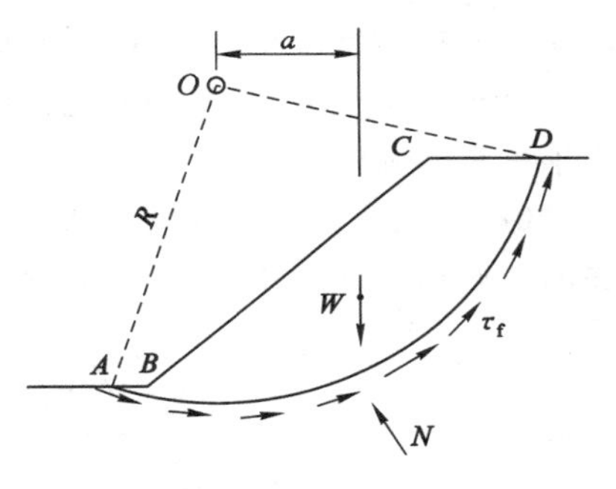

图 7-5　均质黏性土土坡的圆弧滑动面

$$T_f = \tau_f l_{\widehat{AD}} \times 1 = \tau_f l_{\widehat{AD}} \tag{7-10}$$

式中　T_f——抗剪切力，kN；

$l_{\widehat{AD}}$——圆弧滑动面的弧长，m；

τ_f——土体的抗剪强度，kPa。

由库仑定律可知：土的抗剪强度由黏聚力 c 和内摩擦力 $\sigma\tan\varphi$ 两部分组成，抗剪强度指标 c、φ 值可视为常数，但是滑动面上各点的法向应力 σ 均不同，故难以计算。但是对于饱和黏性土（如雨天或有渗流作用的黏性土土坡），可近似认为 $\varphi=0$，则式(7-10)可写为：

$$T_f = cl \tag{7-11}$$

将滑动力 W 和抗剪切力 T_f 分别对圆心 O 取矩，可得滑动力矩 M_s 和抗滑力矩 M_R 分别为：

$$\begin{cases} M_s = Wa \\ M_R = clR \end{cases} \tag{7-12}$$

式中　M_s——滑动力矩，kN·m；

M_R——抗滑力矩，kN·m；

W——滑动土体 $ABCDA$ 的重力，kN；

a——滑动土体重心距圆心 O 的水平距离，m；

c——饱和黏性土的黏聚力，kPa；

l——圆弧滑动面的弧长，m；

R——圆弧滑动面的半径，m。

滑动面下面土体对滑动土体 $ABCDA$ 的反力垂直于滑动面，即通过圆心 O，不产生力矩，则土坡滑动稳定性安全系数为：

$$F_s=\frac{M_R}{M_s}=\frac{clR}{Wa} \tag{7-13}$$

一般情况下土坡滑动稳定安全系数应满足 $F_s=1.2\sim1.3$。应特别指出的是：式(7-13)适用于任何形状的 $\varphi=0$ 的饱和黏性土土坡。当 $\varphi>0$ 时，可采用后面介绍的泰勒稳定因数法、瑞典条分法等。若忽略内摩擦力而采用整体圆弧滑动法时，其计算结果是偏于安全的。另外，式(7-13)是针对某一假定滑动面而求得的稳定性安全系数，实际上它并不一定是真正的滑动面位置，真正的滑动面是对应于最小稳定性安全系数的滑动面。因此，要确定真正滑动面的位置，必须通过假定多个滑动面按式(7-13)反复试算求得。

（二）试算法确定最危险的滑动面

为了能够快速获得最危险的滑动面，可以编制计算机程序，利用计算机快速搜索出最危险滑动面的位置。目前国内外均有相关的边坡稳定性分析软件。

对于简单土坡，瑞典的费伦纽斯在大量计算分析的基础上，提出了一种最危险滑动面圆心半图解的确定方法。

(1) 当 $\varphi=0°$ 时，简单均质黏性土土坡的最危险滑动面通过坡脚，其圆心位置为 D 点，如图 7-6 所示。图中 β_1 和 β_2 的值与坡角 β 有关，见表 7-1。

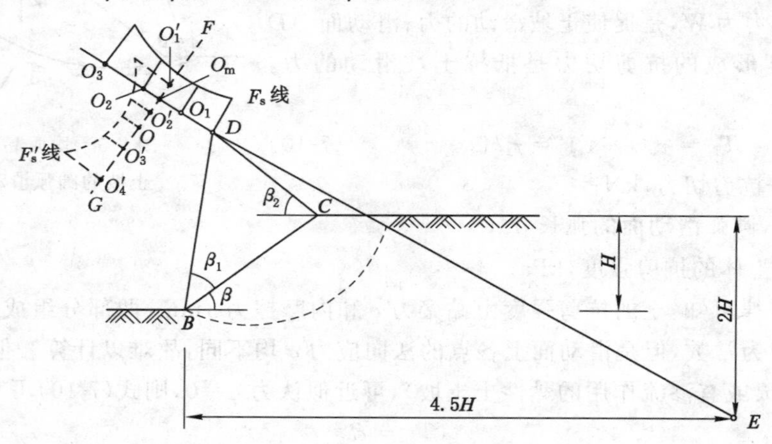

图 7-6 最危险滑动面圆心确定

表 7-1 不同土坡坡角 β 对应的 β_1、β_2

坡度(垂直高度：水平宽度)	β	β_1	β_2
1：0.50	63.44°	29.5°	40°
1：0.75	53.13°	29°	39°
1：1.00	45°	28°	37°
1：1.25	38.66°	27°	35.5°

表 7-1(续)

坡度(垂直高度：水平宽度)	β	β_1	β_2
1：1.50	33.69°	26°	35°
1：1.75	29.75°	26°	35°
1：2.00	26.57°	25°	35°
1：3.00	18.44°	25°	35°

(2) 当 $\varphi>0°$时，简单均质黏性土土坡的最危险滑动面也通过坡脚，最危险滑动面圆心的位置确定如下：首先，在图 7-6 中作 DE 延长线，E 点的位置距坡脚 B 点的水平距离为 $4.5H$、距坡顶的深度为 $2H$；最危险滑动面圆心的位置在 D 点以上 DE 延长线附近，φ 越大，圆心越向外移；从 D 点向外在 DE 线上取圆心 O_1，O_2，…，用整体圆弧滑动法分别求出其安全系数 F_{s1}、F_{s2}，…，并绘出 F_s的分布曲线，确定曲线最低点处的 F_{smin}及其在 DE 线上的对应点为 O_m。然后，自 O_m 作 DE 线的垂直线 GF，并在垂线上取若干点 O_1'，O_2'，…作为圆心，求得其相应的安全系数 F'_{s1}，F'_{s2}，…，绘出 F'_s 曲线，该曲线的最低点对应的 F'_{smin}值及其在 GF 线上的对应点 O，即最危险滑动面的安全系数和圆心位置。当然，用这种方法确定的最小安全系数 F'_{smin}及最危险滑动面圆心的位置，与工程实际存在一定偏差。

【例 7-2】 土坡的外形和滑动面的预测位置如图 7-7 所示，考虑大气降雨对黏性土性质的影响，取土层 1 的 $c_1=20$ kPa、$\varphi_1=0$；土层 2 的 $c_2=25$ kPa、$\varphi_2=0$。实际测得滑坡体总面积为 46.9 m^2，两层土的重度均为 19 kN/m^3，试计算该滑动面上土的滑动稳定性安全系数。

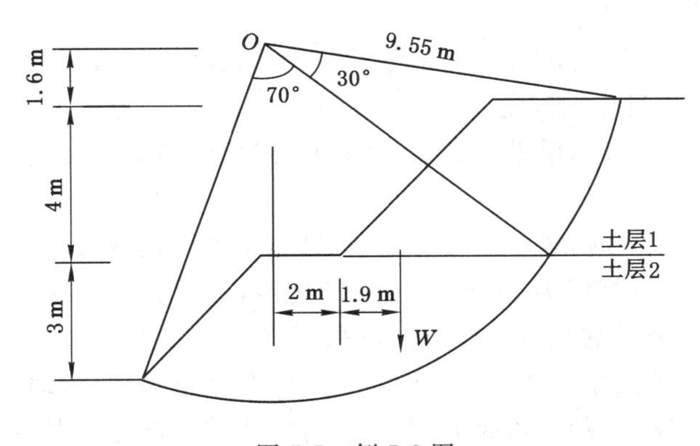

图 7-7　例 7-2 图

【解】 因为有 2 个土层，且 $\varphi_1=\varphi_2=0$，则利用整体圆弧滑动法，有：

$$F_s=\frac{R\sum_{i=1}^{2}c_i l_i}{Wa}$$

其中，

$$l_1=3.14\times9.55\times\frac{30°}{180°}=5.0\ (\mathrm{m})$$

$$l_2=3.14\times 9.55\times \frac{70^\circ}{180^\circ}=11.66\ (\text{m})$$

则：

$$F_s=\frac{9.55\times(20\times 5.0+25\times 11.66)}{46.9\times 19\times(2+1.9)}=1.08$$

二、泰勒稳定因数法

泰勒(D. W. Taylor)于 1937 年根据大量的研究与计算资料，以图表的形式给出了黏性土土坡稳定性分析方法，称为泰勒稳定因数法。该方法只适用于简单黏性土土坡。

（一）泰勒滑动稳定性安全系数

泰勒假定滑动面上的摩擦力全部得到充分发挥后再由土的黏聚力来补充所需要的抗滑力。将土的实际黏聚力与维持土坡极限平衡时滑动面上所需要发挥出来的黏聚力之比，作为滑动稳定性安全系数，即

$$F_s=\frac{c}{c_1} \tag{7-14}$$

式中 c——土体实际黏聚力，kPa；

c_1——维持土坡极限平衡时滑动面上所需要发挥出来的黏聚力，kPa。

在进行实际边坡设计时，考虑到摩擦力已假定全部充分发挥，仅以黏聚力作为安全储备，F_s 的取值应大些。

（二）最危险滑动面及圆心位置的确定

对于简单黏性土土坡，泰勒认为圆弧滑动面的 3 种形式与土的内摩擦角 φ、坡角 β 以及坚硬土层的埋置深度有关。泰勒根据大量的计算资料，用图表的形式给出了确定土坡最危险滑动面和圆心位置的方法。

(1) 当 $\varphi>3^\circ$ 时，滑动面为坡脚圆。最危险滑动面及圆心位置可根据 φ 和 β，从图 7-8(a)中的曲线查得 θ 和 α，通过作图确定。

(2) 当 $\varphi=0$ 且 $\beta>53^\circ$ 时，滑动面也是坡脚圆。最危险滑动面及圆心位置的确定方法与(1)相同。

(3) 当 $\varphi=0$ 且 $\beta<53^\circ$ 时，滑动面可能是中点圆，也可能是坡脚圆或坡面圆，取决于坚硬土层的埋藏深度。设土坡高度为 H，坚硬土层的埋藏深度为 $n_d H$（n_d 称为硬层埋藏深度系数，为坚硬土层顶面至坡顶的垂直距离与土坡高度之比），如图 7-8(b)所示。如果滑动面为中点圆，则圆心位置在坡面中点 M 的铅垂线上，圆弧与硬层相切，滑动面与坡底面的交点 A 与坡脚 B 的距离为 $n_x H$，n_x 值可根据 n_d 及 β 值由图 7-8(c)查得。当坚硬土层埋藏较浅时，滑动面可能是坡脚圆或坡面圆，圆心位置需通过前述方法试算确定。

（三）稳定性因数

对于简单土坡，土坡稳定性分析中共有 5 个主要计算参数，即土的重度 γ、土坡高度 H、坡角 β 以及土的抗剪强度指标 c 和 φ。由于土坡失稳多发生在雨天，测定土的 γ、c 和 φ 值时应采用饱和黏性土试样。

为了简化计算，泰勒将其中 3 个参数 c、γ、H 合并成 1 个新的参数 N_s，称为稳定性因数，即

$$N_s=\frac{\gamma H}{c} \tag{7-15}$$

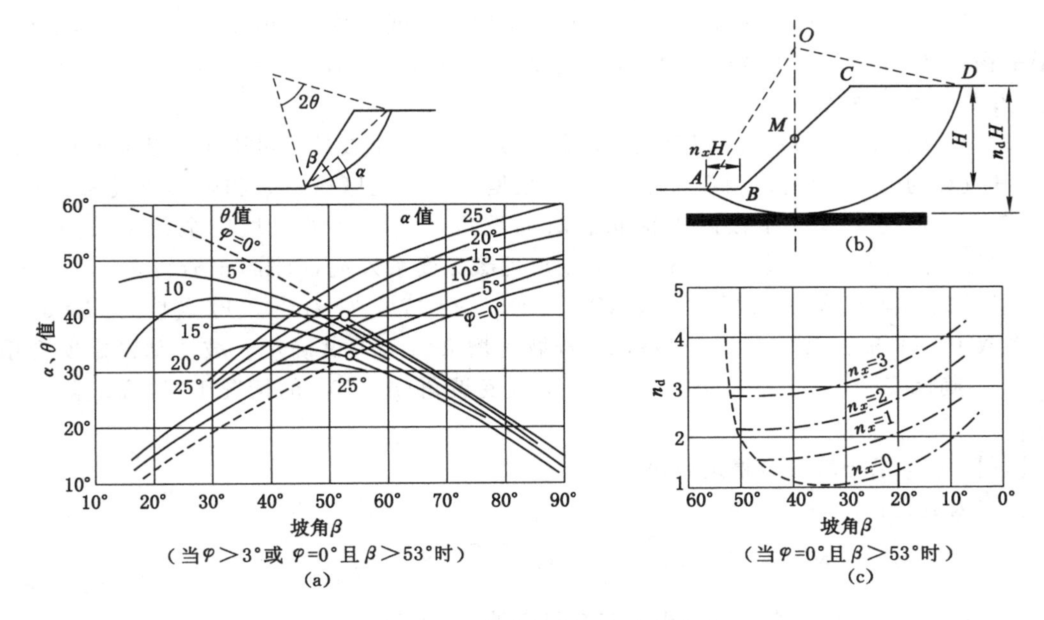

图 7-8　最危险滑动面及圆心确定

对于简单黏性土土坡，泰勒给出了极限平衡状态时均质土坡内摩擦角 φ、坡角 β 与稳定因数 N_s 之间的关系曲线，如图 7-9 所示。

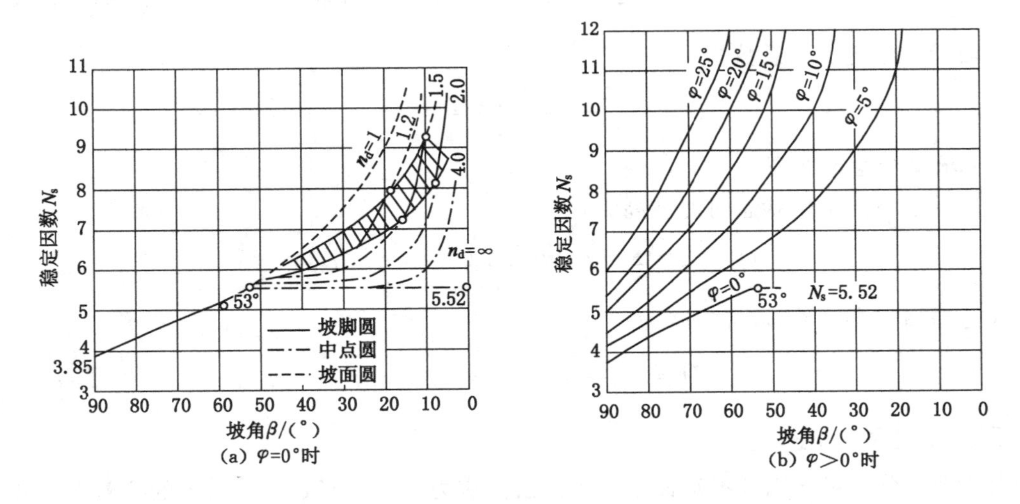

图 7-9　稳定因数 N_s 与内摩擦角 φ、坡角 β 之间的关系曲线

利用图 7-9 可解决简单土坡稳定性分析中的下列问题：

(1) 已知土坡的 5 个主要参数 γ、H、β、c 和 φ，以及硬层埋藏深度，可确定土坡滑动稳定安全系数。其过程为：根据内摩擦角 φ、坡角 β 和硬层埋藏深度系数 n_d，由图 7-9 查出土坡处于极限平衡状态时的稳定因数，记为 N_{s1}；与式(7-15)类似，有 $N_{s1}=\gamma H/c_1$，则 $c_1=\gamma H/N_{s1}$；代入式(7-14)便可确定土坡滑动稳定安全系数。

(2) 已知土坡的 γ、β、c、φ 以及硬层埋藏深度，可确定土坡处于极限平衡状态时的坡高

H_{max}。其过程为：根据内摩擦角 φ、坡角 β 和硬层埋藏深度系数 n_d，由图 7-9 查得土坡处于极限平衡状态时的稳定因数，记为 N_{s1}；与式(7-15)类似，有 $N_{s1}=\gamma H_{max}/c$，则 $H_{max}=cN_{s1}/\gamma$；安全稳定坡高 $H=H_{max}/F_s$

(3) 已知土坡的 γ、H、c、φ 以及硬层埋藏深度，可确定土坡处于极限平衡状态时的坡角 β_{max}。其过程为：先计算稳定因数，$N_s=\gamma H/c$；根据 N_s 值、内摩擦角 φ 和硬层埋藏深度系数 n_d，由图 7-9 查得土坡处于极限平衡状态时的坡角，即 β_{max}。而土坡安全稳定坡角根据 $N_{s1}=\gamma H_{max}/c=\gamma HF_s/c$ 值、内摩擦角 φ 和硬层埋藏深度系数 n_d，由图 7-9 查得。

【例 7-3】 某简单土坡的 $c=15.5$ kPa，$\varphi=15°$，$\gamma=17.7$ kN/m³。(1) 若坡高 $H=5$ m，安全系数 $F_s=1.5$，试确定稳定坡角；(2) 若坡角增大为 70°，试确定土坡滑动稳定安全系数；(3) 为确保安全，安全系数 $F_s=1.5$，在不改变坡角($\beta=70°$)的情况下，坡高应降低到多少？

【解】 (1) 求土坡安全稳定坡角

稳定因数为：

$$N_{s1}=\frac{\gamma H_{max}}{c}=\frac{\gamma HF_s}{c}=\frac{17.7\times5\times1.5}{15.5}=8.6$$

由 $N_{s1}=8.6$、$\varphi=15°$ 查图 7-9 得到安全稳定坡角 $\beta=59°$。

(2) 求滑动稳定安全系数

由 $\beta=70°$、$\varphi=15°$，查图 7-9 得 $N_{s1}=7.2$，则：

$$c_1=\frac{\gamma H}{N_{s1}}=\frac{17.7\times5}{7.2}=12.3\ (\text{kPa})$$

土坡滑动稳定安全系数为：

$$F_s=\frac{c}{c_1}=\frac{15.5}{12.3}=1.26$$

(3) 求安全稳定坡高

土坡处于极限平衡状态时的坡高为：

$$H_{max}=\frac{cN_{s1}}{\gamma}=\frac{15.5\times7.2}{17.7}=6.3\ (\text{m})$$

人为提高安全系数，坡高应降为：

$$H=\frac{H_{max}}{F_s}=\frac{6.3}{1.5}=4.2\ (\text{m})$$

三、瑞典条分法

由前面的分析可知圆弧滑动面上各点的法向应力不同。当 $\varphi>0$ 时，土的抗剪强度各点也不相同，这样就不能直接应用式(7-10)计算滑动面上的抗剪切力以及抗滑力矩，也就无法计算土坡滑动稳定性安全系数。

针对这种不足，瑞典的费伦纽斯提出了具有较普遍意义的条分法；该方法将滑动土体分成若干个垂直土条，分别计算各土条上的力对圆弧滑动面中心的滑动力矩和抗滑力矩，从而进一步计算土坡滑动稳定性安全系数。它不仅可以用来分析简单土坡，还可以用来分析土质不均匀、坡上或坡顶作用有荷载、土坡内有地下水等非简单土坡。

(一) 基本原理

图 7-10 为按比例画的均质黏性土坡(可以是非简单土坡)，在纵向取单位长度并按平面

应变问题考虑。设可能的滑动面为圆弧$\overset{\frown}{AD}$，其圆心为O、半径为R。现将滑动土体$ABCDA$分成n个竖向土条，土条的宽度一般取$0.1R$。土条宽度越小，土条数量越大，计算精度越高，但计算量也越大。另外，各土条的宽度也可以不相同。

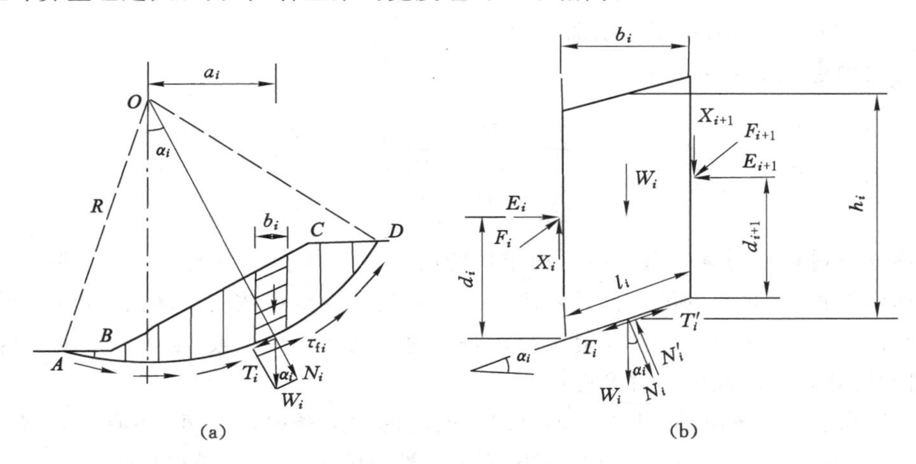

图 7-10　条分法计算示意图

取第i个土条进行分析，其宽度为b_i。该土条底面为一短圆弧，用短直线代替，其长度为l_i，中点的法线与竖直线的夹角为α_i，高度为h_i。作用在第i个土条上的力有：

1. 重力W_i

取单位长度进行计算，则第i个土条的重力为：

$$W_i = \gamma b_i h_i \tag{7-16}$$

式中　W_i——第i个土条的重力，kN；

γ——土的重度，kN/m^3；

b_i——第i个土条的宽度，m；

h_i——第i个土条的平均高度(近似取中点处的高度)，m。

重力W_i作用于土条的中心，垂直向下传递到滑动面上，分解为滑动力$T_i = W_i\sin\alpha_i$和法向力$N_i = W_i\cos\alpha_i$。

2. 法向反力N_i'

第i个土条滑动面上各点法向应力不相等，其平均值设为σ_i，则有：

$$N_i' = \sigma_i l_i \tag{7-17}$$

式中　N_i'——滑动面下部土体传递给第i个土条的法向反力，kN；

l_i——第i个土条的滑动面长度，$l_i = b_i\sec\alpha_i$，m；

α_i——第i个土条中点法线与竖直线的夹角，(°)；

σ_i——第i个土条滑动面上平均法向应力，kPa。

且

$$N_i' = N_i = W_i\cos\alpha_i \tag{7-18}$$

3. 抗滑力T_i'

第i个土条的抗滑力T_i'，为该土条滑动面上抗剪强度形成的抗剪切力，即

$$T_i' = \tau_{fi} l_i = (c_i + \sigma_i\tan\varphi_i) l_i = c_i l_i + N_i'\tan\varphi_i = c_i l_i + W_i\cos\alpha_i\tan\varphi_i \tag{7-19}$$

4. 条间力

土条两侧作用有法向力 E_i、E_{i+1} 和竖向切向力 X_i、X_{i+1}，如图 7-10 所示。E_i 和 X_i 的合力为 F_i，E_{i+1} 和 X_{i+1} 的合力为 F_{i+1}。费伦纽斯假定 $F_i=F_{i+1}$，二者作用方向相反，且作用线重合，对圆心 O 产生的力矩相互抵消。

则滑动稳定性安全系数为：

$$F_s=\frac{抗滑力矩}{滑动力矩}=\frac{\sum_{i=1}^{n}T_i'R}{\sum_{i=1}^{n}T_iR}=\frac{\sum_{i=1}^{n}(c_il_i+W_i\cos\alpha_i\tan\varphi_i)}{\sum_{i=1}^{n}W_i\sin\alpha_i} \tag{7-20}$$

上述分析过程是对某一假定滑动面求得的滑动稳定性安全系数，实际上并不一定是真正的滑动面位置，而真正的滑动面是对应于最小稳定性安全系数的滑动面。因此，要求得真正滑动面位置，必须按上述方法反复试算求解。对于均质简单土坡，也可以按泰勒给出的方法，粗略确定真正滑动面的位置及圆心。

条分法除了费伦纽斯(W. Fellenius，1927)提出的瑞典条分法之外，还有毕肖普(Bishop，1955)条分法、简布(N. Janbu，1972)条分法、不平衡推力传递法等，本教材从略。

【例 7-4】 某土坡如图 7-11 所示。已知土坡高度 $H=6$ m、坡角 $\beta=55°$，土的重度 $\gamma=18.6$ kN/m³，土的黏聚力 $c=16.7$ kPa、内摩擦角 $\varphi=12°$。试用瑞典条分法计算土坡滑动稳定性安全系数。

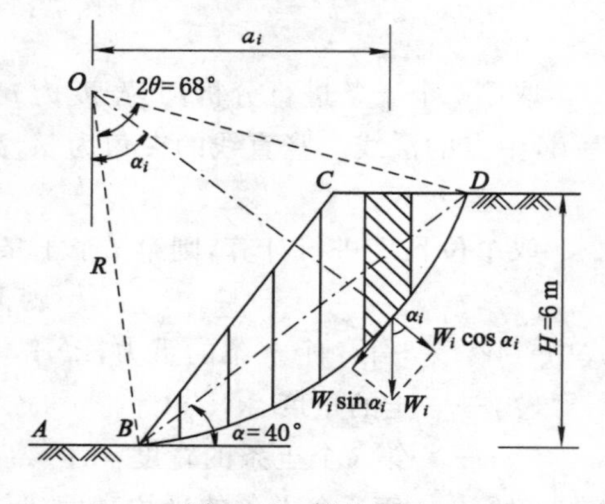

图 7-11　例 7-4 图

【解】 (1) 确定圆心位置

按比例绘制土坡的剖面图，如图 7-11 所示。根据泰勒的经验方法，确定最危险滑动面圆心位置。当 $\varphi=12°$、$\beta=55°$ 时，滑动面为坡脚圆，从图 7-8 查得 $\alpha=40°$、$\theta=34°$，由此作图得到最危险滑动面圆心位置。

设 BD 弦的长度为 d，则 $d=H/\sin\alpha$，最危险滑动面半径为：

$$R=\frac{d}{2\sin\theta}=\frac{H}{2\sin\alpha\sin\theta}=\frac{6}{2\sin 40°\sin 34°}=8.35\ (\text{m})$$

(2) 划分竖直土条

圆弧滑动面 $\overset{\frown}{DB}$ 在水平面上的投影长度为 $\frac{H}{\arctan\alpha}=\frac{6}{\arctan 40°}=7.15$ (m)，将滑动土体划分为 7 个土条。从坡脚 B 开始编号，第 1 ~ 6 条的宽度 $b_i=1$ m($i=1,2,\cdots,6$)，$b_7=1.15$ m。

(3) 确定各土条的计算参数

① 从图中量取各土条的中心高度 h_i，将量测结果列于表 7-2。

② 从图中量取或计算各土条的中心至圆心 O 的水平距离。一般只量取其中一个土条的水平距离，其他土条的水平距离可通过计算获得。为了尽可能降低量测误差，一般量测最后一个土条的中点至圆心 O 的水平距离。本例题量得 $a_7=7.44$ m，则 $a_6=7.44-1.15/2-0.5$ m $=6.365$ m，$a_5=6.365-1.0$ m $=5.365$ m，…，依次类推。量测及计算结果列

于表 7-2。

③ 确定各土条滑动面中点与圆心 O 的连线同竖直线间的夹角 α_i 值。$\alpha_i=\arcsin(a_i/R)$，计算结果列于表 7-2。

④ 计算各土条的重力 $W_i=\gamma b_i h_i$，计算结果列于表 7-2。

⑤ 计算各土条重力的分力 $W_i\sin\alpha_i$ 和 $W_i\cos\alpha_i$ 值，计算结果列于表 7-2。

表 7-2　土坡稳定性计算结果

土条编号	土条宽度 b_i/m	土条中心高度 h_i/m	土条中心至圆心的水平距离 a_i/m	α_i /(°)	土条重力 W_i/kN	$W_i\sin\alpha_i$ /kN	$W_i\cos\alpha_i$ /kN	l /m
1	1	0.60	1.365	9.4	11.16	1.82	11.01	
2	1	1.80	2.365	16.5	33.41	9.51	32.03	
3	1	2.85	3.365	23.8	53.01	21.39	48.50	
4	1	3.75	4.365	31.5	69.75	36.44	59.47	
5	1	4.10	5.365	40.0	76.26	49.02	58.42	
6	1	3.05	6.365	49.7	56.73	43.27	36.69	
7	1.15	1.50	7.44	63.0	27.90	24.86	12.67	
合计						186.31	258.79	9.91

(4) 计算滑动面圆弧长度 l，即

$$l=\frac{\pi}{180}2\theta R=\frac{2\times\pi\times34^{\circ}\times8.35}{180^{\circ}}=9.91\ (\mathrm{m})$$

(5) 按式(7-20)计算土坡滑动稳定性安全系数 F_s。对于均质土坡，各土条滑动面处的黏聚力和内摩擦角均相同，即 $c_i=c$，$\varphi_i=\varphi$，则有：

$$F_s=\frac{\sum_{i=1}^{n}(c_i l_i+W_i\cos\alpha_i\tan\varphi_i)}{\sum_{i=1}^{n}W_i\sin\alpha_i}=\frac{\tan\varphi\sum_{i=1}^{7}W_i\cos\alpha_i+cl}{\sum_{i=1}^{7}W_i\sin\alpha_i}$$

$$=\frac{258.79\times\tan12^{\circ}+16.7\times9.91}{186.31}=1.18$$

(二) 其他情况下土坡滑动稳定性安全系数的计算

1. 土坡有超载

当滑动面范围内的坡面或坡顶上作用有任意分布的载荷时，设第 i 个土条上对应的平均面荷载为 q_i，土坡滑动稳定性安全系数的计算原则和过程与上述方法基本相同，只是在土条受力分析时需要将土条上作用的超载加到土条的自重中。此时，土坡滑动稳定性安全系数的计算公式为：

$$F_s=\frac{\sum_{i=1}^{n}\left[c_i l_i+(W_i+q_i b_i)\cos\alpha_i\tan\varphi_i\right]}{\sum_{i=1}^{n}(W_i+q_i b_i)\sin\alpha_i}\tag{7-21}$$

2. 土坡为成层土

土坡由不同土层组成时，如图 7-12 所示，仍可采用式(7-20)计算土坡滑动稳定性安全系数。但是各土条的重力应分层计算，然后叠加，即式(7-20)中的 $W_i=b_i(\gamma_1 h_{1i}+\gamma_2 h_{2i}+\cdots)$。另外，必须调整土条宽度，即采用不同的土条宽度来保证滑动圆弧与土层层面的所有交点都作为土条的分界点，使得同一土条滑动面上具有相同的 c、φ 值。

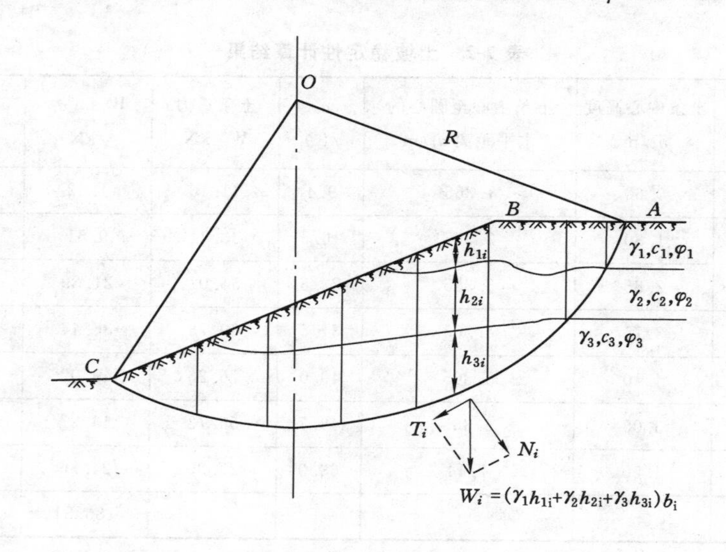

图 7-12　土坡为成层土

3. 土坡中存在地下水

当土坡中存在地下水时，需要考虑孔隙水压力对土坡稳定性的影响。设第 i 个土条在滑动面上的平均孔隙水压力为 u_i(近似计算时可取第 i 个土条滑动面中点处的孔隙水压力值)，则用有效应力表示的库仑定律为：

$$\tau_{fi}=c_i'+(\sigma_i-u_i)\tan\varphi_i' \tag{7-22}$$

第 i 个土条的抗滑力 T_i' 为：

$$\begin{aligned}T_i'&=\tau_{fi}l_i=[c_i'+(\sigma_i-u_i)\tan\varphi_i']l_i\\&=c_i'l_i+(N_i'-u_il_i)\tan\varphi_i'=c_i'l_i+(W_i\cos\alpha_i-u_il_i)\tan\varphi_i'\end{aligned} \tag{7-23}$$

滑动力仍为 $T_i=W_i\sin\alpha_i$，则土坡滑动稳定性安全系数为：

$$F_s=\frac{\text{抗滑力矩}}{\text{滑动力矩}}=\frac{\sum\limits_{i=1}^{n}T_i'R}{\sum\limits_{i=}^{n}T_iR}=\frac{\sum\limits_{i=1}^{n}[c_i'l_i+(W_i\cos\alpha_i-u_il_i)\tan\varphi_i']}{\sum\limits_{i=1}^{n}W_i\sin\alpha_i} \tag{7-24}$$

式中　c_i'——第 i 个土条滑动面处土的有效黏聚力，kPa；

φ_i'——第 i 个土条滑动面处土的有效内摩擦角，(°)；

u_i——第 i 个土条滑动面处的平均孔隙水压力(近似取中点处的值)，kPa。

应特别指出，计算各土条的重力 W_i 时，应将地下水位作为分层面，水位以上取天然重度 γ，水位以下取饱和重度 γ_{sat}，按成层土的计算方法确定 W_i 的值。

第四节　土坡失稳防治

一、滑坡防治原则

滑坡防治的总原则是：以防为主，及时治理。

（一）以防为主

在勘察测试和分析计算的基础上，对一些存在安全隐患的边坡，提前采取必要的工程措施，消除或改变不利于边坡稳定的因素，以防止边坡继续发生过量有害变形或滑坡破坏。

在设计人工边坡时，应选择合理边坡参数（包括坡高、坡角等）和支护结构形式，并确定合理的边坡开挖施工方案。

（二）及时治理

对已经发生过量变形或局部破坏的边坡，及时采取必要的工程措施进行整治，以提高边坡的稳定性，使之不再继续恶化而引起大面积滑坡。

整治滑坡一般应先做好临时排水工程，然后针对导致滑坡的主要因素采取相应措施。以长期防御为主，防御工程与应急抢险工程相结合，植物绿化与工程措施相结合，治理与管理相结合，治标与治本相结合。根据危害对象及程度，正确选择并合理安排治理的重点，保证以较少的投入获得较好的治理效果。

二、滑坡防治措施

由前述内容可知土坡失稳的原因是滑动面上剪应力的增大或土体抗剪强度的减小，因此，防止土坡失稳，就应从降低坡内剪应力和提高土体抗剪强度出发，常用的措施主要有以下几种。

（一）排水和防渗

1. 排水系统

滑坡具有“无水不滑”的特点，多发生在阴雨潮湿的季节。在设计滑坡防治方案时，应根据工程地质、水文地质、暴雨、洪水和挡土结构形式等情况，选择有效的地表排水和地下排水措施，从而建立完善的边坡排水系统。

排水系统包括两个方面：

(1) 排除边坡上的地表水，防止雨水、雪水等形成的水流对土坡的浸透和冲刷。一般在最危险滑坡体后边缘外一定距离设置环形截水沟，在滑坡体上设置纵横交错的排水沟，组成相互连通的地表排水系统，如图 7-13 所示。这种排水系统，要适应地形和地质条件以及雨量情况。

(2) 排除边坡内的地下水。排除边坡内地下水的措施有很多，主要包括：① 在最危险滑坡体内地下水位线以下打水平钻孔，并插入带孔的塑料管，以便排除或降低地下水位，如图 7-14 所示。排水钻孔分单层或多层布置，间距一般为 5～15 m；② 如果边坡较高、潜在的滑坡体较大时，可采用“集水钻孔＋集水井＋排水钻孔”的方式，如图 7-15 所示；③ 当边坡内富含地下水时，可采用排水隧洞代替排水钻孔；④ 对于人工填筑的人工边坡，可在施工过程中预埋纵横分布的盲沟排水系统，将地下水排至土坡之外。

2. 防渗措施

对于大型边坡工程，为防止雨水或其他地表水渗入土坡，可采用浆砌片石、现浇混凝土、

图 7-13　边坡地表排水系统

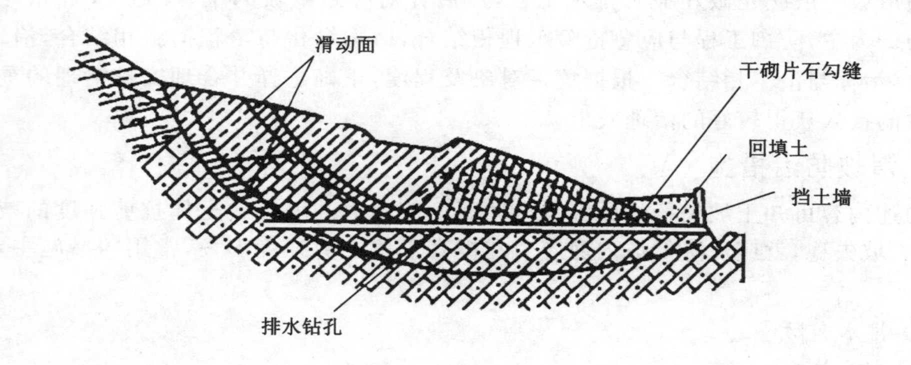

图 7-14　排水钻孔排除边坡地下水

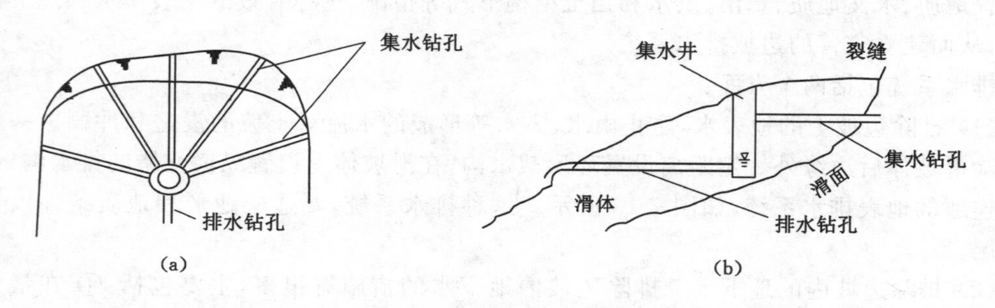

图 7-15　集水井排水系统

现浇钢筋混凝土或喷射混凝土等作为坡面防护层，可起到防渗作用。

新建河渠可采用复合土工布作为防渗材料；对存在渗流的土坝，应设置防渗心墙，如图 7-16所示。塑性心墙一般采用分层夯实的黏土，施工时控制含水率为最优含水率；刚性心墙一般采用防水混凝土，其下部应设灌浆防渗帷幕，帷幕底部深入不透水岩层或黏土层。

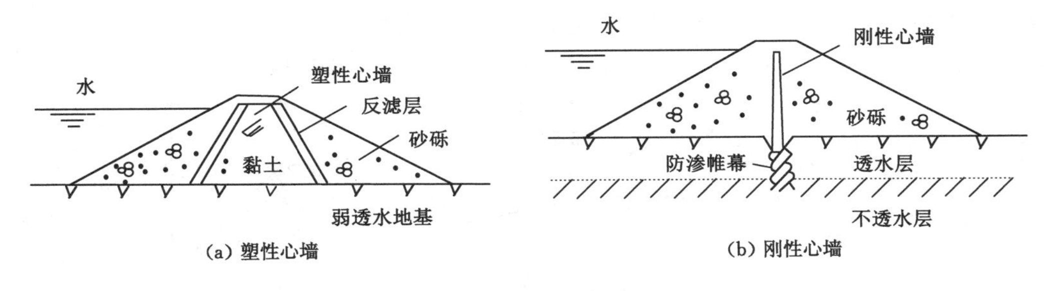

图 7-16　土坝心墙

（二）支挡和加固

1. 挡土结构

挡土墙是防治滑坡常用的有效措施之一，并可与排水等措施联合使用。在第六章第五节中详细介绍的挡土结构的类型，主要有重力式挡土墙、悬臂式挡土墙、扶壁式挡土墙、锚拉式挡土结构、加筋土挡土结构和板桩式挡土结构。这些挡土结构均可用于滑坡防治工程，需要根据工程实际条件选择合理的挡土结构类型，并灵活确定具体结构形式。例如，抗滑桩是深入稳定土层或岩层的柱形构件，成排的抗滑桩对浅层或中层滑坡防治效果较好，可根据边坡工程的实际情况采用某种形式，如图 7-17 所示。

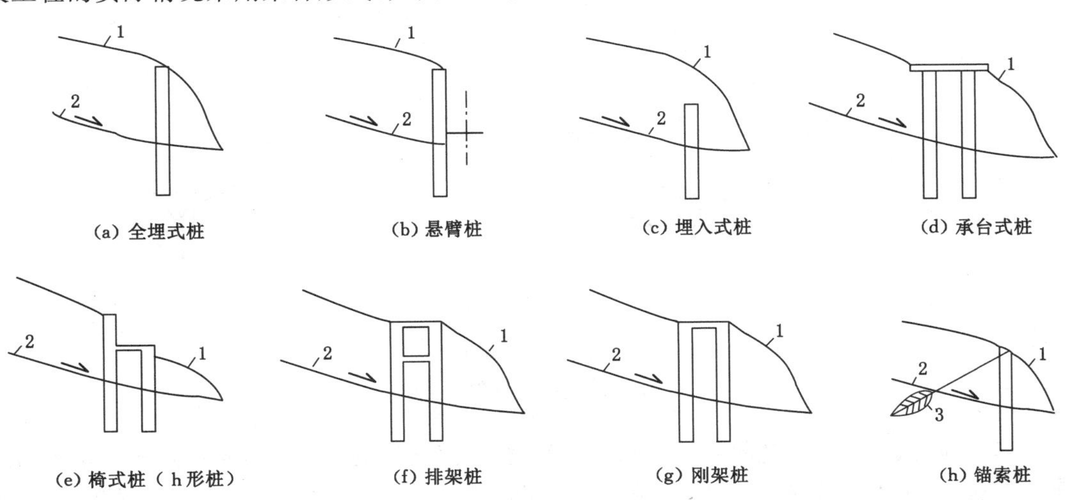

1—坡面；2—最危险滑动面；3—锚索。

图 7-17　抗滑桩防治边坡失稳

2. 注浆加固

注浆加固是指通过钻孔，将水泥浆或水泥-水玻璃双液浆注入边坡的岩土体，靠注浆压力使浆液向最危险滑动面的裂缝及附近岩土体的孔隙或裂隙中扩散，浆液凝固后可提高滑动面及周围岩土体的抗剪强度，边坡的抗滑力增大，从而提高边坡的稳定性。但应特别注意：严禁因注浆堵塞地下水排泄通道。

（三）反压和减载

1. 反压

反压是指在坡脚附近增加填方量形成反压平台，以增大潜在滑动体的抗滑力。图 7-18

为高填路堤两侧设置的反压护道，可有效防止路堤边坡失稳。

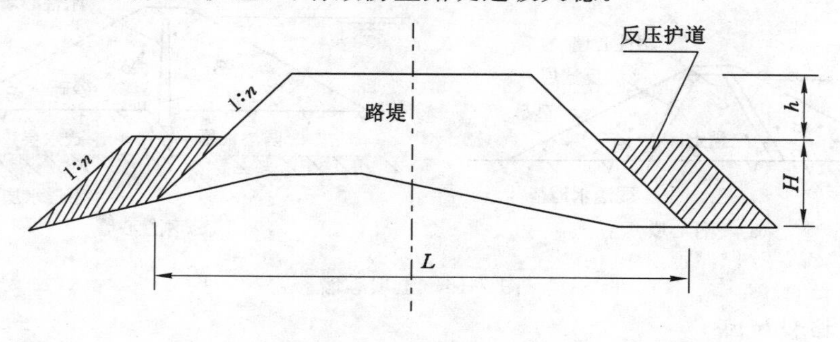

图 7-18　路堤两侧的反压护道

2. 减载

减载是指减少潜在滑坡体的自重和其上作用的超载，从而降低滑坡体的下滑力。常见的方法就是削坡，如图 7-19(a)、图 7-19(b)、图 7-19(c)所示。削坡措施可单独使用，也可与反压联合使用，如图 7-19(d)所示。

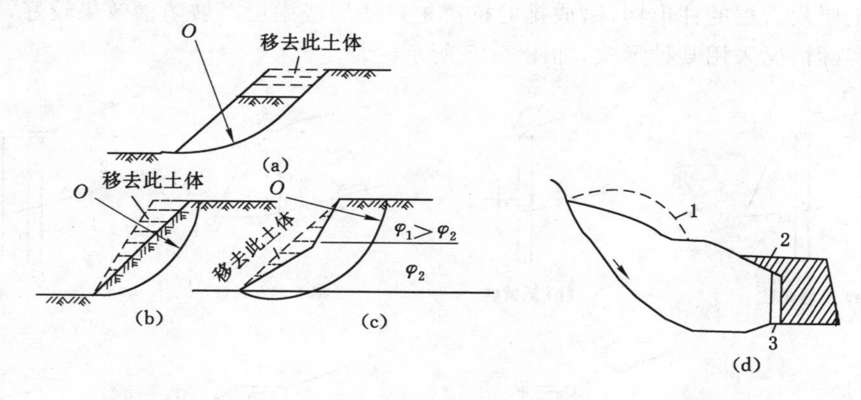

1—滑坡体削方减重部分；2—反压土堤；3—盲沟(渗沟)。

图 7-19　削坡减载与反压

当坡顶有建筑物时，建筑物应尽量远离坡肩；靠近坡肩的坡顶上也不应堆放大量重物或建筑材料；对于人工填筑的边坡，有条件时可采用轻质填料(如煤矸石、炉渣、粉煤灰等)以降低自重，或在回填土中拌和一定量的水泥、石灰等胶凝材料，并分层夯实或压实，以提高回填土的抗剪强度。

(四) 坡面防护及绿化

当边坡处于整体稳定但其坡面岩土体易风化、剥落或有浅层崩塌、滑落及掉块等时，应进行坡面防护；对于稳定性不够或存在不良地质因素的边坡，应先进行边坡支护后再进行坡面防护与绿化。

坡面防护可采用浆砌片石、现浇混凝土、现浇钢筋混凝土或喷射混凝土等作为实体护面墙(兼有防渗功能)，也可采用骨架植物防护、混凝土空心块植物防护、锚杆(索)钢筋混凝土格构植物防护、护坡钢丝绳网等。

对于具体边坡工程，应根据工程地质条件、水文地质条件以及设计和施工的情况，分析滑坡的主要原因，然后确定合理有效的防治方案。另外，对滑坡的初期监测十分重要，裂缝的开展、坡顶的下沉、草木的倾倒等均可能是滑坡迹象，应尽早采取防护和整治措施。

思　考　题

7-1　土坡失稳的原因是什么？

7-2　土坡失稳时产生的滑动面形式有哪些？各出现在什么情况下？

7-3　影响土坡稳定性的主要因素有哪些？

7-4　土坡失稳多发生在雨天，为什么？

7-5　在无黏性土土坡稳定性分析中，水在土中渗流对土坡滑动稳定性安全系数有何影响？

7-6　在黏性土土坡稳定性分析中，可能的圆弧滑动面有哪些形式？这些滑动面形式与哪些因素有关？

7-7　对于黏性土土坡，常用的稳定性分析方法有哪些？各自的适用条件是什么？

7-8　防止土坡失稳的主要措施有哪些？

习　　题

7-1　某砂土土坡高 8 m，已知砂土的饱和重度 $\gamma_{sat}=19\ kN/m^3$，内摩擦角 $\varphi=35°$，有效内摩擦角 $\varphi'=40°$，考虑雨天顺坡渗流的影响，试求：① 土坡的极限坡角。② 安全系数为1.3时的稳定坡角。③ 坡度为 1∶1.5 时的土坡滑动稳定性安全系数。

7-2　无限延伸的斜坡如图 7-20 所示。坡角 $\alpha=20°$，斜坡土体的天然重度 $\gamma=16\ kN/m^3$。土与基岩间的摩擦角 $\varphi=15°$、黏聚力 $c=9.8\ kPa$，试求斜坡处于临界稳定状态时(稳定性安全系数 $F_s=1.0$)的土层厚为多大？

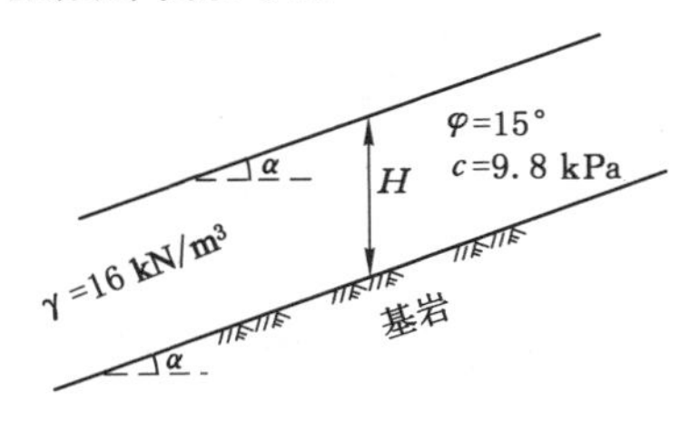

图 7-20　习题 7-2 图

7-3　一均质黏性土土坡的坡度为 1∶1，土的重度 $\gamma=18.3\ kN/m^3$，黏聚力 $c=20\ kPa$，内摩擦角 $\varphi=0$。假定滑动面如图 7-21 所示，滑动土体重力 W 距滑动圆弧中心 O 的水平距离 $d=5\ m$。试求：(1) 该滑动面上的滑动稳定性安全系数；(2) 若采取削坡措施，将阴影部分的土体移去后，滑动稳定性安全系数又为多少？(3) 若削坡后在坡顶上又作用有均布荷载 $q=80\ kPa$，则滑动稳定性安全系数将怎样变化？

7-4　某简单土坡土的参数为：$c=20\ kPa$，$\varphi=20°$，$\gamma=18\ kN/m^3$。(1) 若坡角增大为 $\beta=60°$，安全系数 $F_s=1.5$，试用泰勒稳定因数法确定安全稳定坡高；(2) 若坡高 $H=8\ m$，安

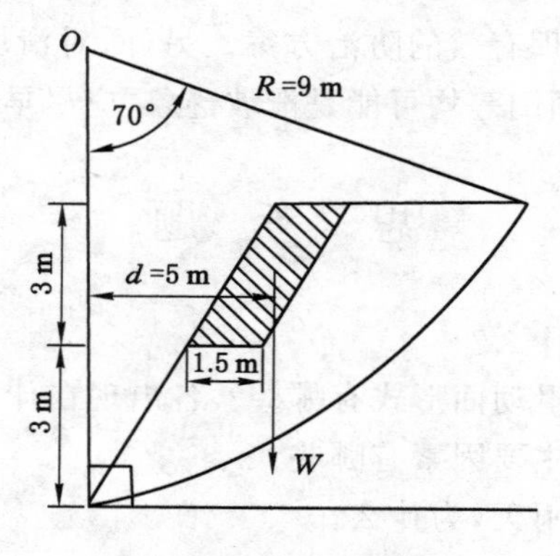

图 7-21　习题 7-3 图

全系数 $F_s=1.5$，试确定安全稳定坡角；(3) 若坡高 $H=8$ m，坡角 $\beta=70°$，试确定土坡滑动稳定性安全系数。

7-5　一均质简单土坡，已知土坡高度 $H=8.5$ m，坡度为 1∶1.25，土的重度 $\gamma=18.2$ kN/m³，土的黏聚力 $c=19.3$ kPa、内摩擦角 $\varphi=17.5°$。试用瑞典条分法计算土坡滑动稳定性安全系数。

小　论　文

7-1　土坡稳定性分析方法综述。

7-2　结合具体工程实例，分析土坡失稳的原因及工程防治措施。

第八章　地基承载力

第一节　概　　述

一、地基承载力的概念

建筑物下支承基础的岩土体称为地基。在地基上建造建筑物时，建筑物荷载通过基础传递到地基，地基中的应力状态发生变化，在原有自重应力的基础上增加了附加应力。在附加应力作用下地基土产生压缩变形，进而引起建筑物的沉降或倾斜。

地基出现工程问题一般有两种情形：① 建筑物荷载超过了地基土所能承受的最大荷载而使地基破坏或失稳，即地基的强度和稳定性问题，其实质是地基土中的剪应力达到甚至瞬间超过了土的抗剪强度而使地基土发生剪切破坏并产生了连续的剪切破坏面，将造成建筑物的倾斜甚至倒塌；② 在建筑物荷载作用下，地基土发生了过量压缩变形（一般是不均匀的），即地基的变形问题，引起地基沉降或沉降差过大，致使建筑物严重下沉、倾斜、基础及上部结构开裂或挠曲而失去使用价值。因此，在进行地基基础设计时，必须满足地基承载力要求。

地基承载力是指地基土单位面积上所能承受荷载的能力，其单位为 kPa。通常将地基不致失稳时地基土单位面积上所能承受的最大荷载称为地基极限承载力，记为 p_u。工程设计时必须保证地基有足够的稳定性和安全储备，将地基极限承载力除以安全系数作为地基承载力容许值，记为$[f_a]$，则：

$$[f_a] = p_u / K \tag{8-1}$$

式中　$[f_a]$——地基承载力容许值，kPa；

p_u——地基极限承载力，kPa；

K——安全系数。

地基承载力容许值是地基基础设计的一个重要参数，如基底平均压力不得超过地基承载力容许值，即 $p \leqslant [f_a]$。目前，确定地基承载力容许值的方法有很多，基本上是按照地基满足强度条件确定的。因此，根据$[f_a]$进行地基基础设计时，应考虑不同建筑物对地基变形的控制要求，进行地基变形验算。

二、地基破坏模式

（一）地基的破坏过程

现假设基础为刚性基础，且上部结构传下来的荷载为中心荷载，此时基底压力可简化为均匀分布。下面分析当基底压力逐渐增大时，地基变形与破坏的过程。

地基沉降随着基底压力的增大而逐渐增大，实测得到的典型 p-s 关系曲线如图 8-1 所示。在加载的初始阶段，地基土处于弹性状态，地基是稳定的；当基底压力增大到 $p=p_{cr}$（p_{cr}为临塑压力，又称为比例界限，习惯上称为临塑荷载）时，地基中的某个点（一般是基础的角点）在某截面上的剪应力达到了土的抗剪强度，该点发生剪切破坏并处于极限平衡状态；当基底压力 $p>p_{cr}$时，剪切破坏范围逐渐扩大，形成剪切破坏区（又称为塑性区或极限平衡区）；当基底压力增大到 $p=p_u$（p_u 为地基极限承载力，习惯上称为极限荷载）时，剪切破坏区在基底下已连成一片，并出现可能贯穿到地表的连续滑动面，整个地基发生失稳破坏而丧失承载能力，坐落在其上的建筑物将会发生急剧沉降、倾斜，甚至倒塌。

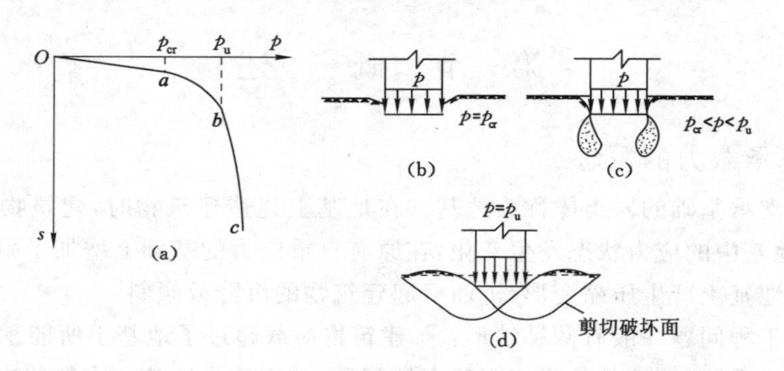

图 8-1　典型的 p-s 关系曲线

典型的 p-s 关系曲线可人为地划分为三个阶段：

1. 直线变形阶段

直线变形阶段又称为线性变形阶段，对应于图 8-1(a)中 p-s 关系曲线上的 oa 段，接近直线关系。在此阶段中（$p<p_{cr}$），地基中各点的剪应力小于地基土的抗剪强度，土体处于弹性状态，地基是稳定的。地基的变形主要是由于土的孔隙体积减小而产生的压密变形，故又称该阶段为压密阶段。将 p-s 关系曲线上直线段的终点 a 对应的基底压力为临塑压力，它表示基础底面以下的土体将要出现而尚未出现剪切破坏区域时的基底压力，如图 8-1(b)所示。

2. 局部塑性变形阶段

当 $p_{cr}<p<p_u$ 时，基底压力 p 与沉降量 s 之间不再保持直线关系，对应于图 8-1(a)中曲线上的 ab 段。变形速率随着基底压力的增大而增大，p-s 关系曲线下弯。在此阶段，地基中的剪切破坏区（又称为塑性区或极限平衡区）从基底侧边逐渐扩大，如图 8-1(c)所示。随着基底压力的继续增大，地基中剪切破坏区的范围进一步扩大，最终在基底下连成一片。

3. 完全破坏阶段

对应于图 8-1(a)中 p-s 关系曲线上的 bc 段。基底压力 $p\geqslant p_u$，变形速率急剧增大，p-s 关系曲线陡降。基底压力虽然增加很少，但沉降量急剧增大；有时基底压力即使不增大，沉降也不能稳定。在此阶段，地基中出现连通的剪切破坏面，有时直达地表，地基土向基础一侧或两侧挤出，地面隆起，地基失稳破坏，基础突然下陷，如图 8-1(d)所示。

（二）地基的破坏形式

当基底压力达到地基极限承载力时，地基失稳。由于每个建筑现场地基土存在差异、施加的建筑荷载不同，因此地基的破坏形式是多种多样的，但是基本上可以归纳为整体剪切破坏、局部剪切破坏和冲切剪切破坏三种形式，如图 8-2 所示。前两种破坏形式是由太沙基提出的，后一种破坏形式是由韦西(A. S. Vesic)提出的。

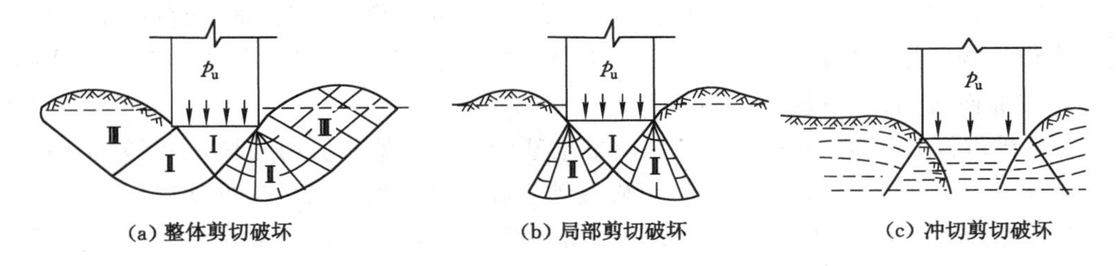

(a) 整体剪切破坏　(b) 局部剪切破坏　(c) 冲切剪切破坏

图 8-2　地基破坏形式

1. 整体剪切破坏

地基发生整体剪切破坏时出现与地面贯通的滑动面，地基土沿滑动面向一侧或两侧挤出，基础下沉，基础一侧或两侧地面显著隆起，如图 8-2(a)所示。对应这种破坏形式的 p-s 关系曲线有明显的拐点，如图 8-3 中的关系曲线 A 所示。

2. 局部剪切破坏

剪切破坏也是从基础边缘开始的，但滑动面不发展到地面，而是局限在地基内某一区域，基础周围地面微微隆起，但是没有整体剪切破坏时明显，如图 8-2(b)所示。p-s 关系曲线从一开始就呈非线性关系，无明显转折点，如图 8-3 中的曲线 B 所示。

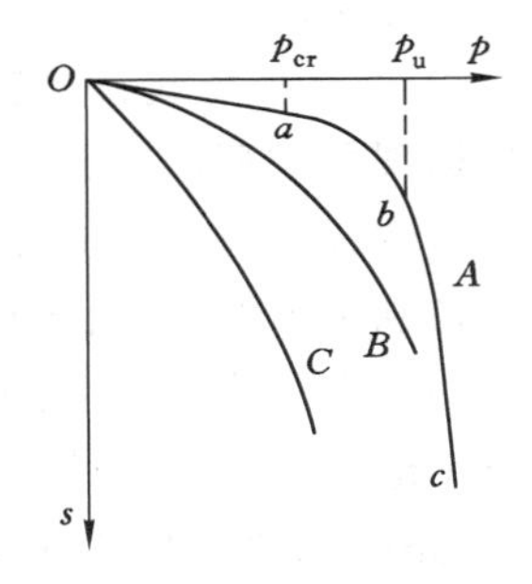

图 8-3　不同类型的 p-s 关系曲线

3. 冲切剪切破坏

冲切剪切破坏也称为刺入剪切破坏，基础周围附近土体发生竖向剪切破坏，基础随之刺入(切入)土中，地基内部不形成连续的滑动面，基础周围地面无隆起现象且产生凹陷，如图 8-2(c) 所示。p-s 关系曲线从一开始就呈现非线性关系，无转折点，如图 8-3 中的曲线 C 所示。

条形基础下地基在中心荷载作用下各种剪切破坏形式的特征见表 8-1。

表 8-1　条形基础地基在中心荷载作用下不同剪切破坏形式特征

破坏形式	地基中滑动面	p-s 关系曲线	基础四周地面	基础沉降	基础表现	设计控制指标	事故出现情况	适用条件		
								地基土	埋深	加载速率
整体剪切破坏	连续，至地表面	有明显拐点	隆起	较小	倾斜	强度	突然倾斜	密实	小	缓慢
局部剪切破坏	连续，地基内	拐点不易确定	有时稍微隆起	中等	可能倾斜	变形为主	较慢下沉时有倾斜	松散	中	快速或冲击
冲切剪切破坏	不连续	拐点无法确定	沿基础下陷	较大	下沉	变形	缓慢下沉	软弱	大	快速或冲击

(三) 地基破坏形式的影响因素

影响地基破坏形式的因素主要包括 3 个方面:① 地基土,包括土的种类、密实度、含水率、压缩性和抗剪强度等;② 基础,包括基础形式、埋深和基底尺寸等;③ 加荷速率,即整个建筑物或构筑物的施工速度。其中,土的压缩性、基础埋深和加荷速率是影响破坏形式的主要因素。一般而言,有如下规律:

(1) 基础埋深较浅时,密实砂土或坚硬黏土基础易发生整体剪切破坏,中等密实砂土或一般黏性土地基易发生局部剪切破坏,而松散砂土或软黏土地基易发生冲切破坏。

(2) 基础浅埋时,砂土地基加荷速率低或饱和黏性土地基加荷速率高,往往出现整体剪切破坏;当基础埋深较大或加荷速率高时(饱和黏性土地基除外),往往发生局部剪切或冲切剪切破坏。

目前尚无准确的判别方法用以确定地基土剪切破坏时的破坏形式。在确定持力层时一般选择密实的土层作为持力层,当基础埋深较小时地基多发生整体剪切破坏,国内外学者大多数根据这种破坏形式确定地基极限承载力。

三、确定地基承载力容许值的方法

确定地基承载力容许值是工程设计中一项十分重要的工作,其方法主要有以下 5 种。

(一) 根据现场载荷试验确定

根据现场载荷试验获得的 p-s 关系曲线确定,这是目前相对较为准确的方法(详见第四章第二节现场载荷试验部分)。

应特别指出的是,由于现场载荷试验中的承压板面积较小,实际测得的地基承载力特征值 $f_{a0}=f_{ak}$ 只适用于浅埋小型基础。大量的工程实践和试验研究结果表明:地基承载力不仅取决于地基土的力学性质,还取决于基础的埋深 d 和基础的宽度 b,随二者的增大而增大。《公路桥涵地基与基础设计规范》(JTG 3363—2019)规定:当 $b>2$ m 或 $d>3$ m 时,应在地基承载力特征值 f_{a0} 的基础上进行修正;修正后的地基承载力特征值 f_a 乘以地基承载力抗力系数 γ_R,可作为地基承载力容许值。《建筑地基基础设计规范》(GB 50007—2011)中规定:当 $b>3$ m 或 $d>0.5$ m 时,应在地基承载力特征值 f_{ak} 的基础上进行修正;修正后的地基承载力特征值 f_a,可作为地基承载力容许值(详见本章第四节或上述 2 个规范)。

(二) 按动力触探、静力触探等方法确定

原位测试方法除现场载荷试验外,还有动力触探、静力触探、标准贯入试验和十字板剪切试验等方法。各地应以现场载荷试验确定的地基承载力为依据,不断积累和建立动力触探、静力触探等的测试指标与地基承载力的相关关系。这种相关关系具有地区性和经验性,但需要积累大量的测试数据才能建立各地区的相关关系。目前我国已有一些地区建立了部分相关关系,可以查阅地方标准或规范,非常适用、经济和方便。

(三) 根据建筑经验确定

在拟建建筑物或构筑物的邻近地区,常常有着各种各样的在不同时期内建造的建筑物或构筑物。调查这些已有建筑物或构筑物的结构形式与构造特点、建筑荷载与基底压力、地基土层分布情况和设计时采用的地基承载力容许值、沉降和倾斜情况以及是否有裂缝和其他损坏现象等。根据这些情况进行综合分析和研究,对于新建建筑物或构筑物地基承载力容许值的确定,具有一定的参考价值。这种方法一般适用于建筑荷载不大的中、小型工程。

（四）按理论公式确定

根据试验测得的土的抗剪强度指标，采用理论公式计算（详见本章第二节和第三节）。

（五）按有关规范确定

在《公路桥涵地基与基础设计规范》（JTG 3363—2019）和《建筑地基基础设计规范》（GB 50007—2011）中，规定了地基承载力特征值的确定方法，可作为地基承载力容许值（详见本章第四节）。

对于重要工程或大型工程，应采用多种方法综合确定。

第二节　临塑压力与临界压力

一、地基的临塑压力

临塑压力习惯上称为临塑荷载，是指地基中刚要出现塑性区（剪切破坏区或极限平衡区）时的基底压力，相应于典型 p-s 关系曲线上第一阶段（直线变形阶段）与第二阶段（局部塑性变形阶段）之分界点（a 点）对应的基底压力，用 p_{cr} 表示。若能通过理论公式计算得出临界压力，可以直接作为地基承载力容许值。

（一）基本假设

（1）条形基础，上部结构传下来的荷载为中心荷载。此时，基底压力和基底附加压力均匀分布。

（2）地基土为均质的、连续的、各向同性的半无限空间线弹性体，从而可应用弹性理论计算地基中的附加应力。

（3）地基土发生剪切破坏时满足库仑定律，即 $\tau=\tau_f=c+\sigma\tan\varphi$。

（二）地基中某点主应力的弹性力学解答

设有一条形基础，如图 8-4(a)所示。假设基底压力 p 均匀分布；基础埋深为 d，基底以上土层的加权平均重度为 γ_m，在基底平面上所产生的竖向自重应力为 $\gamma_m d$；基底下地基土的重度为 γ，抗剪强度指标为 c 和 φ。

在未修建建筑物基础及上部结构之前，地基中任意点 M 存在自重应力，其值为：

$$\begin{cases}\sigma_{cz}=\gamma_m d+\gamma z\\ \sigma_{cx}=\sigma_{cy}=k_0(\gamma_m d+\gamma z)\end{cases}\tag{8-2}$$

式中　σ_{cz}——竖向自重应力，kPa；

σ_{cx}，σ_{cy}——水平自重应力，$\sigma_{cx}=\sigma_{cy}$，kPa；

k_0——水平应力系数（侧压力系数、静止土压力系数）。

当土处于极限平衡状态（塑性状态）时，由塑性力学可知 $\mu=0.5$，$k_0=\dfrac{\mu}{1-\mu}=1.0$，则有：

$$\sigma_{cz}=\sigma_{cx}=\sigma_{cy}=\gamma_m d+\gamma z\tag{8-3}$$

此时，自重应力为各向等压状态，任意方向都是主方向，如图 8-4(b)所示。任意点 M 的自重主应力为：

$$\left.\begin{matrix}\sigma_1{}'\\ \sigma_3{}'\end{matrix}\right\}=\frac{\sigma_{cz}+\sigma_{cx}}{2}\pm\sqrt{\left(\frac{\sigma_{cz}-\sigma_{cx}}{2}\right)^2+\tau_{cxz}^2}=\gamma_m d+\gamma z\tag{8-4}$$

式(8-4)中的 $\sigma_1{}'$ 和 $\sigma_3{}'$ 是修建建筑物之前土中任意点的自重主应力；当修建建筑物之

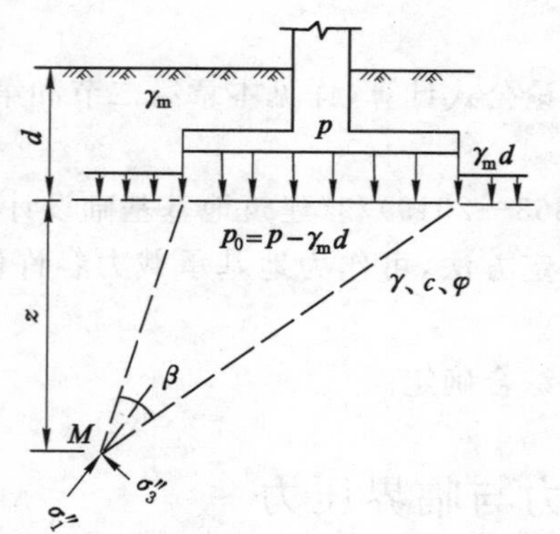

σ_1''，σ_3''是由$p_0=p-\gamma_m d$引起的附加应力
σ_1''作用方向为角平分线
(a) 修建建筑物后任意点M的附加主应力

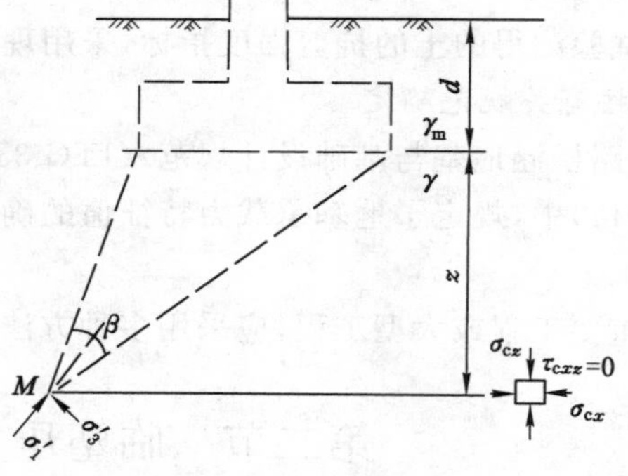

σ_1'，σ_3'为自重应力
(b) 修建建筑物前任意点M的自重应力

图 8-4　均布条形荷载作用下地基中的主应力

后，在地基中引起附加应力。根据式(3-28)，由基底平均附加压力 $p_0=p-\gamma_m d$ 在任意点 M 处产生的附加主应力为：

$$\left.\begin{matrix}\sigma_1''\\\sigma_3''\end{matrix}\right\}=\frac{p_0}{\pi}(\beta\pm\sin\beta)=\frac{p-\gamma_m d}{\pi}(\beta\pm\sin\beta)\tag{8-5}$$

σ_1''和σ_3''的作用方向如图 8-4(a)所示，其中最大附加主应力 σ_1''的作用方向为视角 β 的平分线方向，最小附加主应力 σ_3''作用方向与 σ_1''垂直。

将自重主应力与附加主应力叠加，可得到修建建筑物之后地基中任意点 M 的总主应力为：

$$\left.\begin{matrix}\sigma_1\\\sigma_3\end{matrix}\right\}=\frac{p-\gamma_m d}{\pi}(\beta\pm\sin\beta)+\gamma_m d+\gamma z\tag{8-6}$$

式中　p——基底压力，kPa；

γ_m——基底以上土层的加权平均重度，kN/m³；

d——基础的埋深，m；

β——任意点 M 的视角，弧度或(°)；

γ——基底下地基土的重度，kN/m³；

z——任意点 M 至基底的垂直深度，m。

最大总主应力 σ_1 作用方向为视角 β 的角平分线方向，最小总主应力 σ_3 作用方向与 σ_1 垂直。

(三) 塑性区边界方程

当 M 点处于极限平衡状态时，由 σ_1 和 σ_3 构成的莫尔圆必然与抗剪强度曲线相切，如图 5-9 所示。土的极限平衡条件可写成：

$$\frac{1}{2}(\sigma_1-\sigma_3)=\left[c\cot\varphi+\frac{1}{2}(\sigma_1+\sigma_3)\right]\sin\varphi\tag{8-7}$$

将式(8-6)代入式(8-7)，可得：

$$\frac{p-\gamma_m d}{\pi}\sin\beta=\left[c\cot\varphi+\frac{p-\gamma_m d}{\pi}\beta+\gamma_m d+\gamma z\right]\sin\varphi$$

整理后得：

$$z=\frac{1}{\gamma}\left[\frac{p-\gamma_{m}d}{\pi}\left(\frac{\sin\beta}{\sin\varphi}-\beta\right)-c\cot\varphi-\gamma_{m}d\right] \tag{8-8}$$

式(8-8)是由极限平衡理论得到的塑性区边界方程，表达了塑性区边界上任一点的深度 z 与视角 β 之间的关系。如果基底压力 p、基础埋深 d、基底以上土层的加权平均重度 γ_m、基底下土的性质指标 γ、c 和 φ 均已知，可根据式(8-8)得到塑性区边界线，如图 8-5 所示。在塑性区边界线上，剪应力等于土的抗剪强度，即 $\tau=\tau_f$，地基土刚好发生剪切破坏；在塑性区外，$\tau<\tau_f$，土体仍处于弹性状态。

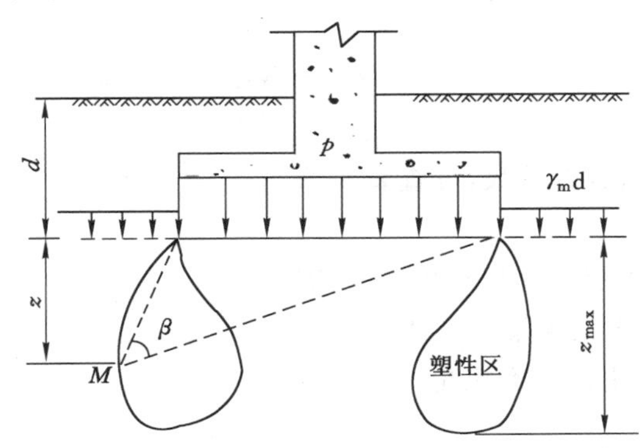

图 8-5 基底压力均匀分布时条形基础下的塑性区分布

（四）塑性区最大深度

塑性区最大深度是指某塑性区边界线最低点至基底的垂直距离，用 z_{max} 表示。塑性区最大深度是用以反映塑性区大小的一个尺度，如图 8-5 所示。在工程应用中，往往只要知道塑性区最大深度就足够了，而不需要绘制整个塑性区的分布范围。为了求得塑性区的最大深度 z_{max}，将式(8-8)对 β 求导，并令 $\frac{dz}{d\beta}=0$，即

$$\frac{dz}{d\beta}=\frac{p-\gamma_{m}d}{\pi\gamma}\left(\frac{\cos\beta}{\sin\varphi}-1\right)=0$$

则有 $\cos\beta=\sin\varphi$，即

$$\beta=\frac{\pi}{2}-\varphi \tag{8-9}$$

将式(8-9)代入式(8-8)，可得塑性区最大深度的表达式为：

$$z_{max}=\frac{1}{\gamma}\left[\frac{p-\gamma_{m}d}{\pi}\left(\cot\varphi-\frac{\pi}{2}+\varphi\right)-c\cot\varphi-\gamma_{m}d\right] \tag{8-10}$$

（五）临塑压力计算公式

由式(8-10)可知：在其他条件不变的情况下，随着基底压力 p 的增大，z_{max} 也相应增大，即塑性区发展越深。如若人为控制塑性区的扩展范围或最大深度，就需要控制基底压力的大小。基底压力与塑性区最大深度的关系可由式(8-10)变换得到，即

$$p=\frac{\pi(\gamma z_{max}+c\cot\varphi+\gamma_{m}d)}{\cot\varphi-\frac{\pi}{2}+\varphi}+\gamma_{m}d \tag{8-11}$$

临塑压力是指地基中刚要出现塑性区时的基底压力，即 $z_{max}=0$ 对应的基底压力，则有：

$$p_{cr}=\frac{\pi\cot\varphi}{\cot\varphi-\frac{\pi}{2}+\varphi}c+\frac{\cot\varphi+\frac{\pi}{2}+\varphi}{\cot\varphi-\frac{\pi}{2}+\varphi}\gamma_m d$$

令 $N_c=\frac{\pi\cot\varphi}{\cot\varphi-\frac{\pi}{2}+\varphi}$，$N_d=\frac{\cot\varphi+\frac{\pi}{2}+\varphi}{\cot\varphi-\frac{\pi}{2}+\varphi}$，则：

$$p_{cr}=N_c c+N_d\gamma_m d \tag{8-12}$$

式中 p_{cr}——临塑压力，kPa；

N_c，N_d——地基承载力系数，可查表 8-2；

d——基础埋深，m；

γ_m——基底以上土层的加权平均重度，kN/m³；

c——基底下地基土的黏聚力，kPa；

φ——基底下地基土的内摩擦角，弧度或(°)。

表 8-2 地基承载力系数 $N_{1/4}$、$N_{1/3}$、N_d 和 N_c 与地基土内摩擦角 φ 的关系

φ/(°)	$N_{1/4}$	$N_{1/3}$	N_d	N_c	φ/(°)	$N_{1/4}$	$N_{1/3}$	N_d	N_c
0	0.00	0.00	1.00	3.14	24	0.72	0.96	3.87	6.45
2	0.03	0.04	1.12	3.32	26	0.84	1.12	4.37	6.90
4	0.06	0.08	1.25	3.51	28	0.98	1.31	4.93	7.40
6	0.10	0.13	1.39	3.71	30	1.15	1.53	5.59	7.95
8	0.14	0.18	1.55	3.93	32	1.33	1.78	6.34	8.55
10	0.18	0.24	1.73	4.17	34	1.55	2.07	7.22	9.22
12	0.23	0.31	1.94	4.42	36	1.81	2.42	8.24	9.97
14	0.29	0.39	2.17	4.69	38	2.11	2.81	9.44	10.80
16	0.36	0.48	2.43	4.99	40	2.46	3.28	10.85	11.73
18	0.43	0.58	2.73	5.31	42	2.88	3.84	12.51	12.79
20	0.51	0.69	3.06	5.66	44	3.38	4.50	14.50	13.98
22	0.61	0.81	3.44	6.04	45	3.66	4.88	15.64	14.64

二、地基的临界压力

在进行地基基础设计时，对于软土地基，可取临塑压力作为地基承载力容许值。但是对于一般的地基土，在临塑压力作用下整个地基土处于压密状态，如果将临塑压力作为地基承载力容许值，虽然是安全的，但也是偏于保守和不经济的。工程经验表明：在大多数情况下，即使基底下一定深度范围内出现局部的塑性区，只要不超过一定的控制范围，并不影响建筑物的安全和正常使用。地基塑性区的容许深度，与建筑物的规模、重要性、荷载大小、荷载性质以及地基土的物理力学性质等有关。工程经验表明：在中心荷载作用下，可容许地基塑性区最大深度 $z_{max}=b/4$（b 为基础的宽度）；在偏心荷载作用下，可容许地基塑性区最大深度 $z_{max}=b/3$。将不同塑性区最大深度对应的基底压力称为临界压力，分别用 $p_{1/4}$ 和 $p_{1/3}$ 表示。

将 $z_{max}=\frac{1}{4}b$ 或 $z_{max}=\frac{1}{3}b$ 代入式(8-11)，可得：

$$p_{1/4}=\frac{\pi\left(\frac{1}{4}\gamma b+c\cot\varphi+\gamma_m d\right)}{\cot\varphi-\frac{\pi}{2}+\varphi}+\gamma_m d=N_{1/4}\gamma b+N_c c+N_d\gamma_m d \tag{8-13}$$

$$p_{1/3}=\frac{\pi\left(\frac{1}{3}\gamma b+c\cot\varphi+\gamma_m d\right)}{\cot\varphi-\frac{\pi}{2}+\varphi}+\gamma_m d=N_{1/3}\gamma b+N_c c+N_d\gamma_m d \tag{8-14}$$

式中　$N_{1/4}=\dfrac{\pi}{4\left(\cot\varphi-\frac{\pi}{2}+\varphi\right)}$；

$N_{1/3}=\dfrac{\pi}{3\left(\cot\varphi-\frac{\pi}{2}+\varphi\right)}$；

$p_{1/4}$，$p_{1/3}$——临界压力，kPa；

$N_{1/4}$，$N_{1/3}$，N_c，N_d——地基承载力系数，查表8-2或按上述公式计算；

γ——基底下地基土的重度（地下水位以下取有效重度），kN/m³；

b——基础的宽度，m；

其余符号同前。

综上所述，在中心荷载作用下，可取临界压力 $p_{1/4}$ 作为地基承载力容许值；在偏心荷载作用下，可取临界压力 $p_{1/3}$ 作为地基承载力容许值。

三、关于临塑压力和临界压力的讨论

在实际应用中，应注意以下几点：

(1) 将临塑压力 p_{cr} 取为地基承载力容许值是偏安全的，而将临界压力 $p_{1/4}$ 和 $p_{1/3}$ 取为地承载力容许值是偏经济的。

(2) 临塑压力 p_{cr}、临界压力 $p_{1/4}$ 和 $p_{1/3}$ 的计算公式都是在条形基础基底压力均匀分布的情况下推导出来的，属于平面应变问题。将这些计算公式应用于矩形、方形、圆形基础时会产生一定的误差，但结果偏安全。对于圆形基础，按 $b=\sqrt{\frac{\pi d^2}{4}}$ 计算折算宽度（d 为圆形基础直径）。

(3) 临塑压力 p_{cr} 与基础宽度 b 无关，而 $p_{1/4}$ 和 $p_{1/3}$ 与 b 有关，即地基承载力随着基础宽度的增大而增大。现实工程中，在不改变基础埋深的情况下，可通过增大基础宽度来提高地基承载力，同时也降低了基底压力，可取得事半功倍的效果。

(4) 临塑压力 p_{cr}、临界压力 $p_{1/4}$ 和 $p_{1/3}$ 都随基础埋深 d 的增大而增大。现实工程中，通常通过增加基础埋深来提高地基承载力，同时可选择深部工程性质更好的土层作为持力层，会使地基承载力进一步提高,但会增加工程建设投资。

(5) 临塑压力 p_{cr}、临界压力 $p_{1/4}$ 和 $p_{1/3}$ 的理论计算公式适用于上部结构传下来中心垂直荷载的情况。如果为偏心或倾斜荷载,则需要修正;当荷载偏心较大时,上述公式不能采用。

【例 8-1】 某条形基础,宽度 $b=3$ m,埋置深度 $d=1$ m,土的天然重度 $\gamma=19$ kN/m^3,饱和重度 $\gamma_{sat}=20$ kN/m^3,土的抗剪强度指标 $c=10$ kPa、$\varphi=10°$。试求:(1) 地基临界压力 $p_{1/4}$;(2) 若地下水位上升至基础底面,承载力有何变化?(3) 若基础埋深增加为 $d=2$ m,承载力有何变化?

【解】 (1) 由 $\varphi=10°$,查表 8-2 得承载力系数:$N_{1/4}=0.18$,$N_d=1.73$,$N_c=4.17$,代入式(8-13),可得:

$$\begin{aligned}p_{1/4} &= N_{1/4}\gamma b + N_c c + N_d \gamma_m d \\ &= 0.18\times19\times3+4.17\times10+1.73\times19\times1 = 84.8\ (\text{kPa})\end{aligned}$$

(2) 当地下水位上升至基础底面时,假定土的强度指标 c、φ 不变,因而承载力系数同上。地下水位以下地基土的重度采用有效重度 $\gamma'=\gamma_{sat}-\gamma_w=20-10=10$ (kN/m^3)。同样,代入式(8-13)可得:

$$\begin{aligned}p_{1/4} &= N_{1/4}\gamma b + N_c c + N_d \gamma_m d \\ &= 0.18\times10\times3+4.17\times10+1.73\times19\times1 = 80.0\ (\text{kPa})\end{aligned}$$

(3) 若基础埋深增加,假定土的强度指标 c、φ 仍不变,因而承载力系数同上。基底以下土的重度取有效重度,代入式(8-13)可得:

$$\begin{aligned}p_{1/4} &= N_{1/4}\gamma b + N_c c + N_d \gamma_m d \\ &= 0.18\times19\times3+4.17\times10+1.73\times19\times2 = 117.7\ (\text{kPa})\end{aligned}$$

由以上计算可知:① 地下水位上升会使承载力降低,确定地基承载力容许值时应以历年最高地下水位作为计算依据;② 增加基础埋深会显著提高地基承载力。

第三节　地基的极限承载力

地基的极限承载力又称为极限压力,习惯上称为极限荷载,是地基不致失稳时所能承受的最大基底压力,相应于典型 p-s 关系曲线出现陡降的点(b 点)对应的基底压力,用 p_u 表示。若能用理论公式计算出地基极限承载力,便可以按式(8-1)确定地基承载力容许值。

确定地基极限承载力理论计算公式的思路主要有两种:(1) 根据静力平衡方程(偏微分方程)和土的极限平衡条件联合求解,并利用边界条件确定地基达到极限平衡时的应力状态和滑动面方向的精确解。这种求解方法在数学上遇到的困难较大,尚无严格的一般解析解;(2) 假定滑动面法,即先假定地基土在极限平衡状态下的滑动面形状,然后以滑动面所包围的土体作为隔离体,根据静力平衡条件求出地基极限承载力。这种方法得到的极限承载力计算公式比较简单、概念明确,在工程实践中得到了广泛应用。由于不同研究者假定的滑动面不同,所得到的结果不同。本节主要按假定滑动面法,根据地基土发生整体剪切破坏情况,介绍几个著名的地基极限承载力计算公式。当地基土破坏模式为局部剪切破坏或冲切剪切破坏时,目前尚没有可靠的计算公式,一般采用将整体剪切破坏公式计算结果进行适当折减的方法。

一、普朗特尔、赖斯纳、泰勒极限承载力计算公式

（一）普朗特尔地基极限承载力计算公式

普朗特尔（L. Prandtl）于 1920 年针对条形基础（宽度为 b），假设基础底面光滑、无摩擦力，置于地表面（$d=0$），地基土无重力（$\gamma=0$），其滑动面形状如图 8-6 所示。

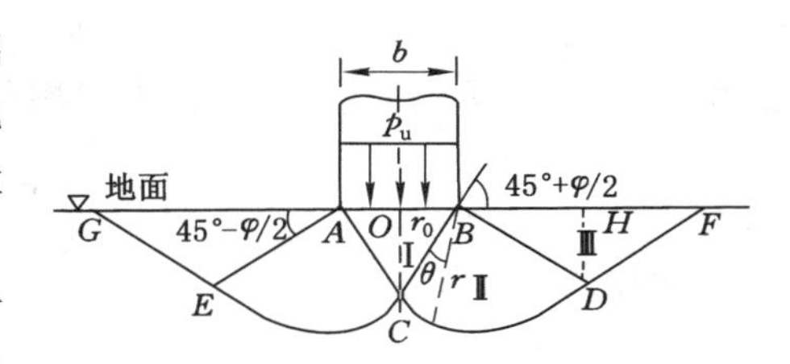

图 8-6　普朗特尔地基滑动面形状

普朗特尔认为：滑动面由直线 AC（或 BC）、对数螺旋线 CD（或 CE）和直线 DF（或 EG）构成。滑动面所包围的塑性区划分为 5 个区域，即 1 个Ⅰ区、2 个Ⅱ区和 2 个Ⅲ区。

Ⅰ区为主动朗肯状态区，由于基底光滑、无摩擦力，在Ⅰ区的大主应力 σ_1 是竖直方向的，剪切破坏面与水平面成 $45°+\frac{\varphi}{2}$。

Ⅲ区为被动朗肯状态区，由于Ⅰ区的土楔 ABC 向下位移，将附近的土体挤向两侧，使Ⅲ区中的土体 BDF（或 AEG）达到被动朗肯状态。在Ⅲ区大主应力 σ_1 是水平方向的，其剪切破坏面与水平面成$45°-\frac{\varphi}{2}$。

Ⅱ区为过渡区，剪切破坏面为对数螺旋线，其方程为 $r=r_0 e^{\theta\tan\varphi}$，式中 φ 为土的内摩擦角；r_0 为Ⅱ区的起始半径，其值等于Ⅰ区的边界长度 BC；θ 为射线 r 与 r_0 的夹角，则 $BD=r_0 e^{\frac{\pi}{2}\tan\varphi}$。

根据上述条件，普朗特尔取脱离体 $OCDH$，由静力平衡条件 $\sum M_B=0$ 得出极限承载力的表达式为：

$$p_u = cN_c \tag{8-15}$$

式中　c——土的黏聚力，kPa；

　　N_c——承载力系数（仅与内摩擦角 φ 有关）。

$$N_c = \cot\varphi\left[e^{\pi\tan\varphi}\tan^2\left(45°+\frac{\varphi}{2}\right)-1\right] \tag{8-16}$$

（二）赖斯纳地基极限承载力计算公式

赖斯纳（H. Reissner）于 1924 年在普朗特尔基本假设和物理模型的基础上，考虑了基础埋深的影响，并将埋深 d 内的土体当成作用在基础两侧基底平面上的均布荷载，如图 8-7 所示。

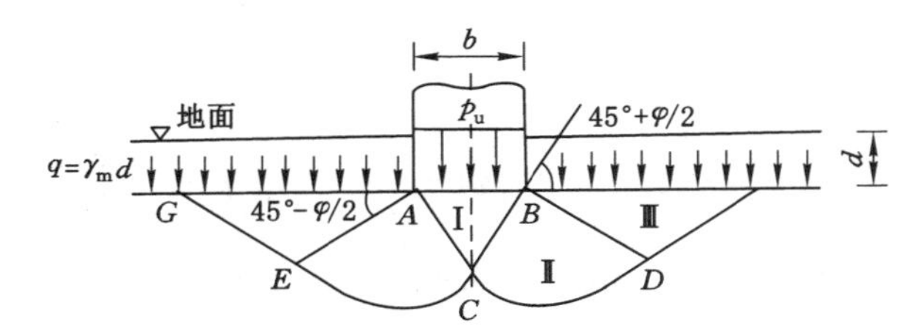

图 8-7　赖斯纳地基滑动面形状

与普朗特尔地基极限承载力计算公式推导过程类似，赖斯纳最终得到地基极限承载力计算公式为：

$$p_u = cN_c + \gamma_m dN_d \tag{8-17}$$

式中 N_d——承载力系数(仅与内摩擦角 φ 有关)。

$$N_d = e^{\pi\tan\varphi}\tan^2(45^\circ + \frac{\varphi}{2}) \tag{8-18}$$

对比式(8-16)和式(8-18)，可知：

$$N_c = (N_d - 1)\cot\varphi \tag{8-19}$$

（三）泰勒地基极限承载力计算公式

普朗特尔和赖斯纳地基极限承载力计算公式是针对基底光滑的条形基础，在假设地基土的重度 $\gamma=0$ 的条件下得到的。若考虑土体的重力，滑动面上的抗剪强度不是常数，此时无法得到极限承载力的解析解，但是许多学者提出可以近似计算。其中，泰勒认为：若考虑土体重力时，会使滑动面上的抗剪强度增加，其增加值可以用换算黏聚力 $c'=\gamma t\tan\varphi$ 表示，其中 γ、φ 为地基土的重度和内摩擦角，t 为滑动土体的换算高度，假定 $t=OC=\frac{b}{2}\tan(45^\circ+\frac{\varphi}{2})$。用 $(c+c')$ 代替式(8-17)中的 c，可得考虑滑动土体重力时的地基极限承载力计算公式。

$$\begin{aligned}
p_u &= (c+c')N_c + \gamma_m dN_d \\
&= cN_c + \gamma_m dN_d + \frac{1}{2}\gamma b\left[e^{\pi\tan\varphi}\tan^2(45^\circ+\frac{\varphi}{2}) - 1\right]\tan(45^\circ+\frac{\varphi}{2}) \\
&= cN_c + \gamma_m dN_d + \frac{1}{2}\gamma bN_\gamma
\end{aligned} \tag{8-20}$$

式中 b——条基宽度，m；

γ——基底下地基土的重度(地下水位以下取有效重度)，kN/m^3；

N_γ——承载力系数(仅与内摩擦角 φ 有关)。

$$N_\gamma = \left[e^{\pi\tan\varphi}\tan^2\left(45^\circ+\frac{\varphi}{2}\right) - 1\right]\tan(45^\circ+\frac{\varphi}{2}) = (N_d - 1)\tan(45^\circ+\frac{\varphi}{2}) \tag{8-21}$$

应特别指出的是：式(8-20)为近似计算公式，且只适用于基底光滑的条形基础。

【例 8-2】 黏性土地基上条形基础宽度 $b=2.0$ m、埋置深度 $d=1.5$ m，地基土的天然重度 $\gamma=17.6\ kN/m^3$，抗剪强度指标 $c=15.0$ kPa、$\varphi=20^\circ$。试按泰勒公式确定地基极限承载力，并绘出地基滑移线的轮廓。

【解】 (1) 地基极限承载力

承载力系数为：

$$N_d = e^{\pi\tan\varphi}\tan^2(45^\circ+\frac{\varphi}{2}) = e^{3.14\times\tan20^\circ}\times\tan^2(45^\circ+\frac{20^\circ}{2}) = 6.4$$

$$N_c = (N_d - 1)\cot\varphi = (6.4-1)\times\cot 20^\circ = 14.8$$

$$N_\gamma = (N_d - 1)\tan(45^\circ+\frac{\varphi}{2}) = (6.4-1)\times\tan(45^\circ+\frac{20^\circ}{2}) = 7.7$$

按泰勒公式确定地基极限承载力为：

$$p_u = cN_c + \gamma_m dN_d + \frac{1}{2}\gamma bN_\gamma$$

$$= 15.0 \times 14.8 + 17.6 \times 1.5 \times 6.4 + \frac{1}{2} \times 17.6 \times 2.0 \times 7.7$$

$$= 526.5\ (\text{kPa})$$

（2）地基滑移线的轮廓

$$\alpha' = 45° + \varphi/2 = 55°, \alpha = 45° - \varphi/2 = 35°$$

$$r_0 = \frac{b}{2\cos\alpha'} = \frac{2.0}{2 \times \cos 55°} = 1.74\ (\text{m})$$

$$r = r_0 e^{\theta\tan\varphi} = 1.74 \times e^{\frac{\pi}{2}\times\tan 20°} = 3.08\ (\text{m})$$

地基滑移线的轮廓，如图 8-8 所示。

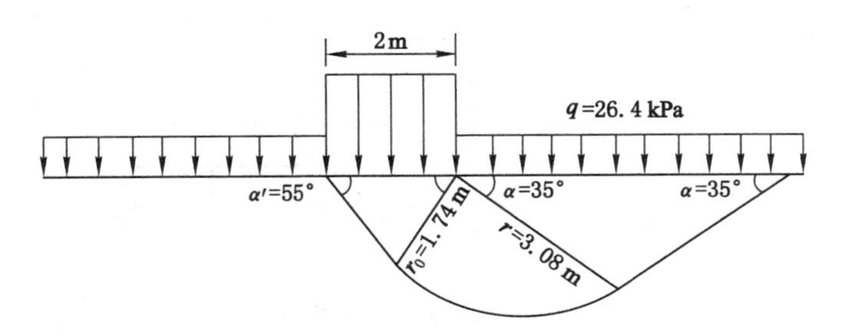

图 8-8　例 8-2 地基滑移线

二、太沙基极限承载力计算公式

（一）地基土发生整体剪切破坏时

如前所述，普朗特尔和赖斯纳公式是针对基底光滑的条形基础，在假设地基土的重度 $\gamma=0$ 的条件下得到的。太沙基(K. Terzaghi，1943)公式与二者不同的地方是考虑基础底面粗糙和土体的重力，并按假定滑动面法确定地基极限承载力。

太沙基假定的滑动面形状如图 8-9 所示，也分为 3 个区域，但是Ⅰ区内土体不处于朗肯主动状态，由于基底摩擦力的约束作用而处于弹性压密状态，与基础一起向下移动，并假定滑动面与水平面之间夹角为 φ。Ⅱ区和Ⅲ区与赖斯纳假定的相似，分别是由辐射线、对数螺旋线和直线组成的过渡区和被动朗肯状态区。太沙基以弹性压密区 ABC 为脱离体，由静力平衡条件得到了地基极限承载力计算公式，即

$$p_u = cN_c + \gamma_m dN_d + \frac{1}{2}\gamma bN_\gamma \tag{8-22}$$

式中　N_c、N_d、N_γ——太沙基承载力系数（仅与土的内摩擦角有关）。

太沙基极限承载力计算公式[式(8-22)]与泰勒极限承载力公式[式(8-20)]在形式上完全相同，但其中的承载力系数不同。在推导过程中，由于太沙基公式中的 N_γ 是用试算法得到的，未能给出其解析表达式。根据基底下地基土内摩擦角 φ 的不同，太沙基将地基承载力系数绘制成曲线，如图 8-10 中的实线所示；其相应的数值也可查表 8-3。

式(8-22)只适用于条形基础，对于方形和圆形基础，太沙基给出了半经验的极限承载力计算公式。

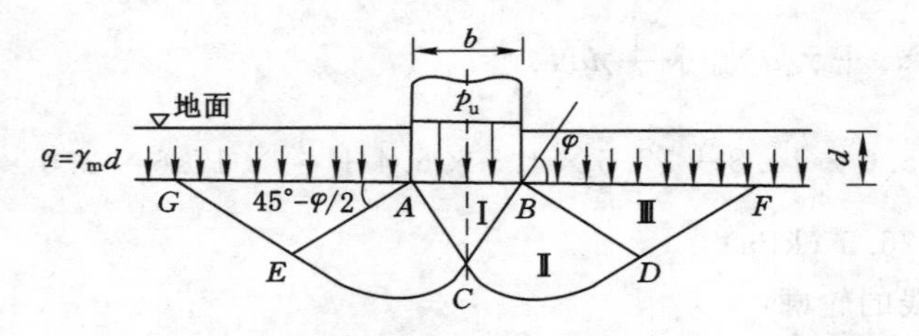

图 8-9 太沙基地基滑动面形状

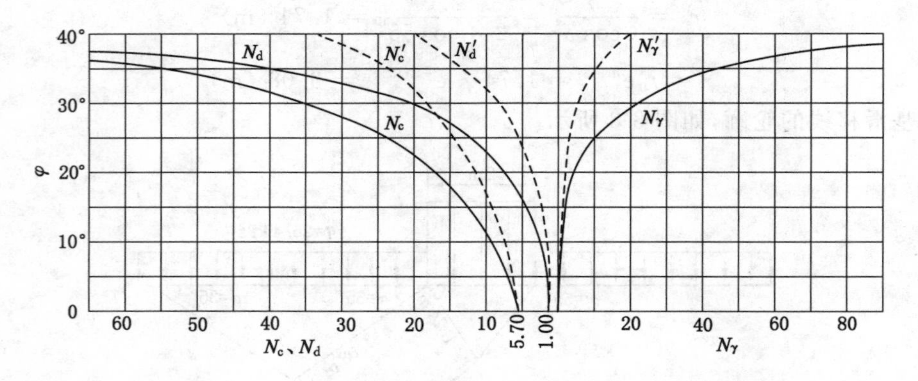

图 8-10 太沙基地基承载力系数

表 8-3 太沙基承载力系数

φ/(°)	N_c	N_d	N_γ	φ/(°)	N_c	N_d	N_γ
0	5.7	1.0	0	22	20.2	9.17	6.5
2	6.5	1.22	0.23	24	23.4	11.4	8.6
4	7.0	1.48	0.39	26	27.0	14.2	11.5
6	7.7	1.81	0.63	28	31.6	17.8	15.0
8	8.5	2.2	0.86	30	37.0	22.4	20.0
10	9.5	2.68	1.2	32	44.4	28.7	28.0
12	10.9	3.32	1.66	34	52.8	36.6	36.0
14	12.0	4.0	2.2	36	63.6	47.2	50.0
16	13.0	4.91	3.0	38	77.0	61.2	90.0
18	15.5	6.04	3.9	40	94.8	80.5	130.0
20	17.6	7.42	5.0	45	172.2	173.3	326.0

① 方形基础：

$$p_u = 1.2cN_c + \gamma_m dN_d + 0.4\gamma bN_\gamma \tag{8-23}$$

式中 b——方形基础的边长，m。

② 圆形基础：

$$p_u = 1.2cN_c + \gamma_m dN_d + 0.6\gamma RN_\gamma \tag{8-24}$$

式中 R——圆形基础的半径，m。

对于工程中应用较多的矩形基础，按 b/l 的值在条形基础（$b/l=0$）和方形基础（$b/l=1$）的地基极限承载力间插值求得。

（二）地基土发生局部剪切破坏时

式(8-22)至式(8-24)只适用于地基土发生整体剪切破坏时的情况。当地基土发生局部剪切破坏时，由于此时地基的变形量大，承载力有所降低，太沙基建议仍然可以采用上述公式计算地基极限承载力，但是要将抗剪强度指标适当折减。太沙基建议取 $c'=\frac{2}{3}c$，$\varphi'=\arctan\left(\frac{2}{3}\tan\varphi\right)$，由 φ' 查图 8-10 中的实线或表 8-3（或由 φ 查图 8-9 中的虚线）得到太沙基承载力系数，再用 c' 代替上述公式中的 c，便可得到地基土发生局部剪切破坏时的极限承载力。

【例 8-3】　某路堤如图 8-11 所示。路堤填土性质：$\gamma_1=19.0\ \mathrm{kN/m^3}$、$c_1=33.0\ \mathrm{kPa}$、$\varphi_1=20°$；饱和黏土地基土性质：$\gamma_2=16.0\ \mathrm{kN/m^3}$，不固结不排水抗剪强度指标 $c_u=22.0\ \mathrm{kPa}$、$\varphi_u=0$，固结排水抗剪强度指标 $c_d=4.0\ \mathrm{kPa}$、$\varphi_d=20°$。当安全系数取 3.0 时，试用太沙基公式验算下列两种情况下的地基承载力是否满足要求：① 路堤土的填筑速度比荷载在地基中所引起的超孔隙水压力的消散速率快；② 路堤土的填筑速度很慢，在地基土中不产生超孔隙水压力。

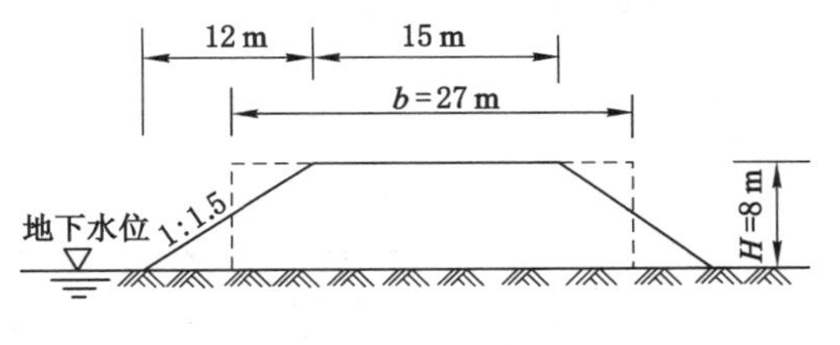

图 8-11　例 8-3 路堤剖面

【解】　因为太沙基地基极限承载力公式中的 p_u 是针对基底下均布荷载而言的，为此将梯形断面路堤折算成等面积和等高度的矩形断面，换算后路堤的宽度为 27.0 m，如图 8-11 中虚线所示。

地基土的有效重度 $\gamma_2'=16.0-10.0=6.0\ (\mathrm{kN/m^3})$；

路堤填土压力 $p=\gamma_1 H=19.0\times8.0=152.0\ (\mathrm{kPa})$。

(1) 路堤土的填筑速度比荷载在地基中所引起的超孔隙水压力的消散速率快。

这种情况应采用不固结不排水抗剪强度指标进行计算，由 $\varphi_u=0$ 查表 8-3 得：

$$N_c=5.7,N_d=1.0,N_\gamma=0$$

将 $\gamma_2'=6.0\ \mathrm{kN/m^3}$、$c_u=22.0\ \mathrm{kPa}$、$b=27.0\ \mathrm{m}$、$d=0$ 及承载力系数代入式(8-22)，得：

$$p_u=cN_c+\gamma_m dN_d+\frac{1}{2}\gamma bN_\gamma=22.0\times5.71+0+0\ \mathrm{kPa}=125.6\ (\mathrm{kPa})$$

因为地基承载力安全系数 $K=\frac{p_u}{p}=\frac{125.6}{152.0}=0.826<3.0$，故路堤下的地基承载力不能满足要求。

(2) 路堤土的填筑速度很慢，在地基土中不产生超孔隙水压力。

这种情况应采用固结排水抗剪强度指标进行计算，由 $\varphi_d=20°$查表 8-3 得：

$$N_c=17.6,N_d=7.42,N_\gamma=5.0$$

$$p_u=cN_c+\gamma_m dN_d+\frac{1}{2}\gamma bN_\gamma$$
$$=4.0\times17.6+0+\frac{1}{2}\times6.0\times27.0\times5.0=475.4\ (\mathrm{kPa})$$

因为地基承载力安全系数 $K=\frac{p_u}{p}=\frac{475.4}{152.0}=3.128>3.0$，故路堤下的地基承载力满足要求。

由上述计算可知：施工时应控制路堤填筑速度，允许地基土中的超孔隙水压力充分消散，则能使地基承载力得到满足。否则，路堤填筑速度快，在地基中引起的超孔隙水压力来不及消散时，地基承载力就不能满足要求，会造成施工过程中地基失稳破坏事故。

【例 8-4】 某路堤断面如图 8-12 所示。已知路堤土 $\gamma_1=18.8\ \mathrm{kN/m^3}$，地基土 $\gamma_2=16.0\ \mathrm{kN/m^3}$、$c=8.7\ \mathrm{kPa}$、$\varphi=10^\circ$。当安全系数取 3.0 时，试用太沙基公式验算地基承载力是否满足要求？若不满足，在路堤两侧采用反压护坡道压重方法以提高地基承载力，护坡道填土重度与路堤相同。试求：(1) 护坡道填筑高度 h 应为多少才能满足地基承载力要求？(2) 护坡道宽度 L 应为多少？

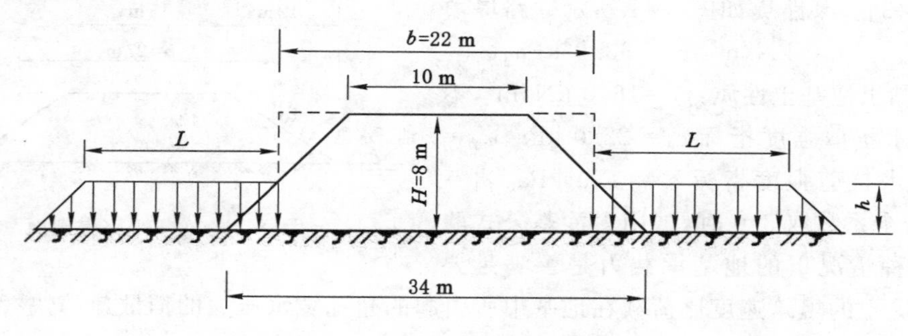

图 8-12 例 8-4 路堤剖面

【解】 (1) 验算地基承载力

将梯形断面路堤折算成等面积和等高度的矩形断面，换算后路堤的宽度为 22.0 m，如图 8-12 中虚线所示。

根据 $\varphi=10^\circ$ 查表 8-3 得：

$$N_c=9.5,N_d=2.68,N_\gamma=1.2$$

将 $\gamma_2=16.0\ \mathrm{kN/m^3}$、$c=8.7\ \mathrm{kPa}$、$b=22.0\ \mathrm{m}$、$d=0$ 及承载力系数代入式(8-22)，得：

$$\begin{aligned}p_u&=cN_c+\gamma_m dN_d+\frac{1}{2}\gamma_2 bN_\gamma\\&=8.7\times9.5+0+\frac{1}{2}\times16.0\times22.0\times1.2=293.85\ (\mathrm{kPa})\end{aligned}$$

路堤填土压力为：

$$p=\gamma_1 H=18.8\times8.0=150.4\ (\mathrm{kPa})$$

因为地基承载力安全系数 $K=\dfrac{p_u}{p}=\dfrac{293.85}{150.4}=1.95<3.0$，故路堤下的地基承载力不能满足要求。

(2) 确定护坡道填筑高度

由式(8-22)可以推导出满足安全系数要求的护坡道填筑高度：

$$\begin{aligned}h&=\frac{K\gamma_1 H-cN_c-0.5\gamma_2 bN_\gamma}{\gamma_1 N_d}\\&=\frac{3\times18.8\times8-8.7\times9.5-0.5\times16.0\times22\times1.2}{18.8\times2.68}=3.1\ (\mathrm{m})\end{aligned}$$

(3) 确定护坡道宽度

参照图 8-9，护坡道宽度 L 就是基底两侧的活动范围 AG 或 BF，只有在整个范围的超

载才能限制被动朗肯区(Ⅲ区)的隆起。根据图 8-9 的几何关系,可知:

$$L = BF = 2BD\cos(45° - \frac{\varphi}{2})$$

$$BD = BC \cdot e^{\theta\tan\varphi} = \frac{b}{2\cos\varphi}e^{\theta\tan\varphi}$$

$$\theta = \pi - \varphi - (\frac{\pi}{4} - \frac{\varphi}{2}) = \frac{3}{4}\pi - \frac{\varphi}{2}$$

则:

$$L = \frac{b}{\cos\varphi}e^{(\frac{3}{4}\pi - \frac{\varphi}{2})\tan\varphi}\cos(45° - \frac{\varphi}{2}) = \frac{22}{\cos 10°}e^{(\frac{3}{4}\times 3.14 - \frac{10°\times 3.14}{2\times 180°})\tan 10°}\cos(45° - \frac{10°}{2}) = 25.5\ (\text{m})$$

三、汉森与韦西极限承载力计算公式

前面所介绍的地基极限承载力计算公式,主要适用于中心竖向荷载。对于工程实际中广泛遇到的荷载倾斜或偏心、不同基底形状、不同基础埋深、地面或基底倾斜等情况下的地基极限承载力计算问题,许多学者做了进一步的研究,并提出了多种因素影响下的地基极限承载力修正公式,其中汉森(J. B. Hansen,1970)和韦西(A. S. Vesic,1971)公式得到了广泛应用。两者可用统一的形式表达:

$$p_u = cN_c s_c i_c d_c g_c b_c + \gamma_m d N_d s_d i_d d_d g_d b_d + \frac{1}{2}\gamma b N_\gamma s_\gamma i_\gamma d_\gamma g_\gamma b_\gamma \qquad (8\text{-}25)$$

式中　N_c、N_d、N_γ——地基承载力系数;

i_c、i_d、i_γ——荷载倾斜修正系数;

s_c、s_d、s_γ——基础形状修正系数;

d_c、d_d、d_γ——基础埋深修正系数;

g_c、g_d、g_γ——地面倾斜修正系数;

b_c、b_d、b_γ——基底倾斜修正系数;

其余符号意义同前。

汉森和韦西公式均考虑了基础形状、基础埋深、倾斜荷载、地面与基底倾斜的影响,具有适应性强的特点。需要指出的是:在偏心荷载作用下基础尺寸应取有效尺寸;汉森(J. B. Hansen)公式只适用于基础埋深小于基础底宽 $d<b$ 的情况。

(一)地基承载力系数

在地基极限承载力公式中,N_c、N_d 的表达式基本相同,但是 N_γ 的表达式却相差较大。汉森和韦西公式的地基承载力系数见表 8-4。

表 8-4　地基承载力系数

地基极限承载力计算公式	N_d	N_c	N_γ
汉森公式	$\tan^2(45°+\varphi/2)e^{\pi\tan\varphi}$	$(N_d-1)\cot\varphi$	$1.8(N_d-1)\tan\varphi$
韦西公式	$\tan^2(45°+\varphi/2)e^{\pi\tan\varphi}$	$(N_d-1)\cot\varphi$	$2.0(N_d+1)\tan\varphi$

(二)荷载倾斜修正系数

地面与基底倾斜的情况如图 8-13 所示,地面倾角为 β,基础埋深为 d,基础底面倾角为 η,垂直于基底的荷载分量为 P_v,平行于基底的荷载分量为 P_h。汉森和韦西给出的荷载倾斜修正系数见表 8-5。

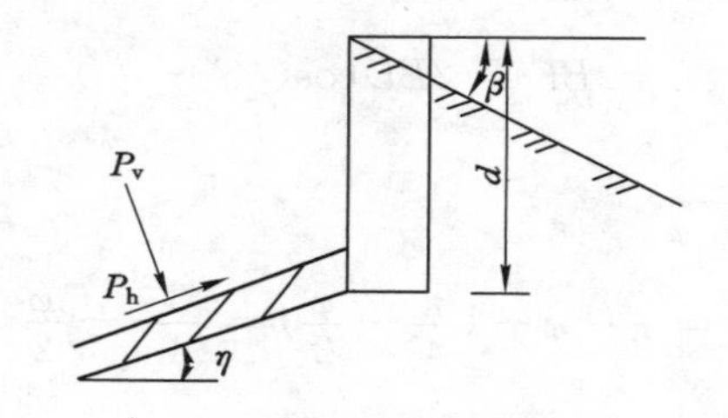

图 8-13　地面与基底倾斜情况

表 8-5　荷载倾斜修正系数

地基极限承载力计算公式	i_d	i_c	i_γ
汉森公式	$\left(1-\dfrac{0.5P_h}{P_v+cA_f\cot\varphi}\right)^5$	$i_d-\dfrac{1-i_d}{N_d-1}(\varphi>0)$； $0.5+0.5\sqrt{1-\dfrac{P_h}{cA_f}}(\varphi=0)$	$\left[1-\dfrac{(0.7-\eta/45°)P_h}{P_v+cA_f\cot\varphi}\right]^5$
韦西公式	$\left(1-\dfrac{P_h}{P_v+cA_f\cot\varphi}\right)^m$	$i_d-\dfrac{1-i_d}{N_d-1}(\varphi>0)$； $1-m\dfrac{P_h}{cA_fN_c}(\varphi=0)$	$\left(1-\dfrac{P_h}{P_v+cA_f\cot\varphi}\right)^{m+1}$

注：A_f——基础的有效接触面积，$A_f=b'l'$，m²；

b'——基础的有效宽度，$b'=b-2e_b$，m；

l'——基础的有效长度，$l'=l-2e_l$，m；

e_b、e_l——相对于基础面积中心的荷载偏心距，m；

b——基础的宽度，m；

l——基础的长度，m；

c——地基土的黏聚力，kPa；

φ——地基土的内摩擦角，(°)；

P_h——平行于基底的荷载分量，kN；

P_v——垂直于基底的荷载分量，kN；

η——基底倾角，(°)；

$m=(2+b/l)/(1+b/l)$（荷载在短边倾斜）、$m=(2+l/b)/(1+l/b)$（荷载在长边倾斜）；

在进行荷载修正时需满足 $P_h\leqslant c_aA_f+P_v\tan\delta$（$c_a$、$\delta$ 分别为基底与土的黏聚力和外摩擦角）。

（三）基础形状修正系数

汉森和韦西给出的基础形状修正系数见表 8-6。

表 8-6　基础形状修正系数

地基极限承载力计算公式	s_d	s_c	s_γ
汉森公式	$1+i_d\dfrac{b}{l}\sin\varphi$	$1+0.2i_c\dfrac{b}{l}$	$1-0.4i_\gamma\dfrac{b}{l}(\geqslant0.6)$
韦西公式	$1+\dfrac{b}{l}\sin\varphi$	$1+\dfrac{b}{l}\dfrac{N_d}{N_c}$	$1-0.4\dfrac{b}{l}$

注：方形和圆形基础，取 $b=l$；在偏心荷载作用下 b、l 取 b'、l'。

（四）基础埋深修正系数

汉森和韦西给出的基础埋深修正系数见表 8-7。

表 8-7　基础埋深修正系数

地基极限承载力计算公式	d_d		d_c		d_γ
汉森公式	$d<b$	$1+0.35\dfrac{d}{b}$	$d<b$	$1+0.35\dfrac{d}{b}$	1.0
韦西公式	$d\leqslant b$	$1+2\tan\varphi(1-\sin\varphi)^2\dfrac{d}{b}$	$d\leqslant b$	$d_d-\dfrac{1-d_d}{N_c\tan\varphi}(\varphi>0)$ $1+0.4\dfrac{d}{b}(\varphi=0)$	1.0
	$d>b$	$1+2\tan\varphi(1-\sin\varphi)^2\arctan(\dfrac{d}{b})$	$d>b$	$d_d-\dfrac{1-d_d}{N_c\tan\varphi}(\varphi>0)$ $1+0.4\arctan\dfrac{d}{b}(\varphi=0)$	

（五）地面倾斜修正系数

假设倾斜地面与水平面的夹角为 β，汉森和韦西给出的地面倾斜修正系数见表 8-8。

表 8-8　地面倾斜修正系数

地基极限承载力计算公式	g_d	g_c	g_γ
汉森公式	$(1-0.5\tan\beta)^5$	$1-\beta/147°$	$(1-0.5\tan\beta)^5$
韦西公式	$(1-\tan\beta)^2$	$g_d-\dfrac{1-g_d}{N_c\tan\varphi}(\varphi>0)$； $1-\dfrac{2\beta}{2+\pi}(\varphi=0)$	$(1-\tan\beta)^2$

（六）基底倾斜修正系数

假设基础底面倾角为 η，汉森和韦西给出的基底倾斜修正系数见表 8-9。

表 8-9　基底倾斜修正系数

地基极限承载力计算公式	b_d	b_c	b_γ
汉森公式	$\exp(-2\eta\tan\varphi)$	$1-\eta/147°$	$1-0.4i_\gamma\dfrac{b}{l}$ $(\geqslant 0.6)$
韦西公式	$(1-\eta\tan\varphi)^2$	$d_d-\dfrac{1-d_d}{N_c\tan\varphi}(\varphi>0)$； $1-\dfrac{2\eta}{2+\pi}(\varphi=0)$	$1-0.4\dfrac{b}{l}$

【例 8-5】 某矩形基础，如图 8-14 所示。基础宽度 $b=5.0$ m、长度 $l=15.0$ m、埋深 $d=3.0$ m；地基土为饱和黏性土，其物理力学参数为：$\gamma_{sat}=19.0$ kN/m^3、$c=4.0$ kPa、$\varphi=20°$；作用在基底上的竖向荷载 $P_v=10\ 000$ kN、偏心距 $e_b=0.4$ m、$e_l=0$，水平荷载 $P_h=200$ kN，土与基础的摩擦角 $\delta=12°$。试采用汉森公式计算地基极限承载力。

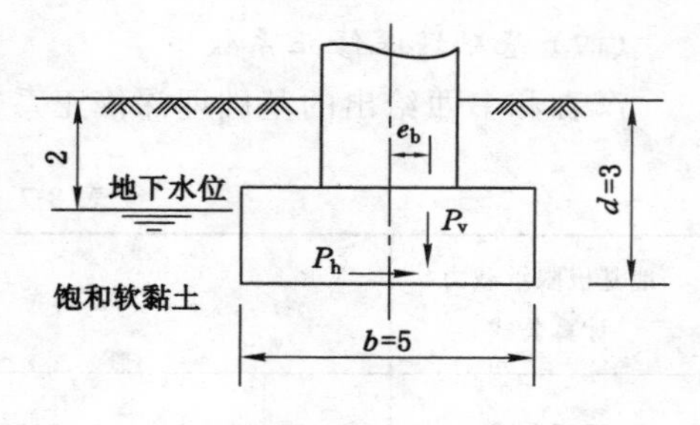

图 8-14 例 8-5 基础示意图（单位：m）

【解】 (1) 承载力系数

由 $\varphi=20°$ 和表 8-4，得：

$$N_d=\tan^2(45°+\varphi/2)e^{\pi\tan\varphi}=6.4$$

$$N_c=(N_d-1)\cot\varphi=14.8$$

$$N_\gamma=1.8(N_d-1)\tan\varphi=3.54$$

(2) 基础的有效面积

$$A_f=b'l'=(b-2e_b)(l-2e_l)=4.2\times15.0=63\ (\text{m}^2)$$

(3) 荷载倾斜修正系数

由表 8-5 可得：

$$i_d=\left(1-\frac{0.5P_h}{P_v+cA_f\cot\varphi}\right)^5=0.95,i_c=i_d-\frac{1-i_d}{N_d-1}=0.94$$

$$i_\gamma=\left[1-\frac{(0.7-\eta/45°)P_h}{P_v+cA_f\cot\varphi}\right]^5=0.94$$

(4) 基础形状修正系数

由表 8-6 可得：

$$s_d=1+i_d\frac{b'}{l'}\sin\varphi=1.09,s_c=1+0.2i_c\frac{b'}{l'}=1.05$$

$$s_\gamma=1-0.4i_\gamma\frac{b'}{l'}=0.90$$

(5) 基础埋深修正系数

由表 8-7 可得：

$$d_d=d_c=1+0.35\frac{d}{b}=1.25,d_\gamma=1.0$$

(6) 基底以上土层的加权平均重度

$$\gamma_m=\frac{2.0\times19.0+(3.0-2.0)\times(19.0-10.0)}{3.0}=15.67\ (\text{kN/m}^3)$$

(7) 地基极限承载力

在式(8-25)中，由于地表和基底均水平，则地面倾斜修正系数 $g_c=g_d=g_\gamma=1.0$，基底倾斜修正系数 $b_c=b_d=b_\gamma=1.0$；基底位于地下水位以下，应取浮重度计算；荷载偏心时，基底宽度应取有效宽度，则有：

$$\begin{aligned}p_u&=cN_cs_ci_cd_c+\gamma_mdN_ds_di_dd_d+\frac{1}{2}\gamma'b'N_\gamma s_\gamma i_\gamma d_\gamma\\&=4.0\times4.8\times1.05\times0.94\times1.25+15.67\times3.0\times6.4\times1.09\times0.95\times1.25\\&\quad+0.5\times(19.0-10.0)\times(5.0-2\times0.4)\times3.54\times0.90\times0.94\times1.0\end{aligned}$$

$=519.0\ (\text{kPa})$

上面介绍了确定地基极限承载力的几种经典公式，包括普朗特尔公式、赖斯纳公式、泰勒公式、太沙基公式、汉森公式和韦西公式，各有其特点和适用条件，后三者应用较广泛。

应该指出的是，究竟哪个公式更接近真实值，目前尚不能做出准确判断。

四、安全系数的选择

将地基极限承载力 p_u 除以安全系数 K，即可得到设计所需的地基承载力容许值$[f_a]$。如何恰当选择安全系数，对保证地基稳定性和基础设计合理性及经济性，都有十分重要的意义。

安全系数的选择与许多因素有关，诸如：建筑场地的岩土条件；地质勘察的程度；建筑物的类型、安全等级、性能和预期使用寿命；设计荷载的组合以及由于建筑物的破坏将带来的危害程度等。由于影响因素很多，且各个承载力理论都有不同程度差别，所以目前还没有一个公认的、统一的安全系数选择标准。在工程实践中应根据具体工程问题加以具体分析，综合上述各种因素予以确定。

一般来说，对太沙基公式，安全系数 $K\geqslant 3.0$；对汉森和韦西公式，安全系数可按表 8-10 和表 8-11 选取。

表 8-10　汉森公式的安全系数

土或荷载条件	安全系数
无黏性土	2.0
黏性土	3.0
瞬时荷载(如风、地震和相当的活荷载)	2.0
静荷载或长时期的活荷载	2.0 或 3.0(视土样而定)

表 8-11　韦西公式的安全系数

典型建筑物	所属特性	土的勘察程度	
		完全	有限
铁路桥，仓库、高炉、水工建筑、土工建筑	最大设计荷载可能经常出现，破坏的结果是灾难性的	3.0	4.0
公路桥，轻工业和公共建筑	最大设计荷载可能偶然出现，破坏的结果是严重的	2.5	3.5
房屋和办公室建筑	最大设计荷载不可能出现	2.0	3.0

注：1. 对于临时性建筑物，可以将表中数值降低至 75%，但安全系数不得低于 2.0；

2. 对于非常高的建筑物(如烟囱和塔)，或随时可能发展成为承载力破坏的危险建筑物，表中数值将增大 20%～50%；

3. 如果基础设计是由沉降量控制的，必须采用高的安全系数。

第四节　按规范方法确定地基承载力

一、《公路桥涵地基与基础设计规范》(JTG 3363—2019)中地基承载力容许值的确定

《公路桥涵地基与基础设计规范》(JTG 3363—2019)中明确规定：桥涵地基承载力的验算应以修正后的地基承载力特征值 f_a 乘以地基承载力抗力系数 γ_R 控制，也就是说，地基承载力容许值 $[f_a]$ 可按式(8-26)确定。

$$[f_a]=\gamma_R f_a \tag{8-26}$$

式中　f_a——修正后的地基承载力特征值，kPa；

γ_R——地基承载力抗力系数，见表 8-12。

表 8-12　地基承载力抗力系数 γ_R

受荷阶段	作用组合或地基条件		f_a/kPa	γ_R
使用阶段	频遇组合	永久作用与可变作用组合	≥150	1.25
			<150	1.00
		仅计结构重力、预加力、土的重力、土侧压力和汽车荷载、人群荷载	—	1.00
	偶然组合		≥150	1.25
			<150	1.00
	多年压实未遭破坏的非岩石旧桥基		≥150	1.50
			<150	1.25
	岩石旧桥基		—	1.00
施工阶段	不承受单向推力		—	1.25
	承受单向推力		—	1.50

修正后的地基承载力特征值 f_a 的确定，是在地基承载力特征值 f_{a0} 的基础上，根据基础埋深、基础宽度及地基土的类别，通过修正公式计算得到。

(一) 地基承载力特征值 f_{a0} 的确定

地基承载力特征值 f_{a0} 宜由荷载试验或其他原位测试方法实测取得，其值不应大于地基极限承载力的 1/2。对于中小桥、涵洞，当受现场条件限制或开展荷载试验和其他原位测试有困难时，也可按表 8-13 至表 8-19 确定。

表 8-13　岩石地基承载力特征值 f_{a0}　　单位：kPa

坚硬程度	节理发育程度		
	节理不发育	节理发育	节理很发育
坚硬岩、较硬岩	>3 000	3 000～2 000	2 000～1 500
较软岩	3 000～1 500	1 500～1 000	1 000～800
软岩	1 200～1 000	1 000～800	800～500
极软岩	500～400	400～300	300～200

表 8-14　碎石地基承载力特征值 f_{a0}　　单位：kPa

土名	密实程度			
	密实	中密	稍密	松散
卵石	1 200～1 000	1 000～650	650～500	500～300
碎石	1 000～800	800～550	550～400	400～200
圆砾	800～600	600～400	400～300	300～200
角砾	700～500	500～400	400～300	300～200

注：1. 由硬质岩组成，填充砂土时取高值；由软质岩组成，填充黏性土时取低值。
2. 半胶结的碎石土按密实的同类土提高 10%～30%。
3. 松散的碎石土在天然河床中很少遇见，需特别注意鉴定。
4. 漂石、块石参照卵石、碎石取值，并适当提高。

表 8-15　砂土地基承载力特征值 f_{a0}　　单位：kPa

土名	湿度	密实程度			
		密实	中密	稍密	松散
砾砂、粗砂	与湿度无关	550	430	370	200
中 砂	与湿度无关	450	370	330	150
细砂	水上	350	270	230	100
	水下	300	210	190	—
粉砂	水上	300	210	190	—
	水下	200	110	90	—

表 8-16　粉土地基承载力特征值 f_{a0}　　单位：kPa

e	w/%					
	10	15	20	25	30	35
0.5	400	380	355	—	—	—
0.6	300	290	280	270	—	—
0.7	250	235	225	215	205	—
0.8	200	190	180	170	165	—
0.9	160	150	145	140	130	125

注：e 为粉土的天然孔隙比；w 为粉土的天然含水率。

表 8-17　老黏性土地基承载力特征值 f_{a0}　　单位：kPa

E_s	10 000	15 000	20 000	25 000	30 000	35 000	40 000
f_{a0}	380	430	470	510	550	580	620

注：E_s 为老黏性土压缩模量；当老黏性土 E_s＜10 MPa 时，其地基承载力特征值 f_{a0} 按一般黏性土确定。

表 8-18　一般黏性土地基承载力特征值 f_{a0}　单位:kPa

e	I_L												
	0	0.1	0.2	0.3	0.4	0.5	0.6	0.7	0.8	0.9	1.0	1.1	1.2
0.5	450	440	430	420	400	380	350	310	270	240	220	—	—
0.6	420	410	400	380	360	340	310	280	250	220	200	180	—
0.7	400	370	350	330	310	290	270	240	220	190	170	160	150
0.8	380	330	300	280	260	240	230	210	180	160	150	140	130
0.9	320	280	260	240	220	210	190	180	160	140	130	120	100
1.0	250	230	220	210	190	170	160	150	140	120	110	—	—
1.1	—	—	160	150	140	130	120	110	100	90	—	—	—

注:1. e 为一般黏性土的天然孔隙比;I_L 为一般黏性土的液性指数。

2. 土中含有粒径大于 2 mm 的颗粒质量超过总质量 30%时,f_{a0} 可适当提高。

3. 当 $e<0.5$ 时,取 $e=0.5$;当 $I_L<0$ 时,取 $I_L=0$。此外,超过表列范围的一般黏性土,$f_{a0}=57.22E_s^{0.57}$。

4. 一般黏性土地基承载力特征值 f_{a0} 取值大于 300 kPa 时,应有原位测试数据作为依据。

表 8-19　新近沉积黏性土地基承载力特征值 f_{a0}　单位:kPa

e	I_L		
	≤0.25	0.75	1.25
≤0.8	140	120	100
0.9	130	110	90
1.0	120	100	80
1.1	110	90	—

注:e 为新近沉积黏性土的天然孔隙比;I_L 为新近沉积黏性土的液性指数。

（二）修正后的地基承载力特征值 f_a

地基承载力特征值 f_{a0} 只适用于浅埋小型基础。工程实践与试验研究结果表明:地基承载力不仅取决于地基土的力学性质,还取决于基础的埋深 d 和基础的宽度 b,随二者的增大而增大。《公路桥涵地基与基础设计规范》(JTG 3363—2019)规定:修正后的地基承载力特征值 f_a 可按式(8-27)确定。

$$f_a = f_{a0} + k_1\gamma(b-2) + k_2\gamma_m(d-3) \tag{8-27}$$

式中 f_a——修正后的地基承载力特征值,kPa。

b——基础底面的最小宽度,m;当 $b<2$ m 时,取 $b=2$ m;当 $b>10$ m 时,取 $b=10$ m。

d——基础的埋置深度,m,自天然地面起算,有水流冲刷时自一般冲刷线起算;当 $d<3$ m 时,取 $d=3$ m;当 $d/b>4$ 时,取 $d=4b$。

γ——基底持力层土的天然重度,kN/m³;若持力层在水面以下且为透水者,应取浮重度。

γ_m——基底以上土层的加权平均重度,kN/m³;换算时若持力层在水面以下且不透水时,不论基底以上土的透水性如何,均取饱和重度;透水时,水中部分土层取浮重度。

k_1,k_2——基底宽度、深度修正系数,根据基底持力层土的类别按表 8-20 确定。

表 8-20　地基土承载力宽度、深度修正系数 k_1、k_2

系数	黏性土				粉土	砂土								碎石土			
	老黏性土	一般黏性土		新近沉积黏性土	—	粉砂		细砂		中砂		砾砂、粗砂		碎石、圆砾、角砾		卵石	
		$I_L \geqslant 0.5$	$I_L < 0.5$		—	中密	密实	中密	密实	中密	密实	中密	密实	中密	密实	中密	密实
k_1	0	0	0	0	0	1.0	1.2	1.5	2.0	2.0	3.0	3.0	4.0	3.0	4.0	3.0	4.0
k_2	2.5	1.5	2.5	1.0	1.5	2.0	2.5	3.0	4.0	4.0	5.5	5.0	6.0	5.0	6.0	6.0	10.0

注：1. 稍密和松散状态的砂、碎石土，k_1、k_2可采用表列中密值的 50%。

2. 强风化和全风化的岩石，可参照所风化成的相应土类取值；其他状态下的岩石不修正。

（三）软土地基承载力的确定

软土地基承载力的确定应格外慎重。在《公路桥涵地基与基础设计规范》(JTG 3363—2019)明确规定：软土地基承载力特征值 f_{a0} 应由载荷试验或其他原位测试取得；载荷试验和原位测试确有困难时，对中小桥、涵洞基底未经处理的软土地基，其修正后的地基承载力特征值 f_a 可按下述两种方法确定。

(1) 根据原状土天然含水率 w，按表 8-21 确定软土地基承载力特征值 f_{a0}，然后按式(8-28)计算修正后的地基承载力特征值 f_a。

$$f_a = f_{a0} + \gamma_m d \tag{8-28}$$

表 8-21　软土地基承载力特征值 f_{a0}　　单位：kPa

天然含水率 w/%	36	40	45	50	55	65	75
f_{a0}/kPa	100	90	80	70	60	50	40

(2) 根据原状土强度指标确定软土地基修正后的地基承载力特征值 f_a。

$$f_a = \frac{5.14}{m} k_p c_u + \gamma_m d \tag{8-29}$$

式中，

$$k_p = \left(1 + 0.2\frac{b}{l}\right)\left(1 - \frac{0.4H}{blc_u}\right) \tag{8-30}$$

式中　m——抗力修正系数，取 1.5～2.5；

c_u——地基土不排水抗剪强度标准值，kPa；

k_p——系数；

H——由作用(标准值)引起的水平力，kN；

b——基础宽度，m，有偏心作用时，取 $b-2e_b$；

l——垂直于 b 边的基础长度，m，偏心时取 $l-2e_l$；

e_b，e_l——宽度和长度方向的偏心距。

《公路桥涵地基与基础设计规范》(JTG 3363—2019)还规定：经排水固结方法处理的软土地基，其承载力特征值 f_{a0} 应通过载荷试验或其他原位测试方法确定；经复合地基方法处理的软土地基，其承载力特征值 f_{a0} 应通过载荷试验确定；然后按式(8-28)计算修正后的软土地基承载力特征值 f_a。

二、《建筑地基基础设计规范》(GB 50007—2011)中地基承载力特征值的确定

《建筑地基基础设计规范》(GB 50007—2011)明确规定地基承载力的验算应满足：当轴心荷载作用时，$p \leqslant f_a$；当偏心荷载作用时，$p_{max} \leqslant 1.2 f_a$。其中：$p$ 为基底平均压力值，kPa；p_{max}为基底边缘最大压力值，kPa；f_a为修正后的地基承载力特征值，kPa。

其还规定：地基承载力特征值 f_{ak}可由载荷试验或其他原位测试、公式计算，并结合工程实践经验等综合确定(由现场载荷试验确定地基承载力特征值 f_{ak}详见第四章第二节)。

(一) 修正后的地基承载力特征值 f_a

当基础宽度大于 3 m 或埋深大于 0.5 m 时，可由式(8-31)确定修正后的地基承载力特征值，即

$$f_a = f_{ak} + \eta_b \gamma (b - 3) + \eta_d \gamma_m (d - 0.5) \tag{8-31}$$

式中 f_a——修正后的地基承载力特征值，kPa；

f_{ak}——地基承载力特征值，kPa；

η_b，η_d——基础宽度和埋置深度的地基承载力修正系数，按基底下土的类别查表 8-22；

γ——基础底面以下土的重度，地下水位以下取浮重度，kN/m³；

b——基础底面宽度，m，基底宽度小于 3 m 时按 3 m 取值，大于 6 m 时按 6 m 取值；

γ_m——基础底面以上土的加权平均重度，地下水位以下的土层取浮重度，kN/m³；

d——基础埋置深度，m。

表 8-22　承载力修正系数

土的类别		η_b	η_d
淤泥和淤泥质土		0	1.0
人工填土 e或I_L大于等于 0.85 的黏性土		0	1.0
红黏土	含水比 $\alpha_w > 0.8$	0	1.2
	含水比 $\alpha_w \leqslant 0.8$	0.15	1.4
大面积压实填土	压实系数大于 0.95、黏粒含量 $\rho_c \geqslant 10\%$的粉土	0	1.5
	最大干密度大于 2 100 kg/m³的级配砂石	0	2.0
粉土	黏粒含量 $\rho_c \geqslant 10\%$的粉土	0.3	1.5
	黏粒含量 $\rho_c < 10\%$的粉土	0.5	2.0
e及I_L均小于 0.85 的黏性土		0.3	1.6
粉砂、细砂(不包括很湿与饱和时的稍密状态)		2.0	3.0
中砂、粗砂、砾砂和碎石土		3.0	4.4

注：1. 强风化和全风化的岩石，可参照所风化成的相应土类取值，其他状态下的岩石不修正。

2. 现场载荷试验有浅层平板载荷试验和深层平板载荷试验，地基承载力特征值按深层平板载荷试验确定时 η_d 取 0。

3. 含水比是指土的天然含水率与液限的比值。

4. 大面积压实填土是指填土范围大于 2 倍基础宽度的填土。

【例 8-6】 某场地地表土层为中砂，厚度 2 m，$\gamma = 18.7$ kN/m³，现场载荷试验测得$f_{ak} = 220$ kPa，若修建的基础底面尺寸为 2 m×2.8 m，基础埋深 $d = 1$ m。试按《建筑地基基础设计规范》(GB 50007—2011)确定修正后的地基承载力特征值。

【解】　查表 8-22 得承载力修正系数 $\eta_b=3.0$，$\eta_d=4.4$，代入式(8-31)得到修正后的地基承载力特征值：

$$\begin{aligned} f_a &= f_{ak}+\eta_b\gamma(b-3)+\eta_d\gamma_m(d-0.5) \\ &=220+3.0\times18.7\times(3-3)+4.4\times18.7\times(1-0.5) \\ &=261\ (\text{kPa}) \end{aligned}$$

（二）根据土的抗剪强度指标确定 f_a

当荷载偏心距 $e\leqslant0.033b$（b 为基础底面宽度）时，根据土的抗剪强度指标确定地基承载力特征值可按式(8-32)计算，并应满足变形要求。

$$f_a = M_b\gamma b + M_d\gamma_m d + M_c c_k \tag{8-32}$$

式中　f_a——由土的抗剪强度指标确定的地基承载力特征值，kPa；

M_b，M_d，M_c——承载力系数，查表 8-23；

b——基础底面宽度，m，大于 6 m 时按 6 m 取值，对于砂土小于 3 m 时按 3 m 取值；

c_k——基底下 1 倍短边宽度深度范围内土的黏聚力标准值，kPa；

其余符号同前。

表 8-23　承载力系数 M_b、M_d、M_c

土的内摩擦角标准值 φ_k/(°)	M_b	M_d	M_c
0	0	1.00	3.14
2	0.03	1.12	3.32
4	0.06	1.25	3.51
6	0.10	1.39	3.71
8	0.14	1.55	3.93
10	0.18	1.73	4.17
12	0.23	1.94	4.42
14	0.29	2.17	4.69
16	0.36	2.43	5.00
18	0.43	2.72	5.31
20	0.51	3.06	5.66
22	0.61	3.44	6.04
24	0.80	3.87	6.45
26	1.10	4.37	6.90
28	1.40	4.93	7.40
30	1.90	5.59	7.95
32	2.60	6.35	8.55
34	3.40	7.21	9.22
36	4.20	8.25	9.97
38	5.00	9.44	10.80
40	5.80	10.84	11.73

注：φ_k 为基底下 1 倍短边宽度的深度范围内土的内摩擦角标准值，(°)。

补充说明如下：

(1) 按理论公式计算地基承载力特征值时，对计算结果影响最大的是土的抗剪强度指标的取值。一般应采取质量最好的原状土样用三轴压缩试验测定。

(2) 按土的抗剪强度确定的地基承载力特征值没有考虑建筑物对地基变形的要求，因此在确定基底尺寸后，还应进行地基变形验算；

(3) 内摩擦角标准值 φ_k 和黏聚力标准值 c_k 可按下列方法计算。

将 n 组试验所得的 φ_i 和 c_i 代入式(8-33)至式(8-35)，分别计算出平均值 c_m、φ_m，标准差 σ_c、σ_φ 和变异系数 δ_c、δ_φ。

$$\begin{cases} c_m = \dfrac{1}{n}\sum_{i=1}^{n} c_i \\ \varphi_m = \dfrac{1}{n}\sum_{i=1}^{n} \varphi_i \end{cases} \tag{8-33}$$

$$\begin{cases} \sigma_c = \sqrt{\dfrac{\sum_{i=1}^{n} c_i^2 - nc_m^2}{n-1}} \\ \sigma_\varphi = \sqrt{\dfrac{\sum_{i=1}^{n} \varphi_i^2 - n\varphi_m^2}{n-1}} \end{cases} \tag{8-34}$$

$$\begin{cases} \delta_c = \sigma_c/\sigma_m \\ \delta_\varphi = \sigma_\varphi/\sigma_\varphi \end{cases} \tag{8-35}$$

按式(8-36)和式(8-37)分别计算 n 组试验的内摩擦角和黏聚力的统计修正系数 ψ_c 和 ψ_φ，即

$$\psi_c = 1 - \left(\frac{1.704}{\sqrt{n}} + \frac{4.678}{n^2}\right)\delta_c \tag{8-36}$$

$$\psi_\varphi = 1 - \left(\frac{1.704}{\sqrt{n}} + \frac{4.678}{n^2}\right)\delta_\varphi \tag{8-37}$$

最后按式(8-38)和式(8-39)计算抗剪强度指标标准值 φ_k 和 c_k，即

$$c_k = \psi_c c_m \tag{8-38}$$

$$\varphi_k = \psi_\varphi \varphi_m \tag{8-39}$$

(三) 岩石地基承载力特征值 f_a 的确定

对于完整、较完整、较破碎的岩石地基承载力特征值 f_a 的确定，可采用岩石地基载荷试验方法，详见《建筑地基基础设计规范》(GB 50007—2011)附录 H(本教材从略)；对于破碎、极破碎的岩石地基承载力特征值 f_a 的确定，可采用平板载荷试验方法。

对于完整、较完整和较破碎的岩石地基承载力特征值 f_a 的确定，也可根据室内饱和单轴抗压强度按式(8-40)计算。

$$f_a = \psi_r f_{rk} \tag{8-40}$$

式中 f_a——岩石地基承载力特征值，kPa。

f_{rk}——岩石饱和单轴抗压强度标准值，kPa。

ψ_r——折减系数。根据岩体完整程度以及结构面的间距、宽度、产状和组合，根据地方经验确定。无经验时，完整岩体可取0.5；较完整岩体可取0.2～0.5，较破碎岩体可取0.1～0.2。

思　考　题

8-1　地基破坏有哪几种模式？各有什么特征？

8-2　什么是地基的临塑荷载？临塑荷载如何计算？根据临塑荷载设计是否要除以安全系数？

8-3　地基的临界荷载的物理概念是什么？

8-4　什么是地基极限承载力？计算极限承载力的常用公式有哪些？

8-5　确定地基承载力有哪些方法？

习　题

8-1　某条形基础宽3 m，埋深2 m，地基土为均质黏性土，$c=12$ kPa，$\varphi=15°$，地下水与基底面同高，该面以上土的重度为18 kN/m^3，以下土的饱和重度为19 kN/m^3，试计算或分析：

（1）临塑荷载p_{cr}和临界荷载$p_{1/4}$与$p_{1/3}$；

（2）若基础埋深不变，基础宽度加大1倍，求p_{cr}、$p_{1/4}$和$p_{1/3}$；

（3）若基础宽度不变，基础埋深加大1倍，求p_{cr}、$p_{1/4}$和$p_{1/3}$；

（4）由上述计算结果可以发现什么规律？

8-2　一条形基础宽度为1.5 m，埋深为1.8 m，地基为砂土，其物理力学性能指标为：$\gamma=19.5$ kN/m^3、$\varphi=40°$、$c=5$ kPa，试分别求相应于基底平均压力为400 kPa、500 kPa和600 kPa时地基内塑性区的最大深度。

8-3　砂土地基上条形基础宽度$b=2.6$ m、埋置深度$d=1.8$ m，地基土的天然重度$\gamma=18.4$ kN/m^3，抗剪强度指标$c=19.0$ kPa、$\varphi=24°$。试分别按泰勒公式和太沙基公式确定地基极限承载力。如果安全系数$K=2.5$，则地基承载力容许值取多少合适？

8-4　某均匀地基土的天然重度$\gamma=17.0$ kN/m^3、含水率$w=38\%$、土粒比重$G_s=2.75$，土的抗剪强度指标$\varphi=12°$、$c=12.0$ kPa。试按太沙基公式计算下列情况下地基发生整体剪切破坏和局部剪切破坏时的极限承载力：(1) 宽度$b=3.0$ m、基础埋深$d=1.0$ m的条形基础；(2) 直径或边长为3 m的圆形基础或方形基础；(3) 若地下水位上升至基础底面时，上述基础条件下的承载力如何变化？

8-5　某路堤断面为梯形，上宽为19 m，坡度为1∶1，路堤填筑高度为10 m。已知路堤土$\gamma_1=19.2$ kN/m^3，地基土的$\gamma_2=18.3$ kN/m^3、$c=11.4$ kPa、$\varphi=12°$。试求：

（1）当安全系数取3.0时，试用太沙基公式验算地基承载力是否满足要求；

（2）若不满足，在路堤两侧采用反压护坡道压重方法以提高地基承载力，护坡道填土重度$\gamma_3=18.6$ kN/m^3，则护坡道填筑高度和宽度应为多少？

8-6　某矩形基础，如图8-15所示。基础宽度$b=5.0$ m、长度$l=15.0$ m、埋深$d=3.0$

m；地基土为饱和黏性土，其物理力学性能参数为：$\gamma_{sat}=19.0\ \mathrm{kN/m^3}$、$c=4.0\ \mathrm{kPa}$、$\varphi=20°$；作用在基底的竖向荷载 $P_v=10\,000\ \mathrm{kN}$、偏心距 $e_b=0.4\ \mathrm{m}$、$e_l=0$，水平荷载 $P_h=200\ \mathrm{kN}$，土与基础的摩擦角 $\delta=12°$。试采用韦西公式计算地基极限承载力，并与汉森公式计算结果进行对比。

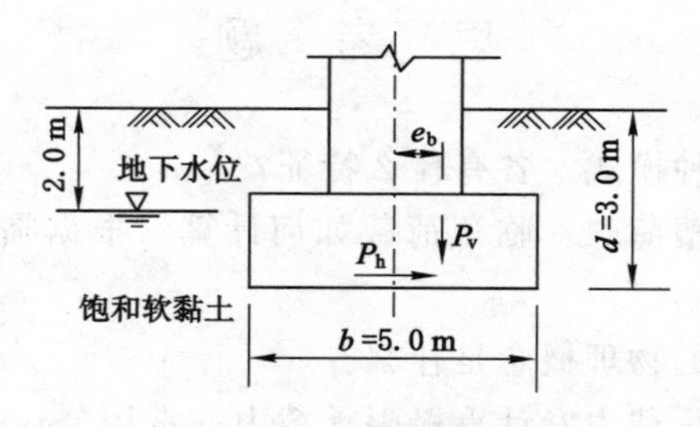

图 8-15　习题 8-6 基础示意图（单位：m）

8-7　某建筑场地的地表土层为粉质黏土，厚度 2 m，$\gamma=18.2\ \mathrm{kN/m^3}$。粉质黏土层以下为密实砾砂层，$\gamma=19.3\ \mathrm{kN/m^3}$，$\gamma_{sat}=20.7\ \mathrm{kN/m^3}$，抗剪强度指标标准值 $c_k=2.1\ \mathrm{kPa}$，$\varphi_k=31°$。现场载荷试验测得 $f_{ak}=f_{a0}=260\ \mathrm{kPa}$，地下水位在地表下 2.1 m 处。若修建的基础底面尺寸为 2 m×2.6 m，基础埋深 $d=2.1\ \mathrm{m}$，试分别按《公路桥涵地基与基础设计规范》(JTG 3363—2019)和《建筑地基基础设计规范》(GB 50007—2011)规定的方法计算修正后的地基承载力特征值 f_a，并分析计算结果不同的原因。

小　论　文

8-1　地基承载力容许值确定方法综述。

8-2　地基极限承载力确定方法综述。

第九章　天然地基上的浅基础

第一节　概　　述

一、地基与基础的分类

建筑物都是建造在特定的地层之上，通常将承受建筑物荷载的地层称为地基。通常情况下地基可分为天然地基和人工地基。天然地基是指土层在自然状态下即可满足承载力要求，同时满足强度条件和变形条件而不需要人工处理的地基；人工地基是指天然土层不能满足强度条件或变形条件，需经人工处理后作为地基的土体。

建筑物在地面以下并将上部荷载传递至地基的下部结构，称为建筑物的基础。一般情况下，基础可分为浅基础和深基础。浅基础是指埋置深度一般小于 5 m，或埋置深度虽然超过 5 m 但小于基础宽度的基础；深基础是指埋置深度一般大于 5 m 或大于基础宽度的基础。

二、地基基础方案

地基基础是建筑物的根基，若地基基础不稳固，将危及整个建筑物的安全。地基基础设计不能孤立进行，需要综合考虑以下两个方面：一是建筑场地的工程地质与水文地质条件，包括地层结构、各土层的物理力学性质、地基承载力、地下水位埋深与水质、当地冻深等；二是建筑物上部结构的型式、规模、用途、荷载大小与性质、整体刚度、对不均匀沉降的敏感性等。地基基础方案种类繁多，但归纳起来有以下四种类型，如图 9-1 所示。

（一）天然地基上的浅基础

当建筑场地土质均匀、坚硬密实、工程性质良好、地基承载力特征值 $f_{ak}>120$ kPa 时，对于一般建筑物，可将基础直接建在浅层天然土层上，称为天然地基上的浅基础，如图 9-1(a) 所示。这种地基基础方案多用于低层或多层建筑。

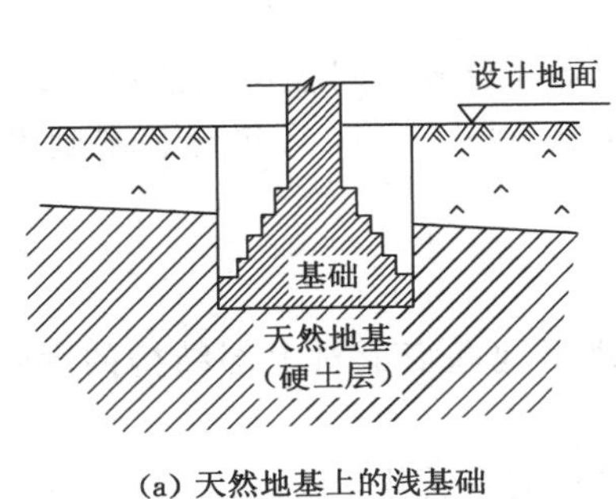

(a) 天然地基上的浅基础

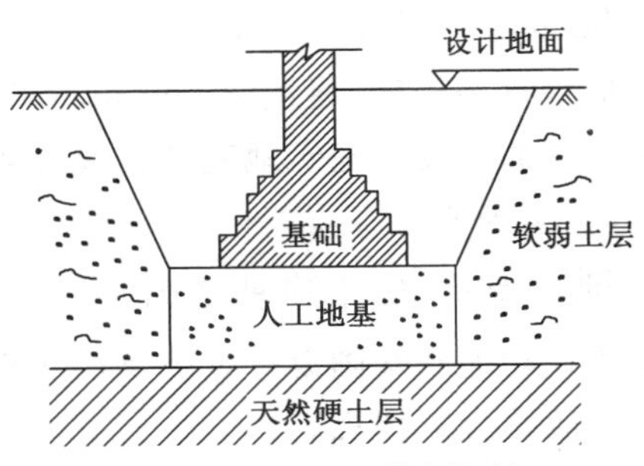

(b) 人工地基上的浅基础

图 9-1　地基基础的类型

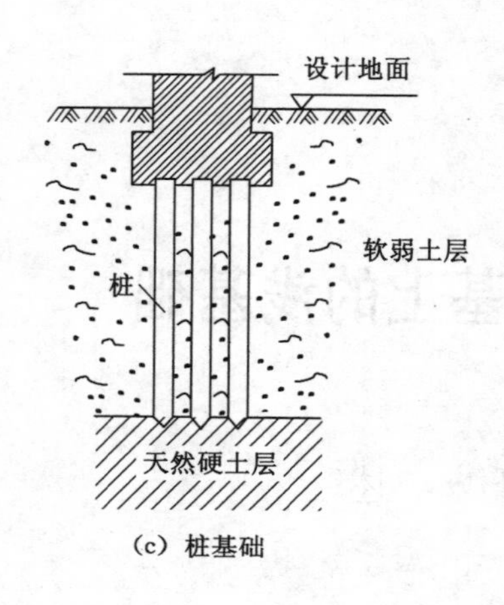

(c) 桩基础

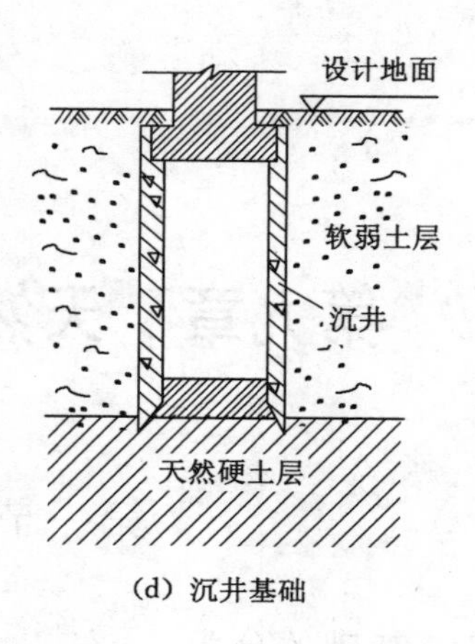

(d) 沉井基础

图 9-1(续)

(二) 人工地基上的浅基础

对于低层或多层建筑,如遇建筑场地土层软弱、强度低、压缩性高,无法承受上部结构荷载时,需采用人工方法对软弱土层进行加固处理后作为建筑物的地基,如图 9-1(b)所示。人工加固处理地基的方法有很多,如换土垫层法、强夯法、预压法等。与天然地基上的浅基础相比,增加了地基加固处理费用。

(三) 桩基础

当建筑场地上部土层软弱、深部土层坚硬时,可采用桩基础,如图 9-1(c)所示。上部结构荷载通过桩基础穿过软弱土层,传到下部坚硬土层中。桩基础是目前高层或超高层建筑常用的基础形式之一。

(四) 深基础

若上部结构荷载很大,一般浅基础无法承受,或有特殊用途或要求时,还可采用深基础,包括沉井[图 9-1(d)]、地下连续墙等。

以上四种地基基础方案中,第一种天然地基上的浅基础,技术简单、工程量小、施工方便、造价低廉,应当优先选用。只有在天然地基上的浅基础无法满足工程的安全或正常使用要求时,才考虑其余方案。通常应设计 2~3 个不同方案,进行技术经济比较,从中选出最佳方案。

三、地基基础设计等级

根据地基复杂程度、建筑物规模和功能要求以及由于地基问题可能造成建筑物破坏或影响正常使用的程度,《建筑地基基础设计规范》(GB 50007—2011)将地基基础设计分为 3 个设计等级,见表 9-1。

四、地基基础设计的基本规定

根据建筑物地基基础设计等级及长期荷载作用下地基变形对上部结构的影响程度,地基基础设计应符合下列规定:

(1) 所有建筑物的地基计算均应满足承载力计算的有关规定。

(2) 设计等级为甲级、乙级的建筑物,均应按地基变形设计。

表 9-1　地基基础设计等级

设计等级	建筑和地基类型
甲级	重要的工业与民用建筑物； 30 层以上的高层建筑； 体型复杂，层数相差超过 10 层的高低层连成一体的建筑物； 大面积的多层地下建筑物（如地下车库、商场、运动场等）； 对地基变形有特殊要求的建筑物； 复杂地质条件下的坡上建筑物（包括高边坡）； 对原有工程影响较大的新建建筑物； 场地和地基条件复杂的一般建筑物； 位于复杂地质条件及软土地区的二层及二层以上地下室的基坑工程； 开挖深度大于 15 m 的基坑工程； 周边环境复杂、环境保护要求高的基坑工程
乙级	除甲级、丙级以外的工业与民用建筑物； 除甲级、丙级以外的基坑工程
丙级	场地和地基条件简单、荷载分布均匀的 7 层及 7 层以下民用建筑物及一般工业建筑物； 次要的轻型建筑物； 非软土地区且场地地质条件简单、基坑周边环境条件简单、环境保护要求不高且开挖深度小于 5.0 m 的基坑工程

（3）设计等级为丙级的建筑物有下列情况之一时应进行变形验算：

① 地基承载力特征值小于 130 kPa 且体型复杂的建筑；

② 在基础上及其附近有地面堆载或相邻基础荷载差异较大，可能使地基产生过大的不均匀沉降时；

③ 软弱地基上的建筑物存在偏心荷载时；

④ 相邻建筑距离近，可能发生倾斜时；

⑤ 地基内有厚度较大或厚薄不均的填土，其自重固结未完成时。

（4）对经常承受水平荷载作用的高层建筑、高耸结构和挡土墙等，以及建造在斜坡上或边坡附近的建筑物和构筑物，尚应验算其稳定性。

（5）基坑工程应进行稳定性验算。

（6）建筑物地下室或地下构筑物存在上浮问题时，尚应进行抗浮验算。

本章主要介绍天然地基上浅基础的类型与设计计算方法，这些方法也基本适用于人工地基上的浅基础。

第二节　浅基础类型与选择

浅基础类型较多，根据结构形式可分为无筋扩展基础、扩展基础、柱下条形基础、筏形基础、箱形基础、壳体基础和岩石锚杆基础等。

一、浅基础的类型

(一)无筋扩展基础

无筋扩展基础通常是由浆砌毛石、浆砌砖、素混凝土、毛石混凝土、三合土或灰土等材料建造的且不需要配置钢筋的基础。

无筋扩展基础分为柱下独立基础和墙下条形基础。

1. 柱下独立基础

柱下独立基础如图 9-2 所示。通过向四周扩展一定底面积,扩散和传递上部结构传下来的荷载,使作用于基底的压力满足地基承载力的要求,且基础内部应力满足材料强度的要求。

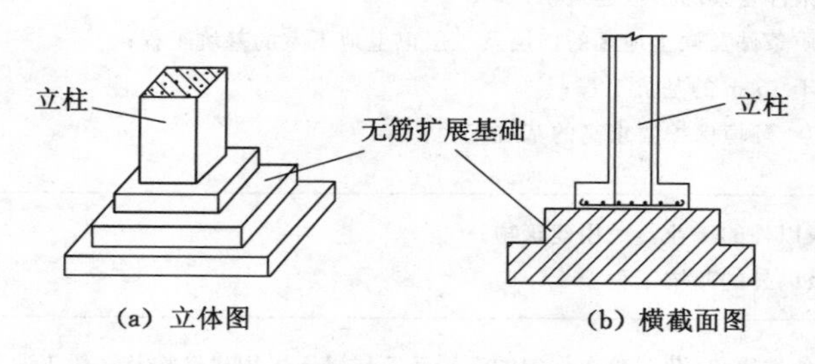

图 9-2 柱下独立基础

2. 墙下条形基础

墙下条形基础如图 9-3 所示。通过向两侧扩展一定底面积,以扩散和传递上部结构传下来的荷载。

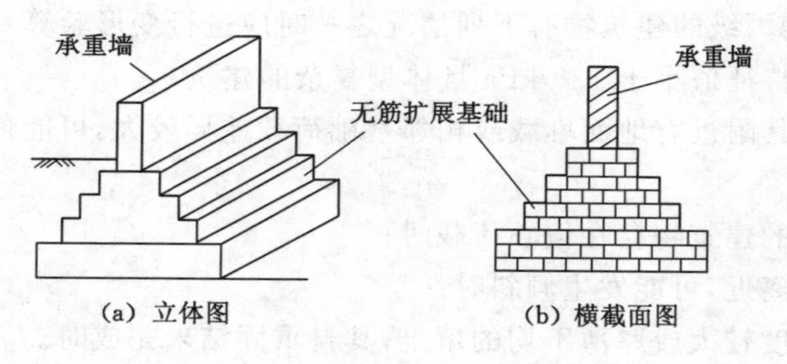

图 9-3 墙下条形基础

无筋扩展基础一般采用传统建筑材料修筑,常用毛石基础、砖基础、混凝土基础、毛石混凝土基础、三合土基础和灰土基础等。

毛石基础是用未经人工加工的石材和砂浆砌筑而成的,毛石强度等级不低于 MU20,砂浆强度等级不低于 M5。毛石基础是工程中应用最多的一种浅基础,其优点是抗冻性较好,易就地取材,成本低,在寒冷潮湿地区可用于 6 层以下建筑物基础;其缺点是整体性欠佳,故有振动的建筑很少采用。同时,需要人工砌筑,劳动强度较大。

砖基础是用砖和砂浆砌筑而成的,砖强度等级不低于 MU10,砂浆强度等级不低于 M5。这种基础的优点是施工简便,造价较低;其缺点是耐久性、整体性、抗拉性能、抗弯性能和抗剪性能均较差,只适用于地基坚硬、均匀,上部荷载较小,7 层及 7 层以下的一般民用建筑和墙承重的轻型厂房基础工程。

混凝土基础采用素混凝土在施工现场浇筑而成，其强度等级不低于 C15。混凝土基础的强度、耐久性、抗冻性和抗振动性能均优于砖石基础，当荷载较大或位于地下水位线以下时，可考虑采用混凝土基础。混凝土基础水泥用量大，造价较高，当基础体积较大时，可设计成毛石混凝土基础。

毛石混凝土基础是在浇筑混凝土过程中掺入 20%～30%（体积比）的毛石，以节约水泥用量，降低工程成本。由于其施工质量较难控制，受力不均匀，使用范围并不广泛。

三合土基础是用石灰、砂、骨料三合一材料加适量的水分充分搅拌均匀后铺在基槽或基坑内分层夯实而成的。三合土的体积比（$V_{石灰}:V_{砂}:V_{骨料}$）为 1∶2∶4～1∶3∶6，每层约虚铺 220 mm，夯至 150 mm。三合土基础的成本略低于混凝土基础，但其力学性能比混凝土基础差得多，可用于我国南方地区地下水位较低的 4 层及 4 层以下的民用建筑中。

灰土基础由熟化的石灰和黏性土按比例拌和均匀后，铺在基槽或基坑内分层夯实而成。灰土的体积比（$V_{石灰}:V_{黏性土}$）为 3∶7 或 2∶8，每层虚铺 220～250 mm，夯至 150 mm。灰土在中国有悠久的应用历史，现在已很少采用。

无筋扩展基础也可由两种材料叠合而成，例如：上层为浆砌砖，下层为三合土；上层为混凝土，下层为浆砌毛石或毛石混凝土等。

上述材料的共性是具有较高的抗压强度，但抗拉强度、抗剪强度不高，设计时要求限定基础的扩展宽度和基础高度的比值，以避免基础内的拉应力和剪应力超过其材料强度。相对而言，无筋扩展基础的相对高度一般都比较大，几乎不会发生弯曲变形，习惯上称为刚性基础。

无筋扩展基础对地基土要求较高，应选用坚硬密实土层作为持力层。当基底下土层为软弱土层时，需对软弱地基进行加固处理，即采用人工地基上的无筋扩展基础。

（二）扩展基础

当基础承受外荷载较大且存在弯矩和水平荷载作用、地基承载力又较低、无筋扩展基础不能满足地基承载力和基础埋深的要求时，可以考虑采用钢筋混凝土扩展基础（简称扩展基础）。钢筋混凝土扩展基础可采用扩大基底面积的方法来满足地基承载力的要求，而不必增加基础的埋深。

钢筋混凝土扩展基础包括柱下钢筋混凝土独立基础和墙下钢筋混凝土条形基础。由于基础内配置了钢筋，故具有较好的抗拉性能、抗弯性能与抗剪性能。与无筋扩展基础相比，基础的高度较小，更适宜应用于基础埋深较小的情况。

1. 柱下钢筋混凝土独立基础

柱下钢筋混凝土独立基础又称为单独基础，基础截面可设计成阶梯形或锥形，预制柱下一般采用杯口基础，如图 9-4 所示。轴心受压柱下的基础底面形状一般为方形，偏心受压柱下的基础底面形状一般为矩形。

2. 墙下钢筋混凝土条形基础

墙下钢筋混凝土条形基础，如图 9-5(a)所示。根据横截面受力条件，墙下钢筋混凝土条形基础可分为无纵肋的板式基础和有纵肋的梁板式基础，如图 9-5(b)和图 9-5(c)所示。一般情况下可采用无纵肋的板式基础，但是当基础沿纵向墙上荷载分布不均匀或地基土的压缩性不均匀时，为了增强基础的整体性和纵向抗弯能力，减小不均匀沉降量，可采用有纵肋的梁板式基础。肋部配置足够的纵向钢筋和箍筋，以承受由不均匀沉降引起的弯曲应力。

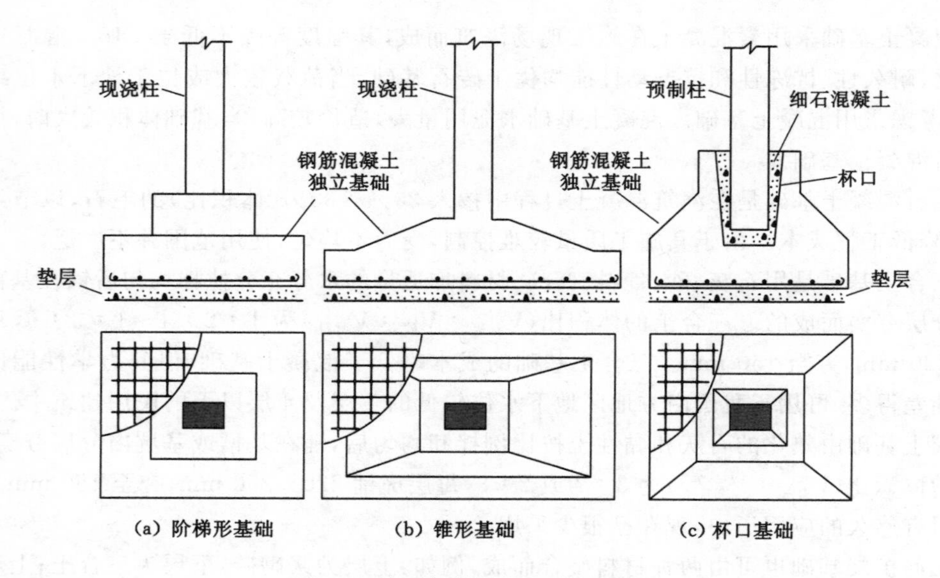

(a) 阶梯形基础　(b) 锥形基础　(c) 杯口基础

图 9-4　柱下钢筋混凝土独立基础

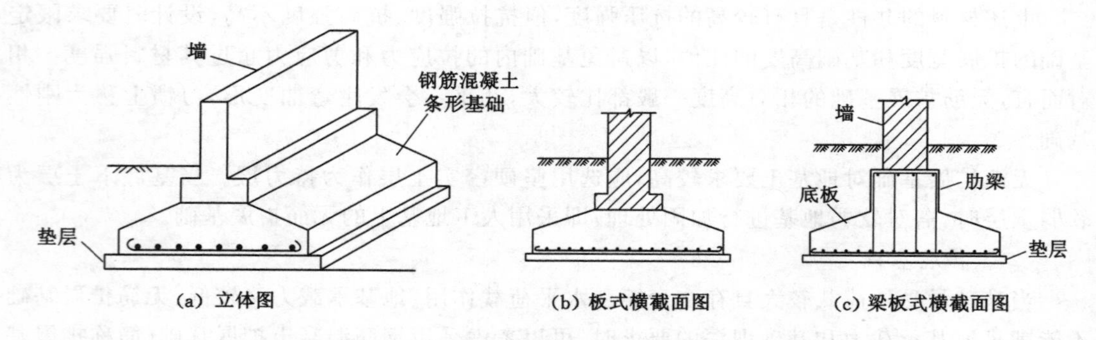

(a) 立体图　(b) 板式横截面图　(c) 梁板式横截面图

图 9-5　墙下钢筋混凝土条形基础

（三）柱下条形基础

1. 柱下单向条形基础

在框架结构中，当地基承载力较小而上部结构荷载较大时，若采用柱下钢筋混凝土独立基础，可能由于基础底面尺寸的扩大而使基础边缘相互接近或对接，为增强基础的整体性和方便施工，将同一排柱下钢筋混凝土独立基础连接成整体，称为柱下单向条形基础，如图 9-6 所示。

2. 柱下(十字)交叉条形基础

如果柱下单向条形基础仍不能满足地基基础设计要求时，则可设置为双向条形基础，此时称为柱下交叉条形基础(若双向条形基础相互垂直时，又称为十字交叉条形基础)，如图 9-7 所示。这种基础在纵、横方向都具有一定的刚度，当地基土软弱且两个方向上的荷载和土质不均匀时，柱下交叉条形基础具有较强的调整不均匀沉降的能力。

3. 柱下连梁式交叉条形基础

如果柱下单向条形基础的底面积已能满足地基承载力的要求，有时为了减小基础之间的沉降差，可在另一方向设置连梁，组成如图 9-8 所示连梁式交叉条形基础。

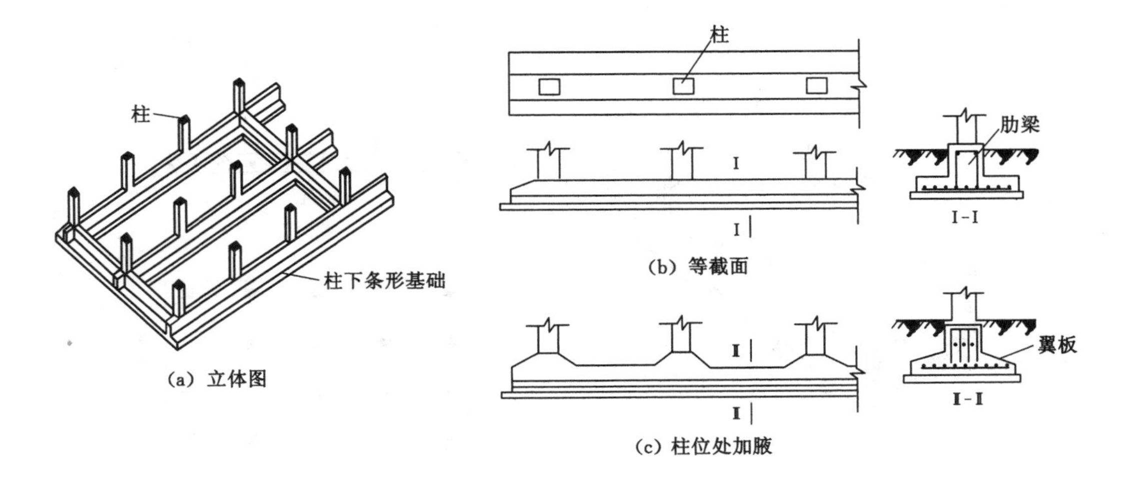

图 9-6　柱下单向条形基础

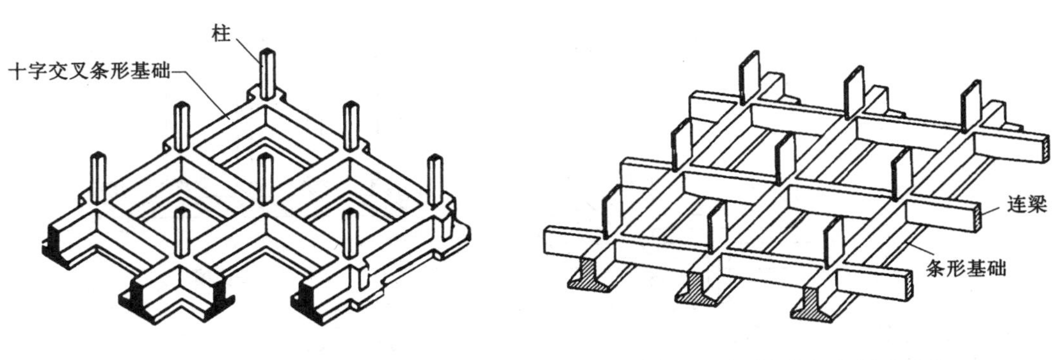

图 9-7　柱下十字交叉条形基础

图 9-8　连梁式交叉条形基础

（四）筏形基础

当地基承载力较低而荷载大，以致十字交叉条形基础仍不能满足地基基础设计要求时，可将基础底板做成整体的钢筋混凝土连续板，称为筏形基础(俗称满堂基础)。

筏形基础类似倒置的上部建筑结构层，基础底面积大，故可减小基底压力，同时也可提高地基承载力。另外，筏形基础比十字交叉条形基础具有更大的整体刚度，能较好地协调上部结构荷载在平面上的变化，减小不均匀沉降量，同时可显著增强建筑物的整体抗震性能。对于设有地下室的建筑物，筏形基础还可兼作地下室的底板。

筏形基础可分为平板式与梁板式两种类型。

1. 平板式筏形基础

平板式筏形基础是在地基上做一整块钢筋混凝土底板，柱子直接支立在底板上(柱下筏板)，如图 9-9 所示，或在底板上直接砌墙(墙下筏板)。板的厚度不宜小于 400 mm，一般可取 500～1 500 mm。

2. 梁板式筏形基础

梁板式筏形基础按肋梁的位置不同，又可分为上梁式筏形基础和下梁式筏形基础。

(1) 上梁式筏形基础

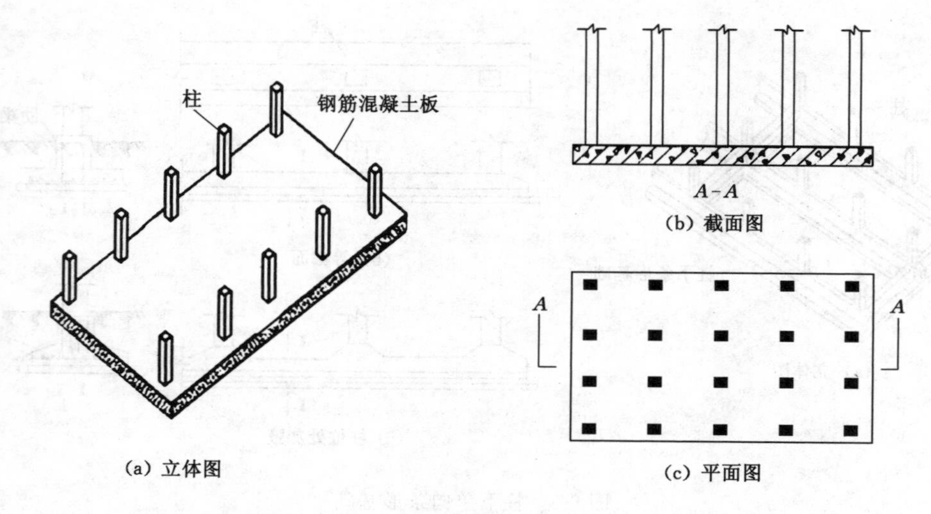

图 9-9　平板式筏形基础

上梁式筏形基础是在底板上做肋梁，柱子或承重墙支承在肋梁上，如图 9-10 所示。

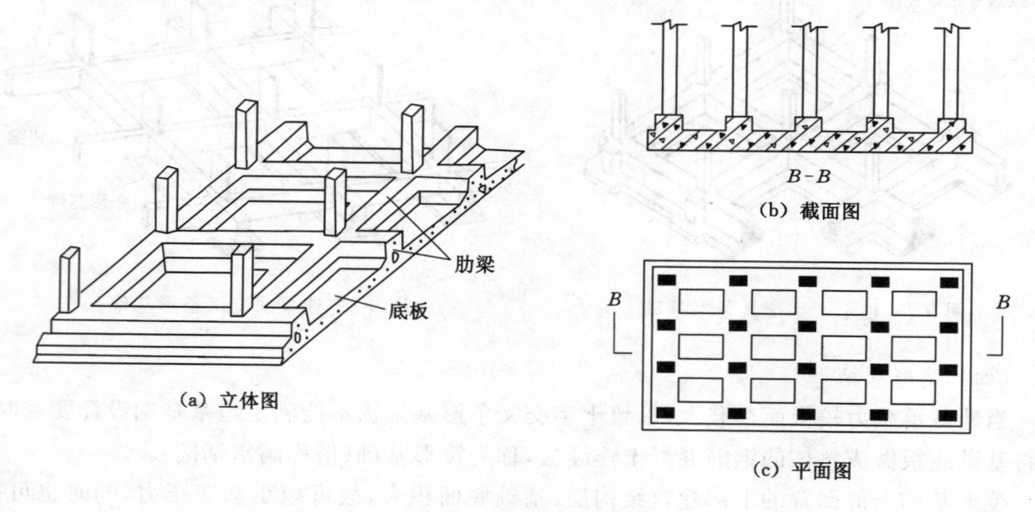

图 9-10　上梁式筏形基础

(2) 下梁式筏形基础

下梁式筏形基础是将肋梁置于底板的下方，底板上面平整，可作为建筑物一层的底面，如图 9-11所示。

(五) 箱形基础

箱形基础是由钢筋混凝土底板、顶板和纵横交错的内外墙组成的整体空间结构，如图 9-12所示。根据建筑物高度对地基稳定性的要求和使用功能的需要，箱形基础可为一层或多层，适用于软弱地基上的高层、重型或对不均匀沉降有严格要求的建筑物。

与筏形基础相比，箱形基础具有更大的抗弯刚度，只能产生大致均匀的沉降或整体倾斜，从而基本上消除了因地基不均匀沉降而造成上部结构开裂的可能性。箱形基础中空、埋深较大，与一般实体基础相比，可显著减小基底附加压力，从而减小基础的沉降量。箱形基

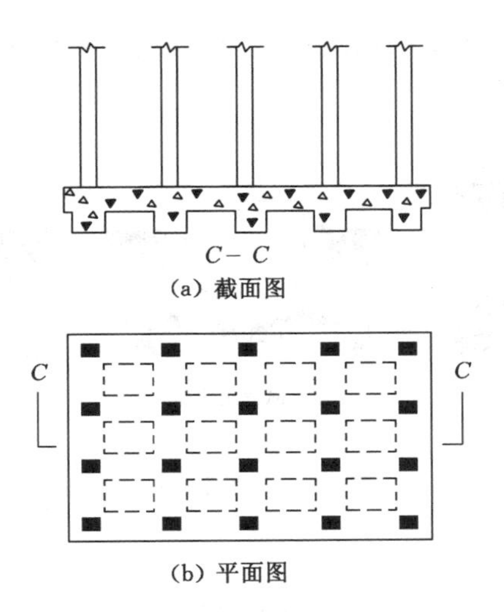

图 9-11　下梁式筏形基础

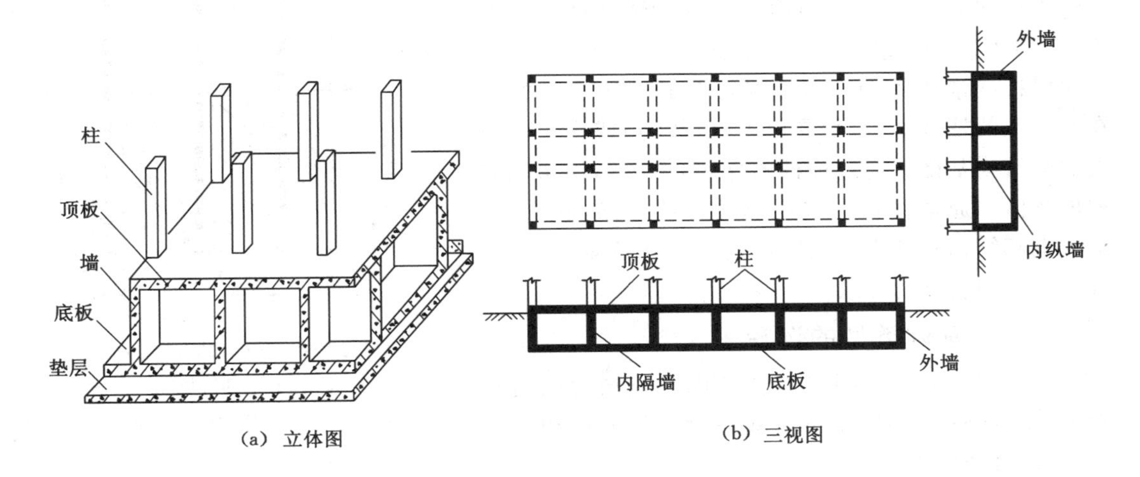

图 9-12　箱形基础

础抗震性能好,且中空部分可作为地下室使用。

箱形基础的钢筋、混凝土用量很大,造价高,工期长,施工技术比较复杂。在进行深基坑开挖时,还需考虑降低地下水位、坑壁支护及对周边环境的影响等问题。箱形基础有较多的纵横隔墙,地下空间的利用受到一定限制。在地下空间利用较为重要的情况下,如停车场、商场、娱乐场等,通常优先选用筏形基础。因此,箱形基础的采用与否,应在与其他可能的地基基础方案进行技术经济比较之后确定。

(六) 壳体基础

常见的壳体基础有三种形式,即正圆锥壳、M 形组合壳和内球外锥组合壳,如图 9-13 所示。梁板基础的内力以弯矩为主,即以拉应力为主;而壳体基础的内力以轴力为主,即以压应力为主,充分发挥了混凝土抗压强度高的特性。一般情况下,可以节省混凝土用量30%～50%,节约钢材 30%以上,适宜用作荷载较大的柱基础和筒形构筑物(如烟囱、水塔、料仓、中小型高炉等)的基础。但壳体基础修筑土胎、布置钢筋及浇捣混凝土等施工工艺复杂,技术要求较高。

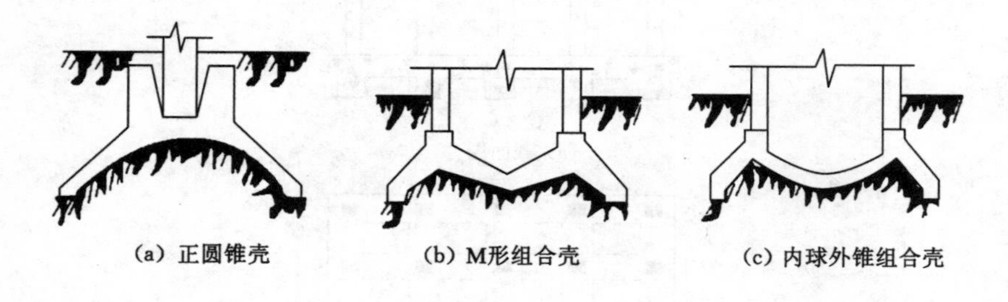

图 9-13　壳体基础

(七) *岩石锚杆基础*

岩石锚杆基础的构造要求如图 9-14 所示,锚杆孔直径宜取锚杆筋体直径的 3 倍,但不应小于 1 倍锚杆筋体直径加 50 mm。锚固用的水泥砂浆强度不宜低于 30 MPa,细石混凝土强度不宜低于 C30。灌浆前应将锚杆孔清理干净。岩石锚杆基础适用于直接建在基岩上的柱基,以及承受拉力(上拔力)或水平力较大的建筑物基础。通过锚杆的作用,上部结构与基岩连成整体。通常锚杆宜采用热轧带肋钢筋,其直径、锚入上部结构和基岩的长度应通过计算确定,并应符合钢筋锚固长度的要求。

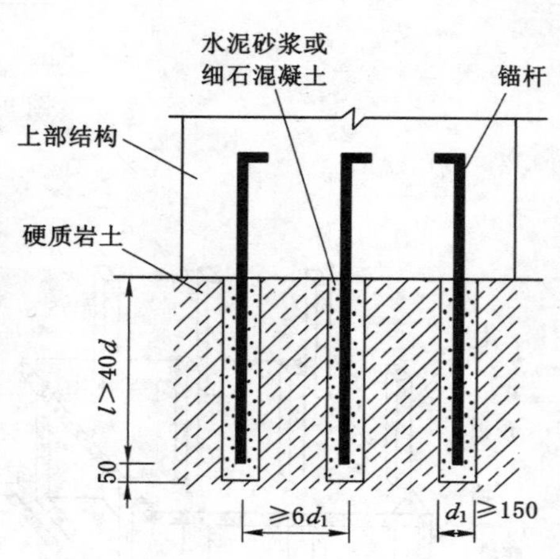

d_1—锚杆孔直径;l—锚杆的有效锚固长度;d—锚杆筋体直径。

图 9-14　锚杆基础(单位:mm)

二、浅基础类型的选择

浅基础类型的选择需综合考虑建筑场地的岩土性质、建筑结构类型、建筑荷载和建筑物的使用要求等,通常可参照表 9-2。

表 9-2　浅基础类型的选择

结构类型	岩土性质与荷载条件	适宜的基础类型
砖混结构	土质均匀,承载力高,无软弱下卧层,地下水位以上,荷载不大	无筋扩展基础
	土质均匀性较差,承载力较低,有软弱下卧层,基础需浅埋	墙下条形基础或交叉条形基础
	土质均匀性差,承载力低,荷载较大,采用条形基础面积超过建筑物占地面积的 50%	筏形基础
框架结构(无地下室)	土质均匀,承载力较高,荷载相对较小,柱网分布均匀	柱下独立基础
	土质均匀性较差,承载力较低,荷载较大,采用独立基础不能满足要求	柱下条形基础或交叉条形基础
	土质不均匀,承载力低,荷载大,柱网分布不均,采用条形基础面积超过建筑物占地面积的 50%	筏形基础

表 9-2(续)

结构类型	岩土性质与荷载条件	适宜的基础类型
全剪力墙结构	地基土层较好，荷载分布均匀	筏形基础
	当上述条件不能满足时	筏形基础或箱形基础
框架、剪力墙结构（有地下室）	可采用天然地基时	筏形基础或箱形基础
筒体结构	土胎能修筑，荷载较大	壳体基础
结构抗浮、抗拔或抗水平力时	硬质岩土，竖向拉力或水平力较大	岩石锚杆基础

注：1. 砖混结构是指由承重的砖墙及钢筋混凝土梁、柱、板等构件构成的混合结构体系。

2. 框架结构是指将梁和柱进行刚接或者铰接并构成承重体系，即由梁和柱组成框架共同抵抗水平荷载和竖向荷载，而房屋墙体不承重，仅起围护和分隔作用。

3. 全剪力墙结构是指用钢筋混凝土墙板代替框架结构中的梁柱，来承受竖向和水平力的结构。

4. 筒体结构是指由一个或数个筒体作为主要抗侧力构件而组成的结构。

应特别指出的是：由于建筑结构的类型很多，建筑场地工程地质条件复杂多变，建筑荷载大小不一，在工程实践中必须因地制宜，通过多方案的分析和比较，确定最佳的浅基础类型。

第三节　浅基础埋置深度的确定

直接支承基础的土层称为持力层，其下的各土层称为下卧层。基础埋置深度是指基础底面至天然地表的距离，简称基础埋深。确定基础埋深，实质上是选择合适的地基持力层。在满足地基稳定和变形要求的前提下，当上层地基的承载力大于下层时，宜利用上层土作为持力层。除岩石地基外，基础埋深不宜小于 0.5 m，并应使基础顶面低于设计地面 0.1 m，避免基础外露，遭受外界破坏。

基础埋置深度，对建筑物的安全和正常使用、基础施工技术措施、施工工期和工程造价等影响很大。因此，确定基础埋置深度是基础设计工作中的重要内容之一。设计时必须综合考虑建筑物自身情况（如用途、结构形式、荷载的大小与性质等）以及所处的环境（如地质条件、气候条件、邻近建筑物的影响等），以尽量浅埋为原则，从实际情况出发合理确定基础埋置深度。以下分别叙述确定基础埋深时应考虑的几个因素。

一、待设计建筑物的基本情况

确定基础埋深时，要综合考虑建筑物的用途与功能（主要是指有无地下室、设备基础和配套的地下设施等），基础的形式与构造，以及作用于地基上的建筑荷载大小与性质。

（一）建筑物的用途与功能

当建筑物设有地下室时，基础埋深受地下室地面标高和基础底板厚度控制，至少大于 3 m。当建筑物仅局部有地下室时，基础可按台阶形式变化埋深或整体加深，如采用台阶形基础，台阶的宽高比一般为 1∶2，每级台阶高度不超过 50 cm，如图 9-15所示。对于有大型设备基础的厂房，基础埋深应根据设备基础底面标高和建筑物地下部分设计标高来确定。

如果在基础影响范围内有地下设施时，基础埋深原则上应低于地下设施的底面，否则应采取切实可行的工程措施来消除基础对地下设施的不利影响。

（二）基础的形式与构造

在抗震设防区，对于天然地基上的筏形和箱形基础，其基础埋深不宜小于建筑物高度的1/15。土质地基上的高层建筑，基础的埋置深度应满足地基承载力、变形和稳定性要求；岩石地基上的高层建筑，其基础埋深应满足抗滑稳定性要求。

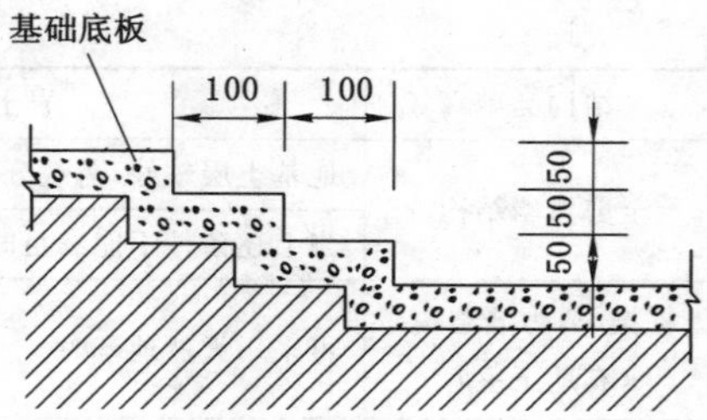

图 9-15　台阶形基础(单位:mm)

（三）建筑荷载大小与性质

建筑荷载大小与性质不同，对地基土的要求也不同，因而会影响基础埋深。浅层某一深度的土层，对于上部荷载小的基础可能是很好的持力层，而对于上部荷载大的基础就可能不宜作为持力层，需要选择深部土层作为持力层。另外，荷载性质对基础埋深的影响也很明显。对于承受水平荷载（风荷载、地震作用等）的建筑物基础，必须有足够的埋置深度来获得土的侧向抗力，以保证基础的稳定性，避免建筑物的整体倾斜或滑移。对于承受上拔力的基础，如输电塔基础，也要求具有较大的埋深以提供足够的抗拔阻力。对于承受动荷载的基础，则不宜选择饱和粉砂或细砂作为持力层，以避免砂土液化而丧失地基承载力，导致地基失稳。

二、建筑场地的工程地质条件与水文地质条件

（一）工程地质条件

工程地质条件往往对基础设计方案起着决定性的作用。应当选择地基承载力高的坚硬密实土层作为持力层，由此确定基础的埋置深度。

实际工程中常遇到的地基土层多数为层状构造。各层土软硬程度不同，即地基承载力不同，这时应根据建筑场地的岩土工程勘察报告和地质剖面图，分析各土层的深度、层厚、地基承载力大小与压缩性高低，结合上部结构情况进行技术经济比较，在尽可能浅埋的原则下选定合适持力层，从而确定基础的埋深。

一般当上层土的承载力能满足要求时就应选择浅埋，以降低工程造价。若其下有软弱土层时，则应验算软弱下卧层的承载力是否满足要求，并尽可能增大基底至软弱下卧层的距离。

当上层土的承载力低于下层土时，如果取下层土为持力层，所需的基础底面积较小，但是埋深较大；若取上层土为持力层，则情况正好相反。此时，应根据施工难易程度、材料用量（造价）等进行方案比选确定，必要时可考虑采用“基础浅埋＋地基加固处理”的设计方案。

另外，在确定基础埋深时还要从减小地基不均匀沉降的角度来考虑，例如当土层的分布明显不均匀或建筑物各部位荷载差别很大时，同一建筑物的基础可采用不同的埋深来调整不均匀沉降量。

（二）水文地质条件

确定基础埋深时，还应注意地下水的埋藏条件和运动状态。对于天然地基上浅基础的设计，基础宜埋置在地下水位以上。当基础必须埋置在地下水位以下时，应首先考虑基坑排

水、坑壁围护等措施，以保证地基土施工期间不受扰动。另外，还要考虑出现流土的可能性、地下水对基础材料的化学腐蚀作用、地下室防渗、结构抗浮等问题。

对埋藏有承压含水层的地基（图 9-16），确定基础埋深时必须控制基坑开挖深度，防止施工过程中承压水冲破槽底而破坏地基。要求槽底安全厚度 h_0 为：

$$h_0 > \frac{\gamma_w h}{k\gamma_0} \tag{9-1}$$

式中　h_0——槽底安全厚度，m；

h——承压水位高度（从承压含水层顶算起），m；

γ_w——水的重度，取 10 kN/m³；

γ_0——槽底安全厚度范围内土的加权平均重度（地下水位以下的土取饱和重度），$\gamma_0=(\gamma_1 z_1+\gamma_2 z_2+\gamma_3 z_3)/(z_1+z_2+z_3)$，kN/m³；

k——系数，一般取 1.0，宽基坑宜取 0.7。

在有冲刷的河流中，为了防止桥梁墩台基础四周和基底下土层被水流掏空以致坍塌，基础必须设置在设计洪水最大冲刷线以下一定深度，以保证基础的稳定性。基础在设计洪水总冲刷深度以下的基底埋深安全值，可参阅《公路桥涵地基与基础设计规范》（JTG 3363—2019）确定。

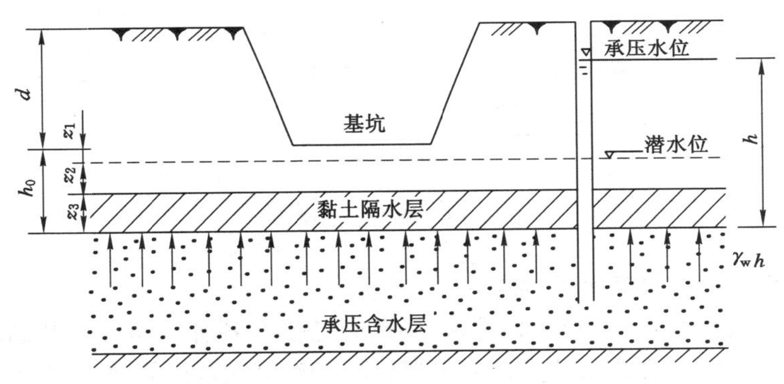

图 9-16　基坑下埋藏有承压含水层的情况

三、建筑场地的环境条件

（一）有相邻建筑物时

当存在相邻建筑物时，新建工程的基础埋深不宜大于原有建筑基础。当埋深大于原有建筑基础时，两基础之间应保持一定净距 L，其数值应根据建筑荷载大小、基础形式和土质情况确定，一般不宜小于基础底面高差的 1～2 倍（图 9-17）。当上述要求不能满足时，应采取分段施工，设置临时加固支撑、板桩、地下连续墙等，或事先加固原有建筑物地基，以保证其安全。

（二）在坡顶修建建筑物时

修建于坡高不大于 8 m、坡角不大于 45°的稳定土坡坡顶的基础（图 9-18），若垂直于坡顶边缘线的基础底面边长 $b\leqslant 3$ m，且基础底面外边缘线至坡顶边缘线的水平距离 $a\geqslant 2.5$ m，则基础的埋深 d 要求如下：

$$d \geqslant (\chi b - a)\tan\beta \tag{9-2}$$

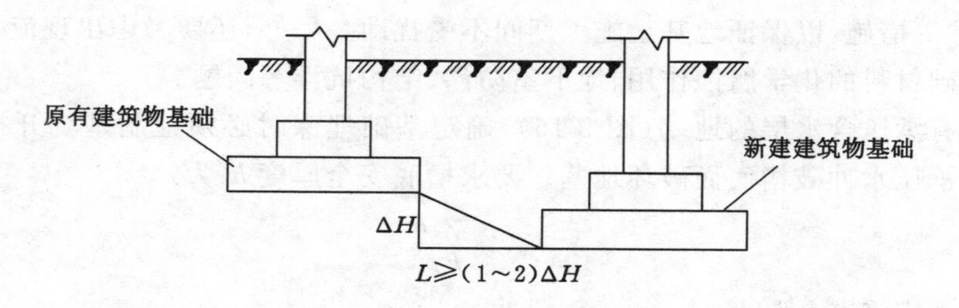

图 9-17　相邻建筑物基础的埋深

式中　d——基础的埋置深度，m；

β——坡角，(°)；

b——垂直于坡顶边缘线的基础底面边长，m；

a——基础底面外边缘线至坡顶边缘线的水平距离，《规范》要求大于等于 2.5 m；

χ——系数，条形基础为 3.5，矩形基础为 2.5。

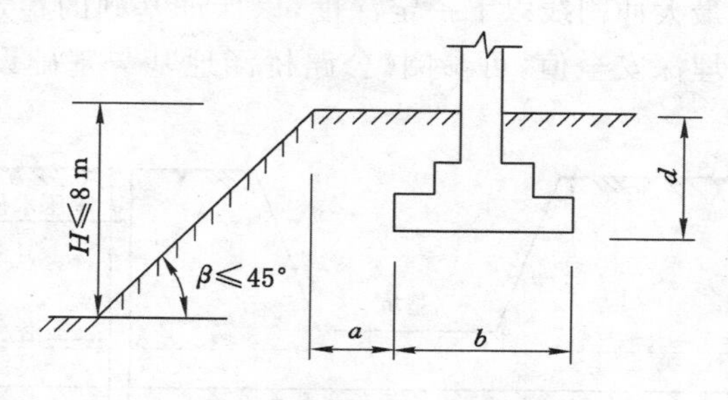

图 9-18　坡顶上的基础

（三）基础影响范围内有地下管线时

在确定基础埋深时，需考虑给水、排水、供热管道以及各种线路等。基础埋深原则上应低于各种管线的底面，不允许管线从基底下通过。一般可在基础侧面设洞口，且洞口顶面与管线之间要留有足够的净空高度，以防止基础沉降压坏管线，造成事故。

四、当地冻结深度

地表下一定深度地层内的温度随大气温度的变化而变化，当地层温度降至水的冰点以下时，土中孔隙水冻结成冰而形成冻土。冻土分为季节冻土和多年冻土两类，季节冻土主要分布在我国北方地区，约占国土面积的50%。季节冻土的冻胀性根据土平均冻胀率可分为不冻胀、弱冻胀、冻胀、强冻胀和特强冻胀共 5 级，详见第二章第三节。

对于季节冻土地基，《冻土地区建筑地基基础设计规范》(JGJ 118—2011)规定如下：(1) 对于强冻胀性土、特强冻胀性土，基础的埋置深度宜大于设计冻深 0.25 m；(2) 对于不冻胀、弱冻胀和冻胀性地基土，基础埋置深度不宜小于设计冻深；(3) 对于深季节冻土，基础底面可埋置在设计冻深范围以内，基础底面以下允许冻土层最大厚度可按本规范的规定进行冻胀力作用下基础的稳定性验算，并结合当地经验确定。没有地区经验时，《建筑地基基础设计规范》(GB 50007—2011)规定可按表 9-3 查取，此时基础最小埋置深度可按下式计算，即

$$d_{\min} \geqslant z_{\mathrm{d}} - h_{\max} \tag{9-3}$$

式中　z_d——设计冻深，其确定方法见式(2-17)，m；

h_{max}——基础底面以下允许冻土层最大厚度(表 9-3)，m。

表 9-3　建筑基础底面以下允许冻土层最大厚度 h_{max}　　单位：m

冻胀性	基础形式	采暖情况	基底平均压力/kPa					
			110	130	150	170	190	210
弱冻胀土	方形基础	采暖	0.90	0.95	1.00	1.10	1.15	1.20
		不采暖	0.70	0.80	0.95	1.00	1.05	1.10
	条形基础	采暖	>2.50	>2.50	>2.50	>2.50	>2.50	>2.50
		不采暖	2.20	2.50	>2.50	>2.50	>2.50	>2.50
冻胀土	方形基础	采暖	0.65	0.70	0.75	0.80	0.85	—
		不采暖	0.55	0.60	0.65	0.70	0.75	—
	条形基础	采暖	1.55	1.80	2.00	2.20	2.50	—
		不采暖	1.15	1.35	1.55	1.75	1.95	—

注：1. 基础宽度小于 0.6 m 时不适用，矩形基础取短边尺寸按方形基础计算；

2. 表中数据不适用于淤泥、淤泥质土和欠固结土；

3. 计算基底平均压力时取永久作用的标准组合值乘以 0.9，可以内插。

满足基础最小埋深是季节冻土地区修建建筑物的一个基本要求。对于冻胀、强冻胀和特强冻胀地基土，还应根据实际情况采取相应的防冻害措施，详见《冻土地区建筑地基基础设计规范》(JGJ 118—2011)、《建筑地基基础设计规范》(GB 50007—2011)和《公路桥涵地基与基础设计规范》(JTG 3363—2019)等。

第四节　基础底面尺寸的确定

初步确定基础类型和埋置深度后，可以根据持力层的地基承载力特征值(或容许值)计算基础底面的尺寸。如果持力层下存在软弱下卧层时，则需要对软弱下卧层的承载力进行验算。

一、按持力层的地基承载力特征值(或容许值)计算基底尺寸

(一) 中心荷载作用下的基础

《建筑地基基础设计规范》(GB 50007—2011)规定：基础在中心荷载作用下(图 9-19)，基底平均压力应小于等于修正后的地基承载力特征值，即

$$p_k=\frac{F_k+G_k}{A}\leqslant f_a \tag{9-4}$$

式中　p_k——相应于作用的标准组合时，基础底面处的平均压力值，kPa；

F_k——相应于作用的标准组合时，上部结构传至基础顶面的竖向力值，kN；

G_k——基础自重和基础上的土重，一般实体基础可近似取 $G_k=(\gamma_G d-\gamma_w h_w)A$，kN；

γ_G——基础及回填土的平均重度，一般取 20 kN/m^3；

γ_w——水的重度，取 10 kN/m^3；

d——基础平均埋深，m；

h_w——地下水位高于基底标高的高度（当地下水位低于基底标高时取 0），m；

A——基础底面面积，m^2；

f_a——修正后的地基承载力特征值，kPa。

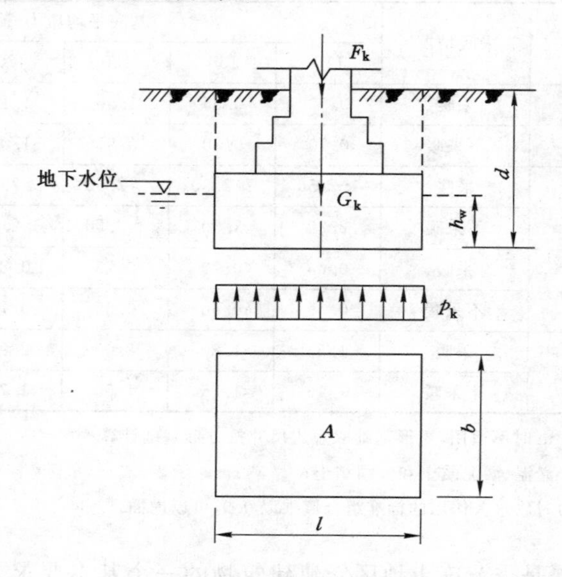

图 9-19　中心荷载作用下的基础

则中心荷载作用下基础底面积 A 应满足：

$$A \geqslant \frac{F_k}{f_a - \gamma_G d + \gamma_w h_w} \tag{9-5}$$

对于独立基础，按式(9-5)计算出 A 值后，先选定 b 或 l，再计算另一边长，使 $A=lb$，一般取 $l/b=1.0\sim2.0$。

对于条形基础，F_k 为沿长度方向 1 m 范围内上部结构传至基础顶面的竖向力值(kN/m)，由式(9-5)求得的 A 就等于条形基础的宽度 b。

应特别指出：在按式(9-5)计算 A 时，需要先确定修正后的地基承载力特征值 f_a。但是 f_a 值与基础的宽度 b 有关，即与基础底面尺寸 A 有关，也就是式(9-5)中的 A 与 f_a 都是未知数。因此，只能通过反复试算确定 A 的大小。试算时，可先对 f_a 只进行深度修正，并计算出 f_a 的值；按式(9-5)计算出 A 值，进而确定基础的长度 l 和宽度 b，再考虑是否需要对 f_a 进行宽度修正。如果不需要对 f_a 进行宽度修正，已经确定的 l 和 b 能满足持力层承载力的要求；如果需要对 f_a 进行宽度修正，则需要多次试算使得 A 与 f_a 之间相互协调一致，并满足式(9-5)的要求。最终确定的基底尺寸 l 和 b 均应为 100 mm 的倍数。

【例 9-1】　已知某宾馆设计为框架结构，采用柱下独立基础，上部结构传至基础顶面的竖向力 $F_k=2\ 800$ kN，基础埋深 $d=3.0$ m。地基土分为 4 层，如图 9-20 所示。最高地下水位位于基底以下，试确定基础底面尺寸。

【解】　(1) 只进行地基承载力特征值深度修正并计算出相应的 f_a 值

采用《建筑地基基础设计规范》(GB 50007—2011)给出的 f_a 计算公式，即式(8-31)，并

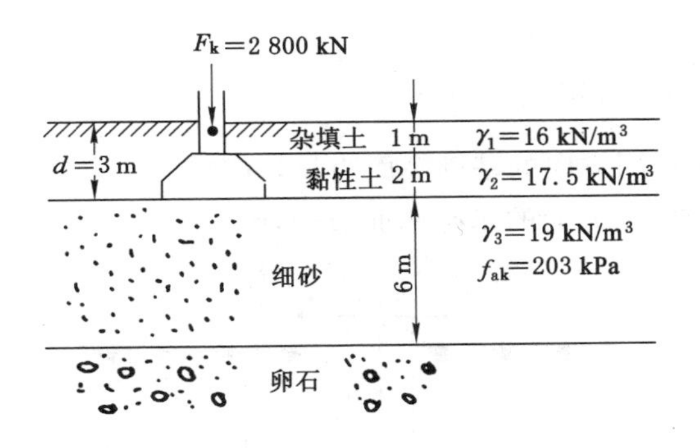

图 9-20　例 9-1 图

查表 8-22 得细砂的承载力修正系数 $\eta_b=2.0$，$\eta_d=3.0$。

只进行深度修正时，有：

$$f_a=f_{ak}+\eta_d\gamma_m(d-0.5)$$

其中，基础底面以上土的加权平均重度为：

$$\gamma_m=\frac{16\times1+17.5\times2}{1+2}=17.0\ (\text{kN/m}^3)$$

经深度修正后的地基承载力特征值为：

$$f_a=203+3.0\times17.0\times(3-0.5)=330.5\ (\text{kPa})$$

（2）基底面积初算

$$A\geqslant\frac{F_k}{f_a-\gamma_G d+\gamma_w h_w}=\frac{2\ 800}{330.5-20.0\times3+0}=10.35\ (\text{m}^2)$$

柱下独立基础在中心荷载作用下，应采用正方形基础，基底边长取 3.2 m。因基底宽度超过 3 m，还要重新对 f_a 进行宽度修正。

（3）深度和宽度修正后的地基承载力特征值

$$f_a=330.5+\eta_b\gamma_3(b-3)=330.5+2.0\times19.0\times(3.2-3)=338.1\ (\text{kPa})$$

（4）基础底面面积

$$A\geqslant\frac{F_k}{f_a-\gamma_G d+\gamma_w h_w}=\frac{2\ 800}{338.1-20.0\times3+0}=10.1\ (\text{m}^2)$$

实际采用基底面积为 3.2 m×3.2 m=10.2 m²>10.1 m²，满足要求。

（二）偏心荷载作用下的基础

基础在单向偏心荷载作用下（图 9-21，只在长度方向有偏心），传至基础顶面的荷载除了中心荷载 F_k 外，还有弯矩 M_k。根据第三章第三节阐述的基底压力简化计算方法，对于矩形基础，基底边缘处的基底最大压力和最小压力计算公式为：

$$\left.\begin{matrix}p_{kmax}\\p_{kmin}\end{matrix}\right\}=\frac{F_k+G_k}{A}\pm\frac{M_k}{W}=\frac{F_k+G_k}{lb}\left(1\pm\frac{6e_k}{l}\right)\tag{9-6}$$

式中　p_{kmax}——相应于作用的标准组合时，基础底面边缘的最大压力值，kPa。

p_{kmin}——相应于作用的标准组合时，基础底面边缘的最小压力值，kPa。

M_k——相应于作用的标准组合时，作用于基础底面的力矩值。无水平荷载或其他荷载作用时，$M_k=(F_k+G_k)e_k$，kN·m。

e_k——偏心距，m。

W——基础底面的抵抗矩，$W=\frac{1}{6}bl^2$，m^3。

l——垂直于力矩作用方向的基础底面边长，m。

b——平行于力矩作用方向的基础底面边长，m。

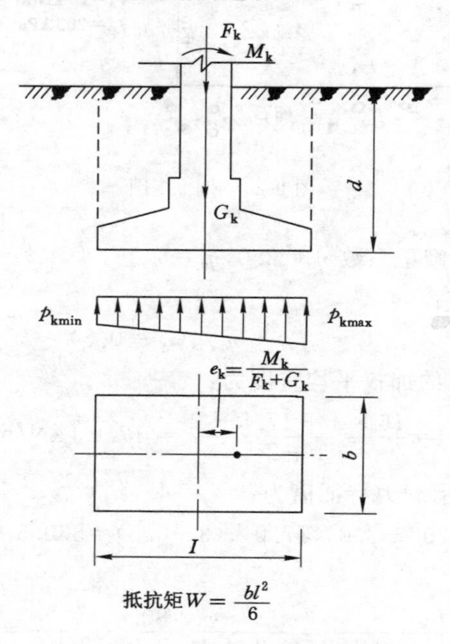

图 9-21 单向偏心荷载作用下的矩形基础

当偏心距 $e_k<l/6$ 时，$p_{kmin}>0$，基底压力分布为梯形；当 $e_k=l/6$ 时，$p_{kmin}=0$，基底压力分布为三角形；当 $e_k>l/6$ 时，$p_{kmin}<0$，基础底面边缘的最大压力值为：

$$p_{kmax}=\frac{2(F_k+G_k)}{3ab} \tag{9-7}$$

式中 a——合力作用点至基础底面最大压力边缘的距离，$a=l/2-e_k$，m。

《建筑地基基础设计规范》(GB 50007—2011)规定：当偏心荷载作用时，除满足 $p_k\leqslant f_a$ 要求外，尚应满足 $p_{kmax}\leqslant 1.2f_a$。

根据上述规定，在计算偏心荷载作用下的基础底面尺寸时，通常可按下述逐次渐进试算法进行：

(1) 先对 f_a 只进行深度修正，并计算出 f_a 的值。

(2) 按中心荷载作用下的公式(9-5)初算基底面积 A；考虑偏心荷载影响时，根据偏心距的大小将该值增大 10%～40%；对矩形基础，按增大后的基底面积初步选择相应的基础底面长度 l 和宽度 b，一般 $l/b=1.0$～2.0。

(3) 根据初步确定的 b 值，考虑是否需要对 f_a 进行宽度修正。如果需要对 f_a 进行宽度修正，则需要多次试算使得 A 与 f_a 之间协调一致，并满足式(9-5)的要求。

(4) 计算偏心荷载作用下的 p_{kmax} 和 p_{kmin}，验算是否满足 $p_{kmax}\leqslant 1.2f_a$ 的要求；如果不合适(太小或太大)，可调整基础底面长度 l 和宽度 b，再验算；如此反复 1～2 次，便能确定满足持力层承载力要求的基础底面尺寸。

(5) 偏心距验算。基础底面压力 p_{kmax} 和 p_{kmin} 相差过大则容易引起基础倾斜，这就必须控制二者相差不宜过大，也就是应该控制偏心距 e_k。一般认为，在高、中压缩性地基土上的基础，或有吊车的厂房柱基础，偏心距 e_k 不宜大于 $l/6$（相当于 $p_{kmin}<0$）；对于低压缩性地基上的基础，当考虑短期作用的偏心荷载时，对偏心距 e_k 的要求可以适当放宽，但是应控制在 $l/4$ 以内。若上述条件不能满足时，应再次调整基础底面尺寸，或者做成梯形底面形状的基础。

注意：确定的基底尺寸 l 和 b 均应为 100 mm 的倍数。

【例 9-2】　某柱下独立基础如图 9-22 所示，地基为均质黏性土层，重度 $\gamma=18.0$ kN/m^3，孔隙比 $e=0.7$，液性指数 $I_L=0.72$。现场载荷试验已确定地基承载力特征值 $f_{ak}=226$ kPa，柱截面尺寸为 300 mm×400 mm，作用于基础上的荷载为：$F_k=700$ kN，$M_k=105$ kN·m，$H_k=25$ kN。基础埋深从设计地面（±0.000 m）起算为 1.3 m，最高地下水位位于基底之下。试按持力层承载力确定柱下独立基础的底面尺寸。

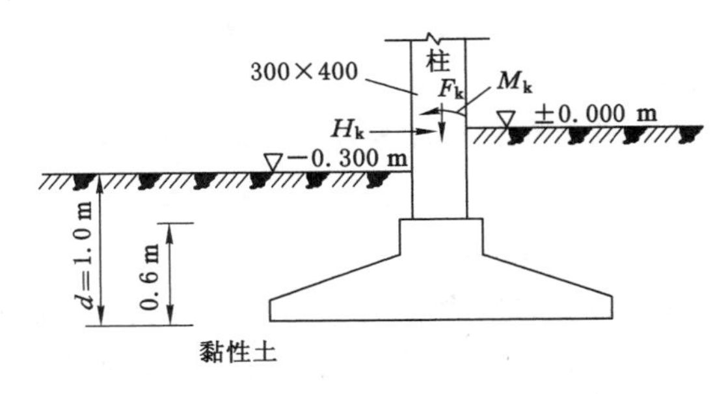

图 9-22　例 9-2 图

【解】 (1) 只进行地基承载力特征值深度修正并计算出相应的 f_a 值

采用《建筑地基基础设计规范》(GB 50007—2011) 给出的 f_a 计算公式，即式(8-31)，并由表 8-22 查得黏性土的承载力修正系数 $\eta_b=0.3$，$\eta_d=1.6$。

基础埋深 d 按室外天然地面起算为 1.3−0.3 m=1.0 m。

只进行深度修正时，有：

$$f_a=f_{ak}+\eta_d\gamma_m(d-0.5)=226+1.6\times18.0\times(1.0-0.5)=240.4\ (\text{kPa})$$

(2) 基底面积初算

计算基础和回填土的重力 G_k 时，基础埋深采用平均埋深，即

$$d=\frac{1.0+1.3}{2}=1.15\ (\text{m})$$

$$A\geqslant\frac{F_k}{f_a-\gamma_G d+\gamma_w h_w}=\frac{700}{240.4-20.0\times1.15+0}=3.22\ (\text{m}^2)$$

由于作用于基础底面的力矩值不大，偏心荷载作用下基础底面积增大 20%，则有：

$$A=1.2\times3.22=3.86\ (\text{m}^2)$$

初步选择基础底面积为：

$$A=lb=2.4\times1.6=3.84\ (\text{m}^2)$$

由于 $b=1.6$ m<3 m，所以不需对 f_a 进行宽度修正，即 $f_a=240.4$ kPa。

(3) 验算持力层的地基承载力及偏心距

基础及回填土所受重力 G_k 为：

$$G_k = \gamma_G dA = 20.0 \times 1.15 \times 3.84 = 88.3\ (\text{kN})$$

偏心距为：

$$e_k = \frac{\sum M_k}{F_k + G_k} = \frac{105 - 25 \times 1.3}{700 + 88.3} = 0.092\ (\text{m}) < \frac{l}{6} = 0.4\ (\text{m})$$

偏心距验算满足要求。

基础底面处的平均压力值为：

$$p_k = \frac{F_k + G_k}{A} = \frac{700 + 88.3}{3.84} = 205.3\ (\text{kPa}) \leqslant f_a = 240.4\ (\text{kPa})$$

基底边缘处的最大压力为：

$$p_{kmax} = \frac{F_k + G_k}{lb}\left(1 + \frac{6e_k}{l}\right) = \frac{700 + 88.3}{2.4 \times 1.6} \times \left(1 + \frac{6 \times 0.092}{2.4}\right)$$

$$= 252.5\ (\text{kPa}) < 1.2 f_a = 288.5\ (\text{kPa})$$

承载力验算满足规范要求。

结论：满足持力层地基承载力和偏心距要求，基础底面积最终按 $A = lb = 2.4 \times 1.6 = 3.84\ \text{m}^2$ 确定。

二、软弱下卧层承载力的验算

承载力显著低于持力层承载力的下卧层称为软弱下卧层。当地基变形计算深度（详见第四章第三节）范围内存在软弱下卧层时，根据持力层承载力确定的基底尺寸还须进行下卧层承载力的验算，以保证基底附加压力传递至软弱下卧层顶面处的竖向附加应力与土的竖向自重应力之和不超过软弱下卧层的地基承载力特征值。

关于竖向附加应力的计算，根据弹性力学理论，下卧层顶面土体的竖向附加应力在基底中心线下最大，向四周逐渐减小，且呈非线性分布；如果考虑上下层土的性质不同，应力分布规律就更复杂。因此，《建筑地基基础设计规范》(GB 50007—2011)提出了按扩散角原理的简化计算方法，如图 9-23 所示。当持力层与软弱下卧层的压缩模量比值 $E_{s1}/E_{s2} \geqslant 3$ 时，对于矩形和条形基础，假设基底附加压力（$p_0 = p_k - \gamma_m d$）向下传递时按某一角度 θ 向外扩散，并均匀分布在较大面积的软弱下卧层顶面上。根据基底附加压力的合力与软弱下卧层顶面附加压力的合力相等的原则，可得到附加压力 p_z 的计算公式为：

① 矩形基础：

$$p_z = \frac{lb(p_k - \gamma_m d)}{(b + 2z\tan\theta)(l + 2z\tan\theta)} \tag{9-8}$$

② 条形基础：

$$p_z = \frac{b(p_k - \gamma_m d)}{b + 2z\tan\theta} \tag{9-9}$$

式中 p_z——相应于作用的标准组合时，软弱下卧层顶面处的附加压力值，kPa；

l——矩形基础底边的长度，m；

b——矩形基础或条形基础底边的宽度，m；

p_k——相应于作用的标准组合时，基础底面处的平均压力值，kPa；

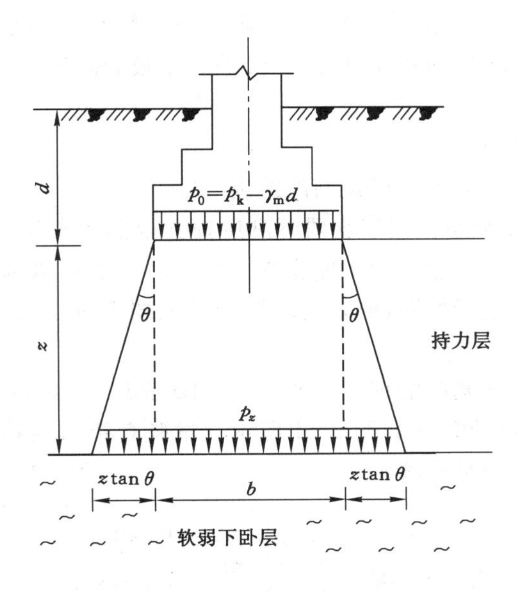

图 9-23　软弱下卧层承载力验算图示

γ_m——基础埋深范围内土的加权平均重度（地下水位以下取有效重度），kN/m^3；

d——基础的埋置深度（从天然地面算起），m；

z——基础底面至软弱下卧层顶面的距离，m；

θ——地基压力扩散线与垂直线的夹角，（°），可按表 9-4 采用。

《建筑地基基础设计规范》（GB 50007—2011）规定按下式验算软弱下卧层的地基承载力，即

$$p_z + p_{cz} \leqslant f_{az} \tag{9-10}$$

式中　p_{cz}——软弱下卧层顶面处土的自重压（应）力值，kPa；

f_{az}——软弱下卧层顶面处经深度修正后的地基承载力特征值，kPa。

表 9-4　地基压力扩散角 θ

E_{s1}/E_{s2}	z/b	
	0.25	0.50
3	6°	23°
5	10°	25°
10	20°	30°

注：1. E_{s1} 为上层土压缩模量；E_{s2} 为下层土压缩模量；

2. $z/b<0.25$ 时取 $\theta=0°$，必要时由试验确定；$z/b>0.50$ 时 θ 值不变；

3. z/b 在 0.25 与 0.50 之间可插值使用。

《建筑地基基础设计规范》（GB 50007—2011）规定软弱下卧层顶面处的地基承载力特征值只需要经过深度修正，而不必考虑宽度影响，其计算公式为：

$$f_{az} = f_{ak} + \eta_d \gamma_m (d + z - 0.5) \tag{9-11}$$

式中　f_{ak}——软弱下卧层地基承载力特征值，kPa；

η_d——地基承载力深度修正系数，按软弱下卧层土的类别查表 8-22 取值；

γ_m——软弱下卧层顶面以上土的加权平均重度，地下水位以下的土层取浮重度，kN/m^3；

d——基础埋置深度，m；

z——基础底面至软弱下卧层顶面的距离，m。

由式(9-8)可知：若要减小作用于软弱下卧层顶面处的附加压力值 p_z，可以采取增大基底面积或减小基础埋深（使 z 值加大）的措施。如果采取上述措施仍不能满足(9-10)要求时，则考虑对软弱下卧层进行加固，或采用埋深超过软弱下卧层底面的桩基础、深基础等地基基础方案。

【例 9-3】 某柱下独立基础的埋深 2.8 m，基础底面尺寸 $l\times b=3.2\ \text{m}\times 3.0\ \text{m}$。上部结构传下来的荷载及建筑场地条件如图 9-24 所示。试验算持力层和软弱下卧层的承载力是否满足要求，偏心距是否满足要求。

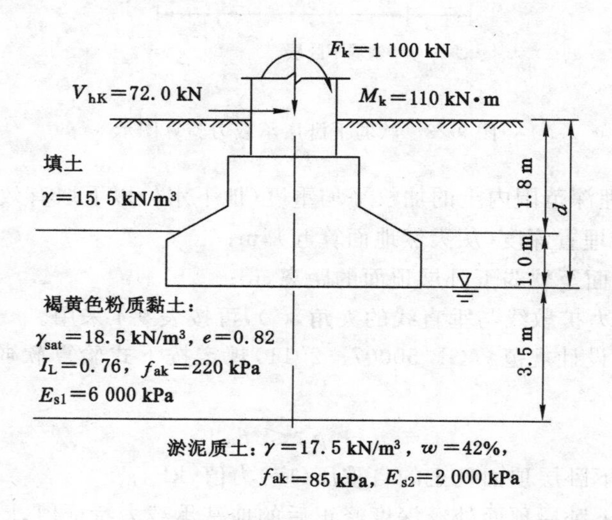

图 9-24 例 9-3 图

【解】 (1) 持力层承载力验算

基础底面以上土的加权平均重度为：

$$\gamma_m=\frac{15.5\times 1.8+18.5\times 1.0}{1.8+1.0}=16.6\ (\text{kN/m}^3)$$

采用《建筑地基基础设计规范》(GB 50007—2011)给出的计算公式确定修正后的地基承载力特征值 f_a，即式(8-31)，并由表 8-22 查得黏性土的承载力修正系数 $\eta_b=0.3$，$\eta_d=1.6$。

$$\begin{aligned} f_a &= f_{ak}+\eta_b\gamma(b-3)+\eta_d\gamma_m(d-0.5) \\ &= 220+0.3\times 18.5\times(3-3)+1.6\times 16.6\times(2.8-0.5) \\ &= 281.1\ (\text{kPa}) \end{aligned}$$

基础自重和基础上的土重力之和为：

$$G_k=(\gamma_G d-\gamma_w h_w)A=(20\times 2.8-0)\times 3.2\times 3.0=537.6\ (\text{kN})$$

作用于基础底面的力矩为：

$$\sum M_k = M_k + V_{HK} d = 110 + 72 \times 2.8 = 311.6\ (\text{kN} \cdot \text{m})$$

基础底面的抵抗矩为：

$$W = \frac{1}{6} b l^2 = \frac{1}{6} \times 3 \times 3.2^2 = 5.12\ (\text{m}^3)$$

基础底面处的平均压力值为：

$$p_k = \frac{F_k + G_k}{A} = \frac{1\ 100 + 537.6}{3.2 \times 3} = 170.6\ (\text{kPa}) \leqslant f_a = 281.1\ (\text{kPa})$$

基底边缘处的最大压力为：

$$p_{kmax} = \frac{F_k + G_k}{A} + \frac{\sum M_k}{W} = 170.6 + \frac{311.6}{5.12} = 231.5\ (\text{kPa}) < 1.2 f_a = 337.3\ (\text{kPa})$$

所以，持力层承载力满足要求。

（2）偏心距验算

$$e_k = \frac{\sum M_k}{F_k + G_k} = \frac{311.6}{1\ 100 + 537.6} = 0.19\ (\text{m}) < \frac{l}{6} = 0.53\ (\text{m})$$

偏心距满足要求。

（3）软弱下卧层承载力验算

软弱下卧层顶面以上土的加权平均重度为：

$$\gamma_m = \frac{15.5 \times 1.8 + 18.5 \times 1.0 + (18.5 - 10) \times 3.5}{1.8 + 1.0 + 3.5} = 12.1\ (\text{kN/m}^3)$$

采用式(9-11)计算软弱下卧层顶面处修正后的地基承载力特征值 f_{az}，并由表 8-22 查得淤泥质土的承载力修正系数 $\eta_d = 1.0$。

$$\begin{aligned} f_{az} &= f_{ak} + \eta_d \gamma_m (d + z - 0.5) \\ &= 85 + 1.0 \times 12.1 \times (2.8 + 3.5 - 0.5) \\ &= 155.2\ (\text{kPa}) \end{aligned}$$

根据 $E_{s1}/E_{s2} = 6\ 000/2\ 000 = 3$，$z/b = 3.5/3.0 = 1.2 > 0.5$，查表 9-2 可得地基压力扩散角 $\theta = 23°$，由此可得软弱下卧层顶面处的附加压力值为：

$$\begin{aligned} p_z &= \frac{lb(p_k - \gamma_m d)}{(b + 2z\tan\theta)(l + 2z\tan\theta)} \\ &= \frac{3.2 \times 3 \times (170.6 - 16.6 \times 2.8)}{(3 + 2 \times 3.5 \times \tan 23°)(3.2 + 2 \times 3.5 \times \tan 23°)} \\ &= 76.4\ (\text{kPa}) \end{aligned}$$

软弱下卧层顶面处土的自重压力值为：

$$p_{cz} = 15.5 \times 1.8 + 18.5 \times 1.0 + (18.5 - 10) \times 3.5 = 76.2\ (\text{kPa})$$

因为

$$p_z + p_{cz} = 76.4 + 76.2 = 152.6\ (\text{kPa}) < f_{az} = 155.2\ (\text{kPa})$$

所以软弱下卧层承载力满足要求。

第五节　地基变形与稳定性验算

一、地基变形验算

在持力层和软弱下卧层地基承载力均满足要求的情况下，并不能保证地基变形也满足要求。如果地基变形过大或地基产生过大的不均匀变形，将会导致房屋过量沉降、墙体开裂或倾斜，从而影响正常使用。因此，地基变形验算也是地基设计中的一个重要组成部分。

（一）地基变形特征

地基变形特征分为沉降量、沉降差、倾斜和局部倾斜四种。

(1) 沉降量——独立基础中心点的沉降量或整幢建筑物基础的平均沉降量。

(2) 沉降差——相邻两个独立基础的沉降量之差。

(3) 倾斜——基础倾斜方向两端点的沉降差与其距离的比值。

(4) 局部倾斜——砌体承重结构沿纵向 6～10 m 内基础两点的沉降差与其距离的比值。

（二）地基变形验算的要求与有关规定

地基变形验算的要求是：建筑物的地基变形计算值不大于地基变形允许值。

建筑物的地基变形允许值应按表 9-5 采用。对表中未包括的建筑物，其地基变形允许值应根据上部结构对地基变形的适应能力和使用上的要求确定。

在计算地基变形时，应符合下列规定：

(1) 由于建筑地基土压缩性不均匀、荷载差异很大、体型复杂等因素引起的地基变形，对于砌体承重结构，应由局部倾斜控制；对于框架结构和单层排架结构，应由相邻柱基的沉降差控制；对于多层或高层建筑和高耸结构，应由倾斜值控制；必要时还应控制平均沉降量。

(2) 在必要的情况下，需要分别预估建筑物在施工期间和使用期间的地基变形值，以便预留建筑物有关部分之间的净空，选择合适的连接方法和施工顺序。

表 9-5　建筑物的地基变形允许值

变形特征		地基土类别	
		中、低压缩性土	高压缩性土
砌体承重结构基础的局部倾斜		0.002	0.003
工业与民用建筑相邻柱基的沉降差	框架结构	$0.002l$	$0.003l$
	砌体墙填充的边排柱	$0.000\,7l$	$0.001l$
	当基础不均匀沉降时不产生附加应力的结构	$0.005l$	$0.005l$
单层排架结构（柱距为 6 m）柱基的沉降量/mm		(120)	200
桥式吊车轨面的倾斜（按不调整轨道考虑）	纵向	0.004	
	横向	0.003	

表 9-5(续)

多层或高层建筑的整体倾斜	$H_g<24$	0.004
	$24<H_g\leqslant60$	0.003
	$60<H_g\leqslant100$	0.002 5
	$H_g>100$	0.002
体型简单的高层建筑基础的平均沉降量/mm		200
高耸结构基础的倾斜	$H_g\leqslant20$	0.008
	$20<H_g\leqslant50$	0.006
	$50<H_g\leqslant100$	0.005
	$100<H_g\leqslant150$	0.004
	$150<H_g\leqslant200$	0.003
	$200<H_g\leqslant250$	0.002
高耸结构基础的沉降量/mm	$H_g\leqslant100$	400
	$100<H_g\leqslant200$	300
	$200<H_g\leqslant250$	200

注:1. 表中数值为建筑物地基实际最终变形允许值;
2. 有括号者仅适用于中压缩性土;
3. l 为相邻柱基的中心距离,mm;H_g为自室外地面起算的建筑物高度,m。

(三) 需要进行地基变形验算的建筑物

如前所述,地基基础设计分为三个等级,详见表 9-1。

(1) 设计等级为甲级、乙级的建筑物,均应进行地基变形验算;

(2) 设计等级为丙级的建筑物,可不作地基变形验算的建筑物范围见表 9-6。但是有本章第一节规定的 5 种情况之一时,还应作变形验算。

地基变形的计算方法,详见本书第四章。

二、稳定性验算

(一) 地基稳定性验算

对于经常承受水平荷载作用的高层建筑、高耸结构和挡土墙等,以及建造在斜坡上或边坡附近的建筑物和构筑物(图 9-18),还应验算地基的稳定性。

地基稳定性的验算可采用圆弧滑动面法。最危险的滑动面上各个力对滑动中心所产生的抗滑力矩与滑动力矩应符合下式要求:

$$M_R/M_s \geqslant 1.2 \tag{9-12}$$

式中　M_R——抗滑力矩,kN·m;

M_s——滑动力矩,kN·m。

(二) 抗浮稳定性验算

建筑物基础承受浮力作用时,应进行抗浮稳定性验算。

对于简单的浮力作用情况,基础抗浮稳定性应满足下式要求,即

$$G_k / N_{wk} \geqslant k_w \tag{9-13}$$

式中 G_k——建筑物自重及压重之和，kN；

N_{wk}——浮力作用值，kN；

k_w——抗浮稳定性安全系数，一般情况下可取 1.05。

表 9-6 可不作地基变形验算的设计等级为丙级的建筑物范围

<table>
<tr><td rowspan="2">地基主要受力层情况</td><td colspan="3">地基承载力特征值 f_{ak}/kPa</td><td>$80 \leqslant f_{ak} < 100$</td><td>$100 \leqslant f_{ak} < 130$</td><td>$130 \leqslant f_{ak} < 160$</td><td>$160 \leqslant f_{ak} < 200$</td><td>$200 \leqslant f_{ak} < 300$</td></tr>
<tr><td colspan="3">各土层坡度/%</td><td>≤5</td><td>≤10</td><td>≤10</td><td>≤10</td><td>≤10</td></tr>
<tr><td rowspan="8">建筑类型</td><td colspan="3">砌体承重结构、框架结构/层</td><td>≤5</td><td>≤5</td><td>≤6</td><td>≤6</td><td>≤7</td></tr>
<tr><td rowspan="4">单层排架结构(6 m柱距)</td><td rowspan="2">单跨</td><td>吊车额定起重量/t</td><td>10～15</td><td>15～20</td><td>20～30</td><td>30～50</td><td>50～100</td></tr>
<tr><td>厂房跨度/m</td><td>≤18</td><td>≤24</td><td>≤30</td><td>≤30</td><td>≤30</td></tr>
<tr><td rowspan="2">多跨</td><td>吊车额定起重量/t</td><td>5～10</td><td>10～15</td><td>15～20</td><td>20～30</td><td>30～75</td></tr>
<tr><td>厂房跨度/m</td><td>≤18</td><td>≤24</td><td>≤30</td><td>≤30</td><td>≤30</td></tr>
<tr><td colspan="2">烟囱</td><td>高度/m</td><td>≤40</td><td>≤50</td><td colspan="2">≤75</td><td>≤100</td></tr>
<tr><td colspan="2" rowspan="2">水塔</td><td>高度/m</td><td>≤20</td><td>≤30</td><td colspan="2">≤30</td><td>≤30</td></tr>
<tr><td>容积/m³</td><td>50～100</td><td>100～200</td><td>200～300</td><td>300～500</td><td>500～1 000</td></tr>
</table>

注：1. 地基主要受力层系指条形基础底面以下深度为 $3b$（b 为基础底面宽度），独立基础以下为 $1.5b$，且厚度均不小于 5 m 的范围（2 层以下一般的民用建筑物除外）。

2. 地基主要受力层中如有承载力标准值小于 130 kPa 的土层，表中砌体承重结构的设计，应符合《建筑地基基础设计规范》(GB 50007—2011)第 7 章的有关要求。

3. 表中砌体承重结构和框架结构均指民用建筑，工业建筑可按厂房高度、荷载情况折合成与其相当的民用建筑层数。

4. 表中吊车额定起重量、烟囱高度和水塔容积的数值指最大值。

第六节　无筋扩展基础设计

无筋扩展基础有柱下独立基础和墙下条形基础之分，通常由浆砌毛石、浆砌砖、素混凝土、毛石混凝土、三合土或灰土等材料建造且不需要配置钢筋，适用于多层民用建筑和轻型厂房。如前所述，这种基础抗压性能好，但是抗拉性能、抗剪性能差，因此必须控制基础内的拉应力和剪应力。设计时可以通过控制材料强度等级和台阶宽高比来确定基础的截面尺寸，无需进行内力分析和截面强度计算。

一、构造要求

图 9-25 为无筋扩展基础构造示意图，为保证无筋扩展基础不因受拉或受剪而破坏，要求基础台阶的宽度和高度之比不超过相应材料要求的允许值。因此，《建筑地基基础设计规范》(GB 50007—2011)规定无筋扩展基础高度应满足下式要求：

$$H_0 \geqslant \frac{b - b_0}{2\tan \alpha} \tag{9-14}$$

式中　b——基础底面宽度，m；

b_0——基础顶面的墙体宽度或柱脚宽度，m；

H_0——基础高度，m；

$\tan\alpha$——基础台阶宽高比（b_2 ∶ H_0），其允许值可按表 9-7 选用；

b_2——基础台阶宽度，m。

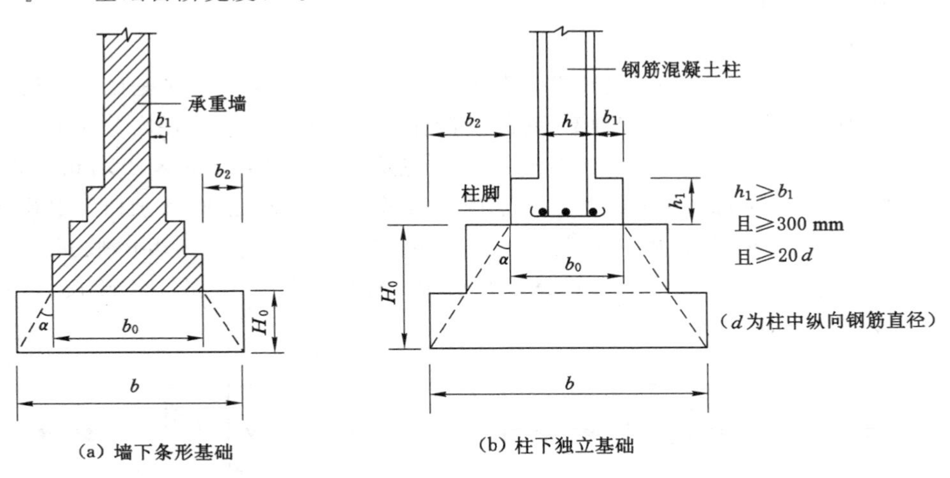

图 9-25　无筋扩展基础构造示意图

表 9-7　无筋扩展基础台阶宽高比的允许值

基础材料	质量要求	台阶宽高比的允许值		
		$p_k \leqslant 100$	$100 < p_k \leqslant 200$	$200 < p_k \leqslant 300$
混凝土基础	C15 混凝土	1∶1.00	1∶1.00	1∶1.25
毛石混凝土基础	C15 混凝土	1∶1.00	1∶1.25	1∶1.50
砖基础	砖不低于 MU10，砂浆不低于 M5	1∶1.50	1∶1.50	1∶1.50
毛石基础	砂浆不低于 M5	1∶1.25	1∶1.50	—
灰土基础	体积比为 3∶7 或 2∶8 的灰土，其最小干密度为： 粉土 1 550 kg/m^3 粉质黏土 1 500 kg/m^3 黏土 1 450 kg/m^3	1∶1.25	1∶1.50	—
三合土基础	体积比（$V_{石灰}$ ∶ $V_{砂}$ ∶ $V_{骨料}$）为 1∶2∶4～1∶3∶6， 每层约虚铺 220 mm，夯至 150 mm	1∶1.50	1∶2.00	—

注：1. p_k为作用的标准组合时基础底面的平均压力。

2. 阶梯形毛石基础的每阶伸出宽度不宜大于 200 mm。

3. 当基础由不同材料叠合组成时，应对接触部分进行抗压验算。

4. 混凝土基础单侧扩展范围内基础底面的平均压力超过 300 kPa 时，尚应进行抗剪验算；对于基底反力集中于立柱附近的岩石地基，应进行局部受压承载力验算。

采用无筋扩展基础的钢筋混凝土柱，其柱脚高度 h_1 不得小于 b_1［图 9-25(b)］，并不应小于 300 mm 且不小于 $20d$（d 为柱中纵向钢筋直径）。当柱纵向钢筋在柱脚内的竖向锚固长度不满足锚固要求时，可沿水平方向弯折，弯折后的水平锚固长度不应小于 $10d$，也不应大于 $20d$。

由于受台阶宽高比的限制，无筋扩展基础的高度一般都较大，如果基础埋深较浅，可选择刚性角 α 较大的基础类型（如混凝土基础）。如果仍不满足，则应采用钢筋混凝土扩展基础。

二、基础材料要求及适用范围

（一）砖基础

砖基础所用的砖必须是黏土砖或蒸压灰砂砖，轻质砖不得用于砌筑基础。砖的强度等级不得低于 MU10（严寒地区饱和地基，砖的最低标号为 MU20），砂浆强度等级不低于 M5。

标准砖尺寸为 240 mm×115 mm×53 mm，加上灰缝后为 240 mm×120 mm×60 mm，砖基础各部分的尺寸应符合砖的模数。砖基础一般做成阶梯形，俗称“大放脚”，其砌筑方式有两种（图 9-25）：一种是“两皮一收”，即每层为两皮砖，高度为 120 mm，收进 1/4 砖长（60 mm）；另一种是“二、一间隔收”，即从底层开始，先砌两皮砖，收进 1/4 砖长，再砌一皮砖，收进 1/4 砖长，如此反复。

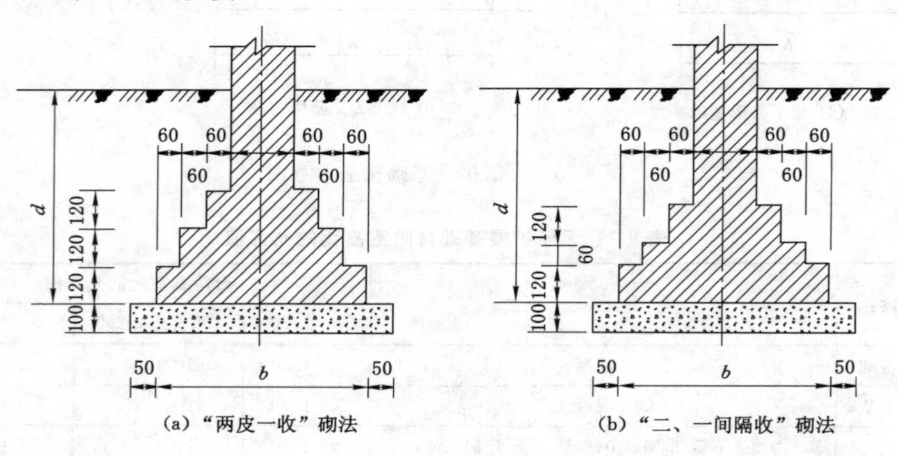

图 9-26　砖基础剖面图（单位：mm）

为了保证砖基础的砌筑质量，砖基础底面以下通常设垫层。垫层材料可选择素混凝土、三合土或灰土。垫层每边伸出基础底面 50 mm，厚度不宜小于 100 mm。这种垫层纯粹是为了确保施工质量，不能作为基础的一部分，其宽度和厚度都不计入基础的底宽 b 和埋深 d。

砖基础具有施工简便，造价便宜等优点，可用于 7 层及 7 层以下的一般民用建筑和墙承重的轻型厂房基础工程。

（二）毛石基础

毛石是指未经加工的石材，应选用未风化的硬质岩石，其强度等级不低于 MU20。

毛石基础由毛石和砂浆砌筑而成，砂浆强度等级不低于 M5。砂浆包括水泥砂浆（砂与水泥按一定比例配制的混合物）、白灰砂浆（砂与石灰或石膏按一定比例配制的混合物）和混合砂浆（砂与水泥、石灰按一定比例配制的混合物），一般采用水泥砂浆或混合砂浆。当基底压力较小且基础位于地下水位以上时，也可用白灰砂浆。

毛石基础一般砌筑成阶梯形，如图 9-27 所示。毛石的形状不规整，不易砌平。为了保证毛石基础的整体性和传力均匀，每一台阶宜砌 3 排或 3 排以上毛石(视石块大小和规整情况确定)，且应错缝砌筑。每阶收进宽度不应大于 200 mm，每阶高度的确定应符合表 9-7 的规定。

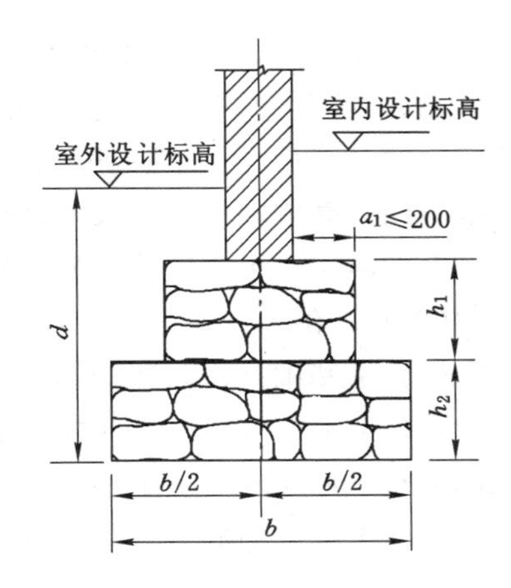

图 9-27　毛石基础(单位:mm)

毛石基础是工程中应用最多的一种浅基础形式，其优点是抗冻性较好，易就地取材，成本低，在寒冷潮湿地区可用于 6 层以下建筑物基础。由于毛石之间空隙较大，砂浆与毛石之间的黏结性能也较差，造成毛石基础的整体性欠佳，故有振动的建筑很少采用。

(三) 混凝土基础

混凝土基础采用素混凝土在施工现场浇筑而成，其强度等级不低于 C15。基础的剖面形式有阶梯形和锥形(图 9-28)等，需按基础的尺寸和施工条件确定。混凝土基础的阶高 h_0 不宜小于 200 mm，混凝土基础的高度 H_0 不宜小于 300 mm。

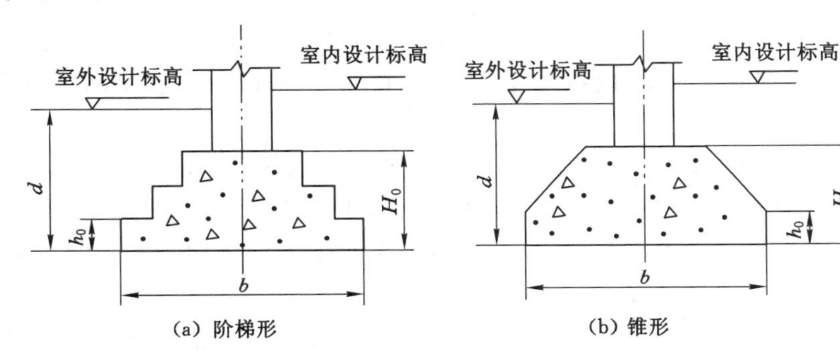

图 9-28　混凝土基础

当基底平均压力超过 300 kPa 时，应按式(9-15)验算墙(柱)边缘或变阶处的受剪承载力。

$$V_s \leqslant 0.366 f_t A \tag{9-15}$$

式中　V_s——相应于作用的基本组合时地基土平均净反力产生的沿墙(柱)边缘或变阶处的单位长度剪力设计值，kN/m；

f_t——混凝土的轴心抗拉强度设计值，kN/m^2；

A——沿墙(柱)边缘或变阶处混凝土基础单位长度面积，m^2/m。

混凝土基础的强度、耐久性、抗冻性和抗振动性能均优于砖石基础，且刚度大，便于机械化施工。因此，当荷载较大，采用其他基础材料不能满足刚性角要求或位于地下水位线以下时，常采用混凝土基础。

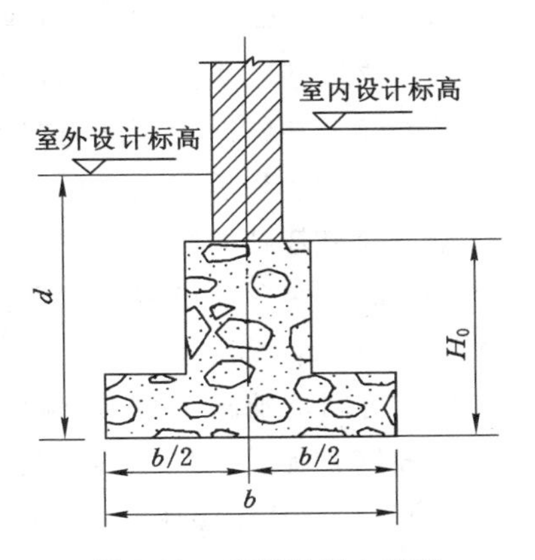

图 9-29　毛石混凝土基础

(四) 毛石混凝土基础

混凝土基础水泥用量大，造价较高。基础体积较大时，为了节约混凝土的用量，可以掺入 20%～30%的毛石做成毛石混凝土基础(图 9-29)。掺入的毛石应选用未经风化的硬质岩石，其强度等级不低于 MU20，其尺寸不宜大于 300 mm，使用前须冲洗干净。

毛石混凝土基础施工时，应先浇灌 100～500 mm 厚的混凝土层，再铺砌毛石，毛石插入混凝土约一半后，再灌注混凝土，填满所有空隙，再逐层铺设毛石或灌注混凝土。因此，毛石混凝土的阶高应根据毛石尺寸确定。

毛石混凝土由于其施工质量较难控制，受力也不均匀，使用并不广泛。

（五）三合土基础

三合土基础是由石灰、砂和骨料（碎石、碎砖或矿渣），按体积之比（$V_{石灰}:V_{砂}:V_{骨料}$）为 1∶2∶4～1∶3∶6 配制而成的，加适量的水拌合后均匀铺入基槽，每层虚铺厚度约为 220 mm，夯至 150 mm。三合土基础高度应为 150 mm 的倍数。

三合土基础的成本略低于混凝土基础，但是其力学性能比混凝土基础差得多。在我国南方地区，可用于埋置深度在地下水位以上的 4 层及 4 层以下的民用建筑。目前三合土基础虽然使用越来越少，但是三合土可广泛用于各种工程的垫层。

（六）灰土基础

灰土是用石灰和土料配制而成的。所用石灰以块状生石灰为宜。在使用前往块状生石灰中加水，生石灰就会慢慢和水发生反应，发涨然后破裂，最后变成熟石灰粉末，并需过 5 mm 筛子。土料宜就地取材，以粉质黏土为好，应过 15 mm 筛。石灰和土料的体积比为 3∶7 或 2∶8。

灰土基础施工方法：每层虚铺灰土 220～250 mm，夯实后为 150 mm，称为“一步灰土”。根据工程的需要，可铺设“二步灰土”或“三步灰土”，即厚度为 300 mm 或 450 mm。施工时，应控制其含水率为最优含水率。夯实后，最小干密度应满足：粉土 15.5 kN/m^3；粉质黏土 15.0 kN/m^3，黏土 14.5 kN/m^3。

灰土基础在中国有悠久历史，合格灰土的承载力可达 250～300 kPa。灰土的缺点是早期强度低、抗水性差，尤其在水中硬化很慢。因此，灰土基础通常只适用于地下水位以上。在我国华北和西北地区，可用于 5 层及 5 层以下的民用房屋和墙承重的轻型厂房。灰土作为基础虽然用得越来越少，但也可用于各种工程的垫层。

无筋扩展基础可由不同材料叠合组成，如上层用砖砌筑，下层现浇混凝土。这时下层混凝土的高度需大于等于 200 mm，并应符合表 9-7 所示材料质量要求和台阶宽高比要求。

三、天然地基上浅基础设计步骤

（1）选择基础类型与材料，初步进行基础平面布置。

（2）确定基础埋置深度与持力层。

（3）确定地基承载力。

（4）确定基础的底面尺寸，必要时进行软弱下卧层承载力验算。

（5）地基变形与稳定性验算。

（6）基础结构设计。

（7）绘制基础施工图，并编制基础工程设计计算说明书。

下面结合无筋扩展基础的具体案例，详细说明天然地基上的浅基础设计过程。

【例 9-4】 某 5 层住宅承重墙厚 $b_0=240$ mm，建筑场地地势平坦，表层为杂填土，层厚为 0.65 m，重度 $\gamma=17.3$ kN/m^3。其下为粉质黏土，重度 $\gamma=18.3$ kN/m^3，孔隙比 $e=0.86$，液性

指数 $I_L=0.92$，承载力特征值 $f_{ak}=160$ kPa。地下水位在地表下 0.8 m 处。若已知在作用的标准组合时上部墙体传至基础顶面的竖向力 $F_k=176$ kN/m。试设计该承重墙下的条形基础。

【解】（1）选择基础类型与材料

采用由不同材料叠合组成的无筋扩展基础，上层用砖砌筑，下层现浇混凝土。

（2）确定基础埋置深度与持力层

为了便于施工，基础宜置于地下水位以上。初选基础埋深 $d=0.8$ m，粉质黏土层作为持力层。

（3）确定地基承载力

基础底面以上土的加权平均重度为：

$$\gamma_m=\frac{17.3\times0.65+18.3\times0.15}{0.8}=17.5\ (\mathrm{kN/m^3})$$

采用《建筑地基基础设计规范》(GB 50007—2011)给出的 f_a 计算公式，即式(8-31)，并由表 8-22 查得粉质黏土的承载力修正系数 $\eta_b=0$，$\eta_d=1.0$。

由于宽度修正系数 $\eta_b=0$，只进行深度修正，则有：

$$f_a=f_{ak}+\eta_d\gamma_m(d-0.5)=160+1.0\times17.5\times(0.8-0.5)=165\ (\mathrm{kPa})$$

（4）确定条形基础的宽度

$$b\geqslant\frac{F_k}{f_a-\gamma_G d+\gamma_w h_w}=\frac{176}{165-20.0\times0.8+0}=1.18\ (\mathrm{m})$$

取条形基础宽度 $b=1.2$ m。

由于不存在软弱下卧层，不需要进行软弱下卧层承载力的验算。

（5）地基变形验算

本工程为 5 层住宅，查表 9-1 可知该住宅工程属于丙级。

地基承载力特征值 $f_{ak}=160$ kPa$>$130 kPa，同时由表 9-6 可知该工程属于可不作地基变形验算的建筑物，故该住宅工程可不进行地基变形验算。

该工程建筑场地地势平坦，不涉及抗浮稳定性问题，所以不必进行地基稳定性验算和抗浮稳定性验算。

（6）基础结构设计

方案 1——采用 MU10 砖和 M5 砂浆砌“二、一间隔收”砖基础，每级台阶收进宽度 $b_1=60$ mm，基底下做 100 mm 厚 C10 素混凝土垫层。

砖基础所需台阶数为：

$$n\geqslant\frac{b-b_0}{2b_1}=\frac{1\ 200-240}{2\times60}=8$$

基础高度为：

$$H_0=120\times4+60\times4=720\ (\mathrm{mm})$$

基础高 720 mm，垫层厚 100 mm，基础顶面低于设计地面至少 100 mm，则基坑最小开挖深度 $D_{min}=720+100+100$ mm$=920$ mm，已深入地下水位以下 120 mm，必然给施工带来困难，且与最初基础宜置于地下水位以上的设计构想不一致。所以，方案 1 不合理，应进行调整。

方案 2——基础下层采用 300 mm 厚的 C15 混凝土基础（混凝土基础刚性角较大，相同基底面积时可降低基础设计高度），其上采用“二、一间隔收”砖基础。

由表 9-7 查得混凝土基础的宽高比允许值 $\tan\alpha=1.0$，所以混凝土基础收进值 $b_2=300$ mm。

砖基础所需台阶数为：

$$n \geqslant \frac{b-b_0-2b_2}{2b_1}=\frac{1\ 200-240-2\times 300}{2\times 60}=3$$

基础高度为：

$$H_0=120\times 2+60\times 1+300=600\ (\text{mm})$$

据此，将基础顶面设置于地表下 200 mm 处，基础高度为 600 mm，基础埋置深度 $d=0.8$ m，与初选基础埋深吻合。

由于方案进行了调整，慎重起见，对持力层承载力进行验算。基础底面的平均压力值为：

$$p_k=\frac{F_k+G_k}{A}=\frac{176+20\times 0.8\times 1.0\times 1.2}{1.0\times 1.2}=160\ (\text{kPa})\leqslant f_a=165\ (\text{kPa})$$

满足要求。

(7) 绘制基础施工图

按比例绘制基础剖面图，如图 9-30 所示。

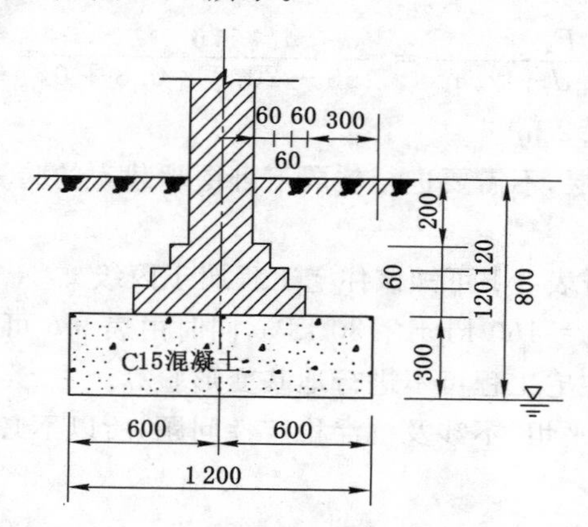

图 9-30　例 9-4 无筋扩展基础剖面图(单位：mm)

特别指出的是：该基础工程还有很多其他的可行设计方案。实际工程设计时，应进行多方案的技术经济分析与比较，选择最佳的设计方案。

【例 9-5】　某工业厂房采用单跨、单层钢筋混凝土排架结构(柱距 6 m)，柱下独立基础，其跨度为 24 m，吊车额定起重量为 20 t，柱的截面尺寸为：600 mm×400 mm。相应于作用的标准组合时，上部结构通过柱传至基础顶面的荷载值为：$F_k=1\ 000$ kN，$M_k=220$ kN·m，$V_{Hk}=50$ kN。地基土层剖面如图 9-31 所示，在地基变形计算深度范围内共有 2 层土。上层土为新回填的黏性素填土，下层

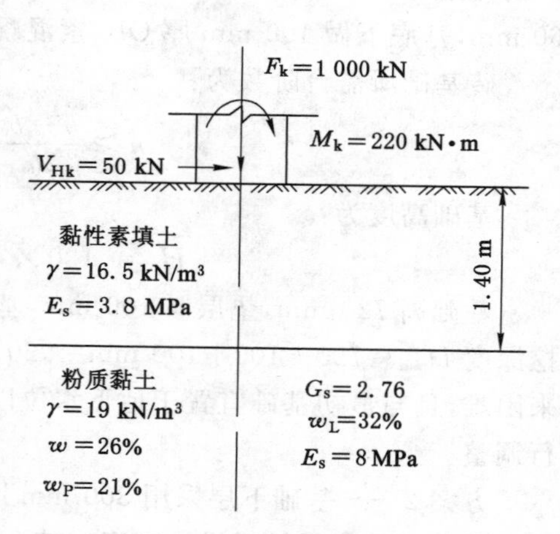

图 9-31　例 9-5 示意图

土为粉质黏土，各层土的物理力学指标已标注在图中，粉质黏土层的承载力特征值 $f_{ak}=190$ kPa。地下水位距地表的距离为 3.1 m。试设计柱下无筋扩展基础。

【解】（1）选择基础类型与材料

采用阶梯形混凝土基础，混凝土强度等级为 C15。

（2）确定基础埋置深度与持力层

初选基础埋深 $d=2.0$ m，选择粉质黏土层作为持力层。

粉质黏土的液性指数为：

$$I_L=\frac{w-w_p}{w_L-w_p}=\frac{0.26-0.21}{0.32-0.21}=0.45$$

粉质黏土的孔隙比为：

$$e=\frac{G_s(1+w)\gamma_w}{\gamma}-1=\frac{2.76\times(1+0.26)\times 10}{19}-1=0.83$$

（3）确定地基承载力

基础底面以上土的加权平均重度为：

$$\gamma_m=\frac{16.5\times 1.4+19\times 0.6}{2}=17.25\ (\text{kN/m}^3)$$

先对地基承载力特征值只进行深度修正，计算出相应的 f_a 值。

采用《建筑地基基础设计规范》（GB 50007—2011）给出的 f_a 计算公式，即式（8-31），并由表 8-22 查得粉质黏土的承载力修正系数 $\eta_b=0.3$，$\eta_d=1.6$。

只进行深度修正时，有：

$$f_a=f_{ak}+\eta_d\gamma_m(d-0.5)=190+1.6\times 17.25\times(2.0-0.5)=231.4\ (\text{kPa})$$

（4）确定基础的底面尺寸

按中心荷载初步估计基底面积，即

$$A\geqslant\frac{F_k}{f_a-\gamma_G d+\gamma_w h_w}=\frac{1\ 000}{231.4-20.0\times 2+0}=5.23\ (\text{m}^2)$$

考虑偏心荷载作用，将基底面积增大 1.4 倍，则有：

$$A=1.4\times 5.23=7.32\ (\text{m}^2)$$

初步选择基础底面积为：

$$A=lb=3.0\times 2.5=7.5\ (\text{m}^2)$$

由于 $b=2.5$ m<3 m，所以不需对 f_a 进行宽度修正，即 $f_a=231.4$ kPa。

在基底面积确定后（基底为矩形，长度为 3 m，宽度为 2.5 m），慎重起见，下面需要验算持力层的地基承载力及偏心距。

基础及回填土所受重力 G_k 为：

$$G_k=\gamma_G dA=20.0\times 2.0\times 7.5=300\ (\text{kN})$$

偏心距为：

$$e_k=\frac{\sum M_k}{F_k+G_k}=\frac{220+50\times 2}{1\ 000+300}\ (\text{m})=0.25<\frac{l}{6}=0.5\ (\text{m})$$

偏心距验算满足要求。

基础底面处的平均压力值为：

$$p_k = \frac{F_k + G_k}{A} = \frac{1\ 000 + 300}{7.5} = 173.3\ (\text{kPa}) \leqslant f_a = 231.4\ (\text{kPa})$$

基底边缘处的基底最大压力为：

$$p_{kmax} = \frac{F_k + G_k}{lb}\left(1 + \frac{6e_k}{l}\right) = \frac{1\ 000 + 300}{3 \times 2.5} \times \left(1 + \frac{6 \times 0.25}{3}\right)$$
$$= 260\ (\text{kPa}) < 1.2f_a = 277.7\ (\text{kPa})$$

承载力验算也满足规范要求。

综上所述，基础底面按 3 m×2.5 m 设置满足持力层承载力和偏心距的要求。由于不存在软弱下卧层，不需要进行软弱下卧层承载力的验算。

(5) 地基变形验算

该工程为场地和地基条件简单、荷载分布均匀的一般工业建筑物，由表 9-1 可知该厂房属于丙级。

地基承载力特征值 f_{ak}＝190 kPa＞130 kPa，同时由表 9-6 可知该厂房属于可不进行地基变形验算的建筑物，故该工业厂房可不进行地基变形验算。

该工程建筑场地地势平坦，不涉及抗浮稳定性问题，所以不必进行地基稳定性验算和抗浮稳定性验算。

(6) 基础结构设计

采用 C15 混凝土基础，查表 9-7，台阶宽高比允许值为 1∶1，则基础高度为：

$$H_0 = \frac{l - l_0}{2} = \frac{3 - 0.6}{2} = 1.2\ (\text{m})$$

可设置 3 个台阶，每个台阶高度为 400 mm。

(7) 绘制基础施工图

按比例绘制基础两个方向的剖面图，如图 9-32 所示。

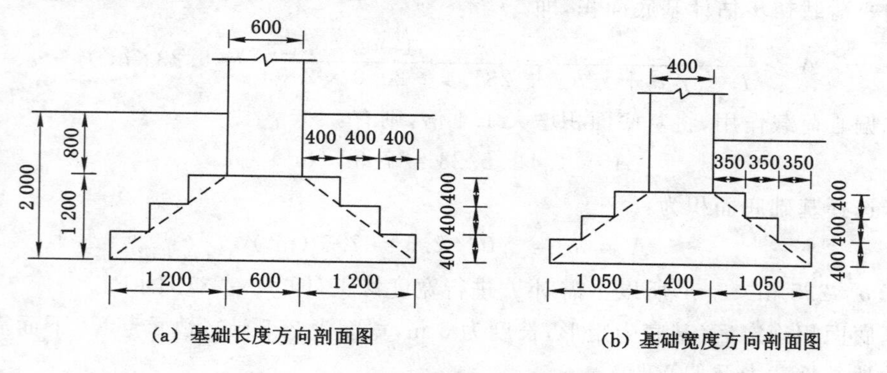

图 9-32 例 9-5 无筋扩展基础剖面图(单位：mm)

第七节 扩展基础设计

扩展基础与前述无筋扩展基础不同，由于基础内配置了钢筋，因而具有较高的抗拉强度，通常能在较小的埋深内将基础底面扩大到所需的面积。

如前所述，扩展基础包括柱下钢筋混凝土独立基础和墙下钢筋混凝土条形基础(图 9-4

和图 9-5)。柱下钢筋混凝土独立基础又有三种类型,即阶梯形基础、锥形基础和杯口基础。现浇柱可采用阶梯形基础或锥形基础,预制柱应采用杯口基础。墙下钢筋混凝土条形基础有两种类型,即无纵肋的板式基础和有纵肋的梁板式基础。通常采用板式基础,但是当基础沿纵向墙上荷载分布不均匀或地基土的压缩性不均匀时,为了增强基础的整体性和纵向抗弯能力,减小不均匀沉降,可采用有纵肋的梁板式基础。肋部配置足够的纵向钢筋和箍筋,以承受由不均匀沉降引起的弯曲应力。

一、构造要求

(一) 一般构造要求

《建筑地基基础设计规范》(GB 50007—2011)对扩展基础的构造做了如下规定:

(1) 基础边缘高度:锥形基础的边缘高度不宜小于 200 mm,且两个方向的坡度不宜大于 1∶3;阶梯形基础的每阶高度宜为 300～500 mm。

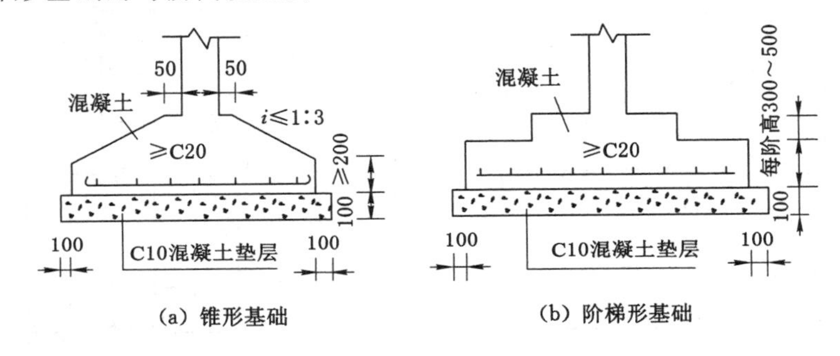

图 9-33　扩展基础构造的一般要求(单位:mm)

(2) 垫层:通常在基底下浇筑一层素混凝土作为垫层。垫层厚度不宜小于 70 mm,垫层混凝土强度等级不宜低于 C10。一般做 100 mm 厚 C10 素混凝土垫层,两边各伸出基础 100 mm。

(3) 钢筋:扩展基础受力钢筋最小配筋率不应小于 0.15%,底板受力钢筋的最小直径不应小于 10 mm,间距不应大于 200 mm,也不应小于 100 mm。墙下钢筋混凝土条形基础纵向分布钢筋的直径不应小于 8 mm;间距不应大于 300 mm;每延米分布钢筋的面积不应小于受力钢筋面积的 15%。当有垫层时钢筋保护层的厚度不应小于 40 mm,无垫层时不应小于 70 mm。

(4) 混凝土:混凝土强度等级不应低于 C20。

(5) 底板受力钢筋布置:当柱下钢筋混凝土独立基础的边长和墙下钢筋混凝土条形基础的宽度大于或等于 2.5 m 时,底板受力钢筋的长度可取边长或宽度的 0.9 倍,并宜交错布置(图 9-34)。

(6) 墙下条形基础纵横交叉处底板受力钢筋布置:钢筋混凝土条形基础底板在 T 形及十字形交接处,底板横向受力钢筋仅沿一个主要受力方向通长布置,另一个方向的横向受力钢筋可布置到主要受力方向底板宽度 1/4 处[图 9-35(a)、图 9-35(b)]。在拐角处底板横向受力钢筋应沿两个方向布置[图 9-35(c)]。

(二) 现浇柱下独立基础的构造要求

现浇柱下独立基础可采用锥形基础或阶梯形基础,其构造所要求的剖面尺寸在满足一般构造要求后可按图 9-36 要求设计,其中底板厚度 h 的确定后面将详细介绍。

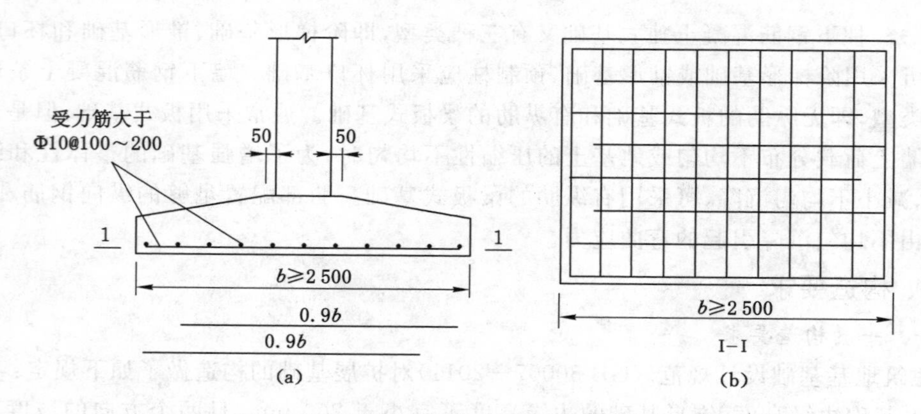

图 9-34　底板受力钢筋交错布置(单位:mm)

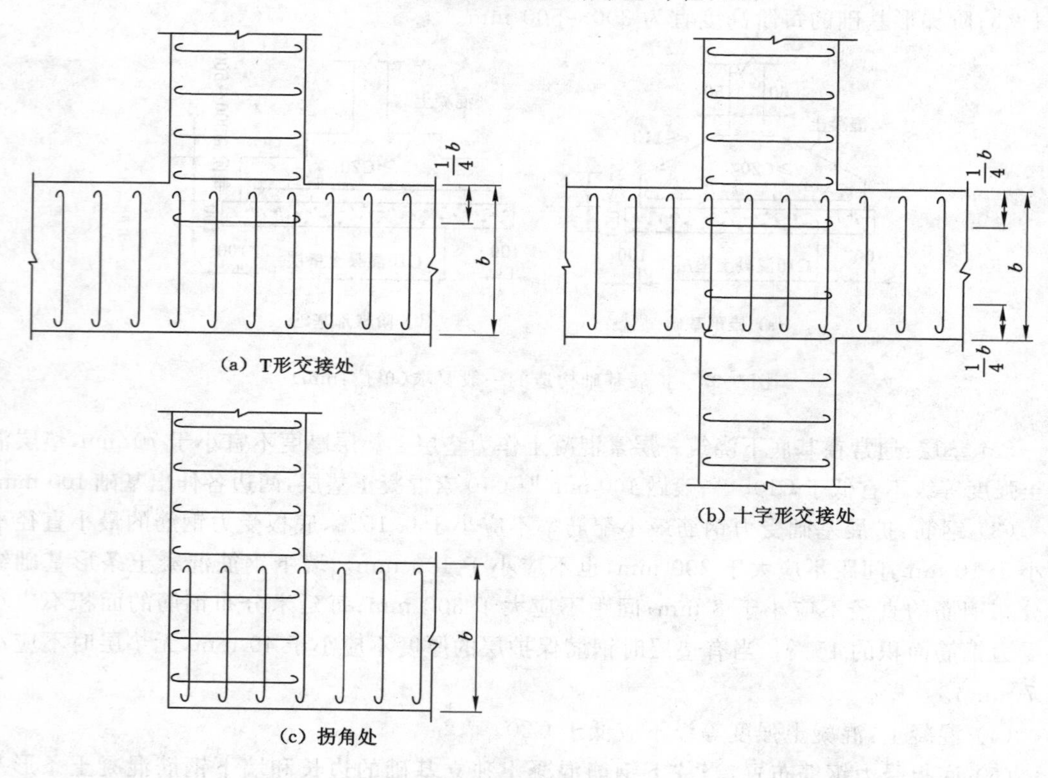

图 9-35　墙下条形基础纵横交接处底板受力钢筋布置

为了确保现浇钢筋混凝土柱与现浇钢筋混凝土基础的连接牢固,基础施工时应伸出插筋。插筋在基础内应符合下述规定:

(1) 插筋的数量、直径以及钢筋种类应与柱内纵向受力钢筋相同。

(2) 所有插筋的下端宜做成直钩放在基础底板钢筋网上。当符合下列条件之一时可仅将四角的插筋伸至底板钢筋网上,其余插筋锚固在基础顶面下 l_a 或 l_{aE} 处(图 9-37)。

① 柱为轴心受压或小偏心受压,基础高度 $h \geqslant 1\,200$ mm。

② 柱为大偏心受压,基础高度 $h \geqslant 1\,400$ mm。

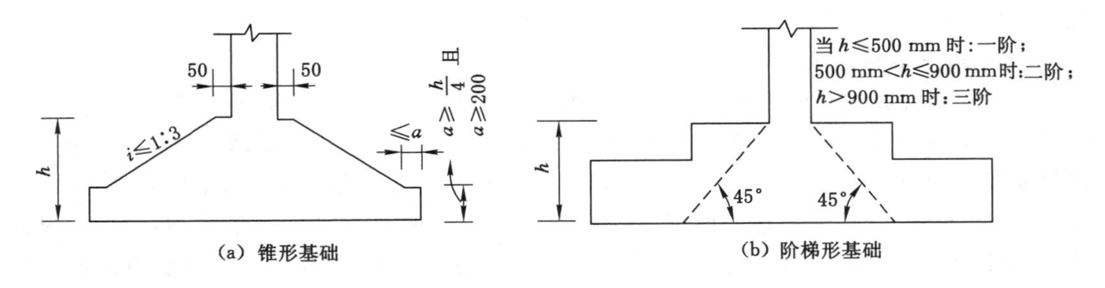

图 9-36　现浇钢筋混凝土柱下独立基础剖面尺寸(单位：mm)

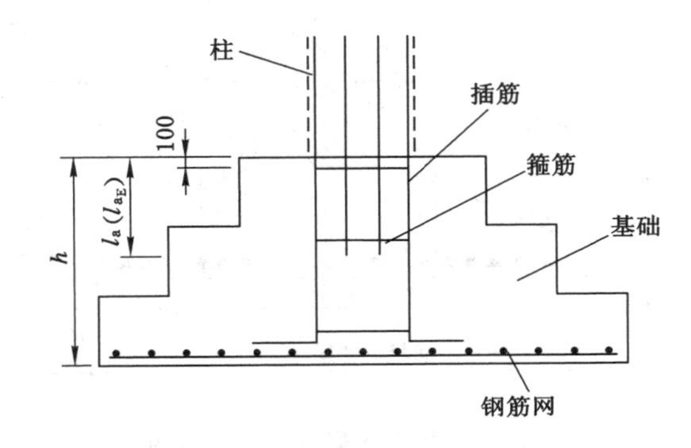

图 9-37　现浇柱下独立基础中插筋构造示意图(单位：mm)

(3) 插筋在基础内的锚固长度应满足以下要求：

① 无需抗震设防时，锚固长度 l_a 应根据《混凝土结构设计规范》(GB 50010—2010)有关规定确定。

② 抗震设防烈度为 6 度、7 度、8 度和 9 度地区的建筑工程，纵向受力钢筋的抗震锚固长度 l_{aE} 应符合表 9-8 的规定。

表 9-8　纵向受力钢筋的抗震锚固长度 l_{aE}

建筑物抗震等级	纵向受力钢筋的抗震锚固长度 l_{aE}
一、二级	$1.15l_a$
三级	$1.05l_a$
四级	l_a

③ 当基础高度小于 $l_a(l_{aE})$时，锚固总长度除符合上述要求外，其最小直锚段的长度不应小于 $20d$，弯折段的长度不应小于 150 mm。

(4) 插筋与柱的纵向受力钢筋的连接方法，应符合《混凝土结构设计规范》(GB 50010—2010)的有关规定，宜优先采用焊接或机械连接的接头。

(5) 基础中插筋至少需在基础顶面下 100 mm 和插筋下端设置箍筋，且间距不大于 800 mm，基础中箍筋直径与柱中箍筋相同。

(三) 预制柱下杯口基础的构造要求

预制钢筋混凝土柱与杯口基础或高杯口基础的连接要求，详见《建筑地基基础设计规范》(GB 50007—2011)。

（四）墙下条形基础的构造要求

墙下钢筋混凝土条形基础可分为无纵肋的板式基础和有纵肋的梁板式基础(图 9-5)。

墙下无纵肋板式条形基础的高度 h 应按剪切计算确定。一般要求 $h \geqslant b/8$(b 为条形基础宽度),且 $h \geqslant 300$ mm。当 $b < 1\,500$ mm 时,基础高度可做成等厚度;当 $b \geqslant 1\,500$ mm 时,可做成变厚度,且板的边缘厚度不应小于 200 mm,坡度 $i \leqslant 1:3$(图 9-38)。板内纵向分布钢筋大于等于Φ 8@300,且每延米纵向分布钢筋的面积应不小于横向受力钢筋面积的 15%。

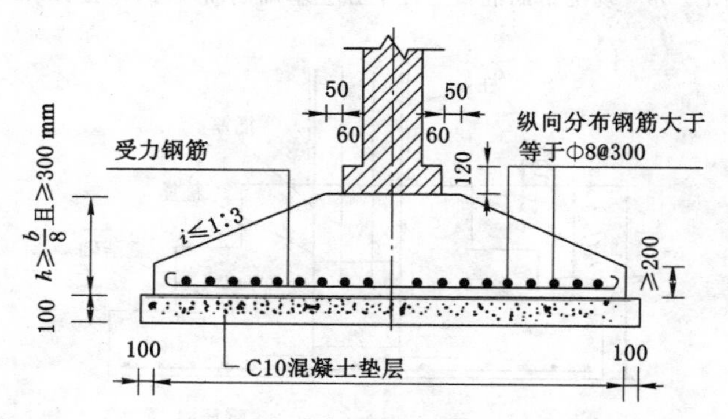

图 9-38　墙下钢筋混凝土条形基础的构造图(单位:mm)

当墙下的地基土质不均匀或沿基础纵向荷载分布不均匀时,为了抵抗不均匀沉降和加强条形基础的纵向抗弯能力,可做成有纵肋的梁板式基础。底板的构造要求可参考上述板式条形基础,而肋梁的纵向钢筋和箍筋一般按经验确定。

二、扩展基础的计算

在进行扩展基础结构计算、确定基础配筋和验算材料强度时,应采用承载能力极限状态下相应于作用的基本组合,相应的地基反力为净反力(不包括基础自重和基础台阶上回填土重所引起的反力)。

（一）墙下钢筋混凝土条形基础的底板厚度和配筋

1. 中心荷载作用下

墙下钢筋混凝土条形基础在均布线荷载 F 作用下的计算与受力分析如图 9-39 所示。计算基础内力时,通常沿条形基础长度方向取单位长度进行计算。基础底板如同一受 p_j 作用的倒置悬臂梁,p_j 为扣除基础自重及其上土重后相应于作用的基本组合时的地基土单位面积净反力。在地基净反力 p_j 作用下,基础的最大内力发生在悬臂梁的根部,即墙外边缘垂直截面处。

(1) 地基净反力计算

$$p_j = \frac{F}{b} \tag{9-16}$$

式中　p_j——扣除基础自重及其上土重后,相应于作用的基本组合时的地基土单位面积净反力,kPa;

F——相应于作用的基本组合时上部结构传至基础顶面的竖向力值,kN/m;

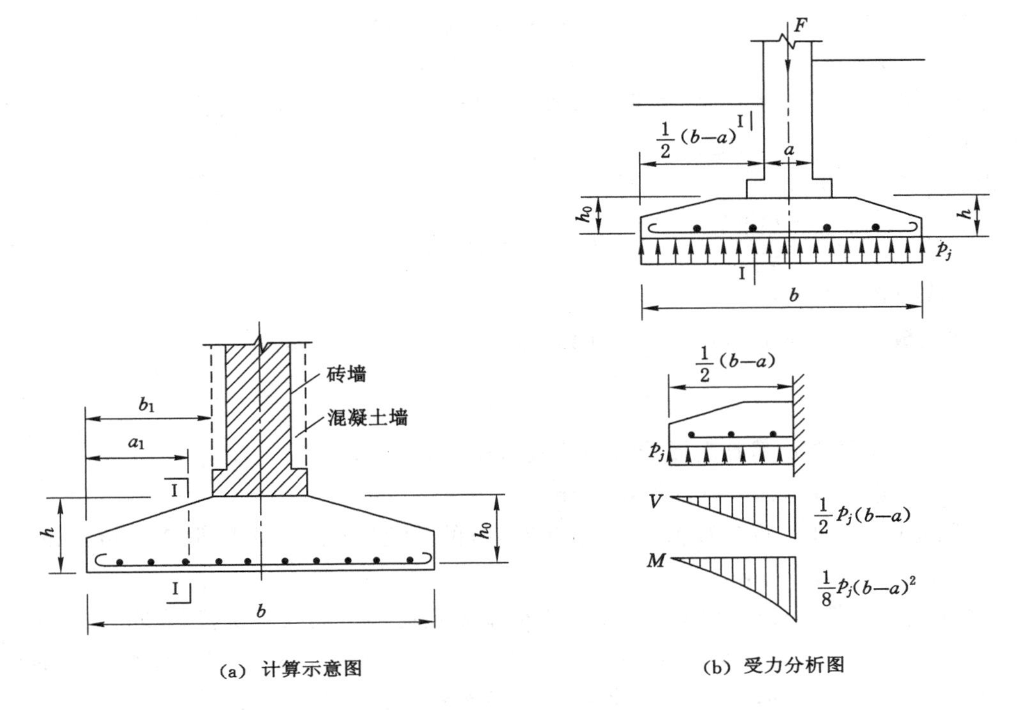

图 9-39　墙下钢筋混凝土条形基础计算与受力分析

b——条形基础的宽度，m。

(2) 内力设计值的计算

在 p_j 作用下，基础底板内将产生弯矩和剪力。基础截面Ⅰ-Ⅰ处[图 9-39(a)]的弯矩和剪力为：

$$M = \frac{1}{2} p_j a_1^2 \tag{9-17}$$

$$V_s = p_j a_1 \tag{9-18}$$

式中　M——相应于作用的基本组合时，基础底板最大弯矩设计值，(kN·m)/m；

V_s——相应于作用的基本组合时，基础底板最大剪力设计值，kN/m。

当墙体材料为混凝土或钢筋混凝土时，式(9-17)和式(9-18)中取 $a_1=b_1$(b_1 为底板悬挑长度)；当墙体为砖墙且"大放脚"时，最大内力设计值位于墙边截面[图 9-39(b)]，取 $a_1=(b-a)/2$(b 为条形基础宽度，a 为砖墙厚度)。

为了防止因 V_s、M 作用而使基础底板发生剪切破坏和弯曲破坏，基础底板应有足够的厚度和配筋。

(3) 基础底板厚度

一般先按经验取 $h=b/8$，再验算基础受剪切承载力，即

$$V_s \leqslant 0.7\beta_{hs} f_t h_0 \tag{9-19}$$

式中　h_0——基础底板有效高度，即基础底板厚度减去钢筋保护层厚度(有垫层时不应小于 40 mm，无垫层时不应小于 70 mm)和底板受力钢筋半径，mm。

f_t——混凝土轴心抗拉强度设计值，N/mm²。

β_{hs}——受剪切承载力截面高度影响系数，$\beta_{hs}=(800/h_0)^{1/4}$；当 $h_0<800$ mm 时，取 $h_0=800$ mm；当 $h_0>2\ 000$ mm 时，取 $h_0=2\ 000$ mm。

如果验算不能满足要求时，再调整基础底板厚度并重新验算，直至满足要求为止。底板厚度一般按 50 mm 模数确定。

由式(9-19)可得：

$$h_0 \geqslant \frac{V_s}{0.7\beta_{hs} f_t} \tag{9-20}$$

(4) 基础底板配筋

基础底板中受力钢筋面积按下式计算，即

$$A_s = \frac{M}{0.9 h_0 f_y} \tag{9-21}$$

式中 A_s——每延米长基础底板受力钢筋截面积，mm^2/m；

f_y——钢筋抗拉强度设计值，N/mm^2。

注意：实际计算时，将各数值代入式(9-21)时的单位应统一，即 M 取 N · mm/m；h_0 取 mm；f_y 取 N/mm^2；A_s 为 mm^2/m。

【例 9-6】 某教学楼外墙厚 370 mm，传至基础顶面的竖向荷载标准值 $F_k=265$ kN/m（中心荷载），室内外高差 0.9 m，基础埋深以室外地面算起为 1.3 m，经深度修正后的地基承载力特征值 $f_a=130$ kPa。试设计该墙下钢筋混凝土条形基础。

【解】 (1) 确定条形基础宽度

计算基础和回填土承受重力 G_k 时的基础埋深采用平均埋深 d，即

$$d=\frac{1.3+1.3+0.9}{2}=1.75\ (m)$$

$$b \geqslant \frac{F_k}{f_a-\gamma_G d+\gamma_w h_w}=\frac{265}{130-20.0\times 1.75+0}=2.79\ (m)$$

取条形基础宽度 $b=2.8$ m$=2\ 800$ mm。

由于 $b=2.8$ m<3 m，所以不需对 f_a 进行宽度修正，选定的基础宽度能满足地基承载力的要求。

(2) 确定基础底板厚度

先按经验取 $h=b/8=2\ 800/8$ mm$=350$ mm。有垫层时钢筋保护层厚度取 40 mm，底板受力钢筋暂按Φ20 计算，则基础底板有效高度 $h_0=h-40-20/2$ mm$=300$ mm，受剪切承载力截面高度影响系数 $\beta_{hs}=1.0$。

根据墙下钢筋混凝土条形基础构造要求，初步绘制基础剖面如图 9-40 所示。

墙下钢筋混凝土基础受剪切承载力验算如下。

按《建筑地基基础设计规范》(GB 50007—2011)第 3.0.6 条的简化原则，由荷载标准值计算荷载设计值时的综合分项系数为 1.35。因此，相应于作用的基本组合时上部结构传至基础顶面的竖向力设计值为：

$$F=1.35F_k=1.35\times 265=357.75\ (kN/m)$$

地基净反力设计值为：

$$p_j=\frac{F}{b}=\frac{357.75}{2.8}=127.8\ (kPa)$$

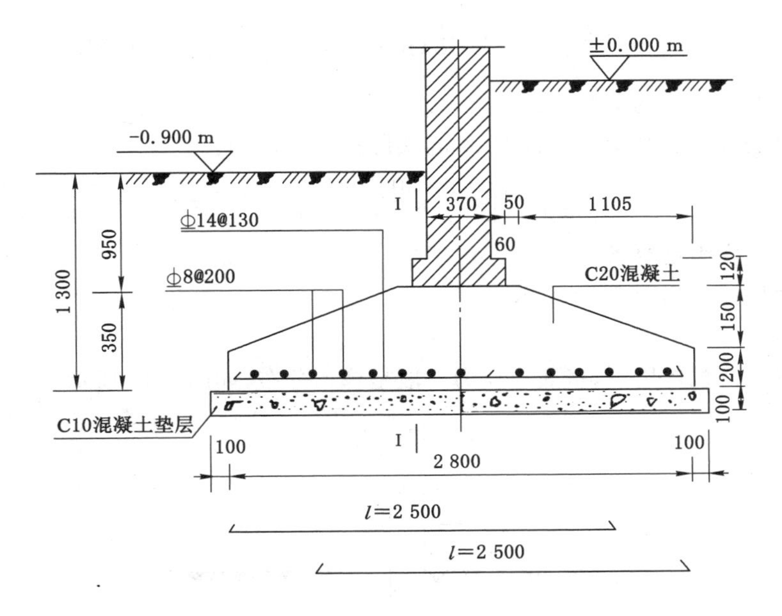

图 9-40　例 9-6 图(单位:mm)

选用 C20 混凝土,其轴心抗拉强度设计值 $f_t = 1.10\ \mathrm{N/mm^2}$。

基础底板最大剪力设计值为:

$$V_s = p_j a_1 = \frac{1}{2} p_j (b-a) = \frac{1}{2} \times 127.8 \times (2.8 - 0.37) = 155.3\ (\mathrm{kN/m})$$

$$< 0.7\beta_{hs} f_t h_0 = 0.7 \times 1.0 \times 1.1 \times 300 = 231\ (\mathrm{kN/m})$$

基础受剪切承载力验算满足要求,说明按经验初选的基础底板厚度是合适的。

(3) 底板配筋计算

基础底板最大弯矩设计值为:

$$M = \frac{1}{2} p_j a_1^2 = \frac{1}{8} p_j\ (b-a)^2$$

$$= \frac{1}{8} \times 127.8 \times (2.8 - 0.37)^2 = 94.3\ (\mathrm{kN \cdot m/m})$$

选用 HRB335 钢筋,$f_y = 300\ \mathrm{N/mm^2}$。

基础底板中受力钢筋面积为:

$$A_s = \frac{M}{0.9 h_0 f_y} = \frac{94.3 \times 10^6}{0.9 \times 300 \times 300} = 1\ 164.2\ (\mathrm{mm^2/m})$$

底板受力钢筋选用ф 14@130,实配受力钢筋面积为:

$$A_s = \frac{3.14}{4} \times 14^2 \times \frac{1\ 000}{130} = 1\ 183.5\ (\mathrm{mm^2/m}) > 1\ 164.2\ (\mathrm{mm^2/m})$$

受力钢筋配筋率为:

$$\rho = \frac{A_s}{lh} = \frac{1\ 183.5}{1\ 000 \times 350} \times 100\% = 0.34\% > 0.15\%$$

底板受力钢筋满足构造要求。

分布钢筋选ф 8@200,每延米分布钢筋的面积为:

$$A_{sF}=\frac{3.14}{4}\times 8^2\times\frac{1\,000}{200}=251.2\ (\text{mm}^2/\text{m})>15\%A_s=177.5\ (\text{mm}^2/\text{m})$$

底板分布钢筋满足构造要求。

该墙下钢筋混凝土基础采用锥形剖面，实际锥形坡度为：

$$i_b=\frac{350-200}{(2\,800-370)/2-60-50}=\frac{1}{7.37}<\frac{1}{3}$$

锥形基础坡度满足要求。

基础剖面设计图如图 9-40 所示。

2. 偏心荷载作用下

基础在偏心荷载作用下，基底净反力一般呈梯形分布，如图 9-41 所示。

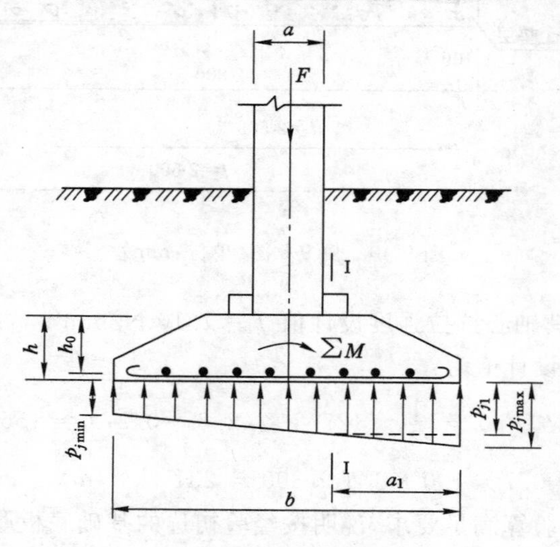

图 9-41　墙下条形基础受偏心荷载作用

(1) 地基净反力偏心距

$$e_j=\frac{\sum M}{F} \tag{9-22}$$

式中　$\sum M$—— 相应于作用的基本组合时作用于基础底面的力矩，kN · m/m；

F——相应于作用的基本组合时，上部结构传至基础顶面的竖向力，kN/m。

地基净反力偏心距应满足 $e_j<b/6$。

(2) 地基净反力

基底边缘处的最大净反力和最小净反力为：

$$\left.\begin{matrix}p_{jmax}\\p_{jmin}\end{matrix}\right\}=\frac{F}{b}(1\pm\frac{6e_j}{b}) \tag{9-23}$$

悬臂根部截面Ⅰ-Ⅰ处(图 9-41)的净反力为：

$$p_{j\text{I}}=p_{jmin}+\frac{b-a_1}{b}(p_{jmax}-p_{jmin}) \tag{9-24}$$

(3) 底板内力设计值的计算

悬臂根部截面Ⅰ-Ⅰ处(图 9-41)的弯矩和剪力为：

$$M = \frac{1}{6}(2p_{jmax} + p_{jⅠ})a_1^2 \tag{9-27}$$

$$V_s = \frac{1}{2}(p_{jmax} + p_{jⅠ})a_1 \tag{9-26}$$

《建筑地基基础设计规范》(GB 50007—2011)给出了任意截面每延米宽度弯矩计算公式，即

$$M_Ⅰ = \frac{1}{6}(2p_{max} + p - \frac{3G}{A})a_1^2 \tag{9-27}$$

式中　p_{max}——相应于作用的基本组合时，基础底面边缘最大地基反力设计值，kPa。

p——相应于作用的基本组合时，在任意截面Ⅰ-Ⅰ处基础底面地基反力设计值，kPa。

G——考虑作用分项系数的基础自重及其上土自重，kN；当组合值由永久作用控制时，作用分项系数可取1.35，即$G=1.35G_k$。

a_1——任意截面Ⅰ-Ⅰ至基底边缘最大反力处的距离，m。

因为$p_{max}=p_{jmax}+G/A$，$p=p_j+G/A$，代入式(9-27)可得到式(9-25)，即二者完全相同。通常情况下，采用地基净反力进行计算更方便。

(4) 基础底板厚度与配筋计算

计算方法与中心荷载作用下相同，即基础底板有效厚度仍按式(9-20)计算，底板配筋仍按式(9-21)计算。

【例 9-7】　某工业厂房墙体厚240 mm，墙下采用钢筋混凝土条形基础。相应于作用的基本组合时，上部结构传至基础顶面的竖向力$F=440$ kN/m，作用于基础底面的力矩$\sum M = 40$ kN·m/m。条形基础的宽度由地基承载力条件确定为2 m。试设计此条形基础。

【解】　(1) 选用材料和垫层

钢筋混凝土条形基础的混凝土强度等级选用C20，查得其轴心抗拉强度设计值$f_t=1.10$ N/mm²。钢筋采用HPB300，查得其抗拉强度设计值$f_y=270$ N/mm²。垫层采用100 mm厚的C10素混凝土。

(2) 地基净反力偏心距

$$e_j = \frac{\sum M}{F} = \frac{40}{440} = 0.09\ (\text{m}) < \frac{b}{6} = 0.33\ (\text{m})$$

故地基净反力偏心距满足要求。

(3) 地基净反力

基底边缘处的最大净反力和最小净反力为：

$$\left.\begin{matrix} p_{jmax} \\ p_{jmin} \end{matrix}\right\} = \frac{F}{b}\left(1 \pm \frac{6e_j}{b}\right) = \frac{F}{b} \pm \frac{6\sum M}{b^2} = \frac{440}{2} \pm \frac{6\times 40}{2^2} = \begin{cases} 280\ (\text{kPa}) \\ 160\ (\text{kPa}) \end{cases}$$

悬臂根部截面Ⅰ-Ⅰ距基础边缘的距离为：

$$a_1 = \frac{1}{2}(b-a) = \frac{1}{2}\times(2.0-0.24) = 0.88\ (\text{m})$$

悬臂根部截面Ⅰ-Ⅰ处的净反力为：

$$p_{j\text{I}} = p_{jmin} + \frac{b - a_1}{b}(p_{jmax} - p_{jmin}) = 160 + \frac{2 - 0.88}{2} \times (280 - 160) = 227.2 \text{ (kPa)}$$

(4) 底板内力设计值的计算

悬臂根部截面Ⅰ-Ⅰ处的弯矩为：

$$M = \frac{1}{6}(2p_{jmax} + p_{j\text{I}})a_1^2 = \frac{1}{6} \times (2 \times 280 + 227.2) \times 0.88^2 = 101.6 \text{ (kN·m/m)}$$

悬臂根部截面Ⅰ-Ⅰ处的剪力为：

$$V_s = \frac{1}{2}(p_{jmax} + p_{j\text{I}})a_1 = \frac{1}{2} \times (280 + 227.2) \times 0.88 = 223.2 \text{ (kN/mm)}$$

(5) 确定基础底板厚度

先预估底板有效高度 $h_0 < 800$ mm，则受剪切承载力截面高度影响系数 $\beta_{hs} = 1.0$。

底板有效高度为：

$$h_0 \geqslant \frac{V_s}{0.7\beta_{hs} f_t} = \frac{223.2}{0.7 \times 1.0 \times 1.1} = 289.9 \text{ (mm)}$$

有垫层时钢筋保护层厚度取 40 mm，底板受力钢筋暂按Φ 20 计算，则基础底板最小厚度为：

$$h_{min} = 289.9 + 40 + 20/2 = 339.9 \text{ (mm)}$$

一般按模数为 50 mm 确定底板厚度，所以该墙下钢筋混凝土条形基础底板厚度取 350 mm。此时，底板有效高度 $h_0 = 350\text{ mm} - 40\text{ mm} - 20/2\text{ mm} = 300\text{ mm} > 289.9$ mm，满足基础受剪切承载力的要求。同时，$h_0 = 300\text{ mm} < 800$ mm，与预估情况吻合。

(6) 基础底板配筋

基础底板中受力钢筋面积按下式计算：

$$A_s = \frac{M}{0.9h_0 f_y} = \frac{101.6 \times 10^6}{0.9 \times 300 \times 270} = 1\,393.7 \text{ (mm}^2\text{/m)}$$

底板受力钢筋选用Φ 18@180，实配受力钢筋面积为：

$$A_s = \frac{3.14}{4} \times 18^2 \times \frac{1\,000}{180} = 1\,413.0 \text{ (mm}^2\text{/m)} > 1\,393.7 \text{ (mm}^2\text{/m)}$$

受力钢筋配筋率为：

$$\rho = \frac{A_s}{lh} = \frac{1\,413.0}{1\,000 \times 350} \times 100\% = 0.40\% > 0.15\%$$

故底板受力钢筋满足构造要求。

纵向分布钢筋选Φ 8@200，每延米分布钢筋的面积为：

$$A_{sF} = \frac{3.14}{4} \times 8^2 \times \frac{1\,000}{200} = 251.2 \text{ (mm}^2\text{/m)} > 15\% A_s = 212.0 \text{ (mm}^2\text{/m)}$$

故底板分布钢筋满足构造要求。

该墙下钢筋混凝土基础采用锥形剖面，实际锥形坡度为：

$$i_b = \frac{350 - 200}{(2\,000 - 240)/2 - 60 - 50} = \frac{1}{5.93} < \frac{1}{3}$$

故锥形基础坡度满足要求。

基础剖面设计图如图 9-42 所示。

(二) 柱下钢筋混凝土独立基础的底板厚度和配筋

1. 基础底板厚度

对于柱下钢筋混凝土独立基础，一般先按经验确定基础底板厚度 h，进而计算底板有效

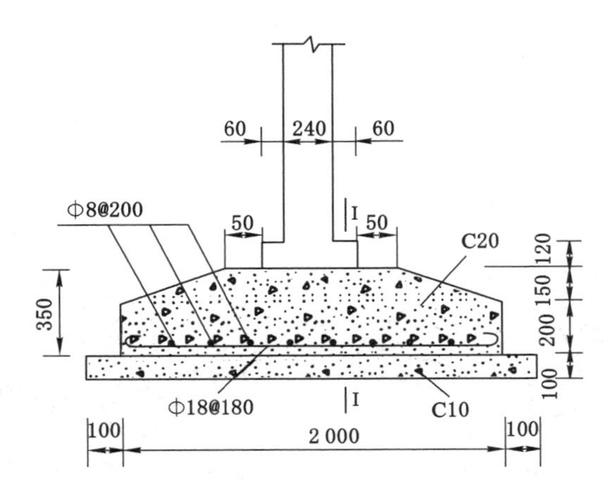

图 9-42　例 9-7 基础剖面设计图(单位:mm)

高度 h_0,再进行材料强度验算。柱下钢筋混凝土独立基础底板厚度的验算分成下述两种情况。

(1) 基础底面短边尺寸大于柱宽加 2 倍基础有效高度时

在上部结构传下来的荷载作用下,当柱下钢筋混凝土独立基础底面短边尺寸大于柱宽加 2 倍基础有效高度时,若基础发生破坏,则将沿柱的周边(或阶梯高度变化处)产生冲切破坏[图 9-43(a)],形成 45°斜裂面的锥体[图 9-43(b)]。

因此,《建筑地基基础设计规范》(GB 50007—2011)规定:对柱下独立基础,当冲切破坏锥体落在基础底面以内时,应验算柱与基础交接处以及基础变阶处的受冲切承载力。由冲切破坏锥体以外的地基净反力所产生的冲切力,应小于冲切面处混凝土的抗冲切能力。

对于矩形基础,柱短边一侧冲切破坏较柱长边一侧危险,所以只需根据短边一侧的抗冲切破坏条件确定底板厚度,即验算短边一侧[图 9-43(c)]柱与基础交接处以及基础变阶处的受冲切承载力。受冲切承载力应按下列公式验算:

$$F_l \leqslant 0.7\beta_{hp} f_t a_m h_0 \tag{9-28}$$

其中,

$$a_m = (a_t + a_b)/2 \tag{9-29}$$

$$F_l = p_j A_l \tag{9-30}$$

式中　β_{hp}——受冲切承载力截面高度影响系数。当 $h \leqslant 800$ mm 时,β_{hp} 取 1.0;当 $h \geqslant 2\ 000$ mm 时,β_{hp} 取 0.9,其间按线性内插法取值。

f_t——混凝土轴心抗拉强度设计值,kPa。

h_0——基础冲切破坏锥体的有效高度,m。

a_m——冲切破坏锥体最不利一侧计算长度,m。

a_t——冲切破坏锥体最不利一侧斜截面的上边长,m。当计算柱与基础交接处的受冲切承载力时,取柱宽;当计算基础变阶处的受冲切承载力时,取上阶宽。

a_b——冲切破坏锥体最不利一侧斜截面在基础底面积范围内的下边长,m。当冲切破坏锥体的底面落在基础底面以内[图 9-44(a)、图 9-44(b)],计算柱与基础交接处的受冲切承载力时,取柱宽加 2 倍基础有效高度;当计算基础变阶处的受

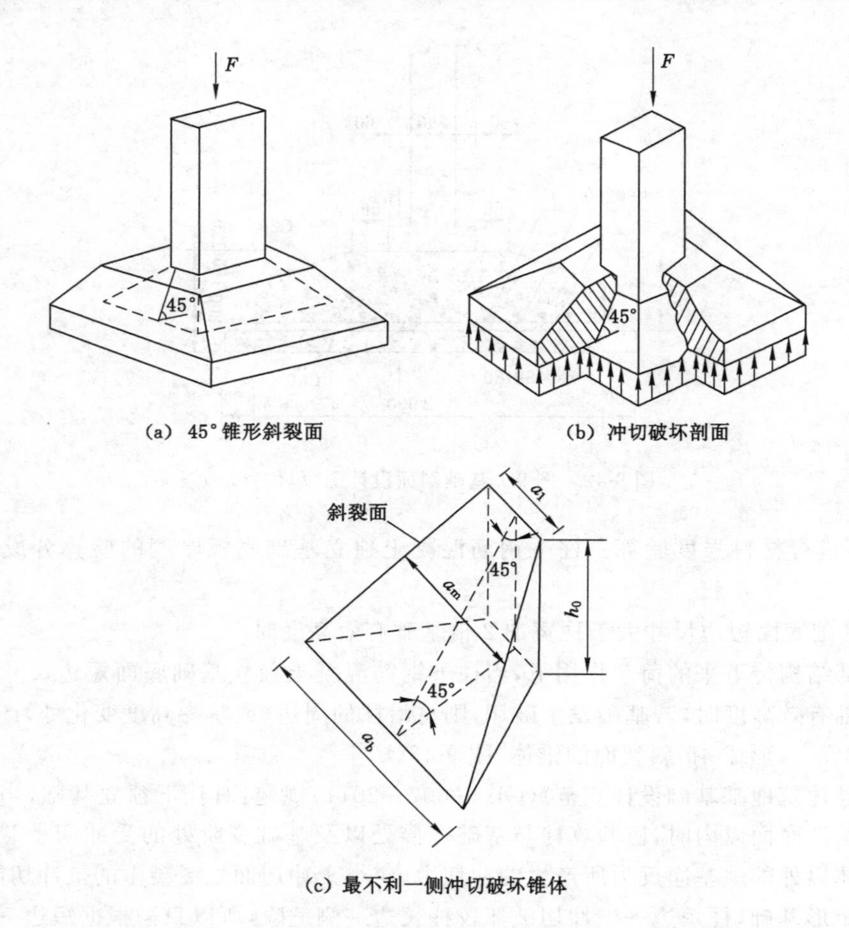

(a) 45°锥形斜裂面

(b) 冲切破坏剖面

(c) 最不利一侧冲切破坏锥体

图 9-43 柱下独立基础的冲切破坏

冲切承载力时，取上阶宽加 2 倍该处的基础有效高度。

p_j——扣除基础自重及其上土重后相应于作用的基本组合时的地基土单位面积净反力，kPa。偏心受压基础可取基础边缘处最大地基土单位面积净反力。

A_l——冲切验算时取用的部分基底面积[图 9-44(a)、图 9-44(b)中的阴影面积 $ABCDEF$]，m^2。

F_l——相应于作用的基本组合时作用在 A_l上的地基土净反力设计值，kPa。

对于基础底面短边尺寸大于柱宽加 2 倍基础有效高度的柱下独立基础，即 $b>a+2h_0$ 时，如果基础破坏将形成冲切破坏锥体，且落在基础底面以内，这种情况下一般先按经验确定基础底板厚度 h，进而计算底板有效高度 h_0，再代入式(9-28)至式(9-30)进行验算，直至式(9-28)右边的计算结果略大于左边的计算结果；否则，应调整基础底板厚度，直至满足要求且合适为止。

应特别注意的是：对于阶梯形柱下独立基础，应同时进行柱与基础交接处[图 9-44(a)]和基础变阶处[图 9-44(b)]的受冲切承载力验算；对于锥形柱下独立基础[图 9-43(a)]，只进行柱与基础交接处的受冲切承载力验算即可。

(2) 基础底面短边尺寸小于等于柱宽加 2 倍基础有效高度时

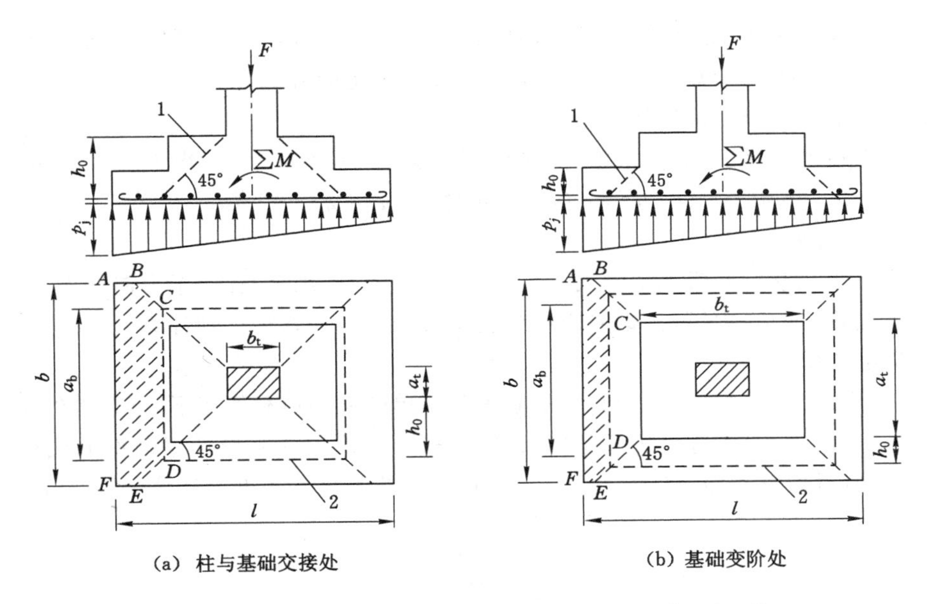

1—冲切破坏锥体最不利一侧的斜截面;2—冲切破坏锥体的底面线。

图 9-44 计算柱下阶形独立基础受冲切承载力截面位置

当 $b \leqslant a+2h_0$ 时,基础发生剪切破坏时不再是 45°的斜裂面锥体,而是垂直于基础底面的 BD 面(图 9-45)。因此,对基础底面短边尺寸小于等于柱宽加 2 倍基础有效高度的柱下独立基础,应验算柱与基础交接处以及基础变阶处截面的受剪切承载力,即

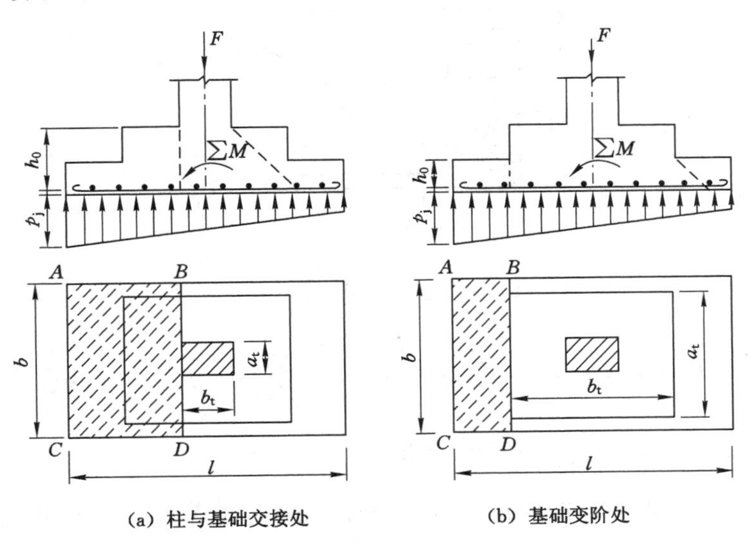

图 9-45 验算阶形基础受剪切承载力示意图

$$V_s \leqslant 0.7\beta_{hs} f_t A_0 \tag{9-31}$$

式中 V_s——柱与基础交接处或变阶处的剪力设计值(图 9-45 中的阴影面积乘以基底平均净反力),kN。

A_0——验算截面处基础的有效截面面积,m^2。当验算截面为阶形或锥形时,可将其

截面折算成矩形截面，截面的折算宽度和截面的有效高度按《建筑地基基础设计规范》(GB 50007—2011)附录U规定的方法计算。

f_t——混凝土轴心抗拉强度设计值，kPa。

β_{hs}——受剪切承载力截面高度影响系数，$\beta_{hs}=(800/h_0)^{1/4}$。当$h_0<800$ mm时，取$h_0=800$ mm；当$h_0>2\,000$ mm时，取$h_0=2\,000$ mm。

2. 基础底板配筋

由于柱下独立基础底板在地基反力(或地基净反力)作用下，在两个方向均发生弯曲，所以在两个方向都要配受力钢筋，钢筋面积按两个方向的最大弯矩分别计算。

(1) 简化计算方法

对于柱下独立钢筋混凝土基础，在中心荷载或单向偏心荷载作用下，当台阶的宽高比小于等于2.5和偏心距小于等于1/6基础长度时，柱下矩形独立基础任意截面的底板弯矩可按《建筑地基基础设计规范》(GB 50007—2011)给出的简化方法进行计算(图9-46)。

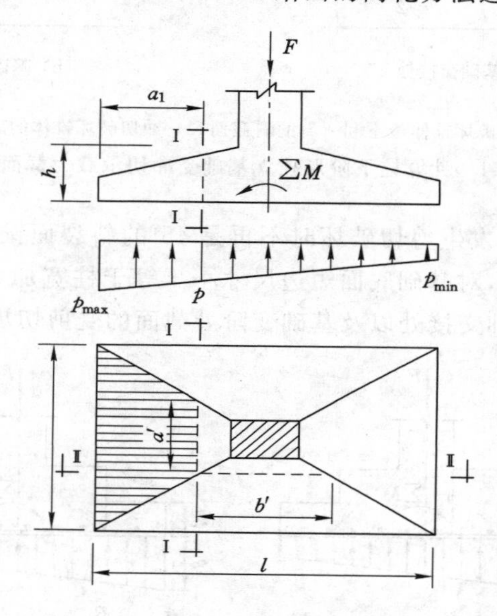

图9-46 矩形基础底板弯矩计算示意图

$$M_{\mathrm{I}}=\frac{1}{12}a_1^2\left[(2b+a')\left(p_{\max}+p_{\mathrm{I}}-\frac{2G}{A}\right)+(p_{\max}-p_{\mathrm{I}})b\right] \tag{9-32}$$

$$M_{\mathrm{II}}=\frac{1}{48}(b-a')^2(2l+b')\left(p_{\max}+p_{\min}-\frac{2G}{A}\right) \tag{9-33}$$

式中 M_{I}、M_{II}——相应于作用的基本组合时，任意截面Ⅰ-Ⅰ、Ⅱ-Ⅱ处的弯矩设计值，kN·m。

a_1——任意截面Ⅰ-Ⅰ至基底边缘最大反力处的距离，m。

a'——任意截面Ⅰ-Ⅰ的上边长，m。

b'——任意截面Ⅱ-Ⅱ的上边长，m。

l,b——基础底面的边长，m。

$p_{\max},p_{\min}$——相应于作用的基本组合时，基础底面边缘最大和最小地基反力设计值，kPa。

p_{I}——相应于作用的基本组合时，在任意截面Ⅰ-Ⅰ处基础底面地基反力设计值，kPa。

G——考虑作用分项系数的基础自重及其上的土自重，kN。当组合值由永久作用控制时，作用分项系数可取1.35。

因为 $p_{max}=p_{jmax}+G/A$，$p_{\mathrm{I}}=p_{\mathrm{I}j}+G/A$ 和 $p_{min}=p_{jmin}+G/A$，代入式(9-32)至式(9-33)，可得到采用地基净反力时相应的弯矩计算公式，即

$$M_{\mathrm{I}}=\frac{1}{12}a_1^2[(2b+a')(p_{jmax}+p_{j\mathrm{I}})+(p_{jmax}-p_{j\mathrm{I}})b] \tag{9-34}$$

$$M_{\mathrm{II}}=\frac{1}{48}(b-a')^2(2l+b')(p_{jmax}+p_{jmin}) \tag{9-35}$$

基础底板配筋除满足计算和最小配筋率要求外，尚应符合前述构造要求。计算最小配筋率时，对阶形或锥形基础截面，可将其截面折算成矩形截面，折算宽度和有效高度，按《建筑地基基础设计规范》(GB 50007—2011)附录U计算。基础底板中受力钢筋面积可按式(9-36)计算：

$$A_s=\frac{M}{0.9h_0 f_y} \tag{9-36}$$

式中　A_s——基础底板中受力钢筋截面积，mm^2。

f_y——钢筋抗拉强度设计值，N/mm^2。

h_0——基础底板有效高度，即基础底板厚度减去钢筋保护层厚度(有垫层时不应小于40 mm，无垫层时不应小于70 mm)和底板受力钢筋半径，mm。

必须注意：由于两个方向都要配置受力钢筋，钢筋面积应按两个方向的最大弯矩 M_{I} 和 M_{II} 分别计算。

(2) 基础底板钢筋布置

设柱下独立基础底面长短边之比为 ω，当 $2\leqslant\omega\leqslant3$ 时，基础底板短向钢筋应按下述方法布置：将短向全部钢筋面积乘以 λ 后求得的钢筋，均匀分布在与柱中心线重合的宽度等于基础短边的中间带宽范围内(图9-47)，其余的短向钢筋则均匀分布在中间带宽的两侧。长向配筋应均匀分布在基础全宽范围内。

λ 按式(9-37)计算，即

$$\lambda=1-\frac{\omega}{6} \tag{9-37}$$

式中　ω——柱下独立基础底面长短边之比。

3. 局部受压承载力验算

当基础的混凝土强度等级低于柱的混凝土强度等级时，应按式(9-38)验算柱下基础顶面的局部受压承载力。

$$F_F\leqslant 0.9\beta_c\beta_l f_c A_l \tag{9-38}$$

式中　F_F——局部受压面上作用的局部荷载，kN。

f_c——混凝土轴心抗压强度设计值，kPa。

β_c——混凝土强度影响系数，当混凝土强度等级不超过C50时 β_c 取1.0。

β_l——混凝土局部受压时的强度提高系数，$\beta_l=\sqrt{A_b A_l}$。

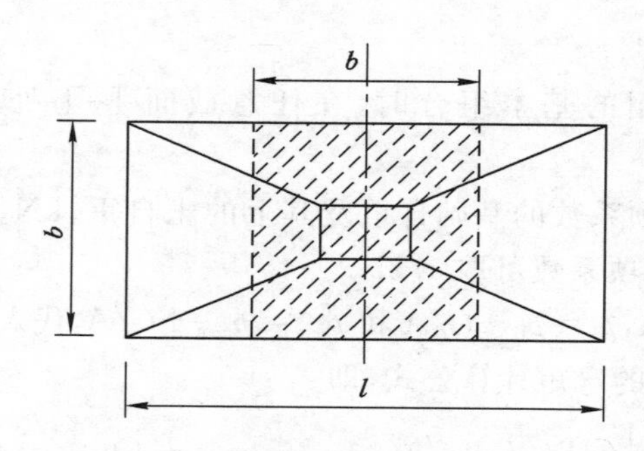

图 9-47　基础底板短向钢筋布置示意图

（λ倍短向全部钢筋面积均匀配置在阴影范围内）

A_l——局部受压面积(柱的截面面积)，m^2。

A_b——局部受压的计算底面积，取 $A_b=3b_z(2b_z+a_z)$，但不得超过基础顶面面积，m^2。

a_z、b_z——柱截面的长度和宽度，m。

【例 9-8】 某柱下独立基础如图 9-48 所示，柱的截面尺寸为 0.4 m×0.4 m，基础顶面作用中心荷载设计值 $F=850$ kN，基础底面积 $l\times b=2.6$ m×2.6 m，混凝土强度等级为 C20，其轴心抗拉强度设计值 $f_t=1.10\ \text{N/mm}^2$。试验算基础变阶处的冲切承载力。

【解】 (1) 判断基础发生破坏的形式

柱宽加 2 倍基础有效高度为：

$$a+2h_0=0.5+0.4+0.5+2\times0.25$$
$$=1.9\ (\text{m})<b=2.6\ (\text{m})$$

如果基础破坏，将形成 45°斜裂面冲切破坏锥体，且落在基础底面以内。

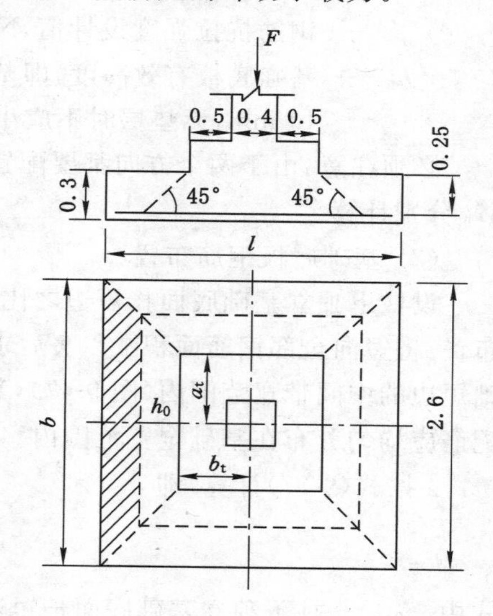

图 9-48　例 9-8 图(单位：m)

(2) $0.7\beta_{hp}f_ta_mh_0$ 的计算

因为 $h=300$ mm<800 mm，则受冲切承载力截面高度影响系数 $\beta_{hp}=1.0$。

冲切破坏锥体最不利一侧斜截面的上边长 $a_t=0.5+0.4+0.5$ m$=1.4$ m；下边长 $a_b=a_t+2h_0=1.4+2\times0.25$ m$=1.9$ m。则冲切破坏锥体最不利一侧计算长度为：

$$a_m=(a_t+a_b)/2=(1.4+1.9)/2=1.65\ (\text{m})$$

则：

$$0.7\beta_{hp}f_ta_mh_0=0.7\times1.0\times1.1\times1\,650\times250=317\,625\ (\text{N})=317.6\ (\text{kN})$$

(3) F_l 的计算

地基净反力为：

$$p_j=\frac{F}{A}=\frac{850}{2.6\times2.6}=125.7\ (\text{kPa})$$

冲切验算时取用的部分基底面积(图中阴影部分面积)为：

$$A_l=\left(\frac{l}{2}-b_t-h_0\right)b-\left(\frac{b}{2}-a_t-h_0\right)^2$$

$$=\left(\frac{2.6}{2}-\frac{1.4}{2}-0.25\right)\times 2.6-\left(\frac{2.6}{2}-\frac{1.4}{2}-0.25\right)^2=0.787\ 5\ (\mathrm{m})^2$$

则：

$$F_l=p_jA_l=125.7\times 0.787\ 5=99.0\ (\mathrm{kN})$$

对比计算结果可知 $F_l<0.7\beta_{hp}f_ta_mh_0$。所以，基础变阶处受冲切承载力满足要求。

另外，还需要验算柱与基础交接处的受冲切承载力，验算过程类似，本教材从略。

【例 9-9】　某办公楼采用框架结构，其外柱采用钢筋混凝土柱。柱的截面尺寸为 500 mm×400 mm，混凝土的强度等级为 C30。钢筋为 HRB400 级钢筋，对称配筋，每侧配置 4Φ20 纵向受力钢筋。柱传至基础顶面的荷载设计值（基本组合）为：$F=1\ 680$ kN、$M=1\ 680$ kN·m、$V=49$ kN（对基底产生的弯矩与 M 同方向）；标准值为：$F_k=1\ 295$ kN、$M_k=130$ kN·m、$V_k=36.5$ kN。室外地坪 −0.60 m（室内地坪 ±0.00 m），基础顶面标高为 −1.40 m，地基为黏性土，重度为 17.6 kN/m^3，孔隙比 $e=0.86$，承载力特征值 $f_{ak}=125$ kPa。地下水位较深，可不考虑对浅基础的影响，也不考虑抗震设防的要求。试设计柱下钢筋混凝土独立基础。

【解】　(1) 选择设计基本参数

基础垫层采用 C10 混凝土，厚度为 100 mm，每边自底板外缘挑出 100 mm。基础混凝土采用 C20，其轴心抗压强度设计值 $f_c=9.6$ N/mm^2，轴心抗拉强度设计值 $f_t=1.10$ N/mm^2。基础钢筋采用 HPB300 级热轧光圆钢筋，钢筋抗拉强度设计值 $f_y=270$ N/mm^2，钢筋保护层厚度取 50 mm。钢筋混凝土柱所用钢筋为 HRB400 级，其抗拉强度设计值 $f_y=360$ N/mm^2。

插筋的数量、直径以及钢筋种类应与柱内纵向受力钢筋相同，插筋在基础内的锚固长度为：

$$l_a=\frac{0.14F_yd}{f_t}=\frac{0.14\times 360\times 20}{1.10}=916.4\ (\mathrm{mm})$$

为了满足插筋锚固长度的要求，初步确定基础高度 $h=900$ mm，分为二阶。则基础埋深（室外地面标高算起）为：

$$d=(1.40-0.60)+0.90=1.70\ (\mathrm{m})$$

持力层为黏性土，不存在软弱下卧层。

(2) 按持力层承载力确定基础底面尺寸

采用《建筑地基基础设计规范》(GB 50007—2011) 给出的 f_a 计算公式，即式(8-31)，并由孔隙比 $e=0.86$ 查表 8-22 得黏性土的承载力修正系数 $\eta_b=0$，$\eta_d=1.0$。持力层（黏性土）修正后的地基承载力特征值为：

$$f_a=f_{ak}+\eta_b\gamma(b-3)+\eta_d\gamma_m(d-0.5)$$

$$=125+0+1.0\times 17.6\times(1.70-0.5)=146.1\ (\mathrm{kPa})$$

采用作用的标准组合，先按中心荷载作用下的式(9-5)估算基础底面积。此时埋深采用平均埋深，即 $d=1.70+0.60/2$ m $=2.00$ m，则有：

$$A\geqslant\frac{F_k}{f_a-\gamma_Gd+\gamma_wh_w}=\frac{1\ 295}{146.1-20\times 2.0+0}=12.21\ (\mathrm{m}^2)$$

偏心荷载作用下基础底面积大约按20%增大，则基底面积大约为：

$$A=1.2\times12.21=14.65\ (\mathrm{m}^2)$$

取 $l=4.0$ m，$b=3.6$ m，面积 $A=lb=4.0\ \mathrm{m}\times3.6\ \mathrm{m}=14.4\ \mathrm{m}^2$，荷载沿长边方向偏心。由于基底面积较大，台阶改为三级，各部位尺寸现拟定为(图 9-49)：$l_1=850$ mm、$l_2=l_3=450$ mm；$b_1=700$ mm、$b_2=b_3=450$ mm；$h_1=500$ mm、$h_2=h_3=450$ mm。

基础高度为：

$$h=h_1+h_2+h_3=500+450+450=1\,400\ (\mathrm{mm})$$

基础埋深(室外地面标高算起)为：

$$d=(1.40-0.60)+1.40=2.20\ (\mathrm{m})$$

(3) 验算持力层的地基承载力及偏心距

修正后的地基承载力特征值重新调整为：

$$\begin{aligned}f_a &= f_{ak}+\eta_b\gamma(b-3)+\eta_d\gamma_m(d-0.5)\\ &= 125+0+1.0\times17.6\times(2.20-0.5)=154.9\ (\mathrm{kPa})\end{aligned}$$

基础埋深平均为：

$$d=2.2+\frac{0.6}{2}=2.5\ (\mathrm{m})$$

基础及回填土所受重力 G_k 为：

$$G_k=\gamma_G dA=20.0\times2.5\times14.4=720.0\ (\mathrm{kN})$$

偏心距为：

$$e_k=\frac{\sum M_k}{F_k+G_k}=\frac{130+36.5\times1.4}{1295+720.0}=0.09\ (\mathrm{m})<\frac{l}{6}=0.67\ (\mathrm{m})$$

偏心距验算满足要求。

基础底面处的平均压力值为：

$$p_k=\frac{F_k+G_k}{A}=\frac{1\,295+720.0}{14.4}=133.9\ (\mathrm{kPa})\leqslant f_a=154.9\ (\mathrm{kPa})$$

基底边缘处的最大压力为：

$$\begin{aligned}p_{k\max} &= \frac{F_k+G_k}{lb}\left(1+\frac{6e_k}{l}\right)=\frac{1\,295+720.0}{4\times3.6}\times\left(1+\frac{6\times0.09}{4}\right)\\ &= 158.8\ (\mathrm{kPa})<1.2f_a=185.9\ (\mathrm{kPa})\end{aligned}$$

承载力验算满足规范要求。

(4) 基础高度验算

基础高度必须满足受冲切承载力条件。上两个台阶的宽、高相同(台阶宽高比为1∶1)，均为450 mm，刚好位于45°冲切线上，故受冲切承载力验算仅由最下一个台阶的高度控制(图 9-49)。

① 判断基础破坏形式

底板受力钢筋暂按φ20计算，钢筋保护层厚度为50 mm，则第一台阶有效高度为：

$$h_0=h-50-20/2=500-50-10=440\ (\mathrm{mm})$$

第一台阶的柱宽加2倍基础有效高度为：

$$a+2h_0=2.2+2\times0.44=3.08\ (\mathrm{m})<b=3.6\ (\mathrm{m})$$

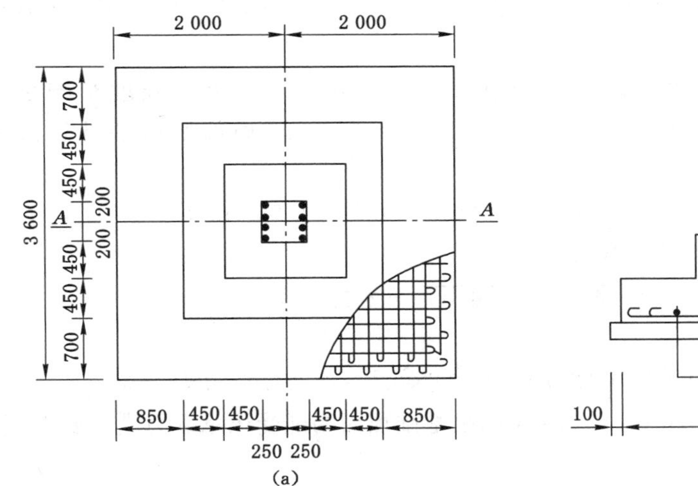

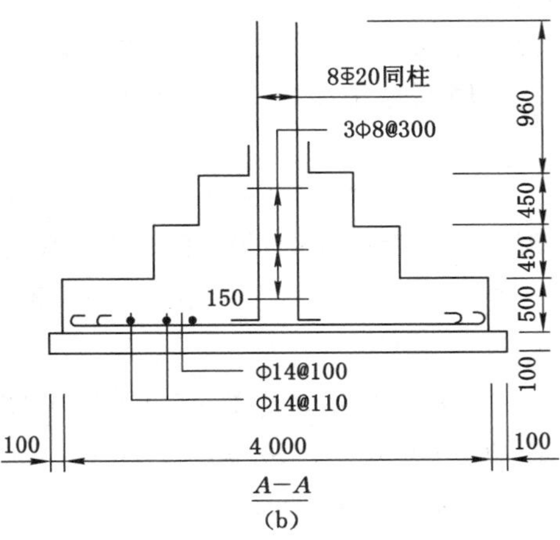

图 9-49　例 9-9 图(单位:mm)

如果基础破坏,将在第一台阶变阶处形成 45°斜裂面冲切破坏锥体,且落在基础底面以内,则验算此处的受冲切承载力是正确的。

② $0.7\beta_{hp}f_t a_m h_0$的计算

因第一台阶高度 $h_1=500\ \text{mm}<800\ \text{mm}$,则受冲切承载力截面高度影响系数 $\beta_{hp}=1.0$。

冲切破坏锥体最不利一侧斜截面的上边长 $a_t=2.2\ \text{m}$;下边长 $a_b=a_t+2h_0=2.2+2\times 0.44\ \text{m}=3.08\ \text{m}$。则冲切破坏锥体最不利一侧计算长度为:

$$a_m=(a_t+a_b)/2=(2.2+3.08)/2=2.64\ (\text{m})$$

则:

$$0.7\beta_{hp}f_t a_m h_0=0.7\times1.0\times1.1\times2\,640\times440=894\,432\ (\text{N})=894.4\ (\text{kN})$$

③ F_l的计算

基础边缘处最大地基土单位面积净反力为:

$$p_j=p_{j\max}=\frac{F}{A}+\frac{\sum M}{W}=\frac{F}{lb}+\frac{6\sum M}{l^2b}$$
$$=\frac{1\,680}{4\times3.6}+\frac{6\times(176+49\times1.4)}{4^2\times3.6}=142.2\ (\text{kPa})$$

冲切验算时取用的部分基底面积为:

$$A_l=\left(\frac{4}{2}-\frac{2.3}{2}-0.44\right)\times3.6-\left(\frac{3.6}{2}-\frac{2.2}{2}-0.44\right)^2=1.41\ (\text{m}^2)$$

则:

$$F_l=p_{j\max}A_l=142.2\times1.41=200.5\ (\text{kN})$$

对比计算结果可知:$F_l<0.7\beta_{hp}f_t a_m h_0$。所以,第一台阶变阶处受冲切承载力满足要求。其他台阶变阶处以及柱与基础交接处没有必要再进行受冲切承载力验算,均能满足要求。

(5) 基础顶面局部受压承载力验算

因为柱的混凝土强度等级C30高于基础的混凝土强度等级C20，所以应验算柱下基础顶面的局部受压承载力。

混凝土轴心抗压强度设计值 $f_c=9.6\ \mathrm{N/mm^2}=9\ 600\ \mathrm{kPa}$，混凝土强度影响系数 $\beta_c=1.0$，局部受压面积（柱的面积）$A_l=0.5\times0.4\ \mathrm{m^2}=0.2\ \mathrm{m^2}$，局部受压的计算底面积为：

$$A_b=3b_z(2b_z+a_z)=3\times0.4\times(2\times0.4+0.5)=1.56\ (\mathrm{m^2})$$

混凝土局部受压时的强度提高系数为：

$$\beta_l=\sqrt{A_b/A_l}=\sqrt{1.56/0.2}=2.79$$

则：

$$0.9\beta_c\beta_l f_c A_l=0.9\times1.0\times2.79\times9\ 600\times0.2=4\ 821.1\ (\mathrm{kN})$$

因 $F=1\ 680\ \mathrm{kN}<0.9\beta_c\beta_l f_c A_l=4\ 821.1\ \mathrm{kN}$，故基础顶面局部受压承载力满足要求。

(6) 基础底板配筋计算

单向偏心荷载作用下，基底压力呈梯形分布。根据作用的基本组合，基础边缘处最大和最小地基土单位面积净反力为：

$$p_{\mathrm{jmax}}=\frac{F}{A}+\frac{\sum M}{W}=\frac{F}{lb}+\frac{6\sum M}{l^2b}$$

$$=\frac{1\ 680}{4\times3.6}+\frac{6\times(176+49\times1.4)}{4^2\times3.6}=142.2\ (\mathrm{kPa})$$

$$p_{\mathrm{jmin}}=\frac{F}{A}-\frac{\sum M}{W}=\frac{F}{lb}-\frac{6\sum M}{l^2b}$$

$$=\frac{1\ 680}{4\times3.6}-\frac{6\times(176+49\times1.4)}{4^2\times3.6}=91.2\ (\mathrm{kPa})$$

① 沿基础长边方向配筋

a. 柱边截面Ⅰ-Ⅰ

式(9-33)中的 $a_1=1.75\ \mathrm{m}$，$b=3.6\ \mathrm{m}$，$a'=0.4\ \mathrm{m}$，截面Ⅰ-Ⅰ处基础底面地基净反力设计值为：

$$p_{\mathrm{jI(I-I)}}=91.2+\frac{2+0.25}{4}\times(142.2-91.2)=119.9\ (\mathrm{kPa})$$

则：

$$M_{\mathrm{I(I-I)}}=\frac{1}{12}a_1^2[(2b+a')(p_{\mathrm{jmax}}+p_{\mathrm{jI(I-I)}})+(p_{\mathrm{jmax}}-p_{\mathrm{jI(I-I)}})b]$$

$$=\frac{1}{12}\times1.75^2\times[(2\times3.6+0.4)\times(142.2+119.9)+(142.2-119.9)\times3.6]$$

$$=528.9\ (\mathrm{kN\cdot m})$$

$$A_{\mathrm{s(I-I)}}=\frac{M_{\mathrm{I(I-I)}}}{0.9f_yh_0}=\frac{528.9\times10^6}{0.9\times270\times1\ 340}=1\ 624.3\ (\mathrm{mm^2})$$

b. 第二个台阶的变阶截面Ⅲ-Ⅲ

在该截面，式(9-34)中的 $a_1=1.3\ \mathrm{m}$，$b=3.6\ \mathrm{m}$，$a'=1.3\ \mathrm{m}$，截面Ⅲ-Ⅲ处基础底面地基净反力设计值为：

$$p_{j\text{I}(\text{III-III})} = 91.2 + \frac{2+0.25+0.45}{4} \times (142.2 - 91.2) = 125.6\ (\text{kPa})$$

则：

$$\begin{aligned} M_{\text{I}(\text{III-III})} &= \frac{1}{12}a_1^2[(2b+a')(p_{j\max} + p_{j\text{I}(\text{III-III})}) + (p_{j\max} - p_{j\text{I}(\text{III-III})})b] \\ &= \frac{1}{12} \times 1.3^2 \times [(2\times 3.6 + 1.3) \times (142.2 + 125.6) + \\ &\quad (142.2 - 125.6) \times 3.6] \\ &= 329.0\ (\text{kN}\cdot\text{m}) \end{aligned}$$

$$A_{s(\text{III-III})} = \frac{M_{\text{I}(\text{III-III})}}{0.9f_y h_0} = \frac{329.0\times 10^6}{0.9\times 270\times 890} = 1\ 521.3\ (\text{mm}^2)$$

c. 第一个台阶的变阶截面Ⅴ-Ⅴ

在该截面，式(9-34)中的 $a_1=0.85$ m，$b=3.6$ m，$a'=2.2$ m，截面Ⅴ-Ⅴ处基础底面地基净反力设计值为：

$$p_{j\text{I}(\text{V-V})} = 91.2 + \frac{2+0.25+0.45+0.45}{4} \times (142.2 - 91.2) = 131.4\ (\text{kPa})$$

则：

$$\begin{aligned} M_{\text{I}(\text{V-V})} &= \frac{1}{12}a_1^2[(2b+a')(p_{j\max} + p_{j\text{I}(\text{V-V})}) + (p_{j\max} - p_{j\text{I}(\text{V-V})})b] \\ &= \frac{1}{12} \times 0.85^2 \times [(2\times 3.6 + 2.2) \times (142.2 + 131.4) + \\ &\quad (142.2 - 131.4) \times 3.6] \\ &= 157.2\ (\text{kN}\cdot\text{m}) \end{aligned}$$

$$A_{s(\text{V-V})} = \frac{M_{\text{I}(\text{V-V})}}{0.9f_y h_0} = \frac{157.2\times 10^6}{0.9\times 270\times 440} = 1\ 470.3\ (\text{mm}^2)$$

3个截面计算的钢筋面积分别为1 624.3 mm²、1 521.3 mm²和1 470.3 mm²，均小于构造要求的最小配筋面积 0.15%×(3 600×500+2 200×450+1 300×450) mm²=5 062.5 mm²。所以，应按构造要求配筋，每米宽度需要钢筋面积 5 062.5/3.6 mm²/m=1 406.3 mm²/m，实配ф 14@100，钢筋面积为：

$$A_s = \frac{3.14}{4} \times 14^2 \times \frac{1\ 000}{100} = 1\ 538.6\ (\text{mm}^2/\text{m}) > 1\ 406.3\ (\text{mm}^2/\text{m})$$

② 沿基础短边方向配筋

a. 柱边截面Ⅱ-Ⅱ

式(9-34)中的 $l=4.0$ m，$b'=0.5$ m，$b=3.6$ m，$a'=0.4$ m，则有：

$$\begin{aligned} M_{\text{II}(\text{II-II})} &= \frac{1}{48}(b-a')^2(2l+b')(p_{j\max} + p_{j\min}) \\ &= \frac{1}{48} \times (3.6-0.4)^2 \times (2\times 4.0 + 0.5) \times (142.2 + 91.2) \\ &= 423.2\ (\text{kN}\cdot\text{m}) \end{aligned}$$

$$A_{s(\text{II-II})} = \frac{M_{\text{II}(\text{II-II})}}{0.9f_y h_0} = \frac{423.2\times 10^6}{0.9\times 270\times 1\ 340} = 1\ 299.7\ (\text{mm}^2)$$

b. 第二个台阶的变阶截面Ⅳ-Ⅳ

在该截面，式(9-35)中的 $l=4.0\ \text{m}$，$b'=1.4\ \text{m}$，$b=3.6\ \text{m}$，$a'=1.3\ \text{m}$，则有：

$$M_{\text{II}(\text{IV-IV})}=\frac{1}{48}(b-a')^2(2l+b')(p_{\text{jmax}}+p_{\text{jmin}})$$

$$=\frac{1}{48}\times(3.6-1.3)^2\times(2\times4.0+1.4)\times(142.2+91.2)$$

$$=241.8\ (\text{kN}\cdot\text{m})$$

$$A_{\text{s}(\text{IV-IV})}=\frac{M_{\text{II}(\text{IV-IV})}}{0.9f_yh_0}=\frac{241.8\times10^6}{0.9\times270\times890}=1\ 118.1\ (\text{mm}^2)$$

c. 第三个台阶的变阶截面Ⅵ-Ⅵ

在该截面，式(9-35)中的 $l=4.0\ \text{m}$，$b'=2.3\ \text{m}$，$b=3.6\ \text{m}$，$a'=2.1\ \text{m}$，则有：

$$M_{\text{II}(\text{VI-VI})}=\frac{1}{48}(b-a')^2(2l+b')(p_{\text{jmax}}+p_{\text{jmin}})$$

$$=\frac{1}{48}\times(3.6-2.1)^2\times(2\times4.0+2.3)\times(142.2+91.2)$$

$$=112.7\ (\text{kN}\cdot\text{m})$$

$$A_{\text{s}(\text{VI-VI})}=\frac{M_{\text{II}(\text{VI-VI})}}{0.9f_yh_0}=\frac{112.7\times10^6}{0.9\times270\times440}=1\ 054.1\ (\text{mm}^2)$$

3个截面计算的钢筋面积分别为1 299.7 mm^2、1 118.1 mm^2和1 054.1 mm^2，均小于构造要求的最小配筋面积 $0.15\%\times(4\ 000\times500+2\ 300\times450+1\ 400\times450)\ \text{mm}^2=5\ 497.5\ \text{mm}^2$。所以，应按构造要求配筋，每米宽度需要钢筋面积 $5\ 497.5/4.0\ \text{mm}^2/\text{m}=1\ 374.4\ \text{mm}^2/\text{m}$，实配Φ 14@110，钢筋面积为：

$$A_s=\frac{3.14}{4}\times14^2\times\frac{1\ 000}{110}=1\ 398.7\ (\text{mm}^2/\text{m})>1\ 374.4\ (\text{mm}^2/\text{m})$$

本例题地基土为黏性土，孔隙比较大，还需要对地基变形进行验算。框架结构的柱下独立基础，应先计算每个独立基础的沉降量，以相邻柱基的沉降差为控制依据，其允许值应按表9-5规定采用。具体计算方法详见本教材第四章，此处从略。

浅基础还有柱下条形基础、筏形基础、箱形基础、壳体基础和岩石锚杆基础。这些基础的构造要求和设计计算，可参考有关规范和其他书籍。

第八节　减少不均匀沉降的措施

一般来说，地基发生变形即建筑物出现沉降是难以避免的。但是，过量的地基变形将造成建筑物的损坏或影响其正常使用。特别是建在软弱地基以及软硬不均匀等不良地基上的建筑物，常因不均匀沉降而造成墙体开裂、建筑物倾斜等。因此，如何防止或减轻不均匀沉降造成的损害，是设计人员必须认真考虑的问题之一。

单纯从地基基础方案角度出发，通常的解决办法主要有以下3种：

(1) 采用柱下条形基础、筏形基础或箱形基础等结构刚度较大、整体性较好的浅基础。

(2) 采用桩基础或其他深基础。

(3) 采用各种地基加固处理方法(人工地基)。

上述3种方法往往造价偏高，施工技术也较为复杂。因此，可以考虑从地基、基础和上部结构相互作用的观点出发，综合选择合理的建筑、结构和施工措施，达到减轻不均匀沉降损害的目的。

一、建筑措施

（一）建筑体型力求简单

建筑体型系指平面形状和立面轮廓。平面形状复杂（如 L、T、E、Z、Ⅱ形等）的建筑物，在纵横交接处地基中的附加应力相互重叠，使该处的局部沉降量增大。同时，此类建筑物整体刚度较小，刚度不对称，当地基不均匀沉降时，易在结构中产生额外的附加应力，更容易使建筑物开裂。在立面轮廓上，如果建筑物高度（或重量）变化大，基础底面对应各部分的基底压力明显不同，地基中的附加应力也不同，自然容易出现过量的不均匀沉降。

因此，在满足使用和其他要求的前提下，建筑体型应力求简单。当建筑体型比较复杂时，宜根据其平面形状和高度差异情况，在适当部位用沉降缝将其划分为若干个刚度较大的独立沉降单元。当高度或荷载差异较大时，可将两者隔开一定距离，当拉开距离后的两个单元必须连接时，应采用能自由沉降的连接构造。

（二）控制建筑物长高比

建筑物的长度或沉降单元的长度与建筑物总高度（从基础底面算起）之比，称为建筑物或沉降单元的长高比。长高比越小，则整体刚度越大，抵抗弯曲和调整不均匀沉降的能力就越强。

根据初步调查认为：对于 3 层及 3 层以上的砌体承重房屋，当预估最终沉降量超过 120 mm 时，长高比不宜大于 2.5；对于平面简单、内外墙贯通、横墙间隔较小的房屋可适当放宽，但也不宜大于 3.0。不符合上述要求时，可考虑设置沉降缝，将较长的建筑物划分为若干个独立沉降单元。

（三）设置沉降缝

沉降缝是从屋顶到基底将建筑物整体断开，将建筑物划分为若干个长高比较小、体形简单、整体刚度较大、结构类型相同、自成沉降体系的独立单元。当地基土不均匀、建筑物平面形状复杂、建筑物长度太长或高低悬殊等情况不可避免时，可在建筑物的特定部位设置沉降缝，以有效减轻不均匀沉降的危害。

1. 沉降缝设置部位

建筑物的下列部位宜设置沉降缝：

（1）建筑平面的转折部位；

（2）高度差异或荷载差异处；

（3）长高比过大的砌体承重结构或钢筋混凝土框架结构的适当部位；

（4）地基土的压缩性显著差异处；

（5）建筑结构或基础类型不同处；

（6）分期建造房屋的交界处。

2. 沉降缝的宽度

沉降缝要有一定的宽度（表 9-9），以防止沉降缝两侧单元发生互倾沉降时造成单元结构间的挤压破坏。缝内一般不能填塞东西。

表 9-9　房屋沉降缝的宽度

建筑物层数/层	沉降缝宽度/mm	建筑物层数/层	沉降缝宽度/mm
2～3	50～80	＞5	≥120
4～5	80～120		

必须注意：建筑结构和地基基础方案不同，沉降缝的构造也有所不同，应根据实际工程的具体情况进行沉降缝结构设计。沉降缝的造价较高，且建筑和结构处理困难，所以不宜轻易采用。

（四）控制相邻建筑物基础的间距

同期建造的彼此相近的建筑物，由于地基中附加应力的扩散和相互叠加，常因不均匀沉降造成互倾或开裂。在原有建筑物邻近新建高、重建筑物时，常使原有建筑物产生附加的不均匀沉降而倾斜或开裂。为了避免受到相邻建筑物影响，建筑物基础之间应有一定的净距，参见表 9-10。相邻高耸结构或对倾斜要求严格的构筑物的外墙间隔距离，应根据倾斜允许值计算确定。

表 9-10　相邻建筑物基础间的净距

单位：m

影响建筑物的预估平均沉降量 s/mm	被影响建筑物的长高比	
	$2.0\leqslant\frac{L}{H_f}<3.0$	$3.0\leqslant\frac{L}{H_f}<5.0$
70～150	2～3	3～6
160～250	3～6	6～9
260～400	6～9	9～12
＞400	9～12	≥12

注：1. 表中 L 为房屋长度或沉降缝分隔的单元长度，m；H_f 为自基础底面标高算起的建筑物高度，m。
2. 当被影响建筑物的长高比为 $1.5<L/H_f<2.0$ 时，其间净距可适当减小。

（五）调整建筑物的局部标高

由于沉降会改变建筑物原有标高，严重时将影响建筑物的正常使用，甚至导致管道等的破坏。因此，建筑物各组成部分的标高，应根据可能产生的不均匀沉降采取如下措施：

(1) 室内地坪和地下设施的标高，应根据预估的沉降量予以提高。

(2) 建筑物各部分（或设备之间）有联系时，可将沉降量较大者标高提高。

(3) 建筑物与设备之间应留有净空。

(4) 当建筑物有管道穿过时，应预留孔洞，或采用柔性的管道接头等。

二、结构措施

（一）减轻建筑物自重

在基底压力中，建筑物自重（包括基础及回填土重）所占的比例很大。据统计，一般工业建筑占 40%～50%，一般民用建筑可高达 60%～80%，因此，减轻自重是减小沉降量和不均匀沉降的重要措施，具体措施包括：

(1) 减轻墙体重量，如选用轻质高强混凝土墙板、各种空心砌块、多孔砖、其他轻质墙等。

(2) 选用轻型结构，如预应力钢筋混凝土结构、轻钢结构及各种轻型空间结构。

(3) 减小基础及回填土重量，如基础尽可能浅埋、设置地下室或半地下室、采用架空地板代替室内填土等。

(4) 对不均匀沉降要求严格的建筑物，可适当控制建筑物高度以减轻自重，即选用较小的基底压力。

(二) 调整基底附加压力

地基最终沉降量与基底附加压力有关，随着基底附加压力的增大而增大，而不均匀沉降主要取决于基底附加压力分布的不均匀性。

调整基底附加压力的目的是使其尽可能趋于均匀分布，或降低其数值。一般情况下，可通过调整上部结构各部分的荷载分布、基础宽度或埋置深度，使基底附加压力分布趋于均匀。另外，对不均匀沉降要求严格的建筑物，可适当增大基底面积，减小基底附加压力。

(三) 增大建筑物的整体刚度和强度

(1) 对于体型复杂、荷载差异较大的框架结构，可采用箱形基础、筏形基础等增大基础整体刚度，减小不均匀沉降量。

(2) 对于采用柱下钢筋混凝土独立基础的框架结构，可在基础间设置钢筋混凝土基础梁(地梁)，以增大基础整体刚度，减小不均匀沉降量。

(3) 对于砌体承重结构的房屋，宜采用下列措施增大整体刚度和强度：

① 对于3层及3层以上的房屋，其长高比 L/H 宜小于或等于2.5；当房屋的长高比为 $2.5<L/H\leqslant 3.0$ 时，宜做到纵墙不转折或少转折，并应控制其内横墙间距，或增大基础刚度和提高承载力(当房屋的预估最大沉降量 $s\leqslant 120$ mm 时，其长高比不受限制)。

② 墙体内宜设置钢筋混凝土圈梁或钢筋砖圈梁。

③ 在墙体上开洞时，宜在开洞部位配筋或采用构造柱及圈梁予以加强。

(四) 设置圈梁

对于砌体承重结构的房屋，不均匀沉降损害的突出表现为墙体的开裂。设置钢筋混凝土圈梁，可以提高砌体结构抵抗弯曲的能力，增大建筑物的整体刚度。实践证明：圈梁是砌体承重结构防止出现裂缝和阻止裂缝进一步扩展的一项十分有效的措施。

圈梁一般按下列要求设置：

(1) 在多层房屋的基础和顶层处各设置一道，其他各层可隔层设置，必要时也可逐层设置。单层工业厂房、仓库，可结合基础梁、联系梁、过梁等酌情设置。

(2) 圈梁应设置在外墙、内纵墙和主要内横墙上，并宜在平面内连成封闭系统。

(五) 上部结构采用静定体系

由于排架、三铰拱(架)(图9-50)等铰接结构，对不均匀沉降有较好的适应性，支座发生相对位移时不会导致上部结构中产生很大的附加应力，故可避免不均匀沉降对上部主体结构的损害。但是该类结构形式通常只适用于单层工业厂房、仓库和某些公共建筑物。

必须注意：若采用了这些结构，严重的不均匀沉降对于屋盖系统、围护结构、吊车梁及各种纵横联系构件等仍是有害的，应采取相应的防范措施。

三、施工措施

在软弱地基上建设工程时，采用合理的施工顺序和施工方法十分重要，这是减小或调整不均匀沉降的有效措施之一。

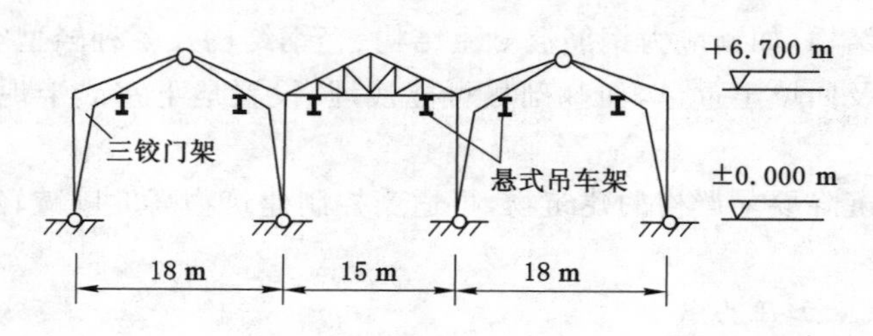

图 9-50　某仓库三铰门架结构示意图

(一) 合理安排施工顺序

当拟建的相邻建筑物之间轻(低)重(高)悬殊时，一般应按照先重后轻的顺序进行施工，必要时还应在重的建筑物竣工后间歇一段时间，再建造轻的邻近建筑物；先施工主体建筑，后施工附属建筑。这样安排施工顺序可减小或调整部分不均匀沉降。

(二) 避免在建筑物四周大量堆载

在已建成的轻型建筑物周围不宜堆放大量的建筑材料和土方等重物，以免地面堆载引起建筑物产生附加沉降。确实需要堆载时，地面堆载的荷载应满足地基承载力、变形和稳定性的要求，并应考虑对周边环境的影响。堆载过程中，要密切关注对邻近建筑物可能产生的不利影响，并加强地面沉降观测。

(三) 保护基底下地基土少受扰动

(1) 基坑开挖时不要扰动基底土的原状结构，通常要在坑底保留约 200 mm 厚的土层，待垫层施工时再挖除。如发现坑底已被扰动，可挖去已扰动的土，并用砂、碎石等回填夯实至要求标高。

(2) 应防止雨水或地表水流入和浸泡基坑。

(3) 在降低地下水位作业现场，要密切注意降水对邻近建筑物可能产生的不利影响，特别应防止流土现象的发生。

(4) 对于易风化的岩石地基，不应暴露过久，应及时覆盖以避免进一步风化。

思　考　题

9-1　地基基础方案类型有哪些?

9-2　地基基础设计等级是怎么规定的?

9-3　地基基础设计的基本规定有哪些?

9-4　常见浅基础的类型有哪些?

9-5　确定浅基础埋置深度时需要考虑哪些因素?

9-6　地基变形验算包括哪些内容?

9-7　简述天然地基上浅基础的设计步骤。

9-8　简述无筋扩展基础的构造要求。

9-9　简述扩展基础的构造要求。

9-10　减轻不均匀沉降危害的措施有哪些?

习　　题

9-1　某柱下独立基础，承受中心荷载标准组合 $F_k=2\ 100$ kN，基础埋深 1.5 m，地下水位距地表 3.1 m。在地基变形计算深度范围内均为粉土，其重度 $\gamma=18$ kN/m³，黏粒含量 $\rho_c=11\%$，地基承载力特征值 $f_{ak}=190$ kPa。试确定该基础底面尺寸(基底为矩形)。

9-2　某柱下独立基础如图 9-51 所示。建筑场地上层为粉质黏土，重度 $\gamma=18.1$ kN/m³；下层为粗砂，饱和重度 $\gamma_{sat}=19.7$ kN/m³。地基持力层选择粗砂，基底标高为 −1.8 m。现场载荷试验已确定粗砂承载力特征值 $f_{ak}=350$ kPa。柱截面尺寸为 400 mm ×500 mm，相应于作用的标准组合时上部结构传下来的荷载为：$F_k=840$ kN，$M_k=180$ kN·m，$H_k=45$ kN。地下水位处于粉质黏土和粗砂交界处，标高为 −1.4 m。试按持力层承载力确定柱下独立基础的底面尺寸。

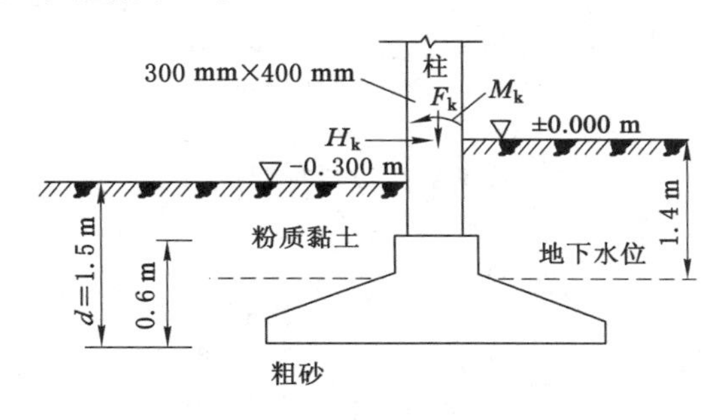

图 9-51　习题 9-2 图

9-3　某柱下独立基础的埋深为 2.8 m，基础底面尺寸为 $l\times b=3.6\ \text{m}\times3.2\ \text{m}$。上部结构传下来的荷载及建筑场地条件如图 9-52 所示。试验算持力层和软弱下卧层的承载力是否满足要求，偏心距是否满足要求。

9-4　某 4 层住宅砌体承重墙厚 $b_0=370$ mm，在作用的标准组合下上部结构传至 ±0.000 m 处的中心荷载 $F_k=200$ kPa/m。建筑场地地势平坦，各土层的物理力学指标如图 9-53 所示。试设计该承重墙下的无筋扩展条形基础，并验算软弱下卧层的承载力。

9-5　某工业厂房采用单跨、单层钢筋混凝土排架结构(柱距 6 m)，柱下独立基础，其跨度为30 m，吊车额定起重量为 30 t，柱的截面尺寸为 600 mm×500 mm。相应于作用的标准组合时，上部结构通过柱传至基础顶面的荷载值为：$F_k=870$ kN，$M_k=240$ kN·m。在地基变形计算深度范围内土层为粉质黏土，其孔隙比 $e=0.81$，液性指数 $I_L=0.84$，重度 $\gamma=17.4$ kN/m³，饱和重度 $\gamma_{sat}=18.8$ kN/m³。承载力特征值 $f_{ak}=190$ kPa。地下水位距地表的最小距离为 2.4 m。试设计柱下无筋扩展基础。

9-6　某实验楼承重外墙厚 370 mm，传至基础顶面的竖向荷载标准值 $F_k=286$ kN/m (中心荷载)，室内外高差为 0.7 m。以室外地面算起，基础埋深为 1.6 m，地下水位埋深为 3.1 m。地基土为粉砂，经深度修正后的地基承载力特征值 $f_a=176$ kPa。试设计该墙下钢筋混凝土条形基础。

9-7　某工业厂房墙体厚 370 mm，墙下采用钢筋混凝土条形基础。相应于作用的基本

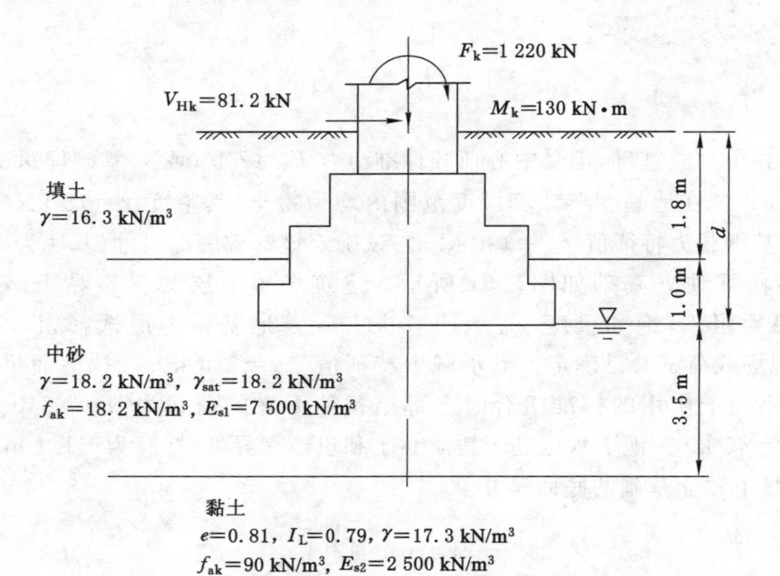

图 9-52　习题 9-3 图

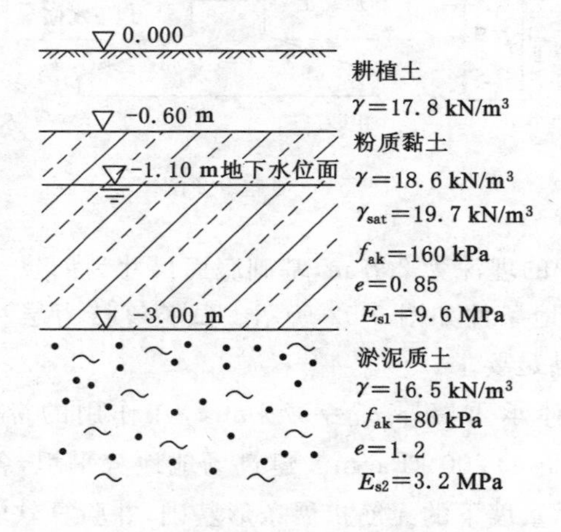

图 9-53　习题 9-4 图

组合时，上部结构传至基础顶面的竖向力 $F=470$ kN/m，作用于基础底面的力矩 $\sum M=50$ kN·m/m。条形基础的宽度由地基承载力条件已确定为 2.4 m。试设计此条形基础。

9-8　某钢筋混凝土框架结构，其外柱的截面尺寸为 500 mm×600 mm，混凝土的强度等级为 C30，配置 8 Φ 20 的 HRB400 级纵向受力钢筋。抗震设防烈度为 7 度，建筑物抗震等级为三级。柱传至基础顶面的荷载设计值(作用的基本组合)为：$F=2\ 340$ kN、$M=2\ 960$ kN·m、$V=60$ kN(对基底产生的弯矩与 M 同方向)；标准值为：$F_k=1\ 890$ kN、$M_k=630$ kN·m、$V_k=52$ kN。室外地坪−0.80 m(室内地坪±0.00 m)，基础顶面标高为−1.20 m，地基为中砂，重度 $\gamma=18.5$ kN/m³，饱和重度 $\gamma_{sat}=19.1$ kN/m³，承载力特征值 $f_{ak}=220$ kPa。地下水位标高为−2.80 m。试设计柱下钢筋混凝土独立基础。

小　论　文

9-1　结合具体工程实例确定可行的地基基础方案，通过技术经济分析确定最佳方案。

9-2　结合具体工程实例分析可采取的减轻不均匀沉降危害的措施，通过技术经济分析推荐最合理的综合措施。

第十章　桩基础与其他深基础

第一节　概　　述

一、深基础的定义

深基础一般是指埋置深度大于 5 m 或大于基础宽度的基础，包括桩基础、沉井基础、地下连续墙基础等。

天然地基上的浅基础一般造价低廉，施工简便，所以在工程建设中应优先考虑采用。当存在建筑场地工程地质条件较差、地基承载力低或压缩性大等工程问题时，采用天然地基上的浅基础不能满足地基承载力和变形要求时，可考虑采用对地基进行加固处理从而形成人工地基的方法加以解决。若上部建筑物荷载较大，采用地基加固处理仍不能解决问题，或耗资巨大，或持力层埋藏较深时，常采用深基础。

二、桩基础及其应用

深基础中，桩基础在工程中应用最为广泛。桩是一种人为在地基中设置的柱形构件，单根桩或多根桩与连接桩顶的承台一起构成了桩基础。桩基础通过调整桩长，可将上部结构的荷载传给深层性质较好、强度高、压缩性小的坚硬土层或岩层。

随着现代科学技术的迅猛发展，高层建筑、特大桥梁、重型厂房和精密设备对地基基础的要求日益严格，桩基础的种类、形式、施工工艺、成桩设备以及桩基理论和设计方法都有很大的发展，并日趋完善。桩基础具有适应性强、承载力高、沉降量小、能承受一定水平荷载、抗拉拔能力强、稳定性好、能提高建筑物的抗震能力、提高地基基础刚度、减小设备基础的振幅对上部结构的不利影响、便于机械化施工等一系列优点，使桩基础广泛应用于建筑、水利、交通、港口以及采油平台等工程。

通常在以下几种情况下可考虑采用桩基础：

（1）荷载大而集中，或者对地基变形有严格要求的高层建筑或其他重要建筑物；

（2）重型工业厂房以及地面堆载很大的建筑物，如大型仓库、料仓等；

（3）抗震设防区域的建筑物；

（4）地下水位很高或基础位于水中的建筑物，如桥梁、码头、海上钻采平台等；

（5）意义重大或需永久（长期）保存的名胜古迹；

（6）作用很大倾覆力矩而又不允许出现较大倾斜的高耸建筑物，如烟囱、电视塔、输电线塔等；

（7）输油、输气管道的支架；

（8）对基础的振动频率和振幅有一定限制，或对地基变形有严格要求的大型或精密设备的基础；

（9）承受较大偏心荷载、水平荷载、上拔力、动荷载或周期性荷载作用的基础；

（10）采用地基加固处理措施不合适的软弱地基或特殊土地基，如软土、湿陷性土、膨胀土、冻土地基等。

三、桩基础的分类

桩基础简称桩基。桩基础按桩的数量可分为单桩基础与群桩基础；按承台与地面相对位置可分为低承台桩基和高承台桩基。

（一）单桩基础与群桩基础

桩基础可以采用单根桩的形式承受和传递上部结构的荷载，这种独立基础称为单桩基础。单桩基础的桩身横截面通常较大，并可直接在桩顶上建造上部结构。在工程中常采用的“一柱一桩”，就是单桩基础。

群桩基础是由2根及2根以上桩组成的，并由承台将桩群在上部连接成一个整体，称为群桩基础（图10-1）。建筑物的荷载通过承台分配给各根桩，桩群再将荷载传递给地基。在工程中应用最多的是群桩基础，由设置于土中的桩群和承接上部结构荷载的承台组成。群桩基础中的单桩又称为基桩。

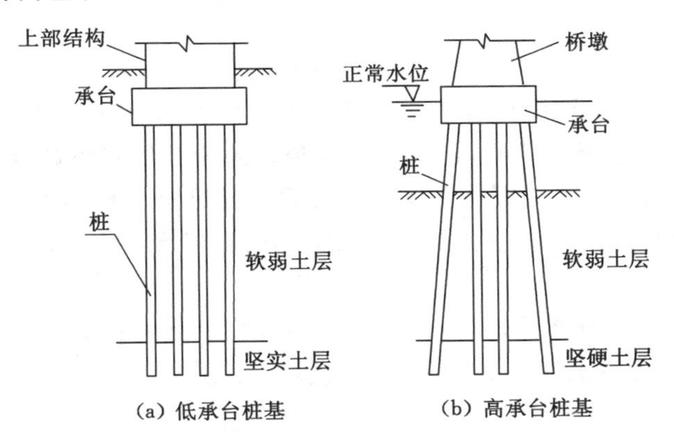

图10-1 桩基础按承台与地面相对位置分类

（二）低承台桩基和高承台桩基

承台底面低于地面或冲刷线的桩基础称为低承台桩基，其特点是受力性能好，具有较强的抵抗水平荷载的能力，在工业与民用建筑中应用广泛。承台底面高出地面或冲刷线的桩基础称为高承台桩基，这种基础常用于桥梁、港口和海洋工程等。

四、桩的分类

桩基础中的桩可以是竖直或倾斜的，工业与民用建筑大多数以承受竖向荷载为主而多用竖直桩[图10-1(a)]。当建筑物上作用有较大的水平荷载时，如桥墩受流水压力或冰压力作用，应将竖直桩与斜桩共同使用[图10-1(b)]。

根据桩的承载性状、使用功能、桩径、桩身材料、施工方法及桩的设置效应等，可将桩划分为各种类型。

（一）按承载状态分类

根据竖向荷载作用下桩土相互作用特点，达到承载力极限状态时，桩侧与桩端阻力的发挥程度和分担荷载比例，将桩分为摩擦型桩和端承型桩（图 10-2）。

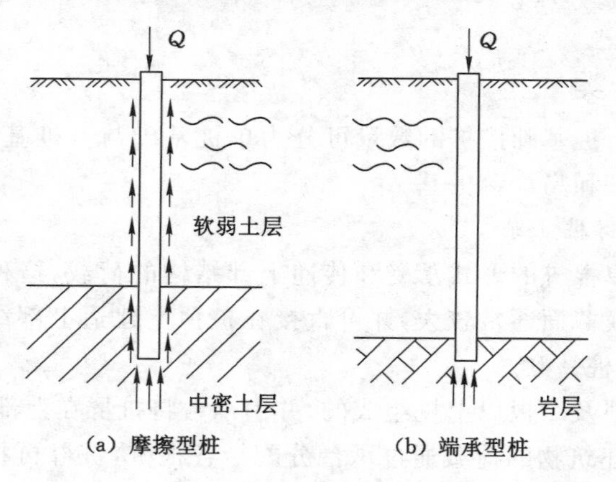

图 10-2　桩按承载状态分类

1. 摩擦型桩

摩擦型桩是指在竖向极限荷载作用下，桩顶竖向荷载全部或主要由桩侧阻力承受的桩。根据桩侧阻力分担荷载的比例，摩擦型桩又分为摩擦桩和端承摩擦桩两类。

(1) 摩擦桩——在承载能力极限状态下，桩顶竖向荷载由桩侧阻力承受，桩端阻力可忽略不计。例如：① 桩的长径比很大，桩顶竖向荷载只通过桩身压缩产生的桩侧阻力传递给桩周土，桩端土层分担的荷载微乎其微；② 在深厚的软弱土层中桩端无较坚硬土层作为持力层时的桩基。

(2) 端承摩擦桩——在承载能力极限状态下，桩顶竖向荷载主要由桩侧阻力承受，桩端阻力占比较小但不能忽略不计。如桩身穿越软塑或流塑状态的黏性土，而桩端置于硬塑或可塑状态黏性土的桩基。

2. 端承型桩

端承型桩是指在竖向极限荷载作用下，桩顶竖向荷载全部或主要由桩端阻力承受的桩。根据桩端阻力分担荷载的比例，端承型桩又分为端承桩和摩擦端承桩两类。

(1) 端承桩——在承载能力极限状态下，桩顶竖向荷载由桩端阻力承受，桩侧阻力小到忽略不计。如桩的长径比较小（一般小于 10），桩身通过全部或主要极软弱土层，桩端置于坚硬土层或岩石上的桩基。

(2) 摩擦端承桩——在承载能力极限状态下，桩顶竖向荷载主要由桩端阻力承受，桩侧阻力占比较小，但不能忽略不计。如桩身穿越软弱土层且桩端置于较坚硬土层上的桩基。

（二）按桩的使用功能分类

根据桩的使用功能和受力条件，桩可以分为抗压桩、抗拔桩、水平受荷桩和复合受荷桩。

(1) 竖向抗压桩（抗压桩）——以承受竖向荷载为主的桩。大多数建筑桩基在正常工作条件下都属于抗压桩，此时可全部采用竖直桩。

(2) 竖向抗拔桩（抗拔桩）——主要承受竖向上拔荷载的桩，如抗浮结构下的桩基、高压输电塔下的桩基等。

(3) 水平受荷桩——主要承受水平荷载的桩，如基坑护坡桩、坡体抗滑桩等。水平荷载包括土压力、风力、地震力和波浪力等。为了更有效地抵抗水平荷载，有时可设置一部分斜桩或叉桩。

(4) 复合受荷桩——受竖向荷载和水平荷载都比较大的桩，如桥梁的桩基等。

(三) 按桩径分类

根据桩的直径大小，桩可分为小直径桩、中等直径桩和大直径桩。

(1) 小直径桩——桩身直径 $d \leqslant 250$ mm 的桩。小直径桩由于承载力较小，一般多用于基础加固(树根桩、锚杆托换桩)和复合地基。小直径桩的施工机械、施工方法较为简单。

(2) 中等直径桩——250 mm $< d <$ 800 mm 的桩。中等直径桩的承载力较大，其成桩方法和施工工艺种类很多，应用最为广泛，为量大面广的最主要桩型。

(3) 大直径桩——$d \geqslant 800$ mm 的桩。大直径桩的承载力大，在高、重型建筑中的应用日益增多，还可用于单桩基础。

(四) 按桩身材料分类

根据桩身使用材料，桩可分为木桩、混凝土桩、钢桩、组合材料桩等。

1. 木桩

常用松木、杉木或橡木做成。一般桩径为 160～260 mm，桩长 4～6 m；桩顶锯平并加铁箍，以防施工时被打桩机打裂；桩尖削成棱锥形，有时还带有钢板制作的桩靴。木桩需要在施工场地事先预制好，采用锤击打桩机、振动打桩机、静力压桩机等专用施工设备，通过锤击、振动、静压等沉桩方法将木桩挤(送)入土中。木桩具有韧性好，重量轻，加工、运输、施工方便，造价低廉等优点；但由于木桩的桩径小、桩长短，其承载力较低。

木桩在我国使用历史悠久，目前已很少使用，只在某些能就地取材的临时工程或抢修工程中使用。木桩在淡水中耐久性较好，但在海水及干湿交替的环境中极易腐烂。因此，木桩只能用于淡水环境，并应打入地下水位以下不少于 0.5 m。

2. 混凝土桩

混凝土桩所用的材料有素混凝土和钢筋混凝土。素混凝土一般只用在桩纯粹受竖向荷载作用的条件下，不适用于荷载复杂多变的情况，因而工程中很少用素混凝土。桩基工程中，绝大部分混凝土桩采用的是钢筋混凝土。

混凝土桩是目前使用最广泛的桩，具有承载力高、耐久性好、不受地下水位限制、便于机械化施工等优点。按施工方法不同，可将混凝土桩分为预制桩和灌注桩。

(1) 混凝土预制桩

混凝土预制桩的桩体采用钢筋混凝土或预应力钢筋混凝土制作，可以在施工现场或工厂预制，然后运至桩位处，吊立起来后通过锤击、振动、静压等沉桩方法将其挤(送)入土中。

普通钢筋混凝土预制桩的混凝土强度等级不低于 C30，横截面有方形、圆形等。一般实心方桩的截面边长为 300～500 mm，桩长现场预制时可达 25～30 m，工厂预制时分节长度 8～12 m，沉桩时在现场连接到所需桩长。

大截面实心桩自重大，其配筋主要受起吊、运输、吊立和沉桩等各施工阶段的应力控制。采用预应力钢筋混凝土桩，可减轻自重、降低钢筋用量、提高桩的承载力和抗裂性能。预应力钢筋混凝土实心方桩的截面边长不小于 350 mm，混凝土强度等级不低于 C40。

为了进一步降低桩的重量，预应力钢筋混凝土桩可制作成空心桩。按截面形式分为管桩和空心方桩等，桩尖有闭口型和敞口型。工程应用较多的是预应力钢筋混凝土管桩，采用先张法预应力工艺和离心成型法制作。通过常压蒸汽养护生产的管桩为预应力混凝土管桩（简称 PC 桩），桩身的混凝土强度等级不低于 C60；通过高压蒸汽养护生产的管桩为预应力高强度混凝土管桩（简称 PHC 桩），桩身的混凝土强度等级大于等于 C80。PC 桩或 PHC 桩的规格按外径不同分为 300 mm、400 mm、500 mm、550 mm、600 mm、800 mm 和 1 000 mm 等，壁厚为 60～130 mm，每节桩长一般不超过 15 m，常用桩节长度为 8～12 m。

混凝土预制桩的截面形状、尺寸和桩长可在一定范围内选择，桩尖可达坚硬黏土层或强风化基岩，具有承载力高、耐久性好、质量较易保证等优点。但其自重大，需大能量的打桩设备，当桩端持力层起伏不平时将导致桩长不一，施工中往往需要接长或截短，工艺比较复杂。

(2) 混凝土灌注桩

混凝土灌注桩所用材料为素混凝土或钢筋混凝土，以钢筋混凝土居多。采用机械或人工方法在所设计桩位上成孔，然后在孔内下放钢筋笼（或不放）再浇灌混凝土而成。混凝土灌注桩呈圆形，大体可分为沉管灌注桩、成孔灌注桩和长螺旋压灌灌注桩三类。

① 沉管灌注桩——用锤击、振动或振动冲击带有预制桩尖或活瓣桩尖的钢管（图 10-3），使其沉入土中至设计标高，然后在钢管内下放（或不放）钢筋笼，再一边灌注和振捣混凝土，一边拔管所形成的桩。

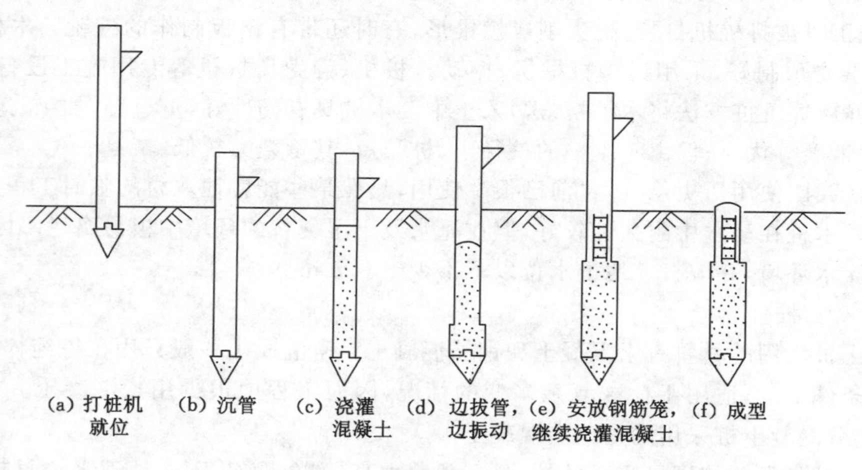

图 10-3　沉管灌注桩施工工艺示意图

近些年来，工程中广泛使用沉管夯扩灌注桩。沉桩时利用打桩锤将内、外桩管同步沉入土层中。通过锤击内桩管，夯扩端部混凝土，使桩端形成扩大头，再灌注桩身混凝土。沉管夯扩灌注桩将形成扩底桩，可显著提高桩的承载力。

② 成孔灌注桩——先采用成孔机械在桩位处成孔，然后在孔中下放（或不放）钢筋笼，再灌注混凝土，边灌边振捣密实所形成的桩。按成孔方法又分为以下四类：

a. 钻孔灌注桩。采用各种钻机钻进成孔，钻进时一般采用泥浆护壁和排渣。成孔后孔内有泥浆，需要在泥浆中下放钢筋笼，并采用导管提升法在泥浆下灌注混凝土（图 10-4）。导管提升法的施工步骤为：成孔后下放钢筋笼、安装导管[图 10-4(a)]；安放隔水栓[图 10-4(b)]；灌注首批混凝土[图 10-4(c)]；剪短铁丝，混凝土顶着隔水栓下落至管底，之后隔水栓漂浮至孔口[图 10-4(d)]；继续浇灌混凝土，同时提升和振动导管（导管下端始终埋入混凝土中）

[图 10-4(e)];混凝土浇灌至顶部设计标高[图 10-4(f)]。

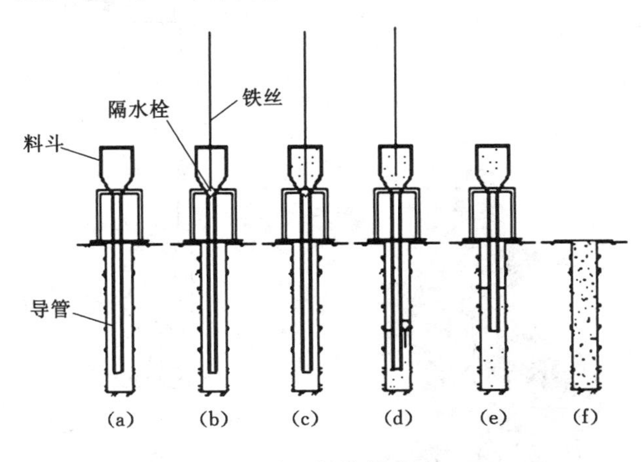

图 10-4　导管提升法

有的钻机成孔后,可撑开钻头的扩孔刀刃使之旋转切土扩大底部孔径,浇灌混凝土后在底端形成扩大桩端,即形成扩底桩,可提高桩基础的承载力。

b. 冲孔灌注桩。采用冲击钻机或冲抓锥等成孔,成孔后下放钢筋笼,仍可采用上述导管提升法进行水下或泥浆下灌注混凝土的施工。特别适用于含有漂石(块石)、卵石(砾石)等大颗粒的土层。

c. 钻孔挤扩灌注桩。钻孔挤扩灌注桩实质上是一种变截面灌注桩,是在钻孔或冲孔后向孔中放入专用挤扩或旋扩设备,图 10-5 为工程中常用的钻孔挤扩灌注桩及相应的挤扩设备。当挤扩设备在一个位置挤扩时,弓压臂可在土中挤扩形成扩大的分岔(或称分支)。当挤扩设备分别旋转到不同角度挤扩时便可形成锥形盘状的腔体。提出挤扩设备,放入钢筋笼并灌注混凝土后,便可形成挤扩灌注桩。

d. 挖孔灌注桩。采用人工(常用)或机械挖掘成孔,逐段边开挖边支护,挖到设计深度后在底部扩孔,再下放钢筋笼和浇灌混凝土。挖孔桩可直接观察地层情况,孔底易清除干净,设备简单,噪音小,适应性强,建筑场地各桩孔可同时施工,且可以做成大直径和扩底桩,以提高桩的承载力。但挖孔前需要人工降低地下水位,挖孔过程中可能存在塌方、缺氧、有害气体溢出等风险,易造成安全事故。

③ 长螺旋压灌灌注桩。采用长螺旋钻机钻孔至设计标高,利用混凝土泵将混凝土从空心钻杆、钻头底压出,边压灌混凝土边提升钻头直至成桩,然后利用专门振动装置将钢筋笼一次插入混凝土桩体,形成钢筋混凝土灌注桩。与普通水下或泥浆下灌注桩施工工艺相比,长螺旋压灌灌注桩施工不需要泥浆护壁,具有无泥皮、无沉渣、无泥浆污染、施工速度快、造价较低等优点。

对于混凝土灌注桩,很多工程还采用灌注桩后注浆技术,属于规范推荐的灌注桩辅助工法。灌注桩后注浆是指灌注桩成桩后一定时间(桩体混凝土初凝后),通过预埋在桩身内的注浆导管及与之相连的桩端、桩侧注浆阀注入水泥浆,使桩端、桩侧土体得到加固,从而大幅度提高单桩承载力,减少桩基沉降。实践证明:承载力可提高 40%～100%,沉降量减少 20%～30%,可广泛应用于除沉管灌注桩之外的各种钻、冲、挖孔灌注桩。

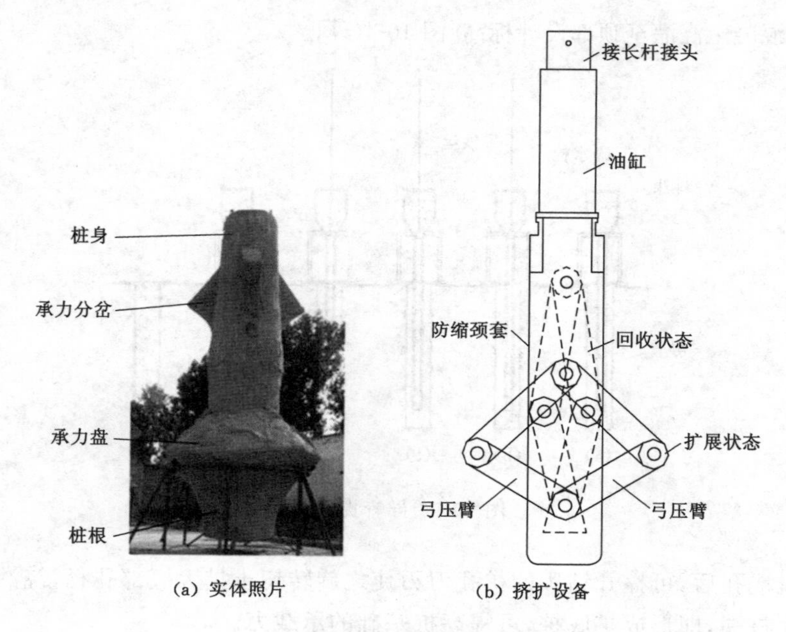

(a) 实体照片　　(b) 挤扩设备

图 10-5　钻孔挤扩灌注桩

与混凝土预制桩相比，灌注桩具有适应性强、承载力大、节省钢材、造价低、噪音小等优点。当持力层顶面起伏不平时比预制桩容易处理，不需截桩，避免浪费。缺点是灌注桩容易产生缩颈、断桩、局部夹土和混凝土离析等质量事故。施工时应采取必要的工程措施，防止质量事故的发生。

3. 钢桩

钢桩一般包括钢板桩、钢管桩、H 形钢桩、钢轨桩、箱形截面钢桩等，常用于临时支护和少数重点工程。工程中常用的是钢管桩，其直径一般为 250～1 200 mm，每节长度为 12～15 m。钢管桩桩尖有封闭式与开口式两种，封闭式一般用于管径小于 450 mm，开口式用于管径较大、穿越土层比较坚硬的情况。

钢桩的优点是穿透能力强，承载能力大且能承受较大的水平荷载，无论起吊、运输或是沉桩、接桩都很方便，用于临时支护时工程竣工后可回收重复使用。钢桩的缺点是耗钢量大、成本高、易锈蚀，可在外表涂防腐层使内壁与外界隔绝，以减轻腐蚀作用。

4. 组合桩

组合桩是指用两种及两种以上不同材料或不同施工方法做成的桩。这种桩类型很多，并且不断有新类型出现。例如：① 开口式大直径钢管桩沉桩后，可采用人工或机械的方法排除管内土体，再向管内灌注混凝土；② 下部为 H 形钢桩而上部为钢筋混凝土灌注桩，下部利用 H 形钢桩穿透能力强的特点，可以打入砾石层、风化岩层或其他硬土层，而上部的钢筋混凝土桩具有较大的刚度和较好的抗腐蚀性；③ 抗滑桩中施工时，在混凝土中加入工字钢等型钢；④ 中间为预制桩，外包混凝土灌注桩等。

组合桩可以充分发挥各种桩型的优点，改善桩的承载性能，是一种很有发展前途的桩型，但施工工艺较复杂。

（五）按桩的设置效应分类

桩的设置方法（打入或钻孔成桩等）不同，桩周土所受的挤压作用也不同。挤压作用将使土的天然结构、应力状态和性质发生很大的变化，从而影响桩的承载力和沉降量，这些影响统称为桩的设置效应，也称为挤土效应。根据成桩过程中的挤土效应，可将桩分为挤土桩、部分挤土桩和非挤土桩三类。

1. 挤土桩

对于沉管灌注桩、沉管夯扩灌注桩、打入(静压)预制桩、闭口预应力混凝土空心桩和闭口钢管桩等，在施工过程中都要将桩位处的土体大量排挤开，使土体结构受到严重扰动而破坏，对土的强度及变形性质影响较大。因此，必须采用原状土扰动后再恢复的强度指标和变形指标来估算桩的承载力及沉降量。

2. 部分挤土桩

对于长螺旋压灌灌注桩、冲孔灌注桩、钻孔挤扩灌注桩、搅拌劲芯桩、预钻孔打入(静压)预制桩、打入(静压)式敞口钢管桩、敞口预应力混凝土空心桩和H形钢桩等，在施工过程中对桩周土稍有排挤作用，但土的强度和变形性质变化不大，一般可采用原状土测得的强度指标和变形指标来估算桩的承载力及沉降量。

3. 非挤土桩

对于干作业法钻(挖)孔灌注桩、泥浆护壁法钻(挖)孔灌注桩、套管护壁法钻(挖)孔灌注桩等，在施工过程中要全部清除孔中土体，桩周土不受排挤作用，并可能向孔内移动，使土的抗剪强度降低，桩侧摩阻力有所减小。

此外，按桩的横截面形状，可以分为圆桩、方桩、八角形桩、空心管桩、空心方桩、H形桩等；按桩的倾斜程度，可将桩分为竖直桩和斜桩。如常用于房屋纠偏、地基沉陷处理和边坡加固的树根桩，就是一种类似树根呈不同方向或直斜交错分布的钻孔灌注桩群。

以上简要介绍了桩的类型，随着科学技术的不断进步，还会有新的材料、新的施工方法、新的桩型不断涌现。桩型的选择，应根据建筑结构类型、荷载性质、桩的使用功能、穿越土层、桩端持力层、承载力要求、施工环境、施工经验、施工设备、材料供应条件、地下水位和经济条件等，选择安全适用、经济合理的桩型和施工工艺。

第二节　竖向荷载作用下单桩的工作性能

单桩的工作性能研究是单桩承载力分析的理论基础。通过分析桩土相互作用，了解桩土间的传力途径和单桩承载力的构成及其发展过程，以及单桩的破坏机理等，对正确评价单桩承载力具有一定的指导意义。

桩顶荷载一般包括轴向力、水平力和力矩。但是在研究桩的受力性能和计算桩的承载力时，通常先对竖向受力情况单独进行研究。本节主要讨论竖向荷载作用下单桩的受力性能。

一、单桩竖向荷载的传递

在竖向荷载作用下，桩身材料将发生弹性压缩变形，桩与桩侧土体发生相对位移，因而桩侧土对桩身产生向上的桩侧摩阻力。如果桩侧摩阻力不足以抵抗竖向荷载，一部分竖向荷载将传递到桩底，桩底持力层也将产生压缩变形，故桩底土也会对桩端产生阻力。桩通过桩侧阻力和桩端阻力将荷载传递给土体。或者说，土对桩的支承力由桩侧阻力和桩端阻力两部分组成，但桩侧阻力先于桩端阻力发挥。

图 10-6(a)表示单桩承受某级恒定荷载 $Q=Q_0$ 的作用，桩侧单位面积上的摩阻力为 q_s，桩端阻力为 Q_p。在 $Q=Q_0$ 作用下，桩顶的下沉量为 s_0，桩底的下沉量为 s_p；在距桩顶任意深度 z 处截面的下沉量(桩身截面位移)为 $s(z)$，该处桩侧摩阻力为 $q_s(z)$，轴力为 $Q(z)$。理论研究和实测结果均表明：桩身截面位移、桩侧摩阻力和桩身轴力分布曲线分别如图 10-6(c)、图 10-6(d)和图 10-6(e)所示。由图 10-6(c)可以看出：桩顶沉降量大于桩端位移，这是因为桩身会产生较大的弹性压缩变形。

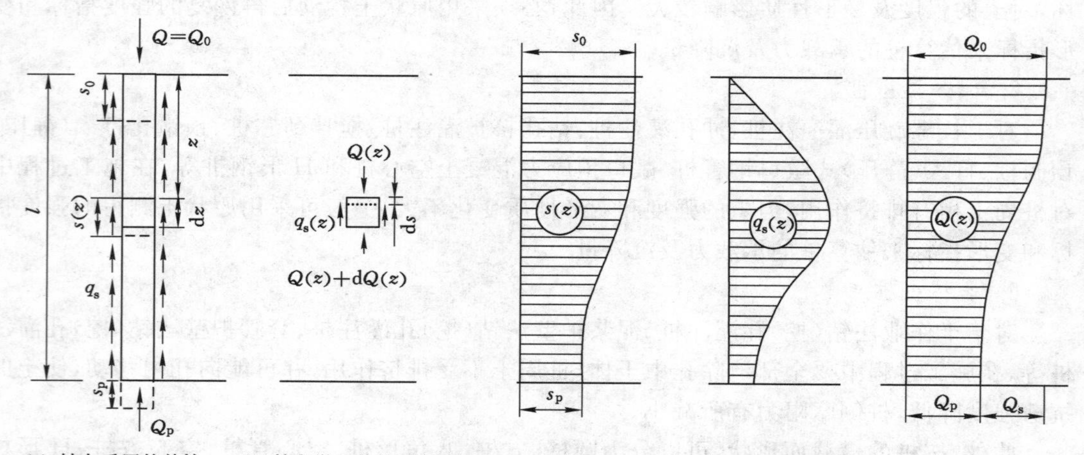

图 10-6　单桩轴向荷载传递

桩顶轴力即桩顶竖向荷载 $Q=Q_0$，桩端轴力即桩端总阻力 Q_p，故桩侧总阻力为：

$$Q_s = Q_0 - Q_p \tag{10-1}$$

在深度 z 处，任取一厚度为 dz 的桩段微元体[图 10-6(b)]，在 z 轴方向力的平衡条件为：

$$Q(z) - q_s(z) \cdot u_p \cdot dz - [Q(z) + dQ(z)] = 0$$

可得深度 z 处的桩侧摩阻力 $q_s(z)$ 与桩身轴力 $Q(z)$ 之间的关系式如下：

$$q_s(z) = -\frac{1}{u_p}\frac{dQ(z)}{dz} \tag{10-2}$$

式中　u_p——桩的周长，m。

由于桩身截面位移 $s(z)$ 应为桩顶位移 s_0 与深度 z 范围内的桩身压缩变形量之差，则可得到桩身截面位移 $s(z)$ 与轴力 $Q(z)$ 之间的积分方程为：

$$s(z) = s_0 - \int_0^z \varepsilon_z dz = s_0 - \frac{1}{E_p A_p}\int_0^z Q(z) dz \tag{10-3}$$

式中　A_p——桩身横截面面积，m^2；

E_p——桩身材料的弹性模量，kPa。

微元体的压缩量为：

$$ds(z) = \varepsilon_z dz = \frac{Q(z)}{E_p A_p} dz \tag{10-4}$$

则桩身轴力 $Q(z)$ 与截面位移 $s(z)$ 之间的微分方程为：

$$Q(z) = E_p A_p \frac{ds(z)}{dz} \tag{10-5}$$

将式(10-5)代入式(10-2)，可得到桩侧摩阻力 $q_s(z)$ 与桩身截面位移 $s(z)$ 之间的微分方程为：

$$q_s(z) = -\frac{E_p A_p}{u_p} \frac{d^2 s(z)}{dz^2} \tag{10-6}$$

若通过沿桩身若干截面预先埋设的应力测量元件(传感器)获得桩身轴力 $Q(z)$ 的分布规律，同时测定桩顶沉降 s_0，则可利用式(10-2)和式(10-3)获得桩侧摩阻力 $q_s(z)$ 与桩身截面位移 $s(z)$ 的分布规律。

对于桩侧摩阻力和桩端阻力，一般具有如下基本规律：

(1) 当桩的入土深度较小时，桩侧摩阻力随深度逐渐增大，最大值位于桩底；当桩的入土深度达到某一临界值(5～10 倍桩径)后，桩侧摩阻力不再随深度增大[图 10-6(d)]，该现象称为桩侧摩阻力的深度效应。

(2) 当桩顶荷载 Q 逐渐增大时，桩身轴力、截面位移和桩侧摩阻力不断变化。起初 Q 值较小，桩身截面位移主要发生在桩身上段，Q 主要由上段桩侧阻力承担；当 Q 增大到一定数值时桩端产生位移，桩端阻力开始发挥，且不断增大；当桩底持力层破坏，无法支承更大的桩顶荷载时，桩处于承载力极限状态。因此，桩端阻力的发挥滞后于桩侧阻力。

(3) 桩侧摩阻力和桩端阻力充分发挥所需位移不同。桩侧摩阻力只要桩土间有不太大的相对位移就能得到充分发挥，具体数量目前尚没有一致的意见，但一般认为黏性土为 4～6 mm，砂土为 6～10 mm；桩端阻力的充分发挥需要较大的位移，根据小型桩试验结果，在一般黏性土中约为桩底直径的 25%，在砂土中为桩底直径的 8%～10%。

(4) 桩长对竖向荷载的传递有着重要的影响。当桩长较大(例如 $L/d>25$)时，因桩身压缩变形大，桩端反力尚未发挥，桩顶位移已超过使用所要求的范围，此时传递到桩端的荷载极其微小。因此，很长的桩实际上是摩擦桩，用扩大桩端直径来提高桩的承载力是徒劳的。

二、单桩的破坏模式

单桩在竖向荷载作用下，其破坏模式主要取决于桩周土的抗剪强度、桩端支承情况、桩的尺寸以及桩的类型等。图 10-7 给出了竖向荷载作用下单桩破坏的三种模式。

(一) 屈曲破坏

如图 10-7(a)所示，桩底支承在坚硬的土层或岩层上，而桩周土极为软弱，桩身几乎无侧向约束或侧向抵抗力，桩在竖向荷载作用下如同一根细长压杆出现纵向挠曲破坏。竖向荷载-桩顶沉降(Q-s)关系曲线为“急剧破坏”的陡降型，桩的承载力取决于桩身材料的强度。如穿越较厚的淤泥或淤泥质土层的小直径端承桩或嵌岩桩、细长的木桩等，多数属于此种破坏。

(二) 整体剪切破坏

当具有足够强度的桩穿过抗剪强度较低的土层而达到强度较高的土层，且桩的长度不大时，桩在竖向荷载作用下，由于桩端持力层的上部土层不能阻止滑动土楔的形成，桩端土体形成滑动面而出现整体剪切破坏。此时，桩的沉降量较小，桩侧摩阻力难以充分发挥，竖向荷载主要由桩端阻力承受，竖向荷载-桩顶沉降(Q-s)关系曲线也为陡降型[图 10-7(b)]。

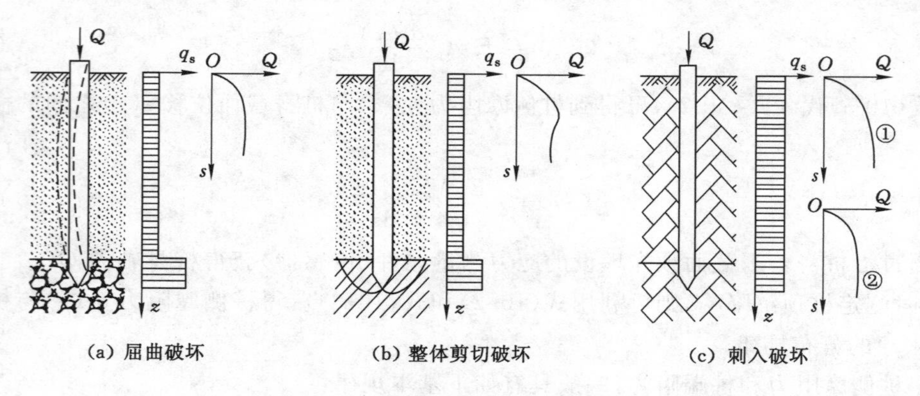

图 10-7 竖向荷载作用下单桩破坏模式

桩的承载力主要取决于桩端土持力层的承载力。一般打入式短桩、长度不大的扩底桩等，多数属于此种破坏。

（三）刺入破坏

当桩的入土深度较大或桩周土层抗剪强度较均匀时，桩在竖向荷载作用下将出现刺入破坏，如图 10-7(c)所示。此时桩顶荷载主要由桩侧摩阻力承受，桩端阻力很小，桩的沉降量较大。竖向荷载-桩顶沉降(Q-s)曲线有两种类型：① 当桩周土质较弱时，Q-s 关系曲线为"渐进破坏"的缓变型，无明显拐点，极限承载力难以判定，桩的承载力主要由上部结构所能承受的极限沉降确定；② 当桩周土的抗剪强度较高时，Q-s 关系曲线可能为陡降型，有明显的拐点，桩的承载力主要取决于桩周土的强度。一般情况下，钻孔灌注桩多发生刺入破坏。

三、桩侧负摩阻力

桩土之间相对位移方向决定了桩侧摩阻力的方向。大多数情况下，桩在竖向荷载作用下产生相对于桩侧土体向下的位移，使桩周土对桩产生向上的摩阻力，称为正摩阻力。正摩阻力是桩基承载力的构成之一，对于摩擦型桩是全部或主要部分。但是，当桩周土体因某种原因下沉，且其沉降速率大于桩的下沉速率时，桩侧土就相对于桩产生向下位移，而使土对桩产生向下作用的摩阻力，称为负摩阻力。

桩侧负摩阻力一旦产生，对桩基础极为不利，主要表现在两个方面：一是桩侧负摩阻力方向与外荷载方向相同，使桩的承载力降低；二是使桩身轴力增大，即桩侧负摩阻力反而变成了桩上的外荷载，致使桩基沉降量增大。所以，在确定桩的承载力和桩基设计中应特别注意。

（一）产生负摩阻力的几种情况

桩侧负摩阻力一般不会发生于桩入土深度范围内的所有土层，产生负摩阻力的范围就是桩侧土层对桩产生相对下沉的范围。它与桩侧土层的压缩变形、桩身弹性压缩变形和桩底下沉量有关。可能产生负摩阻力的情况一般有以下几种：

(1) 在桩附近地面堆载，导致桩周土体被压密并引起地面沉降。

(2) 抽取地下水或其他原因造成地下水位下降，导致土中有效竖向自重应力增大而引起地表大面积沉降。

(3) 桩穿过欠固结土层(如填土、新近沉积黏性土等)进入坚硬持力层，欠固结土在自重作用下发生固结沉降。

(4) 在湿陷性土、冻土中的桩,因土的湿陷、冻土融化产生地表沉降。

(5) 密集预制桩在沉桩施工过程中,后施工的桩往往会使临近的已置入桩的桩身抬升,这时会在先置入的桩的侧面产生暂时性的负摩阻力。

必须指出:产生桩侧负摩阻力的条件是桩侧土体下沉量必须大于该处桩身截面位移。

(二) 中性点深度

图 10-8(a)为一根承受竖向荷载的单桩,支承于坚硬的土层或岩层上。在某级恒定荷载 $Q=Q_0$ 的作用下发生沉降,桩顶位移为 s_0,桩端位移为 s_p,桩端阻力为 Q_p。受某种特殊情况影响,桩周土发生压缩变形并引起地表沉降,地表沉降量为 s_d,且 $s_d>s_0$。在图 10-8(b)中,曲线 1 表示土层不同深度的位移,曲线 2 为该桩的截面位移曲线。曲线 1 和曲线 2 之间的位移差(图中画横线部分)为桩土之间的相对位移。两条曲线的交点 O_1 为桩土之间不产生相对位移的截面位置,该处既没有正摩阻力,又没有负摩阻力,习惯上称为中性点。中性点至地表的垂深 l_F,即中性点深度,如图 10-8(a)所示。在中性点 O_1 之上,即在中性点深度 l_F 范围内,桩周土产生相对于桩身的向下位移,在桩侧出现负摩阻力 q_{sF};在中性点 O_1 之下,桩周土相对于桩身向上位移,在桩侧产生正摩阻力 q_s。图 10-8(c)为桩侧摩阻力沿桩长分布曲线,负值表示负摩阻力,正值表示正摩阻力。图 10-8(d)为桩身轴力分布曲线,其中 Q_{sF} 为负摩阻力引起的桩身最大轴力,又称为下拉力或下拉荷载,即总的负摩阻力,也就是中性点以上负摩阻力之和;Q_s 为总的正摩阻力。

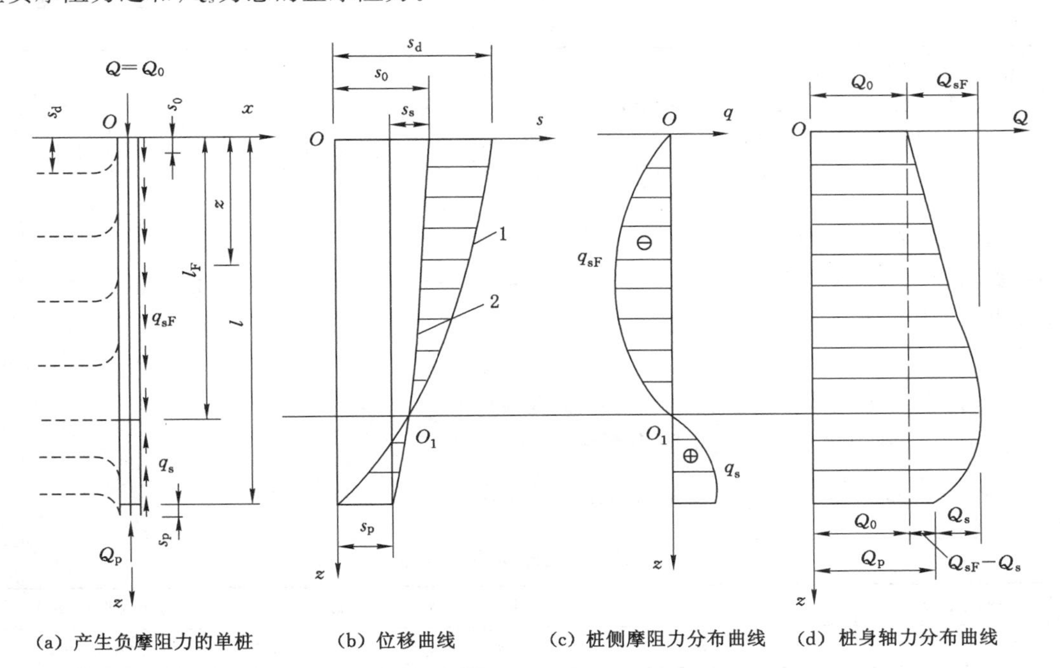

1—土层竖向位移曲线;2—桩身截面位移曲线。

图 10-8 单桩在产生负摩阻力时的荷载传递

由图 10-8(d)可知中性点处桩身轴力最大,其值为:

$$Q_{max}=Q_0+Q_{sF} \tag{10-7}$$

式中　Q_{max}——桩身最大轴力，kN；

Q_0——桩顶荷载，kN；

Q_{sF}——总的负摩阻力，kN。

前已述及，负摩阻力产生时既要降低桩的承载力，又要增加桩的沉降量。由式(10-7)可以看出：负摩阻力还使桩身轴力增大，可能造成桩身材料强度破坏。

桩端阻力为：

$$Q_p = Q_0 + Q_{sF} - Q_s \tag{10-8}$$

式中　Q_p——桩端阻力，kN；

Q_s——总的正摩阻力，kN。

由于桩周土的压缩变形是随时间变化的，所以土层竖向位移和桩身截面位移都是时间的函数。在桩顶荷载 $Q=Q_0$ 恒定不变的条件下，这两种位移都随时间变化。因此，中性点的位置、桩侧摩阻力及桩身轴力都发生变化。一般来说，中性点的位置随着桩的沉降而向上移动。当桩的沉降趋于稳定后，中性点也将稳定在某一固定的深度 l_F 处。

中性点深度 l_F 应按桩周土层某点的沉降量与桩身截面位移相等的原则确定，也可以参照表 10-1 确定。

表 10-1　中性点深度比 l_F/l_0

持力层土类	黏性土、粉土	中密以上砂	砾石、卵石	基岩
l_F/l_0	0.5～0.6	0.7～0.8	0.9	1.0

注：1. l_0 为桩周软弱土层下限深度。

2. 桩穿越自重湿陷性黄土时，l_F 按表列值增大 10%（持力层为基岩除外）。

3. 当桩周土层固结与桩基固结沉降同时完成时取 $l_F=0$。

4. 当桩周土层计算沉降量小于 20 mm 时，应按表列值乘以 0.4～0.8 进行折减。

（三）负摩阻力的计算

实测资料表明：桩侧第 i 层土负摩阻力标准值可按式(10-9)计算（当计算值大于正摩阻力时取正摩阻力值）。

$$q_{sFik} = \xi_{Fi}\bar{\sigma}_i \tag{10-9}$$

式中　q_{sFik}——桩周第 i 层土负摩阻力标准值，kPa；

ξ_{Fi}——桩周第 i 层土负摩阻力系数，可按表 10-2 取用；

$\bar{\sigma}_i$——桩周第 i 层土平均竖向有效应力，kPa。

表 10-2　负摩阻力系数 ξ_{Fi}

桩周土类	饱和软土	黏性土、粉土	砂土	自重湿陷性黄土
ξ_{Fi}	0.15～0.25	0.25～0.40	0.35～0.50	0.20～0.35

注：1. 同一类土中，打入桩或沉管灌注桩取较大值；钻孔灌注桩、挖孔灌注桩取较小值。

2. 填土按土的类别取较大值。

此外，还可以根据土的类别，按下列经验公式计算。

软土或中等强度黏土：

$$q_{sFik} = c_u \tag{10-10}$$

砂土：

$$q_{sFik} = \frac{N_i}{5} + 3 \tag{10-11}$$

式中　c_u——土的不排水抗剪强度，kPa；

N_i——桩周第 i 层土经钻杆长度修正后的平均标准贯入试验击数。

单桩总的负摩阻力(下拉荷载)Q_{sF}为：

$$Q_{sF} = u_p \sum_{i=1}^{n} q_{sFik} l_i \tag{10-12}$$

式中　n——中性点以上土层数；

u_p——桩的周长，m；

l_i——中性点以上各土层的厚度，m。

(四) 减小负摩阻力的措施

对可能产生负摩阻力的桩基，可采取以下方法。

1. 涂层法

在中性点以上桩身涂一层能降低桩表面负摩阻力的材料，如打桩前在混凝土预制桩表面涂一层厚度为 1 mm 左右的沥青；在钢桩表面加一层厚度约 3 mm 的塑料薄膜(兼作防腐层)等。对于作业人工挖孔灌注桩，可在沉降土层范围内的孔壁先铺设双层筒形塑料板或土工布，然后再浇筑混凝土，从而在桩身与孔壁之间形成可自由滑动的隔离层。

2. 桩套管保护法

在中性点以上桩段的外面，套上一段内径大于桩径的套管(钢筋混凝土管、预应力钢筋混凝土管或钢管)，隔离负摩阻力。

3. 预钻孔法

在施工桩之前先钻孔，其直径比桩径大 50～100 mm，深度达到中性点，而在中性点以下用正常方法施工基桩以保证桩的正摩阻力。中性点以上的环形空间用膨润土泥浆填充，以减小负摩阻力。

4. 软基加固法

在桩基施工之前，先对有可能产生较大压缩变形的土层进行加固处理，如强夯、堆载预压、挤密等，以降低土的压缩性。

5. 分时段施工法

桩基施工后放置 0.5～1.0 a，再继续施工上部结构，可部分缓解负摩阻力的影响。

6. 支承桩柱法

尽量减小穿过产生负摩阻力区域的桩侧面积，在可能的情况下采用细长桩，而在桩端采用扩大桩头来提高桩端支承能力。这种方法只适用于端承桩。

第三节　单桩竖向承载力

单桩竖向承载力实质上是单桩竖向抗压承载力，分为单桩竖向极限承载力和单桩竖向承载力特征值。单桩竖向极限承载力是指单桩在竖向荷载作用下达到破坏状态前或出现不适于继续承载的变形时所对应的最大荷载，其标准记为 Q_{uk}。单桩竖向极限承载力标准值除以安全系数后的承载力为单桩竖向承载力特征值，记为R_a。

$$R_a = \frac{Q_{uk}}{K} \tag{10-13}$$

式中 R_a——单桩竖向承载力特征值，kN；

Q_{uk}——单桩竖向极限承载力标准值，kN；

K——安全系数，取$K=2$。

确定单桩竖向承载力特征值R_a的方法有很多，主要有单桩竖向抗压静载试验法、静力触探法、经验参数法等。若采用单桩竖向静载荷试验确定R_a时，在同一条件下的试桩数量不宜少于总桩数的1%，且不应少于3根。在测得每根试桩的竖向抗压极限承载力Q_u后，当极差（最大值与最小值之差）不超过平均值的30%时，可取其算术平均值代替式(10-13)中的Q_{uk}。

一、单桩竖向抗压静载试验法

单桩竖向抗压静载试验是确定单桩竖向抗压极限承载力Q_u和单桩竖向抗压承载力特征值R_a最为可靠的方法。一般情况下，地基基础设计等级为甲级或乙级的建筑物（表9-1），采用桩基础时必须进行单桩竖向抗压静载试验。

对于预制桩，由于打桩时对土体的扰动而降低的强度需经过一段时间才能恢复，同时打桩时土中产生的孔隙水压力也需要时间消散。为了使试验能反映真实的承载力，一般要求在预制桩施工后放置一段时间再进行静载试验。在砂土中不得少于7 d，黏性土中不得少于15 d，饱和软黏土中不得少于25 d。而对于灌注桩，应在桩身混凝土达到设计强度后才能开始静载试验。

（一）试验装置

试验装置有锚桩横梁反力装置[图10-9(a)]和压重平台反力装置[图10-9(b)]两种，宜采用锚桩横梁反力装置进行单桩静载试验。

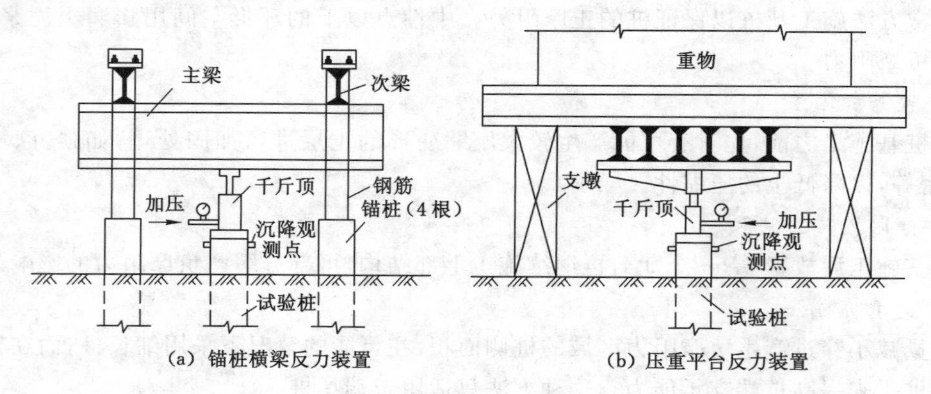

图10-9 单桩竖向抗压静载试验装置

不论哪种试验装置，均由加荷稳压、提供反力和沉降观测三部分组成。位于桩顶之上的液压千斤顶对桩施加竖向压力，而千斤顶的反力由锚桩（或地锚）、压重平台上的重物、钢梁（主梁和次梁）、支墩等组成的反力装置来平衡。通过沉降观测点，并利用电子位移计或百分表等仪表测量桩顶的沉降。

（二）加载及加载观测

试验时的加载方式常采用慢速维持荷载法，即加载分级进行，且采用逐级等量加载。分级荷载宜为最大加载值或预估极限承载力的1/10，其中第一级加载量可取分级荷载的2倍。每级加载后，通过稳压装置保持所施加的竖向荷载恒定不变，这时桩随时间不断下沉，刚加载时下沉较快，随后逐渐趋于稳定。

每级荷载施加后，应分别按第5 min、15 min、30 min、45 min、60 min测读桩顶沉降量，以后每隔30 min测读一次桩顶沉降量。在每级荷载作用下，桩顶沉降量连续两次每小时内小于0.1 mm时可视为达到相对稳定标准，可施加下一级荷载。

（三）终止加载条件

符合下列条件之一时可终止加载：

(1) 某级荷载作用下，桩顶沉降量大于前一级荷载作用下的沉降量的5倍，且桩顶总沉降量超过40 mm。

(2) 某级荷载作用下，桩顶沉降量大于前一级荷载作用下的沉降量的2倍，且经24 h尚未达到相对稳定标准。

(3) 荷载-沉降关系曲线呈缓变型时，可加载至桩顶总沉降量为60～80 mm；当桩端阻力尚未充分发挥时，可加载至桩顶累计沉降量超过80 mm。

(4) 工程桩作为锚桩时，锚桩上拔量已达到允许值。

(5) 已达到设计要求的最大加载值，且桩顶沉降量达到相对稳定标准。

桩底支承在坚硬岩(土)层上，当桩的沉降量很小时，最大加载量不应小于设计荷载的2倍。

（四）卸载及卸载观测

终止加载后还可以进行卸载，测定桩的回弹量。卸载应分级进行，每级卸载量宜取加载时分级荷载的2倍，且应逐级等量卸载。卸载时，每级荷载应维持1 h，分别按第15 min、30 min、60 min测读桩顶沉降量后，即可卸下一级荷载；卸载完成时，还应测读桩顶残余沉降量，维持时间不得小于3 h，测读时间分别为第15 min、30 min，以后每隔30 min测读一次桩顶残余沉降量。

（五）单桩竖向抗压极限承载力的确定

根据试验结果，绘制竖向荷载-桩顶沉降(Q-s)关系曲线，以及不同荷载等级下的沉降-时间对数(s-lg$t$)关系曲线，如图10-10所示。Q-s关系曲线有陡降型和缓变型两种，陡降型如图10-10(a)中曲线1所示，缓变型如曲线2所示。

《建筑基桩检测技术规范》(JGJ 106—2014)规定单桩竖向抗压极限承载力可按下列方法综合分析确定：

(1) 根据沉降随荷载变化的特征确定：对于陡降型Q-s关系曲线，应取其发生明显陡降的起始点对应的荷载值，如图10-10(a)中曲线1。

(2) 根据沉降随时间变化的特征确定：应取s-lg t关系曲线尾部出现明显向下弯曲的前一级荷载值，如图10-10(b)所示。

(3) 当出现某级荷载作用下桩顶沉降量大于前一级荷载作用下的沉降量的2倍，且经24 h尚未达到相对稳定标准情况时，宜取前一级荷载值。

(4) 对于缓变型Q-s关系曲线，宜根据桩顶总沉降量，取s=40 mm对应的荷载值，如

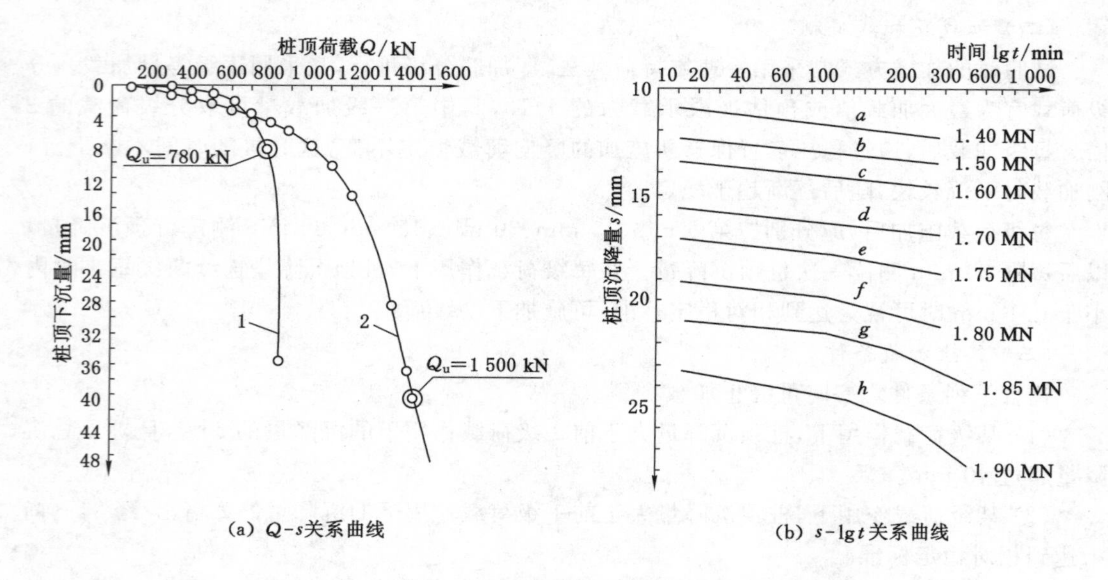

(a) Q-s关系曲线　　(b) s-lg t关系曲线

图 10-10　单桩竖向抗压静载试验曲线

图 10-10(a)中曲线 2;对直径不小于 800 mm 的桩,可取 $s=0.05d$(d 为桩端直径)对应的荷载值;当桩长大于 40 m 时,宜考虑桩身弹性压缩,即在桩顶沉降量中减去桩身压缩量后再绘制相应的 Q-s 关系曲线。

(5) 不满足上述四种情况时,桩的竖向抗压极限承载力宜取最大加载值。

《建筑基桩检测技术规范》(JGJ 106—2014)同时还规定为设计提供依据的单桩竖向抗压极限承载力的统计取值,应符合下列规定:① 对参加算术平均的试验桩检测结果,当极差不超过平均值的 30%时,可取其算术平均值为单桩竖向抗压极限承载力;当极差超过平均值的 30%时,应分析原因,结合桩型、施工工艺、地基条件、基础形式等综合确定极限承载力;不能明确极差过大的原因时,宜增加试桩数量。② 试验桩数量小于 3 根或桩基承台下的桩数不大于 3 根时,应取低值。

(六) 单桩竖向抗压承载力特征值的确定

单桩竖向抗压承载力特征值应按单桩竖向抗压极限承载力的 50%取值,即安全系数 $K=2$。

【例 10-1】 某建筑场地试桩 6 根,得到各试验桩的极限承载力 Q_u 分别为 830 kN、850 kN、780 kN、750 kN、820 kN 和 890 kN,试确定单桩竖向承载力特征值。

【解】 (1) 平均值和极差

$$Q_{um}=\frac{1}{n}\sum_{i-1}^{6}Q_{ui}=\frac{1}{6}\times(830+850+780+750+820+890)=820\ (\text{kN})$$

$$\Delta Q_u=Q_{umax}-Q_{umin}=890-750=140\ (\text{kN})$$
$$<30\%Q_{um}=0.3\times820=246\ (\text{kN})$$

(2) 一般桩基的单桩竖向承载力特征值

$$R_a=Q_{um}/2=820/2=410\ (\text{kN})$$

(3) 桩基承台下的桩数小于等于 3 根时的单桩竖向承载力特征值

$$R_a = Q_{umin}/2 = 750/2 = 375\ (kN)$$

二、静力触探法

静力触探是指将圆锥形的金属探头，以静力方式按一定的速率[(1.2±0.3) m/min]均匀压入土中(图 10-11)。探头有单桥探头(图 10-12)或双桥探头(图 10-13)两种，单桥探头用于测定比贯入阻力 p_s，即探头贯入土层时所受到的总贯入阻力与探头平面投影面积的比值；双桥探头用于测定锥头阻力 q_c 和侧壁摩阻力 f_s。探头由浅入深测得各土层的这些参数后即可算出单桩竖向极限承载力标准值 Q_{uk}。

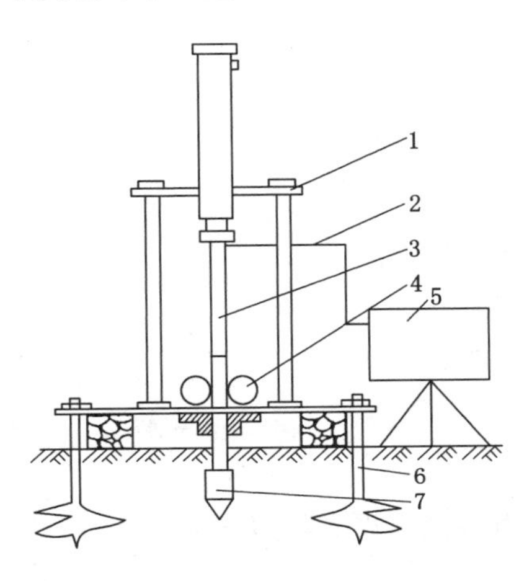

1—触探主机；2—导线；3—探杆；4—深度转换装置；
5—测量记录仪；6—反力装置；7—探头。

图 10-11　静力触探贯入装置示意图

静力触探与静力压桩的施工过程极为相似，所以可将静力触探看成小尺寸静力压桩的现场模拟试验，且由于其具有设备简单、自动化程度高、测试便捷等优点，被普遍认为是一种很有前途和推广应用前景的确定单桩竖向承载力的方法。我国自 1975 年以来，各地积累了大量的单桩竖向抗压静载试验与静力触探试验的对比资料，提出了不少反映地区经验、适用于当地单桩竖向极限承载力标准值 Q_{uk} 的计算公式或确定方法。

《建筑桩基技术规范》(JGJ 94—2008)规定：

(1) 当根据单桥探头静力触探资料确定混凝土预制桩单桩竖向极限承载力标准值时，如无当地经验时，可按下式计算：

$$Q_{uk} = Q_{sk} + Q_{pk} = u_p \sum q_{sik} l_i + \alpha p_{sk} A_p \tag{10-14}$$

式中　Q_{uk}——单桩竖向极限承载力标准值，kN；

Q_{sk}——总极限侧阻力标准值，kN；

Q_{pk}——总极限端阻力标准值，kN；

u_p——桩身周长，m；

q_{sik}——用静力触探比贯入阻力值估算的桩周第 i 层土的极限侧阻力，估算方法详见《建筑桩基技术规范》(JPJ 94—2008)，kPa；

l_i——桩周第 i 层土的厚度；

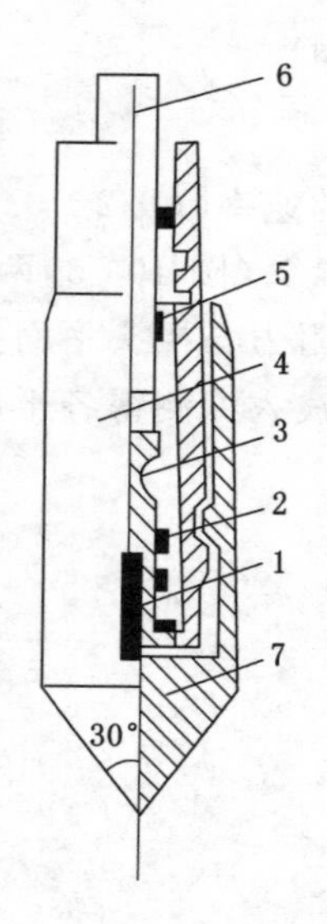

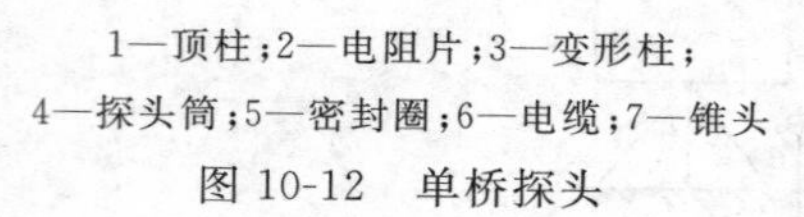

1—顶柱；2—电阻片；3—变形柱；
4—探头筒；5—密封圈；6—电缆；7—锥头

图 10-12　单桥探头

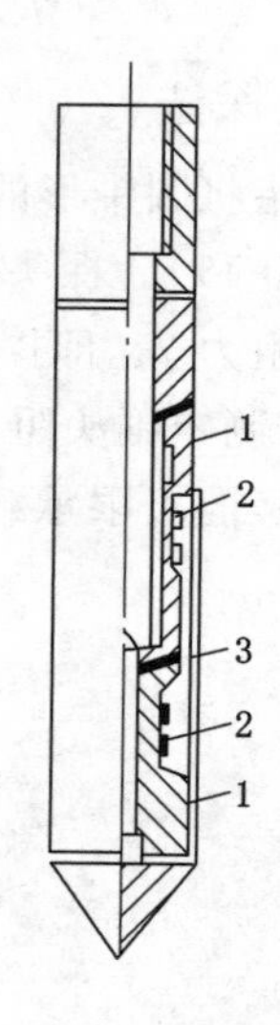

1—变形柱；2—电阻片；3—摩擦筒。

图 10-13　双桥探头

p_{sk}——桩端附近的静力触探比贯入阻力标准值(平均值)，kPa；

A_p——桩端面积，m^2；

α——桩端阻力修正系数，可按表 10-3 取值。

表 10-3　桩端阻力修正系数 α

桩长/m	$l<15$	$15\leqslant l\leqslant 30$	$30<l\leqslant 60$
α	0.75	0.75～0.90	0.90

注：桩长 $15\leqslant l\leqslant 30$ m，α 值按 l 值线性内插；l 为桩长(不包括桩尖高度)。

(2) 当根据双桥探头静力触探资料确定混凝土预制桩单桩竖向极限承载力标准值时，对于黏性土、粉土和砂土，如无当地经验时可按下式计算：

$$Q_{uk}=Q_{sk}+Q_{pk}=u_p\sum l_i\beta_i f_{si}+\alpha q_c A_p \tag{10-15}$$

式中　f_{si}——第 i 层土的探头平均侧阻力，kPa。

β_i——第 i 层土桩侧阻力综合修正系数，黏性土、粉土取 $\beta_i=10.04\ (f_{si})^{-0.55}$；砂土取 $\beta_i=5.05\ (f_{si})^{-0.45}$。

α——桩端阻力修正系数，对于黏性土和粉土取 2/3，饱和砂土取 1/2。

q_c——桩端平面上、下锥头阻力，kPa。取桩端平面以上 $4d$(d 为桩的直径或边长)范围内按土层厚度的锥头阻力加权平均值，然后再和桩端平面以下 $1d$ 范围内的锥头阻力进行平均。

【例 10-2】　某建筑场地地层结构和双桥探头静力触探结果见表 10-4。若混凝土预制桩的直径为 400 mm，桩长为 10 m，试确定单桩竖向承载力特征值。

表 10-4　地层结构及双桥动力触探试验结果

序号	土层名称	厚度/m	平均侧阻力 f_{si}/kPa	锥头阻力 q_{ci}/kPa
1	粉质黏土	1.4	76.4	123.6
2	黏土	2.4	60.5	107.9
3	粉砂	5.6	106.8	167.4
4	中砂	7.3	129.4	185.2

【解】（1）各层土桩侧阻力综合修正系数

① 粉质黏土：

$$\beta_1 = 10.04\,(f_{s1})^{-0.55} = 10.04 \times 76.4^{-0.55} = 0.925$$

② 黏土：

$$\beta_2 = 10.04\,(f_{s1})^{-0.55} = 10.04 \times 60.5^{-0.55} = 1.051$$

③ 粉砂：

$$\beta_3 = 5.05\,(f_{si})^{-0.45} = 5.05 \times 106.8^{-0.45} = 0.617$$

④ 中砂：

$$\beta_4 = 5.05\,(f_{si})^{-0.45} = 5.05 \times 129.4^{-0.45} = 0.566$$

（2）桩端平面上、下锥头阻力

在桩端平面以上 $4d=1.6$ m 范围内，按土层厚度的锥头阻力加权平均值为：

$$(0.6\times185.2+1.0\times167.4)/1.6=174.1\ (\text{kPa})$$

再和桩端平面以下 $1d$ 范围内的锥头阻力进行平均，便可得到桩端平面上、下锥头阻力。

$$q_c = \frac{1}{2}\times(174.1+185.2) = 179.7\ (\text{kPa})$$

（3）单桩竖向极限承载力

$$\begin{aligned}Q_{uk} &= Q_{sk} + Q_{pk} = u_p \sum l_i\beta_i f_{si} + \alpha q_c A_p \\ &= 3.14\times0.4\times(1.4\times0.925\times76.4+2.4\times1.051\times60.5+5.6\times0.617\times106.8+ \\ &\quad 0.6\times0.566\times129.4)+\frac{1}{2}\times179.7\times\frac{3.14\times0.4^2}{4} \\ &= 845.9\ (\text{kN})\end{aligned}$$

（4）单桩竖向承载力特征值

$$R_a = \frac{Q_{uk}}{K} = \frac{845.9}{2} = 422.9\ (\text{kN})$$

三、经验参数法

利用土的物理力学指标与基桩承载力之间的经验关系确定单桩竖向极限承载力标准值 Q_{uk}，是一种传统方法。《建筑桩基技术规范》(JGJ 94—2008)在大量经验和资料积累的基础上，针对不同的常用桩型，推荐以下竖向承载力估算公式。

（一）中等或小直径桩

对于直径 $d<800$ mm 的中等直径桩或小直径桩，单桩竖向极限承载力标准值 Q_{uk} 可按下式计算：

$$Q_{uk}=Q_{sk}+Q_{pk}=u_p\sum q_{sik}l_i+q_{pk}A_p \tag{10-16}$$

式中 q_{sik}——桩侧第 i 层土的极限侧阻力标准值，kPa。如无当地经验时，可按表 10-5 取值。

q_{pk}——极限端阻力标准值，kPa。如无当地经验时，可按表 10-6 取值。

表 10-5 桩的极限侧阻力标准值 q_{sik} 单位：kPa

土的名称	土的状态		混凝土预制桩	泥浆护壁钻(冲)孔桩	干作业钻孔桩
填土			22～30	20～28	20～28
淤泥			14～20	12～18	12～18
淤泥质土			22～30	20～28	20～28
黏性土	流塑	$I_L>1$	24～40	21～38	21～38
	软塑	$0.75<I_L\leqslant 1$	40～55	38～53	38～53
	可塑	$0.50<I_L\leqslant 0.75$	55～70	53～68	53～66
	硬可塑	$0.25<I_L\leqslant 0.50$	70～86	68～84	66～82
	硬塑	$0<I_L\leqslant 0.25$	86～98	84～96	82～94
	坚硬	$I_L\leqslant 0$	98～105	96～102	94～104
红黏土	$0.7<\alpha_w\leqslant 1$		13～32	12～30	12～30
	$0.5<\alpha_w\leqslant 0.7$		32～74	30～70	30～70
粉土	稍密	$e>0.9$	26～46	24～42	24～42
	中密	$0.75\leqslant e\leqslant 0.9$	46～66	42～62	42～62
	密实	$e<0.75$	66～88	62～82	62～82
粉细砂	稍密	$10<N\leqslant 15$	24～48	22～46	22～46
	中密	$15<N\leqslant 30$	48～66	46～64	46～64
	密实	$N>30$	66～88	64～86	64～86
中砂	中密	$15<N\leqslant 30$	54～74	53～72	53～72
	密实	$N>30$	74～95	72～94	72～94
粗砂	中密	$15<N\leqslant 30$	74～95	74～95	76～98
	密实	$N>30$	95～116	95～116	98～120
砾砂	稍密	$5<N_{63.5}\leqslant 15$	70～110	50～90	60～100
	中密(密实)	$N_{63.5}>15$	116～138	116～130	112～130
圆砾、角砾	中密、密实	$N_{63.5}>10$	160～200	135～150	135～150
碎石、卵石	中密、密实	$N_{63.5}>10$	200～300	140～170	150～170
全风化软质岩		$30<N\leqslant 50$	100～120	80～100	80～100
全风化硬质岩		$30<N\leqslant 50$	140～160	120～140	120～150
强风化软质岩		$N_{63.5}>10$	160～240	140～200	140～220
强风化硬质岩		$N_{63.5}>10$	220～300	160～240	160～260

注：1. 对于尚未完成自重固结的填土和以生活垃圾为主的杂填土，不计算其侧阻力。

2. α_w 为含水比，$\alpha_w=w/w_L$，w 为土的天然含水率，w_L 为土的液限。

3. N 为标准贯入击数；$N_{63.5}$ 为重型圆锥动力触探击数。

4. 全风化、强风化软质岩和全风化、强风化硬质岩系指其母岩分别为 $f_{rk}\leqslant 15$ MPa、$f_{rk}>30$ MPa 的岩石（f_{rk} 为岩石饱和单轴抗压强度标准值）。

表 10-6　桩的极限端阻力标准值 q_{pk}

单位：kPa

土名称	土的状态		桩型										
			混凝土预制桩桩长 l/m				泥浆护壁钻(冲)孔桩桩长 l/m				干作业钻孔桩桩长 l/m		
			$l\leqslant 9$	$9<l\leqslant 16$	$16<l\leqslant 30$	$l>30$	$5\leqslant l<10$	$10\leqslant l<15$	$15\leqslant l<30$	$30\leqslant l$	$5\leqslant l<10$	$10\leqslant l<15$	$15\leqslant l$
黏性土	软塑	$0.75<I_L\leqslant 1$	210～850	650～1 400	1 200～1 800	1 300～1 900	150～250	250～300	300～450	300～450	200～400	400～700	700～950
	可塑	$0.50<I_L\leqslant 0.75$	850～1 700	1 400～2 200	1 900～2 800	2 300～3 600	350～450	450～600	600～750	750～800	500～700	800～1 100	1 000～1 600
	硬可塑	$0.25<I_L\leqslant 0.50$	1 500～2 300	2 300～3 300	2 700～3 600	3 600～4 400	800～900	900～1 000	1 000～1 200	1 200～1 400	850～1 100	1 500～1 700	1 700～1 900
	硬塑	$0<I_L\leqslant 0.25$	2 500～3 800	3 800～5 500	5 500～6 000	6 000～6 800	1 100～1 200	1 200～1 400	1 400～1 600	1 600～1 800	1 600～1 800	2 200～2 400	2 600～2 800
粉土	中密	$0.75\leqslant e\leqslant 0.9$	950～1 700	1 400～2 100	1 900～2 700	2 500～3 400	300～500	500～650	650～750	750～850	800～1200	1 200～1 400	1 400～1 600
	密实	$e<0.75$	1 500～2 600	2 100～3 000	2 700～3 600	3 600～4 400	650～900	750～950	900～1100	1 100～1 200	1 200～1 700	1 400～1 900	1 600～2 100
粉砂	稍密	$10<N\leqslant 15$	1 000～1 600	1 500～2 300	1 900～2 700	2 100～3 000	350～500	450～600	600～700	650～750	500～950	1 300～1 600	1 500～1 700
	中密、密实	$N>15$	1 400～2 200	2 100～3 000	3 000～4 500	3 800～5 500	600～750	750～900	900～1 100	1 100～1 200	900～1 000	1 700～1 900	1 700～1 900
细砂	中密、密实	$N>15$	2 500～4 000	3 600～5 000	4 400～6 000	5 300～7 000	650～850	900～1 200	1 200～1 500	1 500～1 800	1 200～1 600	2 000～2 400	2 400～2 700
中砂			4 000～6 000	5 500～7 000	6 500～8 000	7 500～9 000	850～1 050	1 100～1 500	1 500～1 900	1 900～2 100	1 800～2 400	2 800～3 800	3 600～4 400
粗砂			5 700～7 500	7 500～8 500	8 500～10 000	9 500～11 000	1 500～1 800	2 100～2 400	2 400～2 600	2 600～2 800	2 900～3 600	4 000～4 600	4 600～5 200
砾砂	中密、密实	$N>15$	6 000～9 500		9 000～10 500		1 400～2 000		2 000～3 200		3 500～5 000		
角砾、圆砾		$N_{63.5}>10$	7 000～10 000		9 500～11 500		1 800～2 200		2 200～3 600		4 000～5 500		
碎石、卵石		$N_{63.5}>10$	8 000～11 000		10 500～13 000		2 000～3 000		3 000～4 000		4 500～6 500		
全风化软质岩		$30<N\leqslant 50$	4 000～6 000				1 000～1 600				1 200～2 000		
全风化硬质岩		$30<N\leqslant 50$	5 000～8 000				1 200～2 000				1 400～2 400		
强风化软质岩		$N_{63.5}>10$	6 000～9 000				1 400～2 200				1 600～2 600		

表 10-6(续)

土名称	土的状态	桩型										
		混凝土预制桩桩长 l/m				泥浆护壁钻(冲)孔桩桩长 l/m				干作业钻孔桩桩长 l/m		
		$l\leqslant 9$	$9<l\leqslant 16$	$16<l\leqslant 30$	$l>30$	$5\leqslant l<10$	$10\leqslant l<15$	$15\leqslant l<30$	$30\leqslant l$	$5\leqslant l<10$	$10\leqslant l<15$	$15\leqslant l$
强风化硬质岩	$N_{63.5}>10$	7 000～11 000				1 800～2 800				2 000～3 000		

注：1. 砂土和碎石类土中桩的极限端阻力取值，要综合考虑土的密实度，桩端进入持力层的深度比 h_b/d，土越密实，h_b/d 越大，取值越高；

2. 预制桩的岩石极限端阻力指桩端支承于中、微风化基岩表面或进入强风化岩、软质岩一定深度条件下的极限端阻力；

3. 全风化、强风化软质岩和全风化、强风化硬质岩指其母岩分别为 $f_{rk}\leqslant 15$ MPa、$f_{rk}>30$ MPa 的岩石。

【例10-3】 某建筑工程采用钢筋混凝土预制桩，其截面尺寸为350 mm×350 mm，桩长为12.5 m。桩长范围内有两种土：第一层，淤泥，厚5 m；第二层，黏土，厚7.5 m，液性指数$I_L=0.275$。拟采用3桩承台，试确定该预制桩的单桩竖向承载力特征值。

【解】 (1) 确定极限侧阻力标准值

依据表10-5确定q_{sik}值：淤泥，$q_{s1k}=14\sim20$ kPa，取15 kPa；黏土，$I_L=0.275$，按$0.25<I_L\leqslant0.50$在70～86 kPa之间采用内插法求得：

$$q_{s2k}=70+\frac{0.5-0.275}{0.5-0.25}\times(86-70)=84.4\ (\text{kPa})$$

(2) 确定极限端阻力标准值

根据表10-6确定q_{pk}值：黏土，$I_L=0.275$，按$0.25<I_L\leqslant0.50$在2 300～3 300 kPa之间采用内插法求得：

$$q_{pk}=2\ 300+\frac{0.5-0.275}{0.5-0.25}\times(3\ 300-2\ 300)=3\ 200\ (\text{kPa})$$

(3) 单桩竖向极限承载力

$$\begin{aligned}Q_{uk}&=Q_{sk}+Q_{pk}=u_p\sum q_{sik}l_i+q_{pk}A_p\\&=0.35\times4\times(15\times5+84.4\times7.5)+3\ 200\times0.35\times0.35\\&=1\ 383.2\ (\text{kPa})\end{aligned}$$

(4) 单桩竖向承载力特征值

$$R_a=\frac{Q_{uk}}{K}=\frac{1\ 383.2}{2}=691.6\ (\text{kN})$$

(二) 大直径桩

对于直径$d\geqslant800$ mm的大直径桩，一般为钻孔、冲孔或挖孔灌注桩，在成孔过程中将使孔壁因应力解除而松弛，故桩侧阻力的降幅随孔径的增大而增大。此时，单桩竖向极限承载力标准值Q_{uk}可按下式计算：

$$Q_{uk}=Q_{sk}+Q_{pk}=u_p\sum\psi_{si}q_{sik}l_i+\psi_p q_{pk}A_p \tag{10-17}$$

式中 q_{sik}——桩侧第i层土极限侧阻力标准值，无当地经验值时可按表10-5取值，扩底桩变截面以上$2d$长度范围不计侧阻力。

q_{pk}——桩径为800 mm的极限端阻力标准值。对于干作业挖孔(清底干净)可采用深层载荷板试验确定；当不能进行深层载荷板试验时，可按表10-7取值。

ψ_{si}、ψ_p——大直径桩侧阻、端阻尺寸效应系数，按表10-8取值。

u_p——桩身周长。当人工挖孔桩桩周护壁为振捣密实的混凝土时，桩身周长可按护壁外直径计算。

表10-7　干作业挖孔桩(清底干净，$D=800$ mm)极限端阻力标准值q_{pk}　　单位：kPa

土名称	状态		
黏性土	$0.25<I_L\leqslant0.75$	$0<I_L\leqslant0.25$	$I_L\leqslant0$
	800～1 800	1 800～2 400	2 400～3 000
粉土	—	$0.75\leqslant e\leqslant0.9$	$e<0.75$
	—	1 000～1 500	1 500～2 000

表 10-7(续)

土名称		状态		
		稍密	中密	密实
砂土、碎石类土	粉砂	500～700	800～1 100	1 200～2 000
	细砂	700～1 100	1 200～1 800	2 000～2 500
	中砂	1 000～2 000	2 200～3 200	3 500～5 000
	粗砂	1 200～2 200	2 500～3 500	4 000～5 500
	砾砂	1 400～2 400	2 600～4 000	5 000～7 000
	圆砾、角砾	1 600～3 000	3 200～5 000	6 000～9 000
	卵石、碎石	2 000～3 000	3 300～5 000	7 000～11 000

注：1. 当桩进入持力层的深度 h_b 分别为 $h_b \leqslant D$，$D < h_b \leqslant 4D$，$h_b > 4D$ 时，q_{pk} 可相应取低、中、高值。D 为桩端直径。

2. 砂土密实度可根据标贯击数 N 判定：$N \leqslant 10$ 时为松散，$10 < N \leqslant 15$ 时为稍密，$15 < N \leqslant 30$ 时为中密，$N > 30$ 时为密实。

3. 当桩的长径比 $l/d \leqslant 8$ 时，q_{pk} 宜取较低值。

4. 当对沉降要求不严时，q_{pk} 可取高值。

表 10-8 大直径灌注桩侧阻尺寸效应系数 ψ_{si}、端阻尺寸效应系数 ψ_p

土类型	黏性土、粉土	砂土、碎石类土
ψ_{si}	$(0.8/d)^{1/5}$	$(0.8/d)^{1/3}$
ψ_p	$(0.8/D)^{1/4}$	$(0.8/D)^{1/3}$

注：等直径桩时，表中 $D=d$。

【例 10-4】 某建筑工程采用人工挖孔扩底桩，桩长为 10 m，桩身设计直径为 1.4 m，桩端扩底直径为 2.4 m，扩底部分桩的长度为 0.5 m。在桩基础施工前，采用井点降低地下水位法进行干作业。施工时桩周护壁为振捣密实的混凝土，厚度为 200 mm。桩长范围内有两种土：第一层，黏性土，厚度为 3 m，液性指数 $I_L=0.75$；第二层，密实中砂，其标准贯入击数 $N=32$。试确定该预制桩的单桩竖向承载力特征值。

【解】 (1) 确定极限侧阻力标准值

根据表 10-5 确定 q_{sik} 值：黏性土，$I_L=0.75$，$q_{s1k}=53$ kPa；密实中砂，$q_{s2k}=72\sim94$ kPa，取 80 kPa。

(2) 确定极限端阻力标准值

依据表 10-7 确定 q_{pk} 值：密实中砂，q_{pk} 应在 3 500～5 000 之间取值。因桩进入持力层的深度 $h_b=10-3$ m$=7$ m，$h_b/D=2.92$，因为 $D < h_b \leqslant 4D$，故取中值，极限端阻力标准值 $q_{pk}=$ 4 300 kN。

(3) 大直径桩侧阻、端阻尺寸效应系数

依据表 10-8 确定 ψ_{si} 和 ψ_p 值，因施工时桩周护壁为振捣密实的混凝土，厚度为 200 mm，相当于桩径增大到 $d=1.4+0.2+0.2$ m$=1.8$ m。

黏性土：

$$\psi_{s1}=(0.8/d)^{1/5}=(0.8/1.8)^{1/5}=0.850$$

中砂（扩底部分施工时侧壁不支护）：

$$\psi_{s2}=(0.8/d)^{1/3}=(0.8/1.8)^{1/3}=0.763$$
$$\psi_{p}=(0.8/D)^{1/3}=(0.8/2.4)^{1/3}=0.693$$

(4) 单桩竖向极限承载力

按规定：桩身周长按护壁外直径计算，即 $u_p=\pi d=3.14\times1.8\ \text{m}=5.652\ \text{m}$；扩底桩变截面以上 $2d=2\times1.8\ \text{m}=3.6\ \text{m}$ 长度范围不计侧阻力。另外，扩底部分也不计侧阻力，其结果偏于安全。

$$\begin{aligned}Q_{uk}&=Q_{sk}+Q_{pk}=u_p\sum\psi_{si}q_{sik}l_i+\psi_p q_{pk}A_p\\&=5.562\times[0.850\times53\times3+0.763\times80\times(10-3-3.6)]+\\&\quad 0.693\times4\ 300\times\frac{3.14}{4}\times2.4^2\\&=15\ 379.9\ (\text{kN})\end{aligned}$$

(5) 单桩竖向承载力特征值

$$R_a=\frac{Q_{uk}}{K}=\frac{15\ 379.9}{2}=7\ 690\ (\text{kN})$$

(三) 钢管桩

钢桩主要有钢管桩、钢板桩、H 形钢桩、钢轨桩、箱形截面钢桩等，工程中常用的是钢管桩。钢管桩单桩竖向极限承载力标准值可按下列公式计算：

$$Q_{uk}=Q_{sk}+Q_{pk}=u_p\sum q_{sik}l_i+\lambda_p q_{pk}A_p \tag{10-18}$$

式中　q_{sik}，q_{pk}——分别按表 10-5 和表 10-6 取与混凝土预制桩相同值，kPa。

λ_p——桩端土塞效应系数。对于闭口钢管桩，$\lambda_p=1$；对于敞口钢管桩，按式(10-19)取值。

$$\lambda_p=\begin{cases}0.16h_b/d & (h_b/d<5)\\0.8 & (h_b/d\geqslant5)\end{cases} \tag{10-19}$$

式中　h_b——桩端进入持力层深度，m。

d——钢管桩外径，m。

对于带隔板的半敞口钢管桩，应以等效直径 $d_e=d/\sqrt{n}$ 代替 d 确定 λ_p，其中 n 为桩端隔板分割数(图 10-14)。

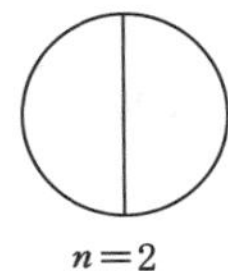

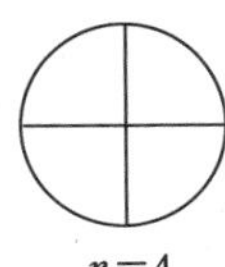

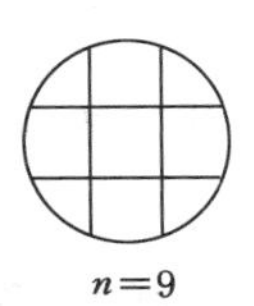

图 10-14　隔板分割

(四) 混凝土空心桩

混凝土空心桩单桩竖向极限承载力标准值可按下列公式计算：

$$Q_{uk}=Q_{sk}+Q_{pk}=u_p\sum q_{sik}l_i+q_{pk}(A_j+\lambda_p A_{p1}) \tag{10-20}$$

式中　q_{sik}，q_{pk}——分别按表 10-5 和表 10-6 取与混凝土预制桩相同值，kPa。

A_j——空心桩桩端净面积，m^2。管桩 $A_j=\frac{\pi}{4}(d^2-d_1^2)$，空心方桩 $A_j=b^2-\frac{\pi}{4}d_1^2$。

d,b——空心桩外径或边长，m。

d_1——空心桩内径，m。

A_{p1}——空心桩敞口面积，m^2。$A_{p1}=\frac{\pi}{4}d_1^2$。

λ_p——桩端土塞效应系数，按式(10-19)取值。

（五）嵌岩桩

嵌岩桩是指桩端嵌入完整、较完整基岩中一定深度(最小深度不小于 0.5 m)的桩。嵌岩桩单桩竖向极限承载力，由桩周土总极限侧阻力和嵌岩段总极限阻力组成。当根据岩石单轴抗压强度确定单桩竖向极限承载力标准值时，可按下式计算：

$$Q_{uk}=Q_{sk}+Q_{rk}=u_p\sum q_{sik}l_i+\xi_r f_{rk}A_p \tag{10-21}$$

式中 Q_{sk}——土的总极限侧阻力，kN。

Q_{rk}——嵌岩段总极限阻力，kN。

q_{sik}——桩周第 i 层土的极限侧阻力，kPa。无当地经验时，可根据成桩工艺按表 10-5 取值。

f_{rk}——岩石饱和单轴抗压强度标准值，kPa。黏土岩取天然湿度单轴抗压强度标准值。

ξ_r——嵌岩段侧阻和端阻综合系数，与嵌岩深径比 h_r/d、岩石软硬程度和成桩工艺有关，可按表 10-9 采用。表中数值适用于泥浆护壁成桩，对于干作业成桩(清底干净)和泥浆护壁成桩后注浆，ξ_r 应取表列数值的 1.2 倍。

表 10-9 嵌岩段侧阻和端阻综合系数 ξ_r

嵌岩深径比 h_r/d	0	0.5	1.0	2.0	3.0	4.0	5.0	6.0	7.0	8.0
极软岩、软岩	0.60	0.80	0.95	1.18	1.35	1.48	1.57	1.63	1.66	1.70
较硬岩、坚硬岩	0.45	0.65	0.81	0.90	1.00	1.04	—	—	—	—

注：1. 极软岩、软岩指 $f_{rk}\leqslant 15$ MPa；较硬岩、坚硬岩指 $f_{rk}>30$ MPa，介于两者之间可内插取值。

2. h_r 为桩身嵌岩深度，当岩面倾斜时，以坡下方嵌岩深度为准；当 h_r/d 为非表列值时，ξ_r 可内插取值。

此外，《建筑桩基技术规范》(JGJ 94—2008)还给出了后注浆灌注桩、桩身周围有液化土层时单桩极限承载力标准值确定的经验方法(本教材从略)。

四、单桩竖向承载力确定方法的选择

上面详细介绍了确定单桩竖向抗压承载力的三种方法。其中单桩竖向抗压静载试验法是目前最为可靠和准确的方法，静力触探法和经验参数法具有局限性和经验性，其准确性不如静载试验法，但省时省力，费用较低。除了这三种方法之外，还可根据桩身材料强度、动力试桩法等确定。

如何选择确定单桩竖向抗压承载力的方法，有关规范都做了明确规定。

（一）《建筑桩基技术规范》(JGJ 94—2008)的规定

《建筑桩基技术规范》(JGJ 94—2008)根据建筑规模、功能特征、对差异变形的适应性、场地地基和建筑物体形的复杂性，以及由于桩基问题可能造成建筑破坏或影响正常使用的程度，将桩基设计分为三个设计等级(表 10-10)。

表 10-10　建筑桩基的设计等级

设计等级	建筑类型
甲级	1. 重要的建筑； 2. 30 层以上或高度超过 100 m 的高层建筑； 3. 体型复杂且层数相差超过 10 层的高低层(含纯地下室)连体建筑； 4. 20 层以上框架-核心筒结构及其他对差异沉降有特殊要求的建筑； 5. 场地和地基条件复杂的 7 层以上的一般建筑及坡地、岸边建筑； 6. 对相邻既有工程影响较大的建筑
乙级	除甲级、丙级以外的建筑
丙级	场地和地基条件简单、荷载分布均匀的 7 层及 7 层以下的一般建筑

设计采用的单桩竖向极限承载力标准值，应符合下列规定：

(1) 设计等级为甲级的建筑桩基，应通过单桩静载试验确定。

(2) 设计等级为乙级的建筑桩基，当地质条件简单时，可参照地质条件相同的试桩资料，结合静力触探等原位测试和经验参数综合确定；其余均应通过单桩静载试验确定。

(3) 设计等级为丙级的建筑桩基，可根据原位测试和经验参数法确定。

(二)《建筑地基基础设计规范》(GB 50007—2011)的规定

根据《建筑地基基础设计规范》(GB 50007—2011)，单桩竖向抗压承载力特征值 R_a 的确定应符合下列规定：

(1) 单桩竖向抗压承载力特征值应通过单桩竖向静载荷试验确定。同一条件下的试桩数量，不宜少于总桩数的 1%，且不应少于 3 根。

(2) 当桩端持力层为密实砂卵石或其他承载力类似的土层时，对单桩竖向抗压承载力很高的大直径端承型桩，可采用深层平板载荷试验确定桩端土的承载力特征值。

(3) 地基基础设计等级为丙级的建筑物(表 9-1)，可采用静力触探及标准贯入试验结果，并结合工程经验，确定单桩竖向抗压承载力特征值。

(4) 初步设计时单桩竖向抗压承载力特征值可按下式进行估算：

$$R_a = q_{pa}A_p + u_p \sum q_{sia} l_i \tag{10-22}$$

式中　A_P——桩底端横截面面积，m^2。

q_{pa}，q_{sia}——桩端阻力特征值、桩侧阻力特征值，kPa。由当地静载荷试验结果统计分析算得。

u_p——桩身周边长度，m。

l_i——第 i 层岩土的厚度，m。

(5) 桩端嵌入完整及较完整的硬质岩中，当桩长较短且入岩较浅时，可按下式估算单桩竖向抗压承载力特征值：

$$R_a = q_{pa}A_p \tag{10-23}$$

式中　q_{pa}——桩端岩石承载力特征值，kPa。

(6) 嵌岩灌注桩桩端以下 3 倍桩径且不小于 5 m 范围内应无软弱夹层、断裂破碎带和洞穴分布,且在桩底应力扩散范围内应无岩体临空面。当桩端无沉渣时,桩端岩石承载力特征值应根据岩石饱和单轴抗压强度标准值按式(8-40)确定,或用岩石地基载荷试验确定[详见《建筑地基基础设计规范》(GB 50007—2011)附录 H]。

由此可见不同规范的规定有所不同,最终确定的单桩竖向承载力特征值 R_a 和单桩竖向极限承载力标准值 Q_{uk} 可能不同。在设计桩基础时,应充分予以注意,科学、合理使用规范。

【例 10-5】 某建筑工程采用钢筋混凝土预制方桩,其截面尺寸为 450 mm×450 mm,桩长为 18 m。打穿 6 m 厚的淤泥质土,进入黏土层。由当地静载荷试验结果统计分析算得淤泥质土的桩侧阻力特征值为 5 kPa,黏土的桩侧阻力特征值为 35 kPa,黏土的桩端阻力特征值为 1 800 kPa。试按《建筑地基基础设计规范》(GB 50007—2011)确定初步设计时的单桩竖向承载力特征值。

【解】 (1) 已知条件

$$A_p = 0.45 \times 0.45 = 0.2025\ (\text{m}^2), u_p = 4 \times 0.45 = 1.8\ (\text{m})$$

$$q_{s1a} = 5\ \text{kPa}, q_{s2a} = 35\ \text{kPa}, q_{pa} = 1\ 800\ \text{kPa}$$

$$l_1 = 6\ \text{m}, l_2 = 18 - 6 = 12\ (\text{m})$$

(2) 单桩竖向承载力特征值

$$R_a = q_{pa} A_p + u_p \sum q_{sia} l_i = 1\ 800 \times 0.2025 + 1.8 \times (5 \times 6 + 35 \times 12) = 1\ 175\ (\text{kN})$$

第四节 单桩竖向抗拔承载力

单桩竖向抗拔承载力分为单桩竖向抗拔极限承载力和单桩竖向抗拔承载力特征值。单桩竖向抗拔极限承载力是指单桩在竖向上拔荷载作用下达到破坏状态前或出现不适于继续承载的变形时所对应的最大荷载,其标准值记为 T_{uk} 或 T_{gk}。单桩竖向抗拔极限承载力标准值除以安全系数后的承载力值即单桩竖向抗拔承载力特征值,记为 R_{ua}。

$$R_{ua} = \frac{T_{uk}}{K} \quad 或 \quad R_{ua} = \frac{T_{gk}}{K} \tag{10-24}$$

式中 R_{ua}——单桩竖向抗拔承载力特征值,kN;

T_{uk},T_{gk}——单桩竖向抗拔极限承载力标准值,kN;

K——安全系数,取 $K=2$。

确定单桩竖向抗拔极限承载力和单桩竖向抗拔承载力特征值的方法有很多,主要有单桩竖向抗拔静载试验法和经验参数法。若采用单桩竖向静载荷试验时,同一条件下的试桩数量不宜少于总桩数的 1%,且不应少于 3 根。在测得每根试桩的竖向抗拔极限承载力后,当极差不超过平均值的 30%时,可取其算术平均值代替式(10-24)中的 T_{uk} 或 T_{gk}。下面重点介绍这两种方法。

一、单桩竖向抗拔静载试验法

单桩竖向抗拔静载试验是确定单桩竖向抗拔极限承载力和单桩竖向抗拔承载力特征值最可靠的方法。当桩身埋设有应变、位移传感器或桩端埋设有位移测量杆时,还可测定桩身应变或桩端上拔量,计算桩的分层抗拔侧阻力。

（一）试验装置

常用的试验装置如图10-15所示。由加荷稳压、提供反力和沉降观测三部分组成。位于主梁之上的液压千斤顶通过副梁对试桩施加竖向上拔力，而千斤顶的反力由主梁、基桩（工程桩）等组成的反力装置来平衡。通过固定在基准桩和基准梁上的百分表或电子位移计测量桩顶的上拔量。

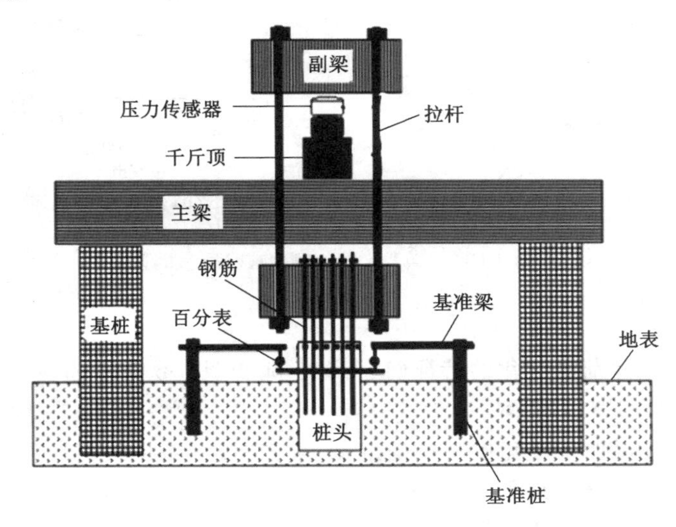

图10-15　单桩竖向抗拔静载试验的装置

（二）加载及加载观测

试验时的加载方式常用慢速维持荷载法，即加载分级进行，且采用逐级等量加载。分级荷载宜为最大加载值或预估竖向抗拔极限承载力的1/10，其中第一级加载量可取分级荷载的2倍。

每级荷载施加后，应分别按第5 min、15 min、30 min、45 min、60 min测读桩顶上拔量，以后每隔30 min测读一次桩顶上拔量。在每级荷载作用下，桩顶上拔量连续两次在每小时内小于0.1 mm时可视为达到相对稳定标准，可提高荷载到下一级。

（三）终止加载条件

符合下列条件之一时可终止加载：

（1）在某级荷载作用下，桩顶上拔量大于前一级上拔荷载作用下的上拔量的5倍；

（2）桩顶累计上拔量超过100 mm；

（3）钢筋应力达到钢筋强度设计值，或某根钢筋已被拉断；

（4）对于工程桩验收检测，达到设计或抗裂要求的最大上拔量或上拔荷载值。

（四）卸载及卸载观测

卸载和卸载观测，与单桩竖向抗压静载试验相同。

（五）单桩竖向抗拔极限承载力的确定

根据试验结果，绘制上拔荷载-桩顶上拔量（U-δ）关系曲线，以及不同上拔荷载等级下的上拔量-时间对数（δ-lg t）关系曲线，如图10-16所示。

《建筑基桩检测技术规范》（JGJ 106—2014）规定，单桩竖向抗拔极限承载力应按下列方

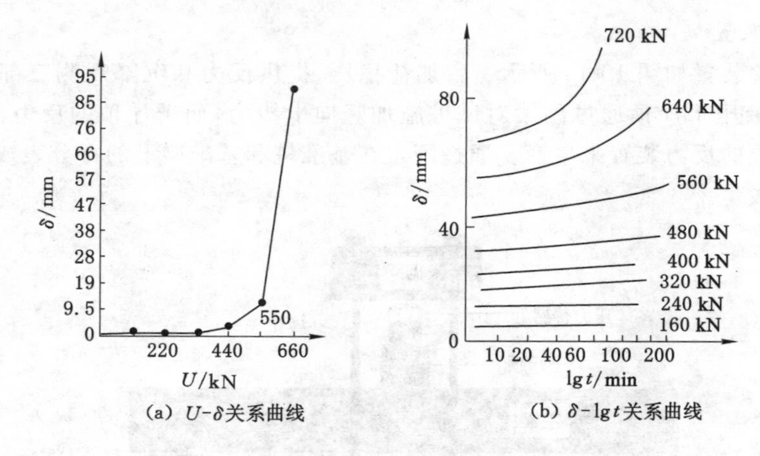

图 10-16　单桩竖向抗拔静载试验曲线

法确定：

(1) 根据上拔量随荷载变化的特征确定：对于陡变型 U-δ 关系曲线，应取陡升起始点对应的荷载值，如图 10-16(a)所示。

(2) 根据上拔量随时间变化的特征确定：应取 δ-lg t 关系曲线斜率明显变陡或曲线尾部明显弯曲的前一级荷载值，如图 10-16(b)所示。

(3) 当在某级荷载下抗拔钢筋断裂时，应取前一级荷载值。

《建筑基桩检测技术规范》(JGJ 106—2014)同时还规定为设计提供依据的单桩竖向抗拔极限承载力的统计取值，应符合下列规定：① 对参加算术平均的试验桩检测结果，当极差不超过平均值的 30％时，可取其算术平均值为单桩竖向抗拔极限承载力；当极差超过平均值的 30％时，应分析原因，结合桩型、施工工艺、地基条件、基础形式等工程具体情况综合确定极限承载力；不能明确极差过大的原因时，宜增加试桩数量。② 试验桩数量小于 3 根或桩基承台下的桩数不大于 3 根时，应取低值。

(六) 单桩竖向抗拔承载力特征值的确定

单桩竖向抗拔承载力特征值应按单桩竖向抗拔极限承载力的 50％取值，即安全系数 $K=2$。当工程桩不允许带裂缝工作时，应取桩身开裂的前一级荷载作为单桩竖向抗拔承载力特征值，并与按极限荷载 50％取值确定的承载力特征值相比较后取低值。

二、经验参数法

(一) 群桩呈非整体破坏时

《建筑桩基技术规范》(JGJ 94—2008)规定：群桩呈非整体破坏时，基桩(单桩)的抗拔极限承载力标准值可按下式计算：

$$T_{uk} = \sum \lambda_i q_{sik} u_i l_i \tag{10-25}$$

式中　T_{uk}——基桩抗拔极限承载力标准值，kN。

u_i——桩身周长，m。对于等直径桩取 $u_i=\pi d$；对于扩底桩按表 10-11 取值。

q_{sik}——桩侧表面第 i 层土的抗压极限侧阻力标准值，kPa，可按表 10-5 取值。

λ_i——抗拔系数，可按表 10-12 取值。

表 10-11　扩底桩破坏表面周长 u_i

自桩底起算的长度 l_i	$\leqslant(4\sim10)d$	$>(4\sim10)d$
u_i	πD	πd

注：l_i对于软土取低值，对于卵石、砾石取高值；l_i取值随内摩擦角增大而增大。

表 10-12　抗拔系数 λ

土类	λ 值
砂土	0.50～0.70
黏性土、粉土	0.70～0.80

注：桩长 l 与桩径 d 之比小于 20 时，λ 取小值。

（二）群桩呈整体破坏时

《建筑桩基技术规范》(JGJ 94—2008)规定：群桩呈整体破坏时，基桩（单桩）的抗拔极限承载力标准值可按下式计算：

$$T_{gk}=\frac{1}{n}u_1\sum\lambda_i q_{sik}l_i \tag{10-26}$$

式中　u_1——桩群外围周长，m；

n——基桩数量。

三、单桩竖向抗拔承载力确定方法的选择

(1) 对于设计等级为甲级和乙级的建筑桩基，基桩的抗拔极限承载力应通过现场单桩上拔静载荷试验确定。

(2) 如无当地经验时，设计等级为丙级的建筑桩基，基桩抗拔极限承载力的确定可采用经验参数法。

【例 10-6】　某建筑工程采用钢筋混凝土钻孔灌注桩基础，基桩的数量为 40，直径为 600 mm，桩长为 10 m，桩群外围周长为 42 m。桩长范围内有两种土：第一层，粉质黏土，厚 5.7 m，液性指数 $I_L=0$；第二层，中密粉砂，厚 4.3 m，其标准贯入击数 $N=23$。试按经验参数法确定该灌注桩的单桩竖向抗拔承载力特征值。

【解】　(1) 确定极限侧阻力标准值

根据表 10-5 确定 q_{sik}值：粉质黏土，$I_L=0.6$，按 $0.50<I_L\leqslant0.75$ 在 53～68 kPa 之间通过内插法求得：

$$q_{s1k}=53+\frac{0.75-0.6}{0.75-0.5}\times(68-53)=62\ (\text{kPa})$$

中密粉砂，$N=23$，按 $15<N\leqslant30$ 在 46～64 kPa 之间采用内插法求得：

$$q_{s2k}=46+\frac{23-15}{30-15}\times(64-46)=55.6\ (\text{kPa})$$

(2) 确定抗拔系数

桩长与桩径之比为 $L/d=10/0.6=16.7<20$，查表 10-12 取小值。粉质黏土取 $\lambda_1=0.7$，粉砂取 $\lambda_2=0.55$。

(3) 确定基桩抗拔极限承载力标准值

① 群桩呈非整体破坏时：

$$T_{uk} = \sum \lambda_i q_{sik} u_i l_i$$
$$= (0.7 \times 62 \times 3.14 \times 0.6 \times 5.7 + 0.55 \times 55.6 \times 3.14 \times 0.6 \times 4.3)$$
$$= 713.8$$

② 群桩呈整体破坏时：

$$T_{gk} = \frac{1}{n} u_l \sum \lambda_i q_{sik} l_i$$
$$= \frac{1}{40} \times 42 \times (0.7 \times 62 \times 5.7 + 0.55 \times 55.6 \times 4.3)$$
$$= 397.8\ (\mathrm{kN})$$

(4) 单桩竖向抗拔承载力特征值

① 群桩呈非整体破坏时：

$$R_{ua} = \frac{T_{uk}}{K} = \frac{713.8}{2} = 356.9\ (\mathrm{kN})$$

② 群桩呈整体破坏时：

$$R_{ua} = \frac{T_{gk}}{K} = \frac{397.8}{2} = 198.9\ (\mathrm{kN})$$

第五节　单桩水平承载力与位移

桩基础大多数以承受竖向荷载为主，但是在风荷载、地震荷载、车辆制动荷载、土压力或水压力作用下，也将承受一定的水平荷载。此时，除了满足竖向承载力要求之外，还必须对桩基的水平承载力进行验算。

一、水平受荷桩的内力及位移分析

单桩(竖直桩)在水平荷载作用下工作性能的研究，是单桩水平承载力分析的理论基础。通过桩土相互作用分析，了解桩土间的传力途径和单桩水平承载力的构成及其发展过程，对正确评价单桩水平承载力和计算桩顶水平位移具有一定的指导意义。

单桩(竖直桩)在水平荷载和弯矩作用下，桩身产生水平位移和挠曲变形，挤压桩侧土体，土体则对桩身产生水平抗力。在出现破坏之前，桩身的水平位移与土的变形是协调的，桩身相应地产生内力。随着水平位移和内力的增大，对于低配筋率的灌注桩而言，通常桩身首先出现裂缝，然后断裂破坏；对于抗弯性能好的混凝土预制桩、钢桩等，桩身虽未断裂，但桩侧土体发生剪切破坏和隆起，使桩基础处于失稳状态。

(一) 线弹性地基反力法及分类

国内外关于水平荷载作用下桩的理论分析方法有几十种，我国多采用线弹性地基反力法。该方法将土体视为弹性体，用梁的弯曲理论来求解桩的水平抗力 σ_x，并假设水平抗力 σ_x 与桩的水平位移 x 成正比，且不计桩土之间的摩阻力以及邻桩对水平抗力的影响，即

$$\sigma_x = k_h x \tag{10-27}$$

式中　σ_x——任意深度 z 处桩的水平抗力，kPa。

x——任意深度 z 处桩的水平位移，m。

k_h——任意深度 z 处地基水平抗力系数，$\mathrm{kN/m^3}$。

地基水平抗力系数 k_h 与深度 z 的关系式为：

$$k_h = mz^n \tag{10-28}$$

根据对 n 值的假定不同，线弹性地基反力法又可分为多种方法，采用较多的是图 10-17 中所示几种方法，分别为：

(1) 常数法。假定地基水平抗力系数沿深度均匀分布，即 $n=0$，如图 10-17(a)所示。该方法为我国学者张有龄于 1937 年提出，在美国、日本等国家应用较多。

(2) "k"法。假定地基水平抗力系数在第一挠曲零点以上按抛物线变化，以下保持为某一常数 k，如图 10-17(b)所示。该方法由苏联学者盖尔斯基于 1937 年提出，曾在我国广泛使用。

(3) "m"法。假定地基水平抗力系数随深度呈线性增大，即 $n=1$，如图 10-17(c)所示。此时，地基水平抗力系数 $k_h=mz$，其中 m 称为地基水平抗力系数的比例系数。该法始见于 1939 年乌尔班用于计算板桩墙，1962 年扎夫里耶夫等人用于管桩计算，目前在我国应用最广。

(4) "c"法。假定地基水平抗力系数随深度呈抛物线增大，即 $n=0.5$，如图 10-17(d)所示。该方法由日本久保浩一于 1964 年提出，在我国多用于公路工程。

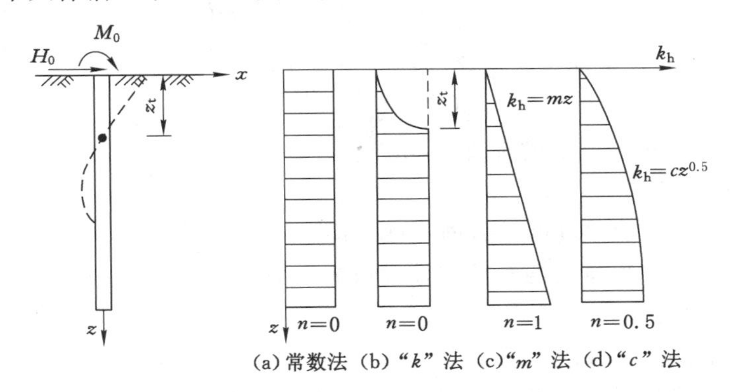

图 10-17 地基水平抗力系数的分布图

上述四种方法各自假定的地基水平抗力系数随深度分布规律不同，其计算结果是有差异的。实测资料表明：桩的水平位移较大时，"m"法计算结果较接近实际；当桩的水平位移较小时，"c"法比较接近实际。由于目前我国各规范均推荐使用"m"法，故下面只简单介绍"m"法。

(二) "m"法

1. 有关计算参数的确定

(1) 桩身的计算宽度

单桩在水平荷载作用下所引起的桩周土的抗力不仅分布于荷载作用平面内，还受桩截面形状的影响，计算时简化为平面受力。在《建筑桩基技术规范》(JGJ 94—2008)中，取桩的截面计算宽度 b_1 为：

$$b_1 = \begin{cases} k_f(d+1) & (d > 1\ \text{m}) \\ k_f(1.5d+0.5) & (d \leqslant 1\ \text{m}) \end{cases} \tag{10-29}$$

式中 k_f——桩的形状系数。方形截面桩，$k_f=1.0$，圆形截面桩，$k_f=0.9$。

d——圆形截面桩的直径或方形截面桩的边长，m。

（2）桩身抗弯刚度

计算桩身抗弯刚度 EI 时，对于钢筋混凝土桩，《建筑桩基技术规范》(JGJ 94—2008)规定如下：

$$EI = 0.85E_c I_0 \tag{10-30}$$

式中 E_c——混凝土的抗压弹性模量，kPa；

I_0——桩身换算截面惯性矩，m^4，按式(10-31)至式(10-34)计算。

① 圆形截面：

$$I_0 = \frac{1}{2}W_0 d_0 \tag{10-31}$$

$$W_0 = \frac{\pi d}{32}[d^2 + 2(\alpha_E - 1)\rho_g d_0^2] \tag{10-32}$$

② 方形截面：

$$I_0 = \frac{1}{2}W_0 b_0 \tag{10-33}$$

$$W_0 = \frac{b}{6}[b^2 + 2(\alpha_E - 1)\rho_g b_0^2] \tag{10-34}$$

式中 W_0——桩身换算截面受拉边缘的截面模量，m^3；

d——桩直径，m；

d_0——扣除保护层厚度的桩直径，m；

b——方形截面边长，m；

b_0——扣除保护层厚度的桩截面宽度，m；

α_E——钢筋弹性模量与混凝土弹性模量的比值；

ρ_g——桩身配筋率。

（3）地基水平抗力系数的比例系数

地基水平抗力系数的比例系数 m 应根据单桩水平静载试验确定。当无试验资料时，可按表 10-13 取值。此外，若桩侧为多层土，可按主要影响深度 $h_m=2(d+1)$ 范围内的 m 值加权平均。

表 10-13　地基土水平抗力系数的比例系数 *m* 值

序号	地基土类别	预制桩、钢桩		灌注桩	
		m /(MN/m^4)	相应单桩在地面处水平位移/mm	m /(MN/m^4)	相应单桩在地面处水平位移/mm
1	淤泥；淤泥质土；饱和湿陷性黄土	2～4.5	10	2.5～6	6～12
2	流塑($I_L>1$)、软塑($0.75<I_L\leqslant1$)状黏性土；$e>0.9$ 粉土；松散粉细砂；松散、稍密填土	4.5～6.0	10	6～14	4～8
3	可塑($0.25<I_L\leqslant0.75$)状黏性土、湿陷性黄土；$e=0.75～0.9$ 粉土；中密填土；稍密细砂	6.0～10	10	14～35	3～6

表 10-13(续)

序号	地基土类别	预制桩、钢桩		灌注桩	
		m /(MN/m^4)	相应单桩在地面处水平位移/mm	m /(MN/m^4)	相应单桩在地面处水平位移/mm
4	硬塑($0<I_L\leqslant0.25$)、坚硬($I_L\leqslant0$)状黏性土、湿陷性黄土;$e<0.75$ 粉土;中密的中粗砂;密实老填土	10～22	10	35～100	2～5
5	中密、密实的砾砂、碎石类土			100～300	1.5～3

注:1. 当桩顶水平位移大于表列数值或灌注桩配筋率较高(≥0.65%)时,m 值应适当降低;当预制桩的水平方向位移小于 10 mm 时,m 值可适当提高。

2. 当水平荷载为长期或经常出现的荷载时,应将表列数值乘以 0.4。

3. 当地基为可液化土层时,应将表列数值乘以土层液化折减系数 ψ_l。ψ_l 取值详见《建筑桩基技术规范》(JGJ 94—2008)。

2. 单桩挠曲微分方程及解答

设单桩在桩顶竖向荷载 N_0、水平荷载 H_0、弯矩 M_0 和地基水平抗力 $p(z)=b_1\sigma_x$ 作用下产生挠曲,根据材料力学中关于梁的弯曲变形分析,其弹性挠曲微分方程为:

$$EI\frac{d^4x}{dz^4}+N_0\frac{d^2x}{dz^2}=-p(z) \tag{10-35}$$

通常竖向荷载 N_0 的影响很小,可忽略不计;对于"m"法,因 $p(z)=b_1\sigma_x=b_1k_hx=mb_1zx$,代入式(10-35),有:

$$\frac{d^4x}{dz^4}+\alpha^5zx=0 \tag{10-36}$$

其中,

$$\alpha=\sqrt[5]{\frac{mb_1}{EI}} \tag{10-37}$$

式中　α——桩的水平变形系数,m^{-1}。

采用幂级数对式(10-37)进行求解,可得沿桩身深度 z 处的内力及位移表达式为:

$$\begin{cases} x_z=\dfrac{H_0}{\alpha^3EI}A_x+\dfrac{M_0}{\alpha^2EI}B_x \\ \varphi_z=\dfrac{H_0}{\alpha^2EI}A_\varphi+\dfrac{M_0}{\alpha EI}B_\varphi \\ M_z=\dfrac{H_0}{\alpha}A_M+M_0B_M \\ V_z=H_0A_Q+\alpha M_0B_Q \end{cases} \tag{10-38}$$

式中,A_x、B_x、A_φ、B_φ、A_M、B_M、A_Q、B_Q 均为无量纲系数,可查表 10-14。

按式(10-38)可作出单桩的位移(挠度)、弯矩、剪力和地基水平抗力随深度变化的曲线,如图 10-18 所示。由此可进行桩的设计与验算。

表 10-14　长桩的内力和变形计算系数

α_z	A_x	B_x	A_φ	B_φ	A_M	B_M	A_Q	B_Q
0	2.440 7	1.621 0	−1.621 0	−1.750 6	0.000 0	1.000 0	1.000 0	0.000 0
0.1	2.278 7	1.450 9	−1.616 0	−1.650 7	0.099 6	0.999 7	0.988 3	−0.007 5
0.2	2.117 8	1.290 9	−1.601 2	−1.550 7	0.197 0	0.998 1	0.955 5	−0.028 0
0.3	1.958 8	1.140 8	−1.576 8	−1.451 1	0.290 1	0.993 8	0.904 7	−0.058 2
0.4	1.802 7	1.000 6	−1.543 3	−1.352 0	0.377 4	0.986 2	0.839 0	−0.095 5
0.5	1.650 4	0.870 4	−1.501 5	−1.253 9	0.457 5	0.974 6	0.761 5	−0.137 5
0.6	1.502 7	0.749 8	−1.460 1	−1.157 3	0.529 4	0.958 6	0.674 9	−0.181 9
0.7	1.360 2	0.638 9	−1.395 9	−1.062 4	0.592 3	0.938 2	0.582 0	−0.226 9
0.8	1.223 7	0.537 3	−1.334 0	−0.969 8	0.645 6	0.913 2	0.485 2	−0.270 9
0.9	1.093 6	0.444 8	−1.267 1	−0.879 9	0.689 3	0.884 1	0.386 9	−0.312 3
1.0	0.970 4	0.361 2	−1.196 5	−0.793 1	0.723 1	0.850 9	0.289 0	−0.350 6
1.1	0.854 4	0.286 1	−1.122 8	−0.709 8	0.747 1	0.814 1	0.193 9	−0.384 4
1.2	0.745 9	0.219 1	−1.047 3	−0.630 4	0.761 8	0.774 2	0.101 5	−0.413 4
1.3	0.645 0	0.159 9	−0.970 8	−0.555 1	0.767 6	0.731 6	0.014 8	−0.436 9
1.4	0.551 8	0.107 9	−0.894 1	−0.484 1	0.765 0	0.686 9	−0.065 9	−0.454 9
1.5	0.466 1	0.062 9	−0.818 0	−0.417 7	0.754 7	0.640 8	−0.139 5	−0.467 2
1.6	0.388 1	0.024 2	−0.743 4	−0.356 0	0.737 3	0.593 7	−0.205 6	−0.473 8
1 8	0.259 3	−0.035 7	−0.600 8	−0.246 7	0.684 9	0.498 9	−0.313 5	−0.471 0
2.0	0.147 0	−0.075 7	−0.470 6	−0.156 2	0.614 1	0.406 6	−0.388 4	−0.449 1
2.2	0.064 6	−0.099 4	−0.355 9	−0.083 7	0.531 6	0.320 3	−0.431 7	−0.411 8
2.6	−0.039 9	−0.111 4	−0.178 5	−0.014 2	0.354 6	0.175 5	−0.436 5	−0.307 3
3.0	−0.087 4	−0.094 7	−0.069 9	−0.063 0	0.193 1	0.076 0	−0.360 7	−0.190 5
3.5	−0.105 0	−0.057 0	−0.012 1	−0.082 9	0.050 8	0.013 5	−0.199 8	−0.016 7
4.0	−0.107 9	−0.014 9	−0.003 4	−0.085 1	0.000 1	0.000 1	0.000 0	−0.000 5

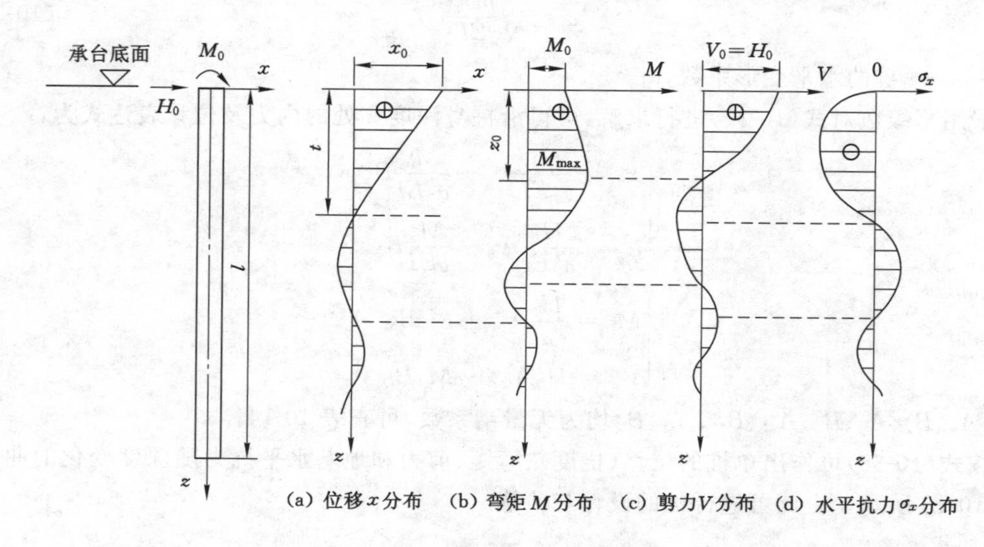

图 10-18　单桩内力与变形曲线

3. 桩顶水平位移

若桩的入土深度用 h 表示，则将 αh 称为无量纲入土深度，并将桩分为刚性桩（$\alpha h \leqslant 2.5$）和柔性桩（$\alpha h > 2.5$）。表 10-15 给出了不同无量纲深度和桩端约束条件下的位移系数 A_x 和 B_x 的值，将其代入式（10-38）即可求出桩顶的水平位移。

表 10-15　各类桩的桩顶水平位移系数

αh	桩端置于土中		桩端嵌固在基岩中	
	A_x	B_x	A_x	B_x
2.4	3.526	2.327	2.240	1.586
2.6	3.163	2.048	2.330	1.596
2.8	2.905	1.869	2.371	1.593
3.0	2.727	1.758	2.385	1.586
3.5	2.502	1.641	2.389	1.584
≥4.0	2.441	1.621	2.401	1.600

4. 桩身最大弯矩及其位置

要设计桩截面配筋，最关键的是求出桩身最大弯矩 M_{max} 及其相应的截面位置 z_0。其过程如下：

（1）由 $C_D = \alpha M_0 / H_0$，查表 10-16 得相应的换算深度 $\bar{z}$，则最大弯矩截面的深度 z_0 为：

$$z_0 = \frac{\bar{z}}{\alpha} \tag{10-39}$$

表 10-16　桩身最大弯矩系数 C_D 及最大弯矩截面系数 C_M

$\bar{z}=\alpha h$	C_D	C_M	$\bar{z}=\alpha h$	C_D	C_M	$\bar{z}=\alpha h$	C_D	C_M
0	∞	1.000	1.0	0.824	1.728	2.0	−0.865	−0.304
0.1	131.252	1.001	1.1	0.503	2.299	2.2	−1.048	−0.187
0.2	34.186	1.004	1.2	0.246	3.876	2.4	−1.230	−0.118
0.3	15.544	1.012	1.3	0.034	23.438	2.6	−1.420	−0.074
0.4	8.781	1.029	1.4	−0.145	−4.596	2.8	−1.635	−0.045
0.5	5.539	1.057	1.5	−0.299	−1.876	3.0	−1.893	−0.026
0.6	3.710	1.101	1.6	−0.434	−1.128	3.5	−2.994	−0.003
0.7	2.566	1.169	1.7	−0.555	−0.740	4.0	−0.045	0.011
0.8	1.791	1.274	1.8	−0.665	−0.530			
0.9	1.238	1.441	1.9	−0.768	−0.396			

注：此表仅适用于 $\alpha h \geqslant 4.0$ 的情况；当 $\alpha h < 4.0$ 时，可查相应规范表格。

（2）由 $\bar{z}$ 查表 10-16 可得桩身最大弯矩截面系数 C_M，则桩身最大弯矩 M_{max} 为：

$$M_{max} = C_M M_0 \tag{10-40}$$

一般当桩的入土深度达 $4.0/\alpha$ 时，桩身内力和位移已几乎为 0。在此深度以下，桩身只需按构造配筋或不配钢筋。

【例 10-7】 某钢筋混凝土单桩基础，桩长为 9.0 m，直径 $d=1.4$ m，混凝土的抗压弹性模量 $E_c=3.0\times10^4$ MPa，钢筋弹性模量 $E_g=2.0\times10^5$ MPa，桩身配筋率 $\rho_g=0.48\%$，钢筋保护层厚度 50 mm。在作用的标准组合下桩顶竖向荷载 $N_0=1\,820$ kN，水平荷载 $H_0=540$ kN，弯矩 $M_0=1\,800$ kN·m。桩长范围内有三种土：第一层，粉质黏土，厚 1.4 m，液性指数 $I_L=0.91$；第二层，粉土，厚 1.3 m，孔隙比 $e=0.64$；第三层，密实砾砂。试采用“m”法计算桩顶水平位移和桩身最大弯矩及其位置。

【解】 (1) 桩身的计算宽度

$$b_1=k_f(d+1)=0.9\times(1.4+1)=2.16\ (\text{m})$$

(2) 桩身换算截面惯性矩

$$I_0=\frac{1}{2}W_0d_0=\frac{\pi dd_0}{64}[d^2+2(\alpha_E-1)\rho_g d_0^2]$$

$$=\frac{3.14\times1.4\times(1.4-2\times0.05)}{64}\times[1.4^2+2\times(\frac{2.0\times10^5}{3.0\times10^4}-1)\times$$

$$0.48\%\times(1.4-2\times0.05)^2]$$

$$=0.197\ (\text{m}^4)$$

(3) 桩身抗弯刚度

$$EI=0.85E_cI_0=0.85\times3.0\times10^7\times0.197=5.02\times10^6(\text{kN}\cdot\text{m}^2)$$

(4) 地基水平抗力系数的比例系数

桩侧为多层土，在主要影响深度 $h_m=2(d+1)=2\times(1.4+1)=4.8$ (m)范围内进行加权平均。

第一层，粉质黏土，厚 1.4 m，液性指数 $I_L=0.91$，取 $m_1=9\ \text{MN/m}^4=9\times10^3\ \text{kN/m}^4$；第二层，粉土，厚 1.3 m，孔隙比 $e=0.64$，取 $m_2=50\ \text{MN/m}^4=5\times10^4\ \text{kN/m}^4$；第三层，密实砾砂，厚 4.8 m−1.4 m−1.3 m=2.1 m，取 $m_3=200\ \text{MN/m}^4=2\times10^5\ \text{kN/m}^4$。

则：

$$m=\frac{9\times10^3\times1.4+5\times10^4\times1.3+2\times10^5\times2.1}{1.4+1.3+2.1}=1.04\times10^5(\text{kN/m}^4)$$

(5) 桩的水平变形系数

$$\alpha=\sqrt[5]{\frac{mb_1}{EI}}=\sqrt[5]{\frac{1.04\times10^5\times2.16}{5.02\times10^6}}=0.537\ (\text{m}^{-1})$$

(6) 桩的无量纲入土深度

$$\alpha h=0.537\times9.0=4.83$$

(7) 桩顶水平位移

查表 10-15 可得 $A_x=2.441$，$B_x=1.621$，则：

$$x_z=\frac{H_0}{\alpha^3EI}A_x+\frac{M_0}{\alpha^2EI}B_x$$

$$=\frac{540}{0.537^3\times5.02\times10^6}\times2.441+\frac{1\,800}{0.537^2\times5.02\times10^6}\times1.621$$

$$=3.7\ (\text{mm})$$

(8) 最大弯矩截面的深度

由 $C_D=\alpha M_0/H_0=0.537\times1\,800/540=1.79$，查表 10-16 得到相应的换算深度 $\bar{z}=0.8$，则最大弯矩截面的深度 z_0 为：

$$z_0=\frac{\bar{z}}{\alpha}=\frac{0.8}{0.537}=1.5\ (\text{m})$$

(9) 桩身最大弯矩

由 $\bar{z}=0.8$ 查表 10-16 可得桩身最大弯矩截面系数 $C_M=1.274$，则桩身最大弯矩 M_{max} 为：

$$M_{max}=C_M M_0=1.274\times1\,800=2\,293.2\ (\text{kN}\cdot\text{m})$$

二、单桩水平静载试验

单桩水平静载试验是目前确定单桩水平临界荷载 H_{cr}、单桩水平极限承载力 H_u、单桩水平承载力特征值 R_{ha} 或地基土水平抗力系数的比例系数 m 最为可靠的方法。当桩身埋设有应变测量传感器时，还可以测定桩身横截面的弯曲应变，计算桩身弯矩以及确定钢筋混凝土桩受拉区混凝土开裂时对应的水平荷载。

(一) 试验装置

常用的试验装置如图 10-19 所示，由加荷稳压、提供反力和水平位移观测三部分组成。通过卧式千斤顶对试桩施加水平推力，水平力作用点宜与实际工程的桩基承台底面标高一致；千斤顶和试验桩接触处应安置球形铰支座，以保证千斤顶作用力应水平通过桩身轴线。千斤顶的反力由相邻桩或专门反力结构提供。通过百分表或位移计测量桩的水平位移，一般在水平力作用平面的受检桩两侧对称安装 2 个位移计；当测量桩顶转角时，尚应在水平力作用平面以上 500 mm 的受检桩两侧对称安装 2 个位移计。

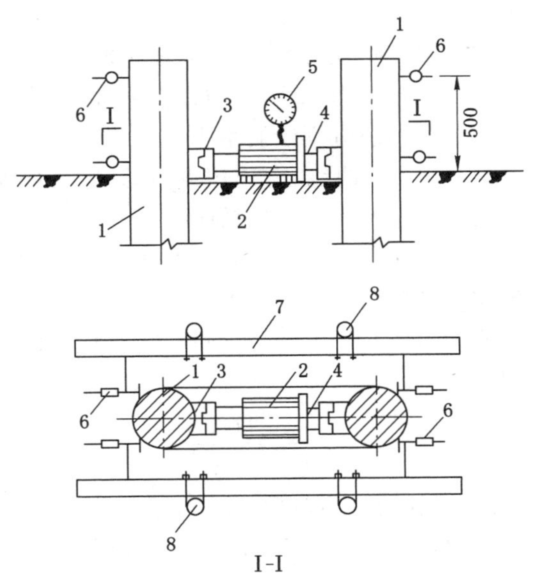

1—试桩；2—卧式千斤顶；3—球铰；4—垫块；
5—压力表；6—百分表或位移计；7—基准梁；8—基准桩。

图 10-19　单桩水平静载试验装置(单位：mm)

（二）加载及加载观测

试验时的加载方式有两种，即单向多循环加载法和慢速维持荷载法。当对试桩桩身横截面弯矩、应变进行测量时，宜采用慢速维持荷载法。

1. 单向多循环加载法

单向多循环加载法的分级荷载不应大于预估水平极限承载力或最大试验荷载的 1/10；施加每级荷载后，恒载 4 min 后可测读水平位移，然后立即卸载至 0，停 2 min 测读残余水平位移，至此完成一个加卸载循环；如此循环 5 次，完成一级荷载的位移观测；试验不得中间停顿。

2. 慢速维持荷载法

加载分级进行，且采用逐级等量加载。分级荷载宜为最大加载值或预估水平极限承载力的 1/10，其中第一级加载量可取分级荷载的 2 倍。

每级荷载施加后，应分别按第 5 min、15 min、30 min、45 min、60 min 测读桩的水平位移，以后每隔 30 min 测读 1 次。在每级荷载作用下，桩的水平位移连续 2 次在每小时内小于 0.1 mm 时可视为达到相对稳定标准，可提高荷载到下一级。

卸载和卸载观测，与单桩竖向抗压静载试验相同。

（三）终止加载条件

当出现下列情况之一时可终止加载：

（1）桩身折断；

（2）水平位移超过 30～40 mm，软土中的桩或大直径桩时可取高值；

（3）水平位移达到设计要求的水平位移允许值。

（四）试验曲线的绘制

（1）当采用单向多循环加载法时，应分别绘制水平力-时间-力作用点位移（H_0-t-x_0）关系曲线（图 10-20）和水平力-位移梯度（H_0-$\Delta x_0/\Delta H_0$）关系曲线（图 10-21）。

（2）当采用慢速维持荷载法时，应分别绘制水平力-力作用点位移（H_0-x_0）关系曲线、水平力-位移梯度［H_0-($\Delta x_0/\Delta H_0$)］关系曲线、力作用点位移-时间对数（x_0-lg t）关系曲线，以及水平力-力作用点位移双对数（lg H_0-lg x_0）关系曲线。

（3）绘制水平力-地基土水平抗力系数的比例系数（H_0-m）关系曲线和力作用点水平位移-地基土水平抗力系数的比例系数（x_0-m）关系曲线。

《建筑基桩检测技术规范》（JGJ 106—2014）规定，当桩顶自由且水平力作用位置位于地面处时，m 值应按式（10-41）计算。

$$m=\frac{(\nu_y H_0)^{\frac{5}{3}}}{b_1 x_0^{\frac{5}{3}}(EI)^{\frac{2}{3}}} \tag{10-41}$$

式中 m——地基土水平抗力系数的比例系数，kN/m^4；

ν_y——桩顶水平位移系数，由式（10-37）试算 α，当 $\alpha h \geqslant 4.0$ 时（h 为桩的入土深度），$\nu_y=2.441$；

H_0——作用于地面的水平力，kN；

x_0——水平力作用点的水平位移，m；

b_1——桩身计算宽度，m；

EI——桩身抗弯刚度，kN·m^2。

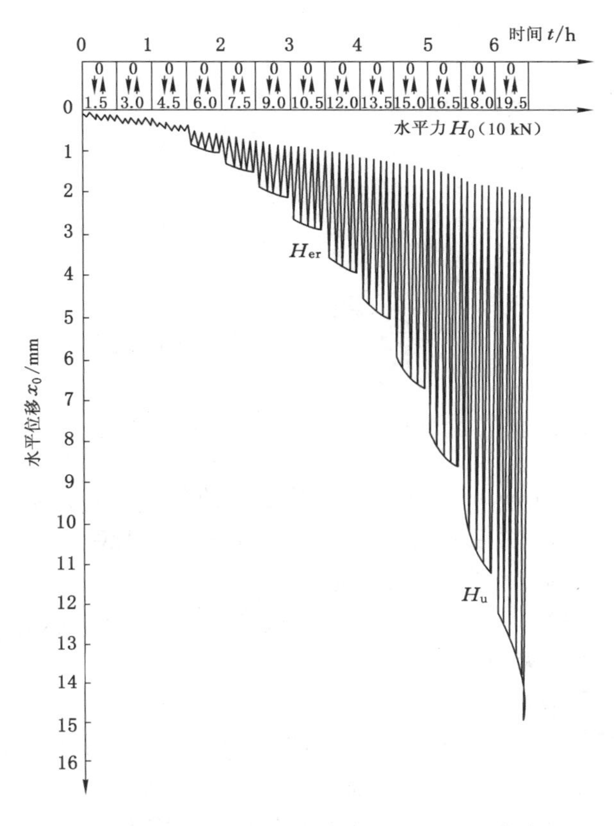

图 10-20　水平静荷载试验 H_0-t-x_0 关系曲线

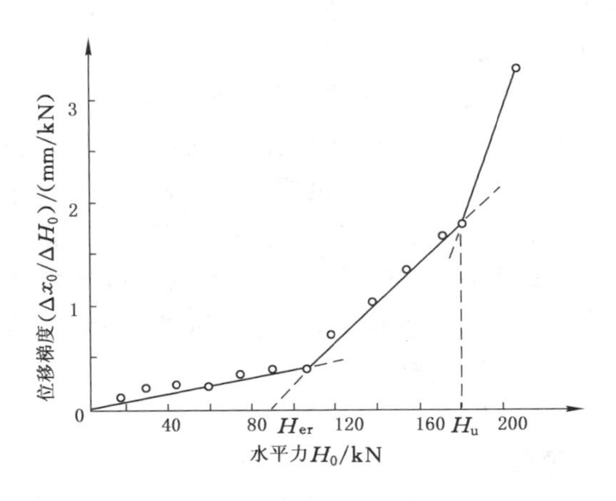

图 10-21　水平静荷载试验 H_0-($\Delta x_0/\Delta H_0$)关系曲线

(4) 对同时进行桩身横截面弯曲应变测定的试验，应绘制水平力-最大弯矩截面钢筋拉应力(H_0-σ_g)关系曲线(图 10-22)，以及各级水平力作用下的桩身弯矩分布图。

(五) 单桩水平临界荷载 H_{cr} 的确定

单桩水平临界荷载可按下列方法确定：

(1) 取单向多循环加载法时 H_0-t-x_0 关系曲线(图 10-20)出现拐点的前一级水平荷载

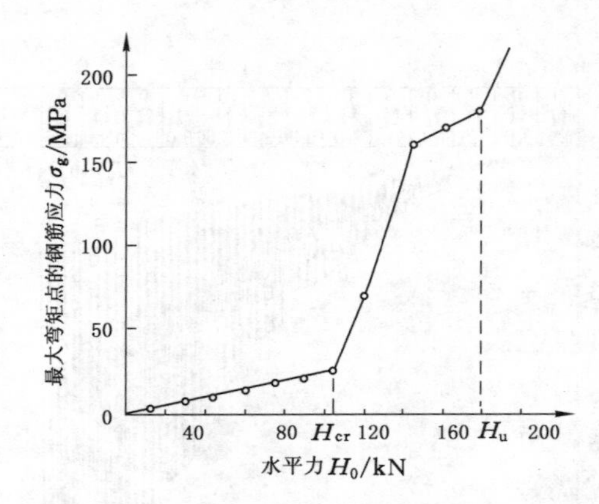

图 10-22 水平静荷载试验 H_0-σ_g关系曲线

值，或慢速维持荷载法时的 H_0-x_0关系曲线出现拐点的前一级水平荷载值。

(2) 取 H_0-($\Delta x_0/\Delta H_0$)关系曲线(图 10-21)上第一个拐点对应的水平荷载值，或 lg H_0-lg x_0关系曲线上第一个拐点对应的水平荷载值。

(3) 取 H_0-σ_g关系曲线(图 10-22)上第一个拐点对应的水平荷载值。

(六) 单桩水平极限承载力 H_u的确定

单桩水平极限承载力可按下列方法确定：

(1) 取单向多循环加载法时 H_0-t-x_0关系曲线(图 10-20)产生明显陡降的前一级水平荷载值，或慢速维持荷载法时的 H_0-x_0关系曲线发生明显陡降的起始点对应的水平荷载值。

(2) 取慢速维持荷载法时的 x_0-lg t 关系曲线尾部出现第二个拐点对应的水平荷载值。

(3) 取 H_0-$\Delta x_0/\Delta H_0$ 关系曲线(图 10-21)上第二个拐点对应的水平荷载值，或 lg H_0-lg x_0关系曲线上第二个拐点对应的水平荷载值。

(4) 取桩身折断或受拉钢筋屈服时的前一级水平荷载值。

《建筑基桩检测技术规范》(JGJ 106—2014)同时还规定：为设计提供依据的水平极限承载力和水平临界荷载的统计取值，应符合下列规定：① 对参加算术平均的试验桩检测结果，当极差不超过平均值的 30%时，可取其算术平均值。当极差超过平均值的 30%时，应分析原因，结合桩型、施工工艺、地基条件、基础形式等工程具体情况综合确定水平极限承载力和水平临界荷载；不能明确极差过大的原因时，宜增加试桩数量。② 试验桩数量小于 3 根或桩基承台下的桩数不大于 3 根时，应取低值。

(七) 单桩水平承载力特征值 R_{ha}的确定

单桩水平承载力特征值的确定应符合下列规定。

(1) 当桩身不允许开裂或灌注桩的桩身配筋率小于 0.65%时，可取水平临界荷载的 0.75 倍作为单桩水平承载力特征值。

(2) 对钢筋混凝土预制桩、钢桩和桩身配筋率不小于 0.65%的灌注桩，可取设计桩顶标高处水平位移为 10 mm(对水平位移不敏感的建筑物)或 6 mm(对水平位移敏感的建筑物)所对应荷载的 0.75 倍作为单桩水平承载力特征值。

(3) 取设计要求的水平允许位移对应的荷载作为单桩水平承载力特征值，且应满足桩身抗裂要求。

应特别指出的是：对于受水平荷载较大的设计等级为甲级或乙级的建筑桩基，单桩水平承载力特征值应通过单桩水平静载试验确定。

三、单桩水平承载力特征值的估算

《建筑桩基技术规范》(JGJ 94—2008)规定：当缺少单桩水平静载试验资料时，可按下列公式估算单桩水平承载力特征值。

(一)桩身配筋率小于0.65%的灌注桩

对于桩身配筋率小于0.65%的灌注桩，可按式(10-42)估算单桩水平承载力特征值。

$$R_{ha}=\frac{0.75\alpha\gamma_m f_t W_0}{\nu_M}(1.25+22\rho_g)\left(1\pm\frac{\zeta_N N}{\gamma_m f_t A_n}\right) \tag{10-42}$$

式中　R_{ha}——单桩水平承载力特征值，kN，"±"号根据桩顶竖向力性质确定，压力取"+"，拉力取"−"。

α——桩的水平变形系数，m^{-1}，查表10-13确定 m 值后按式(10-37)计算。

γ_m——桩截面模量塑性系数，圆形截面 $\gamma_m=2$，矩形截面 $\gamma_m=1.75$。

f_t——桩身混凝土抗拉强度设计值，kPa。

W_0——桩身换算截面受拉边缘的截面模量，m^3，按式(10-32)和式(10-34)计算。

A_n——桩身换算截面面积，m^2，圆形截面 $A_n=\frac{\pi d^2}{4}[1+(\alpha_E-1)\rho_g]$，方形截面 $A_n=b^2[1+(\alpha_E-1)\rho_g]$。

ζ_N——桩顶竖向力影响系数，竖向压力时取0.5，竖向拉力时取1.0。

N——在荷载效应标准组合下桩顶的竖向力，kN。

ν_M——桩身最大弯矩系数，按表10-17取值，当单桩基础和单排桩基纵向轴线与水平力方向相垂直时，按桩顶铰接考虑。

表10-17　桩顶(身)最大弯矩系数 ν_M 和桩顶水平位移系数 ν_x

桩顶约束情况	桩的换算埋深(无量纲入土深度)αh	ν_M	ν_x
铰接、自由	4.0	0.768	2.441
	3.5	0.750	2.502
	3.0	0.703	2.727
	2.8	0.675	2.905
	2.6	0.639	3.163
	2.4	0.601	3.526
固接	4.0	0.926	0.940
	3.5	0.934	0.970
	3.0	0.967	1.028
	2.8	0.990	1.055
	2.6	1.018	1.079
	2.4	1.045	1.095

注：1. 铰接(自由)的 ν_M 系桩身的最大弯矩系数，固接的 ν_M 系桩顶的最大弯矩系数。

2. 当 $\alpha h>4$ 时，取 $\alpha h=4.0$。

应特别注意：对于混凝土护壁的挖孔桩，计算单桩水平承载力时，《建筑桩基技术规范》(JGJ 94—2008)规定其设计桩径应取护壁内直径。

（二）预制桩、钢桩、桩身配筋率不小于0.65%的灌注桩

当桩的水平承载力由水平位移控制，且缺少单桩水平静载试验资料时，可按式(10-43)估算预制桩、钢桩、桩身配筋率不小于0.65%的灌注桩单桩水平承载力特征值。

$$R_{ha} = 0.75\frac{\alpha^3 EI}{\nu_x}x_{0a} \tag{10-43}$$

式中 EI——桩身抗弯刚度，$kN\cdot m^2$，对于钢筋混凝土桩，按式(10-30)计算。

x_{0a}——桩顶允许水平位移，m。

ν_x——桩顶水平位移系数，按表10-17取值，取值方法同ν_M。

必须指出：当验算永久荷载控制的桩基的水平承载力时，应将单桩水平静载试验或上述估算法确定的单桩水平承载力特征值乘以调整系数0.80；验算地震作用下桩基的水平承载力时，宜乘以调整系数1.25。

【例10-8】 对于例10-7，若灌注桩的混凝土抗拉强度设计值$f_t=1.43$ MPa，试估算单桩水平承载力特征值。

【解】 (1) 桩身换算截面积

$$A_n = \frac{\pi d^2}{4}[1+(\alpha_E-1)\rho_g]$$

$$=\frac{3.14\times1.4^2}{4}\times[1+(\frac{2.0\times10^5}{3.0\times10^4}-1)\times0.48\%]$$

$$=1.58\ (m^2)$$

(2) 桩身换算截面受拉边缘的截面模量

$$W_0=\frac{\pi d}{32}[d^2+2(\alpha_E-1)\rho_g d_0^2]$$

$$=\frac{3.14\times1.4}{32}\times[1.4^2+2\times(\frac{2.0\times10^5}{3.0\times10^4}-1)\times0.48\%\times(1.4-2\times0.05)^2]$$

$$=0.284\ (m^3)$$

(3) 桩身最大弯矩系数

桩顶按铰接考虑；$\alpha h=4.83>4$，取$\alpha h=4.0$。查表10-17，则$\nu_M=0.768$。

(4) 单桩水平承载力特征值

$$R_{ha}=\frac{0.75\alpha\gamma_m f_t W_0}{\nu_M}(1.25+22\rho_g)\left(1+\frac{\zeta_N N}{\gamma_m f_t A_n}\right)$$

$$=\frac{0.75\times0.537\times2\times1.43\times10^3\times0.284}{0.768}\times(1.25+22\times0.48\%)\left(1+\frac{0.5\times540}{2\times1.43\times10^3\times1.58}\right)$$

$$=611.9\ (kN)$$

第六节 群桩基础计算

实际工程中的桩基础，除少数大直径桩采用单桩基础外，一般都采用由若干根桩和承台连接形成的群桩基础。群桩中的每根桩称为基桩。

一、桩顶作用效应简化计算

桩顶作用效应分为荷载效应和地震作用效应。荷载效应是指由荷载引起结构或结构构件的反应,例如内力、变形和裂缝等;地震作用效应是指地震对结构或结构构件产生的影响。相应的,桩顶作用效应组合分为两种:一种是荷载效应标准组合;另一种是地震作用效应和荷载效应标准组合。

对于一般建筑物和受水平力(包括力矩与水平剪力)较小的高层建筑群桩基础,应按下列公式计算柱、墙、核心筒群桩中基桩或复合基桩的桩顶作用效应(图 10-23)。

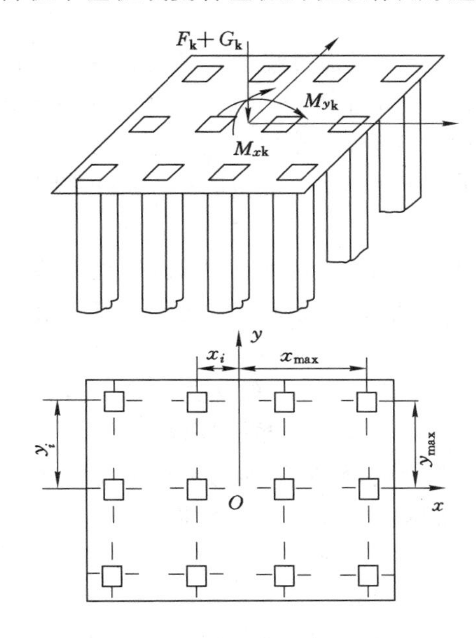

图 10-23　桩顶荷载的计算简图

(一) 竖向力

1. 中心竖向力作用下

$$N_k = \frac{F_k + G_k}{n} \tag{10-44}$$

式中　N_k——荷载效应标准组合中心竖向力作用下,基桩或复合基桩的平均竖向力,kN;

F_k——荷载效应标准组合时,作用于承台顶面的中心竖向力,kN;

G_k——桩基承台和承台上土自重标准值,对稳定的地下水位以下部分应扣除水的浮力,kN;

n——总桩数。

2. 偏心竖向力作用下

$$N_{ik} = \frac{F_k + G_k}{n} \pm \frac{M_{xk} y_i}{\sum y_j^2} \pm \frac{M_{yk} x_i}{\sum x_j^2} \tag{10-45}$$

式中　N_{ik}——荷载效应标准组合偏心竖向力作用下,第 i 根基桩或复合基桩的竖向力,kN;

M_{xk},M_{yk}——荷载效应标准组合时,作用于承台底面,绕通过桩群形心的 x、y 主轴的弯矩,kN·m;

x_i, x_j, y_i, y_j——第 i、j 根基桩或复合基桩至 y 轴、x 轴的距离，m；

（二）水平力

$$H_{ik} = \frac{H_k}{n} \tag{10-46}$$

式中 H_{ik}——荷载效应标准组合时，作用于第 i 根基桩或复合基桩的水平力，kN；

H_k——荷载效应标准组合时，作用于桩基承台底面的水平力，kN。

二、群桩效应与承台效应

（一）群桩效应

群桩基础中的所有基桩在受载变形过程中，由于相互影响和相互制约而产生群桩效应。群桩效应是指群桩基础受荷载后，由于承台、桩、土的相互作用使其受力与变形特性发生变化而与单桩有所不同，承载力往往不等于各单桩承载力之和的现象。因此，设计时必须综合考虑群桩的工作特点，以便确定群桩的承载力。大量的工程实践表明群桩效应因桩基类型而异。

1. 端承型群桩基础

由于端承型群桩基础持力层坚硬，压缩性很低，桩顶沉降量较小，桩侧摩阻力不易发挥，桩顶荷载基本上通过桩身直接传到桩端处坚硬土层或岩层上，如图 10-24 所示。桩端处压力较集中，各桩端的压力彼此互不影响，可近似认为端承型群桩基础中的各基桩的工作性状与单桩基本一致。同时，由于桩的变形很小，桩间土基本不承受荷载，群桩基础的承载力等于各单桩的承载力之和，群桩的沉降量与单桩基本相同，故可不考虑群桩效应。

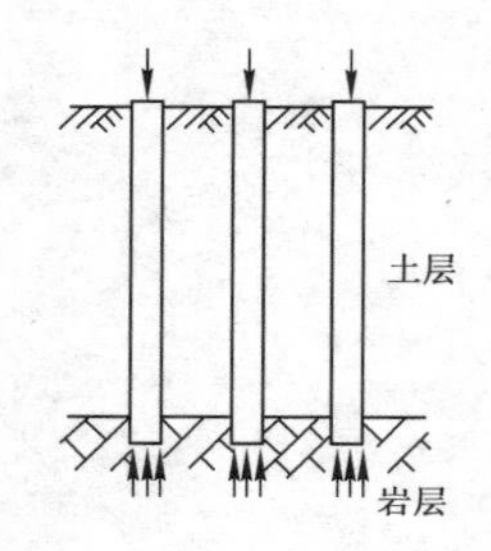

图 10-24　端承型群桩基础

2. 摩擦型群桩基础

对于摩擦型群桩基础，主要通过每根桩侧的摩擦阻力将上部荷载传递到桩周及桩端土层中，且一般假定桩侧摩阻力在土中引起的附加应力按某一角度沿桩长向下扩散分布至桩端平面处，压力分布如图 10-25 中阴影部分所示。

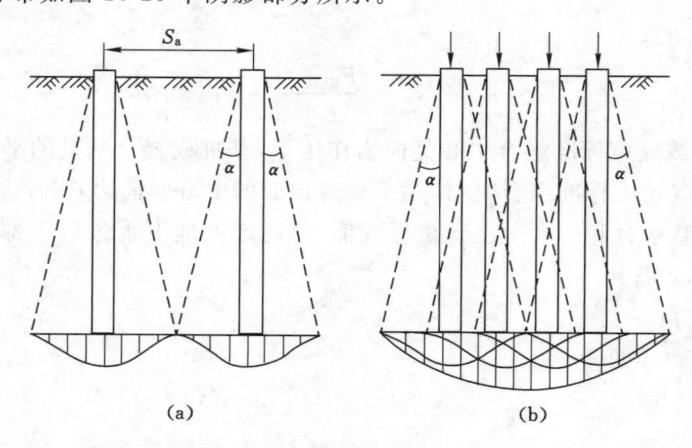

图 10-25　摩擦型群桩基础桩端平面上的压力分布

当桩数少、桩中心距 S_a 较大时（$S_a > 6d$），桩端平面处各桩传来的压力互不重叠或重叠不多[图 10-25(a)],此时群桩中各桩的工作情况与单桩一致,故群桩的承载力等于各单桩承载力之和,也不存在群桩效应。但是当桩数较多,桩距较小[例如常用间距 $S_a=(3\sim4)d$]时,桩端处地基中各桩传来的压力将相互重叠[图 10-25(b)],桩端处压力比单桩时大得多,桩端以下压缩土层的影响深度也比单桩要大。此时群桩基础的承载力小于各单桩承载力之和,沉降量则大于单桩的沉降量。

另外,群桩效应对桩的侧阻力也产生一定影响。通常情况下,砂土和粉土中的桩基,群桩效应使桩的侧阻力提高;而黏性土中的桩基,群桩效应使侧阻力降低。因此,有群桩效应存在时桩基础承载力的确定极为复杂,与桩的间距、土质、桩数、桩径、入土深度以及桩的类型和排列方式等因素有关。

(二) 承台效应

摩擦型桩基在竖向荷载作用下发生沉降,承台底一般会受到桩间土反力的作用,而使一部分荷载由承台下桩间土来承担。这种承台底地基土对荷载的分担作用,称为承台效应;竖向荷载作用下承台底地基土承载力的发挥率,称为承台效应系数,用 η_c 表示。

承台下桩间土对荷载的分担作用,随桩群相对于地基土向下位移幅度的增大而增强,其分担比例可从百分之十几直至百分之五十以上。

由基桩和承台下桩间土共同承担荷载的摩擦型群桩基础,称为复合桩基(图 10-26);由单桩及其对应面积的承台下地基土组成的复合承载结构,称为复合基桩。

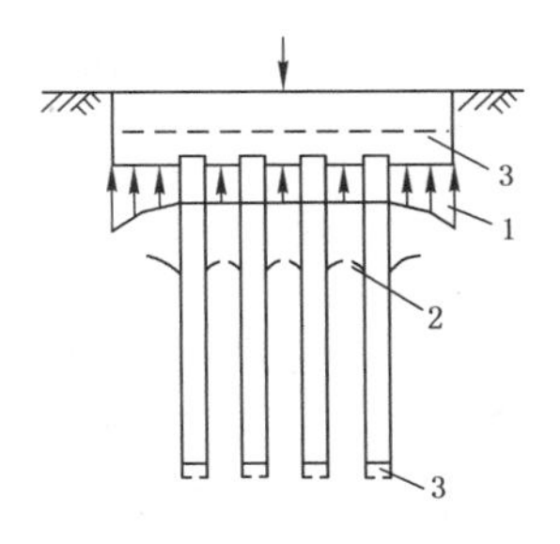

1—台底土反力;2—上层土位移;
3—桩端贯入、桩基整体下沉。
图 10-26　复合桩基

传统方法的原理认为荷载全部由桩承担,承台下桩间土不分担荷载,这种考虑无疑是偏于安全的。近 20 多年来的大量室内试验研究和现场实测表明,对于摩擦型桩基础,除了承台底面存在几种特殊性质土层或动力作用的情况外,承台下的桩间土均参与承担部分外荷载,其分担比例还与桩距有关,且随桩距的增大而增大。

显而易见,承台效应产生的先决条件是承台底面必须与土保持接触而不能脱开。根据实际工程观测,在下列情况下,将出现地基土与承台脱空的现象。

(1) 承受经常出现的动荷载作用,如铁路桥梁的桩基。

(2) 承台下存在可能产生负摩阻力的土层,如湿陷性黄土、欠固结土、新填土、高灵敏度软土以及可液化土;或由于地下水位下降而造成土中有效竖向附加应力增大,引起地基土固结而与承台脱离。

(3) 在饱和软土中沉入密集桩群,引起超孔隙水压力和土体暂时隆起,随着时间推移,超孔隙水压力逐渐消散,桩间土逐渐固结下沉而与承台脱离。

显然在上述这些情况下,不能考虑承台下桩间土对荷载的分担作用。而对于那些建在一般土层上,桩长较短而桩距较大的桩基,承台下桩间土对荷载的分担作用较显著,即应考虑承台效应。

三、考虑承台效应的复合基桩竖向承载力与验算

就实际工程而言,桩所穿越的土层往往是两种以上性质不同的土层,分别考虑由于群桩效应所引起的桩侧和桩端阻力的变化过于烦琐,且目前还没有可靠的计算方法。因此,《建

筑桩基技术规范》(JGJ 94—2008)对桩侧和桩端的群桩效应不予考虑,而只考虑承台下桩间土对荷载的分担作用,即只考虑承台效应。

(一) 考虑承台效应时复合基桩竖向承载力特征值的确定

对于符合下列条件之一的摩擦型桩基,宜考虑承台效应确定其复合基桩的竖向承载力特征值:

(1) 上部结构整体刚度较好、体型简单的建(构)筑物。

(2) 对差异沉降适应性较强的排架结构和柔性构筑物。

(3) 按变刚度调平原则设计的桩基刚度相对弱化区。变刚度调平原则设计是指通过调整桩径、桩长、桩距等改变基桩支承刚度分布,以使建筑物沉降趋于均匀、承台内力降低的设计方法。

(4) 软土地基的减沉复合疏桩基础。减沉复合疏桩基础是指天然状态下软土地基承载力在基本满足要求的情况下,为减小沉降采用疏布摩擦型桩的复合桩基。

考虑承台效应的复合基桩竖向承载力特征值可按下列公式确定:

(1) 不考虑地震作用时:

$$R = R_a + \eta_c f_{ak} A_c \tag{10-47}$$

(2) 考虑地震作用时:

$$R = R_a + \frac{\zeta_a}{1.25} \eta_c f_{ak} A_c \tag{10-48}$$

$$A_c = (A - nA_{ps})/n \tag{10-49}$$

式中 R——考虑承台效应的复合基桩竖向承载力特征值,kN。

R_a——单桩竖向承载力特征值,kN。

η_c——承台效应系数,可按表 10-18 取值;当承台底为可液化土、湿陷性土、高灵敏度软土、欠固结土、新填土时,或沉桩引起超孔隙水压力和土体隆起时,不考虑承台效应,取 $\eta_c = 0$。

f_{ak}——承台下 1/2 承台宽度且不超过 5 m 深度范围内各层土的地基承载力特征值按厚度加权的平均值,kPa。

ξ_a——地基抗震承载力调整系数,应按现行国家标准《建筑抗震设计规范》(GB 50011—2010)(2016 年版)选用。

A_c——计算基桩所对应的承台底净面积,m^2。

A_{ps}——桩身截面面积,m^2。

n——总桩数。

A——承台计算域面积。对于柱下独立桩基,A 为承台总面积;对于桩筏基础,A 为柱(墙)周围 1/2 柱距(墙距)所围成的面积(悬臂边时取 2.5 倍筏板厚度)[图 10-27(a),此时式(10-49)中的 $n=1$];对于桩集中布置于单片墙下的桩筏基础[图 10-27(b)],取墙两边各 1/2 跨距围成的面积,按条基计算 η_c。

必须指出:对于端承型桩基、桩数少于 4 根的摩擦型柱下独立桩基,由于地层土性或使用条件等因素而不宜考虑承台效应时,基桩竖向承载力特征值应取单桩竖向承载力特征值,即 $R = R_a$。

表 10-18　承台效应系数 η_c

B_c/l	s_a/d				
	3	4	5	6	>6
≤0.4	0.06～0.08	0.14～0.17	0.22～0.26	0.32～0.38	0.50～0.80
0.4～0.8	0.08～0.10	0.17～0.20	0.26～0.30	0.38～0.44	
>0.8	0.10～0.12	0.20～0.22	0.30～0.34	0.44～0.50	
单排桩条形承台	0.15～0.18	0.25～0.30	0.38～0.45	0.50～0.60	

注：1. 表中 s_a/d 为桩中心距与桩径之比；B_c/l 为承台宽度与桩长之比。当计算基桩为非正方形排列时，$s_a=\sqrt{A/n}$，A 为承台计算域面积，n 为总桩数。

2. 对于桩布置于墙下的箱、筏承台，η_c 可按单排桩条基取值。

3. 对于单排桩条形承台，当承台宽度小于 1.5d 时，η_c 按非条形承台取值。

4. 对于采用后注浆灌注桩的承台，η_c 宜取低值。

5. 对于饱和黏性土中的挤土桩基、软土地基上的桩基承台，η_c 宜取低值的 0.8 倍。

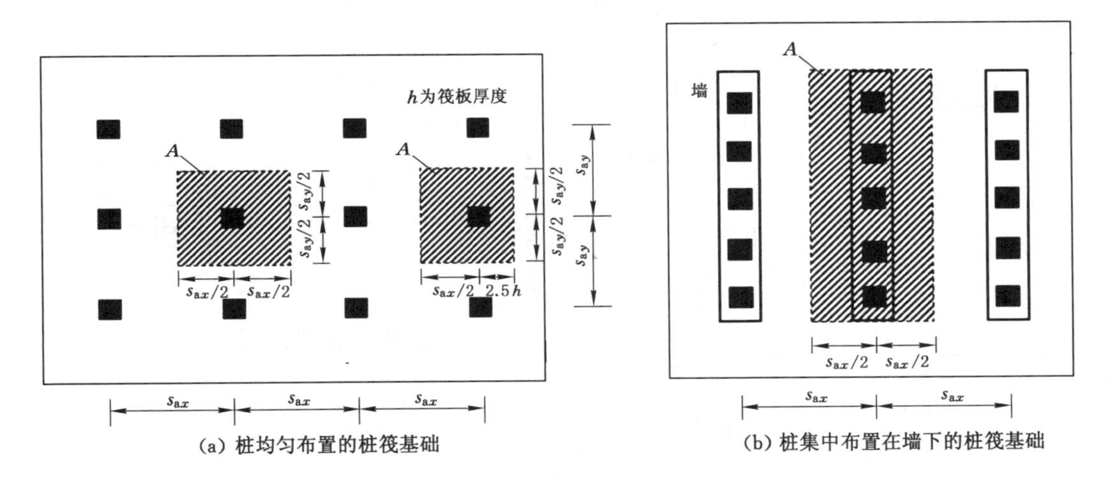

图 10-27　基桩所对应的承台底净面积的确定

（二）基桩或复合基桩竖向承载力验算

1. 荷载效应标准组合时

(1) 中心竖向力作用下

$$N_k \leqslant R \tag{10-50}$$

式中　R——基桩或复合基桩竖向承载力特征值，kN。

(2) 偏心竖向力作用下

除满足式(10-50)外，尚应满足下式要求：

$$N_{kmax} \leqslant 1.2R \tag{10-51}$$

式中　N_{kmax}——荷载效应标准组合偏心竖向力作用下，桩顶最大竖向力，kN。

2. 地震作用效应和荷载效应标准组合时

(1) 中心竖向力作用下

$$N_{Ek} \leqslant 1.25R \tag{10-52}$$

式中　N_{Ek}——地震作用效应和荷载效应标准组合时，基桩或复合基桩的平均竖向力，kN。

(2) 偏心竖向力作用下

除满足式(10-52)外，尚应满足下式的要求：

$$N_{Ekmax} \leqslant 1.5R \tag{10-53}$$

式中　N_{Ekmax}——地震作用效应和荷载效应标准组合时，基桩或复合基桩的最大竖向力，kN。

【例 10-9】　某柱下独立建筑桩基，采用 400 mm×400 mm 预制桩，桩长 16 m。建筑桩基设计等级为乙级，传至地表的竖向荷载标准值 $F_k=4\ 400$ kN，$M_{yk}=800$ kN·m，其余计算条件如图 10-28 所示。桩顶作用效应计算不考虑地震作用。试验算复合基桩的承载力是否满足要求。

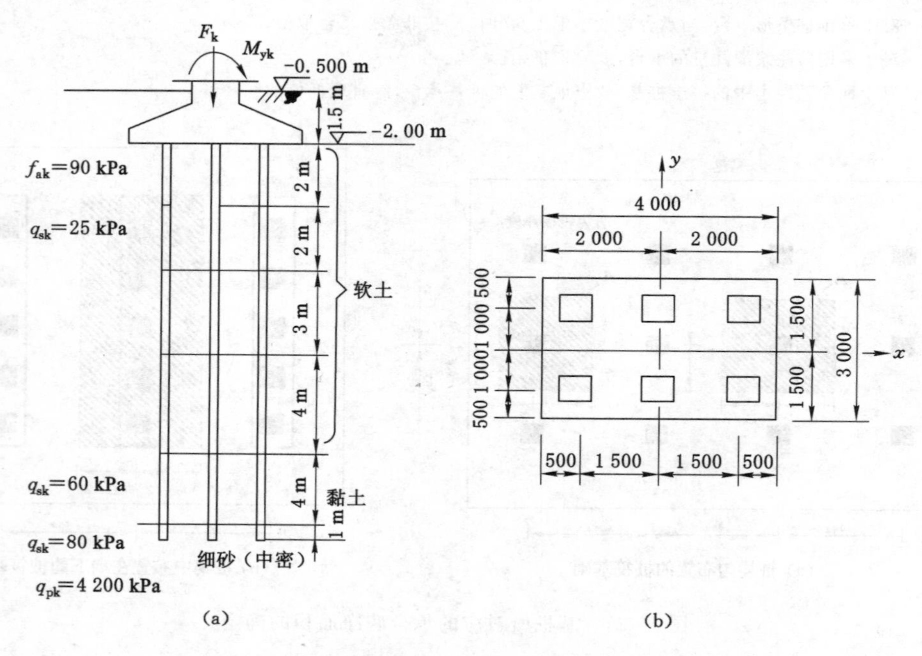

图 10-28　例 10-9 图(单位:mm)

【解】　基础为偏心荷载作用下的桩基础，承台面积 $A=3\ \text{m}\times4\ \text{m}=12\ \text{m}^2$，承台底面距地面的平均埋深 $d=1.5$ m。

(1) 基桩顶荷载标准值计算

$$N_k=\frac{F_k+G_k}{n}=\frac{F_k+\gamma_G Ad}{n}=\frac{4\ 400+20\times12\times1.5}{6}=793.3\ (\text{kN})$$

$$N_{kmax}=\frac{F_k+G_k}{n}+\frac{M_{yk}x_{max}}{\sum x_j^2}=793.3+\frac{800\times1.5}{4\times1.5^2}=926.6\ (\text{kN})$$

(2) 复合基桩竖向承载力特征值计算

按《建筑桩基技术规范》(JGJ 94—2008)推荐的经验参数法计算单桩竖向极限承载力标准值。已知桩周长 $u_p=0.4\times4$ m$=1.6$ m；桩截面面积 $A_{ps}=0.4\times0.4\ \text{m}^2=0.16\ \text{m}^2$。软土层、黏土层和细砂层的极限侧阻力标准值 q_{sk} 分别为 25 kPa、60 kPa、80 kPa。细砂层中桩端

极限端阻力 $q_{pk}=4\ 200$ kPa，则单桩极限承载力标准值为：

$$Q_{uk}=Q_{sk}+Q_{pk}=u_p\sum q_{sik}l_i+q_{pk}A_p$$
$$=1.6\times(25\times11.0+60\times4.0+80\times1.0)+4\ 200\times0.16$$
$$=1\ 624\ (\text{kN})$$

计算复合基桩承载力特征值时应考虑承台效应，可按下式计算：

$$R=R_a+\eta_c f_{ak}A_c=Q_{uk}/2+\eta_c f_{ak}A_c$$

上式中的承台效应系数 η_c 可查表 10-18。因桩为非正方形排列，$s_a=\sqrt{A/n}=\sqrt{(4\times3)/6}$ m$=1.41$ m，$B_c/l=3.0/16=0.19$，$s_a/d=1.41/0.4=3.53$，查表 10-18 可取 $\eta_c=0.11$；$A_c=(A-nA_{ps})/n=(12-6\times0.16)/6$ m$^2=1.84$ m^2。则有：

$$R=Q_{uk}/2+\eta_c f_{ak}A_c=1\ 624/2+0.11\times90\times1.84=830.2\ (\text{kN})$$

（3）桩基承载力验算

$$N_k=793.3\ \text{kN}<R=830.2\ \text{kN}$$
$$N_{kmax}=926.6\ \text{kN}<1.2R=996.2\ \text{kN}$$

复合基桩竖向承载力满足要求。

四、特殊条件下桩基竖向承载力验算

（一）软弱下卧层承载力验算

通常情况下，群桩的桩端一般选择坚硬土层作为持力层。在桩端持力层下可能存在软弱下卧层，此时需要对软弱下卧层的竖向承载力进行验算。《建筑桩基技术规范》（JGJ 94—2008）规定：对于桩距不超过 $6d$ 的群桩基础，桩端持力层下存在承载力低于桩端持力层承载力 1/3 的软弱下卧层时，可按下列公式验算软弱下卧层的承载力（图 10-29）。

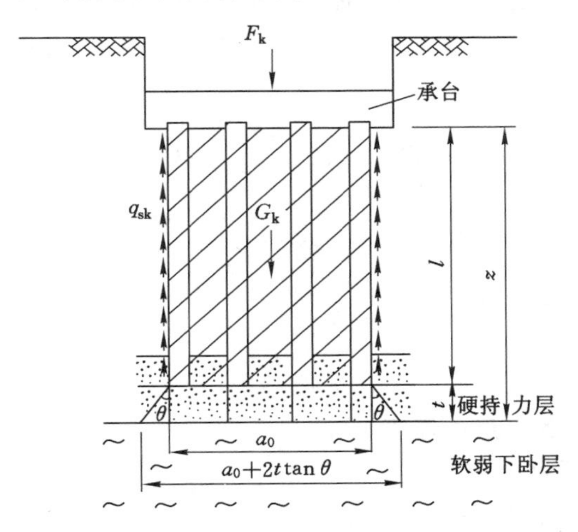

图 10-29　软弱下卧层承载力验算

$$\sigma_z+\gamma_m z\leqslant f_{az} \tag{10-54}$$

$$\sigma_z=\frac{(F_k+G_k)-3/2(a_0+b_0)\sum q_{sik}l_i}{(a_0+2t\tan\theta)(b_0+2t\tan\theta)} \tag{10-55}$$

式中　σ_z——作用于软弱下卧层顶面的附加应力，kPa；

γ_m——软弱层顶面以上各土层重度(地下水位以下取浮重度)的厚度加权平均值,kN/m^3;

z——承台底面至软弱下卧层顶面的深度,m;

f_{az}——软弱下卧层经深度 z 修正的地基承载力特征值,kPa;

a_0、b_0——桩群外缘矩形底面的长、短边边长,m;

t——硬持力层厚度,m;

q_{sik}——桩周第 i 层土的极限侧阻力标准值,kPa,无当地经验时,可根据成桩工艺按表 10-5 取值;

θ——桩端硬持力层压力扩散角,按表 10-19 取值。

表 10-19　桩端硬持力层压力扩散角 θ

E_{s1}/E_{s2}	$t=0.25b_0$	$t\geqslant 0.25b_0$
1	4°	12°
3	6°	23°
5	10°	25°
10	20°	30°

注:1. E_{s1}、E_{s2} 为硬持力层、软弱下卧层的压缩模量,MPa。

2. 当 $t<0.25b_0$ 时,取 $\theta=0°$,必要时,宜通过试验确定;当 $0.25b_0<t<0.50b_0$ 时,可内插取值。

(二) 桩基负摩阻力验算

1. 考虑群桩效应的基桩下拉荷载

负摩阻力引起的桩身最大轴力 Q_{sF},称为下拉荷载,即总的负摩阻力,也就是中性点以上负摩阻力之和。《建筑桩基技术规范》(JGJ 94—2008)规定:考虑群桩效应的基桩下拉荷载可按下列公式计算。

$$Q_{sF}=\eta_n u_p \sum_{i=1}^{n} q_{sFik} l_i \tag{10-56}$$

$$\eta_n = s_{ax}s_{ay}/\left[\pi d\left(\frac{q_{sFk}}{\gamma_m}+\frac{d}{4}\right)\right] \tag{10-57}$$

式中 n——中性点以上土层数;

u_p——桩的周长,m;

q_{sFiK}——桩周第 i 层土负摩阻力标准值,kPa;

l_i——中性点以上各土层的厚度,m;

η_n——负摩阻力群桩效应系数;

s_{ax}、s_{ay}——纵、横向桩的中心距,m;

q_{sFk}——中性点以上桩周土层厚度加权平均负摩阻力标准值,kPa;

γ_m——中性点以上桩周土层厚度加权平均重度(地下水位以下取浮重度),kN/m^3;

d——桩直径,m。

对于单桩基础或按式(10-57)计算的群桩效应系数 $\eta_n>1$ 时,取 $\eta_n=1$。

2. 基桩竖向承载力验算

《建筑桩基技术规范》(JGJ 94—2008)规定:桩周土沉降可能引起桩侧负摩阻力时,应根据工程具体情况考虑负摩阻力对桩基承载力和沉降的影响。当缺乏可参照的工程经验时，可按下列规定验算。

(1) 对于摩擦型基桩可取桩身计算中性点以上侧阻力为0，并可按下式验算基桩承载力：

$$N_k \leqslant R_a \tag{10-58}$$

必须指出：式(10-58)中基桩的竖向承载力特征值 R_a 只计中性点以下部分侧阻值及端阻值。

(2) 对于端承型基桩除应满足式(10-58)要求外，尚应考虑负摩阻力引起基桩的下拉荷载 Q_{sF}，并按下式验算基桩承载力：

$$N_k + Q_{sF} \leqslant R_a \tag{10-59}$$

(3) 当土层不均匀或建筑物对不均匀沉降较敏感时，尚应将负摩阻力引起的下拉荷载计入附加荷载验算桩基沉降。

(三) 抗拔桩基承载力验算

本章第四节已经详细介绍了基桩抗拔极限承载力标准值的确定方法。群桩呈非整体破坏时，基桩抗拔极限承载力标准值为 T_{uk}；群桩呈整体破坏时，基桩抗拔极限承载力标准值为 T_{gk}。因此，承受上拔力的桩基，应按下列公式同时验算群桩基础整体破坏和呈非整体破坏时基桩的抗拔承载力：

$$N_k \leqslant T_{gk}/2 + G_{gp} \tag{10-60}$$

$$N_k \leqslant T_{uk}/2 + G_p \tag{10-61}$$

式中　N_k——按荷载效应标准组合计算的基桩拔力，kN；

T_{gk}——群桩呈整体破坏时基桩的抗拔极限承载力标准值，kN；

T_{uk}——群桩呈非整体破坏时基桩的抗拔极限承载力标准值，kN；

G_{gp}——群桩基础所包围体积的桩土总自重除以总桩数，kN，地下水位以下取浮重度；

G_p——基桩自重，kN，地下水位以下取浮重度，扩底桩应按表10-11确定桩土柱体周长，并计算桩土自重。

另外，季节冻土上轻型建筑的短桩基础，应验算其抗冻拔稳定性；膨胀土上轻型建筑的短桩基础，应验算群桩基础呈整体破坏和非整体破坏的抗拔稳定性。详见《建筑桩基技术规范》(JGJ 94—2008)，本教材从略。

五、考虑群桩效应的基桩水平承载力与验算

(一) 考虑群桩效应时基桩水平承载力特征值的确定

《建筑桩基技术规范》(JGJ 94—2008)规定：群桩基础(不含水平力垂直于单排桩基纵向轴线和力矩较大的情况)的基桩水平承载力特征值应考虑由承台、桩群、土相互作用而产生的群桩效应，可按下列公式确定。

$$R_h = \eta_h R_{ha} \tag{10-62}$$

考虑地震作用且 $s_a/d \leqslant 6$ 时：

$$\eta_h = \eta_i \eta_r + \eta_l \tag{10-63}$$

$$\eta_i = \frac{\left(\frac{s_a}{d}\right)^{0.015n_2+0.45}}{0.15n_1 + 0.10n_2 + 1.9} \tag{10-64}$$

$$\eta_l = \frac{mx_{0a}B'_c h_c^2}{2n_1 n_2 R_{ha}} \tag{10-65}$$

$$x_{0a} = \frac{R_{ha}\nu_x}{\alpha^3 EI} \tag{10-66}$$

其他情况：

$$\eta_h = \eta_i \eta_r + \eta_l + \eta_b \tag{10-67}$$

$$\eta_b = \frac{\mu P_c}{n_1 n_2 R_{ha}} \tag{10-68}$$

$$B'_c = B_c + 1 \tag{10-69}$$

$$P_c = \eta_c f_{ak}(A - nA_{ps}) \tag{10-70}$$

式中 R_h——考虑群桩效应的基桩水平承载力特征值，kN。

R_{ha}——单桩水平承载力特征值，kN。

η_h——群桩效应综合系数。

η_i——桩的相互影响效应系数。

η_r——桩顶约束效应系数(桩顶嵌入承台长度 50～100 mm 时)，按表 10-20 取值。

η_l——承台侧向土抗力效应系数(承台外围回填土为松散状态时 $\eta_l=0$)。

η_b——承台底摩阻效应系数。

s_a/d——沿水平荷载方向的距径比。

n_1, n_2——沿水平荷载方向与垂直水平荷载方向每排桩中的桩数。

m——承台侧面土水平抗力系数的比例系数，kN/m^4，当无试验资料时可按表 10-13 取值。

x_{0a}——桩顶(承台)的水平位移允许值，当以位移控制时，可取 $x_{0a}=10$ mm(对水平位移敏感的结构物取 $x_{0a}=6$ mm)；当以桩身强度控制(低配筋率灌注桩)时，可近似按式(10-66)确定。

B'_c——承台受侧向土抗力一边的计算宽度，m。

B_c——承台宽度，m。

h_c——承台高度，m。

ν_x——桩顶水平位移系数，按表 10-17 取值。

α——桩的水平变形系数，m^{-1}，按式(10-37)计算。

EI——桩身抗弯刚度，$kN \cdot m^2$。

μ——承台底与基土间的摩擦系数，可按表 10-21 取值。

P_c——承台底地基土分担的竖向总荷载标准值，kN。

η_c——承台效应系数，可按表 10-18 取值；当承台底为可液化土、湿陷性土、高灵敏度软土、欠固结土、新填土时，或沉桩引起超孔隙水压力和土体隆起时，不考虑承台效应，取 $\eta_c=0$。

A——承台总面积，m^2。

A_{ps}——桩身截面面积，m^2。

f_{ak}——承台底地基土修正后的地基承载力特征值，kPa。

n——总桩数。

表 10-20　桩顶约束效应系数 η_r

换算深度 αh	2.4	2.6	2.8	3.0	3.5	≥4.0
位移控制	2.58	2.34	2.20	2.13	2.07	2.05
强度控制	1.44	1.57	1.71	1.82	2.00	2.07

表 10-21　承台底与地基土间的摩擦系数 μ

土的类别		摩擦系数 μ
黏性土	可塑	0.25～0.30
	硬塑	0.30～0.35
	坚硬	0.35～0.45
粉土	密实、中密(稍湿)	0.30～0.40
中砂、粗砂、砾砂		0.40～0.50
碎石土		0.40～0.60
软岩、软质岩		0.40～0.60
表面粗糙的较硬岩、坚硬岩		0.65～0.75

(二) 基桩水平承载力验算

受水平荷载的一般建筑物和水平荷载较小的高大建筑物，其单桩基础和群桩中基桩应满足下式要求：

$$H_{ik} \leqslant R_h \tag{10-71}$$

式中　H_{ik}——在荷载效应标准组合下，作用于基桩 i 桩顶处的水平力，kN。

R_h——单桩基础或群桩中基桩的水平承载力特征值，kN，对于单桩基础，可取单桩的水平承载力特征值 R_{ha}。

六、桩基沉降验算

(一) 桩基沉降变形指标

桩基沉降变形可用下列指标表示：

(1) 沉降量——整幢建筑物群桩基础的平均沉降量；

(2) 沉降差——相邻两个柱(墙)下桩基的沉降量之差；

(3) 整体倾斜——建筑物群桩基础倾斜方向两端点的沉降差与其距离之比值；

(4) 局部倾斜——墙下条形承台沿纵向某一长度范围内桩基础两点的沉降差与其距离之比值。

(二) 桩基沉降验算的要求与有关规定

桩基沉降验算的要求是：建筑桩基沉降变形计算值不应大于桩基沉降变形允许值。

建筑桩基沉降变形允许值应满足表 10-22 的规定。对于表中未包括的建筑桩基沉降变形允许值，应根据上部结构对桩基沉降变形的适应能力和使用要求确定。

表 10-22　建筑桩基沉降变形允许值

变　形　特　征		允许值
砌体承重结构基础的局部倾斜		0.002
各类建筑相邻柱(墙)基的沉降差	框架、框架-剪力墙、框架-核心筒结构	$0.002l_0$
	砌体墙填充的边排柱	$0.0007l_0$
	当基础不均匀沉降时不产生附加应力的结构	$0.005l_0$
单层排架结构(柱距为 6 m)桩基的沉降量/mm		120
桥式吊车轨面的倾斜(按不调整轨道考虑)	纵向	0.004
	横向	0.003
多层和高层建筑的整体倾斜	$H_g \leqslant 24$	0.004
	$24 < H_g \leqslant 60$	0.003
	$60 < H_g \leqslant 100$	0.002 5
	$H_g > 100$	0.002
高耸结构桩基的整体倾斜	$H_g \leqslant 20$	0.008
	$20 < H_g \leqslant 50$	0.006
	$50 < H_g \leqslant 100$	0.005
	$100 < H_g \leqslant 150$	0.004
	$150 < H_g \leqslant 200$	0.003
	$200 < H_g \leqslant 250$	0.002
高耸结构基础的沉降量/mm	$H_g \leqslant 100$	350
	$100 < H_g \leqslant 200$	250
	$200 < H_g \leqslant 250$	150
体型简单的剪力墙结构 高层建筑桩基最大沉降量/mm	—	200

注:l_0为相邻柱(墙)两测点间距离;H_g为自室外地面算起的建筑物高度。

在计算桩基沉降变形时,桩基变形指标应按下列规定选用:

(1) 由于土层厚度与性质不均匀、荷载差异、体型复杂、相互影响等因素所引起的地基沉降变形,对于砌体承重结构应由局部倾斜控制。

(2) 对于多层或高层建筑和高耸结构,应由整体倾斜值控制。

(3) 当其结构为框架、框架-剪力墙、框架-核心筒结构时,尚应控制柱(墙)之间的差异沉降。

(三) 桩基础最终沉降量的计算方法

1. 桩中心距不大于 6 倍桩径的桩基

对于桩中心距不大于 6 倍桩径的桩基,可假定桩群为一假想的实体深基础,其最终沉降量的计算可采用等效作用分层总和法。等效作用面位于桩端平面,等效作用面积为桩承台投影面积,等效作用附加压力近似取承台底平均附加压力。等效作用面以下的应力分布采用各向同性均质直线变形体理论。计算模式如图 10-30 所示,桩基任一点最终沉降量可用角点法按下列公式计算:

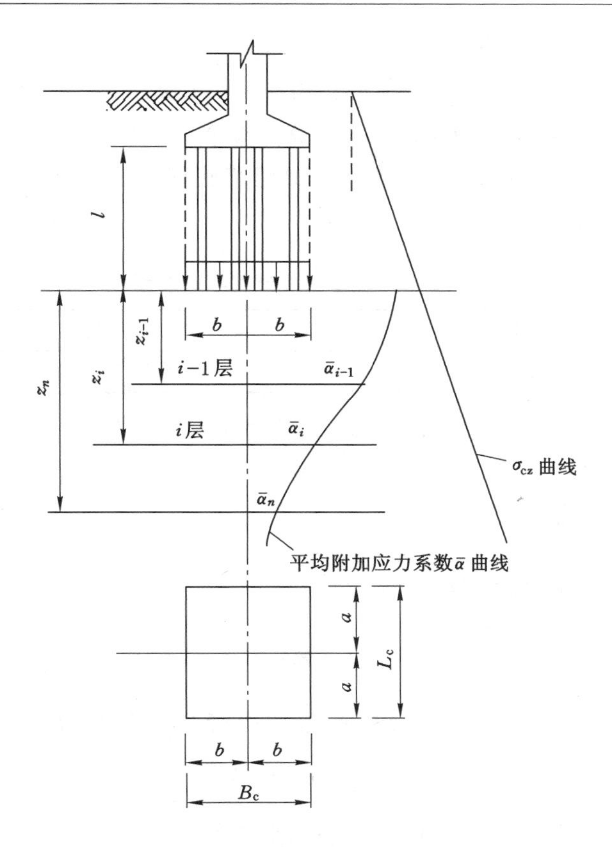

图 10-30　桩基沉降量计算示意图

$$s = \psi\psi_e s' = \psi\psi_e \sum_{j=1}^{m} p_{0j} \sum_{i=1}^{n} \frac{z_{ij}\bar{\alpha}_{ij} - z_{(i-1)j}\bar{\alpha}_{(i-1)j}}{E_{si}} \tag{10-72}$$

$$\psi_e = C_0 + \frac{n_b - 1}{C_1(n_b - 1) + C_2} \tag{10-73}$$

$$n_b = \sqrt{n_z B_c / L_c} \tag{10-74}$$

式中　s——桩基最终沉降量，mm；

s'——采用布辛奈斯克解，按实体深基础分层总和法计算出的桩基沉降量，mm；

ψ——桩基沉降量计算经验系数，当无当地可靠经验时可查表 10-23 确定；

ψ_e——桩基等效沉降系数；

n_b——矩形布桩时的短边布桩数，当布桩不规则时可按式(10-74)近似计算；

L_c、B_c、n_z——矩形承台的长、宽及总桩数；

C_0、C_1、C_2——桩基等效沉降系数 ψ_e 的计算参数，查《建筑桩基技术规范》(JGJ 94—2008)附录 E。

m——角点法计算点对应的矩形荷载分块数；

p_{0j}——第 j 块矩形底面荷载效应准永久组合时的附加压力，MPa；

n——桩基沉降计算深度范围内所划分的土层数；

E_{si}——等效作用面以下第 i 层土的压缩模量，MPa，采用地基土在自重应力至自重应力加附加应力作用时的压缩模量；

z_{ij}、$z_{(i-1)j}$——桩端平面第 j 块荷载作用面至第 i 层土、第 $i-1$ 层土底面的距离，m；

$\overline{\alpha}_{ij}$、$\overline{\alpha}_{(i-1)j}$——桩端平面第 j 块荷载计算点至第 i 层土、第 $i-1$ 层土底面深度范围内平均附加应力系数，可按《建筑桩基技术规范》(JGJ 94—2008)附录 D 选用。

表 10-23　桩基沉降计算经验系数 ψ

$\overline{E}_s$/MPa	≤10	15	20	35	≥50
ψ	1.2	0.9	0.65	0.50	0.40

注：1. $\overline{E}_s$ 为沉降计算深度范围内压缩模量的当量值，可按下式计算：$\overline{E}_s=\sum A_i/\sum \frac{A_i}{E_{si}}$，式中 A_i 为第 i 层土附加压力系数沿土层厚度的积分值，可近似按分块面积计算。

2. ψ 可根据 $\overline{E}_s$ 内插取值。

3. 对于采用后注浆施工工艺的灌注桩，桩基沉降计算经验系数应根据桩端持力土层类别，乘以 0.7(砂、砾、卵石)～0.8(黏性土、粉土)折减系数。

4. 饱和土中采用预制桩(不含复打、复压、引孔沉桩)时，应根据桩距、土质、沉桩速率和顺序等因素，乘以 1.3～1.8 的挤土效应系数，土的渗透性低、桩距小、桩数多、沉降速率快时取大值。

特别的，当计算矩形桩基中点沉降量时，桩基沉降量可按式(10-75)简化计算。

$$s=\psi\psi_e s'=4\psi\psi_e p_0\sum_{i=1}^{n}\frac{z_i\overline{\alpha}_i-z_{i-1}\overline{\alpha}_{i-1}}{E_{si}} \tag{10-75}$$

式中　p_0——荷载效应准永久组合时承台底的平均附加压力，MPa；

$\overline{\alpha}_i$、$\overline{\alpha}_{i-1}$——桩端平面至第 i 层土、第 $i-1$ 层土底面深度范围内平均附加应力系数，可按《建筑桩基技术规范》(JGJ 94—2008)附录 D 选用。

桩基沉降计算深度 z_n 应按应力比法确定，即计算深度处的附加应力 σ_z 与土的自重应力 σ_{cz} 应符合下式要求：

$$\sigma_z\leqslant 0.2\sigma_{cz} \tag{10-76}$$

2. 单桩、单排桩、疏桩基础

对于单桩、单排桩、桩中心距大于 6 倍桩径的疏桩基础的沉降量计算，详见《建筑桩基技术规范》(JGJ 94—2008)，本教材从略。

七、桩身承载力验算与裂缝控制计算

桩身应进行承载力和裂缝控制计算，计算时应考虑桩身材料强度、成桩工艺、吊运与沉桩、约束条件、环境类别等因素。

(一) 受压桩

对于钢筋混凝土轴心受压桩，其正截面受压承载力应符合下列规定。

(1) 当桩顶以下 $5d$ 范围内的桩身螺旋式箍筋间距不大于 100 mm，且桩基构造符合《建筑桩基技术规范》(JGJ 94—2008)规定(详见该规范第 4.1.1 条)时，应满足如下要求：

$$N\leqslant\psi_c f_c A_{ps}+0.9f'_y A'_s \tag{10-77}$$

式中　N——荷载效应基本组合时的桩顶轴向压力设计值，kN。

ψ_c——基桩成桩工艺系数。混凝土预制桩和预应力混凝土空心桩，$\psi_c=0.85$；干作业非挤土灌注桩，$\psi_c=0.90$；泥浆护壁和套管护壁非挤土灌注桩、部分挤土灌注桩和挤土灌注桩，$\psi_c=0.7\sim0.8$；软土地区挤土灌注桩，$\psi_c=0.6$。

f_c——混凝土轴心抗压强度设计值，kPa。

A_{ps}——桩身截面面积，m^2。

f'_y——纵向主筋抗压强度设计值，kPa。

A'_s——纵向主筋截面面积，m^2。

(2) 当桩身配筋不符合《建筑桩基技术规范》(JGJ 94—2008)规定(详见该规范第4.1.1条)时，应满足如下要求：

$$N \leqslant \psi_c f_c A_{ps} \tag{10-78}$$

必须指出：对于高承台基桩、桩身穿越可液化土或不排水抗剪强度小于10 kPa的软弱土层的基桩，应考虑压屈影响，即将式(10-77)和式(10-78)计算所得桩身正截面受压承载力乘以 φ 进行折减，φ 称为桩身稳定系数，查表10-24。

表 10-24　桩身稳定系数 φ

l_c/d	≤7	8.5	10.5	12	14	15.5	17	19	21	22.5	24
l_c/b	≤8	10	12	14	16	18	20	22	24	26	28
φ	1.00	0.98	0.95	0.92	0.87	0.81	0.75	0.70	0.65	0.60	0.56
l_c/d	26	28	29.5	31	33	34.5	36.5	38	40	41.5	43
l_c/b	30	32	34	36	38	40	42	44	46	48	50
φ	0.52	0.48	0.44	0.40	0.36	0.32	0.29	0.26	0.23	0.21	0.19

注：1. b 为矩形桩短边尺寸，d 为圆形桩直径。

2. l_c 为桩身压屈计算长度，其确定方法详见《建筑桩基技术规范》(JGJ 94—2008)的相关规定。

(二) 抗拔桩

1. 正截面受拉承载力验算

对于钢筋混凝土轴心抗拔桩，其正截面受拉承载力应符合式(10-79)的规定。

$$N \leqslant f_y A_s + f_{py} A_{py} \tag{10-79}$$

式中　N——荷载效应基本组合时桩顶轴向拉力设计值，kN；

f_y，f_{py}——普通钢筋、预应力钢筋的抗拉强度设计值，kPa；

A_s，A_{py}——普通钢筋、预应力钢筋的截面面积，m^2。

当考虑地震作用验算桩身抗拔承载力时，应根据现行国家标准《建筑抗震设计规范》(GB 50011—2010)(2016年版)的规定，对作用于桩顶的地震作用效应进行调整。

2. 裂缝控制计算

对于抗拔桩的裂缝控制计算应符合下列规定：

(1) 对于严格要求不出现裂缝的一级裂缝控制等级预应力混凝土基桩，荷载效应标准组合时混凝土不应产生拉应力，应符合式(10-80)的要求。

$$\sigma_{ck} - \sigma_{pc} \leqslant 0 \tag{10-80}$$

式中　σ_{ck}——荷载效应标准组合时正截面法向应力，kPa；

σ_{pc}——扣除全部应力损失后桩身混凝土的预应力，kPa。

(2) 对于一般要求不出现裂缝的二级裂缝控制等级预应力混凝土基桩，荷载效应标准组合时的拉应力不应大于混凝土轴心抗拉强度标准值，应符合下列公式要求。

荷载效应标准组合时：

$$\sigma_{ck} - \sigma_{pc} \leqslant f_{tk} \tag{10-81}$$

荷载效应准永久组合时：

$$\sigma_{cq} - \sigma_{pc} \leqslant 0 \tag{10-82}$$

式中　f_{tk}——混凝土轴心抗拉强度标准值，kPa；

σ_{cq}——荷载效应准永久组合时的正截面法向应力，kPa。

(3) 对于允许出现裂缝的三级裂缝控制等级基桩，按荷载效应标准组合计算的最大裂缝宽度应符合式(10-83)要求。

$$w_{max} \leqslant w_{lim} \tag{10-83}$$

式中　w_{max}——按荷载效应标准组合计算的最大裂缝宽度，可按现行国家标准《混凝土结构设计规范》(GB 50010—2010)计算；

w_{lim}——最大裂缝宽度限值，按表 10-25 取用。

表 10-25　桩身的裂缝控制等级及最大裂缝宽度限值

环境类别		钢筋混凝土桩		预应力混凝土桩	
		裂缝控制等级	w_{lim}/mm	裂缝控制等级	w_{lim}/mm
二	a	三	0.2(0.3)	二	0
	b	三	0.2	二	0
三		三	0.2	一	0

注：1. 水、土为强、中腐蚀性时，抗拔桩裂缝控制等级应提高一级。

2. 二 a 类环境中，位于稳定地下水位以下的基桩，其最大裂缝宽度限值可采用括弧中的数值。

此外，对于受水平荷载和地震作用的桩，《建筑桩基技术规范》(JGJ 94—2008)规定还应对桩身受弯承载力和受剪承载力进行验算；对于预制桩，还应进行吊运和锤击验算(从略)。

第七节　桩基础设计

一、桩基础设计内容与步骤

(1) 现场踏勘，收集设计资料；

(2) 确定桩的类型、桩长和截面尺寸，初步确定承台底面标高；

(3) 确定单桩承载力极限值与特征值；

(4) 估算桩数，确定其在平面上的布置和承台的轮廓尺寸；

(5) 基桩构造设计；

(6) 桩基础计算(验算)；

(7) 承台设计；

(8) 绘制桩基础施工图。

二、收集设计资料

桩基设计前，必须充分和准确地掌握设计原始资料，主要包括：

（一）岩土工程勘察文件

（1）桩基设计所需的岩土物理力学参数及原位测试参数；

（2）对建筑场地的不良地质作用，如滑坡、崩塌、泥石流、岩溶、土洞等；

（3）地下水位埋藏情况、类型和水位变化幅度，土、水的腐蚀性评价；

（4）抗震设防区按设防烈度提供的液化土层资料；

（5）有关地基土冻胀性、湿陷性、膨胀性评价等。

（二）建筑场地与环境条件的有关资料

（1）建筑场地现状，包括交通设施、高压架空线、地下管线和地下构筑物的分布；

（2）相邻建筑物安全等级、基础形式及埋置深度；

（3）附近类似工程地质条件场地的桩基工程试桩资料和单桩承载力设计参数；

（4）周围建筑物的防振、防噪声的要求；

（5）泥浆排放、弃土条件；

（6）建筑物所在地区的抗震设防烈度和建筑场地类别等。

（三）建筑物的有关资料

（1）建筑物的总平面布置图；

（2）建筑物的结构类型、荷载，建筑物的使用条件和设备对基础竖向位移及水平位移的要求；

（3）建筑结构的安全等级。

（四）施工条件的有关资料

（1）施工机械设备条件、制桩条件、动力条件、施工工艺对地质条件的适应性；

（2）水、电及有关建筑材料的供应条件；

（3）施工机械的进出场及现场运行条件。

（五）供设计比较用的有关桩型及实施的可行性资料

（1）当地常用的桩型情况；

（2）各种桩型实施的可行性与技术经济分析资料等。

三、桩型与桩的几何尺寸确定

（一）桩型的选择

桩型与成桩工艺应根据建筑结构类型、荷载性质、桩的使用功能、穿越土层、桩端持力层、地下水位、施工设备、施工环境、施工经验、制桩材料供应条件等，按安全适用、经济合理的原则选择。具体可参考表 10-26 确定。

（二）桩的截面形状与尺寸

（1）木桩常用松木、杉木或橡木制作，多为圆形，一般桩径为 160～260 mm。桩顶锯平并加铁箍，以防施工时被打桩机打裂；桩尖削成棱锥形，有时还带钢板制作的桩靴。

（2）钢筋混凝土预制桩的横截面有方形、圆形等，一般其边长或直径为 300～500 mm。预应力钢筋混凝土实心桩的边长或直径一般不小于 350 mm。预应力钢筋混凝土桩可制作成空心桩，按截面形状分为管桩和空心方桩，桩尖有闭口型和敞口型。工程应用较多的是预应力钢筋混凝土管桩，其规格按外径不同分为 300 mm、400 mm、500 mm、550 mm、600 mm、800 mm 和 1 000 mm 等，壁厚为 60～130 mm。

（3）混凝土灌注桩一般为圆形，其直径根据施工方法的不同，可在 300～2 000 mm 之间

表 10-26　桩型与成桩工艺选择

桩类			桩径		最大桩长/m	穿越土层											桩端进入持力层				地下水位		对环境影响		
			桩身/mm	扩大头/mm		一般黏性土及其填土	淤泥和淤泥质土	粉土	砂土	碎石土	季节性冻土、膨胀土	黄土 非自重湿陷性黄土	黄土 自重湿陷性黄土	中间有硬夹层	中间有砂夹层	中间有砾石夹层	硬黏性土	密实砂土	碎石土	软质岩石和风化岩石	以上	以下	振动和噪声	排浆	孔底有无挤密
非挤土成桩	干作业法	长螺旋钻孔灌注桩	300～800	—	28		×		△	×			△	×	△	×			△	△		×	无	无	无
		短螺旋钻孔灌注桩	300～800	—	20		×		△	×			×	×	△	×			×	×		×	无	无	无
		钻孔扩底灌注桩	300～600	800～1 200	30		×		×	×			△	×	△	×			△	△		×	无	无	无
		机动洛阳铲成孔灌注桩	300～500	—	20		×	△	×	×			△	△	×	△			×	×		×	无	无	无
		人工挖孔扩底灌注桩	800～2 000	1 600～3 000	30		×	△	△	△					△	△		△	△			△	无	无	无
	泥浆护壁法	潜水钻成孔灌注桩	500～800	—	50				△	×	△	△	×	×	△	×			△	×			无	有	无
		反循环钻成孔灌注桩	600～1 200	—	80				△	△	△					△			△				无	有	无
		正循环钻成孔灌注桩	600～1 200	—	80				△	△	△					△			△				无	有	无
		旋挖成孔灌注桩	600～1 200	—	60		△		△	△	△				△	△							无	有	无
		钻孔扩底灌注桩	600～1 200	1 000～1 600	30				△	△	△					△		△	△	△			无	有	无
	套管护壁	贝诺托灌注桩	800～1 600	—	50						△		△										无	无	无
		短螺旋钻孔灌注桩	300～800	—	20					×	△		△	△	△	△			△	△			无	无	无

表 10-26(续)

桩类			桩径		最大桩长/m	穿越土层											桩端进入持力层				地下水位		对环境影响		孔底有无挤密
			桩身/mm	扩大头/mm		一般黏性土及其填土	淤泥和淤泥质土	粉土	砂土	碎石土	季节性冻土、膨胀土	黄土		中间有硬夹层	中间有砂夹层	中间有砾石夹层	硬黏性土	密实砂土	碎石土	软质岩石和风化岩石	以上	以下	振动和噪声	排浆	
												非自重湿陷性黄土	自重湿陷性黄土												
部分挤土成桩	灌注桩	冲击成孔灌注桩	600～1 200	—	50		△	△	△		△	×	×										有	有	无
		长螺旋钻孔压灌桩	300～800	—	25		△			△				△	△	△			△	△		△	无	无	无
		钻孔挤扩多支盘桩	700～900	1 200～1 600	40				△	△	△					△			△	×			无	有	无
	预制桩	预钻孔打入式预制桩	500	—	50				△	×						△			△	△			有	无	有
		静压混凝土(预应力混凝土)敞口管桩	800	—	60				△	×	△			△	△	△				△			无	无	有
		H 形钢桩	规格	—	80						△	△	△										有	无	无
		敞口钢管桩	600～900	—	80					△	△												有	无	有
挤土成桩	灌注桩	内夯沉管灌注桩	325,377	460～700	25				△	△				×	△	×		△	△	×			有	无	有
	预制桩	打入式混凝土预制桩 闭口钢管桩、混凝土管桩	500×500 1 000	—	60				△	△	△					△			△	△			有	无	有
		静压桩	1 000	—	60			△	△	△	△		△	△	△	×			△	×			无	无	有

注:表中符号○表示比较合适;△表示有可能采用;×表示不宜采用。

选择,详见表10-26。例如,钻孔灌注桩以钻头直径作为设计直径,钻头直径常用规格为0.8 m、1.0 m、1.25 m和1.5 m。

(4) 钢桩包括钢板桩、钢管桩、H形钢桩、钢轨桩、箱形截面钢桩等。工程中常用的是钢管桩,其直径一般为250～1 200 mm。钢管桩桩尖有封闭式与开口式两种,封闭式一般用于管径小于450 mm,开口式用于管径较大(600～900 mm)、穿越土层比较坚硬的情况。

一般情况下,同一建筑物应尽可能采用相同桩型的基桩。特殊情况下,如建筑物平面范围内的荷载分布很不均匀时,也可以采用不同截面尺寸的基桩。

桩截面尺寸的确定应参考以往类似工程经验数据。如房屋建筑工程,10层以下的可考虑采用直径为500 mm左右的灌注桩或边长为400 mm的预制桩,10～20层的可采用直径为800～1 000 mm的灌注桩或边长为400～500 mm的预制桩,20～30层的可采用直径为1 000～1 200 mm的灌注桩或边长大于等于500 mm的预制桩,30～40层的可采用直径大于1 200 mm的灌注桩或边长为500～550 mm的预应力钢筋混凝土空心桩和大直径钢管桩,楼层更高的可采用直径更大的灌注桩。目前国内采用的人工挖孔桩,最大直径达5 m以上。

(三) 桩长

桩的长度主要取决于桩端持力层的选择。持力层确定后,桩长也就初步确定下来了。同时,桩长的选择还与桩所用材料、桩的施工方法等有关,如木桩桩长一般为4～6 m,不同施工方法的最大桩长原则上参见表10-26。

在确定桩长时,应遵循以下主要原则:

(1) 桩端持力层应尽可能选择坚硬土层。原则上,桩端最好进入坚硬土层或岩层,即采用端承型桩或嵌岩桩。但是坚硬土层或岩层埋藏很深时,宜采用摩擦型桩,桩端应尽量到达低压缩性、中等强度的土层上。同一建筑物,应避免同时采用不同类型的桩。

(2) 桩端进入持力层的深度,对于黏性土、粉土,不宜小于$2d$(d为桩的直径或边长);砂土不宜小于$1.5d$;碎石土不宜小于d。当存在软弱下卧层时,桩端以下硬持力层厚度不宜小于$3d$;嵌岩灌注桩嵌入倾斜的完整和较完整岩的全断面深度不宜小于$0.4d$且不宜小于0.5 m,嵌入平整、完整的坚硬和较坚硬岩的深度不宜小于$0.2d$且不宜小于0.2 m。此外,在桩底下$3d$范围内应无软弱夹层、洞穴和断层破碎带分布,尤其是荷载很大的柱下单桩。

(3) 临界深度:桩端进入持力层某一深度后,桩端阻力不再增大,则该深度为临界深度。当桩端持力层较厚、施工条件允许时,桩端进入持力层的深度应尽可能达到临界深度,以提高桩端阻力。对于砂土,临界深度为$(3\sim6)d$;对于粉土、黏性土,临界深度为$(5\sim10)d$。

(四) 承台底面标高

桩基分为低承台桩基和高承台桩基。低承台桩基是指承台底面低于地面或冲刷线的桩基,高承台桩基是指承台底面高出地面或冲刷线的桩基。承台越低,稳定性越好,但是在水中施工难度大。在各类工程中,陆地上使用最多的是低承台桩基,而在桥梁、港口和海洋工程中,视具体情况可采用低承台桩基或高承台桩基。对于季节性河流、冲刷深度小的河流或岸滩上的墩台,可采用低承台桩基;对于常年有流水或冲刷深度较大的墩台,可采用高承台桩基。

(1) 对于低承台桩基,承台底面低于地面或冲刷线一般不得小于 600 mm。对于季节冻土地区,应按前述浅基础设计原则考虑当地冻结深度来确定承台埋置深度,并应根据工程实际情况采取相应的防冻害措施。膨胀土上的承台,其埋置深度要考虑土的膨胀性影响,承台底面标高应设在大气影响线以下,或采取防膨胀措施。

(2) 对于高承台桩基,有流冰的河流,承台底面高程应在最低冰层底面以下不小于0.25 m;当有流筏、其他漂流物或船舶撞击时,承台底面高程应保证基桩不会受到直接撞击。

四、桩数与桩的平面布置

在确定桩数之前,应先按照前述方法确定单桩竖向抗压承载力;当桩基有水平荷载作用时,还应按前述方法确定单桩水平承载力;当有上拔荷载作用时,应确定单桩竖向抗拔承载力。应给出各种承载力相应的极限值和特征值。

(一) 桩的根数

初步估算桩数时,先不考虑群桩效应。当桩基为轴心受压时,桩的根数按式(10-84)估算。

$$n \geqslant \frac{F_k + G_k}{R_a} \tag{10-84}$$

式中 n——桩的根数;

F_k——相应于作用的标准组合时,作用于桩基承台顶面的竖向力,kN;

G_k——桩基承台及承台上填土自重标准值,kN;

R_a——单桩竖向抗压承载力特征值,kN。

偏心受压时,若桩的布置使得群桩横截面的重心与荷载合力作用点重合,桩数仍按式(10-84)确定。否则,应将由式(10-84)确定的桩数增加 10%~20%。同时承受水平荷载的桩基,在确定桩数时还应满足桩水平承载力的要求。此时,可粗略地以各单桩水平承载力之和作为桩基的水平承载力,其结果是偏于安全的。

(二) 桩的平面布置

桩位在平面上的布置简称布桩,通常有以下几种排列方式:方形或矩形网格的排列式,三角网格的梅花式,也可采用不等距的排列式,如图 10-31 和图 10-32 所示。

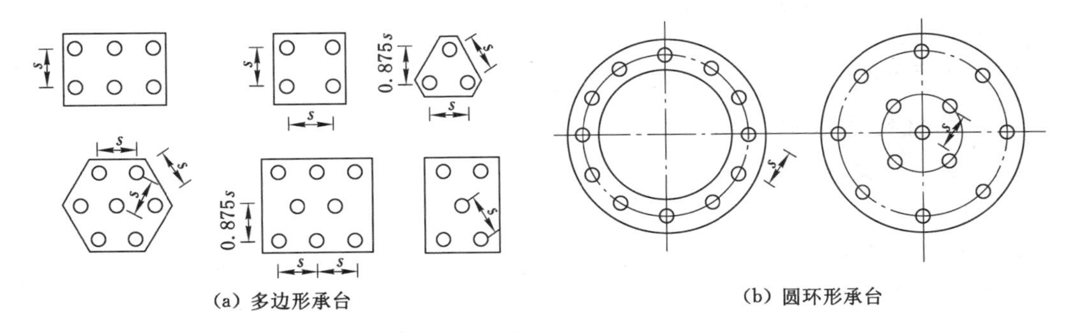

图 10-31 独立承台桩基

为了使桩基中各基桩受力比较均匀,排列基桩时,宜使桩群承载力合力点与竖向永久荷载合力作用点重合,并使基桩受水平力和力矩较大方向有较大抗弯截面模量;对于桩箱基础、剪力墙结构桩筏(含平板和梁板式承台)基础,宜将桩布置于墙下;对于框架-核心筒结

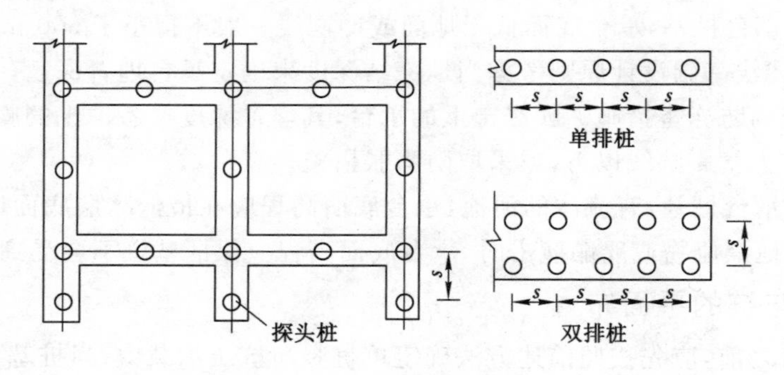

图 10-32 条形承台桩基

构，桩筏基础应按荷载分布考虑相互影响，将桩相对集中布置于核心筒和柱下，外围框架柱宜采用复合桩基，桩长宜小于核心筒下基桩(有合适桩端持力层时)。

基桩的最小中心距应符合表 10-27 的规定。当施工中采取减轻挤土效应的可靠措施时，可根据当地经验适当减小。

表 10-27 桩的最小中心距

土类与成桩工艺		排数不少于 3 排且桩数不少于 9 根的摩擦型桩桩基	其他情况
非挤土灌注桩		$3.0d$	$3.0d$
部分挤土桩		3.5d	3.0d
挤土桩	非饱和土	$4.0d$	$3.5d$
	饱和黏性土	$4.5d$	$4.0d$
钻、挖孔扩底桩		$2D$ 或 $D+2.0$ m($D>2$ m)	$1.5D$ 或 $D+1.5$ m($D>2$ m)
沉管夯扩、钻孔挤扩桩	非饱和土	$2.2D$ 且 $4.0d$	$2.0D$ 且 $3.5d$
	饱和黏性土	$2.5D$ 且 $4.5d$	$2.2D$ 且 $4.0d$

注：1. d 为圆桩直径或方桩边长，D 为扩大端设计直径。

2. 当纵、横向桩距不相等时，其最小中心距应满足“其他情况”一栏的规定。

3. 当为端承型桩时，非挤土灌注桩的“其他情况”一栏可减小至 $2.5d$。

桩的平面布置完成后，便可确定承台的平面轮廓尺寸。

五、基桩构造设计

(一) 混凝土灌注桩

1. 配筋

灌注桩应按下列规定配筋。

(1) 配筋率

当桩身直径为 300～2 000 mm 时，正截面配筋率可取 0.65%～0.2%(小直径桩取高值)；对受荷载特别大的桩、抗拔桩和嵌岩端承桩应根据计算确定配筋率，并不应小于上述规定值。

(2) 配筋长度

① 端承型桩和位于坡地岸边的基桩，应沿桩身等截面或变截面通长配筋。

② 桩径大于 600 mm 的摩擦型桩，配筋长度不应小于 2/3 桩长；当受水平荷载时，配筋长度尚不宜小于 $4.0/\alpha$（α 为桩的水平变形系数）。

③ 对于承受地震作用的基桩，桩身配筋长度应穿过可液化土层和软弱土层，进入稳定土层的深度不应小于如下值：对于碎石土，砾、粗、中砂，密实粉土，坚硬黏性土，为 2～3 倍桩身直径；对于其他非岩石土，为 4～5 倍桩身直径。

④ 受负摩阻力的桩和因先成桩后开挖基坑而随地基土回弹的桩，其配筋长度应穿过软弱土层并进入稳定土层，进入的深度不应小于 2～3 倍桩身直径。

⑤ 专用抗拔桩及因地震作用、冻胀或膨胀力作用而受拔力的桩，应等截面或变截面通长配筋。

（3）主筋

受水平荷载的桩，主筋不应少于 8Φ12；对于抗压桩和抗拔桩，主筋不应少于 6Φ10；纵向主筋应沿桩身周边均匀布置，其净距不应小于 60 mm。

（4）箍筋

箍筋应采用螺旋式，直径不应小于 6 mm，间距宜为 200～300 mm。受水平荷载较大桩基、承受水平地震作用的桩基以及考虑主筋作用计算桩身受压承载力时，桩顶以下 $5d$ 范围内的箍筋应加密，间距不应大于 100 mm；当桩身位于液化土层范围内时箍筋应加密；当考虑箍筋受力作用时，箍筋配置应符合现行国家标准《混凝土结构设计规范》（GB 50010—2010）的有关规定；当钢筋笼长度超过 4 m 时，应每隔 2 m 设一道直径不小于 12 mm 的焊接加劲箍筋。

2. 桩身混凝土及混凝土保护层厚度

桩身混凝土强度等级不得小于 C25，灌注桩主筋的混凝土保护层厚度不应小于 35 mm，水下灌注桩的主筋混凝土保护层厚度不得小于 50 mm。

3. 扩底灌注桩扩底端尺寸

扩底灌注桩扩底端尺寸应符合下列规定（图 10-33）：

（1）对于持力层承载力较高、上覆土层较差的抗压桩和桩端以上有一定厚度较坚硬土层的抗拔桩，可扩底；扩底端直径与桩身直径之比 D/d，应根据承载力要求及扩底端侧面和桩端持力层土性特征以及扩底施工方法确定：挖孔桩的 D/d 不应大于 3，钻孔桩的 D/d 不应大于 2.5。

（2）扩底端侧面的斜率应根据实际成孔及土体自身条件确定，a/h_c 可取 1/4～1/2，砂土可取 1/4，粉土、黏性土可取 1/3～1/2。

（3）抗压桩扩底端底面宜呈锅底形，矢高 h_b 可取（0.15～0.20）D。

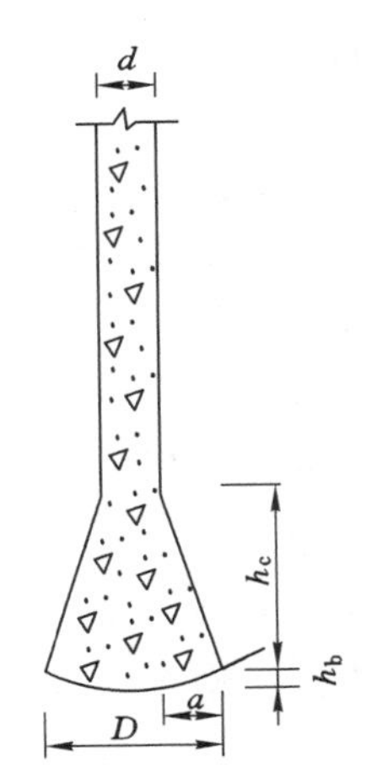

图 10-33　扩底桩构造

（二）混凝土预制桩

（1）预制桩的混凝土强度等级不宜低于 C30；预应力混凝土实心桩的混凝土强度等级不应低于 C40；预制桩纵向钢筋的混凝土保护层厚度不宜小于 30 mm。

（2）预制桩的桩身配筋应按吊运、打桩及桩在使用中的受力等条件计算确定。采用锤击法沉桩时，预制桩的最小配筋率不宜小于 0.8%。静压法沉桩时，最小配筋率不宜小于

0.6%，主筋直径不宜小于 14 mm，打入桩桩顶以下 4～5 倍桩身直径长度范围内箍筋应加密，并设置钢筋网片。

(3) 预制桩的分节长度应根据施工条件和运输条件确定，每根桩的接头数量不宜超过 3 个。

(4) 预制桩的桩尖可将主筋合拢焊在桩尖辅助钢筋上，对于持力层为密实砂和碎石类土时，宜在桩尖处包以钢钣桩靴，加强桩尖。

对于预应力混凝土空心桩、钢桩的构造要求，详见《建筑桩基技术规范》(JGJ 94—2008)。

六、桩基础验算

布桩完成后，已初步确定了桩数，但确定的桩数是否合适，应按前述方法(详见本章第六节)根据具体条件分别进行下列承载能力验算和稳定性验算。

(1) 应根据桩基的使用功能和受力特征分别进行桩基的竖向承载力和水平承载力验算。

(2) 应对桩身承载力进行验算；对于桩侧土不排水抗剪强度小于 10 kPa 且长径比大于 50 的桩，应进行桩身压屈验算；对于混凝土预制桩，应按吊装、运输和锤击作用进行桩身承载力验算；对于钢管桩，应进行局部压屈验算。

(3) 当桩端平面以下存在软弱下卧层时，应进行软弱下卧层承载力验算。

(4) 对于位于坡地、岸边的桩基，应进行整体稳定性验算。

(5) 对于抗浮、抗拔桩基，应进行基桩和群桩的抗拔承载力验算。

(6) 对于抗震设防区的桩基，应进行抗震承载力验算。

(7) 下列建筑桩基应进行沉降计算：

① 设计等级为甲级的非嵌岩桩和非深厚坚硬持力层的建筑桩基。

② 设计等级为乙级的体型复杂、荷载分布显著不均匀或桩端平面以下存在软弱土层的建筑桩基。

③ 软土地基多层建筑减沉复合疏桩基础。

(8) 对于受水平荷载较大，或对水平位移有严格限制的建筑桩基，应计算其水平位移。

(9) 应根据桩基所处环境类别和相应的裂缝控制等级，验算桩正截面的抗裂性能和裂缝宽度。

验算不满足要求时，应重新确定桩的几何尺寸或桩数，并重新布桩，再进行验算，直至所有验算项目均满足要求为止。

七、承台设计

桩基承台的主要作用是将多根桩连成整体，将上部结构荷载传递到各根桩的顶部。承台常用类型有柱下独立承台、墙下或柱下条形承台、井格形(十字交叉条形)承台、筏形承台(包括平板式、梁板式)、箱形承台等。承台的剖面可为锥形、台阶形或平板形。

(一) 承台构造

桩基承台的构造，应满足抗冲切、抗剪切、抗弯承载力和上部结构要求，尚应符合下列要求。

1. 承台尺寸

独立柱下桩基承台的最小宽度不应小于 500 mm，边桩中心至承台边缘的距离不应小于桩的直径或边长，且桩的外边缘至承台边缘的距离不应小于 150 mm。对于墙下条形承台梁，桩的外边缘至承台梁边缘的距离不应小于 75 mm。承台的最小厚度不应小于 300 mm。高层建筑平板式和梁板式筏形承台的最小厚度不应小于 400 mm，墙下布桩的剪力墙结构筏形承台的最小厚度不应小于 200 mm。

2. 承台的配筋

承台的钢筋配置应符合下列规定：

(1) 柱下独立桩基承台纵向受力钢筋应通长配置[图 10-34(a)]，对 4 根桩以上（含 4 根桩）承台宜按双向均匀布置，对 3 根桩的三角形承台应按三向板带均匀布置，且最里面的 3 根钢筋围成的三角形应在柱截面范围内[图 10-34(b)]。纵向钢筋锚固长度自边桩内侧（当为圆桩时，应将其直径乘以 0.8 等效为方桩）算起，不应小于 $35d_g$（d_g 为钢筋直径）。不满足时应将纵向钢筋向上弯折，此时水平段的长度不应小于 $25d_g$，弯折段长度不应小于 $10d_g$。承台纵向受力钢筋的直径不应小于 12 mm，间距不应大于 200 mm。柱下独立桩基承台的最小配筋率不应小于 0.15%。

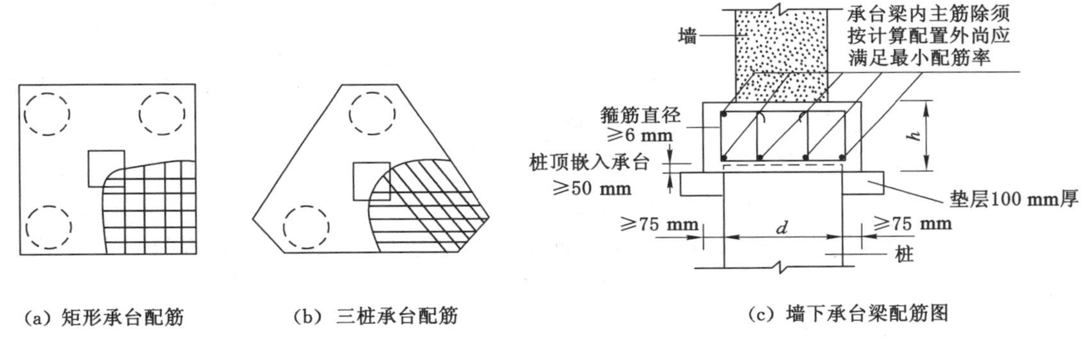

图 10-34　承台配筋示意图

(2) 柱下独立两桩承台，应按现行国家标准《混凝土结构设计规范》(GB 50010—2010) 中的深受弯构件配置纵向受拉钢筋、水平及竖向分布钢筋。承台纵向受力钢筋端部的锚固长度及构造应与柱下多桩承台的规定相同。

(3) 条形承台梁的纵向主筋应符合现行国家标准《混凝土结构设计规范》(GB 50010—2010) 关于最小配筋率的规定[图 10-34(c)]，主筋直径不应小于 12 mm，架立筋直径不应小于 10 mm，箍筋直径不应小于 6 mm。承台梁端部纵向受力钢筋的锚固长度及构造应与柱下多桩承台的规定相同。

(4) 筏形承台板或箱形承台板在计算中当仅考虑局部弯矩作用时，考虑到整体弯曲的影响，在纵横两个方向的下层钢筋配筋率不宜小于 0.15%；上层钢筋应按计算配筋率全部连通。当筏板的厚度大于 2 000 mm 时，宜在板厚中间部位设置直径不小于 12 mm、间距不大于 300 mm 的双向钢筋网。

(5) 承台底面钢筋的混凝土保护层厚度，当有混凝土垫层时，不应小于 50 mm，无垫层时不应小于 70 mm。此外亦不应小于桩头嵌入承台内的长度。

3. 承台混凝土

承台混凝土材料及其强度等级，应符合结构混凝土耐久性的要求和抗渗要求。

4. 桩与承台的连接

桩与承台的连接应符合下列规定:

(1) 桩嵌入承台内的长度对中等直径桩不宜小于 50 mm,对大直径桩不宜小于 100 mm。

(2) 混凝土桩的桩顶纵向主筋应锚入承台内,其锚入长度不宜小于 35 倍纵向主筋直径。对于抗拔桩,桩顶纵向主筋的锚固长度应按现行国家标准《混凝土结构设计规范》(GB 50010—2010)确定。

(3) 对于大直径灌注桩,当采用一柱一桩时,可设置承台或将桩与柱直接连接。

5. 柱与承台的连接

柱与承台的连接应符合下列规定:

(1) 对于一柱一桩基础,柱与桩直接连接时,柱纵向主筋锚入桩身内长度不应小于 35 倍纵向主筋直径。

(2) 对于多桩承台,柱纵向主筋应锚入承台不应小于 35 倍纵向主筋直径;当承台高度不满足锚固要求时,竖向锚固长度不应小于 20 倍纵向主筋直径,并向柱轴线方向呈 90°弯折。

(3) 当有抗震设防要求时,对于一、二级抗震等级的柱,纵向主筋锚固长度应乘以系数 1.15;对于三级抗震等级的柱,纵向主筋锚固长度应乘以系数 1.05。

6. 承台与承台之间的连接

承台与承台之间的连接应符合下列规定:

(1) 一柱一桩时,应在桩顶两个主轴方向上设置联系梁。当桩与柱的截面直径之比大于 2 时,可不设联系梁。

(2) 两桩桩基的承台,应在其短向设置联系梁。

(3) 有抗震设防要求的柱下桩基承台,宜沿两个主轴方向设置联系梁。

(4) 联系梁顶面宜与承台顶面位于同一标高。联系梁宽度不宜小于 250 mm,其高度可取承台中心距的 1/10~1/15,且不宜小于 400 mm。

(5) 联系梁配筋应按计算确定,梁上、下部配筋不宜小于 2 根直径 12 mm 钢筋;位于同一轴线上的联系梁纵筋宜通长配置。

(二) 承台计算

桩承台的内力按简化计算方法确定,并按《混凝土结构设计规范》(GB 50010—2010)进行受弯、受剪、受冲切、局部受压的强度计算和配筋。

1. 受弯计算

桩基承台应进行正截面受弯承载力计算,实质是配筋计算。受弯承载力和配筋,可按《混凝土结构设计规范》(GB 50010—2010)的规定进行。对于柱下独立桩基承台,其正截面弯矩设计值可按下列规定计算。

(1) 两桩条形承台和多桩矩形承台弯矩计算截面取柱边和承台变阶处[图 10-35(a)],可按下列公式计算:

$$M_x = \sum N_i y_i \tag{10-85}$$

$$M_y = \sum N_i x_i \tag{10-86}$$

式中　M_x, M_y——绕 x 轴和绕 y 轴方向计算截面处的弯矩设计值，kN·m。

x_i, y_i——垂直于 y 轴和 x 轴方向自桩轴线到相应计算截面的距离，m。

N_i——不计承台及其上土重，荷载效应基本组合时的第 i 根基桩或复合基桩竖向反力设计值，kN。

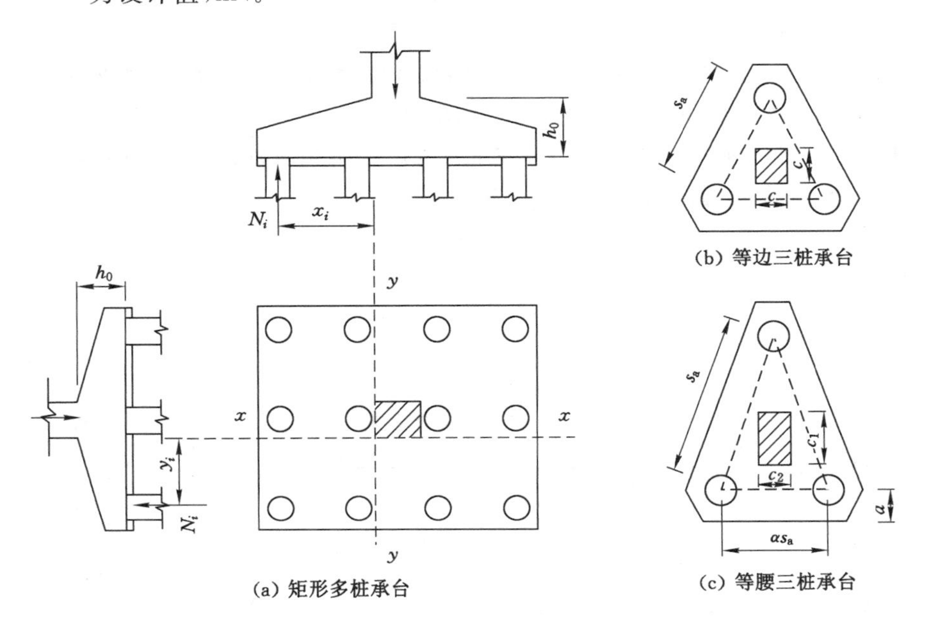

图 10-35　承台弯矩计算示意图

（2）三桩承台的正截面弯矩值可按下列公式计算：

① 等边三桩承台[图 10-35(b)]

$$M=\frac{N_{\max}}{3}\left(s_a-\frac{\sqrt{3}}{4}c\right) \tag{10-87}$$

式中　M——通过承台形心至各边边缘正交截面范围内板带的弯矩设计值，kN·m。

$N_{\max}$——不计承台及其上土重，在荷载效应基本组合作用下三桩中最大基桩或复合基桩竖向反力设计值，kN。

s_a——桩中心距，m。

c——方柱边长，m，圆柱时 $c=0.8d$（d 为圆柱直径）。

② 等腰三桩承台[图 10-35(c)]

$$M_1=\frac{N_{\max}}{3}\left(s_a-\frac{0.75}{\sqrt{4-\alpha^2}}c_1\right) \tag{10-88}$$

$$M_2=\frac{N_{\max}}{3}\left(\alpha s_a-\frac{0.75}{\sqrt{4-\alpha^2}}c_2\right) \tag{10-89}$$

式中　M_1, M_2——通过承台形心至两腰边缘和底边边缘正交截面范围内板带的弯矩设计值，kN·m。

s_a——长向桩中心距，m。

α——短向桩中心距与长向桩中心距之比，当 $\alpha<0.5$ 时，应按变截面的二桩承台

设计。

c_1、c_2——垂直于、平行于承台底边的柱截面边长，m。

对于箱形承台、筏形承台、柱下条形承台梁和砌体墙下条形承台梁弯矩的计算，可根据《建筑桩基技术规范》(JGJ 94—2008)的有关规定进行。

2. 受冲切计算

桩基承台厚度应满足柱(墙)对承台的冲切和基桩对承台的冲切承载力要求。

(1) 轴心竖向力作用下桩基承台受柱(墙)的冲切

① 冲切破坏锥体应采用自柱(墙)边或承台变阶处至相应桩顶边缘连线所构成的锥体，锥体斜面与承台底面之间的夹角不应小于45°(图10-36)。

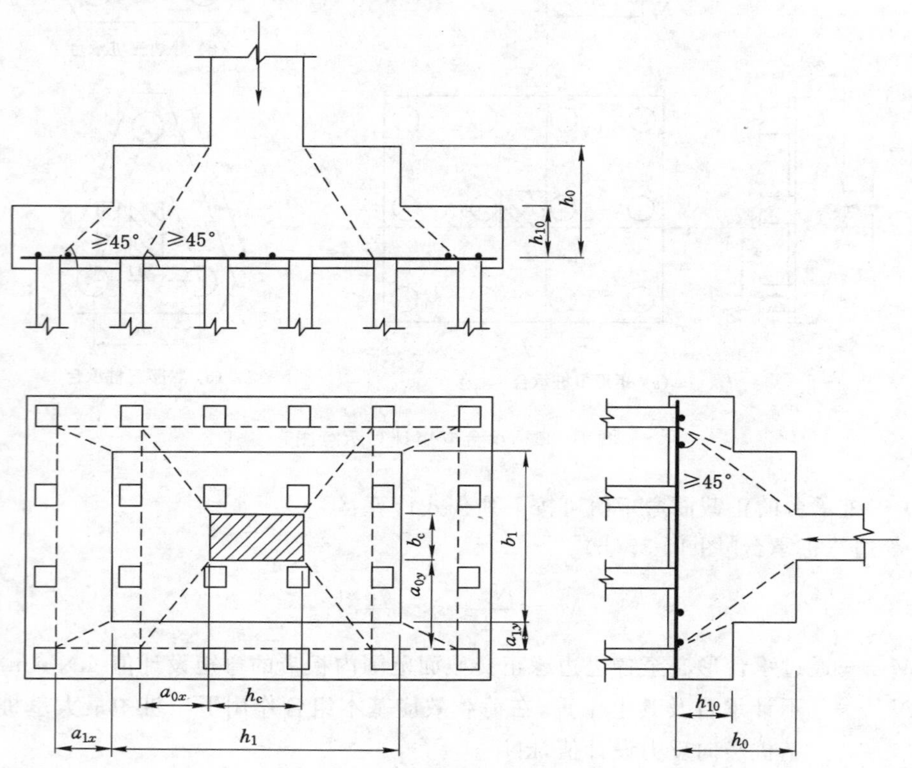

图10-36　柱对承台的冲切计算示意图

② 受柱(墙)冲切承载力可按下列公式计算：

$$F_l \leqslant \beta_{hp} \beta_0 u_m f_t h_0 \tag{10-90}$$

$$F_l = F - \sum Q_i \tag{10-91}$$

$$\beta_0 = \frac{0.84}{\lambda + 0.2} \tag{10-92}$$

式中　F_l——不计承台及其上土重，荷载效应基本组合时作用于冲切破坏锥体上的冲切力设计值，kN。

F——不计承台及其上土重，荷载效应基本组合时作用于柱(墙)底的竖向荷载设计值，kN。

$\sum Q_i$—— 不计承台及其上土重，荷载效应基本组合时冲切破坏锥体内各基桩或复合基桩的反力设计值之和，kN。

β_{hp}——承台受冲切承载力截面高度影响系数，当 $h \leqslant 800$ mm 时取 $\beta_{hp}=1.0$，当 $h \geqslant$ 2 000 mm 时取 $\beta_{hp}=0.9$，其间按线性内插法取值。

β_0——柱（墙）冲切系数。

λ——冲跨比，$\lambda=a_0/h_0$，a_0 为柱（墙）边或承台变阶处到桩边水平距离。当 $\lambda<0.25$ 时，取 $\lambda=0.25$；当 $\lambda>1.0$ 时，取 $\lambda=1.0$。

u_m——承台冲切破坏锥体一半有效高度处的周长，m。

f_t—— 承台混凝土抗拉强度设计值，m。

h_0——承台冲切破坏锥体的有效高度，m。

③ 对于柱下矩形独立承台受柱冲切的承载力可按下列公式计算（图 10-36）：

$$F_l \leqslant 2\left[\beta_{0x}(b_c+a_{0y})+\beta_{0y}(h_c+a_{0x})\right]\beta_{hp} f_t h_0 \tag{10-93}$$

式中　β_{0x}，β_{0y}——由公式（10-92）求得 $\lambda_{0x}=a_{0x}/h_0$，$\lambda_{0y}=a_{0y}/h_0$；λ_{0x}，λ_{0y} 均应满足在 0.25～1.0范围内的要求。

h_c，b_c——x、y 轴方向的柱截面的边长，m。

a_{0x}，a_{0y}——x、y 轴方向柱边离最近桩边的水平距离，m。

④ 对于柱下矩形独立阶形承台受上阶冲切的承载力可按下列公式计算（图 10-36）：

$$F_l \leqslant 2\left[\beta_{1x}(b_1+a_{1y})+\beta_{1y}(h_1+a_{1x})\right]\beta_{hp} f_t h_{10} \tag{10-94}$$

式中　β_{1x}、β_{1y}——由式（10-92）求得，$\lambda_{1x}=a_{1x}/h_0$，$\lambda_{1y}=a_{1y}/h_0$；λ_{1x}，λ_{1y} 均应满足在 0.25～1.0 范围内的要求。

h_1，b_1——x、y 轴方向承台上阶的边长，m。

a_{1x}，a_{1y}——x、y 轴方向承台上阶边离最近桩边的水平距离，m。

对于圆柱及圆桩，计算时应将其截面换算成方柱及方桩，即取换算柱截面边长 $b_c=0.8d_c$（d_c 为圆柱直径），换算桩截面边长 $b_p=0.8d$（d 为圆桩直径）。

（2）柱（墙）冲切破坏锥体以外的基桩对承台的冲切

① 四桩以上（含四桩）承台受角桩冲切的承载力可按下列公式计算（图 10-37）：

$$N_l \leqslant \left[\beta_{1x}(c_2+a_{1y}/2)+\beta_{1y}(c_1+a_{1x}/2)\right]\beta_{hp} f_t h_0 \tag{10-95}$$

$$\beta_{1x}=\frac{0.56}{\lambda_{1x}+0.2} \tag{10-96}$$

$$\beta_{1y}=\frac{0.56}{\lambda_{1y}+0.2} \tag{10-97}$$

式中　N_l——不计承台及其上土重，在荷载效应基本组合作用下角桩（含复合基桩）反力设计值，kN。

β_{1x}，β_{1y}——角桩冲切系数。

λ_{1x}，λ_{1y}——角桩冲跨比，$\lambda_{1x}=a_{1x}/h_0$，$\lambda_{1y}=a_{1y}/h_0$，其值均应在 0.25～1.0 范围内。

a_{1x}，a_{1y}——从承台底角桩顶内边缘引 45°冲切线与承台顶面相交点至角桩内边缘的水平距离，m；当柱（墙）边或承台变阶处位于该 45°线以内时，则取由柱（墙）边或承台变阶处与桩内边缘连线为冲切锥体的锥线（图 10-37）。

h_0——承台外边缘的有效高度，m。

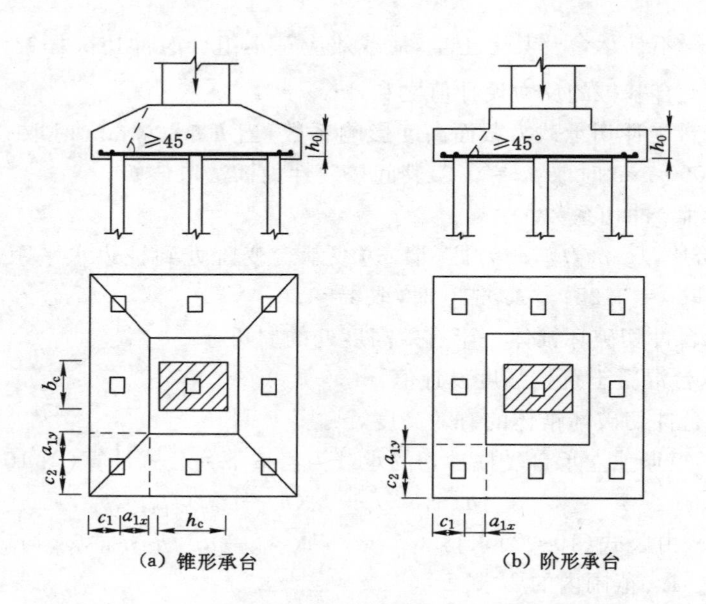

图 10-37　四桩以上(含四桩)承台角桩冲切计算示意图

② 对于三桩三角形承台,可按下列公式计算受角桩冲切的承载力(图 10-38):

底部角桩:

$$N_l \leqslant \beta_{11}(2c_1 + a_{11})\beta_{hp}\tan\frac{\theta_1}{2}f_t h_0 \tag{10-98}$$

$$\beta_{11} = \frac{0.56}{\lambda_{11} + 0.2} \tag{10-99}$$

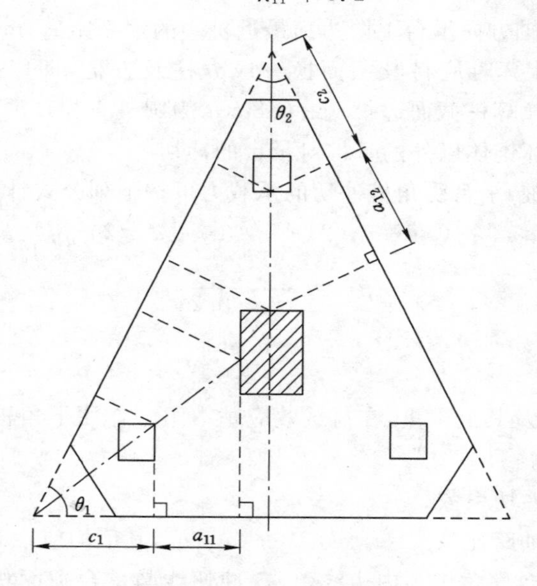

图 10-38　三桩三角形承台角桩冲切计算示意图

顶部角桩:

$$N_l \leqslant \beta_{12}(2c_2 + a_{12})\beta_{hp}\tan\frac{\theta_2}{2}f_t h_0 \tag{10-100}$$

$$\beta_{12} = \frac{0.56}{\lambda_{12} + 0.2} \tag{10-101}$$

式中　λ_{11}，λ_{12}——角桩冲跨比，$\lambda_{11}=a_{11}/h_0$，$\lambda_{12}=a_{12}/h_0$，其值均应在0.25～1.0范围内。

a_{11}，a_{12}——从承台底角桩顶内边缘引45°冲切线与承台顶面相交点至角桩内边缘的水平距离，m。当柱(墙)边或承台变阶处位于该45°线以内时，则取由柱(墙)边或承台变阶处与桩内边缘连线为冲切锥体的锥线。

③ 对于箱形和筏形承台，可按下列公式计算承台受内部基桩的冲切承载力：

《建筑桩基技术规范》(JGJ 94—2008)规定：基桩的冲切承载力应按式(10-102)计算[图10-39(a)]，桩群的冲切承载力应按式(10-103)计算[图10-39(b)]。

$$N_l \leqslant 2.8(b_p + h_0)\beta_{hp} f_t h_0 \tag{10-102}$$

$$\sum N_{li} \leqslant 2\left[\beta_{0x}(b_y + a_{0y}) + \beta_{0y}(b_x + a_{0x})\right]\beta_{hp} f_t h_0 \tag{10-103}$$

式中　β_{0x}，β_{0y}——由式(10-92)求得，其中$\lambda_{0x}=a_{0x}/h_0$，$\lambda_{0y}=a_{0y}/h_0$；λ_{0x}，λ_{0y}均应在0.25～1.0范围内。

N_l，$\sum N_{li}$——不计承台和其上土重，在荷载效应基本组合作用下，基桩或复合基桩的净反力设计值、冲切锥体内各基桩或复合基桩反力设计值之和，kN。

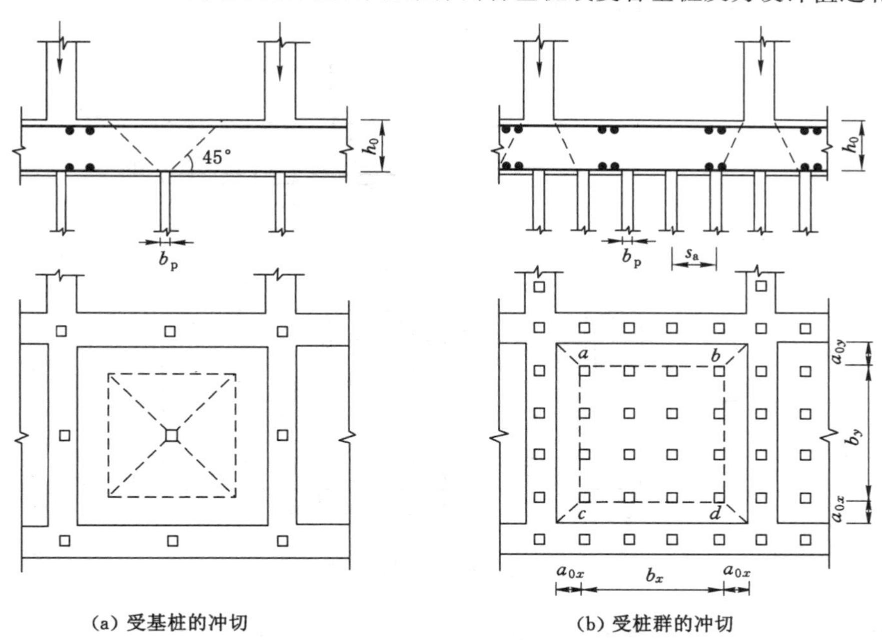

图10-39　基桩对筏形承台的冲切和墙对筏形承台的冲切计算示意图

3. 受剪计算

柱(墙)下桩基承台，应分别对柱(墙)边、变阶处和桩边连线形成的贯通承台的斜截面的受剪承载力进行验算。当承台悬挑边有多排基桩形成多个斜截面时，应对每个斜截面的受剪承载力进行验算。

(1) 柱下独立桩基承台斜截面受剪承载力

① 承台斜截面受剪承载力可按下列公式计算(图 10-40)：

$$V \leqslant \beta_{hs} \alpha f_t b_0 h_0 \tag{10-104}$$

$$\alpha = \frac{1.75}{\lambda + 1} \tag{10-105}$$

$$\beta_{hs} = \left(\frac{800}{h_0}\right)^{1/4} \tag{10-106}$$

式中 V——不计承台及其上土自重，在荷载效应基本组合作用下，斜截面的最大剪力设计值，kN。

β_{hs}——受剪切承载力截面高度影响系数。当 $h_0 < 800$ mm 时，取 $h_0 = 800$ mm；当 $h_0 > 2\ 000$ mm 时，取 $h_0 = 2\ 000$ mm；其间按线性内插法取值。

h_0——承台计算截面处的有效高度，m。

α——承台剪切系数，按式(10-105)确定。

λ——计算截面的剪跨比，$\lambda_x = a_x/h_0$，$\lambda_y = a_y/h_0$，此处 a_x、a_y 为柱边(墙边)或承台变阶处至 y、x 轴方向计算一排桩桩边的水平距离，当 $\lambda < 0.25$ 时，取 $\lambda = 0.25$；当 $\lambda > 3$ 时，取 $\lambda = 3$。

f_t——混凝土轴心抗拉强度设计值，kPa。

b_0——承台计算截面处的计算宽度，m。

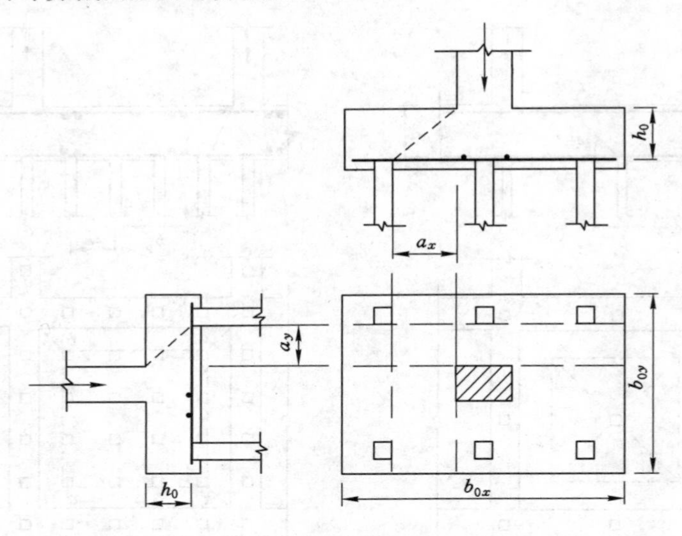

图 10-40 承台斜截面受剪计算示意图

② 对于阶梯形承台应分别在变阶处(A_1-A_1'，B_1-B_1')及柱边处(A_2-A_2'，B_2-B_2')进行斜截面受剪承载力计算(图 10-41)。

计算变阶处截面(A_1-A_1'，B_1-B_1')的斜截面受剪承载力时，其截面有效高度均为 h_{01}，截面计算宽度分别为 b_{y1} 和 b_{x1}。

计算柱边截面(A_2-A_2'，B_2-B_2')的斜截面受剪承载力时，其截面有效高度均为 $h_{01}+h_{02}$，截面计算宽度分别为：

A_2-A_2'截面：

$$b_{y0}=\frac{b_{y1}h_{10}+b_{y2}h_{20}}{h_{10}+h_{20}} \tag{10-107}$$

B_2-$B_2{}'$截面：

$$b_{x0}=\frac{b_{x1}h_{10}+b_{x2}h_{20}}{h_{10}+h_{20}} \tag{10-108}$$

③ 对于锥形承台应对变阶处及柱边（A-A'及B-B'）两个截面进行受剪承载力计算（图 10-42），截面有效高度均为h_0，截面的计算宽度分别为：

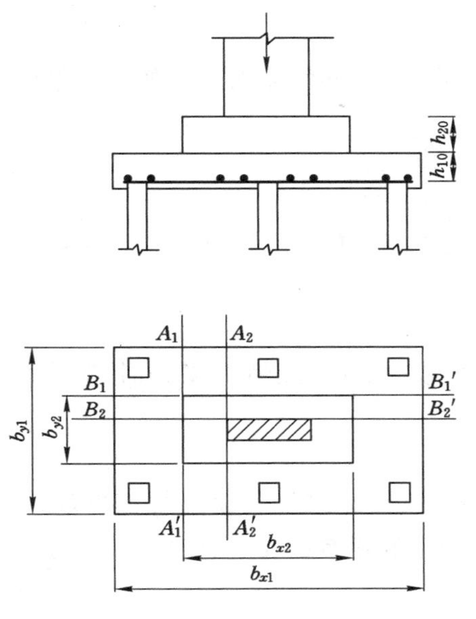

图 10-41　阶梯形承台斜截面受剪计算示意图

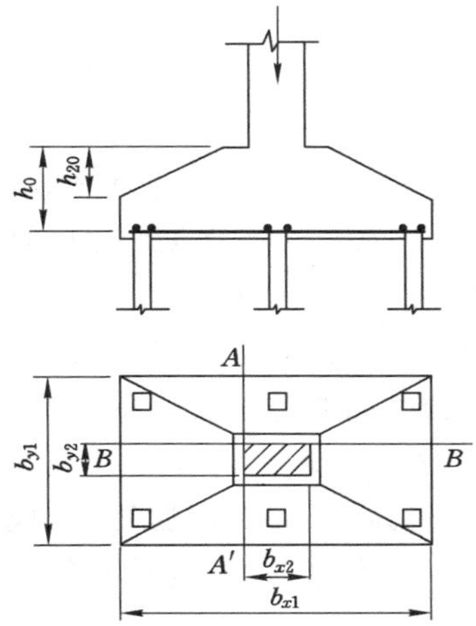

图 10-42　锥形承台斜截面受剪计算示意图

A_2-$A_2{}'$截面：

$$b_{y0}=[1-0.5\frac{h_{20}}{h_0}(1-\frac{b_{y2}}{b_{y1}})]b_{y1} \tag{10-109}$$

B_2-$B_2{}'$截面：

$$b_{x0}=[1-0.5\frac{h_{20}}{h_0}(1-\frac{b_{x2}}{b_{x1}})]b_{x1} \tag{10-110}$$

（2）条形承台梁斜截面受剪承载力

① 砌体墙下条形承台梁配有箍筋，但未配弯起钢筋时，斜截面的受剪承载力可按下式计算：

$$V\leqslant 0.7f_t bh_0+1.25f_{yv}\frac{A_{sv}}{s}h_0 \tag{10-111}$$

式中　V——不计承台及其上土自重，在荷载效应基本组合作用下，计算截面处的剪力设计值，kN；

f_t——混凝土轴心抗拉强度设计值，kPa；

b——承台梁计算截面处的计算宽度，m；

h_0——承台梁计算截面处的有效高度，m；

f_{yv}——箍筋抗拉强度设计值，kPa；

A_{sv}—— 配置在同一截面内箍筋各肢的全部截面面积，mm^2；

s——沿计算斜截面方向箍筋的间距，mm。

② 砌体墙下承台梁配有箍筋和弯起钢筋时，斜截面的受剪承载力可按下式计算：

$$V \leqslant 0.7 f_t b h_0 + 1.25 f_y \frac{A_{sv}}{s} h_0 + 0.8 f_y A_{sb} \sin \alpha_s \tag{10-112}$$

式中 f_y——弯起钢筋的抗拉强度设计值，kPa；

A_{sb}——同一截面弯起钢筋的截面面积，m^2；

α_s—— 斜截面上弯起钢筋与承台底面的夹角，(°)。

③ 柱下条形承台梁，当配有箍筋但未配弯起钢筋时，其斜截面的受剪承载力可按下式计算：

$$V \leqslant \frac{1.75}{\lambda + 1} f_t b h_0 + f_y \frac{A_{sv}}{s} h_0 \tag{10-113}$$

式中 λ——计算截面的剪跨比，$\lambda = a/h_0$，a 为柱边至桩边的水平距离，m。当 $\lambda < 1.5$ 时，取 $\lambda = 1.5$；当 $\lambda > 3$ 时，取 $\lambda = 3$。

4. 局部受压计算

对于柱下桩基，当承台混凝土强度等级低于柱或桩的混凝土强度等级时，应验算柱下或桩上承台的局部受压承载力。

5. 抗震验算

当进行承台的抗震验算时，应根据现行国家标准《建筑抗震设计规范》(GB 50011—2010)(2016 年版)的规定对承台顶面的地震作用效应和承台的受弯、受冲切、受剪承载力进行抗震调整。

【例 10-10】 某框架结构采用柱下独立承台桩基础，柱的截面尺寸为 450 mm×600 mm。作用在基础顶面的相应于荷载效应标准组合值为 $F_k = 2\ 500$ kN，$M_k = 210$ kN·m(作用于长边方向)，柱底荷载设计值取荷载标准值的 1.35 倍。拟采用钢筋混凝土预制方桩，已确定基桩水平承载力特征值 $R_{ha} = 145$ kN。拟建建筑场地位于市区内，地势平坦，属于非地震区。建筑地基的土层分布情况及物理力学指标见表 10-28。试设计该桩基础(不考虑群桩效应和承台效应)。

表 10-28 建筑场地地基的土层分布及物理力学指标

土层标号	土层名称	厚度 h_i/m	重度 γ/(kN/m³)	孔隙比 e	黏聚力 c/kPa	塑性指数 I_P	液性指数 I_L
1	杂填土	1.3	16.0	—	—	—	—
2	粉质黏土	2.0	19.0	0.8	10.0	12.0	0.75
3	饱和软黏土	4.5	18.5	1.1	8.0	18.5	1.0
4	黏土	>8.0	21.5	0.5	12.0	20.0	0.25

【解】 (1) 基桩竖向承载力特征值

根据地质资料中土层的分布情况，将第 4 层黏土作为桩端持力层。承台埋置深度取 1.3 m，承台下为粉质黏土。

该基础采用钢筋混凝土预制方桩，采用常用截面尺寸 400 mm×400 mm。

对于黏性土，桩端进入持力层的深度不宜小于 $2d$，故桩端进入持力层的深度取 0.8 m，则该混凝土预制方桩桩长为：

$$l=2+4.5+0.8\ \text{m}=7.3\ \text{m}$$

根据地质资料，按表 10-5 和表 10-6 分别确定桩的极限侧阻力标准值 q_{sik} 和桩的极限端阻力标准值 q_{pk}，见表 10-29。

表 10-29　基桩极限侧阻力、端阻力标准值

土层标号	土层名称	厚度 h_i/m	液性指数 I_L	q_{sik}	q_{pk}
2	粉质黏土	2.0	0.75	55	—
3	饱和软黏土	4.5	1.0	40	—
4	黏土	>8.0	0.25	86	2 500

则该混凝土预制方桩单桩竖向极限承载力标准值为：

$$\begin{aligned}Q_{uk}&=Q_{sk}+Q_{pk}=u_p\sum q_{sik}l_i+q_{pk}A_p\\&=0.4\times4\times(55\times2.0+40\times4.5+86\times0.8)+2\ 500\times0.4^2\\&=974.1\ (\text{kN})\end{aligned}$$

该混凝土预制方桩单桩竖向承载力特征值为：

$$R_a=\frac{Q_{uk}}{2}=\frac{974}{2}=487.1\ (\text{kN})$$

(2) 估算桩数及确定其在平面上的布置和承台的轮廓尺寸

因为承台平面尺寸还未定，先不考虑承台及上覆土重量，故用以下公式初步估算桩数：

$$n\geqslant\frac{F_k}{R_a}=\frac{2\ 500}{487.1}=5.1$$

考虑到受偏心荷载作用，将其增大 10%，暂取 6 根。按表 10-27 确定桩的中心距 $s=3.5d=3.5\times0.4\ \text{m}=1.4\ \text{m}$，布置 2 排，每排 3 根，如图 10-43 所示。

取承台的长边和短边尺寸如下：

$$L_c=2\times1.4+2\times0.4=3.6\ (\text{m})$$

$$B_c=1.4+2\times0.4=2.2\ (\text{m})$$

承台埋深 1.3 m，初定承台高度 0.8 m，桩顶嵌入承台 50 mm，钢筋保护层最小厚度 70 mm，综合考虑取保护层厚度为 75 mm，钢筋直径近似按 20 mm 计算，则承台有效高度为：

$$h_0=800-75-10=715\ (\text{mm})$$

满足承台尺寸构造要求。另外，基桩的构造设计本例题略。

(3) 桩基础验算

① 基桩竖向承载力验算(不考虑承台效应)

$$\begin{aligned}N_k&=\frac{F_k+G_k}{n}=\frac{F_k+\gamma_G Ad}{n}\\&=\frac{2\ 500+20\times3.6\times2.2\times1.3}{6}=451.0\ (\text{kN})<R_a=487.1\ (\text{kN})\end{aligned}$$

$$N_{kmax}=\frac{F_k+G_k}{n}+\frac{M_{yk}x_{max}}{\sum x_j^2}$$

$$=451+\frac{(210+145\times0.8)\times1.4}{4\times1.4^2}$$

$$=509.2\ (\text{kN})<1.2R_a=584.5\ (\text{kN})$$

$$N_{\text{kmin}}=\frac{F_k+G_k}{n}-\frac{M_{yk}x_{\max}}{\sum x_j^2}$$

$$=451-\frac{(210+145\times0.8)\times1.4}{4\times1.4^2}=392.8\ (\text{kN})>0$$

因此基桩竖向承载力满足要求。

② 基桩水平承载力验算(不考虑群桩效应)

$$H_{ik}=\frac{H_k}{n}=\frac{145}{6}=24.2\ (\text{kN})<R_{\text{Ha}}=45\ (\text{kN})$$

因此基桩水平承载力满足要求。

除了上述两项验算外,本工程还应进行桩基沉降计算、桩顶水平位移计算、桩身承载力验算、桩正截面的抗裂和裂缝宽度计算(略)。

(4) 承台设计

承台拟采用 C30 混凝土,其抗压强度设计值 $f_c=14.3\ \text{N/mm}^2=14\ 300\ \text{kPa}$,抗拉强度设计值 $f_t=1.43\ \text{N/mm}^2=1\ 430\ \text{kPa}$;钢筋采用 HRB400 级热轧带肋钢筋,其抗拉强度设计值 $f_t=360\ \text{N/mm}^2=3.6\times10^5\ \text{kPa}$。

① 承台受冲切承载力验算

a. 柱对承台的冲切

对于柱下矩形独立承台,受柱冲切的承载力可按式(10-93)计算。不计承台及其上土重,荷载效应基本组合时作用于冲切破坏锥体上的冲切力设计值为:

$$F_l=1.35F_k=1.35\times2\ 500=3\ 375\ (\text{kN})$$

x、y 方向柱边离最近桩边的水平距离分别为:

$$a_{0x}=1\ 400-400/2-600/2=900\ (\text{mm})$$

$$a_{0y}=1\ 400/2-400/2-450/2=275\ (\text{mm})$$

冲跨比分别为:

$\lambda_{0x}=a_{0x}/h_0=900/715=1.258>1$,取 $\lambda_{0x}=1$。

$\lambda_{0y}=a_{0y}/h_0=275/715=0.385$,介于 0.25~1.0 之间,满足要求。

柱冲切系数分别为:

$$\beta_{0x}=\frac{0.84}{\lambda_{0x}+0.2}=\frac{0.84}{1+0.2}=0.7$$

$$\beta_{0y}=\frac{0.84}{\lambda_{0y}+0.2}=\frac{0.84}{0.385+0.2}=1.436$$

承台受冲切承载力截面高度影响系数 $\beta_{\text{hp}}=1.0$,则有:

$$2\left[\beta_{0x}(b_c+a_{0y})+\beta_{0y}(h_c+a_{0x})\right]\beta_{\text{hp}}f_th_0$$

$$=2\times[0.7\times(0.45+0.275)+1.436\times(0.6+0.9)]\times1.0\times1\ 430\times0.715$$

$$=5\ 442.5\ (\text{kN})>3\ 375\ (\text{kN})$$

故柱对承台的冲切满足要求。

b. 角桩对承台的冲切

承台受角桩冲切的承载力可按式(10-95)计算。不计承台及其上土重，在荷载效应基本组合作用下角桩反力设计值为：

$$\left.\begin{matrix}N_{\max}\\N_{\min}\end{matrix}\right\}=\frac{F}{n}\pm\frac{M_y x_{\max}}{\sum x_j^2}$$

$$=\frac{1.35F_{\mathrm{k}}}{n}\pm\frac{1.35M_{\mathrm{yk}}x_{\max}}{\sum x_j^2}$$

$$=\frac{1.35\times 2\ 500}{6}\pm\frac{1.35\times(210+145\times 0.8)\times 1.4}{4\times 1.4^2}=\begin{cases}641.1\ \mathrm{kN}\\483.9\ \mathrm{kN}\end{cases}$$

$$c_1=c_2=600\ \mathrm{mm}$$

$$a_{1x}=h_0=715\ \mathrm{mm}$$

$$a_{1y}=1\ 400/2-400/2-450/2=275\ (\mathrm{mm})$$

角桩冲跨比分别为：

$$\lambda_{1x}=a_{1x}/h_0=1$$

$$\lambda_{1y}=a_{1y}/h_0=275/715=0.385$$

介于 0.25～1.0，满足要求。

角桩冲切系数分别为：

$$\beta_{1x}=\frac{0.56}{\lambda_{1x}+0.2}=\frac{0.56}{1+0.2}=0.467$$

$$\beta_{1y}=\frac{0.56}{\lambda_{1y}+0.2}=\frac{0.56}{0.385+0.2}=0.957$$

则：

$$[\beta_{1x}(c_2+a_{1y}/2)+\beta_{1y}(c_1+a_{1x}/2)]\beta_{\mathrm{hp}}f_{\mathrm{t}}h_0$$

$$=[0.467\times(0.6+0.275/2)+0.957\times(0.6+0.715/2)]\times 1.0\times 1\ 430\times 0.715$$

$$=12\ 189.0\ (\mathrm{kN})>N_{\max}=641.1\ (\mathrm{kN})$$

故角桩对承台的冲切满足要求。

② 承台斜截面受剪承载力验算

承台斜截面受剪承载力验算可按式(10-104)计算。

a. Ⅰ-Ⅰ截面受剪承载力验算(图 10-43)

不计承台及其上土自重，在荷载效应基本组合作用下，斜截面的最大剪力设计值为：

$$V=2N_{\max}=2\times 641.1=1\ 282.2\ (\mathrm{kN})$$

柱边至 y 轴方向计算一排桩的桩边的水平距离为：

$$a_x=900\ \mathrm{mm}$$

计算截面Ⅰ-Ⅰ的剪跨比为：

$\lambda_x=a_x/h_0=900/715=1.259$，介于 0.25～3.0，满足要求。

$$\alpha_x=\frac{1.75}{\lambda_x+1}=\frac{1.75}{1.259+1}=0.775$$

$$\beta_{\mathrm{hs}}=1.0$$

则：

$$\beta_{\mathrm{hs}}\alpha_x f_{\mathrm{t}}b_0h_0=1.0\times 0.775\times 1\ 430\times 2.2\times 0.715=1\ 743.3\ (\mathrm{kN})>1\ 282.2\ (\mathrm{kN})$$

满足要求。

b. Ⅱ-Ⅱ截面受剪承载力验算(图 10-43)

不计承台及其上土自重,在荷载效应基本组合作用下,斜截面的最大剪力设计值为:

$$V = N_{max} + N + N_{min} = 641.1 + 1.35 \times 2\,500/6 + 483.9 = 1\,687.5\ (\text{kN})$$

柱边至 x 轴方向计算一排桩的桩边的水平距离为:

$$a_y = 275\ \text{mm}$$

计算截面Ⅱ-Ⅱ的剪跨比为:

$\lambda_y = a_y/h_0 = 275/715 = 0.385$,介于 0.25~1.0,满足要求。

$$\alpha_y = \frac{1.75}{\lambda_y + 1} = \frac{1.75}{0.385 + 1} = 1.264$$

$$\beta_{hs} = 1.0$$

则:

$$\beta_{hs}\alpha_y f_t l_0 h_0 = 1.0 \times 1.264 \times 1\,430 \times 3.6 \times 0.715 = 4\,652.6\ (\text{kN}) > 1\,687.5\ (\text{kN})$$

满足要求。

③ 承台受弯承载力计算(配筋计算)

a. 柱边Ⅰ-Ⅰ截面

$$M_y = \sum N_i x_i = 2N_{max}x_i = 2 \times 641.1 \times (1.4 - 0.6/2) = 1\,410.4\ (\text{kN}\cdot\text{m})$$

$$A_{s\text{I}} = \frac{M_y}{0.9 f_y h_0} = \frac{1\,410.4 \times 10^6}{0.9 \times 360 \times 715} = 6\,088.2\ (\text{mm}^2)$$

选用 22 ⌀ 20@100,实配受力钢筋面积为:

$$A_{s\text{I}} = \frac{3.14}{4} \times 20^2 \times 22 = 6\,908.0\ (\text{mm}^2) > 6\,088.2\ (\text{mm}^2)$$

配筋率为:

$$\rho = \frac{A_{s\text{I}}}{bh} = \frac{6\,908.0}{2\,200 \times 800} \times 100\% = 0.39\% > 0.15\%$$

钢筋满足承台构造要求。

b. 柱边Ⅱ-Ⅱ截面

$$M_x = \sum N_i y_i = (N_{max} + N + N_{min})\,y_i$$

$$= 1\,687.5 \times (0.7 - 0.45/2)$$

$$= 801.6\ (\text{kN}\cdot\text{m})$$

$$A_{s\text{II}} = \frac{M_y}{0.9 f_y h_0} = \frac{801.6 \times 10^6}{0.9 \times 360 \times 715} = 3\,460.2\ (\text{mm}^2)$$

选用 18 ⌀ 18@200,实配受力钢筋面积为:

$$A_{s\text{II}} = \frac{3.14}{4} \times 18^2 \times 18 = 4\,578.1\ (\text{mm}^2) > 3\,460.2\ (\text{mm}^2)$$

配筋率为:

$$\rho = \frac{A_{s\text{II}}}{lh} = \frac{4\,578.1}{3\,600 \times 800} \times 100\% = 0.16\% > 0.15\%$$

钢筋满足承台构造要求。桩基础施工图如图 10-43 所示。

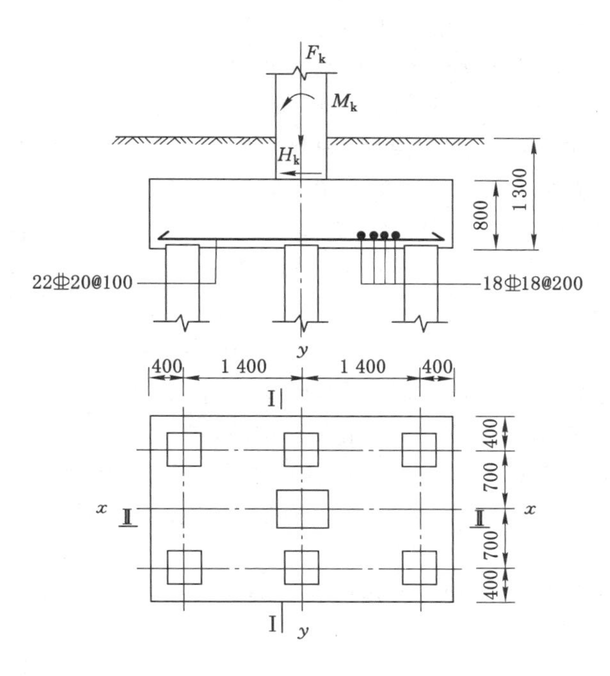

图 10-43　例 10-10 计算简图(单位：mm)

第八节　其他深基础简介

一、沉井基础

(一) 沉井的制作

沉井基础是一种竖直的筒形结构，通常用混凝土、钢筋混凝土、钢壳混凝土等材质。沉井一般分数节制作(图 10-44)。

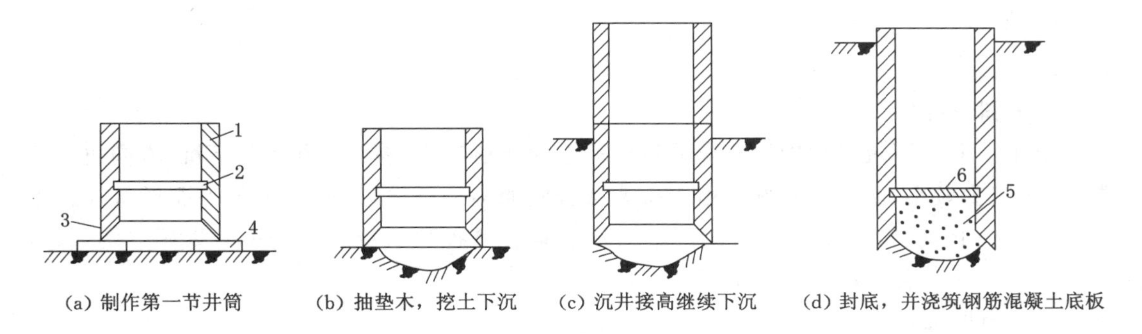

1—井壁；2—凹槽；3—刃脚；4—垫木；5—素混凝土封底；6—钢筋混凝土底板。

图 10-44　沉井制作示意图

施工时，按设计位置在地面上先就地浇筑刃脚和一部分筒身。当筒身材料达到设计要求的强度时，拆除垫木并将井筒内的土挖出，沉井失去支撑，在自重作用下克服井壁摩阻力逐渐下沉。当浇好的筒身大部分沉入土中之后，逐节接长筒身，再继续挖土下沉，直至井底达到设计标高为止，然后浇筑混凝土封底，再用土、石或混凝土将筒内空间填实。如果需要利用井筒内的空间作为地下结构使用，则只需密封井底，做成空心沉井。沉井顶部浇筑钢筋混凝土顶盖，即可在其上建造上部结构。图 10-45 为常见的桥墩沉井基础。

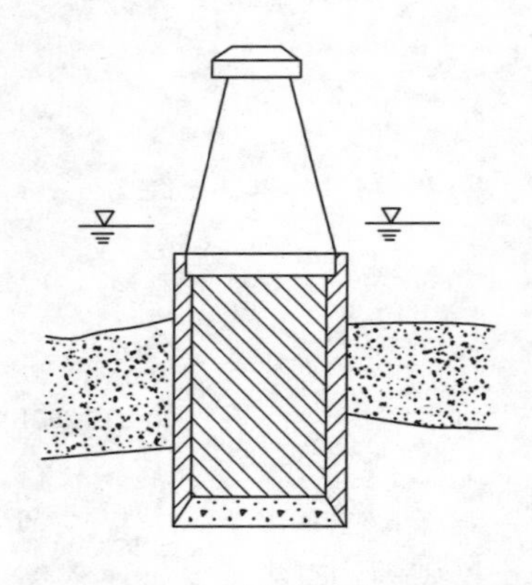

图 10-45 桥墩沉井基础

（二）沉井的分类

1. 按施工方法分类

按照施工方法可将沉井分为一般沉井和浮运沉井。一般沉井是指直接在基础设计位置上制造，然后挖土，依靠井壁自重下沉的沉井；若基础位于水中，则先人工筑岛，再在人工岛上筑井下沉。浮运沉井是指先在岸边预制，再浮运至设计位置就位下沉的沉井，通常在深水地区（如水深大于 10 m），或水流流速大，有通航要求，人工筑岛困难或不经济时采用。

2. 按平面形状分类

按照沉井的平面形状可分为圆形、矩形和圆端形三种基本类型，按井孔的布置方式又分为单孔、双孔及多孔沉井，如图 10-46 所示。

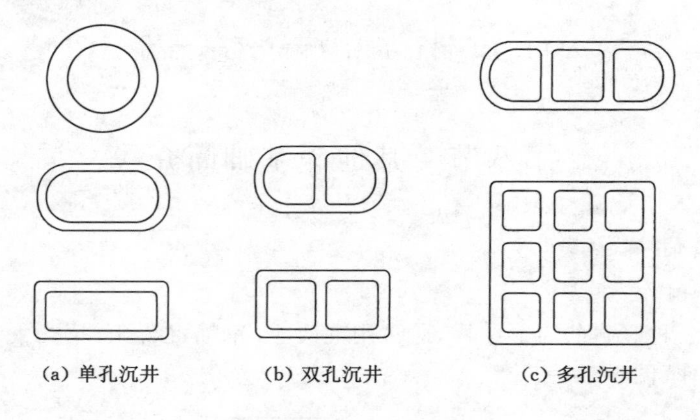

图 10-46 沉井的平面形状

（1）圆形沉井

圆形沉井在下沉过程中没有影响机械抓土的死角部位，易使沉井均匀下沉，方向也易控制，下沉阻力较小，受力状态好。由于桥梁墩台底面多为圆端形，圆形沉井平面形状与之不相适应。因此，桥梁工程中很少采用圆形沉井，但在其他建筑或构筑物中常采用。例如，市政工程的水泵站常采用单孔圆形沉井。

（2）矩形沉井

矩形沉井通过调整沉井的长边与短边之比（一般不宜大于 3），能适应墩台（或其他结构物）底部平面形状，但矩形沉井的受力状态较差。矩形沉井的四角一般做成圆形，以减小井壁摩阻力和降低取土难度。

（3）圆端形沉井

它能够非常好地与桥墩平面形状相适应，故在桥梁工程中应用较多。圆端形沉井的制作较复杂，但控制下沉与受力状态比矩形好。

其他异形沉井，如椭圆形、菱形等，应根据生产工艺和施工条件采用。另外，对于平面尺寸较大的沉井，可在沉井中设隔墙，构成双孔或多孔沉井，以改善井壁受力条件，均匀取土下沉和纠偏。

3．按剖面形状分类

按照沉井的竖向剖面形状可分为柱形、锥形和阶梯形，如图10-47所示。

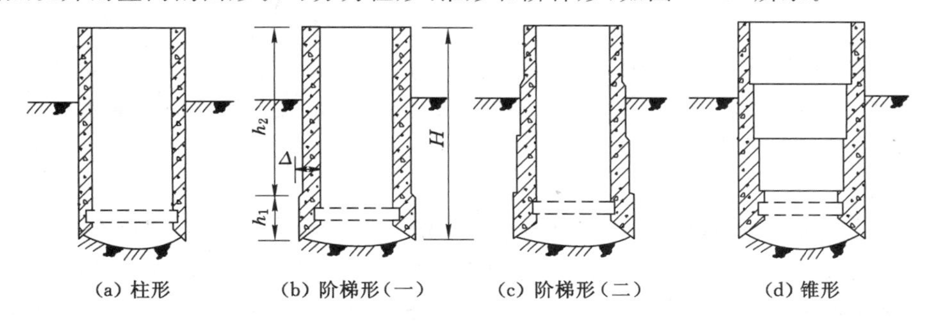

图10-47　沉井剖面形式

(1) 柱形沉井

柱形沉井井壁受力较均衡，下沉过程中不易倾斜，井壁接长简单，模板可重复利用，但井壁侧阻力较大，若土体密实、下沉深度较大，下沉较困难，一般多用于入土不深或土质较松软的情况。

(2) 阶梯形沉井

沉井所受土压力和水压力随深度增大，为了合理利用材料，可将沉井井壁随深度分为几段，制成阶梯形，下部井壁厚度大，上部厚度小。根据经验，台阶宽度以100～200 mm为宜，台阶高度可为沉井全高的1/3～1/4。这种沉井除第一节沉井外，其他各节井壁与土体间有一定间隙(一般灌入泥浆)，井壁所受摩擦力较小有利于下沉，但也容易产生较大的倾斜现象，模板消耗也较多。

(3) 锥形沉井

为了减小沉井下沉过程中井壁外侧土的摩阻力，有利于沉井下沉，还可将沉井井筒制成非等截面结构，成为上小下大(外径)的锥形，其坡度一般取1∶20～1∶40。锥形沉井下沉过程中也容易产生较大的倾斜现象，施工较复杂，模板消耗多。

4．按井壁使用材料分类

(1) 混凝土沉井

混凝土的特点是抗压强度高，抗拉强度低。因此，这种沉井宜做成圆形，适用于下沉深度不大于4～7 m的软弱土层。

(2) 钢筋混凝土沉井

这种沉井的抗压和抗拉性能均较好，下沉深度可达数十米。此外，隔墙也可分段(块)预制，工地拼装，做成装配式。桥梁工程中有时井壁上部用素混凝土，下部或刃脚部分用钢筋混凝土，以减少钢筋的用量和降低成本。

(3) 钢沉井

钢沉井由钢材制作，强度高、质量轻、易于拼装，适用于制造空心浮运沉井，但用钢量大，且易于腐蚀，国内应用较少。有时，为了增大下沉力和降低钢材的腐蚀性，可在空心井壁中灌入混凝土，从而制作成钢壳混凝土沉井。

(4) 砖石沉井

砖石沉井由传统建筑材料砌筑而成，适用于深度浅的小型沉井或临时性沉井。

(三) 沉井的构造

钢筋混凝土沉井一般由刃脚、井壁、隔墙、井孔、凹槽、封底及顶板等组成，如图 10-48 所示。当沉井顶面低于施工水位时，还应加设临时的井顶围堰。沉井通常分节制作，每节高度视沉井全高、地基土质和施工条件而定，一般为 3～5 m。应保证制作时沉井本身的稳定性，并有足够的重量使沉井顺利下沉。

1. 井壁

井壁是沉井的主体部分，其作用是在沉井下沉过程中挡土、挡水及利用本身自重克服土与井壁间摩阻力下沉；沉井施工完成后，又将作为传递上部荷载的基础或基础的一部分。因此，井壁必须具有足够的强度和一定的厚度，并合理配置竖向和水平向钢筋，一般应根据施工过程中和作为基础时的最不利受力情况通过计算确定。通常情况下，井壁厚度为 0.8～1.5 m，最薄不宜小于 0.4 m，混凝土强度等级不低于 C20。

2. 刃脚

沉井井壁下端形如刀刃状的部分称为刃脚，如图 10-49 所示。刃脚在沉井下沉过程中起切土下沉的作用，其底面（踏面）的宽度一般小于等于 0.15 m，软土可适当放宽。下沉深度大、土质较硬时，刃脚底面应以钢板或型钢（角钢或槽钢）加强，以防刃脚损坏。刃脚内侧斜面与水平面夹角宜大于等于 45°，其高度视井壁厚度、便于抽取垫木而定，一般大于 1.0 m，混凝土强度等级宜大于 C25。

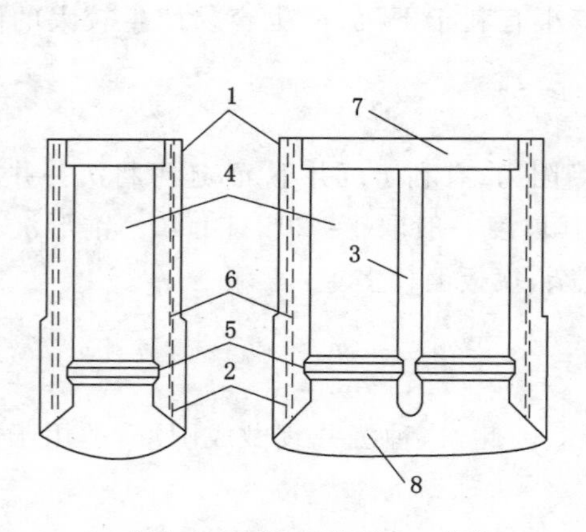

1—井壁；2—刃脚；3—隔墙；4—井孔；
5—凹槽、6—射水管；7—盖板；8—封底。

图 10-48 沉井的一般构造

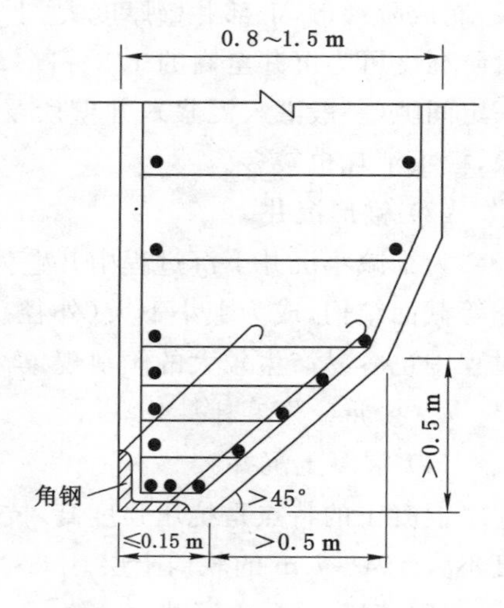

图 10-49 刃脚构造示意图

3. 隔墙

大型沉井通常在沉井内部设置隔墙，以增大沉井的整体刚度，同时减小井壁受力的计算跨度、弯矩及剪力。另外，隔墙把整个沉井分成若干个井孔，各井孔分别挖土，便于控制下沉，防止或纠正沉井下沉时的倾斜和偏移。隔墙厚度一般小于井壁，为 0.5～1.0 m，间距一般为 5～6 m。隔墙底面应高出刃脚底面 0.5 m 以上。当人工挖土时，在隔墙下部应设置过人孔，以便工作人员在井孔之间往来。

对于不设置隔墙的沉井，可在沉井底部增设交叉底梁，与井壁一起构成框架结构，以增大刃脚底部刚度，避免沉井发生突沉。当沉井埋深较大时，常在井壁不同高度处设置若干道交叉钢筋混凝土梁，仍与井壁一起构成框架结构，以增大整个沉井的整体刚度，并对沉井受力进行调整。

4. 井孔

井孔为挖土排土的工作场所和通道，其尺寸应满足施工要求，最小边长不宜小于 3 m。井孔布置应对称于沉井中心轴，便于对称挖土使沉井均匀下沉。

5. 凹槽

凹槽位于刃脚内侧上方，其作用是保证封底混凝土与井壁的良好连接，使封底混凝土底面反力更好地传递给井壁。凹槽高约 1.0 m，深度一般为 150～300 mm。沉井全部填实时，可不设凹槽。

6. 射水管

当沉井下沉深度大，穿过土层天然含水率低，土质较坚硬，土阻力较大，预计下沉困难时，可在井壁中预埋射水管。射水管应均匀布置，通过控制水压和水量来调整下沉方向。一般水压不小于 600 kPa。

7. 封底

沉井下沉至设计标高后，及时清基并浇筑封底混凝土，以承受地基土和水的反力，防止地下水涌入井内。封底混凝土顶面应高出凹槽 0.5 m，其厚度应通过计算确定，一般不小于井孔最小边长的 1.5 倍。封底混凝土强度等级不宜低于 C20，井孔内填充混凝土的强度等级不宜低于 C15。

8. 顶板

沉井封底后，为减轻基础自重，节省材料，也可以做成空心沉井基础。此时，井顶必须设置钢筋混凝土顶板，以承受上部结构的全部荷载。顶板厚度一般为 1.5～2.0 m，钢筋配置由计算确定。

(四) 沉井基础的特点与应用

沉井基础的特点是埋深较大，整体性强，稳定性好，横截面可以根据需要设计得比较大，能承受较大的竖向荷载和水平荷载。此外，沉井既是基础，又是施工时的挡土、挡水围堰结构物，下沉过程中无须设置坑壁支撑或板桩护壁。沉井基础施工时占地面积小，与敞挖放坡相比较，挖方量少，对邻近建筑物的干扰比较小，操作简便，不需特殊的专用设备。但沉井基础施工工期较长，施工技术要求高，施工中易发生流砂造成沉井倾斜或下沉困难等。

在下列工程中，通过与其他基础方案进行技术经济比较后认为经济合理时，可采用沉井基础：

(1) 桥梁、烟囱、水塔的基础；

(2) 水泵房、发电机厂房、地下油库、水池、竖井等深井构筑物;

(3) 盾构或顶管的工作井;

(4) 大型设备基础;

(5) 高层、超高层建筑物基础等。

二、地下连续墙

(一) 地下连续墙的概念

地下连续墙是指在地面利用各种挖槽机械,借助泥浆的护壁作用,在地下挖出窄而深的沟槽,并在其内浇注适当的材料形成一道具有防渗、防水、挡土和承重功能的连续的地下墙体。对于槽板式钢筋混凝土地下连续墙,其施工过程如图 10-50 所示。

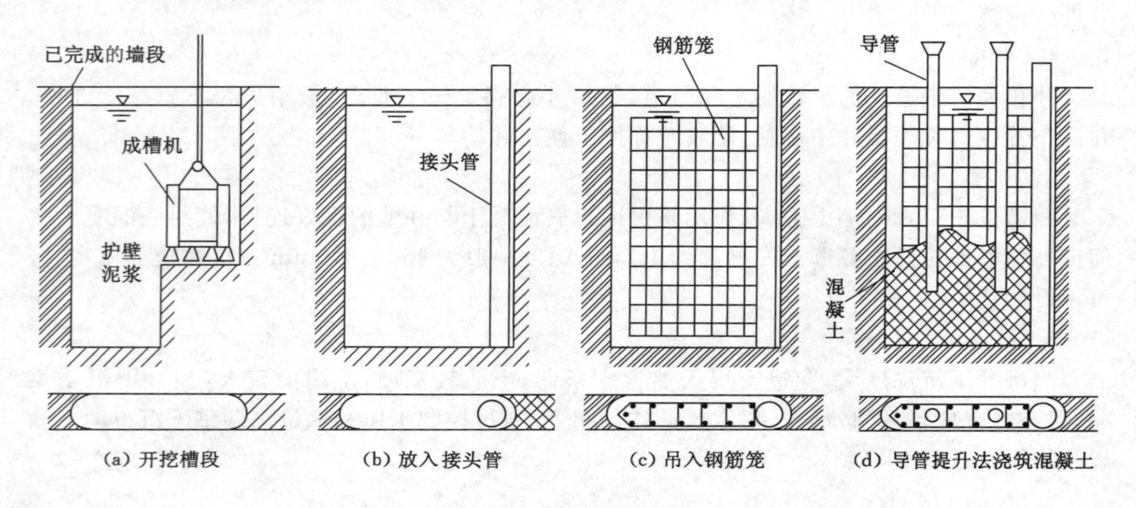

图 10-50 槽板式钢筋混凝土地下连续墙施工示意图

(二) 地下连续墙分类

1. 按成墙方式分类

(1) 壁板式地下连续墙

壁板式地下连续墙又称为槽板式地下连续墙,如图 10-50 所示。它是在地面利用各种挖槽机械,借助泥浆(或水)的护壁作用,在地下挖出一个具有一定长度、宽度与深度的深槽,并在槽内吊入钢筋笼,然后采用导管提升法进行泥浆(或水)下灌注混凝土,形成一个单元墙段。当混凝土具有一定强度后,及时拔出接头管,并按顺序施工各单元墙段,相互连接起来构成一道完整的地下连续墙体。这种地下连续墙的整体性和防渗性均较好,目前工程中应用较多。

(2) 桩排式地下连续墙

桩排式地下连续墙是将单桩依次密排施工,最终形成一道相对连续的地下墙体。地下连续墙所用的单桩,原则上可以采用前述各种桩型。桩排式地下墙是最早出现的地下连续墙形式之一,这种墙体的显著缺点是整体性和防渗性不好,有逐渐被槽板式地下连续墙取代的趋势。

(3) 组合式地下连续墙

它将壁板式和桩排式结合起来施工建成的组合墙。

2. 按墙体材料分类

按墙体所用材料，可将地下连续墙分为：

(1) 刚性混凝土墙

刚性混凝土指钢筋混凝土、素混凝土、黏土混凝土和粉煤灰混凝土等。该类混凝土抗压强度高(5～35 MPa)，弹性模量大(15 000～32 000 MPa)，适合于作为防渗、挡土和承重等共同作用的地下墙体。

(2) 塑性混凝土墙

塑性混凝土是用黏土、膨润土等材料取代普通混凝土中大部分水泥形成的一种柔性墙体材料。塑性混凝土抗压强度的设计值一般不大于 5 MPa，其弹性模量一般不超过 2 000 MPa。

(3) 固化灰浆墙

固化灰浆是在槽段造孔完成后，向泥浆中加入水泥等固化材料，砂子、粉煤灰等掺合料，以及水玻璃等外加剂，经机械搅拌或压缩空气搅拌后形成的防渗固结体。固化灰浆具有凝结时间可控性好，固结体具有较好的防渗性能，能充分利用槽孔内废泥浆，现场配制方便，对环境污染小，成本低等优点，但是其抗压强度和弹性模量均较低。

(4) 自凝灰浆墙

自凝灰浆是用水泥、膨润土、缓凝剂和水配制而成的一种浆液，在地下连续墙开挖过程中起护壁泥浆的作用，槽孔开挖完成后浆液自行凝结成低强度的柔性墙体。

(5) 预制墙

预制地下连续墙的特点是在工厂内预制，标准化生产，墙身质量有保证；一般采用空心截面，可节省材料，成本低；不用现浇和养护，施工速度快。但接头处理较烦琐，一般应采用现浇钢筋混凝土接头技术。

(6) 泥浆槽墙

泥浆槽墙是指砂砾或卵石地基中以泥浆护壁开挖沟槽，将开挖出来的渣料与水泥粉拌匀后回填槽内而建成的地下连续墙。这种地下连续墙的墙体材料由砾石(或卵石)、水泥和黏土组成的三合土构成。

(7) 后张预应力地下连续墙

它是在地下连续墙段浇筑完成并有一定强度后，对预应力钢绞线进行张拉，以提高地下连续墙的抗裂性能，同时还可以减小地下连续墙的断面尺寸和减少钢筋用量。

(8) 钢制地下连续墙

钢制地下连续墙是指用钢结构承受主要荷载的地下连续墙。这里所说的钢结构是指使用钢板或型钢(主要是 H 形钢)加工制成的箱形或其他形状的钢结构。钢制地下连续墙具有断面尺寸小、强度高、刚性大等优点，其缺点是工程成本高、不耐腐蚀。

3. 按墙的用途分类

按墙的用途，可将地下连续墙分为：防渗墙、临时挡土墙、永久挡土(承重)墙、作为基础用的地下连续墙。

4. 按开挖情况分类

按开挖情况可分为地下连续墙(开挖)、地下防渗墙(不开挖)。

应特别指出的是：地下连续墙在平面上可做成矩形、正方形、圆形、八角形、井字形等，以适应各种工程需要。

（三）地下连续墙的特点与应用

1. 优点

地下连续墙在工程建设中得到广泛应用与其优点是分不开的，其具有以下一系列优点：

(1) 施工时振动小、噪声低，非常适合在城市施工。

(2) 墙体刚度大，作为基坑围护时，可承受很大的土压力。

(3) 防渗性能好，采用合理的墙体接头形式，可使地下连续墙几乎不透水。

(4) 可以紧贴原有建筑物建造地下连续墙。

(5) 可用于逆做法施工。

(6) 能适用于各种地基条件，从软弱的冲积地层到中硬的地层、密实的砂砾层，各种软岩和硬岩等所有地基内都可以建造地下连续墙。

(7) 应用范围广，可作为防水防渗、深基坑围护墙，还可用作深基础承受更大的荷载。

(8) 占地少，可以充分利用建筑红线以内有限的地面和空间，充分发挥投资效益。

(9) 工效高、工期短、安全可靠、经济效益高。

2. 缺点

(1) 在一些特殊的地质条件下（如很软的淤泥质土、含漂石的冲积层和坚硬岩石等），施工难度大。

(2) 如果施工方法不当或施工地质条件特殊，可能出现相邻墙段不能对齐和漏水的问题。

(3) 地下连续墙如果用作临时挡土结构，比其他方法所用的费用高。

(4) 在城市施工时，废泥浆的处理比较麻烦。

3. 工程应用

地下连续墙起源于欧洲，意大利于 1938 年首次进行在泥浆护壁的深槽中建造地下连续墙的试验，随后该项技术被法国、德国、墨西哥、加拿大、日本等国所采用，并在实践中得到不断的改进和发展。

1958 年，我国水电部门首先在青岛月子口水库用此技术修建了水坝防渗墙。20 世纪 70 年代中期，这项技术开始推广应用到建筑、煤矿、市政等部门。在其初期阶段，基本上都用作防渗墙或临时挡土墙。通过开发使用许多新技术、新设备和新材料，现在已经越来越多地用作结构物的一部分或主体结构，特别是被广泛应用于大型的深基坑工程。目前，地下连续墙技术相当成熟，已成为我国基础工程施工技术中的一种重要类型，主要应用在下列工程中：水利水电、露天矿山、尾矿坝（池）和环保工程的防渗墙；建筑物地下室（基坑）；地下构筑物（如地下的铁道、道路、停车场和街道、商店以及变电站等）；市政管沟和涵洞；盾构、矿井等工程的竖井；泵站、水池；码头、护岸和干船坞；地下油库和仓库；深基础。

思考题

10-1 深基础的类型有哪些？哪些情况下可以采用桩基础？

10-2 桩基础的类型有哪些？桩的类型有哪些？

10-3 桩侧摩阻力和桩端阻力的基本规律是什么？

10-4　单桩的破坏模式有哪些？

10-5　什么是桩的负摩阻力？其产生的原因有哪些？

10-6　何谓中性点？中性点深度如何确定？

10-7　负摩阻力如何确定？减少负摩阻力的措施有哪些？

10-8　单桩竖向承载力如何确定？哪种方法比较符合实际？

10-9　简述单桩竖向抗压静载试验法确定单桩竖向承载力特征值的过程。

10-10　简述静力触探法确定单桩竖向承载力特征值的过程。

10-11　简述经验参数法确定单桩竖向承载力特征值的过程。

10-12　单桩竖向承载力确定方法如何选择？

10-13　简述单桩竖向抗拔静载试验法确定单桩竖向抗拔承载力特征值的过程。

10-14　简述经验参数法确定单桩竖向抗拔承载力特征值的过程。

10-15　单桩竖向抗拔承载力确定方法如何选择？

10-16　水平荷载作用下的线弹性地基反力法有哪些？我国常用哪种方法？

10-17　简述单桩水平静载试验法确定单桩水平承载力特征值的过程。

10-17　如何估算单桩水平承载力特征值？

10-18　什么是群桩效应和承台效应？

10-19　考虑承台效应时，如何确定复合基桩竖向承载力特征值？基桩或复合基桩竖向承载力如何验算？

10-20　软弱下卧层承载力如何验算？

10-21　桩基负摩阻力如何验算？

10-22　抗拔桩基承载力如何验算？

10-23　考虑群桩效应时，如何进行基桩水平承载力的验算？

10-24　简述桩基础最终沉降量的计算方法。

10-25　如何进行桩身承载力验算与裂缝控制计算？

10-26　简述桩基础设计内容与步骤。

10-27　桩基础设计需要的原始资料有哪些？

10-28　桩基础的验算，《建筑桩基技术规范》(JGJ 94—2008)中是如何规定的？

10-29　对于柱下独立桩基承台，其正截面弯矩设计值如何计算？

10-30　如何进行承台受冲切计算？

10-31　如何进行承台受剪计算？

10-32　沉井的分类有哪些？

10-33　钢筋混凝土沉井由哪几个部分组成？

10-34　沉井主要有哪些优缺点？常用于哪些工程？

10-35　地下连续墙有哪些类型？

10-36　地下连续墙主要有哪些优缺点？常用于哪些工程？

习　　题

10-1　某建筑场地试桩 5 根，得到各试验桩的极限承载力 Q_u 分别为 790 kN、840 kN、

770 kN、740 kN 和 830 kN，试确定单桩竖向承载力特征值。

10-2　某建筑场地地层结构和双桥探头静力触探结果见表 10-30。若混凝土预制桩的直径为 420 mm，桩长为 8 m，试确定单桩竖向承载力特征值。

表 10-30　地层结构及双桥静力触探试验结果

序号	土层名称	厚度/m	平均侧阻力 f_{si}/kPa	锥头阻力 q_{ci}/kPa
1	粉土	1.2	121.1	145.8
2	黏土	3.7	71.2	97.6
3	粉砂	2.1	112.3	217.1
4	中砂	>7.0	137.9	266.4

10-3　某建筑工程地基土软弱，拟采用钢筋混凝土预制桩，其截面尺寸为 400 mm×400 mm，桩长为 11.0m。地基土层分别为：第一层土为粉质黏土，厚 2.0 m，天然含水率 $w=30.8\%$，液限 $w_L=34.8\%$，塑限 $w_p=18.6\%$；第二层土为淤泥质土，厚 7.0 m；第三层为中砂，中密状态，标准贯入击数 $N=21$，层厚大于 60 m。试确定该预制桩的单桩竖向承载力特征值。

10-4　某建筑工程采用人工挖孔扩底桩，桩长为 12 m，桩身设计直径为 1.6 m，桩端扩底直径为 2.8 m，扩底部分桩的长度为 0.6 m。在桩基础施工前，采用井点降低地下水位法实现干作业。施工时桩周护壁为振捣密实的混凝土，厚度为 210 mm。桩长范围内有两种土：第一层，黏土，厚度为 3 m，液性指数 $I_L=0.75$；第二层，密实中砂，标准贯入击数 $N=32$。试确定该预制桩的单桩竖向承载力特征值。

10-5　某建筑工程采用钢筋混凝土预制方桩，其截面尺寸为 400 mm×400 mm，桩长为 13 m。打穿 7.5 m 厚的淤泥质土进入粉质黏土层。由当地静载荷试验结果统计分析算得淤泥质土的桩侧阻力特征值为 8 kPa，黏土的桩侧阻力特征值为 30 kPa，黏土的桩端阻力特征值为 1 600 kPa。试按《建筑地基基础设计规范》(GB 50007—2011)确定初步设计时的单桩竖向承载力特征值。

10-6　某建筑工程采用钢筋混凝土钻孔灌注桩基础，基桩的数量为 30 根，直径为 800 mm，桩长为 12 m，桩群外围周长为 36 m。桩长范围内有两种土：第一层，黏土，厚 5.1 m，液性指数 $I_L=0$；第二层，中密粉砂，厚 6.9 m，其标准贯入击数 $N=19$。试按经验参数法确定该灌注桩的单桩竖向抗拔承载力特征值。

10-7　某钢筋混凝土单桩基础，桩长为 10.0 m，直径 $d=1.5$ m，混凝土的抗压弹性模量 $E_c=3.0\times10^4$ MPa，灌注桩的混凝土抗拉强度设计值 $f_t=1.43$ MPa，钢筋弹性模量 $E_g=2.0\times10^5$ MPa，桩身配筋率 $\rho_g=0.46\%$，钢筋保护层厚度为 50 mm。在标准组合作用下桩顶竖向荷载 $N_0=1\ 980$ kN，水平荷载 $H_0=620$ kN，弯矩 $M_0=1\ 780$ kN·m。桩长范围内有 3 种土：第一层，粉质黏土，厚 1.6 m，液性指数 $I_L=0.5$；第二层，粉土，厚 1.3 m，孔隙比 $e=0.6$；第三层，密实粗砂。试采用“m”法计算桩顶水平位移和桩身最大弯矩及其位置，并估算单桩水平承载力特征值。

10-8　单层工业厂房柱基下采用桩基础，承台底面尺寸为 3.8 m×2.6 m，埋置深度为 1.2 m。作用在地面标高处的荷载 $F_k=3\ 100$ kN，$M_{yk}=480$ kN·m，承台与其上回填土的平均重度取 20 kN/m^3，桩的布置如图 10-51 所示。那么 A、B 两根桩各承受多少力？

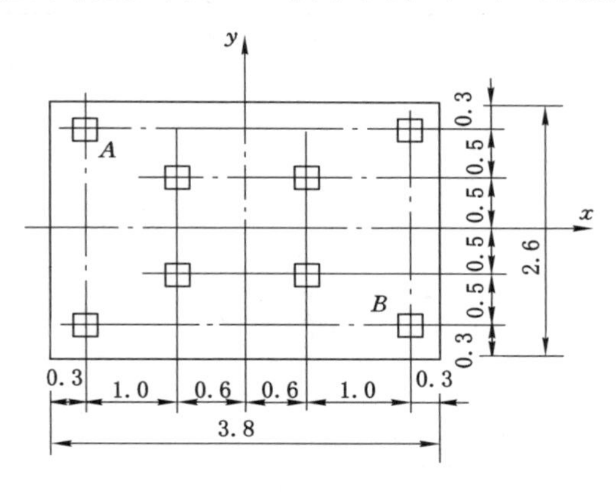

图 10-51　习题 10-8 图(单位:mm)

10-9　某一般建筑有一柱下群桩基础，柱传至承台顶面的荷载为 $F_k=4\ 800$ kN，$M_{xk}=1\ 100$ kN·m。方形混凝土预制桩，采用截面 300 mm×300 mm，承台埋深 2.5 m，桩端进入粉土层 1.5 m。桩基平面布置和地基地质条件如图 10-52 所示。试验算桩基承载力是否满足要求。

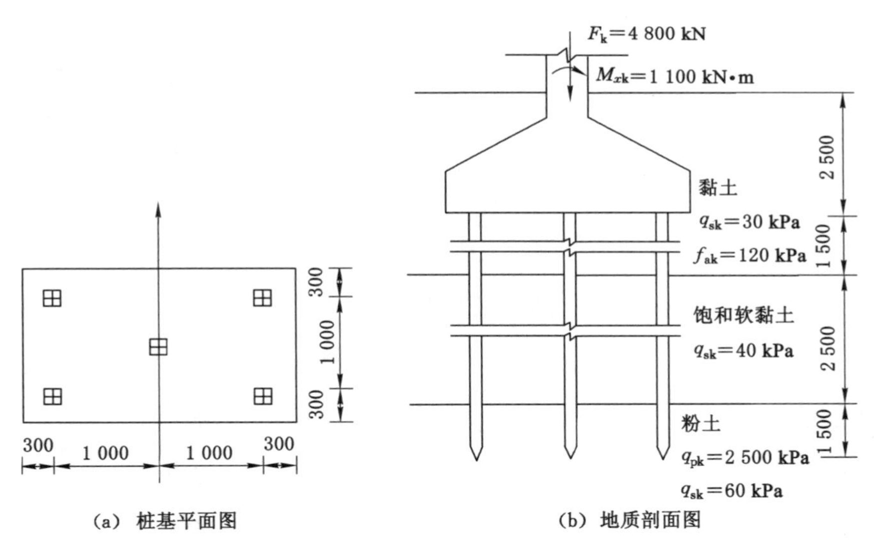

图 10-52　习题 10-9 图

10-10　某框架结构采用柱下独立承台桩基础，柱的截面尺寸为 400 mm×500 mm。作用在基础顶面的荷载效应标准组合值为 $F_k=2\ 600$ kN，$M_k=280$ kN·m(作用于长边方向)，柱底荷载设计值取荷载标准值的 1.35 倍。拟采用钢筋混凝土预制方桩，已确定基桩水平承载力特征值 $R_{ha}=50$ kN。拟建建筑场地位于市区内，地势平坦，属于非地震区。建筑地基的土层分布情况及物理力学指标见表 10-31。试设计该桩基础(不考虑群桩效应和承台效应)。

表 10-31　建筑场地地基土层分布及物理力学指标

土层标号	土层名称	厚度 h_i/m	重度 γ/(kN/m^3)	孔隙比 e	黏聚力 c/kPa	塑性指数 I_P	液性指数 I_L
1	杂填土	1.4	16.2	—	—	—	—
2	黏土	4.8	19.4	0.7	11.0	12.0	0.75
3	粉质黏土	>9 m	18.7	1.2	9.0	18.5	1.0

小　论　文

10-1　试论述桩基础在工程中的应用。

10-2　试论述沉井在工程中的应用。

10-3　试论述地下连续墙在工程中的应用。

参考文献

[1] 陈剑波，刘湘萍. 土力学与地基基础[M]. 武汉：华中科技大学出版社，2015.
[2] 陈明华. 土力学与地基基础[M]. 4 版. 武汉：武汉理工大学出版社，2014.
[3] 陈书申，等. 土力学与地基基础[M]. 武汉：武汉理工大学出版社，2003.
[4] 陈希哲，叶菁. 土力学地基基础[M]. 5 版. 北京：清华大学出版社，2013.
[5] 陈晓平，傅旭东. 土力学与基础工程[M]. 2 版. 北京：中国水利水电出版社，2016.
[6] 崔自治，张建设. 土力学[M]. 2 版. 北京：中国电力出版社，2020.
[7] 代国忠，史贵才. 土力学与基础工程[M]. 2 版. 北京：机械工业出版社，2013.
[8] 方云，林彤，谭松林，等. 土力学[M]. 武汉：中国地质大学出版社，2003.
[9] 高大钊，袁聚云. 土质学与土力学[M]. 3 版. 北京：人民交通出版社，2001.
[10] 龚文惠. 土力学[M]. 武汉：华中科技大学出版社，2007.
[11] 龚晓南. 土力学[M]. 北京：中国建筑工业出版社，2002.
[12] 洪毓康. 土质学与土力学[M]. 2 版. 北京：人民交通出版社，2002.
[13] 黄林青. 地基基础工程[M]. 北京：化学工业出版社，2003.
[14] 李广信，张丙印，于玉贞. 土力学[M]. 2 版. 北京：清华大学出版社，2013.
[15] 李镜培，梁发云，赵春风. 土力学[M]. 2 版. 北京：高等教育出版社，2008.
[16] 李丽民，蒋建清，林宇亮. 土力学与基础工程[M]. 北京：北京理工大学出版社，2016.
[17] 李章政. 土力学与地基基础[M]. 2 版. 北京：化学工业出版社，2019.
[18] 刘成宇. 土力学[M]. 2 版. 北京：中国铁道出版社，2000.
[19] 刘大鹏，尤晓暐. 土力学[M]. 北京：清华大学出版社，2005.
[20] 刘起霞，邹剑峰. 土力学与地基基础[M]. 北京：中国水利水电出版社，2006.
[21] 刘松玉. 土力学[M]. 5 版. 北京：中国建筑工业出版社，2020.
[22] 刘希亮. 土力学原理[M]. 徐州：中国矿业大学出版社，2015.
[23] 刘增荣. 土力学[M]. 上海：同济大学出版社，2005.
[24] 龙志国，杨志年. 土力学与基础工程[M]. 北京：清华大学出版社，2016.
[25] 马宁. 土力学与地基基础[M]. 2 版. 北京：科学出版社，2016.
[26] 邵光辉，吴能森. 土力学与地基基础[M]. 北京：人民交通出版社，2007.
[27] 沈珠江. 理论土力学[M]. 北京：中国水利水电出版社，2000.
[28] 孙维东. 土力学与地基基础[M]. 北京：机械工业出版社，2003.
[29] 童小东，黎冰. 土力学[M]. 武汉：武汉大学出版社，2014.
[30] 王杰. 土力学与基础工程[M]. 北京：中国建筑工业出版社，2003.
[31] 王铁儒，陈云敏. 工程地质及土力学[M]. 武汉：武汉大学出版社，2001.
[32] 王旭鹏. 土力学与地基基础[M]. 北京：中国建材工业出版社，2004.

[33] 务新超,魏明.土力学与基础工程[M].北京:机械工业出版社,2007.
[34] 徐云博.土力学与地基基础[M].北京:北京理工大学出版社,2016.
[35] 徐云博.土力学与地基基础[M].北京:北京理工大学出版社,2016.
[36] 杨平.土力学[M].北京:机械工业出版社,2005.
[37] 杨小平.土力学[M].广州:华南理工大学出版社,2001.
[38] 姚仰平.土力学[M].北京:高等教育出版社,2004.
[39] 殷宗泽,等.土工原理[M].北京:中国水利水电出版社,2007.
[40] 于小娟,何山.土力学与基础工程[M].北京:高等教育出版社,2018.
[41] 张伯平,党进谦.土力学与地基基础[M].北京:中国水利水电出版社,2006.
[42] 张春梅.土力学[M].北京:机械工业出版社,2012.
[43] 张丹青.土力学与地基基础[M].北京:化学工业出版社,2008.
[44] 张芳枝,符策简.土力学与地基基础[M].2版.北京:中国水利水电出版社,2016.
[45] 张向东.土力学[M].2版.北京:人民交通出版社,2011.
[46] 张扬,杜小明,陈国超.土力学与地基基础[M].北京:煤炭工业出版社,2017.
[47] 赵欢,毕升.土力学与地基基础[M].北京:北京理工大学出版社,2018.
[48] 赵树德,廖红建.土力学[M].2版.北京:高等教育出版社,2010.
[49] 邹新军.土力学与地基基础[M].长沙:湖南大学出版社,2016.